国家出版基金项目
NATIONAL PUBLICATION FOUNDATION

液体火箭发动机优化设计

蔡国飙　方　杰　童晓艳　郑赟韬　著

北京航空航天大学出版社

内容简介

鉴于目前国内外还鲜有专门针对液体火箭发动机优化设计的著作，为满足相关专业学生和工程设计人员的需要，在民用航天计划和北京航空航天大学的支持下，作者结合相关研究报告和教学讲义编著了本书。

本书系统介绍了液体火箭发动机优化设计的相关理论和方法，包括经典的局部优化算法、全局智能优化算法和优化设计中常用的相关技术，如多目标处理、建立近似模型等；以我国新一代运载火箭主发动机 YF-100 液氧/煤油发动机和 YF-77 液氧/液氢发动机为研究对象，对发动机系统、燃烧装置、旋转装置以及管路阀门等进行了系统全面的仿真与优化设计方法介绍。

本书适合相关专业的研究生和工程技术人员学习参考。

图书在版编目(CIP)数据

液体火箭发动机优化设计 / 蔡国飙等著. -- 北京 : 北京航空航天大学出版社，2020.12

ISBN 978-7-5124-3017-4

Ⅰ. ①液… Ⅱ. ①蔡… Ⅲ. ①液体推进剂火箭发动机—最优设计 Ⅳ. ①V434

中国版本图书馆 CIP 数据核字(2019)第 120281 号

液体火箭发动机优化设计

蔡国飙　方　杰　童晓艳　郑赟韬　著

策划编辑　蔡　喆　　责任编辑　刘晓明

*

北京航空航天大学出版社出版发行

北京市海淀区学院路 37 号(邮编 100191)　http://www.buaapress.com.cn

发行部电话：(010)82317024　传真：(010)82328026

读者信箱：goodtextbook@126.com　邮购电话：(010)82316936

北京建宏印刷有限公司印装　各地书店经销

*

开本：787×1 092　1/16　印张：24.5　字数：627 千字

2020 年 12 月第 1 版　2020 年 12 月第 1 次印刷　印数：1 000 册

ISBN 978-7-5124-3017-4　定价：79.00 元

前　言

航天技术是现代科学技术中发展最快的尖端技术之一，研制大推力、高可靠性的运载火箭是发展航天技术的重要基础。液体火箭发动机由于具有性能高、适应性强、工作安全可靠和工作时间长等优点，在运载火箭中得到了广泛应用。

随着航天技术的进一步发展，研制高比冲、高可靠性、低成本、无毒无污染的液体火箭发动机是航天推进技术发展的必然趋势。将优化技术应用于液体火箭发动机设计，能显著提高发动机的设计水平和性能，缩短发动机的设计周期，提升航天运载的能力和水平。美国航天飞机的主发动机SSME、日本H－2运载火箭的LE－7发动机、欧洲阿里安五运载火箭的Vulcain发动机在设计研制中都采用了多种优化技术和方法。

中国正研制以“长征五号”为代表的新一代无毒无污染、高可靠性、低成本系列运载火箭。“十五”以来，北京航空航天大学、航天科技集团六院西安航天动力研究所、北京航天动力研究所三家单位组成研究团队，在民用航天计划的支持下，对新一代运载火箭的YF－100液氧/煤油发动机和YF－77液氧/液氢发动机进行了系统、全面的仿真和优化设计研究，形成了具有自主知识产权的液体火箭发动机仿真与多学科优化设计平台；研究成果还应用到YF－75D液氧/液氢发动机和液氧/甲烷发动机的设计研制当中。

鉴于目前国内外还鲜有专门针对液体火箭发动机优化设计的著作，为满足相关专业研究生和工程设计人员的需要，本书在相关研究报告和教学讲义的基础上编著而成，系统介绍液体火箭发动机优化设计的相关理论、方法及其应用。

全书共10章。第1章为绪论，主要对液体火箭发动机的发展历程、液体火箭发动机设计技术的发展趋势、液体火箭发动机优化设计的发展概况和意义等进行概述；第2章为优化设计的基本概念，介绍优化问题的描述与分类、优化算法和优化问题的解；第3章为常用的经典优化算法，介绍一维搜索方法、无约束优化方法和约束优化方法；第4章为群智能优化算法，介绍粒子群优化算法、差分进化算法、蚁群算法和量子优化算法；第5章为优化设计相关技术，介绍梯度计算方法、多目标优化方法、高维多目标可视化技术、近似技术和计算机试验设计分析；第6章为多学科设计优化，介绍多学科设计优化的定义、研究概况、发展趋势、典型应用、研究内容及软件框架；第7章为液体火箭发动机系统仿真与优化设计，介绍液体火箭发动机总体设计，系统静、动态特性仿真，并对系统进行优化设计；第8章为推力室和燃气发生器仿真与优化设计，介绍燃烧流场仿真、传热与结构强度仿真，并分别对推力室、喷管和燃气发生器进行优化设计；第9章为涡轮泵仿真与优化设计，介绍涡轮泵流场和结构强度的数值仿真，并分别对涡轮和泵进行优化设计;第 10 章为管路阀门仿真与优化设计,介绍管路系统典型元件的仿真模型、涡轮气封减压试验系统仿真、液氢三贮箱系统仿真,并分别对减压阀和推力室头部弯管进行优化设计。

本书的撰写得到了多位领导和专家学者的支持和帮助。国防科工局田玉龙副局长、李国平司长、许洪亮司长、于国斌副司长和航天科技集团一院郝希凡院长助理、马志斌副部长对项目研究给予了大力支持与指导;中国人民解放军航天工程大学庄逢辰院士,航天科技集团科技委谭永华副主任,航天科技集团一院王珏、尘军研究员,航天科技集团六院周利民、栾希亭、李斌研究员对研究工作给予了长期关心与帮助;航天科技集团六院西安航天动力研究所刘战国、陈建华研究员和航天科技集团六院北京航天动力研究所季文好、王维彬、孙继国、乔桂玉研究员在研究工作中付出了辛勤劳动;北京航空航天大学张振鹏、梁国柱、孙冰、徐旭教授,李家文、田爱梅、张黎辉、祝成民副教授,陈阳、张建伟等教师和研究生池元成、陈文杰在液体火箭发动机系统和各部件仿真方面参与了研究工作;张振鹏教授对本书的撰写提出了许多宝贵的意见和建议,在此对他们表示衷心的感谢。研究生侯金丽、李欣、戴健、王远和张晟承担了文字校对和插图修改工作,在此一并表示感谢。

由于本书涉及专业面广、涵盖内容多,难免存在错误与欠妥之处,敬请读者批评指正。

作　者
2020 年 6 月

目　　录

第1章 绪 论

1.1 液体火箭发动机的发展历程

火药是中国古代的四大发明之一，在明朝中后期，中国人就开始运用火枪和火箭了。与中国发明的固体火药和火箭的悠久历史相比，液体火箭发动机的发展历程还是很短的。20 世纪初，俄国学者齐奥尔科夫斯基从事利用火箭技术进行星际航行的探索研究，并且在 1903 年首次提出使用液体推进剂的建议。随后，美国的戈达德和德国的奥伯特等人也相继提出用液体火箭发动机作为航天推进系统的设想。1926 年 1 月，戈达德研制出以液氧/汽油为推进剂的液体火箭发动机，并进行了首次飞行试验。

液体火箭发动机首先在导弹武器领域获得实际应用。第二次世界大战期间，德国研制了液氧/酒精火箭发动机，由于采用泵压式推进剂供应系统，发动机性能显著提高。这种发动机被应用于弹道导弹的推进系统，从此开创了近代火箭发展的历史，液体火箭发动机也相应地获得迅速发展。第二次世界大战后，液体火箭推进技术已从基础科学发展为完善的工程技术。各国研制的液体火箭发动机动力装置能够将科学、商业和军用的航天器推进到不同高度的地球轨道以及太阳系的行星上去。

液体火箭发动机主要可以分为主动力液体火箭发动机、上面级液体火箭发动机、姿轨控液体火箭发动机、可重复使用液体火箭发动机四种类别。

1. 主动力液体火箭发动机

20 世纪 50 年代，苏联率先突破百吨级液氧/煤油大推力液体火箭发动机技术，研制出 RD-107 和 RD-108 发动机。1957 年 10 月 4 日，以其为动力的卫星号运载火箭成功发射了世界上第一颗人造地球卫星，开创了人类航天新纪元。1961 年 4 月 12 日，苏联采用该动力的东方号运载火箭将加加林送入太空，迎来了人类载人航天的新时代。

20 世纪 60 年代，美国凭借 700 吨级 F-1 液氧/煤油发动机和百吨级 J-2 液氧/液氢发动机，成功实现人类首次载人登月，赢得了载人登月竞赛的胜利。苏联研制的 N-1 火箭一级采用了 30 台 150 吨级 NK-33 液氧/煤油高压补燃发动机，虽然由于发动机台数过多、全箭可靠性降低，导致 4 次飞行失败、登月计划下马，但 NK-33 发动机自身可靠性高达 0.99 以上，性能优异，至今仍被应用于飞行型号中。

20 世纪七八十年代，美、苏分别研制了 800 吨级大推力高压补燃液氧/煤油火箭发动机 RD-170、200 吨级高压补燃液氧/液氢发动机 SSME 和 RD-0120，成功发展了第一代重复使用的航天运输系统航天飞机；同时，发展了基于 150 吨级常规推进剂发动机的大力神、质子号系列运载火箭，完善了基于液氧/煤油发动机、液氧/液氢发动机的 Atlas、Delta、联盟、天顶号等运载火箭。尽管两国的航天飞机和多型运载火箭因苏联解体以及可靠性和运行成本问题先后下马，但其发动机技术至今仍继续支撑着两国航天强国的地位。

20世纪90年代至今，为适应迅速发展的空间军事应用和空间通信导航、载人和无人科学研究的需求，主要航天大国加大投入，研制了100吨级新一代液体大推力火箭发动机，所发展的各种小型、中型、大型和重型运载火箭系列化、模块化、多任务化特点突出，并先后于20世纪末、21世纪初投入使用，人类航天发射和空间探索步入高潮。

现阶段美国先后研制了300吨级RS-68液氧/液氢发动机和100吨级Merlin1液氧/煤油发动机，订购了俄罗斯400吨级RD-180高压补燃液氧/煤油发动机，开展了200吨级RS-25液氧/液氢发动机和130吨级J-2X液氧/液氢发动机的研制。美国空军支持蓝源公司开展了245吨级BE-4液氧/甲烷发动机研制；航空喷气发动机公司——洛克达因启动了225吨级AR-1液氧/煤油发动机研制，用于替代RD-180发动机，支撑Delta和Atlas系列运载火箭的应用。此外，SpaceX公司也启动了260吨级Raptor液氧/甲烷发动机的研制工作。

尽管经历了解体、复苏和经济危机的冲击，但是俄罗斯凭借苏联的庞大航天遗产，特别是发动机方面的巨大技术优势，仍然保持着世界航天强国的地位。俄罗斯充分发挥系列化、型谱化的优势，先后研制了400吨级RD-180和200吨级RD-191高压补燃液氧/煤油发动机，完成800吨级RD-171M的改进；研制了30吨级RD-0124A液氧/煤油发动机以及低成本的RD-193、RD-181、RD-276发动机。

在美、俄的帮助下，欧洲、日本、印度、韩国、巴西、南非等地区和国家先后进入航天俱乐部。欧洲和日本分别发展了百吨级Vulcain、LE-7液氧/液氢发动机，并改进研制了Vulcain-2、LE-7A，支撑了Arian和H-II系列火箭的发展，LEO运载能力接近或超过20吨，成为航天大国和地区。

中国也研制了广泛应用于长征系列火箭的75吨级YF-20等发动机，目前新研制的大推力液体火箭发动机包括120吨级YF-100液氧/煤油火箭发动机和50吨级YF-77液氧/液氢火箭发动机。这两台发动机是中国新一代长征系列运载火箭的主动力系统。

2. 上面级液体火箭发动机

针对上面级液体火箭发动机，各国主要围绕性能提升、多任务适应性、多次起动和长期在轨开展改进和研制工作。

美国十分注重上面级的通用性，先后研制了以阿金纳系列发动机、航天飞机轨道机动发动机和RL-10系列发动机为动力的通用上面级，以适应不同型号的运载器；与日本联合新研了25吨级MB-60先进上面级，比冲达到465 s。

俄罗斯从2006年起连续10年实施发动机改进计划，对其微风和Freget常规推进剂上面级、BLOCK-DM液氧/煤油上面级进行了全面升级，采用高能新型推进剂、复合材料喷管、延伸喷管，比冲提高10 s以上；正在研制的10吨级RD-0146液氧/液氢先进上面级，比冲达到470 s。

欧空局改进了常规上面级Astuse，支撑了改进型Arian 5ECB的发展，使其GTO运载能力达到12吨；具有世界领先水平的18吨级Vinci先进液氧/液氢上面级发动机正在研制之中。

中国也研制了YF-75和YF-75D液氧/液氢上面级火箭发动机。

3. 姿轨控液体火箭发动机

国外空间飞行器常规化学推进技术和产品已十分成熟，单/双组元发动机经过三代性能升级，推力型谱、比冲性能、可靠性等指标大幅提升，单组元比冲达到 230 s，双组元达到330 s，已实现三代卫星平台、两代飞船和两代空间站的工程应用。

以美国 R－4D 系列远地点发动机为例：20 世纪 60 年代用于阿波罗飞船的 R－4D－7 发动机采用了纯铝金属外涂硅化物涂层的燃烧室，喷管面积比为 40：1，真空比冲为 287 s；70 年代将其改进研制用于卫星远地点发动机，采用了铌铪合金身部和 164：1 大面积比喷管，比冲达 311 s；随后采用了 300：1 的铌/钛大喷管，比冲达到 315.5 s；20 世纪 90 年代采用工作温度 2 000 ℃的铼/铱燃烧室，进一步改进了头部喷嘴设计，比冲达到 323 s。近期研制的 R－4D－16 发动机喷管面积比进一步增大到 400：1，推进剂由 N_2O_4/MMH 换成 N_2O_4/N_2H_4，仍然采用铼/铱燃烧室，比冲达到 327 s。经过 50 多年的不断研发，在四种材料技术的支撑下，历经三代发动机发展后的比冲性能增加了 40 s 之多。

随着航天器平台向系列化方向的发展，高性能变轨发动机需具有不同推力量级的型谱化产品。除 490 N 推力量级外，美国和日本还分别研制了 1 000 N 和 2 000 N 级远地点发动机，用于大型卫星平台和其他机动平台的轨道转移，大大缩短了变轨时间，提高了机动效率，更好地适应了大质量卫星平台的变轨任务。

中国也研制了 10 N、25 N、120 N、490 N、1 000 N 等一系列航天器姿轨控发动机。

4. 可重复使用液体火箭发动机

20 世纪 60 年代以来，美国始终不遗余力地开展重复使用运载器及其动力的研究探索，研制的 SSME 是第一代可重复使用液体火箭发动机，其结构复杂，维护成本高，寿命未达到重复使用 100 次的目标；近年来，SpaceX 和蓝源公司以 Merlin1D 液氧/煤油发动机和 BE－3 液氢/液氧发动机为动力，分别实现了火箭和亚轨道飞行器的垂直起降回收，验证了重复使用技术。

俄罗斯是世界上第二个具有重复使用航天运输系统研制能力的国家。20 世纪 80 年代，苏联成功研制了基于 800 吨级 RD－170 发动机和 20 吨级 RD－0120 发动机的可重复使用运载器能源号和暴风雪号航天飞机，成功飞行 2 次后，因苏联解体，项目终止。此后，俄罗斯进行了 400 吨级 RD－701 液氧、煤油和液氢三组元发动机研究。2012 年俄罗斯推出了新一代重复使用航天运输系统 MPKC－1 方案，研制重复使用 20～30 次的 200～300 吨级的液氧/烃发动机。

欧空局从 20 世纪 90 年代开始与俄罗斯合作开展了乌拉尔和伏尔加计划，开展液氧/烃重复使用发动机的研究；2006 年和 2013 年先后投入 1.6 亿欧元支持 SNECMA 等多家欧洲公司开展重复使用运载火箭构型和发动机研究，以带动其 FLEEB 重复使用运载器的发展计划。

中国目前也在开展可重复使用火箭发动机的基础理论、设计方法和关键技术的研究。

随着航天技术的进一步发展，对火箭发动机的要求日益提高。各航天大国的液体火箭发动机，不论是在研型号还是批产型号方面都在设计上不断寻求突破，朝着高性能、高可靠性、无毒无污染的方向发展。

1.2 液体火箭发动机设计技术的发展趋势

液体火箭发动机是运载火箭的心脏，其先进性突出表现在低成本、无污染、高可靠、高性能、使用安全、操作方便等方面。对液体火箭发动机最重要的设计目标是：在最低的任务寿命周期成本下满足所有任务要求。高比冲和高推重比可导致单位重量有效载荷入轨的成本较低。动力循环组件的简单性、坚固性和可靠性是建立总的运载器可靠性的重要环节，这些对系统的寿命周期成本有直接影响。除了对实现任务目标最重要的性能要求（比冲和重量）外，上述要求也是发动机系统及其组件十分期望达到的。

液体火箭发动机是一个巨大而复杂的系统，其由成千上万的零部件构成，包含十几个功能各异的子系统，通过发动机系统这个平台组合成一个有机的整体。发动机的设计、制造周期长，既要设计大量零部件，又要进行繁杂的逐级装配，涉及物资、经营、设计、计划、成本、制造、质量、安全等多个方面，同时还需要考虑到多个学科的集成和优化设计。

对发动机的设计水平进行检验的重要手段是开展试验。通过液体火箭发动机试验研究可获得大量第一手的试验数据，可直接用于理论分析和指导工程设计，因此其在国内外液体火箭发动机的研制和设计中被广泛应用，发挥了巨大的作用。但是，液体火箭发动机试验研究具有耗资巨大、投入人力多、周期长等不利因素。而数值仿真具有快、好、省的特点，并且还可获得一些试验测量较难获得的数据，因此国内外（特别是国外）非常重视关于液体火箭发动机的数值仿真设计研究。

随着科技的发展，仿真、分析、试验手段不断进步，液体火箭发动机的设计过程从原来的“设计—试验—改进设计”变为“设计—仿真—优化—试验”的过程。先进的数字化设计手段，包括虚拟样机技术、多学科分析技术、多学科设计优化技术等，已经广泛应用于液体火箭发动机的设计研发中。

1.3 液体火箭发动机优化设计的发展概况

随着优化方法的不断进步，特别是多学科设计优化方法的出现和发展，越来越多的科研人员在液体火箭发动机各组件设计过程采用优化方法，以提高液体火箭发动机的性能。优化设计方法从最初应用在各组件上（如燃烧室、涡轮、泵等），并且只关注单个性能参数对组件性能的影响，逐步发展到对整个部件质量、尺寸和性能的优化。

美国是最早将优化设计技术应用于液体火箭发动机设计的国家。对 SSME 的优化目标主要包括：使用寿命达到 1 000 s，提高可靠性，降低成本，提高质量，缩短研制周期。鉴于 SSME 存在的问题，在 STME 发动机的设计过程中综合考虑了可靠性、成本、性能和重量四个指标，通过牺牲部分性能，适当增加发动机重量进行余量设计，提高了发动机的可靠性。由洛克达因公司设计的 RS－68 发动机在满足运载火箭总体设计要求的条件下，以降低成本为设计优化目标，该发动机的比冲虽比航天飞机主发动机（SSME）低了 10％，但是成本却降低了将近 80％，RS－68 成本只有 1 400 万美元，而 SSME 成本是 5 000 万美元。2006 年 NASA 对 RS－68 进行了改进优化设计，以增加 600 万美元的成本为代价，提高了发动机的推力和比冲。

欧洲在研发维金发动机的过程中，以提高可靠性和降低成本作为优化设计的目标。日本的 LE-7A 是对 LE-7 的改进设计，以提高发动机比冲和简化结构为目标。

其他关于液体火箭发动机优化设计的研究还包括：系统的优化设计、推力室优化设计、涡轮泵优化设计等。在设计过程中运用了多种优化方法，从最初的单学科、单目标优化，逐步发展为多学科、多目标优化。

在众多液体火箭发动机优化设计成果中，最具代表性的是 X-33 发动机的塞式喷管多学科分析与优化设计和 EELV/Delta IV 火箭尾部助推支架的整体优化设计。针对塞式喷管的优化设计是在多学科分析的基础上进行的，对比传统的优化设计方法，设计潜力得到进一步提升，得到了更小的结构重量，提高了发动机的整体性能。EELV/Delta IV 火箭尾部助推支架的整体优化设计由波音公司研究完成，构建了火箭支架集成优化设计平台，在满足强度、安全性和几何约束的条件下将缓冲器数目从 24 减少到 12，共节省成本 120 万美元，整个优化设计平台的集成时间为 3 周。

"十五"以来，中国对长征五号运载火箭主发动机 YF-77 和 YF-100 进行了系统全面的仿真和优化设计研究，形成了液体火箭发动机仿真与优化设计平台，分别对发动机系统、旋转装置、燃烧装置进行仿真计算和优化设计。相关仿真和优化设计方法也推广应用到 YF-75D 和液氧/甲烷发动机的设计和研制中。

1.4　优化设计对液体火箭发动机研制的重要意义

在 60 多年的发展中，中国航天科技工业依靠自己的力量，成功研制了长征系列运载火箭，达到全型谱的运载能力，并已成功将自行研制的通信、遥感、导航等应用卫星送到静止、近地和太阳同步等不同轨道，而且先后成功为德国、澳大利亚、瑞典、法国、美国等国家发射卫星或其他有效载荷。长征火箭成为世界发射市场的主要运载工具之一，进入国际商业发射市场，使中国航天在国际航天界占有一席之地，并享有较高声誉，显示了中国的综合实力。

但是，目前中国液体火箭发动机的设计是粗放型设计，不是精细型设计，缺乏十分有效的评价手段，设计规范远远落后于时代发展。自中国的航天工业建立开始，由于受传统的设计制造方法和工具的限制，如手工图纸设计、手工操作机械加工方法等，设计过程需要经过图纸、模线、样板、样件、工装模具夹具、产品等众多复杂环节，液体火箭发动机的设计制造方法是一种不得不采用的少、慢、差、费的串行工作方法。传统的依靠经验、实物试验的研制手段和依靠人工协调、串行的工作及管理模式严重制约着火箭发动机的研制水平和效率，依靠这种设计计算分析手段和管理模式，很难满足新一代运载火箭总体对液体火箭发动机提出的高质量、短周期研制的要求。因此，对液体火箭发动机进行基于数值仿真的优化设计，符合新一代运载火箭的总体设计需求，具有缩短液体火箭发动机研制周期的优势，既迫在眉睫，又具有长远的意义。

火箭发动机的设计需要经历三个阶段：概念设计、初步设计和详细设计。概念设计侧重于探索满足设计需求的方案，对发动机的性能指标进行平衡分析，根据任务要求和技术水平确定合适的发动机循环方案。初步设计是对发动机部件和子系统进行多学科的分析和设计，确定部件的主要参数和设计要求；部件主要参数在初步设计中确定下来之后，一般不再做修改，否则要付出较大的代价。详细设计是对各个部件进行详细的分析以利于加工制造与装配。在这三个阶段中，设计的自由度逐渐减少，而设计的精度和设计变量数则逐渐增加。图 1.1 为发动机设计过程示意图。

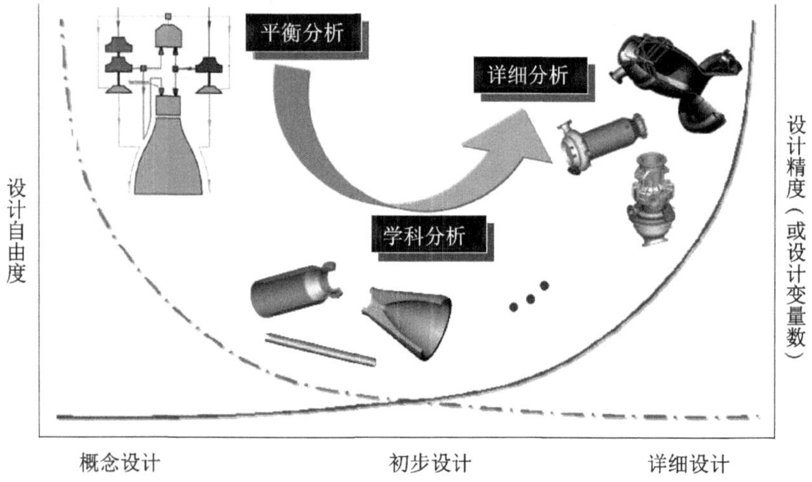

图 1.1 发动机设计过程

传统设计方法在初步设计中会耗费大量人力物力。火箭发动机在设计过程中涉及的学科包括流体力学、工程热力学、化学动力学、燃烧学、结构力学、材料力学等，各学科之间存在较强的耦合关系。由总体部门确定的系统主要参数在到达部件设计部门后，由于不同部件和不同学科的影响，对于同一组参数，不同设计部门可能会有不同的要求。总体部门每进行一次参数统一协调，各个分部件设计部门都将重新进行分析计算。计算耗时巨大，并且存在许多重复性分析。

对液体火箭发动机进行优化设计的意义主要有以下几个方面。

1. 提高发动机综合性能

进行液体火箭发动机优化设计的目的是在满足火箭总体设计要求的条件下最大限度地提高发动机综合性能。高可靠性、高比冲、轻重量、低成本都是液体火箭发动机优化设计的目标。国内外液体火箭发动机优化设计的发展，显示出发动机系统和各级组件的性能得到了不同程度的提高，并且优化过程中应用的仿真模型精度越高，综合性能提高的效果越显著。

2. 缩短发动机设计周期

在液体火箭发动机设计过程中采用优化技术，可在较少仿真分析的情况下得到使发动机性能达到最优的参数，避免大量重复性的分析，加快液体火箭发动机的研制过程。多学科设计优化技术的应用，提高了总体部门与液体火箭发动机系统级、系统级与部件级以及部件级之间的协调性，缩短了发动机的设计周期。

3. 提升发动机设计水平

在液体火箭发动机设计中合理应用优化技术，特别是多学科设计优化技术，对提升发动机设计水平成效显著。

第 2 章　优化设计的基本概念

优化设计是从众多设计方案中选择最佳方案的方法，它以优化算法和技术为基础，以计算机为手段，根据设计所追求的目标，寻求最优设计方案。本章主要介绍优化问题的数学描述与分类、优化算法和优化问题的解等基本概念。

2.1　优化问题的数学描述

开展优化设计时，需要将实际设计问题抽象成便于分析计算的数学模型。下面以一个货箱设计问题为例，说明如何对优化问题进行数学描述。

工厂已有一块钢板，要用其制造一个长方形货箱，用户要求货箱的体积为 5 m^3，长度不小于 4 m。为了使耗费的钢板最少，应如何确定货箱的长 x_1、宽 x_2、高 x_3？

在这个例子中，需要确定的设计变量有三个，即 x_1、x_2 和 x_3；优化目标为制造货箱所耗费的钢板最少。假设不考虑钢板裁剪中边角料的浪费，则优化目标可转化为货箱表面积最小。长方体货箱表面积的表达式为

$$f(x)=2(x_1x_2+x_2x_3+x_3x_1)$$

这样即建立了设计变量与优化目标之间的函数关系。优化设计就是要寻求适当的 x_1、x_2 和 x_3，使得 f 最小；同时需要满足的约束条件是关于货箱体积和长、宽、高的要求，分别表示为

$$x_1x_2x_3=5$$
$$x_1\geqslant 4$$
$$x_2>0$$
$$x_3>0$$

在确定了设计变量、目标函数和约束条件之后，就可以建立货箱优化设计模型。下面对这些术语进行详细介绍。

2.1.1　设计变量

在优化设计过程中可以进行调整的各项独立参数称为设计变量。一般情况下，若有 n 个设计变量，则全部设计变量可用一个 n 维向量来表示。由这 n 个独立设计变量的坐标轴所描述的 n 维空间称为设计空间。在货箱优化设计的算例中，设计变量就是货箱的长、宽、高，可以用一个三维设计空间内的设计向量来表示，即 $\boldsymbol{x}=(x_1,x_2,x_3)^{\mathrm{T}}$。

在液体火箭发动机优化设计中，设计变量的选定需要考虑优化设计问题的复杂度、可求解性及其工程意义等多种因素。从理论上讲，设计变量越多，可以探索的设计空间越大，越有可能得到更优的设计方案；然而，设计变量过多会增加优化模型的复杂度，降低优化算法的可靠性和稳健性，从而造成求解困难。因此，通常选择对目标函数或约束条件影响较大的参数作为设计变量。

2.1.2 目标函数

目标函数是用于评价设计方案优劣程度的指标，可表达为设计变量的函数，一般用 $f(\boldsymbol{x})$ 表示。这种函数关系可以是显式的，也可以是隐式的，在液体火箭发动机优化设计中通常以隐式为主。在货箱优化设计算例中，目标函数是货箱表面积，其数学描述为 $f(\boldsymbol{x})=2(x_1x_2+x_2x_3+x_3x_1)$。

在液体火箭发动机设计中，如果评价设计方案优劣的指标只有一项，则称为单目标函数；如果期望几项设计指标都达到最优值，则称为多目标函数。然而，多目标函数的分目标之间往往存在着矛盾的情况，需要采用多目标优化方法在各分目标的最优值之间进行协调，以便取得一个对于各分目标函数都比较好的设计方案。

目标函数的灵敏度是优化设计中的一个重要概念，反映了设计变量的改变对目标函数的影响。对灵敏度信息加以分析处理，可用于指导设计与寻优方向。

2.1.3 约束条件

在优化设计中，对设计方案指标或设计要求给出的限制以及对设计变量取值范围的限定称为约束条件。

约束条件可分为等式约束和不等式约束。等式约束的形式为

$$h_i(\boldsymbol{x})=0,\quad i=1,2,\cdots,l$$

在液体火箭发动机优化设计中不等式约束更为普遍，其形式为

$$g_j(\boldsymbol{x})\geqslant 0,\quad j=1,2,\cdots,k$$

等式约束的形式经过变换可以成为不等式约束的形式。在货箱优化设计的算例中，约束条件分别是对货箱体积设计要求的限制、对货箱长度取值范围的限定以及对货箱的宽和高的限制，其数学描述为

$$h(\boldsymbol{x})=x_1x_2x_3-5=0$$
$$g_1(\boldsymbol{x})=x_1-4\geqslant 0$$
$$g_2(\boldsymbol{x})=x_2>0$$
$$g_3(\boldsymbol{x})=x_3>0$$

约束条件将设计空间划分为可行区域和不可行区域。满足所有约束条件的设计变量的可能取值的集合构成了设计的可行域 R，否则就是非可行域。可行域 R 可表示为

$$R=\{\boldsymbol{x}\mid h_i(\boldsymbol{x})=0,i=1,2,\cdots,l;g_j(\boldsymbol{x})\geqslant 0,j=1,2,\cdots,k\}$$

对于给定的设计条件，有时难以将其定为目标函数或约束条件，或者说有时目标函数与约束条件是可以相互交换的。例如，对设计中的成本，既可以将其定为目标函数追求设计成本的最小化，也可以将其设为约束条件，限制成本不大于某一给定值。在进行液体火箭发动机优化设计时，可以有几项设计指标，例如发动机干质量最小、湿质量最小、比冲最大、有效载荷最大等。在设计中如果取某项指标为目标函数，其余设计指标则可列为约束条件，但此时需要给出这些约束条件的上下限。

2.1.4 优化设计模型

在选取设计变量、确定目标函数、给出约束条件之后，优化设计模型就确定下来了。确定

优化问题的设计变量、目标函数和约束条件的过程称为优化问题的建模。

对于货箱优化的算例，其优化设计模型如下：

$$\min f(x_1,x_2,x_3)=2(x_1x_2+x_2x_3+x_1x_3)$$
$$\text{s.t.}\quad x_1x_2x_3=5$$
$$x_1-4\geqslant 0$$
$$x_2>0$$
$$x_3>0$$

设计变量、目标函数和约束条件称为优化模型的三要素，优化模型的一般形式为

$$\left.\begin{aligned}&\min f(\boldsymbol{x})\\&\text{s.t.}\quad g_j(\boldsymbol{x})\leqslant 0,\quad j=1,2,\cdots,m_1\\&\qquad h_k(\boldsymbol{x})=0,\quad k=1,2,\cdots,m_2\\&\qquad x_i^l\leqslant x_i\leqslant x_i^u,\quad i=1,2,\cdots,n\end{aligned}\right\}\tag{2.1}$$

有时也可简洁地表示为

$$\left.\begin{aligned}&\min_{\boldsymbol{X}\in\mathbf{R}} f(\boldsymbol{x})\\&\mathbf{R}=\{\boldsymbol{x}\mid h_i(\boldsymbol{x})=0,i=1,2,\cdots,l;g_j(\boldsymbol{x})\geqslant 0,j=1,2,\cdots,k\}\end{aligned}\right\}\tag{2.2}$$

一个完整的优化模型至少要包括设计变量和目标函数，而约束条件根据设计要求而定，可有可无。

在液体火箭发动机的设计过程中，目标函数和约束条件根据建模特点可分为两大类：基于物理的建模计算和基于经验的建模计算。在发动机气动设计中，根据流体力学控制方程，加入适当的初始条件和边界条件，然后进行方程的离散化，这一过程就是基于物理的建模计算。在实践中还有另一类问题，它并没有现成的物理方程或基本原理可用，只有离散的实验数据。如发动机的成本模型，只能根据以往发动机制造的经验成本，拟合出成本公式，这就是基于经验的建模计算。这种拟合公式一般是低阶次的，通用性较差，只在类似发动机上才能共用。

对工程技术优化问题建立的数学模型即优化模型应具有两个条件：

① 正确可靠并有效。优化模型要能反映问题的本质，能准确可靠地说明最优问题所要达到的目的及其特定条件下所受到的限制。按此优化模型求解，还必须有明显的效果。

② 求解容易且简便。优化模型应不繁冗，让计算过程简单方便。如果优化模型过于复杂而不便于算法处理，则需要通过多学科设计优化方法对优化模型进行分解，降低优化规模，提高优化效率。

这两个条件是有一定矛盾的，常常要在两个相互矛盾的情况下做出选择：一方面是希望通过一个复杂的优化模型将设计问题准确地描述出来；另一方面又希望所建立的优化模型容易处理，不用很多的计算时间即可求得优化设计结果。

2.2　优化问题的分类

优化问题按照设计变量、目标函数和约束条件的形式可以分为多种类型。如果设计变量的取值为离散值，则称为离散优化问题。根据目标函数的个数是一个还是两个以上，可以将优化问题分为单目标优化问题和多目标优化问题。如果优化问题中没有约束条件存在，则称为

无约束优化问题，求解这类问题的方法称为无约束优化方法；有约束条件存在的优化问题称为约束优化问题，其求解方法称为约束优化方法。液体火箭发动机中的优化问题多为多目标非线性约束优化问题。

2.2.1 连续优化与离散优化

连续优化问题是指设计变量和参数的取值都是连续型实数的优化问题，离散型优化问题则是指设计变量的取值为离散型数值的优化问题。若设计变量只能是整数，例如涡轮叶片的个数、喷嘴的个数、点火药柱的根数等，则称为整数规划问题。当一个优化问题的设计变量包含连续型实数和整数型时，该类优化问题称为混合整型优化问题。

在工程设计过程中求解整型优化问题时，通常会将整型变量取为实型变量进行求解，完成寻优之后再将实型最优解圆整为整数。然而圆整的过程会带来两个问题：一是圆整后的解不是最优解，二是圆整后的解根本就不是可行解。因此，求解这类问题的方法有两种途径：采用离散优化算法或将离散优化问题转化为连续优化问题。例如求解整数线规划问题的分支定界法中要花很多时间解线性规划的松弛问题，在松弛问题中，设计变量都是实型的。

2.2.2 确定性优化与不确定性优化

确定性优化是指优化模型中所有的量都可以完全确定的优化问题，传统的优化问题都是确定性优化问题。而在某些优化问题中，设计变量、目标函数或者约束条件都可能随着时间或空间而不断变化，呈现出随机性、模糊性或未知性，这种优化问题就是不确定性优化问题。

由于不确定性优化模型更能反映某些实际问题的特征，随着优化理论与应用的发展，不确定性优化已经受到越来越多的关注，出现了很多不确定性优化问题的求解方法。例如火箭发动机中由于供应系统和燃烧稳定性的原因，燃烧室压强并不是恒定不变的，而是随时间不断波动的。涉及到燃烧室压强的优化问题本质上是随机优化问题，只是为了求解的方便，常将其简化为确定性的优化问题，即假设燃烧室压强在发动机工作过程中能够维持某一定值。

2.3 优化算法

算法是指求解问题的通用程序，它是对解决问题的步骤的清晰描述。对于一个优化问题P，如果给定任意一个实例I，算法A总能找到一个可行解，那么就称A为P的近似算法；如果进一步该可行解的目标值总是最优解值，则称A为P的最优算法。例如单纯形法是求解线性规划问题的最优算法，而求解非线性规划问题的多数算法由于不能总得到最优解，故只是近似算法。

优化算法一般都是迭代型算法，需要重复多次运算。开始时给定一个初始值，通过算法的迭代得到一系列改进解直至获得最优解。优化算法的搜索方向可以通过多种方法确定，有的优化算法要用到目标函数值、约束条件值及其一阶和二阶偏导数值，有的优化算法要利用之前迭代点的信息，而有的优化算法只利用当前迭代点的局部信息。

优化算法应具备以下优点：

① 稳健：不论初始点如何，对同一类问题总是能够找到最优解。

② 高效：收敛速度快，占用内存少。

③ 准确：在计算机上使用时对计算机的舍入误差和算法的圆整误差不敏感，总是能够找到最优解。

在工程实际中，往往要求优化算法同时满足稳健、高效和准确的条件。对于一个优化算法，平衡稳健性、效率与准确性之间的关系是其研究的重要内容。

虽然已有若干种优化算法，却没有对任何优化问题都适用的优化算法，每一种优化算法都有其最合适使用的优化问题类型。使用者应根据优化问题的类型选择适当的优化算法，这个选择很重要，决定了优化问题求解的速度和准确度。

2.4　优化问题的解

满足所有约束条件的设计变量组成的可行域中的任意设计点称为可行（设计）点或可行解；在可行域边界上的是边界点，不在可行域中的设计点是不可行点。

在可行域中使目标函数达到最优值的设计点称为全局最优解。对于无约束优化问题，指的是整个设计空间的目标函数最小值点，特别是目标函数为单峰函数时，存在唯一解；对于约束优化问题，全局最优解是整个可行域中函数的最小值点，它可能不是目标函数的极值点。局部最优解是指在局部可行域中使目标函数达到最优值的设计点。

对于一个多目标优化问题，其解被称为非劣解。所谓非劣解是指由这样一些解组成的集合（又称非劣解集）：与集合之外的任何解相比，它们至少有一个目标函数比集合之外的解好，而其他目标函数又不比集合之外的解差；在集合之内，各个解互有利弊，不可比较。非劣解集也称为 Pareto 最优解集。理论上非劣解集中的任意一个解都可能成为最优解，这取决于决策者的偏好。

对于一个优化问题，最好能得到其全局最优解，了解凸函数的概念及性质有助于判断解的全局性。

2.4.1　凸函数

1. 凸集及其性质

设集合 $\mathbf{D}\subset\mathbf{R}^n$。若 $\forall\,\boldsymbol{x},\boldsymbol{y}\in\mathbf{D}$，$\forall\lambda\in[0,1]$，有 $\lambda\boldsymbol{x}+(1-\lambda)\boldsymbol{y}\in\mathbf{D}$，则称集合 $\mathbf{D}$ 为凸集。

由定义可直接验证：设 $\mathbf{D}_1,\mathbf{D}_2\subset\mathbf{R}^n$，为凸集，$\alpha\in\mathbf{R}$，则

① $\mathbf{D}_1\cap\mathbf{D}_2=\{\boldsymbol{x}\mid\boldsymbol{x}\in\mathbf{D}_1,\boldsymbol{x}\in\mathbf{D}_2\}$是凸集；

② $\mathbf{D}_1+\mathbf{D}_2=\{\boldsymbol{z}=\boldsymbol{x}+\boldsymbol{y}\mid\boldsymbol{x}\in\mathbf{D}_1,\boldsymbol{y}\in\mathbf{D}_2\}$是凸集；

③ $\mathbf{D}_1-\mathbf{D}_2=\{\boldsymbol{z}=\boldsymbol{x}-\boldsymbol{y}\mid\boldsymbol{x}\in\mathbf{D}_1,\boldsymbol{y}\in\mathbf{D}_2\}$是凸集；

④ $\alpha\mathbf{D}_1=\{\alpha\boldsymbol{x}\mid\boldsymbol{x}\in\mathbf{D}_1\}$是凸集。

利用数学归纳法可证：设 $\mathbf{D}$ 是凸集，则 $\forall\,x^{(i)}\in\mathbf{D}$ 和数 α_i，都有 $\sum_{i=1}^{m}\alpha_i x^{(i)}\in\mathbf{D}$，其中 $\alpha_i\geqslant 0$，$\sum_{i=1}^{m}\alpha_i=1$。

平面中的圆域、$\mathbf{R}^n$ 中的球域都是凸集。凸集具有明显的几何意义：如果 $\mathbf{D}$ 是凸集，则连接 $\mathbf{D}$ 中任意两点的线段都包含在此几何图形中，如图 2.1(a)所示。图 2.1(b)和(c)所示则不

是凸集。

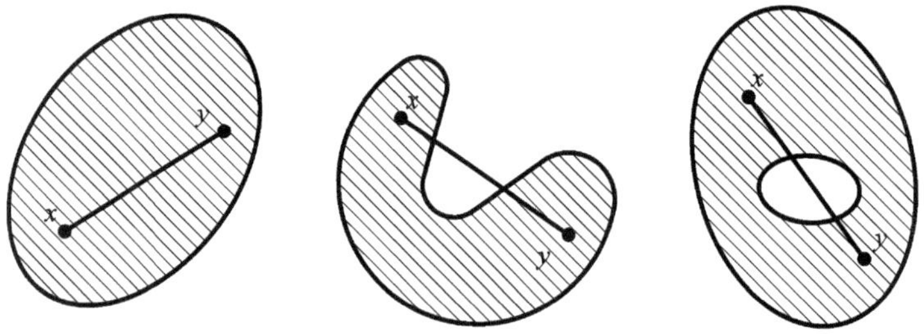

(a) 图形1　　(b) 图形2　　(c) 图形3

图 2.1　凸集与非凸集

2. 凸函数

设 $J:\mathbf{D}\subset\mathbf{R}^n\to\mathbf{R}$，且 $\mathbf{D}$ 为非空凸集，若 $\forall\,\boldsymbol{x},\boldsymbol{y}\in\mathbf{D}$，$\forall\,\lambda\in[0,1]$ 都有

$$f[\lambda\boldsymbol{x}+(1-\lambda)\boldsymbol{y}]\leqslant\lambda f(\boldsymbol{x})+(1-\lambda)f(\boldsymbol{y})\tag{2.3}$$

则称 $f(\boldsymbol{x})$ 是定义在凸集 $\mathbf{D}$ 上的凸函数。

在式(2.3)中，若 $\boldsymbol{x}\neq\boldsymbol{y}$ 时严格不等式成立，则称 $f(\boldsymbol{x})$ 是凸集 $\mathbf{D}$ 上的严格凸函数。

若 $\mathbf{D}=\mathbf{R}^n$，就不强调凸集 $\mathbf{D}$，而称 $f(\boldsymbol{x})$ 是凸函数或严格凸函数。

凸函数的几何意义：以 $n=1$ 来说明，当 $f(x)$ 是凸函数时，其图形 $y=f(x)$ 上任意两点 $A(x_1,f(x_1))$，$B(x_2,f(x_2))$ 之间的弧必在连接这两点的弦 $\overline{AB}$ 的下方，如图 2.2 所示。二元凸函数在平面 π 上有类似特性，如图 2.3 所示。

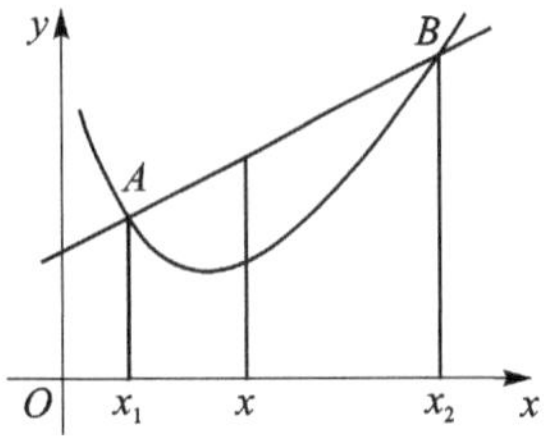

图 2.2　一元凸函数的几何解释

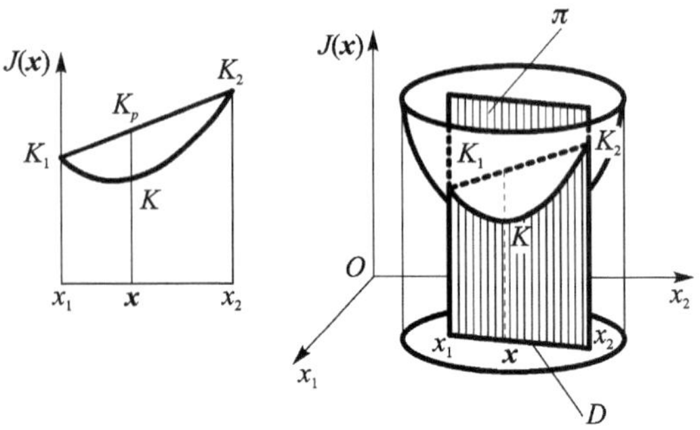

图 2.3　二元凸函数的几何解释

3. 凸函数的判别

可用以下条件来判断一个函数是否为凸函数：

① 设 $\mathbf{D}\subset\mathbf{R}^n$ 为开凸集，$f:\mathbf{D}\to\mathbf{R}$ 且 $f(\boldsymbol{x})$ 在 $\mathbf{D}$ 上具有一阶连续偏导数，则 $f(\boldsymbol{x})$ 为 $\mathbf{D}$ 上的凸函数的充分必要条件是

$$f(\boldsymbol{y})\geqslant f(\boldsymbol{x})+\nabla f(\boldsymbol{x})^{\mathrm{T}}(\boldsymbol{y}-\boldsymbol{x}),\quad\forall\,\boldsymbol{x},\boldsymbol{y}\in\mathbf{D}\tag{2.4}$$

② 设 $\mathbf{D}\subset\mathbf{R}^n$ 为非空开凸集，$f:\mathbf{D}\to\mathbf{R}$ 且 $f(\boldsymbol{x})$ 在 $\mathbf{D}$ 上具有二阶连续偏导数，则 $f(\boldsymbol{x})$ 为 $\mathbf{D}$ 上的凸函数的充分必要条件是：$f(\boldsymbol{x})$ 的海森(Hessian)矩阵 $\nabla^2 f(\boldsymbol{x})$ 在 $\mathbf{D}$ 上是半正定的。

海森矩阵的定义为：若 n 元函数 $f(\boldsymbol{x})$ 具有二阶偏导数，即 $\dfrac{\partial^2 f(\boldsymbol{x})}{\partial x_i \partial x_j}$ 都存在，则称矩阵

$$\boldsymbol{H}(x)=\nabla^2 f(\boldsymbol{x})=\begin{bmatrix} \dfrac{\partial^2 f(\boldsymbol{x})}{\partial x_1 \partial x_1} & \dfrac{\partial^2 f(\boldsymbol{x})}{\partial x_1 \partial x_2} & \cdots & \dfrac{\partial^2 f(\boldsymbol{x})}{\partial x_1 \partial x_n} \\ \dfrac{\partial^2 f(\boldsymbol{x})}{\partial x_2 \partial x_1} & \dfrac{\partial^2 f(\boldsymbol{x})}{\partial x_2 \partial x_2} & \cdots & \dfrac{\partial^2 f(\boldsymbol{x})}{\partial x_2 \partial x_n} \\ \vdots & \vdots & \ddots & \vdots \\ \dfrac{\partial^2 f(\boldsymbol{x})}{\partial x_n \partial x_1} & \dfrac{\partial^2 f(\boldsymbol{x})}{\partial x_n \partial x_2} & \cdots & \dfrac{\partial^2 f(\boldsymbol{x})}{\partial x_n \partial x_n} \end{bmatrix} \tag{2.5}$$

为 $f(\boldsymbol{x})$ 在 $\boldsymbol{x}$ 处的海森矩阵。

4. 凸函数的性质

凸函数的性质如下：

① 凸函数 $f(\boldsymbol{x})$ 在其定义域上的任一局部极小点都是其在定义域上的全局最小点；

② 设 $f(\boldsymbol{x})$ 为凸集 $\mathbf{D}$ 上的凸函数，且在点 $\boldsymbol{x}^* \in \mathbf{D}$ 处存在梯度 $\nabla f(\boldsymbol{x}^*)$，若 $\forall \boldsymbol{x} \in \mathbf{D}$ 有

$$\nabla f(\boldsymbol{x}^*)^{\mathrm{T}}(\boldsymbol{x}-\boldsymbol{x}^*) \geqslant \mathbf{0} \tag{2.6}$$

则 $\boldsymbol{x}^*$ 为 $f(\boldsymbol{x})$ 在 $\mathbf{D}$ 上的全局极小点。

5. 凸规划的性质

对于非线性规划 NP，如果目标函数 $f(\boldsymbol{x})$ 为凸函数，约束条件所构成的可行域 $\mathbf{D}$ 是凸集，则称非线性规划 NP 为凸规划。凸规划具有以下性质：

① 凸规划 NP 的可行解集合 $\mathbf{D}$ 为凸集；

② 凸规划 NP 的最优解集合 $\mathbf{D}^*=\{\boldsymbol{x}^* \mid f(\boldsymbol{x}^*)=\min\{f(\boldsymbol{x}) \mid \boldsymbol{x}\in\mathbf{D}\}\}$ 为凸集；

③ 凸规划 NP 的任何局部极小点就是局部最优解；

④ 假设 $f(\boldsymbol{x})$ 为严格凸函数，$\mathbf{D}$ 为凸集，若优化问题 NP 的最优解集 $\mathbf{D}^* \neq \varnothing$，则 NP 的最优解必唯一。

2.4.2 最优解的存在性和唯一性

从上一节凸函数和凸规划的性质可知，如果优化问题是凸规划问题，其局部最优解就是可行域上的全局最优解，这个最优解是唯一存在的。对于工程实际中的优化问题，由于其优化模型相对复杂，往往都是非凸规划问题，或有多个峰值，或在数学上是病态的，造成其最优解的存在性和唯一性难以判断。因此，在工程中，优于初始解的较优解可以作为优化问题的准最优解。对于优化过程中搜索到的解，需要判定求得的结果是局部最优解还是全局最优解，如果只是局部最优解，则需要继续寻优，直至找到全局最优解。

对于绝大多数优化问题，都不能通过解析的方式获得最优解，一般需要迭代求解。迭代法的基本做法是：选择一个初始设计点，从这一点出发，按照某种优化方法所确定的原则，在某一方向上按照一定步长进行搜索，获得目标函数的改进点；然后再从该点出发，重复上述步骤，以此类推，不断循环，最后得到满足规定精度要求的近似最优点或最优点。迭代过程的一般格式为

$$x^{(k+1)}=x^{(k)}+\alpha^{(k)}s^{(k)} \tag{2.7}$$

式中，$\boldsymbol{x}$ 为设计点，一般是矢量；k 为迭代次数；α 为搜索步长，是标量；$\boldsymbol{s}$ 为搜索方向，是矢量。初始点是给定的。不同的优化算法其实就是要确定优化过程中不同的搜索方向。

2.4.3 最优性的充分和必要条件

本书中讨论的最优化问题在没有特别说明的前提下，均以极小化问题为例，极大化问题的求解方法和过程与极小化问题相同。

以下给出了各类极值问题局部极小点的必要条件和充分条件。

1. 无约束极小化问题

一阶必要条件：如果 $f(\boldsymbol{x})$是可微函数，则 $\boldsymbol{x}^*$ 是无约束极小化问题的一个局部极小点的必要条件是$\nabla f(\boldsymbol{x}^*)=0$。

二阶必要条件：设 $f(\boldsymbol{x})$是二阶连续可微函数，如果 $\boldsymbol{x}^*$ 是 $f(\boldsymbol{x})$的一个局部极小点，则必有$\nabla f(\boldsymbol{x}^*)=0$ 并且 $\boldsymbol{y}^{\mathrm{T}}\boldsymbol{H}(\boldsymbol{x}^*)\boldsymbol{y}\geqslant 0,\forall \boldsymbol{y}\in \mathbf{E}^n$。$\boldsymbol{H}$ 是海森矩阵。

二阶充分条件：设 $f(\boldsymbol{x})$是 $\mathbf{E}^n$ 中的二阶可微函数，如果 $\boldsymbol{x}^*$ 满足$\nabla f(\boldsymbol{x}^*)=0$ 以及 $\boldsymbol{y}^{\mathrm{T}}\boldsymbol{H}(\boldsymbol{x}^*)\boldsymbol{y}>0,\forall \boldsymbol{y}\in \mathbf{E}^n,\boldsymbol{y}\neq \boldsymbol{0}$，则 $\boldsymbol{x}^*$ 是 $f(\boldsymbol{x})$的一个严格局部极小点。

2. 等式约束极小化问题

$$\left.\begin{aligned}&\min f(\boldsymbol{x})\\&\text{s.t.}\quad h(\boldsymbol{x})=\boldsymbol{0}\end{aligned}\right\} \tag{2.8}$$

式中，向量 $h(\boldsymbol{x})=(h_1(\boldsymbol{x}),\cdots,h_t(\boldsymbol{x}))^{\mathrm{T}}$。

一阶必要条件：设 $f(\boldsymbol{x}),h_p(\boldsymbol{x}),p=1,\cdots,t$ 都是连续可微的函数，$\boldsymbol{x}^*$ 是 $f(\boldsymbol{x})$在可行域中的一个局部极小点，在 $\boldsymbol{x}^*$ 是正则点的假设下，必存在一个拉格朗日乘子向量 $\boldsymbol{u}$，使得$(\boldsymbol{x}^*,\boldsymbol{u})$满足方程组

$$\begin{cases}\nabla_x L(\boldsymbol{x},\boldsymbol{u})=\nabla f(\boldsymbol{x})-\displaystyle\sum_{p=1}^{t}u_p\nabla h_p(\boldsymbol{x})=\boldsymbol{0}\\\nabla_u L(\boldsymbol{x},\boldsymbol{u})=h(\boldsymbol{x})=\boldsymbol{0}\end{cases}$$

式中，正则点的定义为：如果 $h(\boldsymbol{x})$在点 $\bar{\boldsymbol{x}}$ 处的Jacobi矩阵$\nabla h(\bar{\boldsymbol{x}})$是行满秩的，即向量组$\nabla h_1(\bar{\boldsymbol{x}})$，$\nabla h_2(\bar{\boldsymbol{x}}),\cdots,\nabla h_t(\bar{\boldsymbol{x}})$线性无关，则称点 $\bar{\boldsymbol{x}}$ 为 $h(\boldsymbol{x})$的一个正则点。

等式约束极小化问题的拉格朗日函数

$$L(\boldsymbol{x},\boldsymbol{u})=f(\boldsymbol{x})-\sum_{p=1}^{t}u_p h_p(\boldsymbol{x})$$

3. 不等式约束极小化问题

对于一般的非线性规划问题：

$$\left.\begin{aligned}&\min f(\boldsymbol{x})\\&\text{s.t.}\quad g_j(\boldsymbol{x})\leqslant \boldsymbol{0},\quad j=1,2,\cdots,m_1\\&\qquad\ h_k(\boldsymbol{x})=\boldsymbol{0},\quad k=1,2,\cdots,m_2\\&\qquad\ x_i^l\leqslant x_i\leqslant x_i^u,\quad i=1,2,\cdots,n\end{aligned}\right\} \tag{2.9}$$

设 $\boldsymbol{x}$ 满足约束条件 $g_j(\boldsymbol{x})\leqslant\boldsymbol{0}(j=1,2,\cdots,m_1)$，$h_k(\boldsymbol{x})=\boldsymbol{0}$，$(k=1,2,\cdots,m_2)$，并且 $g_j(\boldsymbol{x})\leqslant\boldsymbol{0}(1\leqslant j\leqslant m_1)$是积极约束，即在 $\boldsymbol{x}$ 点处，$g_j(\boldsymbol{x})=\boldsymbol{0}(1\leqslant j\leqslant m_1)$，如果梯度向量组$\nabla h_k(\boldsymbol{x})(k=1,2,\cdots,m_2)$，$\nabla g_j(\boldsymbol{x})$，($g_j(\boldsymbol{x})$是积极约束)是线性无关的，则称点 $\boldsymbol{x}$ 是约束条件的一个正则点。

Kuhn－Tucker 一阶必要条件(以下简称 K－T 条件)：设 $f(\boldsymbol{x})$，$g_i(\boldsymbol{x})$，$(j=1,\cdots,m_1)$，$h_k(\boldsymbol{x})$，$(k=1,\cdots,m_2)$都是连续可微的函数，$\boldsymbol{x}^*$ 是问题的一个局部极小点，并且是正则点，则必存在乘子向量 $\boldsymbol{\lambda}$，使得

$$\left.\begin{aligned}&\nabla f(\boldsymbol{x}^*)+\sum_{j=1}^{m_1}\lambda_j\ \nabla g_i(\boldsymbol{x}^*)+\sum_{k=1}^{m_2}\lambda_k\ \nabla h_{m_1+k}(\boldsymbol{x}^*)=\boldsymbol{0}\\&\lambda_j\geqslant 0,\quad \lambda_j g_j(\boldsymbol{x}^*)=\boldsymbol{0},\quad j=1,\cdots,m_1\end{aligned}\right\}\tag{2.10}$$

K－T 条件的重要性在于：可以用这个条件检验所获得的 $\boldsymbol{x}$ 是否为条件极值点；可以检验一种搜索方法是否合理，如果用这种方法求出的“最优点”符合 K－T 条件，则此方法可以认为是可行的。

由于 K－T 条件判定的只是局部极小点，所以只有当目标函数和约束条件都是凸函数时，判定的条件极值点才是全局最优点，并且 K－T 条件才是充分条件。

2.4.4　判断全局最优解的方法

对工程实际中的复杂优化问题，在无法确定得到的解是否为全局最优解时，一般需要经过计算验证。可用如下方法：

① 改变初始点。如果大幅改变初始点后仍能得到相同的最优解，则这个最优解很可能就是全局最优解；如果不同的初始点得到的最优点不同，则是局部最优解。

② 先用随机点粗选，然后再用其他优化方法在此基础上细选，如果仍能得到相同的最优解，则这个最优解很可能就是全局最优解；如果得到的最优解不同，则是局部最优解。

③ 用某种优化方法求得最优点后，以该点为起始点，用随机射线法向四周进行大步长的探索，检查是否有更好的点。

④ 求得最优点后，利用参数分析，在原程序中固定其他最优参数，分别逐渐改变其中的一个参数，求出各参数相对目标函数的变化曲线，检查是否有更好的点。

2.4.5　算法的收敛速度和终止准则

在介绍收敛速度之前，首先介绍赋范线性空间。在一般的线性空间中没有度量的概念。只有在其中引进了范数，形成赋范线性空间之后，才能考虑向量的“长度”，进一步考虑其中的拓扑性质，例如，开集、闭集、收敛性、连续性等诸多性质。

设 $\boldsymbol{X}$ 是一个线性空间，在 $\boldsymbol{X}$ 中规定了一个实值函数，称为范数，记为 $\|\cdot\|$，即将每个 $\boldsymbol{x}\in\boldsymbol{X}$ 映射到一个实数 $\|\boldsymbol{x}\|$，其应满足以下三条公理。

① 正定性：对于每一个 $\boldsymbol{x}\in\boldsymbol{X}$，有 $\|\boldsymbol{x}\|\geqslant 0$；$\|\boldsymbol{x}\|=0$ 当且仅当 $\boldsymbol{x}=\boldsymbol{\theta}$。

② 正齐次性：对于每一个 $\boldsymbol{x}\in\boldsymbol{X}$ 及标量 α，有 $\|\alpha\boldsymbol{x}\|=|\alpha|\,\|\boldsymbol{x}\|$。

③ 三角不等式：对于每一个 $\boldsymbol{x}\in\boldsymbol{X}$ 与每一个 $\boldsymbol{y}\in\boldsymbol{X}$，有

$$\|\boldsymbol{x}+\boldsymbol{y}\|\leqslant\|\boldsymbol{x}\|+\|\boldsymbol{y}\|$$

则 $\boldsymbol{X}$ 构成一个赋范线性空间。

在数学上对收敛速度的定义是：在赋范线性空间$\{\mathbf{R}^n,\|\cdot\|\}$中，设点列$\{\boldsymbol{x}^{(k)}\}$收敛于 $\boldsymbol{x}^*$，

满足

$$\lim_{k \to \infty} \frac{\| \boldsymbol{x}^{(k+1)} - \boldsymbol{x}^* \|}{\| \boldsymbol{x}^{(k)} - \boldsymbol{x}^* \|^p} = c$$

且 $p \geqslant 1$，为实数；$c > 0$，为与 k 无关的常数，则称 $\{\boldsymbol{x}^{(k)}\}$ 为 p 阶收敛。

当 $p > 1$ 时，称 $\{\boldsymbol{x}^{(k)}\}$ 为超线性收敛。特别是，当 $p = 2$ 时，称 $\{\boldsymbol{x}^{(k)}\}$ 为平方收敛或二阶收敛。求解非线性规划的算法至少需要具有线性收敛速度，具有超线性收敛速度或二阶收敛的算法是收敛较快的。在第 3 章介绍的经典优化方法中，梯度法具有线性收敛速度，牛顿法具有二阶收敛速度。

优化算法的迭代过程由终止准则控制。经过有限次迭代，算法在所产生的迭代序列满足某种条件后停止，使得所产生的点虽然不一定是最优解，但其误差是可接受的。

根据收敛的定义，可以证明如果点列 $\{\boldsymbol{x}^{(k)}\}$ 超线性收敛于 $\boldsymbol{x}^*$，则 $\lim\limits_{k \to \infty} \dfrac{\| \boldsymbol{x}^{(k+1)} - \boldsymbol{x}^{(k)} \|}{\| \boldsymbol{x}^{(k)} - \boldsymbol{x}^* \|} = 1$。

因此若 $\boldsymbol{x}^*$ 为问题的最优解，则可以利用 $\| \boldsymbol{x}^{(k+1)} - \boldsymbol{x}^{(k)} \|$ 来估计误差 $\| \boldsymbol{x}^{(k)} - \boldsymbol{x}^* \|$，由此得到迭代终止的一般准则：

① 当迭代中相邻两次迭代点的距离或距离相对值小于或等于规定的很小正数 ε 时，迭代终止，ε 称为误差限，即 $\| \boldsymbol{x}^{(k+1)} - \boldsymbol{x}^{(k)} \| \leqslant \varepsilon$ 或 $\dfrac{\| \boldsymbol{x}^{(k+1)} - \boldsymbol{x}^{(k)} \|}{\| \boldsymbol{x}^{(k)} \|} \leqslant \varepsilon$；

② 当迭代中相邻两次目标函数值的改进达到足够小时，迭代终止，即 $| f(\boldsymbol{x}^{(k+1)} - f(\boldsymbol{x}^{(k)}) | \leqslant \varepsilon$ 或 $\dfrac{| f(\boldsymbol{x}^{(k+1)}) - f(\boldsymbol{x}^{(k)}) |}{| f(\boldsymbol{x}^{(k)}) |} \leqslant \varepsilon$；

③ 当迭代中目标函数在迭代点的梯度达到足够小时，迭代终止，即 $\| \nabla f(\boldsymbol{x}^{(k)}) \| \leqslant \varepsilon$。

由于目标函数在鞍点的梯度为零，所以其中第三个准则不能单独使用。有时单独使用一个终止准则不合适，可以将几个终止准则结合使用。

第3章　常用的经典优化算法

优化算法是在优化模型确定后用来求解优化问题的方法。一般情况下，对于较复杂的优化问题的求解需要借助计算机完成，各种优化算法都有自己独特的优势和不足，没有一种通用的优化算法能够完美求解各种优化问题。优化算法可以分为两大类：一类是局部优化算法，这类算法通常是基于优化问题的梯度与函数值的数值计算，有较为严格的理论基础作为算法依据，求解速度较快，但算法易收敛到局部最优值，如最速下降法、序列二次规划法、罚函数法等；另一类是全局优化算法，这类算法通常是基于人工智能对自然界各种现象的模拟，没有严格的理论基础，算法的计算速度慢，但获得全局最优解的能力较强，如遗传算法、粒子群优化算法、蚁群算法等。本章将介绍用于求解无约束优化问题、约束优化问题的常用的经典局部优化算法，它们是理解优化理论的基础。

3.1　一维搜索算法

一维搜索算法是优化算法中最简单、最基础的方法，不仅可以用来求解一维目标函数的寻优问题，更常用于 n 维问题中在既定方向上寻求最优步长的一维搜索，即把 n 维问题转化为一维问题处理。此外，一维搜索算法，无需事先知道目标函数的明确表达式。

为了进行一维搜索，求一维函数的极小点需要分两步进行：第一步确定搜索区间，即最优步长 $\alpha^{(k)}$ 所在的区间$[x_1, x_2]$，搜索区间应为单峰区间，区间内目标函数应只有一个极小值；第二步在此区间内求最优步长 $\alpha^{(k)}$，使目标函数 $f(x^{(k)}+\alpha^{(k)}s^{(k)})$ 达到极小。

对于工程实际优化问题，目标函数往往相对复杂，有时甚至写不出它的解析表达式。对此，只能应用问题本身的信息，直接通过试验，根据试验结果的比较来求得最优解。此时，一维搜索方法是以尽可能少的试验次数，以求迅速得到最优解的重要方法之一。

3.1.1　进退法

进退法是最简便直接的一维搜索算法，在介绍进退法之前，首先讲述单峰区间的概念。

单峰区间指在此区间内函数值仅有一个极小点，其数学定义如下：

设函数 $f(x)$ 在区间$[x_1, x_2]$内有定义，且

① 在区间$[x_1, x_2]$内存在极小值点 x^*，即有

$$\min f(x) = f(x^*),\quad x \in [x_1, x_2] \tag{3.1}$$

② 对区间$[x_1, x^*)$上的任意自变量 x，有

$$f(x) > f(x+\Delta x),\quad \Delta x > 0 \tag{3.2}$$

③ 对区间$[x^*, x_2]$上的任意自变量 x，有

$$f(x) < f(x+\Delta x),\quad \Delta x > 0 \tag{3.3}$$

则称闭区间$[x_1, x_2]$为函数 $f(x)$ 的单峰区间，如图 3.1 所示。

在求解一维优化问题并且目标函数形态比较明确的情况下，单峰区间可以根据实际情况

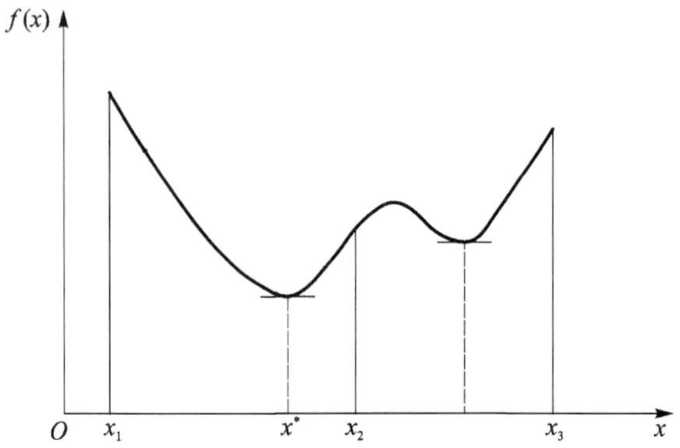

图 3.1 单峰区间与多峰区间

人为预先设定，但在 n 维优化问题或目标函数性态并不明朗的情况下，不能直接确定目标函数的单峰区间，需要借助一定方法通过计算确定函数的单峰区间。接下来介绍如何用进退法确定单峰区间。

设有函数 $f(x)$，给定初始点 x_1 及初始步长 h_1。

首先计算函数值 $f(x_1)$ 和 $f(x_2)$，其中 $x_2=x_1+h_1$，作为前进还是后退的判断依据。

然后比较 $f(x_1)$ 和 $f(x_2)$ 的大小：① 若 $f(x_2)<f(x_1)$，则说明极小点必在 x_1 的右方，应采取前进运算；② 若 $f(x_2)\geqslant f(x_1)$，则说明极小点必在 x_2 的左方，应采取后退运算，如图 3.2 所示。

1. 前进运算

将步长加倍，$h=2h_1$，取第三个点 $x_3=x_2+h$，计算 $f(x_3)$。比较 $f(x_2)$ 和 $f(x_3)$：

① 若 $f(x_2)\leqslant f(x_3)$，则相邻三点的函数值形成了大小大的形态，构成了初始单峰区间 $[x_1, x_3]$，令 $a=x_1, b=x_3$，获得单峰区间 $[a, b]$；

② 若 $f(x_2)>f(x_3)$，则继续采取前进运算，对点进行替换：

$$x_1=x_2,\quad f(x_1)=f(x_2),\quad x_2=x_3,\quad f(x_2)=f(x_3)$$

再次将步长加倍重新计算，直到三点函数值为两边大、中间小时为止，如图 3.3 所示。

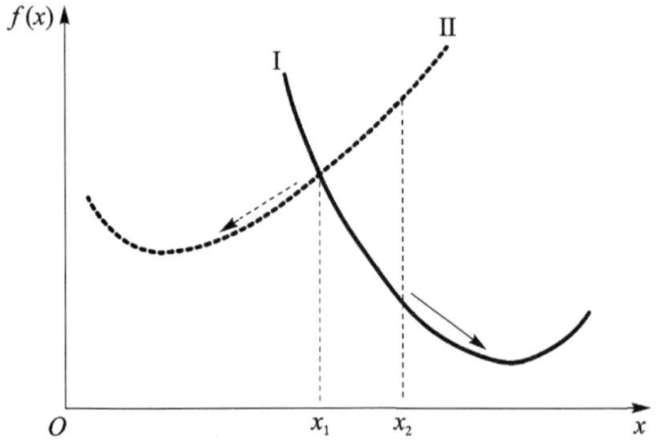

图 3.2 前进或后退运算试探

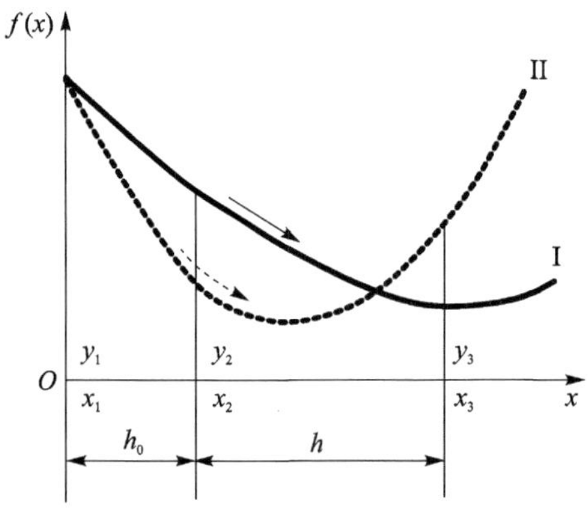

图 3.3 前进运算

2. 后退运算

交换点号和函数值，并取步长为负，使点号从右向左排列：

$$\left.\begin{aligned} &t=x_1, \quad ty=f(x_1) \\ &x_1=x_2, \quad f(x_1)=f(x_2) \\ &x_2=t, \quad f(x_2)=ty \end{aligned}\right\} \tag{3.4}$$

将步长加倍，$h=-2h_1$。计算第三点及函数值 $x_3=x_2+h$，计算 $f(x_3)$。比较 $f(x_2)$和 $f(x_3)$，若

① $f(x_2)\leqslant f(x_3)$，则相邻三点的函数值形成了大小大的形态，构成了初始单峰区间，令 $a=x_3$，$b=x_1$，获得单峰区间$[a,b]$；

② $f(x_2)>f(x_3)$，则继续采取后退运算，对点进行替换：

$$x_1=x_2, \quad f(x_1)=f(x_2), \quad x_2=x_3, \quad f(x_2)=f(x_3)$$

再次将步长加倍，重新计算，直到三点函数值为两边大、中间小时为止，如图 3.4 所示。

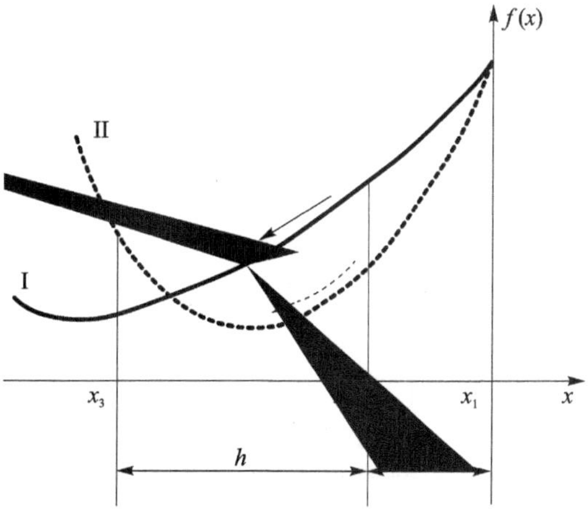

图 3.4　后退运算

根据上述计算过程，在确定了单峰区间后，用进退法进行搜索计算求最优值，在每次前进和后退搜索中，取步长为前一次步长的 2 倍。预先设置误差项 $\Delta>0$，当某次搜索到的步长小于 Δ 时，即停止搜索，认为当前的目标函数值为最优值。

进退法进行搜索时，每一次搜索的步长都会改变，在前进和后退搜索运算中，逐渐逼近最优解。这种方法具有起步简便的特点，便于编程执行，但同时在最优解附近收敛速度较慢的特点限制了该方法的应用。通常在实际寻优过程中，首先应用进退法确定搜索区间，再用其他方法进行优化计算。

3.1.2　序列消去法

比起进退法，序列消去法的收敛速度较快。序列消去法的原理是在搜索区间内，选取计算点进行计算，比较函数值的大小，消去部分区间，缩短搜索区间，经过多次缩小，最后区间逼近函数的极小值点。在已有的单峰区间$[a,b]$内任取两点 $a^{(1)}$、$a^{(2)}$，计算函数值 $f(a^{(1)})$、$f(a^{(2)})$并比较，有三种情况：

① $f(a^{(1)})<f(a^{(2)})$，由于函数的单峰性，极小点必位于区间$[a,a^{(2)}]$内，搜索区间缩短为$[a,a^{(2)}]$；

② $f(a^{(1)})>f(a^{(2)})$，搜索区间缩短为$[a^{(1)},b]$；

③ $f(a^{(1)})=f(a^{(2)})$，极小值点在$[a^{(1)},a^{(2)}]$内。为了简化计算，可将此种情形归结为前两种之一，如图 3.5 所示。

序列消去法经过 n 次迭代后，区间缩短为 l_n，它与原始区间 $l=b-a$ 的比值称为缩短率：

$$\lambda=l_n/l \tag{3.5}$$

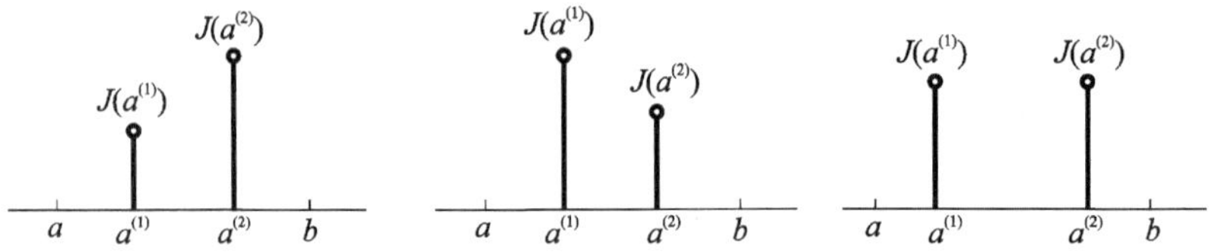

(a) 情形1　　(b) 情形2　　(b) 情形3

图 3.5　序列消去法原理

缩短率是比较各种搜索方法优劣的一个依据，在相同的计算次数下，缩短率小意味着能较快地收敛到极小值点。

Fibonacci 法和黄金分割法都属于序列消去法，其区别在于区间缩短的方式不同。Fibonacci 法采用 Fibonacci 数列作为区间的缩短系数，黄金分割法采用固定的区间缩短率 0.618。

1. Fibonacci 法

Fibonacci 法也称为分数法，它采用 Fibonacci 数列作为区间缩短系数。Fibonacci 数列中的数是前两项之和，其迭代公式为

$$F_0 = F_1 = 1,\quad F_n = F_{n-1} + F_{n-2},\quad n \geqslant 2 \tag{3.6}$$

式(3.6)的前 21 项取值如表 3.1 所列。

表 3.1　Fibonacci 数列

n	0	1	2	3	4	5	6	7	8	9	10
F_n	1	1	2	3	5	8	13	21	34	55	89
n	11	12	13	14	15	16	17	18	19	20	
F_n	144	233	377	610	987	1 597	2 584	4 181	6 765	10 946	

采用 Fibonacci 法缩短区间，计算 n 个函数值能获得的最佳缩短率为 $1/F_n$。原长为 l 的区间，取 $n=20$，计算 20 个点就可以把区间缩短为

$$\frac{l}{F_{20}} = \frac{l}{10\ 946} \approx l \times 10^{-4}$$

所以，计算次数可以根据所寻求极小点的精度要求加以确定。如欲使最终长度不超过原长度的 1/100，只需取满足 $F_n \geqslant 100$ 所对应的 $n=11$，即 $F_{11}=114$ 为所要求的计算次数。

Fibonacci 法的迭代步骤如下：

① 根据精度要求确定计算点的个数 n。原始区间 $[a_0, b_0]$ 经过 n 个点以后区间变为 $[a_{n-1}, b_{n-1}]$；

② 选出计算点，计算函数值并比较大小，如图 3.6 所示。

$$a_1^{(2)} = a_0 + \frac{F_{n-1}}{F_n}(b_0 - a_0),\quad a_1^{(1)} = a_0 + \frac{F_{n-2}}{F_n}(b_0 - a_0)$$

a. 若 $f(a_1^{(2)}) > f(a_1^{(1)})$，则取 $[a_0, a_1^{(2)}]$ 为新区间 $[a_1, b_1]$，原区间的 $a_1^{(1)}$ 点作为新区间的 $a_2^{(2)}$ 点，并且 $a_2^{(1)} = b_1 + \frac{F_{n-2}}{F_{n-1}}(a_1 - b_1)$；

b. 若 $f(a_1^{(2)}) \leqslant f(a_1^{(1)})$，则取 $[a_1^{(1)}, b_0]$ 为新区间 $[a_1, b_1]$，原区间的 $a_1^{(2)}$ 点作为新区间的

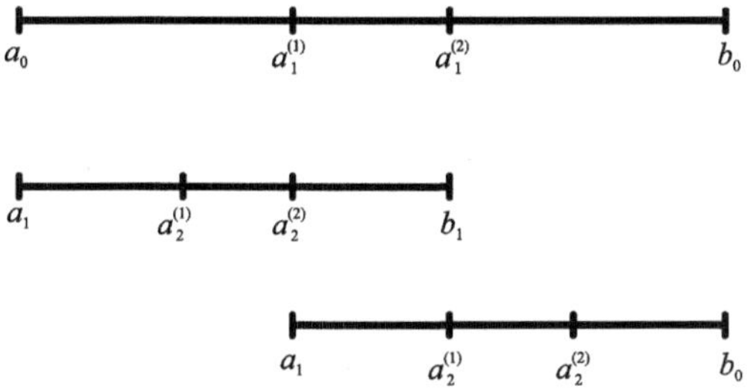

图 3.6　Fibonacci 法迭代过程

$a_2^{(1)}$ 点，并且 $a_2^{(2)}=a_1+\dfrac{F_{n-2}}{F_{n-1}}(b_1-a_1)$。

重复上述过程直至 $n-1$ 次迭代。

当进行 $k=n-1$ 次迭代时，Fibonacci 分数是

$$\frac{F_{n-k}}{F_{n-(k-1)}}=\frac{F_1}{F_2}=\frac{1}{2}$$

此时在区间$[a_{k-1},b_{k-1}]$中，两个计算点将重合，无法进一步比较函数值的大小，可以改用以下修正公式：

$$a_k^{(2)}=a_{k-1}+\left(\frac{1}{2}+\varepsilon\right)(b_{k-1}-a_{k-1}) \tag{3.7}$$

$$a_k^{(1)}=a_{k-1}+\frac{1}{2}(b_{k-1}-a_{k-1}) \tag{3.8}$$

式中，ε 为给定的分散度。

确定出最后的区间$[a_{n-1},b_{n-1}]$。然后计算对应的函数值并比较大小，较小值即为求得的极小值。

2. 黄金分割法

黄金分割法也称为 0.618 法，它的搜索区间缩短率是一个固定值——黄金分割点 0.618，用这个缩短率可以在计算过程中把前一次计算的值留下来供下一次计算使用，减少计算量。图 3.7 为其原理图。

黄金分割法的迭代过程如图 3.8 所示，具体计算过程如下：

① 在区间$[a,b]$内取两点 $a_0^{(1)}$、$a_0^{(2)}$，使

$$\left.\begin{aligned} a_0^{(2)}&=a+0.618(b-a)\\ a_0^{(1)}&=a+0.382(b-a)\end{aligned}\right\} \tag{3.9}$$

计算并比较函数值 $f(a_0^{(1)})$、$f(a_0^{(2)})$，若 $f(a_0^{(2)})>f(a_0^{(1)})$，则舍去 b 点，取$[a,a_0^{(2)}]$作为新区间$[a_1,b_1]$，而 $a_0^{(1)}$ 点作为新区间$[a_1,b_1]$内的 $a_1^{(2)}$ 点，新区间的另一计算点为

$$a_1^{(1)}=a_1+0.382(b_1-a_1) \tag{3.10}$$

然后计算 $f(a_1^{(1)})$。若 $f(a_0^{(2)})\leqslant f(a_0^{(1)})$，则舍去 a 点，取$[a_0^{(1)},b]$作为新区间$[a_1,b_1]$，而 $a_0^{(2)}$ 点作为新区间$[a_1,b_1]$内的 $a_1^{(1)}$ 点，新区间的另一计算点为

$$a_1^{(2)}=a_1+0.618(b_1-a_1) \tag{3.11}$$

然后计算 $f(a_1^{(2)})$。

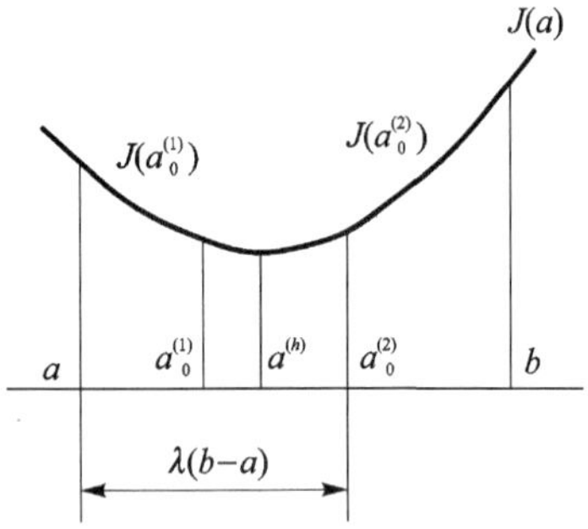

图 3.7 黄金分割法原理

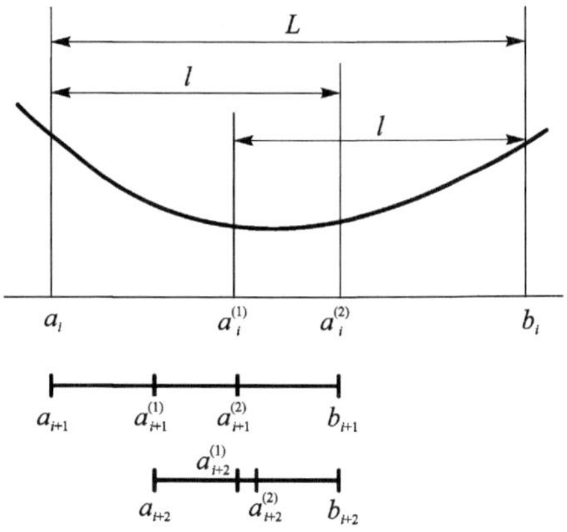

图 3.8 黄金分割法迭代过程

② 比较 $f(a_1^{(1)})$和 $f(a_1^{(2)})$，重复上述过程，直至达到所需的精度(计算完 n 个点或函数差值小于给定值)。

对比 Fibonacci 法与黄金分割法，前者是区间不等速缩减的方法，后者是区间等速缩减的方法。黄金分割法不必预先确定试验次数，实现较为简便，但受到累积误差的影响，黄金分割法的试验次数不宜过多。

3.1.3 二次插值法

二次插值法又称为近似抛物线法，属于利用多项式逼近的近似法，其基本思想是利用若干点的函数值来构造一个二次插值多项式，近似地表达原目标函数，并求这个多项式的极小值点作为原函数极小值点的近似。随着区间的不断缩短，在原函数的极小值点附近，原函数表现出更强的二次性，拟合的精度更高，多项式函数的极小值和原函数的极小值更加接近，如此反复，直至满足所需精度要求为止。

在一维原目标函数的单峰区间$[a,b]$内取三个点 $a_1<a_2<a_3$，用其函数值 f_1、f_2 和 f_3 构造二次多项式。取区间的两端点为 a_1 和 a_3，在其内部等距或不等距处取一个点 a_2，即

$$a_2=\frac{1}{2}(a_1+a_3) \quad 或 \quad a_2=\frac{1}{3}(a_1+a_3) \tag{3.12}$$

计算其函数值 f_1、f_2 和 f_3，以此三点为插值点作一条二次曲线，通过推导，此二次曲线的极小值位于 a_p^* 处，

$$a_p^*=\frac{1}{2}\left(a_1+a_3-\frac{c_1}{c_2}\right), \quad c_1=\frac{f_3-f_1}{a_3-a_1}, \quad c_2=\frac{(f_2-f_1)/(a_2-a_1)-c_1}{a_2-a_3} \tag{3.13}$$

由于初始区间较大，用第一次构成的二次插值函数的极小值点 a_p^* 作为原函数极小值点的近似，误差较大，需要进行区间缩短，使 a_p^* 不断接近原函数的极小值点。区间缩短的做法是：计算 a_p^* 点的函数值 f_p^*，比较 f_p^* 与 f_2 的大小，取其较小者所对应的点作为新的 a_2(它可能是原来的 a_2，也可能是 a_p^*)，以此点左右相邻点分别取作新的 a_1 和 a_3，于是获得缩短后的新区间$[a_1,a_3]$，如图 3.9 所示。

根据 a_p^* 相对于 a_2 的位置和函数值 f_p^* 与 f_2 的比较，区间缩短分以下四种情况，如图 3.10 所示。

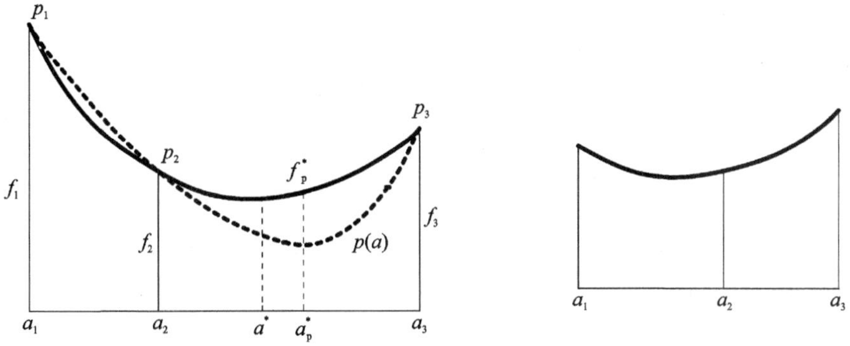

(a) 二次插值法的过程　　(b) 二次插值法的区间

图 3.9　二次插值及区间缩短

① $a_p^* > a_2, f_2 < f_p^*$。以$[a_1, a_p^*]$为新区间,即令 $a_3 = a_p^*$,a_1 和 a_2 不变;

② $a_p^* > a_2, f_2 \geqslant f_p^*$。以$[a_2, a_3]$为新区间,即令 $a_1 = a_2, a_2 = a_p^*$,a_3 不变;

③ $a_p^* < a_2, f_2 \geqslant f_p^*$。以$[a_1, a_2]$为新区间,即令 $a_3 = a_2, a_2 = a_p^*$,a_1 不变;

④ $a_p^* < a_2, f_2 < f_p^*$。以$[a_p^*, a_3]$为新区间,即令 $a_1 = a_p^*$,a_2 和 a_3 不变。

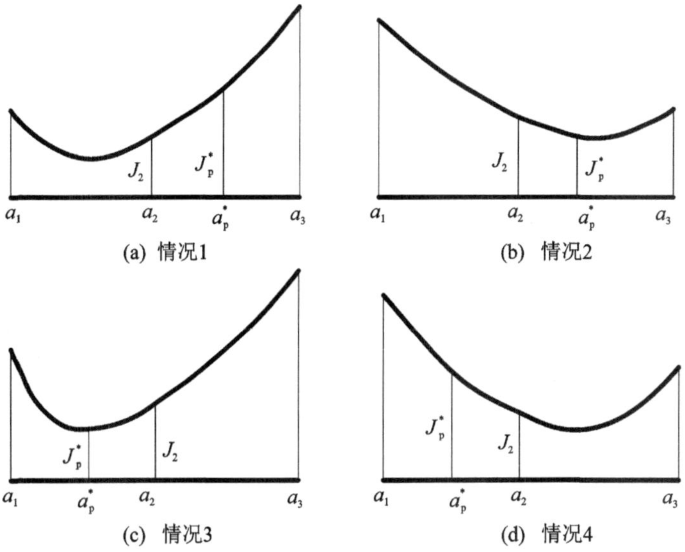

(a) 情况1　　(b) 情况2　　(c) 情况3　　(d) 情况4

图 3.10　二次插值区间缩短的四种情况

迭代的终止条件为下列之一:

① 当相邻两次迭代的二次插值函数极小值点之间的距离小于某一预先给定的精度时:

$$|a_p^{*(k)} - a_p^{*(k-1)}| \leqslant \varepsilon, \quad k \geqslant 2 \tag{3.14}$$

② 当相邻两次迭代的二次插值函数极小值之差或极小值之差的相对值小于某一预先给定的精度时:

$$|f_p^{*(k)} - f_p^{*(k-1)}| \leqslant \varepsilon, \quad k \geqslant 2 \quad 或 \quad \left|\frac{f_p^{*(k)} - f_p^{*(k-1)}}{f_p^{*(k)}}\right| \leqslant \varepsilon, \quad k \geqslant 2 \tag{3.15}$$

插值法具有快速逼近最优值的特点,但是只有在插值间距较小时,新的插值函数才能较好地逼近原来的目标函数。

一维搜索的算法都假设搜索区间为单峰区间。对于多峰问题，可以先用进退法确定多个单峰区间，然后再逐个区间进行一维搜索找到最优值。

3.2 无约束优化方法

对于一个 n 维目标函数 $f(\boldsymbol{x})$，如果在没有任何限制条件的情况下寻求其极小值，则把它称为无约束优化问题。数学描述为

$$\left.\begin{array}{l}\min f(\boldsymbol{x}) \\ \boldsymbol{x} \in \mathbf{E}_n\end{array}\right\} \tag{3.16}$$

式中，$\mathbf{E}_n$ 为 n 维欧式空间。

无约束优化方法是优化技术中最重要和最基本的内容之一。虽然工程中的绝大多数优化问题都是有约束的优化问题，但可将其转化为无约束优化问题求解，所以多数优化问题，包括有约束的优化问题或无约束的优化问题，最后都归结为用无约束优化方法求解，无约束优化方法的研究因此得到了广泛重视。

常用的无约束优化方法有最速下降法、牛顿法、鲍威尔法、单纯形法等。在求解 n 维优化问题的无约束优化方法中，不论是通过求目标函数导数的解析法，还是不用求导数的直接法，都需要进行多次一维搜索，使迭代点逐渐逼近最优点。各种无约束优化方法的区别在于一维搜索方向的差别，这种方向可以是特殊规定的某一方向，也可以是由有序的若干方向组合起来的一个方向组，因而搜索方向是无约束优化方法的主要特征。

3.2.1 最速下降法

最速下降法(Steepest Descent Method)也称梯度法，它是将 n 维优化问题转化为一系列的一维搜索问题，因为函数值下降最快的方向是负梯度方向，所以最速下降法就是沿着目标函数的负梯度方向搜索，求目标函数的极小值。

最速下降法的数学依据是函数在点 $\boldsymbol{X}^{(0)}$ 的梯度方向为函数等值线或等值面在该点的法线方向。

在设计中由 $\boldsymbol{X}^{(k)}$ 向 $\boldsymbol{X}^{(k+1)}$ 点移动时，选定函数在 $\boldsymbol{X}^{(k)}$ 点的负梯度方向为一维搜索方向，即

$$\boldsymbol{X}^{(k+1)} = \boldsymbol{X}^{(k)} + \alpha^{(k)} \boldsymbol{S}^{(k)} \tag{3.17}$$

令

$$\boldsymbol{S}^{(k)} = -\nabla f(\boldsymbol{X}^{(k)}) = -\left[\frac{\partial f}{\partial x_1}\ \frac{\partial f}{\partial x_2} \cdots \frac{\partial f}{\partial x_n}\right]^{\mathrm{T}} \tag{3.18}$$

则步长的取法为

① 任意给定一个初始步长，使得

$$f(\boldsymbol{X}^{(k)} + \alpha^{(k)} \boldsymbol{S}^{(k)}) < f(\boldsymbol{X}^{(k)}) \tag{3.19}$$

② 沿负梯度方向进行一维搜索，求解一维优化问题的最优步长 α^*，即对目标函数求极小，以得到最优化步长：

$$\min_{\alpha^{(k)}>0} f(\boldsymbol{X}^{(k)} + \alpha^{(k)} \boldsymbol{S}^{(k)}) = f(\boldsymbol{X}^{(k)} + \alpha^{(k)*} \boldsymbol{S}^{(k)}) \tag{3.20}$$

最速下降法的迭代过程为

① 任选初始点 $\boldsymbol{X}^{(0)}$，选定迭代精度，令迭代次数 $k=0$；

② 确定搜索方向，对迭代点 $\boldsymbol{X}^{(k)}$，$k=1,2,\cdots,n$，求目标函数 $f(\boldsymbol{X})$的负梯度：

$$\boldsymbol{S}^{(k)}=-\nabla f(\boldsymbol{X}^{(k)})=-\left[\frac{\partial f}{\partial x_1}\ \frac{\partial f}{\partial x_2}\cdots\ \frac{\partial f}{\partial x_n}\right]^{\mathrm{T}}\Bigg|_{X^{(k)}} \tag{3.21}$$

③ 检验是否满足收敛判别准则，若满足，则停止迭代，得到点 $\boldsymbol{X}^{(k)}$ 和 $f(\boldsymbol{X}^{(k)})$，否则进行下一步；

④ 进行一维搜索：以 $\boldsymbol{X}^{(k)}$ 为起点，沿 $\boldsymbol{S}^{(k)}$ 方向进行一维搜索，求得最优步长 $\alpha^{(k)*}$，使得

$$\min_{\alpha^{(k)}>0} f(\boldsymbol{X}^{(k)}+\alpha^{(k)}\boldsymbol{S}^{(k)})=f(\boldsymbol{X}^{(k)}+\alpha^{(k)*}\boldsymbol{S}^{(k)}) \tag{3.22}$$

⑤ 令 $\boldsymbol{X}^{(k+1)}=\boldsymbol{X}^{(k)}+\alpha^{(k)*}\boldsymbol{S}^{(k)}$，$k=k+1$，转回步骤②。

最速下降法的流程如图 3.11 所示。

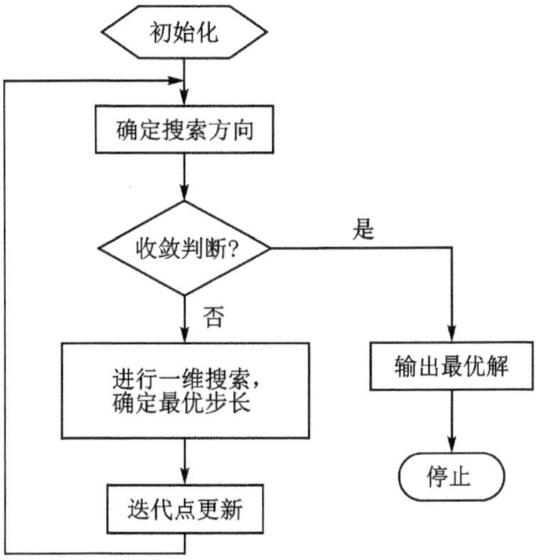

图 3.11　最速下降法流程

最速下降法的优点是程序简单，每次迭代所需的计算量小，储存量也小，而且即使从一个不太好的初始点出发，往往也能收敛到局部极小点，但是它在接近最优点时收敛速度变慢，可以与其他具有二次收敛速度的算法结合使用。

3.2.2　牛顿法

牛顿法（Newton Method）是以二次近似为基础提出的算法，其基本思想是在 $\boldsymbol{X}^{(k)}$ 的邻域内用一个二次曲线近似代替原目标函数，然后求出这个二次函数的极小点作为目标函数的下一步迭代点 $\boldsymbol{X}^{(k+1)}$，通过若干次的迭代过程，使迭代点逐步逼近原函数的极小点 $\boldsymbol{X}^*$。

以一维问题为例，如图 3.12 所示。设已知一维目标函数的初始点 A，过 A 点作一个与原目标函数 $f(X)$相切的二次曲线——抛物线 $\varphi(X)$，求此抛物线的极小点，并将此点代入原目标函数，求得 B 点，过 B 点再作一个与 $f(X)$相切的二次曲线，得到 C 点……，以此类推，直至找到原目标函数的极小点 X^* 为止。

设有一般的目标函数 $f(\boldsymbol{X})$，具有连续的一、二阶偏导数，对其在 $\boldsymbol{X}_0$ 处进行泰勒展开：

$$f(\boldsymbol{X})\approx f(\boldsymbol{X}_0)+\nabla f(\boldsymbol{X}_0)\delta X+\frac{1}{2}\delta\boldsymbol{X}^{\mathrm{T}}\boldsymbol{H}(\boldsymbol{X}_0)\delta\boldsymbol{X}=\varphi(\boldsymbol{X}) \tag{3.23}$$

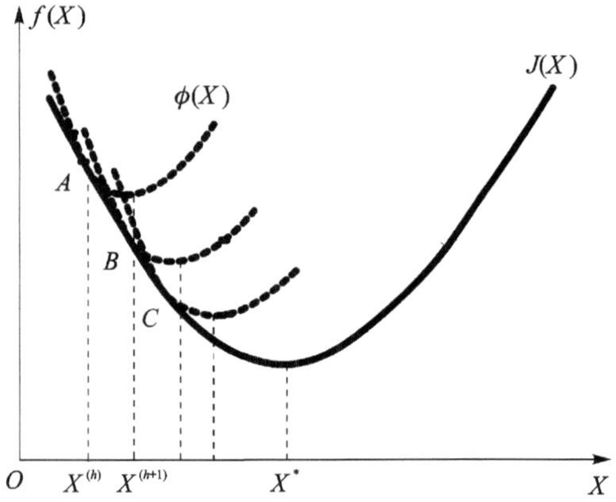

图 3.12　牛顿法寻优过程

式中

$$\delta \boldsymbol{X} = \boldsymbol{X} - \boldsymbol{X}_0 \tag{3.24}$$

而

$$\nabla f(\boldsymbol{X}) \approx \nabla f(\boldsymbol{X}_0) + \boldsymbol{H}(\boldsymbol{X}_0)\delta \boldsymbol{X} \tag{3.25}$$

在极小值点 $\boldsymbol{X}^*$ 处，有

$$\nabla f(\boldsymbol{X}^*) \approx \nabla f(\boldsymbol{X}_0) + \boldsymbol{H}(\boldsymbol{X}_0)\delta \boldsymbol{X}^* = \boldsymbol{0} \tag{3.26}$$

因而

$$\delta \boldsymbol{X}^* = -\boldsymbol{H}^{-1}(\boldsymbol{X}_0)\nabla f(\boldsymbol{X}_0) = \boldsymbol{X}^* - \boldsymbol{X}_0 \tag{3.27}$$

取 $\boldsymbol{X}^*$ 作为原目标函数的下一个迭代点，即令

$$\boldsymbol{X}^{(k+1)} = \boldsymbol{X}^{(k)} - \boldsymbol{H}^{-1}(\boldsymbol{X}^{(k)})\nabla f(\boldsymbol{X}^{(k)}) \tag{3.28}$$

这就是牛顿法的基本迭代公式。从该迭代公式可以看到，牛顿法的搜索方向为

$$\boldsymbol{S}^{(k)} = -\boldsymbol{H}^{-1}(\boldsymbol{X}^{(k)})\nabla f(\boldsymbol{X}^{(k)}) \tag{3.29}$$

相当于迭代的步长为定值 1。

若用牛顿法对一个二次目标函数求极小值，因为泰勒展开的多项式与原目标函数相等，二阶偏导数矩阵 $\boldsymbol{H}$ 为一常数矩阵，所以从任意初始点出发，迭代一次就可以得到目标函数的极小点。由此可见，将牛顿法用于非二次函数的寻优时，在接近最优点附近，此法能很快收敛，因为在最优点附近，函数有较强的二次性。但是，由于牛顿法采用的是定步长，不能保证在每次迭代时函数值一定是下降的，当定步长 1 显得过大时，可能反而使函数值增加，甚至导致迭代发散；另外，迭代中要求矩阵的逆，有时会很复杂或求不出，所以对牛顿法进行了改进，形成了阻尼牛顿法、拟牛顿法等算法。

在阻尼牛顿法中，每次迭代的方向仍采用牛顿方向，但需沿此方向进行一维搜索，求其最优步长 $\alpha^{(k)*}$，即

$$\min f(\boldsymbol{X}^{(k)} + \alpha^{(k)}\boldsymbol{S}^{(k)}) = f(\boldsymbol{X}^{(k)} + \alpha^{(k)*}\boldsymbol{S}^{(k)}) \tag{3.30}$$

将牛顿法的迭代公式修改为

$$\boldsymbol{X}^{(k+1)} = \boldsymbol{X}^{(k)} - \alpha^{(k)*}\boldsymbol{H}^{-1}(\boldsymbol{X}^{(k)})\nabla f(\boldsymbol{X}^{(k)}) \tag{3.31}$$

称为阻尼牛顿法。在目标函数的海森矩阵为正定的情况下，阻尼牛顿法能够保证每次迭代的函数值都有所下降。它既保持了牛顿法收敛快的特性，又不要求初始点选得很好。

阻尼牛顿法的迭代过程如下：

① 任选初始点 $\boldsymbol{X}^{(0)}$，选定迭代精度，令迭代次数 $k=0$；

② 计算 $\boldsymbol{X}^{(k)}$ 点的梯度矢量；

③ 判断是否满足终止条件，若满足，则输出最优解，否则转入下一步；

④ 计算 $\boldsymbol{X}^{(k)}$ 点处的海森矩阵，并求其逆 $\boldsymbol{H}_k^{-1}$；

⑤ 确定牛顿方向：$\boldsymbol{S}^{(k)}=-\boldsymbol{H}^{-1}(\boldsymbol{X}^{(k)})\nabla f(\boldsymbol{X}^{(k)})$，并沿牛顿方向进行一维搜索，求出牛顿方向的最优步长 $\alpha^{(k)*}$，使 $\min f(\boldsymbol{X}^{(k)}+\alpha^{(k)}\boldsymbol{S}^{(k)})=f(\boldsymbol{X}^{(k)}+\alpha^{(k)*}\boldsymbol{S}^{(k)})$；

⑥ 计算第 $k+1$ 个迭代点：$\boldsymbol{X}^{(k+1)}=\boldsymbol{X}^{(k)}-\alpha^{(k)*}\boldsymbol{H}^{-1}(\boldsymbol{X}^{(k)})\nabla f(\boldsymbol{X}^{(k)})$，令 $k=k+1$，返回步骤②。

阻尼牛顿法的流程如图 3.13 所示。

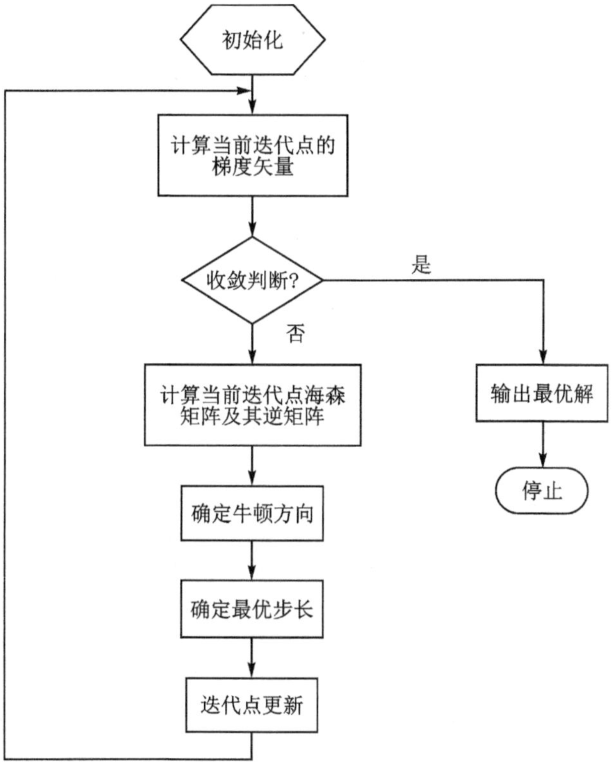

图 3.13　阻尼牛顿法的流程

3.2.3　拟牛顿法

在牛顿法和阻尼牛顿法中，都需要求海森矩阵及其逆矩阵，有时这部分工作的计算量很大或无法获得，所以考虑用某个容易构造的矩阵代替海森矩阵的逆矩阵，在迭代过程中不断修正这个构造矩阵，使其逼近海森逆矩阵，这就是拟牛顿法(Quasi Newton Method)的基本思想。

拟牛顿法中的 n 阶构造矩阵 $\boldsymbol{A}$，可以将其看作是搜索过程中的一种尺度矩阵，它从一次迭代到另一次迭代是变化的，所以拟牛顿法也称为变尺度法(Variable Metric Method)。

拟牛顿法的搜索方向为

$$\boldsymbol{S}^{(k)}=-\boldsymbol{A}(\boldsymbol{X}^{(k)})\nabla f(\boldsymbol{X}^{(k)}) \tag{3.32}$$

构造矩阵 $\boldsymbol{A}$ 应满足的条件：为使拟牛顿方向指向目标函数的下降方向，$\boldsymbol{A}$ 必须为正定阵。

迭代开始时，可取 $\boldsymbol{A}=\boldsymbol{I}$，所以 $S^{(0)}$ 就是最速下降法的负梯度方向。在以后的迭代中，

$\boldsymbol{A}^{(k+1)}=\boldsymbol{A}^{(k)}+\boldsymbol{D}^{(k)}$，　$\boldsymbol{D}^{(k)}=f(\boldsymbol{X}^{(k)}-\boldsymbol{X}^{(k-1)})$，　$\nabla f(\boldsymbol{X}^{(k)})-\nabla f(\boldsymbol{X}^{(k-1)}),\boldsymbol{A}^{(k-1)})$

$\boldsymbol{D}$ 是一个对称矩阵，不同的构造 $\boldsymbol{D}$ 的方法形成了不同的变尺度法，如 DFP 法、BFGS 法。令

$$\boldsymbol{X}^{(k)}-\boldsymbol{X}^{(k-1)}\equiv\boldsymbol{\sigma}^{(k)},\quad \nabla f(\boldsymbol{X}^{(k)})-\nabla f(\boldsymbol{X}^{(k-1)})\equiv\boldsymbol{y}^{(k)}$$

则在 DFP 法中

$$\boldsymbol{A}^{(k+1)}=\boldsymbol{A}^{(k)}+\frac{\boldsymbol{\sigma}^{(k)}(\boldsymbol{\sigma}^{(k)})^{\mathrm{T}}}{(\boldsymbol{\sigma}^{(k)})^{\mathrm{T}}\boldsymbol{y}^{(k)}}-\frac{\boldsymbol{A}^{(k)}\boldsymbol{y}^{(k)}(\boldsymbol{y}^{(k)})^{\mathrm{T}}\boldsymbol{A}^{(k)}}{(\boldsymbol{y}^{(k)})^{\mathrm{T}}\boldsymbol{A}^{(k)}\boldsymbol{y}^{(k)}} \tag{3.33}$$

在 BFGS 法中

$$\boldsymbol{A}^{(k+1)}=\boldsymbol{A}^{(k)}+\frac{1}{(\boldsymbol{\sigma}^{(k)})^{\mathrm{T}}\boldsymbol{y}^{(k)}}\Bigg\{\boldsymbol{\sigma}^{(k)}(\boldsymbol{\sigma}^{(k)})^{\mathrm{T}}+\frac{[\boldsymbol{\sigma}^{(k)}(\boldsymbol{\sigma}^{(k)})^{\mathrm{T}}][(\boldsymbol{y}^{(k)})^{\mathrm{T}}\boldsymbol{A}^{(k)}\boldsymbol{y}^{(k)}]}{(\boldsymbol{\sigma}^{(k)})^{\mathrm{T}}\boldsymbol{y}^{(k)}}-\boldsymbol{A}^{(k)}\boldsymbol{y}^{(k)}(\boldsymbol{\sigma}^{(k)})^{\mathrm{T}}-\boldsymbol{\sigma}^{(k)}(\boldsymbol{y}^{(k)})^{\mathrm{T}}\boldsymbol{A}^{(k)}\Bigg\} \tag{3.34}$$

拟牛顿法的迭代过程如下：

① 任取初始点 $\boldsymbol{X}^{(0)}$，选定迭代精度，计算 $\boldsymbol{X}^{(0)}$ 点的梯度矢量；

② 令迭代次数 $k=0$，取 $\boldsymbol{A}^{(0)}=\boldsymbol{I}$；

③ 判断是否满足终止条件，若满足，则输出最优解，否则转入下一步；

④ 确定搜索方向：$\boldsymbol{S}^{(k)}=-\boldsymbol{A}(\boldsymbol{X}^{(k)})\cdot\nabla f(\boldsymbol{X}^{(k)})$，并沿拟牛顿方向进行一维搜索，求出拟牛顿方向的最优步长 $\alpha^{(k)*}$，使 $\min f(\boldsymbol{X}^{(k)}+\alpha^{(k)}\boldsymbol{S}^{(k)})=f(\boldsymbol{X}^{(0)(k)}+\alpha^{(k)*}\boldsymbol{S}^{(k)})$；

⑤ 计算第 $k+1$ 个迭代点：$\boldsymbol{X}^{(0)(k+1)}=\boldsymbol{X}^{(0)(k)}+\alpha^{(k)*}\boldsymbol{S}^{(k)}$，计算 $\boldsymbol{X}^{(k+1)}$ 点的梯度矢量；

⑥ 构造矩阵 $\boldsymbol{A}^{(k+1)}$；

⑦ 令 $k=k+1$。若 $k<n$（n 为优化问题的维数），则返回步骤③，否则返回步骤②（重置构造矩阵为单位阵，使其保持正定）。

拟牛顿法的流程如图 3.14 所示。

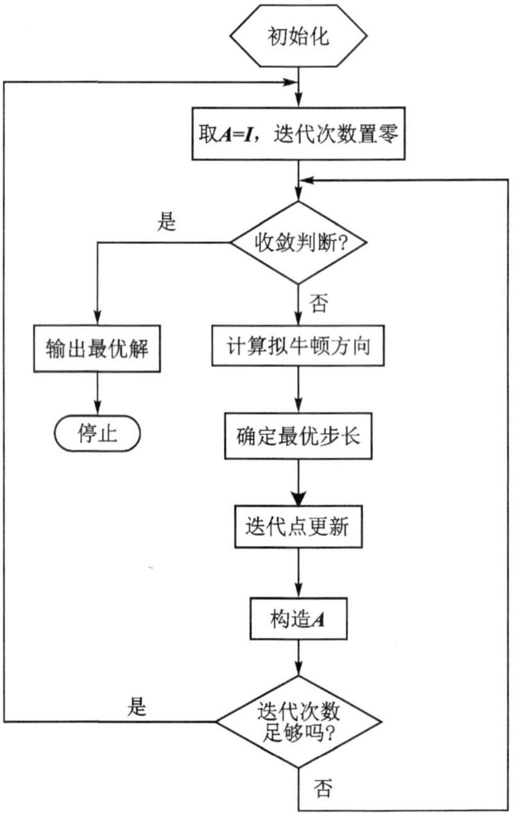

图 3.14　拟牛顿法的流程

3.2.4　鲍威尔法

鲍威尔法是利用共轭方向可以加速收敛的性质所形成的一种搜索算法。此法不用对目标函数求导，所以当目标函数的导数不连续或不易求出时，这种算法常常很成功。对于维数 $n<20$ 的优化问题，鲍威尔法也可以获得满意的

结果。

共轭方向的概念

设 $\boldsymbol{A}$ 为 n 阶对称阵，$\boldsymbol{p}_i(i=0,1,\cdots,m,m<n)$ 为 n 维向量组，若

$$(\boldsymbol{p}_i,\boldsymbol{p}_j)_A=\boldsymbol{p}_i^{\mathrm{T}}\boldsymbol{A}\boldsymbol{p}_j=0,\quad i\neq j \tag{3.35}$$

则称 $\boldsymbol{p}_i(i=0,1,\cdots,m)$ 为 $\boldsymbol{A}$-共轭向量系。正交是共轭的特例。

若 $\boldsymbol{A}$ 是 n 阶对称正定阵，则 $\boldsymbol{A}$-共轭向量系是线性无关的，并且最多有 n 个。

鲍威尔法的理论依据如下：

设 n 维空间的正定二次函数为

$$f(\boldsymbol{X})=\frac{1}{2}\boldsymbol{X}^{\mathrm{T}}\boldsymbol{A}\boldsymbol{X}+\boldsymbol{b}^{\mathrm{T}}\boldsymbol{X}+\boldsymbol{c} \tag{3.36}$$

任给方向 $\boldsymbol{v}\in\mathbf{R}^n$，以及 $\boldsymbol{X}_1$、$\boldsymbol{X}_2\in\mathbf{R}^n(\boldsymbol{X}_1\neq\boldsymbol{X}_2)$，分别从 $\boldsymbol{X}_1$、$\boldsymbol{X}_2$ 出发，沿 $\boldsymbol{v}$ 方向进行一维搜索得到极小点 $\boldsymbol{u}_1$、$\boldsymbol{u}_2$，令 $\boldsymbol{w}=\boldsymbol{u}_2-\boldsymbol{u}_1$，则 $\boldsymbol{w}^{\mathrm{T}}\boldsymbol{A}\boldsymbol{v}=\boldsymbol{0}$，即 $\boldsymbol{w}$ 与 $\boldsymbol{v}$ 是 $\boldsymbol{A}$-共轭。

从理论上说，对 n 元正定二次函数进行 n 轮沿共轭方向的搜索即可获得极小值。从一个点出发，沿 n 个共轭方向分别进行一维搜索得到一个极小点称为一轮搜索。

这里讨论的是二次函数，并非因为它经常出现，而是因为一般函数在极值点附近邻域均呈现较强的二次函数性态。大量的计算实践证明，一种算法如果对二次函数较为有效，那么对于一般的函数也可能有较好的效果，特别是在极值点附近更是如此。

鲍威尔基本算法步骤如下：

① 设 $f(\boldsymbol{X})$ 为正定二次函数，给定初始点 $\boldsymbol{X}_0$，置迭代轮数 $k=0$。

② 令搜索方向为坐标轴方向，即 $\xi_i=e_i(i=1,\cdots,n)$。

③ 对 $i=1,\cdots,n$ 分别计算

$$\begin{cases}\boldsymbol{X}_i=\boldsymbol{X}_{i-1}+\alpha_i\boldsymbol{\xi}_i\\ \alpha_i:\min\limits_{\alpha>0}f(\boldsymbol{X}_{i-1}+\alpha\boldsymbol{\xi}_i)\end{cases}$$

④ 令 $\boldsymbol{\xi}=\boldsymbol{X}_n-\boldsymbol{X}_0$，计算

$$\begin{cases}\boldsymbol{X}_{n+1}=\boldsymbol{X}_n+\alpha_{n+1}\boldsymbol{\xi}\\ \alpha_{n+1}:\min f(\boldsymbol{X}_n+\alpha\boldsymbol{\xi})\end{cases}$$

⑤ 检查 $k=n-1$ 是否成立，若等式成立，则 $\boldsymbol{X}^*=\boldsymbol{X}_{n+1}$，停止；否则，转步骤⑥。

⑥ 令 $\boldsymbol{\xi}_i=\boldsymbol{\xi}_{i+1}(i=1,2,\cdots,n-1)$，$\boldsymbol{\xi}_n=\boldsymbol{\xi}$，$\boldsymbol{X}_0=\boldsymbol{X}_{n+1}$，$k=k+1$，转步骤③。

从理论上讲，通过 n 轮搜索得到的新方向组应为 $\boldsymbol{A}$-共轭方向系，但在实际中会出现异常现象，即所形成的新的搜索方向组为非 $\boldsymbol{A}$-共轭方向系，甚至是线性相关的，即使对正定二次函数也会出现这种情况。这相当于用鲍威尔法在降维的空间进行搜索，致使无法获得函数的极小点，计算将失败。为消除这一缺陷，对基本算法进行了修正，形成鲍威尔修正算法，一般所说的鲍威尔算法指的是鲍威尔修正算法。

鲍威尔修正算法与鲍威尔基本算法的主要区别是，在构造第 $k+1$ 轮方向组时，不再用淘汰前一轮中第一个方向 $\boldsymbol{\xi}_1^{(k)}$ 的办法，而是根据条件式进行判定。

考虑第 k 轮搜索方向 $\boldsymbol{\xi}=\boldsymbol{X}_n-\boldsymbol{X}_0$ 上的三个等距的点，其对应的函数值分别为 $f_1=f(\boldsymbol{X}_0)$，$f_2=f(\boldsymbol{X}_n)$，$f_3=f(2\boldsymbol{X}_n-\boldsymbol{X}_0)$，过 $(\boldsymbol{X}_0,f_1)$、$(\boldsymbol{X}_n,f_2)$、$(2\boldsymbol{X}_n-\boldsymbol{X}_0,f_3)$ 三点作抛物线，

设其极小点为 $\hat{\boldsymbol{X}}$，极小值为 $\hat{f}$，有

$$\hat{\boldsymbol{X}}=\boldsymbol{X}_n-\frac{f_3-f_1}{2(f_1-2f_2+f_3)}\boldsymbol{\xi} \tag{3.37}$$

$$\hat{f}=f_2-\frac{(f_1-f_3)^2}{8(f_1-2f_2+f_3)} \tag{3.38}$$

令 $\Delta=\max\limits_{1\leqslant i\leqslant n}\{f(\boldsymbol{X}_{i-1})-f(\boldsymbol{X}_i)\}=f(\boldsymbol{X}_{m-1})-f(\boldsymbol{X}_m)$，即方向组中沿各方向一维搜索所得函数下降量中的最大者，相对应的方向记为 $\boldsymbol{\xi}_m$。

若 $\frac{1}{2}(f_1-2f_2+f_3)\geqslant\Delta$，则第 $k+1$ 轮方向组仍沿用第 k 轮的方向组，否则淘汰函数值下降最大的方向 $\boldsymbol{\xi}_m$，将第 k 轮的新方向补在第 k 轮方向组的最后，形成第 $k+1$ 轮方向组：

$$\boldsymbol{\xi}_1^{(k)},\boldsymbol{\xi}_2^{(k)},\cdots,\boldsymbol{\xi}_{m-1}^{(k)},\boldsymbol{\xi}_{m+1}^{(k)},\cdots,\boldsymbol{\xi}_n^{(k)},\boldsymbol{\xi}_{n+1}^{(k)}$$

式中，$\boldsymbol{\xi}_{n+1}^{(k)}=\boldsymbol{X}_n^{(k)}-\boldsymbol{X}_0^{(k)}$。

鲍威尔修正算法的步骤如下：

① 任选初始点 $\boldsymbol{X}_0^{(1)}$，预定收敛精度 ε，置迭代轮数 $k=1$，取初始方向组为坐标轴单位矢量 $\xi_i^{(1)}=\boldsymbol{e}_i(i=1,\cdots,n)$。

② 对 $i=1,\cdots,n$，分别计算 $\begin{cases}\boldsymbol{X}_i^{(k)}=\boldsymbol{X}_{i-1}^{(k)}+\alpha_i^{(k)}\boldsymbol{\xi}_i^{(k)}\\ \alpha_i^{(k)}:\min\limits_{\alpha>0}f(\boldsymbol{X}_{i-1}^{(k)}+\alpha_i\boldsymbol{\xi}_i^{(k)})\end{cases}$。

③ 判断是否满足迭代终止条件：若 $\|\boldsymbol{X}_n^{(k)}-\boldsymbol{X}_0^{(k)}\|\leqslant\varepsilon$ 或对于所有的 $i=1,\cdots,n$，有 $\|\boldsymbol{X}_i^{(k)}-\boldsymbol{X}_{i-1}^{(k)}\|\leqslant\varepsilon_i$，则结束迭代，最优解为 $\boldsymbol{X}^*=\boldsymbol{X}_n^{(k)}$，$f^*=f(\boldsymbol{X}_n^{(k)})$；否则，转入步骤④。

④ 计算各点的函数值 $f(\boldsymbol{X}_i^{(k)})$，并找出相邻两点函数值相差最大的函数差值

$$\Delta=\max_{1\leqslant i\leqslant n}\{f(\boldsymbol{X}_{i-1}^{(k)})-f(\boldsymbol{X}_i^{(k)})\}=f(\boldsymbol{X}_{m-1}^{(k)})-f(\boldsymbol{X}_m^{(k)}) \tag{3.39}$$

以及与之相对应的两个点 $\boldsymbol{X}_{m-1}^{(k)}$、$\boldsymbol{X}_m^{(k)}$，并以 $\boldsymbol{\xi}_m^{(k)}$ 表示该两点连线所指的方向。

⑤ 计算映射点 $\boldsymbol{X}_{n+1}^{(k)}=2\boldsymbol{X}_n^{(k)}-\boldsymbol{X}_0^{(k)}$ 及函数值 $f_1=f(\boldsymbol{X}_0^{(k)})$，$f_2=f(\boldsymbol{X}_n^{(k)})$，$f_3=f(\boldsymbol{X}_{n+1}^{(k)})$，判断 $\frac{1}{2}(f_1-2f_2+f_3)\geqslant\Delta$ 是否成立，若是，则转入步骤⑥；否则，转入步骤⑦。

⑥ 置第 $k+1$ 轮起始点和方向组为

$$\boldsymbol{X}_0^{(k+1)}=\begin{cases}\boldsymbol{X}_n^{(k)}, & f_2<f_3\\ \boldsymbol{X}_{n+1}^{(k)}, & f_2\geqslant f_3\end{cases};\quad \boldsymbol{\xi}_i^{(k+1)}=\boldsymbol{\xi}_i^{(k)},\quad i=1,2,\cdots,n \tag{3.40}$$

令 $k=k+1$，返回步骤②。

⑦ 产生第 $n+1$ 个新方向：$\boldsymbol{\xi}_{n+1}^{(k)}=\boldsymbol{X}_n^{(k)}-\boldsymbol{X}_0^{(k)}$，并在此方向上进行一维搜索，获得一维极小点 $\boldsymbol{X}^{(k)}=\boldsymbol{X}_n^{(k)}+\alpha_{n+1}^{(k)}\boldsymbol{\xi}_{n+1}^{(k)}$，$\alpha_{n+1}^{(k)}:\min\limits_{\alpha>0}f(\boldsymbol{X}_n^{(k)}+\alpha\boldsymbol{\xi}_{n+1}^{(k)})$。

⑧ 置第 $k+1$ 轮起始点和方向组为 $\boldsymbol{X}_0^{(k+1)}=\boldsymbol{X}^{(k)}$，$\boldsymbol{\xi}_i^{(k+1)}=[\xi_1^{(k)},\xi_2^{(k)},\cdots,\xi_{m-1}^{(k)},\xi_{m+1}^{(k)},\cdots,\xi_n^{(k)},\xi_{n+1}^{(k)}]$。令 $k=k+1$，返回步骤②。

鲍威尔修正算法的流程如图 3.15 所示。

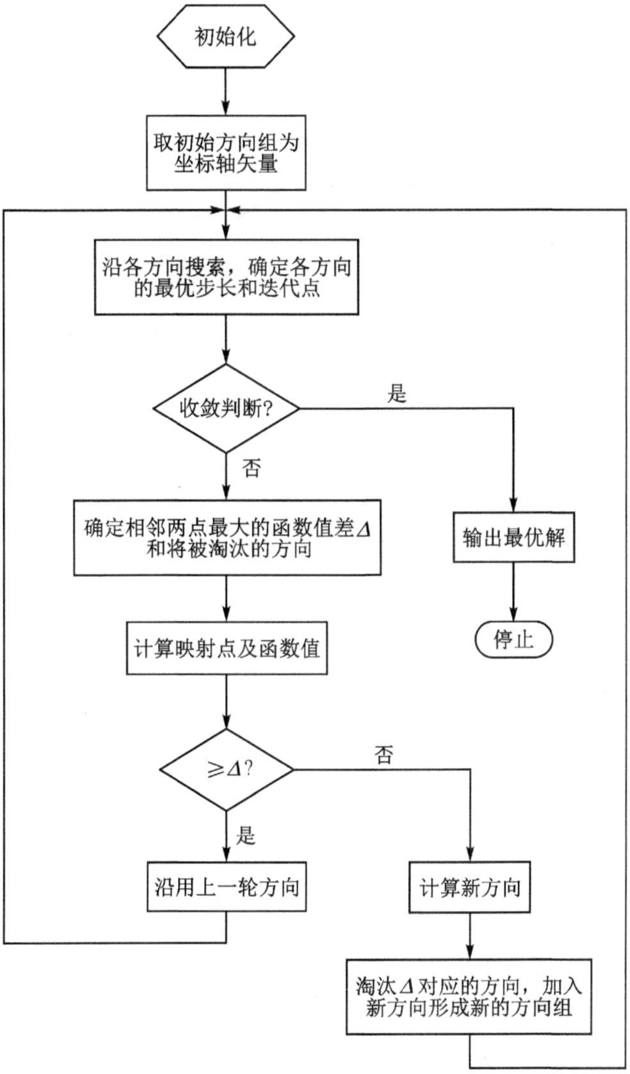

图 3.15　鲍威尔修正算法的流程

3.2.5　单纯形法

n 维欧氏空间中的单纯形是指在 n 维空间中由 $n+1$ 个线性无关的点构成的简单图形或凸多面体，如一维空间中两点构成的线段、三维空间中不在同一平面的四个点构成的四面体等。

单纯形法就是利用单纯形的顶点，计算顶点处的函数值并加以比较，从中确定有利的搜索方向和步长，找到一个较好的点代替单纯形中较差的点，组成新的单纯形代替原来的单纯形。使新的单纯形不断地向目标函数的极小点靠近，直到搜索到极小点为止。

在选择新的较好点替换最差点的过程中，包含反射、扩张、压缩三种步骤。下面以二维函数为例说明单纯形法的寻优过程，如图 3.16 所示。

在(x,y)平面上取不在同一直线上的三点 $\boldsymbol{X}_1$、$\boldsymbol{X}_2$、$\boldsymbol{X}_3$，以它们为顶点组成单纯形(三角

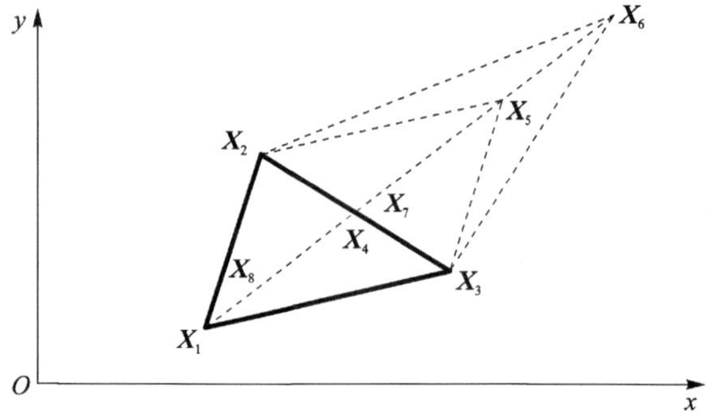

图 3.16 单纯形法示意

形)，计算这三个点的函数值 $f(\boldsymbol{X}_1)$、$f(\boldsymbol{X}_2)$、$f(\boldsymbol{X}_3)$，并进行比较。若 $f(\boldsymbol{X}_1)>f(\boldsymbol{X}_2)>f(\boldsymbol{X}_3)$，则说明 $\boldsymbol{X}_3$ 点最好，$\boldsymbol{X}_1$ 点最差，应去掉 $\boldsymbol{X}_1$ 点并组成新的单纯形。为了寻找极小点，一般应向反对称方向进行搜索，即通过 $\boldsymbol{X}_1$ 并穿过 $\boldsymbol{X}_2\boldsymbol{X}_3$ 的中点 $\boldsymbol{X}_4$ 的方向进行搜索，在此方向上取点 $\boldsymbol{X}_5$，使 $\boldsymbol{X}_5=2\boldsymbol{X}_3-\boldsymbol{X}_1$，$\boldsymbol{X}_5$ 称为 $\boldsymbol{X}_1$ 点相对于 $\boldsymbol{X}_4$ 点的反射点，计算反射点的函数值 $f(\boldsymbol{X}_5)$，可能出现以下 5 种情况：

① $f(\boldsymbol{X}_5)<f(\boldsymbol{X}_3)$。说明反射点比最好点还要好，搜索方向正确，可以向前迈进一步，至 $\boldsymbol{X}_6$，$\boldsymbol{X}_6=\boldsymbol{X}_4+r(\boldsymbol{X}_4-\boldsymbol{X}_1)$，扩张因子 r 可取 1.2～2.0，如 $r=2$。如果 $f_6<f_5$，则说明扩张有利，就用 $\boldsymbol{X}_6$ 代替 $\boldsymbol{X}_1$ 构成新单纯形$\{\boldsymbol{X}_2,\boldsymbol{X}_3,\boldsymbol{X}_6\}$，否则说明扩张不利，仍以 $\boldsymbol{X}_5$ 代替 $\boldsymbol{X}_1$ 构成新单纯形$\{\boldsymbol{X}_2,\boldsymbol{X}_3,\boldsymbol{X}_5\}$。

② $f(\boldsymbol{X}_3)\leqslant f(\boldsymbol{X}_5)<f(\boldsymbol{X}_2)$。反射点比次好点好、比最好点差，以反射点代替最差点，构成新单纯形$\{\boldsymbol{X}_2,\boldsymbol{X}_3,\boldsymbol{X}_5\}$。

③ $f(\boldsymbol{X}_2)\leqslant f(\boldsymbol{X}_5)<f(\boldsymbol{X}_1)$。反射点比最差点好而比次差点差，搜索步长太大，向后收缩一步，至 $\boldsymbol{X}_7$，$\boldsymbol{X}_7=\boldsymbol{X}_4+\beta(\boldsymbol{X}_5-\boldsymbol{X}_4)$，收缩因子 β 可取 0.5。如果 $f_7<f_1$，则用 $\boldsymbol{X}_7$ 代替 $\boldsymbol{X}_1$，组成新单纯形$\{\boldsymbol{X}_2,\boldsymbol{X}_3,\boldsymbol{X}_7\}$，否则不用 $\boldsymbol{X}_7$。

④ $f(\boldsymbol{X}_5)\geqslant f(\boldsymbol{X}_1)$。反射点比最差点还差，应收缩更多，至 $\boldsymbol{X}_8$，$\boldsymbol{X}_8=\boldsymbol{X}_1+\beta(\boldsymbol{X}_4-\boldsymbol{X}_1)$，若 $f(\boldsymbol{X}_8)<f(\boldsymbol{X}_1)$，则用 $\boldsymbol{X}_8$ 代替 $\boldsymbol{X}_1$，组成新单纯形$\{\boldsymbol{X}_2,\boldsymbol{X}_3,\boldsymbol{X}_8\}$；否则不用。

⑤ 若 $\boldsymbol{X}_1\boldsymbol{X}_4$ 方向上所有点都比最差点差，即 $f(\boldsymbol{X})>f(\boldsymbol{X}_1)$，则不能沿此方向搜索，应以 $\boldsymbol{X}_3$ 为中心缩边，使 $\boldsymbol{X}_1$、$\boldsymbol{X}_2$ 向 $\boldsymbol{X}_3$ 移动一半，组成新的单纯形。

n 维目标函数 $f(\boldsymbol{X})$ 的单纯形替换法的迭代步骤如下：

① 构造初始单纯形：选初始点 $\boldsymbol{X}_1$，从 $\boldsymbol{X}_1$ 出发沿各坐标轴方向取步长 h，得到 n 个顶点 $\boldsymbol{X}_j(j=2,3,\cdots,n+1)$，与初始点 $\boldsymbol{X}_1$ 构成初始单纯形。这样可以保证此单纯形各棱是线性无关的，否则就会使搜索范围局限在某个较低维的空间内，有可能找不到极小点。

② 计算各顶点的函数值 $f_i=f(\boldsymbol{X}_i)$，$i=1,2,\cdots,n+1$。

③ 比较函数值的大小，确定最好点 $\boldsymbol{X}_{\mathrm{L}}$、最差点 $\boldsymbol{X}_{\mathrm{H}}$ 和次差点 $\boldsymbol{X}_{\mathrm{G}}$，即

$$f_{\mathrm{L}}=f(\boldsymbol{X}_{\mathrm{L}})=\min(f_1,f_2,\cdots,f_{n+1}),\quad f_{\mathrm{H}}=f(\boldsymbol{X}_{\mathrm{H}})=\max(f_1,f_2,\cdots,f_{n+1}) \tag{3.41}$$

次差点 $\boldsymbol{X}_{\mathrm{G}}$ 的函数值比 f_{H} 小，但比其他各顶点的函数值都大。

④ 判断是否收敛：$\left|\dfrac{f_{\mathrm{H}}-f_{\mathrm{L}}}{f_{\mathrm{L}}}\right|<\varepsilon$，若是，则 $\boldsymbol{X}^*=\boldsymbol{X}_{\mathrm{L}}$，停止迭代；否则转入步骤⑤。

⑤ 计算除 $\boldsymbol{X}_{\mathrm{H}}$ 之外的点的“重心”：

$$\boldsymbol{X}_{n+2}=\frac{1}{n}\left(\sum_{j=1}^{n+1}\boldsymbol{X}_j-\boldsymbol{X}_{\mathrm{H}}\right) \tag{3.42}$$

反射点 $\boldsymbol{X}_{n+3}=2\boldsymbol{X}_{n+2}-\boldsymbol{X}_{\mathrm{H}}$，$f_{n+3}=f(\boldsymbol{X}_{n+3})$。当 $f_{\mathrm{L}}\leqslant f_{n+3}<f_{\mathrm{G}}$ 时，以 $\boldsymbol{X}_{n+3}$ 代替 $\boldsymbol{X}_{\mathrm{H}}$，构成新单纯形，然后返回步骤③。

⑥ 扩张。当 $f_{n+3}<f_{\mathrm{L}}$ 时，取扩张点 $\boldsymbol{X}_{n+4}=\boldsymbol{X}_{n+2}+\gamma(\boldsymbol{X}_{n+2}-\boldsymbol{X}_{n-1})$，并计算其函数值 f_{n+4}，若 $f_{n+4}<f_{n+3}$，则以 $\boldsymbol{X}_{n+4}$ 代替 $\boldsymbol{X}_{\mathrm{H}}$，构成新单纯形；否则以 $\boldsymbol{X}_{n+3}$ 代替 $\boldsymbol{X}_{\mathrm{H}}$，构成新单纯形，然后返回步骤③。

⑦ 收缩。若 $f_{n+3}\geqslant f_{\mathrm{G}}$，则需要收缩：若 $f_{n+3}<f_{\mathrm{H}}$，取收缩点 $\boldsymbol{X}_{n+5}=\boldsymbol{X}_{n+2}+\beta(\boldsymbol{X}_{n+3}-\boldsymbol{X}_{n+2})$；否则，取收缩点 $\boldsymbol{X}_{n+5}=\boldsymbol{X}_{n+2}+\beta(\boldsymbol{X}_{\mathrm{H}}-\boldsymbol{X}_{n+2})$，计算 f_{n+5}。如果 $f_{n+5}<f_{\mathrm{H}}$，则以 $\boldsymbol{X}_{n+5}$ 代替 $\boldsymbol{X}_{\mathrm{H}}$，构成新单纯形，返回步骤③；否则转入步骤⑧。

⑧ 缩边。将单纯形棱边缩短一半，$\boldsymbol{X}_j=\frac{1}{2}(\boldsymbol{X}_j+\boldsymbol{X}_{\mathrm{L}})$，$j=1,2,\cdots,n+1$，并返回步骤②。

单纯形法的流程如图 3.17 所示。

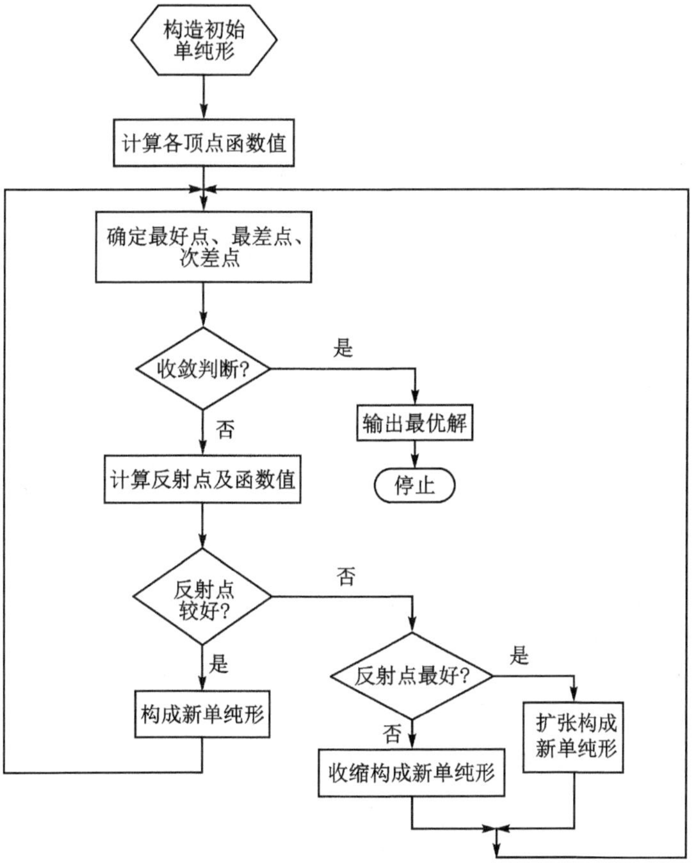

图 3.17　单纯形法流程

3.3 约束优化方法

在实际工程问题中,绝大多数是非线性规划问题,设计变量的取值都有一定限制,属于有约束条件的寻优问题。与无约束优化问题不同,约束优化问题目标函数的最小值是满足约束条件下的最小值,即是由约束条件所限定的可行域内的最小值,而不一定是目标函数本身的最小值。只要由约束条件所决定的可行域是一个凸集,目标函数是凸函数,其约束最优解就是可行域内的全局最优解;否则,由于所选的初始点不同,很可能搜索到不同的局部最优解上。在这种情况下,搜索结果经常与初始点的选择有关,为了能得到全局最优解,在搜索过程中最好能改变初始点,有时甚至要改变几次。

约束优化问题的数学模型为

$$\left.\begin{aligned}&\min f(\boldsymbol{X})\\&\text{s.t.}\quad g_j(\boldsymbol{X})\leqslant\boldsymbol{0},\quad j=1,2,\cdots,m_1\\&\qquad\ h_k(\boldsymbol{X})=\boldsymbol{0},\quad k=1,2,\cdots,m_2\\&\qquad\ x_i^l\leqslant x_i\leqslant x_i^u,\quad i=1,2,\cdots,n\end{aligned}\right\}\tag{3.43}$$

约束条件可以分为两类:等式约束和不等式约束。处理等式约束和不等式约束的方法有所不同,约束优化问题的优化方法也大致可以分为三类:

① 直接法。常用于不等式约束的优化问题,其基本思想是在可行域内按照一定原则直接搜索出原目标函数的最优点。例如可行方向法就是将求解无约束优化问题时的下降方向法推广到有约束问题上来:从一个可行点出发,找出该点处的一个可行下降方向,沿此方向进行一维搜索,得到一个新的改进了的可行点。

② 间接法。其基本思想是按照一定原则构造一个包含原目标函数和约束条件的新目标函数,使约束优化问题转化为无约束优化问题来求解,这类方法统称为序列无约束极小化方法(Sequential Unconstrained Minimization Technique,SUMT),如内罚函数法和外罚函数法。

③ 将求解非线性的约束优化问题转化为求解一系列的线性规划问题,用这一系列线性规划的解逼近原问题的解。例如割平面法将带有约束的非线性规划问题转化为一个约束区域包含在某一多胞形内的线性规划问题,当多胞形逐渐缩小时,用相应得到的一系列线性规划问题的解去逼近原问题的解。

罚函数法是常用的约束优化方法之一,利用原问题的目标函数和约束条件构造新的称为惩罚函数(或称为效益函数或代价函数)的目标函数,将约束优化问题转化为无约束优化问题。如果原来的目标函数值在不断减小,约束条件得到了满足,则惩罚函数的值也将不断减小;如果约束条件没有满足,则惩罚函数中的惩罚项将增大并起作用,使整个新的目标函数值增大,得不到最小值的解,相当于对违反约束条件的惩罚。根据构造罚函数的方式,可以将罚函数法分为外罚函数法、内罚函数法及对数罚函数法等。

3.3.1 外罚函数法

对于约束优化问题(3.43),外罚函数法构造的罚函数为

$$\varphi(\boldsymbol{X},\rho_{\mathrm{p}})=f(\boldsymbol{X})+\rho_{\mathrm{p}}P(\boldsymbol{X})\tag{3.44}$$

$$P(\boldsymbol{X})=\sum_{j=1}^{m_1}\{\max[0,g_j(\boldsymbol{X})]\}^2+\sum_{k=1}^{m_2}[h_k(\boldsymbol{X})]^2 \tag{3.45}$$

式(3.44)中，ρ_p 是罚参数，从一个较小的正值开始，不断增大。可以看出，如果所有的约束条件都得到满足，那么 $P(\boldsymbol{X})=0$，罚参数不起作用。

外罚函数法的迭代过程如下：

① 任选一个初始点 $\boldsymbol{X}^0$（可以是内点，也可以是外点），再选一个适当的罚参数 ρ_p^0 和罚参数的递增率 c，然后用无约束优化方法求 $\varphi(\boldsymbol{X},\rho_p^0)$ 的极小值点 $\boldsymbol{X}_0^*$；

② 以 $\boldsymbol{X}_0^*$ 作为下一次迭代的初始点，取 $\rho_p^1=c\rho_p^0$ 为递增的罚参数，求 $\varphi(\boldsymbol{X},\rho_p^1)$ 的极小值点 $\boldsymbol{X}_1^*$；

③ 按照 $\rho_p^k=c\rho_p^{(k-1)}$，$k=1,2,\cdots$依次递增罚参数，依次取上次极小点 $\boldsymbol{X}_{k-1}^*$ 作为本次迭代的初始点，重复步骤②，直至满足终止准则即停止迭代，取 $\boldsymbol{X}^*=\boldsymbol{X}_k^*$。

在使用外罚函数法时应注意的问题有：

① 原则上初始点可以任选，但有时任选的外点可能使原函数无定义或无法求值。

② 初始罚函数 ρ_p^0 和 c 的选择：为使无约束极小点尽快靠近可行域，ρ_p^0 和 c 应取较大值，但为了在对罚函数作无约束极小化时不致太困难甚至失败，ρ_p^0 宜取较小值，所以 ρ_p^0 要经权衡后取一适当值。建议 $\rho_p^0=\dfrac{0.02}{m_1|g_j(x^0)f(x^0)|}$，$j=1,2,\cdots,m_1$。$\rho_p^0$ 过小或过大都对优化问题求解不利，可以根据求解过程适当调整。

3.3.2　内罚函数法

经典的内罚函数法也被称为障碍函数法，求解的是不等式约束优化问题，对于还带有等式约束的优化问题(3.43)不能求解。后来此方法经过修正，可以应用到既含有等式约束又含有不等式约束的优化问题中，由于此方法在构造新的目标函数时既有外罚函数法中的惩罚项又有经典内罚函数法中的障碍项，所以也被称为混合罚函数方法；由于这种方法在迭代过程中要求初始点对不等式约束是可行的（即初始点为不等式约束构成的可行域中的内点），所以也称为内罚函数法。对约束优化问题(3.43)，内罚函数法构造的目标函数为

$$\varphi(\boldsymbol{X},r_p,\rho_p)=f(\boldsymbol{X})+r_p\sum_{j=1}^{m_1}\frac{-1}{g_j(\boldsymbol{X})}+\rho_p\sum_{k=1}^{m_2}[h_k(\boldsymbol{X})]^2 \tag{3.46}$$

内罚函数的迭代过程如下：

① 在可行域内选一个严格初始内点 $\boldsymbol{X}^0$，最好不要靠近约束边界。

② 选一个适当大的初始罚参数 r_p^0 和适当小的初始罚参数 ρ_p^0，然后用无约束优化方法求 $\varphi(\boldsymbol{X},r_p^0,\rho_p^0)$ 的极小值点 $\boldsymbol{X}_0^*$。再选一个罚参数递减率 $c(0<c<1)$ 和递增率 d，求递减后的罚参数 $r_p^1=cr_p^0$ 及递增的罚参数 $\rho_p^1=d\rho_p^1$，以 $\boldsymbol{X}_0^*$ 为初始点，再用无约束优化方法求 $\varphi(\boldsymbol{X},r_p^1,\rho_p^1)$ 的极小点 $\boldsymbol{X}_1^*$。

③ 按照 $r_p^k=cr_p^{k-1}$，$k=1,2,\cdots$和 $\rho_p^k=d\rho_p^{k-1}$，$k=1,2,\cdots$，依次变化罚参数，并依次取上次极小点 $\boldsymbol{X}_{k-1}^*$ 作为本次迭代的初始点，重复步骤②，直至满足终止准则即停止迭代，取 $\boldsymbol{X}^*=\boldsymbol{X}_k^*$。

3.3.3 二次规划算法

目标函数是二次实函数、约束条件是线性函数的优化问题称为二次规划问题。虽然工程实际中的优化问题可以直接用二次规划问题描述的不多，但是通常可将约束优化问题转化为二次规划问题来求解。如可将原目标函数用二次多项式近似法、序列二次规划法或增量拉格朗日法等转化为二次规划问题来求解，因此二次规划算法在优化问题求解中起着重要的作用。

二次规划问题(QP)的数学描述为

$$\left.\begin{aligned} &\min f(\boldsymbol{x})=\frac{1}{2}\boldsymbol{x}^{\mathrm{T}}\boldsymbol{G}\boldsymbol{x}+\boldsymbol{x}^{\mathrm{T}}\boldsymbol{d} \\ &\text{s.t.}\quad \boldsymbol{a}_i^{\mathrm{T}}\boldsymbol{x}=\boldsymbol{b}_i,\quad i\in\boldsymbol{\varepsilon} \\ &\qquad\ \ \boldsymbol{a}_i^{\mathrm{T}}\boldsymbol{x}\geqslant\boldsymbol{b}_i,\quad i\in\boldsymbol{\iota} \end{aligned}\right\} \tag{3.47}$$

式中，$\boldsymbol{G}$ 为对称的 $n\times n$ 阶矩阵，$\boldsymbol{\varepsilon}$ 和 $\boldsymbol{\iota}$ 为个数有限的集合，$\boldsymbol{d}$、$\boldsymbol{x}$、$\{\boldsymbol{a}_i\}$、$\{\boldsymbol{b}_i\}$($i\in\boldsymbol{\varepsilon}\cup\boldsymbol{\iota}$)为 n 元矢量。二次规划问题的求解过程强烈依赖于目标函数的特征以及不等式约束的个数。如果矩阵 $\boldsymbol{G}$ 是半正定的，则称式(3.47)为凸二次规划问题，此时它的求解比较容易；对于非凸的二次规划问题，由于 $\boldsymbol{G}$ 是不定的，它可能有多个驻点和局部极小点，求解要困难得多。

1. 等式约束二次规划

假定等式约束的个数为 m，设计变量的个数为 n，$m\leqslant n$，二次规划问题为

$$\left.\begin{aligned} &\min\ f(\boldsymbol{x})=\frac{1}{2}\boldsymbol{x}^{\mathrm{T}}\boldsymbol{G}\boldsymbol{x}+\boldsymbol{x}^{\mathrm{T}}\boldsymbol{d} \\ &\text{s.t.}\quad \boldsymbol{A}\boldsymbol{x}=\boldsymbol{b} \end{aligned}\right\} \tag{3.48}$$

式中，$\boldsymbol{A}$ 为约束条件的 $m\times n$ 阶 Jacobian 矩阵，并且 $\boldsymbol{A}=[\boldsymbol{a}_i]_{i\in\varepsilon}^{\mathrm{T}}$。假定 $\boldsymbol{A}$ 是行满秩的，秩为 m，并且各个约束之间是相容的。$\boldsymbol{x}^*$ 为问题(3.48)的解的必要条件是存在一个矢量 $\boldsymbol{\lambda}^*$，使得

$$\begin{bmatrix}\boldsymbol{G} & -\boldsymbol{A}^{\mathrm{T}}\\ \boldsymbol{A} & \boldsymbol{0}\end{bmatrix}\begin{bmatrix}\boldsymbol{x}^*\\ \boldsymbol{\lambda}^*\end{bmatrix}=\begin{bmatrix}-\boldsymbol{d}\\ \boldsymbol{b}\end{bmatrix} \tag{3.49}$$

$\boldsymbol{\lambda}^*$ 为 Lagrange 乘子。令 $\boldsymbol{x}^*=\boldsymbol{x}+\boldsymbol{p}$，$\boldsymbol{x}$ 为解的估计值，$\boldsymbol{p}$ 为期望的步长。式(3.49)可改写为

$$\begin{bmatrix}\boldsymbol{G} & \boldsymbol{A}^{\mathrm{T}}\\ \boldsymbol{A} & \boldsymbol{0}\end{bmatrix}\begin{bmatrix}-\boldsymbol{p}\\ \boldsymbol{\lambda}^*\end{bmatrix}=\begin{bmatrix}\boldsymbol{g}\\ \boldsymbol{c}\end{bmatrix} \tag{3.50}$$

式中，$\boldsymbol{c}=\boldsymbol{A}\boldsymbol{x}-\boldsymbol{b}$，$\boldsymbol{g}=\boldsymbol{d}+\boldsymbol{G}\boldsymbol{x}$，$\boldsymbol{p}=\boldsymbol{x}^*-\boldsymbol{x}$。式(3.50)中的矩阵称为 Karush - Kuhn - Tucker (KKT)矩阵，用 $\boldsymbol{Z}$ 表示 $n\times(n-m)$阶矩阵，其列向量是 $\boldsymbol{A}$ 的基，则 $\boldsymbol{A}\boldsymbol{Z}=\boldsymbol{0}$。

若 $\boldsymbol{A}$ 行满秩，并且 $\boldsymbol{Z}^{\mathrm{T}}\boldsymbol{G}\boldsymbol{Z}$ 是正定的，则可以证明 KKT 矩阵 $\begin{bmatrix}\boldsymbol{G} & \boldsymbol{A}^{\mathrm{T}}\\ \boldsymbol{A} & \boldsymbol{0}\end{bmatrix}$ 是非奇异的，并且存在唯一的矢量对($\boldsymbol{x}^*$，$\boldsymbol{\lambda}^*$)满足式(3.49)。实际上($\boldsymbol{x}^*$，$\boldsymbol{\lambda}^*$)也满足式(3.48)的二阶充分条件，所以 $\boldsymbol{x}^*$ 是问题(3.48)的严格局部极小点。另外，也可以证明 $\boldsymbol{x}^*$ 是问题(3.48)的唯一全局解。

下面推导用 Lagrange 乘子法求解问题(3.48)的公式。

首先定义 Lagrange 函数：

$$L(\boldsymbol{x},\boldsymbol{\lambda})=\frac{1}{2}\boldsymbol{x}^{\mathrm{T}}\boldsymbol{G}\boldsymbol{x}+\boldsymbol{x}^{\mathrm{T}}\boldsymbol{d}-\boldsymbol{\lambda}^{\mathrm{T}}(\boldsymbol{A}\boldsymbol{x}-\boldsymbol{b})$$

令$\nabla_x L(\boldsymbol{x},\boldsymbol{\lambda})=\boldsymbol{0}$，$\nabla_\lambda L(\boldsymbol{x},\boldsymbol{\lambda})=\boldsymbol{0}$，得到方程组

$$\begin{cases}\boldsymbol{Gx}+\boldsymbol{d}-\boldsymbol{A}^{\mathrm{T}}\boldsymbol{\lambda}=\boldsymbol{0}\\ -\boldsymbol{Ax}+\boldsymbol{b}=\boldsymbol{0}\end{cases}$$

将其写为矩阵形式，有

$$\begin{bmatrix}\boldsymbol{G} & -\boldsymbol{A}^{\mathrm{T}}\\ -\boldsymbol{A} & \boldsymbol{0}\end{bmatrix}\begin{bmatrix}\boldsymbol{x}\\ \boldsymbol{\lambda}\end{bmatrix}=\begin{bmatrix}-\boldsymbol{d}\\ -\boldsymbol{b}\end{bmatrix}$$

假设上述方阵可逆并表示为

$$\begin{bmatrix}\boldsymbol{G} & -\boldsymbol{A}^{\mathrm{T}}\\ -\boldsymbol{A} & \boldsymbol{0}\end{bmatrix}^{-1}=\begin{bmatrix}\boldsymbol{Q} & -\boldsymbol{R}^{\mathrm{T}}\\ -\boldsymbol{R} & \boldsymbol{S}\end{bmatrix}$$

由

$$\begin{bmatrix}\boldsymbol{G} & -\boldsymbol{A}^{\mathrm{T}}\\ -\boldsymbol{A} & \boldsymbol{0}\end{bmatrix}\begin{bmatrix}\boldsymbol{Q} & -\boldsymbol{R}^{\mathrm{T}}\\ -\boldsymbol{R} & \boldsymbol{S}\end{bmatrix}=\boldsymbol{I}_{m+n}$$

可得

$$\boldsymbol{GQ}+\boldsymbol{A}^{\mathrm{T}}\boldsymbol{R}=\boldsymbol{I}_n$$
$$-\boldsymbol{GR}^{\mathrm{T}}-\boldsymbol{A}^{\mathrm{T}}\boldsymbol{S}=\boldsymbol{0}_{n\times m}$$
$$-\boldsymbol{AQ}=\boldsymbol{0}_{m\times n}$$
$$\boldsymbol{AR}^{\mathrm{T}}=\boldsymbol{I}_m$$

假设逆矩阵$\boldsymbol{G}^{-1}$存在，由上述关系得到矩阵$\boldsymbol{Q}$、$\boldsymbol{R}$、$\boldsymbol{S}$的表达式为

$$\left.\begin{aligned}&\boldsymbol{Q}=\boldsymbol{G}^{-1}-\boldsymbol{G}^{-1}\boldsymbol{A}^{\mathrm{T}}(\boldsymbol{AG}^{-1}\boldsymbol{A}^{\mathrm{T}})^{-1}\boldsymbol{AG}^{-1}\\ &\boldsymbol{R}=(\boldsymbol{AG}^{-1}\boldsymbol{A}^{\mathrm{T}})^{-1}\boldsymbol{AG}^{-1}\\ &\boldsymbol{S}=-(\boldsymbol{AG}^{-1}\boldsymbol{A}^{\mathrm{T}})^{-1}\end{aligned}\right\}\tag{3.51}$$

于是，问题(3.48)的解为

$$\left.\begin{aligned}&\boldsymbol{x}^*=-\boldsymbol{Qd}+\boldsymbol{R}^{\mathrm{T}}\boldsymbol{b}\\ &\boldsymbol{\lambda}^*=\boldsymbol{Rd}-\boldsymbol{Sb}\end{aligned}\right\}\tag{3.52}$$

2. 不等式约束二次规划

具有不等式约束的二次规划问题为

$$\left.\begin{aligned}&\min f(\boldsymbol{x})=\frac{1}{2}\boldsymbol{x}^{\mathrm{T}}\boldsymbol{Gx}+\boldsymbol{x}^{\mathrm{T}}\boldsymbol{d}\\ &\text{s.t.}\quad \boldsymbol{Ax}\geqslant\boldsymbol{b}\end{aligned}\right\}\tag{3.53}$$

式中，$\boldsymbol{G}$为n阶对称矩阵；$\boldsymbol{d}$为n维列向量；$\boldsymbol{A}$为$m\times n$阶矩阵，行满秩；$\boldsymbol{b}$为m维列向量；$\boldsymbol{x}\in\mathbf{R}^n$。

求解具有不等式约束的二次规划问题的方法有积极集法(Active-Set Methods)、梯度投影法、内点法、Lemke 法及路径跟踪法等。积极集法自 1970 年提出以来得到了广泛应用，可以求解凸或非凸问题；梯度投影法可以在积极集中大幅搜索，收敛较快，特别适合有界约束的问题；内点法对于求解大规模凸二次规划问题很有效。下面介绍适用于凸二次规划的积极集法，即$\boldsymbol{G}$为半正定的。

积极集法的求解思想是将非等式约束转化为等式约束问题进行求解。所谓积极集，是指

满足 $\boldsymbol{Ax}=\boldsymbol{b}$ 的约束下标的集合。对于约束 $\boldsymbol{Ax}\geqslant\boldsymbol{b}$ 来说，若在 $\boldsymbol{x}^k$ 处，$\boldsymbol{a}_i^{\mathrm{T}}\boldsymbol{x}^k=b_i$，则称第 i 个约束是 $\boldsymbol{x}^k$ 处的积极约束或起作用的约束。积极集法就是在每次迭代中，以已知的可行点为初始点，把在该点的积极约束作为等式约束，在此约束下求解 $f(\boldsymbol{x})$ 的极小化问题，其余约束暂不考虑。求得新的较好点后，再重复以上做法。以下简单介绍其推导过程。

设在第 k 次迭代中，有可行点 $\boldsymbol{x}^k$，该点的积极集用 $\boldsymbol{I}^k$ 表示，这时求解等式约束问题：

$$\left.\begin{aligned} &\min f(\boldsymbol{x})=\frac{1}{2}\boldsymbol{x}^{\mathrm{T}}\boldsymbol{Gx}+\boldsymbol{x}^{\mathrm{T}}\boldsymbol{d} \\ &\mathrm{s.t.}\quad \boldsymbol{a}_i^{\mathrm{T}}\boldsymbol{x}=\boldsymbol{b}_i,\quad i\in\boldsymbol{I}^k \end{aligned}\right\}\tag{3.54}$$

$\boldsymbol{a}_i$ 是矩阵 $\boldsymbol{A}$ 的第 i 行，也是在 $\boldsymbol{x}^k$ 处起作用的约束函数的梯度。

令 $\boldsymbol{\delta}=\boldsymbol{x}-\boldsymbol{x}^k$，则

$$\begin{aligned} f(\boldsymbol{x})&=\frac{1}{2}(\boldsymbol{\delta}+\boldsymbol{x}^k)^{\mathrm{T}}\boldsymbol{G}(\boldsymbol{\delta}+\boldsymbol{x}^k)+(\boldsymbol{\delta}+\boldsymbol{x}^k)^{\mathrm{T}}\boldsymbol{d} \\ &=\frac{1}{2}\boldsymbol{\delta}^{\mathrm{T}}\boldsymbol{G}\boldsymbol{\delta}+\boldsymbol{\delta}^{\mathrm{T}}\boldsymbol{G}\boldsymbol{x}^k+\frac{1}{2}\boldsymbol{x}^{k\mathrm{T}}\boldsymbol{G}\boldsymbol{x}^k+\boldsymbol{\delta}^{\mathrm{T}}\boldsymbol{d}+\boldsymbol{x}^{k\mathrm{T}}\boldsymbol{d} \\ &=\frac{1}{2}\boldsymbol{\delta}^{\mathrm{T}}\boldsymbol{G}\boldsymbol{\delta}+\nabla f(\boldsymbol{x}^k)^{\mathrm{T}}\boldsymbol{\delta}+f(\boldsymbol{x}^k) \end{aligned}$$

于是，问题(3.54)转化为求 $\boldsymbol{\delta}^k$ 的问题：

$$\left.\begin{aligned} &\min\ \frac{1}{2}\boldsymbol{\delta}^{\mathrm{T}}\boldsymbol{G}\boldsymbol{\delta}+\nabla f(\boldsymbol{x}^k)^{\mathrm{T}}\boldsymbol{\delta} \\ &\mathrm{s.t.}\quad \boldsymbol{a}_i^{\mathrm{T}}\boldsymbol{\delta}=\boldsymbol{0},\quad i\in\boldsymbol{I}^k \end{aligned}\right\}\tag{3.55}$$

解等式约束二次规划式(3.55)，求出最优解 $\boldsymbol{\delta}^k$，然后根据不同的情形，分别采取不同的做法。

若 $\boldsymbol{x}^k+\boldsymbol{\delta}^k$ 是可行点，且 $\boldsymbol{\delta}^k\neq\boldsymbol{0}$，则在第 $k+1$ 次迭代中将已知点取为 $\boldsymbol{x}^{k+1}=\boldsymbol{x}^k+\boldsymbol{\delta}^k$。

若 $\boldsymbol{x}^k+\boldsymbol{\delta}^k$ 不是可行点，则令方向 $\boldsymbol{d}^k=\boldsymbol{\delta}^k$，并沿 $\boldsymbol{d}^k$ 搜索，令 $\boldsymbol{x}=\boldsymbol{x}^k+\boldsymbol{\alpha}\boldsymbol{d}^k$。接下来分析怎样确定沿 $\boldsymbol{d}^k$ 方向的步长 α^k。

根据保持可行性的要求，α^k 的取值应当使得对于每个 $i\notin\boldsymbol{I}^k$，满足

$$\boldsymbol{a}_i^{\mathrm{T}}(\boldsymbol{x}^k+\alpha^k\boldsymbol{d}^k)\geqslant\boldsymbol{b}_i\tag{3.56}$$

由于 $\boldsymbol{x}^k$ 是可行点，$\boldsymbol{a}_i^{\mathrm{T}}\boldsymbol{x}^k\geqslant\boldsymbol{b}_i$ 成立，由式(3.56)可知，当 $\boldsymbol{a}_i^{\mathrm{T}}\boldsymbol{d}^k\geqslant\boldsymbol{0}$ 时，对于任意的非负数 α^k，式(3.56)总成立；当 $\boldsymbol{a}_i^{\mathrm{T}}\boldsymbol{d}^k<\boldsymbol{0}$ 时，只要取正数

$$\alpha^k\leqslant\min\left\{\frac{\boldsymbol{b}_i-\boldsymbol{a}_i^{\mathrm{T}}\boldsymbol{x}^k}{\boldsymbol{a}_i^{\mathrm{T}}\boldsymbol{d}^k}\,\middle|\,i\notin\boldsymbol{I}^k,\boldsymbol{a}_i^{\mathrm{T}}\boldsymbol{d}^k<\boldsymbol{0}\right\}$$

则对于每个 $i\notin\boldsymbol{I}^k$，式(3.56)都成立。

若记 $\hat{\alpha}^k=\min\left\{\frac{\boldsymbol{b}_i-\boldsymbol{a}_i^{\mathrm{T}}\boldsymbol{x}^k}{\boldsymbol{a}_i^{\mathrm{T}}\boldsymbol{d}^k}\,\middle|\,i\notin\boldsymbol{I}^k,\boldsymbol{a}_i^{\mathrm{T}}\boldsymbol{d}^k<\boldsymbol{0}\right\}$，由于 $\boldsymbol{\delta}^k$ 是问题(3.55)的最优解，为在第 k 次迭代中得到较好的可行点，应取

$$\alpha^k=\min\{1,\hat{\alpha}^k\}\tag{3.57}$$

并令 $\boldsymbol{x}^{k+1}=\boldsymbol{x}^k+\alpha^k\boldsymbol{d}^k$。

如果 $\alpha^k=\frac{\boldsymbol{b}_{\mathrm{p}}-\boldsymbol{a}_{\mathrm{p}}^{\mathrm{T}}\boldsymbol{x}^k}{\boldsymbol{a}_{\mathrm{p}}^{\mathrm{T}}\boldsymbol{d}^k}<1$，则在 $\boldsymbol{x}^{k+1}$ 处，有 $\boldsymbol{a}_{\mathrm{p}}^{\mathrm{T}}\boldsymbol{x}^{k+1}=\boldsymbol{a}_{\mathrm{p}}^{\mathrm{T}}(\boldsymbol{x}^k+\alpha^k\boldsymbol{d}^k)=\boldsymbol{b}_{\mathrm{p}}$。因此在 $\boldsymbol{x}^{k+1}$ 处，

$\boldsymbol{a}_p^{\mathrm{T}} \geqslant \boldsymbol{b}_p$ 为起作用约束，这时把指标 p 加入 $\boldsymbol{I}^k$，得到在 $\boldsymbol{x}^{k+1}$ 处起作用的指标集 $\boldsymbol{I}^{k+1}$。

如果 $\boldsymbol{\delta}^k=\boldsymbol{0}$，则 $\boldsymbol{x}^k$ 是问题(3.54)的最优解，这时应判断 $\boldsymbol{x}^k$ 是否为问题(3.53)的最优解。为此需要计算积极约束(或起作用约束)的乘子 $\lambda_i^k (i \in \boldsymbol{I}^k)$，如果这些 $\lambda_i^k \geqslant 0$，则 $\boldsymbol{x}^k$ 是问题(3.53)的 K－T 点。如果问题(3.53)是凸规划，则 $\boldsymbol{x}^k$ 是最优解。如果存在 $q \in \boldsymbol{I}^k$，使得 $\lambda_q^k < 0$，则 $\boldsymbol{x}^k$ 不是最优解。

当 $\lambda_q^k < 0$ 时，把下标 q 从 $\boldsymbol{I}^k$ 中删除。如果有几个乘子同时为负数，则令 $\lambda_q^k = \min\{\lambda_i^k \mid i \in \boldsymbol{I}^k\}$，再将对应 λ_q^k 的约束从积极约束中删除。

积极集法的计算步骤如下：

① 计算初始可行点 $\boldsymbol{x}^0$。

② 设置 $\boldsymbol{x}^0$ 处的积极集指标 $\boldsymbol{I}^0$。

③ 求解问题(3.55)得到 $\boldsymbol{\delta}^k$。

④ 判断 $\boldsymbol{\delta}^k=\boldsymbol{0}$ 是否成立，若成立，则转步骤⑤；否则转步骤⑥。

⑤ 计算相应积极约束的 Lagrange 乘子。

取 $\lambda_q^k = \min\{\lambda_i^k \mid i \in \boldsymbol{I}^k\}$，若 $\lambda_q^k \geqslant 0$，则最优解 $\boldsymbol{x}^* = \boldsymbol{x}^k$，停止；否则，$\boldsymbol{x}^{k+1} = \boldsymbol{x}^k$，从 $\boldsymbol{I}^k$ 中删除 q。

⑥ 用式(3.57)计算 α^k。

$\boldsymbol{x}^{k+1} = \boldsymbol{x}^k + \alpha^k \boldsymbol{d}^k$，若 $\alpha^k < 1$，则将积极约束的指标 p 加入 $\boldsymbol{I}^k$，新集合为 $\boldsymbol{I}^{k+1}$；否则，$\boldsymbol{I}^{k+1} = \boldsymbol{I}^k$。

⑦ $k=k+1$，转步骤③。

当 $\boldsymbol{G}$ 为不定矩阵时，问题(3.55)可能无下界。可将 α^k 尽可能取大，使 $\boldsymbol{x}^k + \alpha^k \boldsymbol{d}^k$ 为原问题(3.55)的可行点，假设问题(3.55)有界，采取强迫矩阵为正定的方法，利用负曲率方向可构造出相应的求解算法。

例：求解二次规划问题

$$\left.\begin{aligned} \min\ & f(\boldsymbol{x}) = x_1^2 + x_2^2 - 2x_1 - 4x_2 \\ \text{s.t.}\ & x_1 + x_2 \leqslant 1 \\ & x_1 \geqslant 0, \quad x_2 \geqslant 0 \end{aligned}\right\}$$

取初始可行点 $\boldsymbol{X}^{(1)} = (0,0)^{\mathrm{T}}$。

解：$g_1(\boldsymbol{x}) = -x_1 - x_2 + 1$，$g_2(\boldsymbol{x}) = x_1$，$g_3(\boldsymbol{x}) = x_2$，则 $\boldsymbol{I}_1 = \{2,3\}$。

① 求解子问题：

$$\begin{aligned} \min\ & d_1^2 + d_2^2 - 2d_1 - 4d_2 \\ \text{s.t.}\ & d_1 = 0 \\ & d_2 = 0 \end{aligned}$$

解方程组

$$\begin{bmatrix} \boldsymbol{G} & -\boldsymbol{A} \\ -\boldsymbol{A}^{\mathrm{T}} & \boldsymbol{O} \end{bmatrix} \begin{bmatrix} \boldsymbol{d} \\ \boldsymbol{\lambda} \end{bmatrix} = [2,4,0,0]^{\mathrm{T}}$$

式中

$$\boldsymbol{G} = \begin{bmatrix} 2 & 0 \\ 0 & 2 \end{bmatrix}, \quad \boldsymbol{A} = \begin{bmatrix} \boldsymbol{a}_2 \\ \boldsymbol{a}_3 \end{bmatrix} = \begin{bmatrix} 1 & 0 \\ 0 & 1 \end{bmatrix}, \quad \boldsymbol{d} = \begin{bmatrix} 0 \\ 0 \end{bmatrix}$$

因此

$$\boldsymbol{d}^{(1)}=[d_1^{(1)},d_2^{(1)}]^{\mathrm{T}}=[0,0]^{\mathrm{T}}$$
$$\boldsymbol{\lambda}^{(1)}=[\lambda_2^{(1)},\lambda_3^{(1)}]^{\mathrm{T}}=[-2,-4]^{\mathrm{T}}$$
$$\lambda_3^{(1)}=\min\{\lambda_2^{(1)},\lambda_3^{(1)}\}=-4$$

从而 $\boldsymbol{x}^{(2)}=\boldsymbol{x}^{(1)}$，$\boldsymbol{I}_2=\boldsymbol{I}_1\backslash\{3\}=\{2\}$。

② 求解子问题：

$$\begin{aligned}&\min\ d_1^2+d_2^2-2d_1-4d_2\\&\text{s.t.}\quad d_1=0\end{aligned}$$

得 $\boldsymbol{d}^{(2)}=[d_1^{(2)},d_2^{(2)}]^{\mathrm{T}}=[0,2]^{\mathrm{T}}$。

进行线性搜索

$$\begin{aligned}\alpha_{\max}^{(2)}&=\min\left\{\left.\frac{b_i-a_ix^{(2)}}{a_id^{(2)}}\right|_{i=1,3},a_id^{(2)}<0\right\}\\&=\min\left\{\frac{-1-0}{-2}\right\}=\frac{1}{2}\end{aligned}$$

因此，$\alpha_2=\min\left\{\frac{1}{2},1\right\}=\frac{1}{2}$，从而

$$\boldsymbol{x}^{(3)}=\boldsymbol{x}^{(2)}+\alpha_2\boldsymbol{d}^{(2)}=(0,1)^{\mathrm{T}}$$
$$\boldsymbol{I}_3=\boldsymbol{I}_2+\{1\}=\{1,2\}$$

③ 求解子问题：

$$\begin{aligned}&\min\ d_1^2+d_2^2-2d_1-4d_2\\&\text{s.t.}\quad -d_1-d_2=0\\&\qquad\quad d_1=0\end{aligned}$$

得 $\boldsymbol{d}^{(3)}=[0,0]^{\mathrm{T}}$，$\boldsymbol{\lambda}^{(3)}=[2,0]^{\mathrm{T}}$。

据此可解得 $\boldsymbol{x}^{(3)}=[0,1]^{\mathrm{T}}$ 为所求最优解，相应的乘子 $\boldsymbol{\lambda}^{(3)}=[2,0,0]^{\mathrm{T}}$。

3.3.4 序列二次规划法

序列二次规划算法(Sequential Quadratic Programming，SQP)是求解非线性约束优化问题的最有效方法之一，最早由 Wilson 于 1963 年在其博士论文中提出，韩世平和 Powell 等人分别于 1976 年和 1977 年将其改进为求解非线性等式与不等式约束优化问题的数学优化计算方法，所以它也被称为 Wilson - Han - Powell 方法和逐步二次规划方法。

对于如下非线性规划问题：

$$\left.\begin{aligned}&\min\ f(\boldsymbol{x})\\&\text{s.t.}\quad g_j(\boldsymbol{x})\leqslant\boldsymbol{0},\quad j=1,2,\cdots,m_1\\&\qquad\ \ h_l(\boldsymbol{x})=\boldsymbol{0},\quad l=1,2,\cdots,m_2\\&\qquad\ \ x_i^{\mathrm{L}}\leqslant x_i\leqslant x_i^{\mathrm{U}},\quad i=1,2,\cdots,n\end{aligned}\right\}\tag{3.58}$$

其 Lagrange 函数为

$$L(\boldsymbol{x},\boldsymbol{\lambda})=f(\boldsymbol{x})+\sum_{j=1}^{m_1}\lambda_jg_j(\boldsymbol{x})+\sum_{l=1}^{m_2}\lambda_{m_1+l}h_l(\boldsymbol{x})\tag{3.59}$$

问题(3.58)的一阶最优性条件，即 Karush - Kuhn - Tucker(K - K - T)条件为

$$\left.\begin{aligned}&\nabla f(\boldsymbol{x}^*)+\sum_{j=1}^{m_1}\lambda_j\nabla g_j(\boldsymbol{x}^*)+\sum_{l=1}^{m_2}\lambda_{m_1+l}\nabla h_l(\boldsymbol{x}^*)=\mathbf{0}\\&\lambda_j\geqslant 0,\quad \lambda_j g_j(\boldsymbol{x}^*)=\mathbf{0},\quad j=1,\cdots,m_1\end{aligned}\right\}\tag{3.60}$$

若问题(3.58)为凸规划问题，则 K－K－T 条件也是充分条件，满足 K－K－T 条件(3.60)的 $\boldsymbol{x}^*$ 是问题(3.58)的 K－K－T 点和局部最优解。通过选择适当的效益函数，可将其局部收敛性扩展至全局，获得 SQP 全局最优解。常用的效益函数有 l_1 精确罚函数和 Fletcher 效益函数，l_1 精确罚函数表示为

$$\phi_1(\boldsymbol{x},\mu)=f(\boldsymbol{x})+\mu\sum_{l=1}^{m_2}|h_l(\boldsymbol{x})|+\mu\sum_{j=1}^{m_1}\max(0,g_j(\boldsymbol{x}))\tag{3.61}$$

式中，μ 为罚因子，一般大于 0。

序列二次规划法的基本思想是将原来的优化问题转化为一系列的二次规划子问题，对于线搜索或信任域搜索均可以采用。对于线搜索方式，在每一迭代点 $\boldsymbol{X}_k$，构造一个二次规划子问题，以这个子问题的解作为迭代的搜索方向 $\boldsymbol{S}_k$，并沿该方向进行一维搜索，即 $\boldsymbol{X}_{k+1}=\boldsymbol{X}_k+\alpha_k\boldsymbol{S}_k$，得到 $\boldsymbol{X}_k$。重复上述过程，直至点列$\{\boldsymbol{X}_k\}$，$k=1,2,\cdots$最终逼近原问题的最优点 $\boldsymbol{X}^*$。

序列二次规划法产生的一系列 QP 子问题为

$$\left.\begin{aligned}\min\ &\frac{1}{2}\boldsymbol{S}^{\mathrm{T}}\boldsymbol{B}_k\boldsymbol{S}+\nabla f(\boldsymbol{X}_k)^{\mathrm{T}}\boldsymbol{S}\\ \text{s.t.}\quad &g(\boldsymbol{X}_k)+\nabla g(\boldsymbol{X}_k)^{\mathrm{T}}\boldsymbol{S}\leqslant\mathbf{0}\\ &h(\boldsymbol{X}_k)+\nabla h(\boldsymbol{X}_k)^{\mathrm{T}}\boldsymbol{S}=\mathbf{0}\end{aligned}\right\}\tag{3.62}$$

用一系列的 QP 问题逼近原 NLP，$\{\boldsymbol{X}_k\}$是算法产生的点列，$\boldsymbol{B}_k$ 是 NLP 在点 $\boldsymbol{X}_k$ 的 Lagrange 函数的海森矩阵。

序列二次规划法的求解步骤如下：

① 给定初始点 $\boldsymbol{X}_0$、λ_0，正定对称阵 $\boldsymbol{B}=\boldsymbol{I}$；

② 在任意点 $\boldsymbol{X}_k$，将原问题构造成一个二次规划问题 QP(以 $\boldsymbol{S}$ 为变量)(构造时可以参考拟牛顿法用近似阵代替海森矩阵)；

③ 求解二次规划子问题 QP，并确定搜索方向 $\boldsymbol{S}_k$；

④ 一维搜索，确定步长；

⑤ 判断是否收敛，若收敛，则输出结果，否则转步骤⑥；

⑥ 用拟牛顿法中类似的方法修正 $\boldsymbol{B}^k$，得到 $\boldsymbol{B}^{k+1}$。

因为序列二次规划算法中用到了函数的二阶导数信息，所以收敛快。超线性收敛，是较好的非线性约束优化算法之一。由于 SQP 中的 $\boldsymbol{B}$ 可能非正定、子问题的相容性以及效益函数 φ 的非光滑性等，SQP 有可能达不到超线性收敛，甚至找不到可行解，所以又出现了许多 SQP 的改进算法。

假设问题(3.58)的二次规划子问题为

$$\left.\begin{aligned}\min\ &\nabla f(\boldsymbol{x}^k)^{\mathrm{T}}\boldsymbol{d}+\frac{1}{2}\boldsymbol{d}^{\mathrm{T}}\boldsymbol{B}^k\boldsymbol{d}\\ \text{s.t.}\quad &g_j(\boldsymbol{x}^k)+\nabla g_j(\boldsymbol{x}^k)^{\mathrm{T}}\boldsymbol{d}\leqslant\mathbf{0},\quad j=1,2,\cdots,m_1\\ &h_l(\boldsymbol{x}^k)+\nabla h_l(\boldsymbol{x}^k)^{\mathrm{T}}\boldsymbol{d}\leqslant\mathbf{0},\quad l=1,2,\cdots,m_2\\ &x_i^{\mathrm{L}}\leqslant x_i\leqslant x_i^{\mathrm{U}},\quad i=1,2,\cdots,n\end{aligned}\right\}\tag{3.63}$$

式中，$\{\boldsymbol{x}^k\}$是算法产生的点列，$\boldsymbol{B}^k$ 为式(3.59)所表示的 Lagrange 函数的海森矩阵或其某种二次近似。问题(3.62)中的目标函数是原问题(3.58)中目标函数的二次近似，约束函数是原约束函数的线性近似。设 x^k 是当前点，通过求解子问题(3.62)得到 $\boldsymbol{d}^k$，令

$$\boldsymbol{x}^{k+1}=\boldsymbol{x}^k+\alpha^k\boldsymbol{d}^k$$

式中，α^k 是步长，由一维搜索确定。

基于一维搜索的二次规划算法有多种不同形式，主要区别在于海森矩阵的计算、效益函数的选取及搜索步长确定方法的不同。下面给出基于 Armijo 一维搜索和阻尼 BFGS 近似的序列二次规划算法。

1. 阻尼 BFGS 近似

令 $\boldsymbol{s}^k=\boldsymbol{x}^{k+1}-\boldsymbol{x}^k$，$\boldsymbol{y}^k=\nabla_x L(\boldsymbol{x}^{k+1},\lambda^{k+1})-\nabla_x L(\boldsymbol{x}^k,\lambda^{k+1})$，$\boldsymbol{r}^k=\theta^k\boldsymbol{y}^k+(1-\theta^k)\boldsymbol{B}^k\boldsymbol{s}^k$，其中 θ^k 由下式给出，即

$$\theta^k=\begin{cases}1, & \boldsymbol{s}^{k\mathrm{T}}\boldsymbol{y}^k\geqslant 0.2\boldsymbol{s}^{k\mathrm{T}}\boldsymbol{B}^k\boldsymbol{s}^k\\(0.8\boldsymbol{s}^{k\mathrm{T}}\boldsymbol{B}^k\boldsymbol{s}^k)/(\boldsymbol{s}^{k\mathrm{T}}\boldsymbol{B}^k\boldsymbol{s}^k-\boldsymbol{s}^{k\mathrm{T}}\boldsymbol{y}^k), & \boldsymbol{s}^{k\mathrm{T}}\boldsymbol{y}^k<0.2\boldsymbol{s}^{k\mathrm{T}}\boldsymbol{B}^k\boldsymbol{s}^k\end{cases}$$

阻尼 BFGS 法用下式计算 $\boldsymbol{B}^{k+1}$，只要 $\boldsymbol{B}^k$ 是正定的，就可以保证 $\boldsymbol{B}^{k+1}$ 的正定性。

$$\boldsymbol{B}^{k+1}=\boldsymbol{B}^k-\frac{\boldsymbol{B}^k\boldsymbol{s}^k\boldsymbol{s}^{k\mathrm{T}}\boldsymbol{B}^k}{\boldsymbol{s}^{k\mathrm{T}}\boldsymbol{B}^k\boldsymbol{s}^k}+\frac{\boldsymbol{r}^k\boldsymbol{r}^{k\mathrm{T}}}{\boldsymbol{s}^{k\mathrm{T}}\boldsymbol{r}^k} \tag{3.64}$$

初始计算时，可以取 $\boldsymbol{B}$ 为单位阵。

2. 基于 Armijo 一维搜索和阻尼 BFGS 近似的序列二次规划算法步骤

本算法的步骤如下：

① 设定参数 $\eta\in(0,1)$；

② 给定 $\boldsymbol{B}^0=\boldsymbol{I}$，给定初始点$(\boldsymbol{x}^0,\lambda^0)$；

③ 判断是否满足收敛条件，若是则转步骤④，否则转步骤⑤；

④ 最优解 $\boldsymbol{x}^*=\boldsymbol{x}^k$，停止；

⑤ 求解式(3.63)，得到 $\boldsymbol{d}^k$；

⑥ 求最小的非负整数 ρ^k，满足 $\phi_1(\boldsymbol{x}^k+\rho^k\boldsymbol{d}^k)\leqslant\phi_1(\boldsymbol{x}^k)-\eta\rho^k\boldsymbol{d}^{k\mathrm{T}}\boldsymbol{B}^k\boldsymbol{d}^k$；

⑦ $\alpha^k=\rho^k$；

⑧ $\boldsymbol{x}^{k+1}=\boldsymbol{x}^k+\alpha^k\boldsymbol{d}^k$，用式(3.64)计算 $\boldsymbol{B}^{k+1}$；

⑨ $k=k+1$，转步骤③。

在以上算法中，二次规划子问题的解 $\boldsymbol{d}^k$ 是效益函数 ϕ_1^k 在 $\boldsymbol{x}^k$ 处的一个下降方向，而且经过有限步计算即可满足步骤⑥中的不等式要求。为保证$\{\phi_1^k\}$的递减，可以取

$$\mu^k=\begin{cases}\max\limits_{m_1+1\leqslant l\leqslant m_2}|\lambda_l^k|+2\delta, & \mu^{k-1}<\max\limits_{m_1+1\leqslant l\leqslant m_2}|\lambda_l^k|+\delta\\\mu^{k-1}, & \mu^{k-1}\geqslant\max\limits_{m_1+1\leqslant l\leqslant m_2}|\lambda_l^k|+\delta\end{cases} \tag{3.65}$$

式中，δ 为大于 0 的常数，所以$\{\mu^k\}$是单调非降的。

第 4 章　群智能优化算法

随着液体火箭发动机设计方法和技术的发展，对于液体火箭发动机机理的研究更加准确和可靠，其仿真分析过程越来越复杂。对于复杂系统的优化求解，经典优化方法难以满足设计的需求。模拟自然界生物进化过程的群智能优化算法，作为全局优化算法，依托其内在独特的组织方式以及天然的并行计算能力，在液体火箭发动机优化设计中发挥了重要的作用。本章主要研究群智能优化算法中的粒子群优化算法、差分进化算法、蚁群算法和量子优化算法。

4.1　概　述

通过模拟自然界生物的进化机制及其群体的行为来解决科学和工程中的计算问题已经成为新的研究热点。自 20 世纪 80 年代以来，一些与经典的数学规划原理截然不同的、试图通过模拟自然生态机制来求解复杂优化问题的智能优化方法相继被提出。随着这些智能优化算法的出现，产生了许多新的计算技术和解决问题的方法，丰富了优化设计技术，同时也为采用传统优化设计技术难以处理的复杂优化问题提供了一种切实可行的解决手段。

所谓群智能(Swarm Intelligence)指的是由众多无智能的简单个体组成的群体，通过个体间的简单合作来表现出智能行为的特性。作为群智能的重要组成部分，单个简单个体虽然能构成优化问题的一个解答，然而在得不到群体信息反馈的情况下，其运动是完全没有规律可言的；只有在受到其他个体的信息影响之后，每个个体才能表现出一种智能形态，并在解空间内进行寻优。

群智能优化算法以群体为主要载体，通过个体之间的间接或直接通信进行并行式问题求解。群智能优化算法对问题的数学描述不要求满足可微性和凸性等条件，它以一组解(种群)为迭代的初始值，只需目标函数的适应值信息，不使用其导数信息，通过算法内部运行机制，对种群进化迭代，完成搜索。

相较于经典优化方法，群智能优化算法具有如下几个特点：

① 不以达到某个最优性条件或找到理论上的精确最优解为目标，而是更看重计算的速度和效率；

② 对于目标函数和约束条件的要求比较宽松；

③ 算法的基本思想都是来自对某种自然规律的模仿，具有人工智能的特点；

④ 多数算法都包含了多个体的种群，寻优过程实际上就是种群的进化过程；

⑤ 算法的理论基础相对薄弱，一般来说都不能保证收敛到理论最优解。

群智能优化算法易于实现，算法中仅涉及基本的数学操作，其数据处理过程对计算机 CPU 和内存的要求也不高。已有的群智能理论和应用方法研究证明，群智能优化算法是一种能够有效解决大多数全局优化问题的方法。更重要的是，群智能优化算法潜在的并行性和分布式特点，为处理大量以数据库形式存在的数据提供了技术保证。无论是从理论研究还是从应用研究的角度来看，群智能优化算法都具有重要的学术意义和工程应用价值。

目前，群智能优化算法发展出多种算法，如粒子群优化算法、差分进化算法、蚁群算法、量子优化算法、免疫算法、蜂群算法以及混合蛙跳算法等。

4.2 粒子群优化算法

4.2.1 标准粒子群优化算法

粒子群优化（Particle Swarm Optimization，PSO）算法是由 Kennedy 和 Eberhart 于 1995 年提出的一种基于群智能的仿生算法，其主要思想来源于对鸟群觅食行为的模拟。

假定在 D 维搜索空间内，PSO 算法首先随机产生一个规模为 NP 的种群，并赋予每个粒子一个随机速度，此时每个粒子即为所求问题的候选解。粒子速度的调整受到两个最优位置的影响：个体最优位置和全局最优位置，分别代表自身飞行经验和种群的飞行经验。对于第 i 个粒子，其位置和速度分别记为 $\boldsymbol{X}_i=(x_{i1},x_{i2},\cdots,x_{iD})$ 和 $\boldsymbol{V}_i=(v_{i1},v_{i2},\cdots,v_{iD})$；个体最优位置和全局最优位置分别记为 $\boldsymbol{P}_i=(p_{i1},p_{i2},\cdots,p_{iD})$ 和 $\boldsymbol{G}=(g_1,g_2,\cdots,g_D)$。粒子在每次迭代中根据如下两个公式更新其速度和位置：

$$v_{ij}^{t+1}=v_{ij}^t+c_1r_1(p_{ij}^t-x_{ij}^t)+c_2r_2(g_j^t-x_{ij}^t) \tag{4.1}$$

$$x_{ij}^{t+1}=x_{ij}^t+v_{ij}^{t+1} \tag{4.2}$$

式中，t 为当前迭代次数；c_1 和 c_2 为加速常数，c_1 调节粒子飞向个体最优位置的步长，c_2 调节粒子向全局最优位置飞行的步长；r_1 和 r_2 为两个在[0,1]内服从均匀分布的随机数。图 4.1 给出了在二维空间内，粒子根据式(4.1)和式(4.2)更新速度和位置的原理。

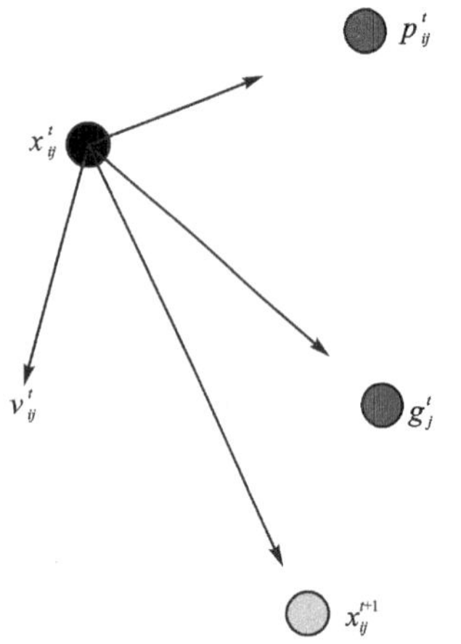

图 4.1 粒子更新速度和位置的原理

式(4.1)由三个部分组成：第一部分是粒子先前的速度，表示粒子当前的状态，是粒子能够飞行的基本保证；第二部分为认知部分（Cognition Component），表示粒子自身的思考，使粒子向个体最优位置靠近；第三部分为社会部分（Social Component），表示粒子间的社会信息共享，起到粒子间相互学习的作用，使粒子在飞行时向全局最优位置靠近。粒子只有在三部分共同作用下，才能更快、更有效地在搜索空间内发现问题的最优解。

为了讨论的方便，假定优化问题为最小化问题，则每个粒子的个体最优位置根据下式来更新：

$$p_{ij}^{t+1}=\begin{cases}p_{ij}^t, & f(x_{ij}^{t+1})\geqslant f(p_{ij}^t)\\ x_{ij}^{t+1}, & \text{否则}\end{cases} \tag{4.3}$$

全局最优位置的更新公式为

$$g_j^{t+1}=\min\{p_{ij}^{t+1}\},\quad j=1,\cdots,\text{NP} \tag{4.4}$$

此外，为了减少粒子在寻优过程中跳出搜索空间的可能性，通常将速度限定在一定范围内，即 $v_{ij}\in[-v_{\max},v_{\max}]$。如果问题的搜索空间定义在$[-x_{\max},x_{\max}]$，则可设定 $v_{\max}=kx_{\max}$，$k\in[0.1,1]$。

由式(4.1)～式(4.4)组成的算法称为基本 PSO 算法，其步骤如下：

① 在搜索空间内，对种群粒子进行初始化，包括位置和速度，令 $t=0$；

② 计算每个粒子的函数适应值；

③ 对于每个粒子，根据式(4.3)、式(4.4)更新粒子的个体最优位置与全局最优位置；

④ 根据式(4.1)和式(4.2)更新粒子的速度和位置；

⑤ $t=t+1$；

⑥ 若未达到终止条件，则转步骤②；否则，结束。

在实际应用中，一般将终止条件设定为一个足够好的函数适应值或达到预设的最大迭代次数。

4.2.2 带惯性权重的粒子群优化算法

对于一种优化算法而言，全局搜索能力和局部搜索能力是至关重要的两个因素，其中全局搜索能力表现为探测，局部搜索能力表现为开发。在PSO算法中，探测是指粒子能够以较大概率逃离原先的寻优轨迹，在新的方向进行全局搜索；开发是指粒子能够以较大概率继续原先的寻优轨迹，进行更为精细的局部搜索。为了更好地在探测与开发间找到平衡，在基本PSO算法的速度公式中引入了惯性权重 w，以便更好地控制粒子的寻优行为。引入惯性权重 w 后，原速度公式变为如下形式：

$$v_{ij}^{t+1}=wv_{ij}^{t}+c_1r_1(p_{ij}^{t}-x_{ij}^{t})+c_2r_2(g_j^{t}-x_{ij}^{t}) \tag{4.5}$$

由式(4.5)可知，当 $w=1$ 时，即为基本PSO算法的速度公式，从而表明，基本PSO算法是带惯性权重的PSO算法的特殊情况。由式(4.2)和式(4.5)组成的PSO算法称为标准PSO(Standard Particle Swarm Optimization，SPSO)算法。为了便于区分，又称之为带惯性权重的PSO算法(PSO-w)。

惯性权重 w 表明了粒子当前速度对下一代速度的影响，控制其大小可以调节算法的全局和局部搜索能力。较大的 w 值有利于提高粒子的速度，从而加强全局搜索能力；而较小的 w 值则有利于局部搜索。因此，惯性权重 w 的取值直接影响PSO算法的搜索性能。

最初，通过实验指出，当 w 在[0.9,1.2]内取值时，PSO算法具有较好的寻优能力；随后又指出，在搜索过程中可以对 w 的取值采用动态调整策略：在迭代开始时，给 w 赋予一个较大的正值；此后，随着迭代线性减小 w 的值。目前，对惯性权重，w 采用最多的是线性递减权值(Linearly Decreasing Weight，LDW)策略，即

$$w=w_{\max}-\frac{t}{T_{\max}}(w_{\max}-w_{\min}) \tag{4.6}$$

式中，$w_{\max}$ 是惯性权重的最大取值，也就是算法开始时刻的值；$w_{\min}$ 是惯性权重的最小取值，表示迭代结束时刻的值；t 为迭代次数；$T_{\max}$ 为最大迭代次数。LDW策略使得SPSO算法在迭代初期可以进行大范围搜索，具有较强的探测能力；而在迭代后期对最优解的邻域进行精细搜索，具有较强的开发能力。

4.2.3 带收缩因子的粒子群优化算法

为有效控制粒子的飞行速度，使算法达到全局探测与局部开发两者间的有效平衡，在速度公式中引入了收缩因子 χ，形成另一个版本的SPSO算法，为便于区分，称之为带收缩因子的PSO算法(PSO-cf)，其形式如下：

$$v_{ij}^{t+1}=\chi[v_{ij}^{t}+c_1r_1(p_{ij}^{t}-x_{ij}^{t})+c_2r_2(g_j^{t}-x_{ij}^{t})] \tag{4.7}$$

式中

$$\chi = \frac{2}{|\,2 - C - \sqrt{C^2 - 4C}\,|} \tag{4.8}$$

且 $C = c_1 + c_2$，$C > 4$。

PSO－cf 算法描述了一种选择 w、c_1 和 c_2 值的方法，以确保算法收敛。假设 $c_1 = c_2 = 2.05$，$C = c_1 + c_2 = 4.1$，代入式(4.8)，得出 $\chi = 0.729\ 8$ 并代入式(4.7)，可得

$$v_{ij}^{t+1} = 0.729\ 8[v_{ij}^{t} + 2.05r_1(p_{ij}^{t} - x_{ij}^{t}) + 2.05r_2(g_j^{t} - x_{ij}^{t})] \tag{4.9}$$

因为 $0.729\ 8 \times 2.05 = 1.496\ 2$，所以式(4.9)与 PSO－$w$ 的速度公式(4.5)使用 $w = 0.729\ 8$ 和 $c_1 = c_2 = 1.496\ 2$ 时的速度方程是等价的。

从数学上分析，惯性权重 w 与收缩因子 χ 这两个参数是互相等价的。

4.2.4 动态目标的粒子群优化算法

尽管已经出现了不少改进的 PSO 算法，但早熟收敛依然是该算法面临的一大难题。在 PSO 算法中，每个粒子的学习对象为个体最优位置和全局最优位置，当两个最优位置无法提供更好的信息时，粒子会迅速聚集于全局最优位置附近。此时，全局最优位置有可能是一个局部最优解，甚至远离全局最优解。为了更好地利用个体最优位置和全局最优位置的信息，通过分析粒子与两个最优位置在搜索过程中所处的位置关系，这里提出了一种新的学习策略——动态目标策略，并基于此策略建立了动态目标粒子群优化算法(Dynamic Target Particle Swarm Optimization，DTPSO)。

1. 粒子的状态分析

在引入动态目标策略之前，首先分析粒子在飞行过程中的状态。这里的状态是指，粒子在飞行过程中，粒子的位置与个体最优位置和全局最优位置之间的相互关系。为更好地描述其状态，如图 4.2 所示，假定搜索空间的维度只有一维，令 $\boldsymbol{X}$(圆圈)表示粒子当前的位置，$\boldsymbol{P}$(菱形)表示粒子的个体最优位置，$\boldsymbol{G}$(三角形)表示种群的全局最优位置。

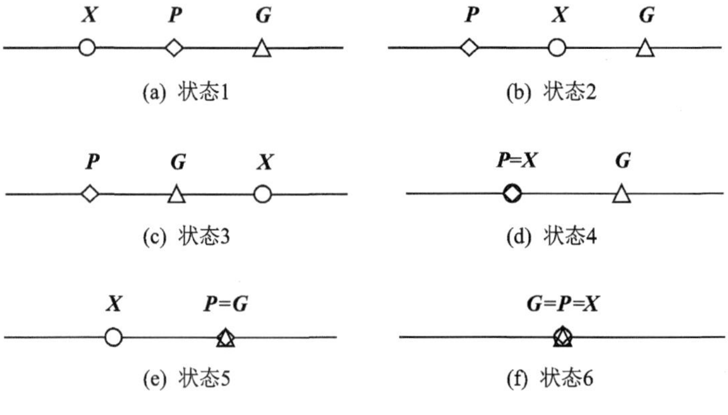

图 4.2 粒子的状态分析

由图 4.2 可知，PSO 算法在寻优过程中，粒子与个体最优位置和全局最优位置之间的相互关系共有六种情况：(a) 个体最优位置在中间，粒子和全局最优位置分别在两侧；(b) 粒子

在中间，个体最优位置和全局最优位置分别在两侧；(c) 全局最优位置在中间，粒子和个体最优位置分别在两侧；(d) 粒子更新了个体最优位置，而全局最优位置没有被粒子更新；(e) 粒子的全局最优位置与个体最优位置相同，而不同于粒子的位置；(f) 粒子更新了全局最优位置。在上述六种情况中，前三种属于常规情况，后三种属于特殊情况。对于特殊情况下的粒子，结合式(4.5)可知，此时粒子的学习对象可能只有一个个体最优位置或者全局最优位置，如图 4.2(d)和图 4.2(e)所示；也可能没有学习对象，只是按照惯性移动，如图 4.2(f)所示。

2. 动态目标策略

由 SPSO 算法的速度公式(4.5)可知，个体最优位置和全局最优位置的信息对于粒子飞行能力具有很大的影响，较好的信息能够提高算法的寻优性能。按照粒子的状态分析，并将粒子与个体最优位置和全局最优位置的关系应用到粒子的学习过程中，从而使粒子能够参考更多的信息跳出局部最优，收敛于全局最优解。因此，为提高 SPSO 算法的性能，这里提出了动态目标策略，使得每个粒子基于该策略进一步学习，以便找到问题的最优解。

下面以最大化问题 $\max f(\cdot)$ 为例说明动态目标策略。在搜索过程中，假设粒子的状态如图 4.2(a)所示，则粒子、个体最优位置及全局最优位置的目标函数值 $f(\boldsymbol{X})$、$f(\boldsymbol{P})$ 和 $f(\boldsymbol{G})$ 将呈现出顺序递增的趋势，即 $f(\boldsymbol{X})<f(\boldsymbol{P})<f(\boldsymbol{G})$。此时，可以令粒子认为该优化问题的最优解位于如图 4.3(a)所示的 $\boldsymbol{G}^*$ 处。在速度更新公式中利用 $\boldsymbol{G}^*$ 替换 $\boldsymbol{G}$，得到新的速度公式：

$$\boldsymbol{V}_i^{t+1}=w\boldsymbol{V}_i^{\,t}+\alpha_1 r_1(\boldsymbol{P}_i^t-\boldsymbol{X}_i^t)+\alpha_2 r_2(\boldsymbol{G}^{*t}-\boldsymbol{X}_i^t) \tag{4.10}$$

假设粒子的状态如图 4.2(b)所示，则 $f(\boldsymbol{X})$、$f(\boldsymbol{P})$ 和 $f(\boldsymbol{G})$ 将呈现为下凹曲线，即 $f(\boldsymbol{P})>f(\boldsymbol{X})$ 与 $f(\boldsymbol{X})<f(\boldsymbol{G})$。此时，可以令粒子认为优化问题的最优解位于如图 4.3(b)所示的 $\boldsymbol{P}^*$ 或 $\boldsymbol{G}^*$ 处。在速度更新公式中令 $\boldsymbol{P}^*$ 替换 $\boldsymbol{P}$，令 $\boldsymbol{G}^*$ 替换 $\boldsymbol{G}$，得到新的速度公式

$$\boldsymbol{V}_i^{t+1}=w\boldsymbol{V}_i^t+\beta_1 r_1(\boldsymbol{P}_i^{*t}-\boldsymbol{X}_i^t)+\beta_2 r_2(\boldsymbol{G}^{*t}-\boldsymbol{X}_i^t) \tag{4.11}$$

假设粒子的状态如图 4.2(c)所示，则 $f(\boldsymbol{X})$、$f(\boldsymbol{P})$ 和 $f(\boldsymbol{G})$ 将呈现为上凸曲线，即 $f(\boldsymbol{P})<f(\boldsymbol{G})$ 与 $f(\boldsymbol{G})>f(\boldsymbol{X})$。此时，可以令粒子认为该问题的最优解即为 $\boldsymbol{G}$，如图 4.3(c)所示。此时的速度公式保持不变：

$$\boldsymbol{V}_i^{t+1}=w\boldsymbol{V}_i^t+\gamma_1 r_1(\boldsymbol{P}_i^t-\boldsymbol{X}_i^t)+\gamma_2 r_2(\boldsymbol{G}^t-\boldsymbol{X}_i^t) \tag{4.12}$$

当粒子的状态如图 4.2(d)、图 4.2(e)和图 4.2(f)所示时，粒子处于三种特殊状态。此时，粒子丢失了部分或全部的学习对象。对于图 4.2(d)和图 4.2(e)所示的情况，这时粒子至少是更新了个体最优位置，即粒子的函数值相比原来有了较好的提高；对于图 4.2(f)，粒子没有信息来源。因此，令处于特殊状态的粒子按原速度继续飞行，即

$$\boldsymbol{V}_i^{t+1}=\boldsymbol{V}_i^t \tag{4.13}$$

式中，α_k、β_k 和 $\gamma_k(k=1,2)$ 为加速常数。

3. 动态步长 d

对于图 4.3(a)和图 4.3(b)两种情形，定义 $\boldsymbol{P}^*$ 和 $\boldsymbol{G}^*$ 作为假想的个体最优位置和全局最优位置，为粒子提供更多的信息。然而 $\boldsymbol{P}^*$ 和 $\boldsymbol{G}^*$ 的取值必须具有一定合理性，不能盲目赋值。对于 $\boldsymbol{P}^*$ 和 $\boldsymbol{G}^*$ 的取值，分别采用了如下的形式：

对于图 4.3(a)，有

$$\boldsymbol{G}^*=\boldsymbol{G}+d(\boldsymbol{G}-\boldsymbol{P}) \tag{4.14}$$

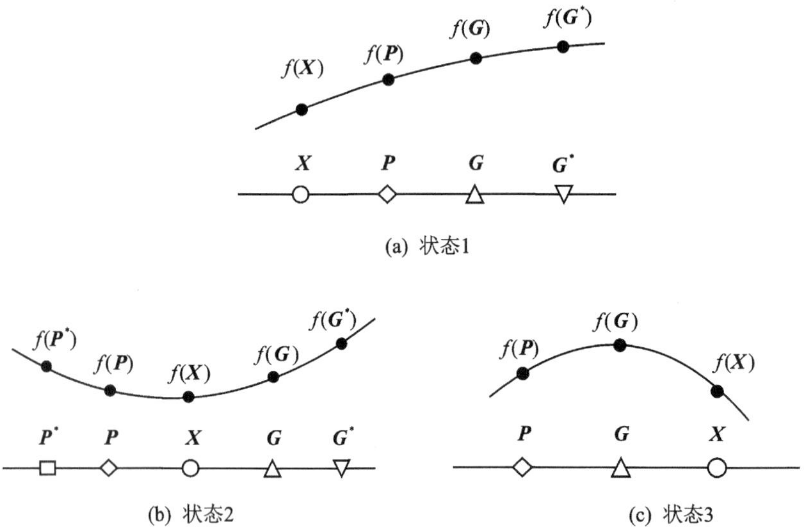

图 4.3 粒子状态与函数值的关系

对于图 4.3(b),有

$$\left.\begin{aligned}\boldsymbol{G}^* &= \boldsymbol{G} + d(\boldsymbol{G} - \boldsymbol{X}) \\ \boldsymbol{P}^* &= \boldsymbol{P} + d(\boldsymbol{P} - \boldsymbol{X})\end{aligned}\right\} \tag{4.15}$$

式中,参数 d 称为动态步长。对于动态步长 d,使用如下调整方法:

$$d = 0.5[1 - |(t_{\max} - 2t)/t_{\max}|] \tag{4.16}$$

动态步长随着算法的迭代先增大后减小,如图 4.4 所示。

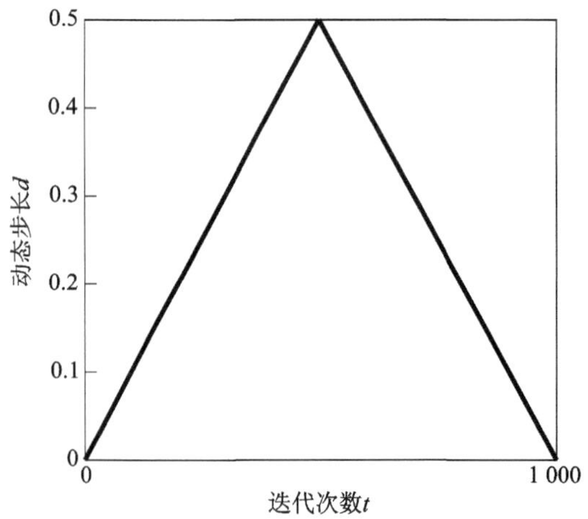

图 4.4 动态步长 d 随迭代次数 t 的变化

综上所述,DTPSO 算法的流程如图 4.5 所示。

4. 算法测试与结果分析

为分析 DTPSO 算法的收敛速度、全局搜索能力及参数设置对算法执行性能的影响,选择了 6 个典型的测试函数,函数表达式如下所示。

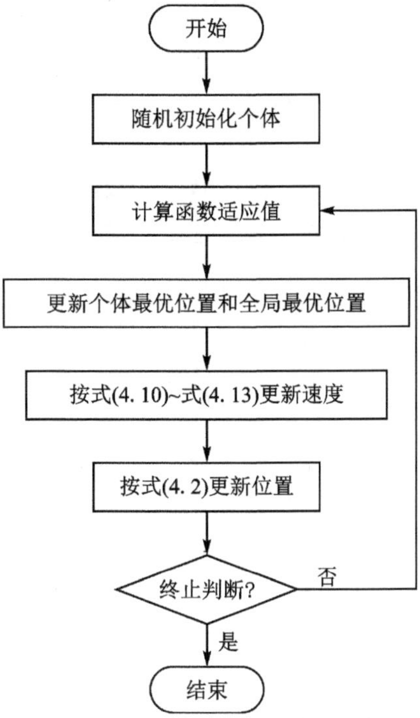

图 4.5　DTPSO 算法流程

① Sphere 函数：

$$f_1(\boldsymbol{x}) = \sum_{i=1}^{D} x_i^2$$

② Rosenbrock 函数：

$$f_2(\boldsymbol{x}) = \sum_{i=1}^{D-1} [100 \cdot (x_{i+1} - x_i^2)^2 + (x_i - 1)^2]$$

③ Rastrigin 函数：

$$f_3(\boldsymbol{x}) = \sum_{i=1}^{D} [x_i^2 - 10 \cdot \cos(2\pi x_i) + 10]$$

④ Griewank 函数：

$$f_4(\boldsymbol{x}) = \frac{1}{4\,000} \sum_{i=1}^{D} (x_i - 100)^2 - \prod_{i=1}^{D} \cos\left(\frac{x_i - 100}{\sqrt{i}}\right) + 1$$

⑤ Ackley 函数：

$$f_5(\boldsymbol{x}) = 20 + \exp(1) - 20\exp\left(-0.2\sqrt{\frac{1}{D}\sum_{i=1}^{D} x_i^2}\right) - \exp\left[\frac{1}{D}\sum_{i=1}^{D}\cos(2\pi x_i)\right]$$

⑥ Penalized 函数：

$$f_6(\boldsymbol{x}) = 0.1\left\{\sin^2(3\pi x_1) + \sum_{i=1}^{n-1}(x_i - 1)^2[1 + \sin^2(3\pi x_{i+1})] + (x_n - 1)^2[1 + \sin^2(2\pi x_n)] + \sum_{i=1}^{n} u(x_i, 5, 100, 4)\right\}$$

根据函数的性质，6 个测试函数可分为单模态和多模态两类。函数 f_1 和 f_2 为单模态函数，其中 f_1 是一个连续的简单函数；f_2 的全局最优点位于一个平滑、狭长的抛物线形山谷内；函数 $f_3 \sim f_6$ 为典型的非线性多模态函数，在搜索空间内存在大量的局部极小点。表 4.1 列出了上述 6 个测试函数的参数信息。

表 4.1 测试函数的参数信息

序号	函数	搜索空间	最优位置	最优值
1	Sphere	[−100, 100]	(0,0,…,0)	0
2	Rosenbrock	[−30, 30]	(1,1,…,1)	0
3	Rastrigin	[−5.12, 5.12]	(0,0,…,0)	0
4	Griewank	[−600, 600]	(100,100,…,100)	0
5	Ackley	[−32, 32]	(0,0,…,0)	0
6	Penalized	[−50, 50]	(1,1,…,1)	0

测试过程中，共使用了 4 种 PSO 算法进行分析比较，包括 PSO－w、PSO－cf、DTPSO－w 和 DTPSO－cf 算法。对于这 4 种算法，种群规模均设置为 40，测试函数维度 D 为 30；每个算法独立运行 30 次，且每次迭代 5 000 步（函数最大评价次数为 2×10^5）。对于 PSO－w，w 的取值在[0.9,0.4]区间内线性递减，$c_1=c_2=1.49$；对于 PSO－cf，$w=0.72$，$c_1=c_2=1.49$；对于 DTPSO－w，w 与 PSO－w 的取值方式相同，$\alpha_1=\alpha_2=1.49$，$\beta_1=\beta_2=1.0$，$\gamma_1=\gamma_2=1.49$；对于 DTPSO－cf，$w=0.72$，$\alpha_1=\alpha_2=1.49$，$\beta_1=\beta_2=1.0$，$\gamma_1=\gamma_2=1.49$。

表 4.2 给出了对单模态测试问题的对比实验结果，包括最小值（Min）、中值（Median）、最大值（Max）、平均值（Mean）及标准差（Deviation）。图 4.6 显示了平均最优值的迭代寻优过程，图中纵坐标为平均最优值的对数值，横坐标为迭代次数。从实验结果可知，DTPSO 算法的收敛速度不及 SPSO 算法。这是因为采用动态目标策略虽然有助于增加 SPSO 算法的随机性，但同时也降低了算法的收敛速度。

表 4.2 PSO－w、PSO－cf、DTPSO－w 和 DTPSO－cf 算法对单模态测试函数的结果比较

函数	评价指标	算法			
		PSO－w	PSO－cf	DTPSO－w	DTPSO－cf
Sphere	Min	2.53×10^{-37}	3.87×10^{-101}	4.50×10^{-33}	1.89×10^{-13}
	Median	1.04×10^{-28}	6.74×10^{-96}	3.31×10^{-31}	4.97×10^{-12}
	Max	7.04×10^{-22}	4.40×10^{-87}	1.61×10^{-28}	3.07×10^{-10}
	Mean	1.44×10^{-23}	4.50×10^{-89}	6.80×10^{-30}	1.94×10^{-11}
	Deviation	8.45×10^{-23}	4.37×10^{-88}	2.90×10^{-29}	5.44×10^{-11}
Rosenbrock	Min	1.07×10^{-4}	1.88×10^{-3}	21.284	23.918
	Median	20.407	8.169	21.828	24.375
	Max	110.550	75.488	22.378	24.738
	Mean	33.514	10.441	21.841	24.331
	Deviation	30.090	15.274	0.246	0.205

表 4.3 和图 4.7 给出了对于多模态测试问题的对比实验结果。由实验结果可知，对于各

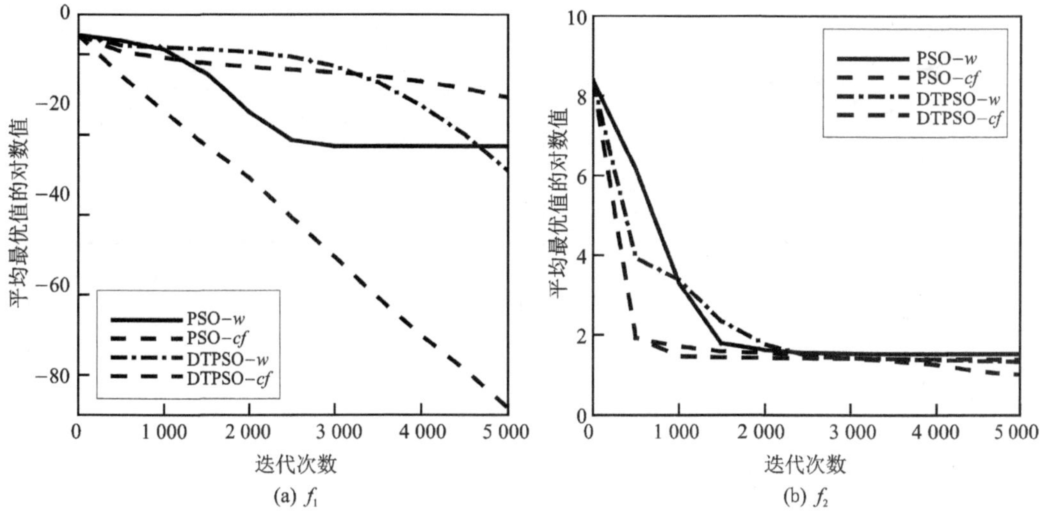

图 4.6　PSO - w、PSO - cf、DTPSO - w 和 DTPSO - cf 算法对单模态函数的寻优过程

评价指标，DTPSO 算法的结果要明显好于 SPSO 算法，而且成功避免了算法陷入局部最优。

表 4.3　PSO - w、PSO - cf、DTPSO - w 和 DTPSO - cf 算法对多模态测试函数的结果比较

函　数	评价指标	算　法			
		PSO - w	PSO - cf	DTPSO - w	DTPSO - cf
Rastrigin	Min	4.975	16.914	0	6.22×10^{-14}
	Median	10.945	28.854	0	3.06×10^{-12}
	Max	23.879	45.768	0	4.34×10^{-11}
	Mean	11.372	28.864	0	5.96×10^{-12}
	Deviation	3.476	6.438	0	8.62×10^{-12}
Griewank	Min	5.94×10^{-4}	1.87×10^{-3}	7.66×10^{-13}	1.16×10^{-7}
	Median	3.62×10^{-2}	0.204	5.02×10^{-9}	8.53×10^{-7}
	Max	0.276	0.870	5.83×10^{-5}	7.66×10^{-6}
	Mean	5.00×10^{-2}	0.233	3.53×10^{-6}	1.22×10^{-6}
	Deviation	4.73×10^{-2}	0.179	1.26×10^{-5}	1.44×10^{-6}
Ackley	Min	3.60×10^{-14}	1.74×10^{-14}	7.55×10^{-15}	1.00×10^{-7}
	Median	3.34×10^{-13}	1.778	1.47×10^{-14}	3.97×10^{-7}
	Max	2.580	4.075	2.18×10^{-14}	1.72×10^{-6}
	Mean	0.179	1.649	1.61×10^{-14}	5.26×10^{-7}
	Deviation	0.509	0.987	3.85×10^{-15}	3.66×10^{-7}
Penalized	Min	7.880	30.090	2.88×10^{-17}	7.44×10^{-13}
	Median	23.646	97.741	2.88×10^{-17}	1.38×10^{-11}
	Max	75.098	171.074	1.10×10^{-2}	1.10×10^{-2}
	Mean	27.745	99.675	1.46×10^{-3}	1.10×10^{-2}
	Deviation	18.653	35.500	3.73×10^{-3}	3.29×10^{-3}

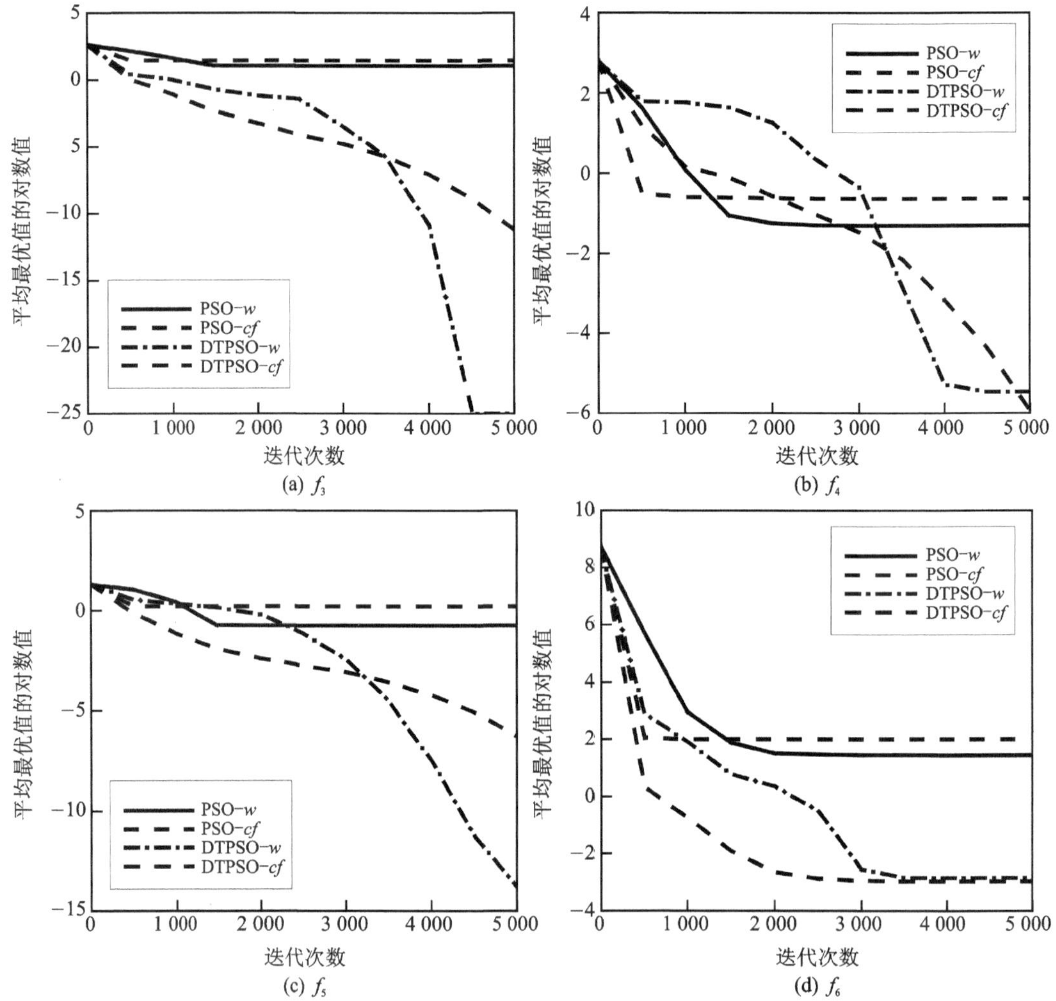

图 4.7　PSO - *w*、PSO - *cf*、DTPSO - *w* 和 DTPSO - *cf* 算法对多模态函数的寻优过程

根据单模态和多模态测试问题的结果可知，DTPSO 算法对于单模态测试问题没有显示良好的性能，但是在多模态测试问题的处理上具有较好的性能。基于没有免费午餐(No Free Lunch，NFL)的理论，没有一个算法能够对任何问题都具有良好的性能，而且现实工程问题通常都是复杂的多模态问题，因此 DTPSO 算法是求解工程问题的较好选择。

4.2.5　反向扰动的粒子群优化算法

反向学习(Opposition - Based Learning，OBL)的概念最初是由 Tizhoosh 于 2005 年提出的，此后迅速应用于多个领域的研究中。OBL 主要通过比较当前解与其反向解(Opposite Point)之间的函数优劣来获得较好解。作为新颖的学习策略，OBL 为优化算法提供了一种新的搜索方式，用以提高算法的搜索效率。

目前已经出现了几种基于 OBL 的改进 PSO 算法，它们都在一定程度上提高了基本 PSO 算法的性能。然而这些改进算法都采用了在迭代过程中依概率使用 OBL 对粒子进行跳跃的方式，这样虽然会增加种群的多样性，却也同时增加了算法的复杂性，从而违背了 PSO 算法简单易用的特点。因此，通过分析 PSO 算法在运行过程中出现的弊端，著者提出了反向扰动的 PSO 算法(Particle Swarm Optimization with Opposition - based Disturbance, PSOOD)。该算法在满足收敛性的条件下，对更新个体最优位置的个体进行反向的位置扰动，以提高种群的多样性和粒子的遍历性。

1. 反向学习

Rahnamayan 等通过数学推导和数值试验表明，反向学习相较于随机搜索具有更快的学习速度和更强的搜索能力。为便于描述，首先给出反向解的定义。

设 $y\in[a,b]$ 是一个实数，则 y 的反向解 $\breve{y}$ 定义如下：

$$\breve{y}=b+a-y \tag{4.17}$$

设 $\boldsymbol{Y}=(y_1,y_2,\cdots,y_D)$ 是 D 维空间内的一个点，其中 $y_1,y_2,\cdots,y_D\in\mathbf{R}$ 且 $y_i\in[a_i,b_i]$，$i=1,2,\cdots,D$，则 $\boldsymbol{Y}$ 的反向解定义为 $\breve{\boldsymbol{Y}}=(\breve{y}_1,\breve{y}_2,\cdots,\breve{y}_D)$，其中

$$\breve{y}_i=b_i+a_i-y_i \tag{4.18}$$

在明确了反向解的定义之后，现给出 OBL 的具体方法：设 $f(\boldsymbol{Y})$ 是优化函数，$\boldsymbol{Y}=(y_1,y_2,\cdots,y_D)$ 是 D 维空间内的一个解，其反向解为 $\breve{\boldsymbol{Y}}=(\breve{y}_1,\breve{y}_2,\cdots,\breve{y}_D)$；在算法的迭代过程中，如果 $f(\boldsymbol{Y})$ 的值优于 $f(\breve{\boldsymbol{Y}})$，则保留当前解 $\boldsymbol{Y}$；否则，利用反向解 $\breve{\boldsymbol{Y}}$ 取代 $\boldsymbol{Y}$。

2. 反向扰动算子

对于 PSO 算法，由速度公式可知，每个粒子都是通过个体最优位置和全局最优位置的信息来改变自身的速度和位置。在算法的迭代过程中，当前粒子的位置如果为其个体最优位置，即认知项为零时，只有全局最优位置对速度的改变起作用；此时，粒子会以很快的速度靠近全局最优位置，进而减少群体的多样性；如果该全局最优位置对应的是原问题的局部最优解，由于群体多样性的减少，PSO 算法就很难逃出该局部最优解的范围，从而使算法出现早熟收敛的情形。根据上述分析可知，认知项的存在可以预防粒子以过快的速度聚拢于全局最优位置附近，起到一定程度的缓冲作用。

PSO 算法在实际运行时，当个体粒子更新其个体最优位置之后，下一步的速度公式中必然不会存在认知项，这时就会出现上述分析中的情形。为了防止出现早熟收敛，可以考虑对那些改变了个体最优位置的粒子进行位置扰动，以避免出现式中认知项为零的情况。以最小化问题 $\min f(\cdot)$ 为例，PSOOD 算法对于粒子的反向扰动原理如图 4.8 所示。

```
for  i=1,…,N
  for  j=1,…,D
    if f(x_ij)<f(p_ij)
      p_ij=x_ij
      f(p_ij)=f(x_ij)
      if rand_1()<rand_2()
        x_ij=x_maxj+x_minj−x_ij
      end if
    end if
  end for
end for
```

图 4.8 反向扰动伪代码

图 4.8 中，$\boldsymbol{x}_{ij}\in\boldsymbol{X}$，$\boldsymbol{p}_{ij}\in\boldsymbol{P}$，$\boldsymbol{P}$ 表示粒子 $\boldsymbol{X}$ 的个体最优位置；$\boldsymbol{x}_{\max j}\in\boldsymbol{X}_{\max}$ 和 $\boldsymbol{x}_{\min j}\in\boldsymbol{X}_{\min}$ 分别表示搜索空间的上下界；$\mathrm{rand}_1()$ 和 $\mathrm{rand}_2()$ 表示[0,1]之间的随机数。从图 4.8 中的伪代码可知，当粒子 x_{ij} 更新个体最优位置的同时，还会根据两个随机数 $\mathrm{rand}_1()$ 和 $\mathrm{rand}_2()$ 之间的大小关系，对自身位置进行反向扰动。这种扰动方式不仅避免了出现认知项为零的情形，还能增加种群的多样性，有助于提高算法的全局和局部搜索能力。

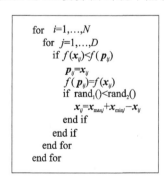

PSOOD 只是在更新个体最优位置时增加了反向扰动算子，其他步骤与 PSO 算法相同；因此，在算法复杂度方面并没有太多变化。

3. 算法测试与结果分析

为了验证 PSOOD 算法的性能，选择 Sphere 函数、Rosenbrock 函数、Rastrigin 函数、Griewank 函数和 Ackley 函数 5 个测试函数，与 SPSO 算法进行对比试验。试验中，两个算法的种群规模均为 $N=50$。PSOOD 的参数设置为 $c_1=c_2=1.49$，惯性权重 w 在[0.72,0.1]之间随代数线性递减；SPSO 的参数设置为 $c_1=c_2=1.49$，$w=0.72$。

每个函数独立运行 30 次，每次运行 1 000 代（函数最大评价次数为 5×10^4）。在运行过程中，如果目标函数值与理论最优值的偏差达到 10^{-6}，则认为已达到优化要求，并保存此时算法的函数评价次数（Number of Function Calls，NFC）。

表 4.4 列出了 SPSO 和 PSOOD 算法对 5 个测试函数独立运行 30 次后的实验结果，包括平均值（Mean）、函数评价次数（NFC）以及标准差（Deviation）。实验结果表明：① 对于 Sphere 函数，SPSO 和 PSOOD 算法在迭代上限内均达到了寻优精度；PSOOD 算法的函数评价次数平均值相对较小；从标准差可以看出，PSOOD 算法的稳定性要优于 SPSO 算法。② 对于 Rosenbrock 函数，两种算法均没有在迭代上限内达到精度要求。③ 对于 Rastrigin、Griewank 和 Ackley 多模态函数，只有 PSOOD 算法达到了寻优精度，显示了良好的寻优能力；PSOOD 算法的 NFC 相对较少，且具有良好的稳定性。

表 4.4 SPSO 和 PSOOD 算法对测试函数的结果比较

函数	SPSO				PSOOD			
	平均值	平均值标准差	评价次数	评价次数标准差	平均值	平均值标准差	评价次数	评价次数标准差
Sphere	0	0	22 240.67	1 405.34	0	0	20 073.23	620.71
Rosenbrock	21.558 2	1.480 2	50 000	0	24.728 1	0.334 1	50 000	0
Rastrigin	28.787 5	6.037 6	50 000	0	0	0	23 772.13	5 320.26
Griewank	0.168 2	0.149 0	50 000	0	0	0	20 193.03	638.62
Ackley	1.165 5	0.756 5	46 200.53	7 115.08	0	0	24 986.03	674.02

图 4.9 显示了 SPSO 和 PSOOD 算法对于 4 个测试函数的寻优过程。为了直观呈现适应值的变化趋势，对部分函数的适应值取对数，同时为避免出现对 0 取对数的情况，对适应值加上 10～15 后再取对数。从变化曲线中可以看出，PSOOD 算法在进化初期由于反向扰动的作用，收敛速度缓慢；而随着算法的继续运行，收敛速度迅速提高，从而较好地协调了 PSO 算法在各个阶段的全局搜索和局部搜索能力。以上测试结果充分验证了基于反向学习的扰动策略的正确性和高效性。

4.2.6 基于小生境和交叉选择的粒子群优化算法

在标准 PSO 算法中，粒子主要依靠两个最优位置（个体最优位置和全局最优位置）指导其在搜索空间的飞行。在搜索过程中，如果个体最优位置聚集在搜索空间的局部最优解区域，会导致群体多样性的缺失，从而可能使所有粒子迅速靠近该区域，陷入局部最优，出现早熟收敛

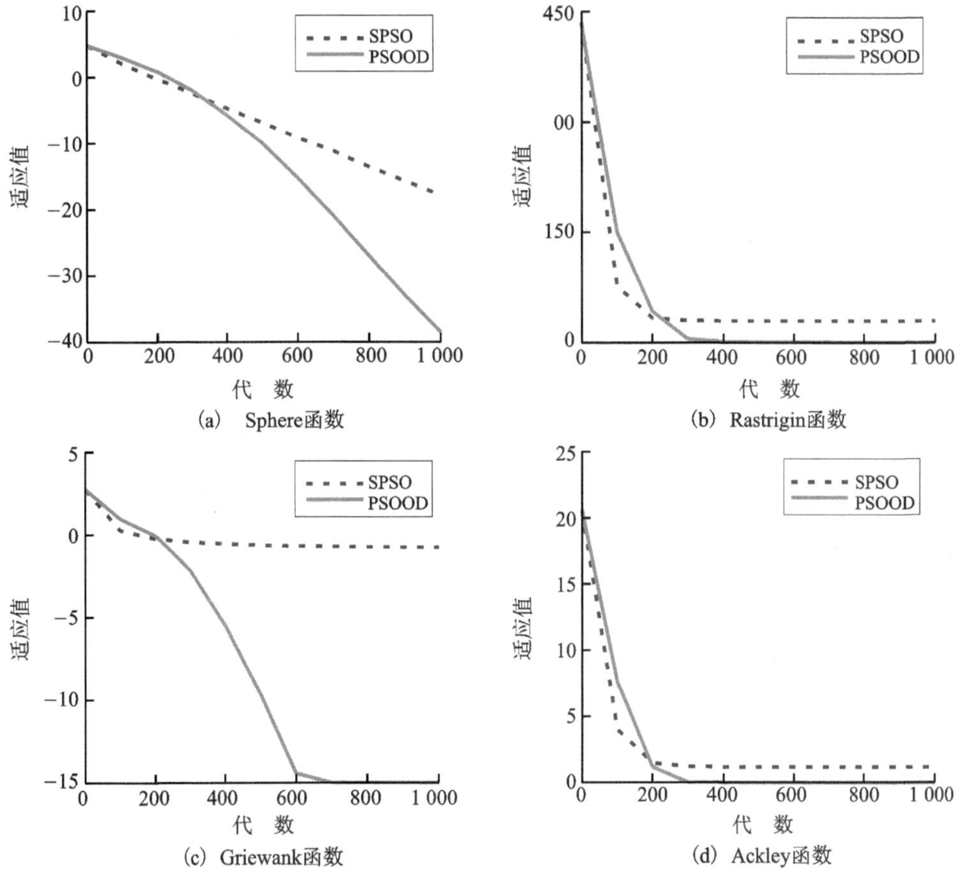

图 4.9　SPSO 和 PSOOD 算法对测试函数的寻优过程

或搜索停滞的现象。为了克服上述缺点，通过引入小生境技术和交叉、选择算子，对寻优过程中粒子的个体最优位置进行多样化处理，著者设计了一种改进的粒子群优化算法（Niche - Crossover - Selection - operators - based Particle Swarm Optimization，NCSPSO）。

1. 基于小生境数的孤立点

假设当前代个体最优位置的集合为 $\mathbf{CP}=\{P_i \mid i=1,2,\cdots,N\}$，计算该集合所有元素之间的距离：

$$d_{ij}=\sqrt{\sum_{k=1}^{D}(p_{ik}-p_{jk})^2} \tag{4.19}$$

式中，$i=1,2,\cdots,N$，$j=1,2,\cdots,N$，且 $i\neq j$。相应的共享函数值为

$$S(d_{ij})=\begin{cases}1-\dfrac{d_{ij}}{\sigma_{\text{share}}}, & d_{ij}<\sigma_{\text{share}}\\ 0, & d_{ij}\geqslant\sigma_{\text{share}}\end{cases} \tag{4.20}$$

式中，σ_{share} 为给定的小生境半径。在此基础上，计算每个元素的小生境数：

$$\text{niche}(i)=\sum_{j=1}^{N}S(d_{ij}) \tag{4.21}$$

式中，$i=1,2,\cdots,N$，且 $i\neq j$。经过比较，小生境数最小的元素就是当前代个体最优位置中的孤立点 $Q=(q_1,q_2,\cdots,q_D)$。

2. 交叉选择算子

将所有个体最优值劣于孤立点值的粒子分别与孤立点进行交叉操作，产生临时个体的位置 $\widetilde{\boldsymbol{P}}_l=(\widetilde{p}_{l1},\widetilde{p}_{l2},\cdots,\widetilde{p}_{lD})$

$$\widetilde{p}_{lk}=\begin{cases}q_k, & \text{rand}(k)\leqslant \text{CR}\\ x_{lk}, & \text{否则}\end{cases} \tag{4.22}$$

式中，$k=1,2,\cdots,D$；$l=1,2,\cdots,M$，M 是个体最优值劣于孤立点值的粒子数，显然 $M<N$；rand(k)是[0,1]之间的随机数；CR 是交叉概率，且 CR∈[0,1]。

然后，对所有的临时位置 $\widetilde{\boldsymbol{P}}_1$ 及其相应的个体最优位置 $\boldsymbol{P}_1$ 进行选择操作。关于最小化问题，选择算子的定义如下：

$$\boldsymbol{P}_1=\begin{cases}\widetilde{\boldsymbol{P}}_l, & F(\widetilde{\boldsymbol{P}}_l)\leqslant F(\boldsymbol{P}_l)\\ \boldsymbol{P}_l, & \text{否则}\end{cases} \tag{4.23}$$

式中，$l=1,2,\cdots,M$，F 为求解问题的目标函数。

综上，NCSPSO 算法的具体步骤如下：

① 在搜索空间内，初始化粒子的位置和速度，令计数器 $t=0$；

② 计数器 $t=t+1$；

③ 计算所有粒子的目标函数值；

④ 更新个体最优位置 $\boldsymbol{P}_i=(p_{i1},p_{i2},\cdots,p_{iD})$和全局最优位置 $\boldsymbol{G}=(g_1,g_2,\cdots,g_D)$；

⑤ 根据式(4.5)和式(4.2)更新粒子的速度和位置；

⑥ 根据式(4.19)～式(4.21)确定个体最优位置中的孤立点 $\boldsymbol{Q}=(q_1,q_2,\cdots,q_D)$；

⑦ 根据式(4.22)和式(4.23)进行交叉选择；

⑧ 如果计数器 t 大于某一给定值，则停止计算，否则转步骤②。

3. 算法改进分析

NCSPSO 算法在每一步迭代过程中，通过与相对孤立的个体最优位置的交叉选择操作，有效地实现了关于当前代个体最优位置的多样性分布。图 4.10 给出了这种多样化处理的效果示意。图中的函数等值线分布说明该搜索空间至少存在两个极值区域；四个圆形粒子则显示了当前代个体最优位置的空间分布，其中的粒子 2 同时也代表当前代全局最优位置。可以看出，由于粒子 1～3 比较靠近搜索空间上方的局部极值区域，如果使用标准 PSO 算法，就可能出现早熟收敛的现象。然而，NCSPSO 算法能够充分利用粒子 4 这个孤立点的信息，采用交叉选择算子对粒子 1 和 3 分别更新至如图 4.10 所示的方形粒子 1′和 3′的位置，使得个体最优位置的分布更趋合理。

4. 算法测试与结果分析

为了测试 NCSPSO 算法的性能，选择 Rosenbrock 函数、Rastrigin 函数和 Griewank 函数

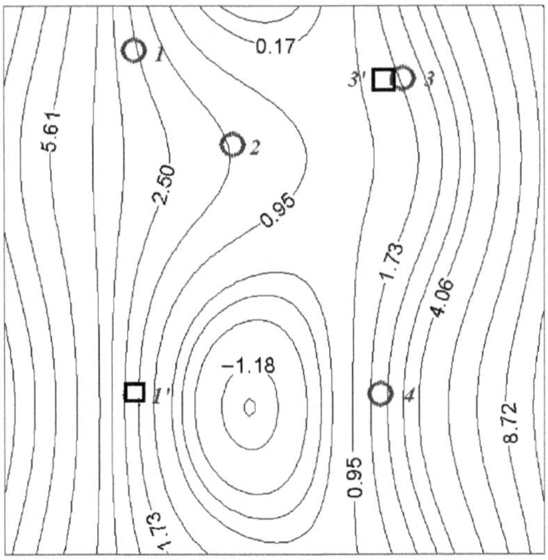

图 4.10　NCSPSO 算法对于个体最优位置进行多样化处理的示意

三个测试函数，与 SPSO 算法进行对比实验。

在进行算法测试时，设定群体规模 $N=40$，维数 D 分别为 10 和 20，最大迭代次数为 2 000，惯性因子 w 由 0.9 动态递减为 0.4，加速常数 $c_1=c_2=2$，交叉概率 CR=0.8。对于每个测试函数，分别使用 SPSO 算法和 NCSPSO 算法运行 100 次后，得到关于最优函数值和标准差的平均结果如表 4.5 所列。

表 4.5　SPSO 和 NCSPSO 算法对测试函数的结果比较

函　数	维数 D	SPSO		NCSPSO	
		平均最优值	标准差	平均最优值	标准差
Rosenbrock	10	103.507 0	1 000.041 8	2.828 2	1.155 7
	20	2 194.880 9	4 057.774 9	17.227 7	16.702 1
Rastrigin	10	1.853 9	1.043 7	7.042 9e−2	2.550 4e−1
	20	18.196 7	13.499 7	2.241 0	1.857 7
Griewank	10	7.647 1e−2	1.461 6e−1	2.700 0e−2	6.773 8e−2
	20	4.262 4	5.956 3	6.945 5e−6	4.107 2e−5

从表 4.5 可以看出，当维数 D 为 10 时，NCSPSO 算法找到了大部分函数的最优值，而 SPSO 算法只找到了关于 Griewank 函数的最优值；当维数 D 增加到 20 时，NCSPSO 算法虽然只找到了关于 Griewank 函数的最优值，但是关于其他两个函数的寻优结果也要好于 SPSO 算法得到的平均最优值，并且靠近理论最优点，这说明该算法对于高维空间具有较强的搜索能力。另一方面，在所有函数测试中，NCSPSO 算法的平均标准差也小于标准 PSO 的结果，显示了改进算法的鲁棒性得到增强。

图 4.11 给出了在高维情况下($D=20$)两个算法关于各测试函数的寻优过程。从曲线斜率可以看出，NCPSO 算法的收敛速度相对较快，并且未出现搜索停滞的现象。

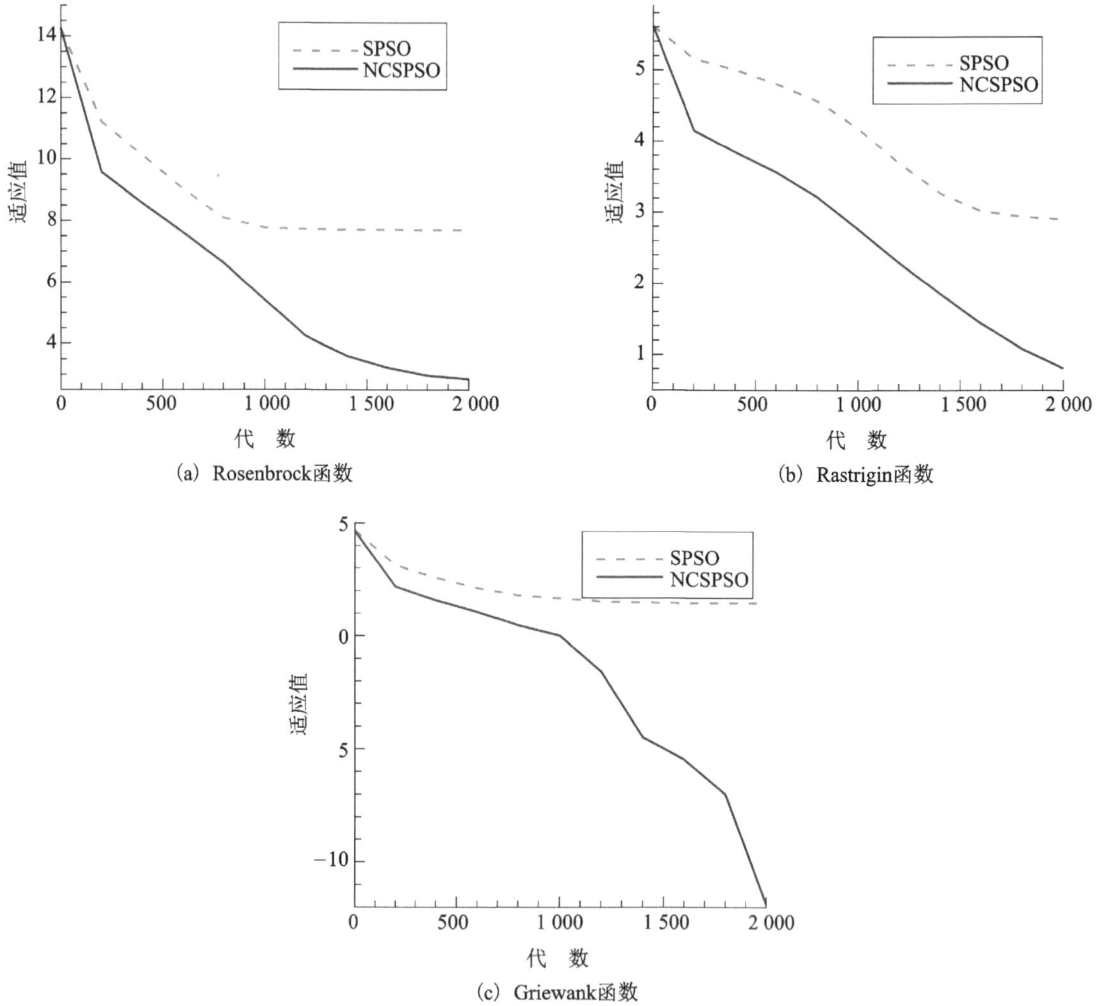

图 4.11　SPSO 和 NCSPSO 算法对测试函数的寻优过程

4.3　差分进化算法

4.3.1　基本差分进化算法

差分进化(Differential Evolution，DE)算法是由 Storn 和 Price 于 1995 年为了求解契比雪夫多项式而提出的，后来发现它也是求解复杂优化问题的有效方法。

DE 算法基于父代个体间的差异，经变异、交叉和选择产生子代。根据在搜索空间内随机选取的两个个体向量的差值与第三个随机选取的个体向量的加权求和来实现群体变异；通过比较由交叉算子生成的个体和相应父代个体的函数值优劣来保存优秀个体；如此反复迭代，不断进化。下面介绍 DE 算法的三个基本操作：变异、交叉和选择算子。

假设在 D 维搜索空间内，随机初始化种群数为 NP 的个体 $\boldsymbol{X}_i^t(i=1,\cdots,N)$，其中 t 表示当前迭代次数。

1. 变异算子

变异个体 $\boldsymbol{V}_i=(v_{i1},v_{i2},\cdots,v_{iD})$通过下式产生：

$$\boldsymbol{V}_i^{t+1}=\boldsymbol{X}_{r1}^t+\mathrm{Fc}\cdot(\boldsymbol{X}_{r2}^t-\boldsymbol{X}_{r3}^t) \tag{4.24}$$

式中，r_1、r_2 和 r_3 是异于 i 且互不相同的[1,NP]之间的整数；Fc 为缩放比例因子。在式中，$\boldsymbol{X}_{r1}$ 称为基向量，$\boldsymbol{X}_{r2}-\boldsymbol{X}_{r3}$ 称为差向量。图 4.12 以二维向量为例说明了变异向量（个体）$\boldsymbol{V}_i$ 的生成。

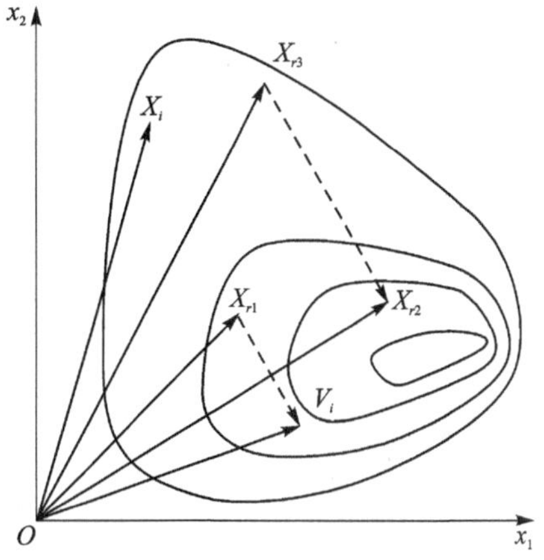

图 4.12　二维情形下 DE 算法的变异操作示意

除式(4.24)所示变异形式之外，Storn 和 Price 还提出了其他形式的变异算子，用下式表示：

$$\mathrm{DE}/x/y/z \tag{4.25}$$

式中，DE 是指差分进化算法；x 表示选取基向量的方式，它可以从当前代中随机选取，也可以取至当前代的最优个体；y 表示差向量的个数；z 代表交叉的模式。最为常用的变异算子有如下 4 种：

① DE/rand/1/bin：

$$\boldsymbol{V}_i^{t+1}=\boldsymbol{X}_{r1}^t+\mathrm{Fc}\cdot(\boldsymbol{X}_{r2}^t-\boldsymbol{X}_{r3}^t) \tag{4.26}$$

② DE/rand/2/bin：

$$\boldsymbol{V}_i^{t+1}=\boldsymbol{X}_{r1}^t+\mathrm{Fc}\cdot[(\boldsymbol{X}_{r2}^t-\boldsymbol{X}_{r3}^t)+(\boldsymbol{X}_{r4}^t-\boldsymbol{X}_{r5}^t)] \tag{4.27}$$

③ DE/best/1/bin：

$$\boldsymbol{V}_i^{t+1}=\boldsymbol{X}_{\mathrm{best}}^t+\mathrm{Fc}\cdot(\boldsymbol{X}_{r1}^t-\boldsymbol{X}_{r2}^t) \tag{4.28}$$

④ DE/best/2/bin：

$$\boldsymbol{V}_i^{t+1}=\boldsymbol{X}_{\mathrm{best}}^t+\mathrm{Fc}\cdot[(\boldsymbol{X}_{r1}^t-\boldsymbol{X}_{r2}^t)+(\boldsymbol{X}_{r3}^t-\boldsymbol{X}_{r4}^t)] \tag{4.29}$$

式中，$\boldsymbol{X}_{\mathrm{best}}$ 为群体内最优个体；r_1、r_2、r_3、r_4 和 r_5 是异于 i 且互不相同的[1,NP]之间的整数；t 为当前迭代次数。

2. 交叉算子

父代个体 $\boldsymbol{X}_i$ 和变异个体 $\boldsymbol{V}_i$ 依据交叉概率 CR 生成试验个体 $\boldsymbol{U}_i=(u_{i1},u_{i2},\cdots,u_{iD})$，

$$u_{ij}^{t+1}=\begin{cases}v_{ij}^{t+1}, & \mathrm{rand}(j)\leqslant \mathrm{CR}\ 或\ j=\mathrm{rnd}(j)\\ x_{ij}^t, & 否则\end{cases} \tag{4.30}$$

式中，rand(j)是[0,1]之间的均匀随机分布数，rnd(j)为[1,NP]之间的随机数，CR[0,1]。这种交叉概率可确保在试验个体 $\boldsymbol{U}_i$ 中至少有一个分量是由父代个体 X_i 提供的。交叉操作如图 4.13 所示。

3. 选择算子

下一代个体 $\boldsymbol{X}_i^{t+1}$ 的产生由下式决定：

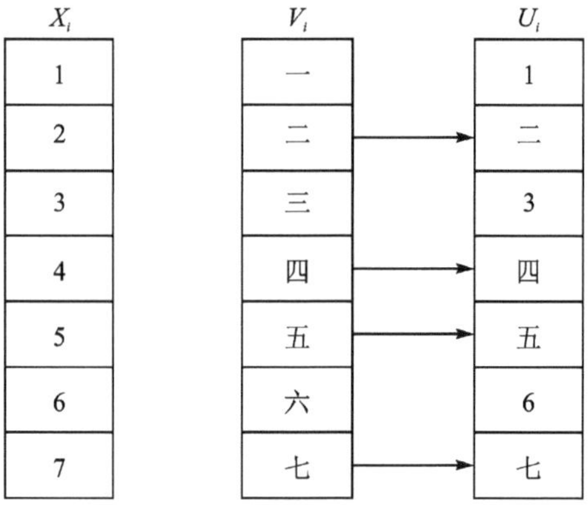

图 4.13 DE 算法的交叉操作示意

$$X_i^{t+1}=\begin{cases}U_i^{t+1}, & F(U_i^{t+1})<F(X_i^t)\\ X_i^t, & \text{否则}\end{cases} \tag{4.31}$$

对于最小化问题，如果试验个体 $\boldsymbol{U}_i^{t+1}$ 对应的适应值小于父代个体 $\boldsymbol{X}_i^t$，则用 $\boldsymbol{U}_i^{t+1}$ 取代 $\boldsymbol{X}_i^t$ 进入到下一代种群中，也就是 $\boldsymbol{X}_i^{t+1}$ 将被设置为 $\boldsymbol{U}_i^{t+1}$ 的值；否则，将在下一代种群中保留 $\boldsymbol{X}_i^t$，也就是 $\boldsymbol{X}_i^{t+1}$ 将被设置为 $\boldsymbol{X}_i^t$ 的值。

DE 算法就是根据上述变异、交叉和选择操作使种群演化到下一代，反复循环演化，最后种群将达到最优。DE 算法的详细步骤如下：

① 设置算法相关的控制参数，包括缩放比例因子 Fc、交叉概率 CR、种群大小 NP(一般 NP＝$3D$～$10D$，D 为向量的维数)。

② 在设计空间内，随机初始化种群 $\boldsymbol{X}_i^t(i=1,\cdots,\mathrm{NP})$，令 $t=0$。

③ 从种群中随机选择三个个体，根据式(4.24)进行变异操作，产生变异个体。

④ 对变异个体按式(4.30)进行交叉操作，生成试验个体。

⑤ 计算试验个体的适应值。

⑥ 按式(4.31)进行选择操作：若试验个体优于目标个体，则用试验个体取代目标个体进入下一代；否则，在下一代种群中保留目标个体。

⑦ 重复步骤③至步骤⑥，直到所有个体都执行完毕。

⑧ $t=t+1$。

⑨ 若满足精度要求或达到迭代上限，则停止迭代；否则，转到步骤③。

4.3.2 中心变异差分进化算法

尽管 DE 算法在求解复杂多维函数优化问题方面表现出良好的性能，但对于部分问题，DE 算法也存在局部搜索能力不强、收敛速度慢等缺点。作为 DE 算法的关键步骤，变异算子是基于种群内个体间的差异信息修正个体的；随着进化代数的增加，个体间的差异逐渐消失，以至于后期搜索效率降低。交叉算子可以保持 DE 算法的种群多样性；随着交叉概率的减小，种群多样性会增加，但不利于算法的快速收敛。

为此，著者提出了中心变异差分进化算法(Center Mutation Differential Evolution，CM-DE)，即通过改进变异算子来提高 DE 算法的性能，利用改进的交叉策略避免算法过早收敛和陷入局部最优。

1. 中心变异算子

由式(4.24)可知，DE算法随机选取两个个体的差作为差向量，忽略了差向量的方向性。这种变异算子虽然会在一定程度上提高搜索能力，但也减缓了DE算法的收敛速度。为此，著者提出了另一种形式的变异算子，称为中心变异算子。在该算子中，变异个体都将围绕当代群体的中心产生，具体形式如下：

$$\boldsymbol{V}_i^{t+1}=\boldsymbol{Z}^t+\mathrm{Fc}\cdot(\boldsymbol{X}_{rb}^t-\boldsymbol{X}_{r1}^t)+\mathrm{Fc}\cdot(\boldsymbol{X}_{rb}^t-\boldsymbol{X}_{r2}^t) \tag{4.32}$$

式中，$\boldsymbol{X}_{rb}$ 是三个随机个体中的最优个体，$\boldsymbol{X}_{r1}$ 和 $\boldsymbol{X}_{r2}$ 是其余两个随机个体，$\boldsymbol{Z}$ 是群体的中心，rb、$r1$ 和 $r2$ 是异于 i 且互不相同的[1, NP]之间的整数。

式(4.32)说明，对于每一个变异个体 $\boldsymbol{V}_i$，它的产生是根据已经选取的三个个体的适应值大小关系，从群体中心出发向着最优个体 $\boldsymbol{X}_{rb}$ 方向靠近。此时差向量的方向就是指向 $\boldsymbol{X}_{rb}$ 的方向，这使得改进的变异算子不仅保留了一定程度的随机性，还加入了一定程度的确定性指导。在新的变异(中心变异)算子作用下，改进的算法能够具有较高的搜索性能。图4.14给出了中心变异算子在二维空间内的示意。

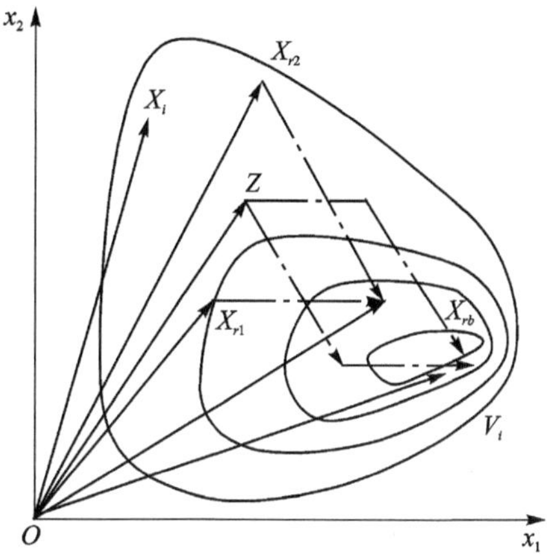

图4.14 二维情形下中心变异算子示意

2. 自适应交叉概率

由式(4.30)可知，当CR=0时，变异个体 V_i 对试验个体 U_i 没有贡献，种群不会得到更新，搜索处于停滞状态；当CR=1时，变异个体 $\boldsymbol{V}_i$ 其实就是试验个体 $\boldsymbol{U}_i$，这时缺少了与父代个体 $\boldsymbol{X}_i$ 的交叉，不利于保持种群的多样性，会出现早熟现象。因此，CR起到了调整变异个体和父代个体在试验个体中所占比例的作用。

在DE算法中一般采用固定形式的CR，即算法在求解问题时，每个个体的交叉概率从始至终都采用某个确定值。然而在实际问题的求解中，应根据算法的迭代周期及每个个体的适应值情况适当地调整其交叉概率的大小，使得算法更能符合问题本身的特征。因此，为了提高算法的搜索效率，著者提出了一种自适应调节交叉概率的方法，如下式所示(以最小化问题为例)：

$$\mathrm{CR}_i=\begin{cases}\max\left\{\left|\dfrac{F_i-F_{rb}}{F_i-F_{\min}}\right|,\left|\dfrac{F_i-F_{\min}}{F_{\max}-F_{\min}}\right|\right\}, & F_i>F_{rb}\\[2ex] \max\left\{\left|\dfrac{F_i-F_{\min}}{F_{\max}-F_{\min}}\right|,\left|\dfrac{F_{rb}-F_i}{F_{\max}-F_{\min}}\right|\right\}, & \text{否则}\end{cases} \tag{4.33}$$

式中，CR_i 是第 i 个个体的交叉概率($i=1,2,\cdots,\mathrm{NP}$)，F_i 和 F_{rb} 是个体 $\boldsymbol{X}_i$ 和 $\boldsymbol{X}_{rb}$ 的函数适应值，$F_{\min}$ 和 $F_{\max}$ 是当前代群体中最优和最劣个体的函数适应值。

式(4.33)表明：当 $F_i>F_{rb}$ 时，应增大交叉概率，以使得新产生的试验个体 $\boldsymbol{U}_i$ 中变异个体 $\boldsymbol{V}_i$ 所占分量更多。此时的调整策略为，通过比较 F_i 在当前代群体内所占比重和 F_{rb} 相对

F_i 的比重，选择其中比例值较大者作为目标个体 $\boldsymbol{X}_i$ 的交叉概率值；而当 $F_i \leqslant F_{rb}$ 时，则应当减小交叉概率，使得在试验个体 $\boldsymbol{U}_i$ 中含有目标个体 $\boldsymbol{X}_i$ 的成分较多，此时的调整策略为，通过比较 F_i 在当前代群体内所占比重和 F_{rb} 与 F_i 的相似程度，选择其中的较小者作为目标个体 $\boldsymbol{X}_i$ 的交叉概率值。这种自适应调整交叉概率的方法，可根据迭代过程中各个体之间的函数适应值关系，有效调节试验个体 $\boldsymbol{U}_i$ 的组成成分，提高算法的搜索效率。

根据上述对算法改进的描述，给出 CMDE 算法的流程，如图 4.15 所示。

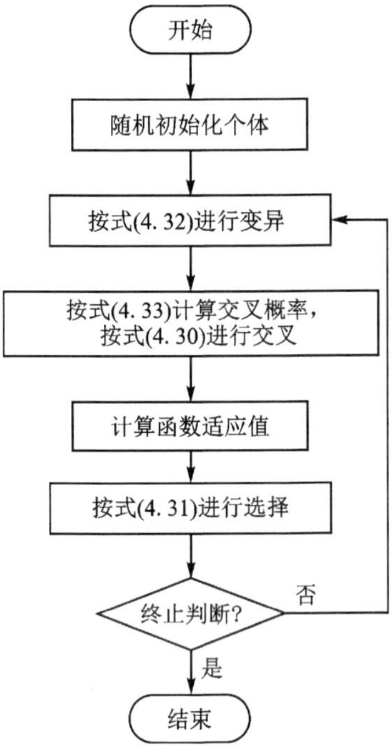

图 4.15　CMDE 算法的流程

3. 算法测试与结果分析

为了测试 CMDE 算法求解约束函数优化问题的性能，使用了两种约束处理方法：类 Powell 方法和 Deb 提出的方法。所谓类 Powell 方法是指根据 Powell 方法改进的一种约束处理方法，即在类 Powell 方法中，将可行解的适应值映射到区间[0,1]，将不可行解的适应值映射到区间[1,2]。这是因为 CMDE 在执行交叉操作时，每个个体都是通过式(4.33)计算得到各自的交叉概率，而交叉概率取值于[0,1]区间。因此，为便于转换和计算，提出了类 Powell 方法，表示如下：

$$F(\boldsymbol{X})=\begin{cases}\dfrac{f(\boldsymbol{X})-f_{\min}}{f_{\max}-f_{\min}}, & \text{满足约束条件}\\[2ex] 1+\dfrac{G(\boldsymbol{X})-G_{\min}}{G_{\max}-G_{\min}}, & \text{不满足约束条件}\end{cases} \tag{4.34}$$

式中，$f_{\min}$ 和 $f_{\max}$ 分别表示在当前代种群内可行个体的最小和最大适应值，$G_{\min}$ 和 $G_{\max}$ 分别表示当前代种群内不可行个体的最小和最大适应值。

类似地，在使用 Deb 方法时，也对个体的适应值进行了相似的转换，表示如下：

$$F(\boldsymbol{X})=\begin{cases}\dfrac{f(\boldsymbol{X})-f_{\min}}{f_{\max}-f_{\min}}, & \text{满足约束条件}\\[2ex] \dfrac{G(\boldsymbol{X})-G_{\min}}{G_{\max}-G_{\min}}, & \text{不满足约束条件}\end{cases} \tag{4.35}$$

式中，$f_{\min}$ 和 $f_{\max}$ 以及 $G_{\min}$ 和 $G_{\max}$ 的定义与类 Powell 方法相同。

接下来，分别使用 CMDE+类 Powell 方法（简称 CMDE－1）与 CMDE+Deb 方法（简称 CMDE－2）对有约束的测试函数进行数值实验，以验证改进算法的性能。下面给出用于测试的 10 个有约束测试函数，其具体表达式和相关信息如下：

(1) g01

$$\min f(\boldsymbol{x})=5\sum_{i=1}^{4}x_i-5\sum_{i=1}^{4}x_i^2-\sum_{i=5}^{13}x_i$$

$$\begin{aligned}\text{s.t.}\quad & g_1(\boldsymbol{x})=2x_1+2x_2+x_{10}+x_{11}-10\leqslant 0\\ & g_2(\boldsymbol{x})=2x_1+2x_3+x_{10}+x_{12}-10\leqslant 0\\ & g_3(\boldsymbol{x})=2x_2+2x_3+x_{11}+x_{12}-10\leqslant 0\\ & g_4(\boldsymbol{x})=-8x_1+x_{10}\leqslant 0\\ & g_5(\boldsymbol{x})=-8x_2+x_{11}\leqslant 0\\ & g_6(\boldsymbol{x})=-8x_3+x_{12}\leqslant 0\\ & g_7(\boldsymbol{x})=-2x_4-x_5+x_{10}\leqslant 0\\ & g_8(\boldsymbol{x})=-2x_6-x_7+x_{11}\leqslant 0\\ & g_9(\boldsymbol{x})=-2x_8-x_9+x_{12}\leqslant 0\end{aligned}$$

式中，$0\leqslant x_i\leqslant 1\ (i=1,\cdots,9)$；$0\leqslant x_i\leqslant 100\ (i=10,11,12)$；$0\leqslant x_{13}\leqslant 1$。最优值在

$$\boldsymbol{x}^*=(1,1,1,1,1,1,1,1,1,3,3,3,1),\quad f(\boldsymbol{x}^*)=-15$$

(2) g02

$$\max f(\boldsymbol{x})=\left|\frac{\sum_{i=1}^{D}\cos^4(x_i)-2\prod_{i=1}^{D}\cos^2(x_i)}{\sqrt{\sum_{i=1}^{D}ix_i^2}}\right|$$

$$\begin{aligned}\text{s.t.}\quad & g_1(\boldsymbol{x})=0.75-\prod_{i=1}^{D}x_i\leqslant 0\\ & g_2(\boldsymbol{x})=\sum_{i=1}^{D}x_i-7.5D\leqslant 0\end{aligned}$$

式中，$D=20$ 且 $0\leqslant x_i\leqslant 10\ (i=1,\cdots,D)$。目前找到的最优值为 $f(\boldsymbol{x}^*)=0.803\ 619$。

(3) g03

$$\min f(\boldsymbol{x})=5.357\ 854\ 7x_3^2+0.835\ 689\ 1x_1x_5+37.293\ 239x_1-40\ 792.141$$

$$\begin{aligned}\text{s.t.}\quad & g_1(\boldsymbol{x})=85.334\ 407+0.005\ 685\ 8x_2x_5+0.000\ 626\ 2x_1x_4-0.002\ 205\ 3x_3x_5-92\leqslant 0\\ & g_2(\boldsymbol{x})=-85.334\ 407-0.005\ 685\ 8x_2x_5-0.000\ 626\ 2x_1x_4+0.002\ 205\ 3x_3x_5\leqslant 0\\ & g_3(\boldsymbol{x})=80.512\ 49+0.007\ 131x_2x_5+0.002\ 995\ 5x_1x_2+0.002\ 183x_3^2-110\leqslant 0\\ & g_4(\boldsymbol{x})=-80.512\ 49-0.007\ 131x_2x_5-0.002\ 995\ 5x_1x_2-0.002\ 183x_3^2+90\leqslant 0\\ & g_5(\boldsymbol{x})=9.300\ 961+0.004\ 702\ 6x_3x_5+0.001\ 254\ 7x_1x_3+0.001\ 908\ 5x_3x_4-25\leqslant 0\\ & g_6(\boldsymbol{x})=-9.300\ 961-0.004\ 702\ 6x_3x_5-0.001\ 254\ 7x_1x_3-0.001\ 908\ 5x_3x_4+20\leqslant 0\end{aligned}$$

式中，$78\leqslant x_1\leqslant 102$，$33\leqslant x_2\leqslant 45$，$27\leqslant x_i\leqslant 45$，$i=3,4,5$。最优值在

$$\boldsymbol{x}^*=(78,33,29.995\ 256\ 025\ 682,45,36.775\ 812\ 905\ 788),\quad f(\boldsymbol{x}^*)=-30\ 665.539$$

(4) g04

$$\min f(\boldsymbol{x})=(x_1-10)^3+(x_2-20)^3$$

$$\begin{aligned}\text{s.t.}\quad & g_1(\boldsymbol{x})=-(x_1-5)^2-(x_2-5)^2+100\leqslant 0\\ & g_2(\boldsymbol{x})=(x_1-6)^2+(x_2-5)^2-82.81\leqslant 0\end{aligned}$$

式中，$13\leqslant x_1\leqslant 100$，$0\leqslant x_2\leqslant 100$。最优值在

$$x^*=(14.905,0.842\ 96),\quad f(x^*)=-6\ 961.813\ 88$$

(5) g05

$$\begin{aligned}\min f(\boldsymbol{x})=&x_1^2+x_2^2+x_1x_2-14x_1-16x_2+(x_3-10)^2+\\&4(x_4-5)^2+(x_5-3)^2+2(x_6-1)^2+\\&5x_7^2+7(x_8-11)^2+2(x_9-10)^2+(x_{10}-7)^2+45\end{aligned}$$

$$\begin{aligned}\text{s.t.}\quad &g_1(\boldsymbol{x})=-105+4x_1+5x_2-3x_7+9x_8\leqslant 0\\&g_2(\boldsymbol{x})=10x_1-8x_2-17x_7+2x_8\leqslant 0\\&g_3(\boldsymbol{x})=-8x_1+2x_2+5x_9-2x_{10}-12\leqslant 0\\&g_4(\boldsymbol{x})=3(x_1-2)^2+4(x_2-3)^2+2x_3^2-7x_4-120\leqslant 0\\&g_5(\boldsymbol{x})=5x_1^2+8x_2+(x_3-6)^2-2x_4-40\leqslant 0\\&g_6(\boldsymbol{x})=x_1^2+2(x_2-2)^2-2x_1x_2+14x_5-6x_6\leqslant 0\\&g_7(\boldsymbol{x})=0.5(x_1-8)^2+2(x_2-4)^2+3x_5^2-x_6-30\leqslant 0\\&g_8(\boldsymbol{x})=-3x_1+6x_2+12(x_9-8)^2-7x_{10}\leqslant 0\end{aligned}$$

式中，$-10\leqslant x_1\leqslant 10\ (i=1,\cdots,10)$。最优值在

$$\begin{aligned}\boldsymbol{x}^*=(&2.171\ 996,2.363\ 683,8.773\ 926,5.095\ 984,0.990\ 654\ 81,\\&1.430\ 574,1.321\ 644,9.828\ 726,8.280\ 092,8.375\ 927)\end{aligned}$$

$$f(\boldsymbol{x}^*)=24.306\ 209\ 1$$

约束 g_1、g_2、g_3、g_4、g_5 和 g_6 为起作用约束。

(6) g06

$$\min f(\boldsymbol{x})=\frac{\sin^3(2\pi x_1)\sin(2\pi x_2)}{x_1^3(x_1+x_2)}$$

$$\begin{aligned}\text{s.t.}\quad &g_1(\boldsymbol{x})=x_1^2-x_2+1\leqslant 0\\&g_2(\boldsymbol{x})=1-x_1+(x_2-4)^2\leqslant 0\end{aligned}$$

式中，$0\leqslant x_i\leqslant 10\ (i=1,2)$。最优值在

$$\boldsymbol{x}^*=(1.227\ 971\ 3,4.245\ 373\ 3),\quad f(\boldsymbol{x}^*)=0.095\ 825$$

(7) g07

$$\begin{aligned}\min f(\boldsymbol{x})=&(x_1-10)^2+5(x_2-12)^2+x_3^4+3(x_4-11)^2+\\&10x_5^6+7x_6^2+x_7^4-4x_6x_7-10x_6-8x_7\end{aligned}$$

$$\begin{aligned}\text{s.t.}\quad &g_1(\boldsymbol{x})=-127+2x_1^2+3x_2^4+x_3+4x_4^2+5x_5\leqslant 0\\&g_2(\boldsymbol{x})=-282+7x_1+3x_2+10x_3^2+x_4-x_5\leqslant 0\\&g_3(\boldsymbol{x})=-196+23x_1+x_2^2+6x_6^2-8x_7\leqslant 0\\&g_4(\boldsymbol{x})=4x_1^2+x_2^2-3x_1x_2+2x_3^2+5x_6-11x_7\leqslant 0\end{aligned}$$

式中，$-10\leqslant x_1\leqslant 10\ (i=1,2,\cdots,7)$。最优值在

$$\begin{aligned}\boldsymbol{x}^*=(&2.330\ 499,1.951\ 372,-0.488\ 541\ 4,4.365\ 726,\\&-0.624\ 487\ 0,1.038\ 131,1.594\ 227)\end{aligned}$$

$$f(\boldsymbol{x}^*)=680.630\ 057\ 3$$

两个约束 g_1 和 g_2 为起作用约束。

(8) g08

$$\min f(\boldsymbol{x})=x_1+x_2+x_3$$

$$\text{s.t.}\quad g_1(\boldsymbol{x})=-1+0.0025(x_4+x_6)\leqslant 0$$

$$g_2(\boldsymbol{x})=-1+0.0025(x_5+x_7-x_4)\leqslant 0$$

$$g_3(\boldsymbol{x})=-1+0.01(x_8-x_5)\leqslant 0$$

$$g_4(\boldsymbol{x})=-x_1x_6+833.33252x_4+100x_1-83333.333\leqslant 0$$

$$g_5(\boldsymbol{x})=-x_2x_7+1250x_5+x_2x_4-1250x_4\leqslant 0$$

$$g_6(\boldsymbol{x})=-x_3x_8+1250000+x_3x_5-2500x_5\leqslant 0$$

式中，$100\leqslant x_1\leqslant 10\,000$，$1\,000\leqslant x_i\leqslant 10\,000\ (i=2,3)$，$10\leqslant x_i\leqslant 1\,000\ (i=4,\cdots,8)$。最优值在

$$\boldsymbol{x}^*=(579.3167,1359.943,5110.071,182.0174,295.5985,217.9799,286.4162,395.5979)$$

$$f(\boldsymbol{x}^*)=7049.3307$$

三个约束 g_1、g_2 和 g_3 为起作用约束。

(9) g09

$$\min\quad f(\boldsymbol{x})=x_1^2+(x_2-1)^2$$

$$\text{s.t.}\quad h(\boldsymbol{x})=x_2-x_1^2=0$$

式中，$-1\leqslant x_i\leqslant 1$，$i=1,2$。最优值在

$$\boldsymbol{x}^*=(\pm 1/\sqrt{1/2},1/2),\quad f(\boldsymbol{x}^*)=0.75$$

(10) g10

$$\max f(\boldsymbol{x})=[100-(x_1-5)^2-(x_2-5)^2-(x_3-5)^2]/100$$

$$\text{s.t.}\quad g(\boldsymbol{x})=(x_1-p)^2+(x_2-q)^2+(x_3-r)^2-0.0625\leqslant 0$$

式中，$0\leqslant x_i\leqslant 10$，$i=1,2,3$；$p,q,r=1,2,\cdots,9$。可行区域由 9^3 个离散球体组成。(x_1, x_2, x_3) 为可行点，当且仅当存在 p、q、r 使得上面的不等式成立。最优值在

$$\boldsymbol{x}^*=(5,5,5),\quad f(\boldsymbol{x}^*)=1$$

测试中具体参数设置如下：CMDE 算法的种群数 NP=100；缩放比例因子 Fc=0.5；最大迭代次数 $T_{\max}=240$。

为了比较 CMDE-1 与 CMDE-2 方法，将两种方法分别独立运行 30 次，统计结果包括最优解（Optimal）、最好值（Best）、平均值（Average）、最差值（Worst）和标准差（St. Dev），如表 4.6 所列。

表 4.6 CMDE-1 和 CMDE-2 方法对测试函数的结果比较

函数	Optimal	Algorithm	Best	Average	Worst	St. Dev
g01	−15.000	CMDE-1	−15.000	−15.000	−15.000	9.7×10^{-16}
		CMDE-2	−15.000	−15.000	−15.000	6.8×10^{-15}
g02	−0.803 619	CMDE-1	0.803 619	0.803 252	0.792 608	2.0×10^{-3}
		CMDE-2	0.803 619	0.803 619	0.803 619	2.2×10^{-7}

续表 4.6

函 数	Optimal	Algorithm	Best	Average	Worst	St. Dev
$g03$	−30 665.539	CMDE−1	−30 665.539	−30 665.539	−30 665.539	1.0×10^{-11}
		CMDE−2	−30 665.539	−30 665.539	−30 665.539	1.2×10^{-11}
$g04$	−6 961.814	CMDE−1	−6 961.814	−6 961.814	−6 961.814	2.2×10^{-11}
		CMDE−2	−6 961.814	−6 961.814	−6 961.814	1.9×10^{-11}
$g05$	24.306	CMDE−1	24.306	24.306	24.306	2.1×10^{-10}
		CMDE−2	24.306	24.306	24.306	2.7×10^{-10}
$g06$	−0.095 825	CMDE−1	0.095 825	0.095 825	0.095 825	9.0×10^{-9}
		CMDE−2	0.095 825	0.095 825	0.095 825	2.6×10^{-17}
$g07$	680.630	CMDE−1	680.630	680.630	680.630	4.8×10^{-13}
		CMDE−2	680.630	680.630	680.630	4.5×10^{-13}
$g08$	7 049.248	CMDE−1	7 049.248	7 049.248	7 049.248	5.5×10^{-10}
		CMDE−2	7 049.248	7 049.248	7 049.248	3.74×10^{-10}
$g09$	0.750	CMDE−1	0.750	0.749	0.749	2.9×10^{-4}
		CMDE−2	0.750	0.749	0.749	1.7×10^{-4}
$g10$	−1.000	CMDE−1	1.000	1.000	1.000	6.1×10^{-12}
		CMDE−2	1.000	1.000	1.000	8.9×10^{-12}

由表 4.6 可知，CMDE−1 和 CMDE−2 方法对于 10 个测试函数均能找到问题的最优解(Best 列)。对于 $g02$ 函数，CMDE−2 在 30 次的独立实验中均能找到问题的最优解；而 CMDE−1 则不能保证每次都找到最优解，平均性能也差于 CMDE−2。对于 $g09$ 函数，两种方法均不能每次都找到问题的最优解；由标准差指标可知，CMDE−2 优于 CMDE−1。对于其他 8 个测试函数，两种方法都能很好地找到问题的最优解，其性能上几乎没有区别。通过上述分析可知，CMDE−2 的性能略优于 CMDE−1。

为进一步验证算法的有效性，利用 CMDE−2 与其他几种已有的算法进行对比，包括：

① 改进的随机排序法(Improved Stochastic Ranking Method，ISR)；

② 改进的 α 约束单纯形法(Improved α Constrained Simplex Method，αSimplex)；

③ 文化差分进化算法(Cultured Differential Evolution，CDE)；

④ 使用进化策略的自适应折中模型(Adaptive Tradeoff Model with Evolutionary Strategy，ATMES)。

详细的计算结果对比如表 4.7 所列。

表 4.7 ISR、αSimplex、CDE、ATMES 和 CMDE 算法对测试函数的结果比较

函 数	比较项目	ISR	αSimplex	CDE	ATMES	CMDE
$g01$	Best	−15.000	−15.000	−15.000	−15.000	−15.000
	Mean	−15.000	−15.000	−15.000	−15.000	−15.000
	Worst	−15.000	−15.000	−15.000	−15.000	−15.000
	St. Dev	1.3×10^{-13}	6.4×10^{-6}	2.0×10^{-6}	1.6×10^{-14}	6.8×10^{-15}

续表 4.7

函　数	比较项目	ISR	αSimplex	CDE	ATMES	CMDE
g02	Best	0.803 619	0.803 619	0.803 619	0.803 388	0.803 619
	Mean	0.772 078	0.784 187	0.724 886	0.790 148	0.803 619
	Worst	0.683 055	0.754 259	0.590 908	0.756 986	0.803 619
	St. Dev	2.6×10^{-2}	1.3×10^{-2}	7.0×10^{-2}	1.3×10^{-2}	2.2×10^{-7}
g03	Best	−30 665.539	−30 665.539	−30 665.539	−30 665.539	−30 665.539
	Mean	−3 0665.539	−30 665.539	−30 665.539	−30 665.539	−30 665.539
	Worst	−30 665.539	−30 665.539	−30 665.539	−30 665.539	−30 665.539
	St. Dev	2.2×10^{-11}	4.2×10^{-11}	0	7.4×10^{-12}	1.2×10^{-11}
g04	Best	−6 961.814	−6961.814	−6 961.814	−6 961.814	−6 961.814
	Mean	−6 961.814	−6961.814	−6 961.814	−6 961.814	−6 961.814
	Worst	−6 961.814	−6961.814	−6 961.814	−6 961.814	−6 961.814
	St. Dev	6.4×10^{-12}	1.3×10^{-10}	0	4.6×10^{-12}	1.9×10^{-11}
g05	Best	24.306	24.306	24.306	24.306	24.306
	Mean	24.306	24.306	24.306	24.316	24.306
	Worst	24.308	24.307	24.306	24.359	24.306
	St. Dev	2.7×10^{-4}	1.3×10^{-4}	1.0×10^{-6}	1.1×10^{-2}	2.7×10^{-10}
g06	Best	0.095 825	0.095 825	0.095 825	0.095 825	0.095 825
	Mean	0.095 825	0.095 825	0.095 825	0.095 825	0.095 825
	Worst	0.095 825	0.095 825	0.095 825	0.095 825	0.095 825
	St. Dev	4.2×10^{-17}	3.8×10^{-13}	0	2.8×10^{-17}	2.6×10^{-17}
g07	Best	680.630	680.630	680.630	680.630	680.630
	Mean	680.630	680.630	680.630	680.639	680.630
	Worst	680.630	680.630	680.630	680.673	680.630
	St. Dev	4.6×10^{-13}	2.9×10^{-10}	0	1.0×10^{-2}	4.5×10^{-13}
g08	Best	7 049.248	7 049.248	7 049.248	7 052.253	7 049.248
	Mean	7 049.249	7 049.248	7 049.248	7 250.437	7 049.248
	Worst	7 049.296	7 049.248	7 049.248	7 560.224	7 049.248
	St. Dev	4.9×10^{-3}	4.7×10^{-6}	1.7×10^{-4}	$1.2\times10^{+2}$	3.74×10^{-10}
g09	Best	0.750	0.750	0.750	0.750	0.750
	Mean	0.750	0.750	0.758	0.750	0.749
	Worst	0.750	0.750	0.796	0.750	0.749
	St. Dev	1.8×10^{-15}	4.9×10^{-16}	1.7×10^{-2}	3.4×10^{-4}	1.7×10^{-4}
g10	Best	1.000	1.000	1.000	1.000	1.000
	Mean	1.000	1.000	1.000	1.000	1.000
	Worst	1.000	1.000	1.000	0.94	1.000
	St. Dev	9.6×10^{-10}	3.9×10^{-10}	0	1.0×10^{-3}	8.9×10^{-12}

由表4.7可知，对于 $g01$、$g03$、$g04$、$g06$ 函数，5种算法均能找到问题的最优解；而且由标准差指标可知，CMDE算法具有相对最好的鲁棒性。对于 $g02$ 函数，只有CMDE算法每次都找到了问题的最优解，而其他算法均不稳定，ATMES的性能最差。对于 $g05$ 函数，CMDE和CDE算法都找到了问题的最优解，ISR和 αSimplex算法的性能略差于CMDE和CDE算法，ATMES算法的性能最差。对于 $g07$ 和 $g10$ 函数，除了ATMES算法之外，其他算法均能找到问题的最优解。对于 $g08$ 函数，CMDE、CDE和 αSimplex算法的性能最优，ISR算法的性能略差于CMDE、CDE和 αSimplex算法，ATMES算法的性能最差。对于 $g09$ 函数，ISR、αSimplex和ATMES算法的性能最优，CMDE算法的性能略差于ISR、αSimplex和ATMES算法，CDE算法的性能最差。综上可知，CMDE算法可以有效地求解带有约束的优化问题，且具有相对良好的性能。

4.3.3 三角变异差分进化算法

DE算法采用"贪婪"选择策略，虽然可以加快收敛速度，但也会大大提高早熟收敛的概率；后期的收敛速度较慢，表现不够稳健；收缩因子 F 和交叉概率CR都采用固定值，而对于特定的优化对象，DE算法的性能与参数的选取密切相关。著者采用"位变"收缩因子、正态分布随机函数和三角变异算子对DE算法进行改进，提出了三角变异差分进化算法（Trigonometric Mutation Differential Evolution，TMDE），以提高算法的收敛精度和收敛速度。

1. "位变"收缩因子

基本的DE算法常会出现算法停滞和陷入局部最优的现象，其主要原因是采用了固定的搜索因子和交叉概率。对于不同的优化对象，若采用较大的搜索因子和较小的交叉概率，DE算法虽然能很好地保持种群的多样性，但其收敛速度和寻优精度会降低；反之，如果采用较小的搜索因子和较大的交叉概率，其收敛速度较快，但容易陷入局部最优。通过引入"时变"收缩因子，使收缩因子随着迭代次数的增多线性递减：在算法初期采用较大的收缩因子保持种群的多样性；随着迭代的进行，收缩因子逐渐减小，局部寻优能力逐渐加强。然而，对于实际问题，常常难以确定合适的最大迭代次数；而且对于某些问题，往往只要求尽快获得满意的改进解，因此在算法初期一味采用较大的收缩因子是不合适的。为此，著者提出一种"位变"收缩因子。

"位变"收缩因子的基本思想是在迭代的每一步，不同的个体根据其适应值信息取不同的收缩因子：较好的个体取较小的收缩因子，使其在局部邻域内搜索，以更高的概率获得改进解；而较差的个体取较大的收缩因子，使种群保持多样性。具体操作方法是，将个体按照适应值大小由高到低排序，各个体的收缩因子根据其排列位置线性变化。收缩因子的计算公式如下：

$$F_i = F_{\min} + \frac{i}{N}(F_{\max} - F_{\min}) \tag{4.36}$$

式中，i 是对种群个体按照适应值从大到小排序后个体的排列位置，N 为种群大小，$F_{\max}$ 和 $F_{\min}$ 分别为收缩因子的最大值和最小值，且满足 $0 \leqslant F_{\min} \leqslant F_{\max} \leqslant 2$。

2. 正态分布随机函数的应用

DE算法是一种自组织最小化的优化算法，随着迭代的进行，种群逐渐向最优个体聚集，个体间的差异减小，跳出局部最优的机会也将减少。为保持种群的多样性，可以采用正态分布函数对 DE 算法参数进行扰动。其基本思想是：对于种群中的每一个体，都采用正态分布函数扰动收缩因子 F 和交叉概率 CR，使 F 和 CR 既有较高的概率在均值附近取值，也有一定的概率取得远离均值的值，从而使算法既可以保持种群的多样性，也可以增强局部寻优能力。采用该方法的收缩因子的计算公式如下：

$$F_i = N(F_{ai}, \sigma_F) \tag{4.37}$$

式中，F_i 表示第 i 个个体的收缩因子，N 表示正态分布随机函数，F_{ai} 表示第 i 个个体收缩因子的均值，σ_F 表示方差。交叉概率 CR 可以用类似方法进行扰动。

3. 三角变异算子

基本的 DE 算法的变异算子是采用一个基向量与一个差向量相加的形式。基向量的选取会影响 DE 算法的性能。国内外文献中，提出了各种变异算子的特点：选择到当前代为止整个种群的最优点 $\boldsymbol{X}_{\text{gbest}}$ 作为基向量有利于加快收敛，但容易陷入局部最优；选择 $\boldsymbol{X}_i$ 作为基向量有利于在局部邻域内搜索；随机选取的基向量则有利于保持种群的多样性；提出三角变异算子加快收敛速度，适用于局部寻优，等等。为使变异产生的变异向量既不过于分散，也不过分地向当前个体或最优个体聚集，综合上述各种算子的特点，著者提出如下的变异算子：

$$\boldsymbol{V}_{i,G} = (a \cdot \boldsymbol{X}_{r1,G} + b \cdot \boldsymbol{X}_{\text{gbest}} + c \cdot \boldsymbol{X}_{i,G})/(a+b+c) + F \cdot (\boldsymbol{X}_{r2,G} - \boldsymbol{X}_{r3,G}) \tag{4.38}$$

式中，a、b 和 c 为[0,1]内的随机数。该算子的基本向量位于由 $\boldsymbol{X}_{\text{gbest}}$、$\boldsymbol{X}_i$ 和 $\boldsymbol{X}_{r1,G}$ 围成的三角形区域内，其具体位置由 a、b 和 c 三个随机数确定。

根据上述对算法改进的描述，给出 TMDE 算法的流程，如图 4.16 所示。

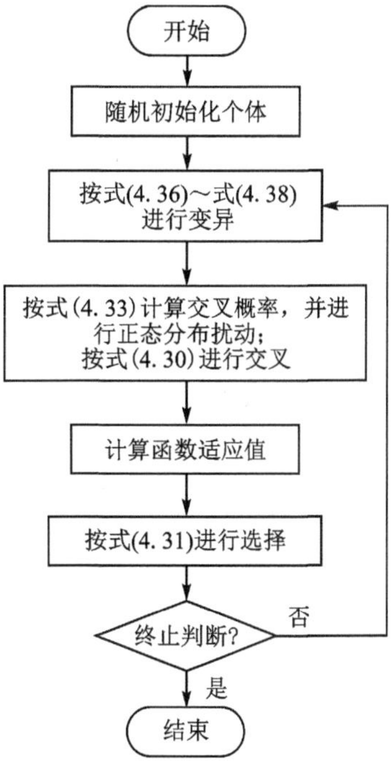

图 4.16　TMDE 算法的流程

4. 算法测试与结果分析

为了验证 TMDE 算法的性能，采用 Sphere、Rosenbrock、Rastrigin、Griewank 和 Ackley 5 个测试函数，与 DE 和 SPSO 算法进行对比实验。

设定群体规模 $N=40$，维数 D 分别为 10、20 和 30 三种情况；对于 SPSO 算法，惯性权重 ω 在区间[0.4, 0.9]内线性递减，学习因子 $c_1=c_2=1.49$；对于基本的 DE 算法，$F=0.5$，CR$=0.4$；对于 TMDE 算法，$F\in[0.3,0.7]$，$\sigma_F=0.2$，CR$\in[0.1,0.4]$，$\sigma_{\text{CR}}=0.2$。对于每个测试函数，分别运行 50 次后得到的最优结果的平均值和方差如表 4.8 所列。图 4.17 给出了在 30 维情况下，各测试函数的平均适应值随迭代次数的寻优过程。

表 4.8 SPSO、DE 和 TMDE 算法对测试函数的结果比较

函数	维数	最大代数	SPSO	DE	TMDE
			均值(方差)	均值(方差)	均值(方差)
Sphere	10	600	2.49E−34(4.83E−34)	4.17E−24(3.61E−24)	2.02E−30(2.99E−30)
	20	1 200	2.15E−37(1.50E−36)	1.56E−24(1.46E−24)	1.06E−35(2.97E−35)
	30	1 800	1.37E−32(2.43E−32)	1.30E−23(1.23E−23)	5.39E−39(1.72E−38)
Rosenbrock	10	1 000	1.99E+03(1.26E+04)	4.61E+00(1.19E+00)	2.58E+00(1.54E+00)
	20	2 000	1.09E+04(2.92E+04)	1.42E+01(1.11E+00)	1.44E+01(1.16E+01)
	30	3 000	9.12E+03(2.70E+04)	2.37E+01(7.32E−01)	2.32E+01(7.40E+00)
Rastrigin	10	1 000	8.42E+00(3.93E+00)	0(0)	0(0)
	20	2 000	4.92E+01(2.05E+01)	2.67E+01(3.28E+00)	0(0)
	30	3 000	1.06E+02(2.54E+01)	8.09E+01(7.40E+00)	0(0)
Griewank	10	400	8.15E−02(4.44E−02)	7.13E−02(4.39E−02)	2.75E−02(2.12E−02)
	20	800	2.24E−02(1.95E−02)	2.99E−10(1.06E−09)	0(0)
	30	1200	1.09E+01(2.94E+01)	2.98E−12(9.78E−12)	0(0)
Ackley	10	400	7.91E−02(3.18E−01)	3.46E−08(1.34E−08)	4.17E−10(2.99E−10)
	20	800	8.79E−01(9.78E−01)	2.14E−08(6.49E−09)	4.28E−12(2.25E−12)
	30	1 200	3.50E+00(3.50E+00)	3.43E−08(9.90E−09)	3.42E−13(2.83E−13)

由表 4.8 可知，TMDE 算法处理 10 维和 20 维 Sphere 函数的结果略逊于 SPSO 算法，但明显优于 DE 算法；DE 和 TMDE 算法对 Rosenbrock 函数分别获得了基本相当的结果，且优于 SPSO 算法；对 Rastrigin、Griewank 和 Ackley 等函数，TMDE 算法的结果比其他两种算法都好。

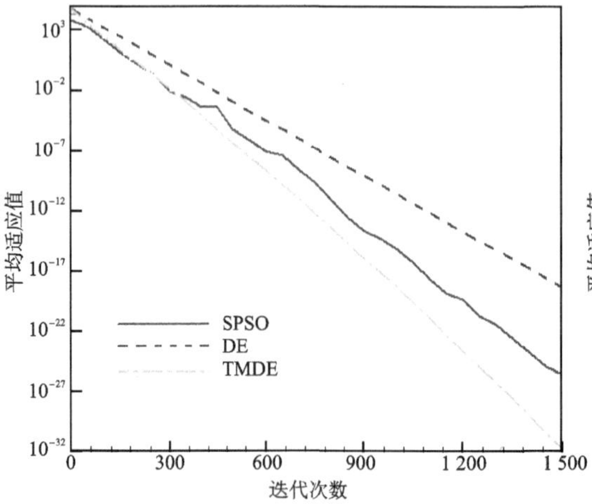

(a) Sphere函数

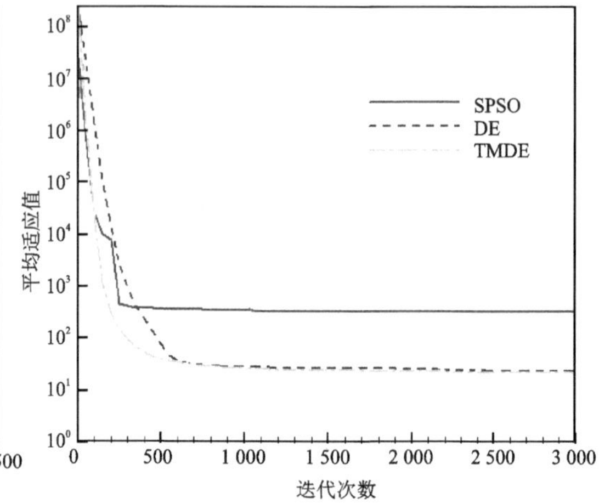

(b) Rosenbrock函数

图 4.17 SPSO、DE 和 TMDE 算法对测试函数的寻优过程

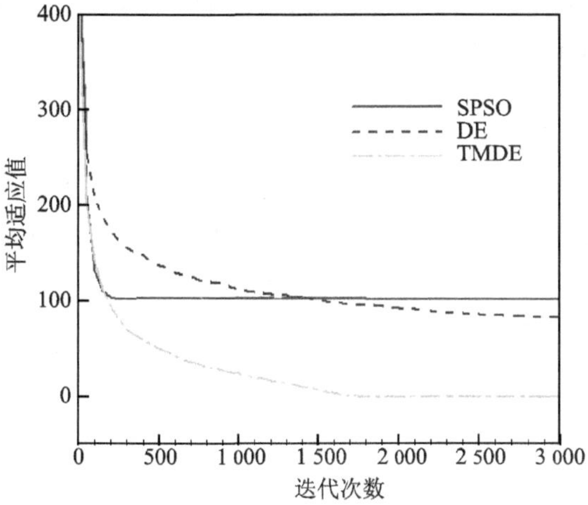

(c) Rastrigin函数

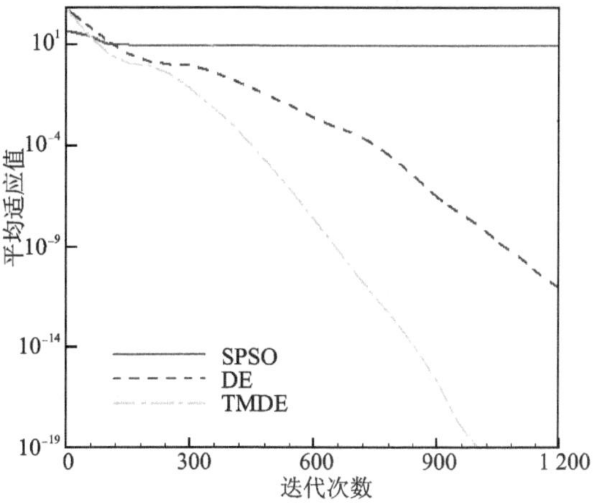

(d) Griewank函数

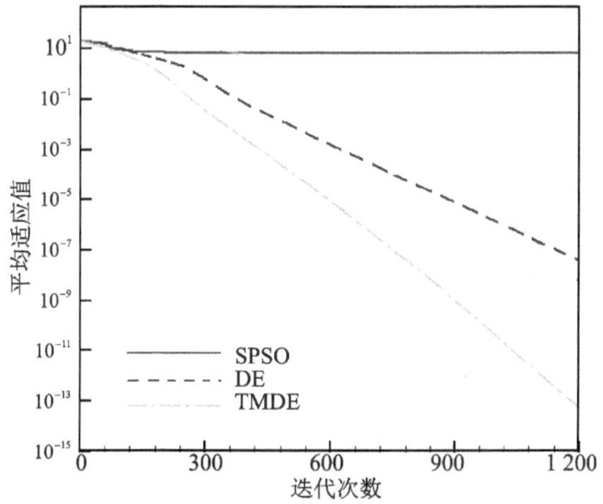

(e) Ackley函数

图 4.17　SPSO、DE 和 TMDE 算法对测试函数的寻优过程(续)

由图 4.17 可以看出，对 30 维的 Rosenbrock 函数，TMDE 和 DE 算法的收敛精度相当，但 TMDE 算法的初期收敛速度明显更快；对于其他几个测试函数，TMDE 算法也明显具有更快的收敛速度和更高的收敛精度。

4.3.4　基于粒子群优化的改进差分进化算法

DE 和 PSO 算法均属于群体的随机启发式算法。DE 算法的变异算子有利于增加全局搜索能力，保证种群的多样性；交叉算子可以提高局部搜索能力，加快收敛速度；选择算子具有一定的记忆能力，能够保留优秀个体；然而在进化后期，随着种群多样性的减少，DE 算法收敛速度缓慢，并且容易陷入局部最优。PSO 算法在种群多样性有保障的情况下，可以较好地探索求解区域，收敛速度也比较快；但是当 PSO 算法的全局历史最优值陷入局部最优区域时，群体会迅速地收敛到该区域，使得种群多样性消失，出现早熟停滞的现象。

为了有效利用 DE 和 PSO 算法的优点，同时也为了弥补两个算法自身的缺陷，著者结合 DE 和 PSO 提出了一种改进差分进化算法(简称 DPA)。

1. 算法流程

DPA 算法以 DE 算法的流程为基本框架，增加了实施选择和 PSO 的操作步骤，其主体主要包括如图 4.18 所示的两个阶段：第一阶段通过"变异—选择"操作有效地扩大了群体的寻优范围，保证了种群的多样性，避免了陷入局部最优；第二阶段通过"PSO—交叉—选择"操作加强了局部搜索，进而提高了收敛速度，改善了优化效率。

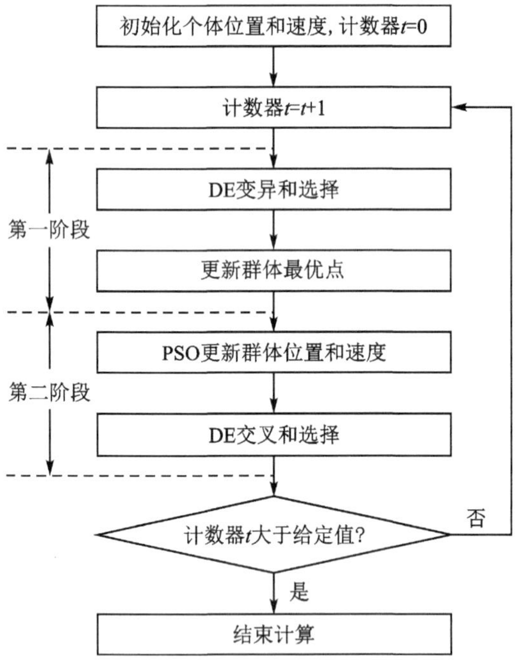

图 4.18 DPA 算法的流程

需要指出的是，由于 DPA 算法中的两次选择操作，当前代的个体实际上就位于 PSO 定义的个体最优位置。因此，个体粒子只需要根据群体最优位置更新速度，式(4.5)可以相应地简化为

$$\boldsymbol{V}_i^{t+1}=w\cdot\boldsymbol{V}_i^t+c_1\cdot r_1\cdot(\boldsymbol{G}^t-\boldsymbol{X}_i^t) \tag{4.39}$$

DPA 算法的具体步骤如下：

在搜索空间内，初始化群体的位置 X_i 和速度 V_i，$i\in[1,N]$，令计数器 $t=0$。

① 计数器 $t=t+1$；

② 计算个体适应值 $F(X_i)$；

③ 根据式(4.24)和式(4.30)更新群体的位置；

④ 选出群体最优位置的个体；

⑤ 根据式(4.2)和式(4.39)更新群体的位置和速度；

⑥ 根据式(4.30)和式(4.31)对位置进行交叉、选择；

⑦ 如果计数器大于某一给定值则退出；否则，转至步骤①。

2. 算法测试与结果分析

为了验证 DPA 算法的性能，采用 Rosenbrock、Rastrigin 和 Griewank 三个测试函数，并与 DE 和 PSO 算法进行比较。

设定所有测试函数的维数 $D=30$，群体规模 $N=40$，最大迭代次数为 2 000，缩放因子 Fc=0.6，交叉概率 CR=0.6，惯性因子 w 由 0.9 动态递减为 0.4，加速常数 $c_1=2.0$。对于每个测试函数，分别使用 DE、PSO 和 DPA 算法运行 100 次后，得到的关于最优函数值和标准差的平均结果如表 4.9 所列。

表 4.9　DE、PSO 和 DPA 算法对测试函数的结果比较

函　数	DE		PSO		DPA	
	平均最优值	标准差	平均最优值	标准差	平均最优值	标准差
Rosenbrock	23.432 6	0.229 8	2 300.767 7	4 015.820 8	6.010 2	3.366 2
Rastrigin	105.642 0	8.574 8	139.154 783	32.137 5	38.494 9	11.397 6
Griewank	0	0	1.835 4	6.213 8	0	0

由表 4.9 可知，关于 Griewank 函数，除 PSO 算法外，DE 和 DPA 算法均找到了全局最优解；而关于其他三个测试函数，DPA 算法的平均最优值和平均标准差均好于其他两个算法，显示了较强的搜索能力和良好的鲁棒性。

图 4.19 比较了三个算法关于各测试函数的寻优过程。由图中寻优过程曲线的斜率可知，DPA 算法收敛速度最快，其次是 DE 算法，PSO 算法收敛速度最慢。

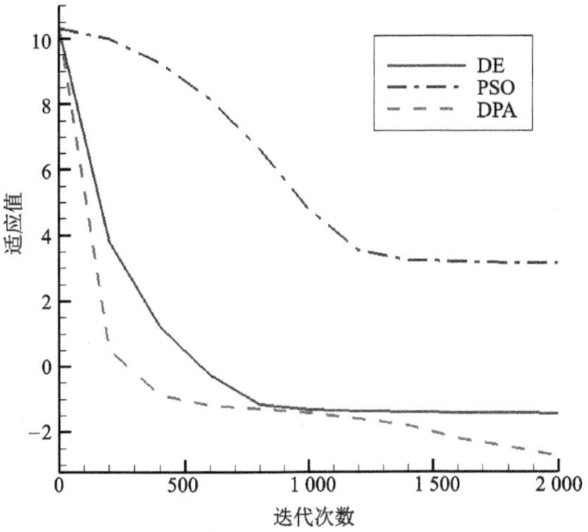

(a) Rosenbrock函数

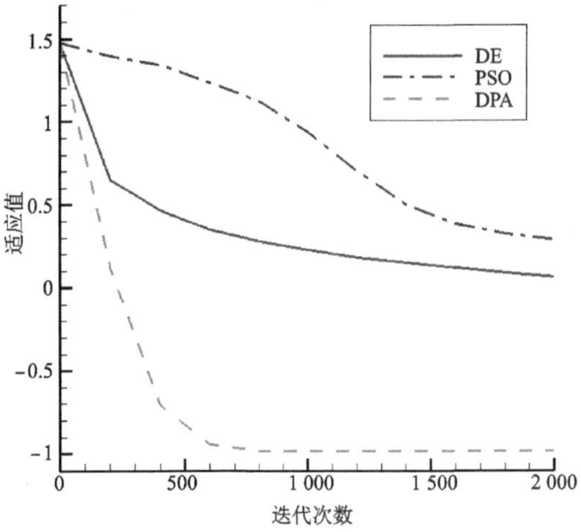

(b) Rastrigin函数

图 4.19　DE、PSO 和 DPA 算法对测试函数的寻优过程

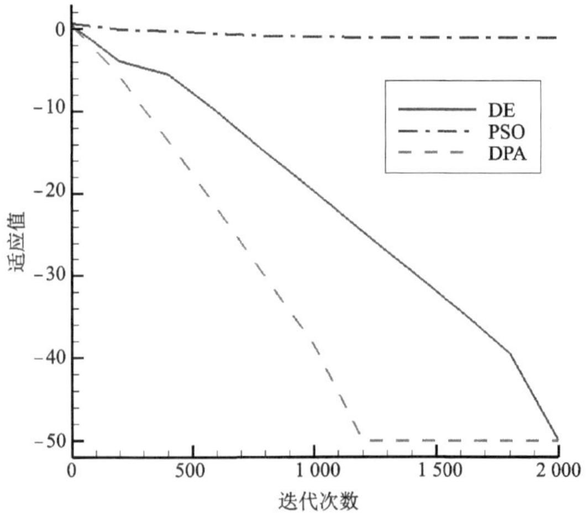

(c) Griewank函数

图 4.19 DE、PSO 和 DPA 算法对测试函数的寻优过程(续)

4.4 蚁群算法

4.4.1 基本蚁群算法

蚁群算法(Ant Colony Algorithm,ACA)是由意大利学者 Dorigo 等人通过分析自然界中蚂蚁群体的觅食过程提出的一种新型启发式仿生进化算法。蚂蚁是生活在人类社会以外的一个简单生命体,它们所表现出的高度结构化的社会组织形态,使得蚁群能够完成超越其个体能力的复杂任务。蚂蚁作为社会性昆虫具备了组成社会的三个要素：组织、分工以及信息的传递。然而很多种类的蚂蚁所具有的视觉感知系统都是发育不全的,甚至有些种类的蚂蚁是完全没有视觉的。研究表明,蚂蚁是通过自身产生的化学物质——信息素(Pheromone)进行个体与个体间以及个体与环境之间的信息传递的。ACA 算法的灵感由来就是蚂蚁通过感知其他蚂蚁产生的信息素来探索食物与巢穴的最短路径。

很多种类的蚂蚁在筑巢、搬运、觅食等行为过程中,都是以信息素作为媒介进行信息传递的。蚂蚁在活动时能够在它经过的路径上释放信息素,从而形成一条含有信息素的路径;而且蚂蚁能感知这种信息素,并根据信息素浓度的大小选择下一步行走路径。信息素浓度较高的路径将吸引更多蚂蚁选择该路径作为移动路线,从而在该路径上释放的信息素将越积越多,这是蚂蚁群体所表现出的一种信息素正反馈现象。正是由于蚂蚁之间的这种信息素正反馈交流方式,指导蚂蚁群体倾向于集中在可行路径范围内的某一区域,直到找到最短路径。下面举一个例子来说明蚂蚁是如何根据信息素浓度来找到最短路径的。

假设蚂蚁以每单位时间 1 个单位距离的速度往返于巢穴与食物之间,其中 AC 和 CD 之间的距离为 3 个单位,其他点对点之间的距离均为 1 个单位,如图 4.20 所示。

两条路线,即巢穴—ABD—食物和巢穴—ACD—食物分别具有距离 4 和 8。开始时刻 $t=0$,所有路径上的信息素均为零。在 $t=1$ 时刻,8 只蚂蚁从巢穴出发移动到 A。这时它们以相同的概率选择 AB 或 AC,因此可以认为一半数量的蚂蚁选择 ABD 路线,另一半选择

ACD 路线。在 $t=4$ 时刻，选择 ABD 路线的蚂蚁到达食物并开始携带食物返回；而选择 ACD 路线的蚂蚁才到达 C 点。当 $t=5$ 时刻，携带食物返回的蚂蚁在 D 点面临两种选择：DCA 或者 DBA 路线。此时，DB 路径上已经有信息素存在，而 CD 路径上的 4 只蚂蚁还没有到达 D 点。因此，更多的蚂蚁选择 DB 路线返回巢穴，只有少数的蚂蚁选择 DC 路线返回巢穴；这里假设选择 DB 路径的蚂蚁为 3，选择 DC 路径的蚂蚁为 1。在 $t=8$ 时刻，选择 DB 路线的 3 只蚂蚁已回到巢穴，而选择 DC 路线的 1 只蚂蚁在 C 点，选择路线 ACD 的 4 只蚂蚁才到达食物点。这时，路径 AB 已有 7 只蚂蚁走过，而 AC 只有 4 只蚂蚁走过。因此，再从巢穴出发的蚂蚁会以更高的概率选择路径 AB，这样短路线 ABD 又能积累更多的信息；随着时间的推移，两条路线上的信息素差距越来越大，直到绝大多数蚂蚁都选择较短路线 ABD。

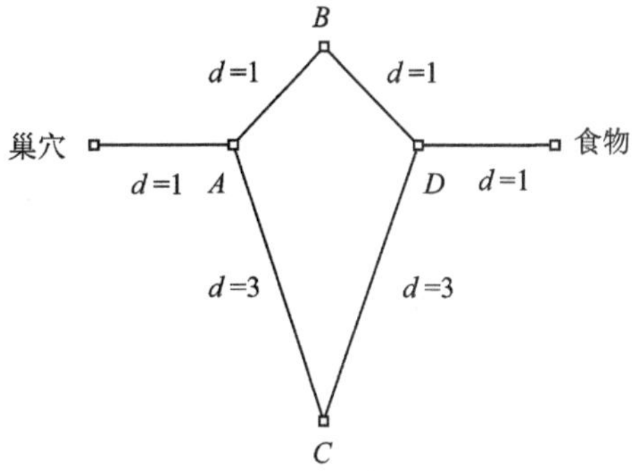

图 4.20　蚂蚁觅食路线示意

旅行商问题（Travelling Salesman Problem，TSP）是一个涉及实际应用领域的重要组合优化问题，也是一个便于使用 ACA 算法的 NP-hard 问题，求解 TSP 在 ACA 算法的研究中起着重要的作用。第一个 ACA 算法——蚂蚁系统（Ant System）以及随后提出的大量 ACA 算法都将 TSP 作为测试算例。实践说明，在 TSP 上最有效的 ACA 算法对其他组合优化问题通常也是最有效的。因此，为了说明 ACA 算法，首先介绍一下何为 TSP。

TSP 是指一位商人从一个城市出发，希望找到一条最短路径，途经给定城市集合中的所有城市，最后回到出发的城市，并且每个城市都被访问一次且仅一次。

假定有 n 个城市，其集合可用 $C=\{c_1,c_2,\cdots,c_n\}$ 表示，$L(i,j)$ 表示城市 c_i 与 c_j 之间的连接，d_{ij} 表示城市 c_i 与 c_j 之间的距离。这时 TSP 可以用一个带权完全图 $G=(C,L)$ 来描述，其目的是从 G 中找出长度最短的哈密尔顿回路，即找出对 $C=\{c_1,c_2,\cdots,c_n\}$ 中 n 个城市访问且只访问一次的一条最短的封闭曲线。TSP 分为对称型和非对称型，若对任意城市 c_i 和 c_j，均使得 $d_{ij}=d_{ji}$，则称为对称 TSP；若至少存在城市 c_i 和 c_j，使得 $d_{ij}\neq d_{ji}$，则称为非对称 TSP。TSP 的目标函数为

$$\min D=\sum_{i=1}^{n-1} d_{ij}+d_{n1} \tag{4.40}$$

在采用 ACA 算法求解 TSP 的过程中，每一个蚂蚁从一个城市移动到另一个城市要遵循以下规则：

① 蚂蚁根据以城市之间的距离和连接道路上的信息素浓度为变量的概率函数，选择下一个城市作为移动目的地；

② 在一次旅行结束前，不能选择已经访问过的城市，由禁忌表控制（设 tabu_k 表示第 k 个蚂蚁的禁忌表）；

③ 蚂蚁完成一次旅行后，在已经走过的城市连接道路上释放信息素。

为了模拟蚂蚁的移动，引入以下记号：

- $\eta_{ij}(t)$——城市之间的连接 $L(i,j)$ 的能见度，反映由城市 i 转移到城市 j 的启发程度；

- $\tau_{ij}(t)$——t 时刻连接 $L(i,j)$ 上的信息素量；
- $\Delta\tau_{ij}(t)$——本次循环中连接 $L(i,j)$ 上的信息素增量；
- $P_{ij}^{k}(t)$——t 时刻蚂蚁 k 从城市 i 转移到城市 j 的概率。

基本 ACA 算法可以描述如下：

在 $t=0$ 时刻，将 NP 只蚂蚁随机初始化到 n 个城市，并将每个蚂蚁所在的城市设置为禁忌表的第一个元素；令各条路径上的信息素量 $\tau_{ij}(0)=T$（T 为一个较小的常数）。此后，蚂蚁按照各条路径上的信息素量和启发信息（城市之间的距离）各自选择下一个城市并移动。在 t 时刻，蚂蚁 k 在城市 i 选择城市 j 的转移概率 $P_{ij}^{k}(t)$ 为

$$P_{ij}^{k}(t)=\begin{cases}\dfrac{\tau_{ij}^{\alpha}(t)\cdot\eta_{ij}^{\beta}(t)}{\sum\limits_{l\in \mathrm{allowed}_k}\tau_{il}^{\alpha}(t)\cdot\eta_{il}^{\beta}(t)}, & j\in \mathrm{allowed}_k\\ 0, & \text{否则}\end{cases} \tag{4.41}$$

式中，$\mathrm{allowed}_k=\{C-\mathrm{tabu}_k\}$ 表示蚂蚁 k 下一步允许选择的城市；α 和 β 为启发式因子，表示信息素和启发信息的相对重要程度；$\eta_{ij}(t)$ 为启发信息，其表达式如下：

$$\eta_{ij}(t)=\frac{1}{d_{ij}} \tag{4.42}$$

可见，d_{ij} 越小，$\eta_{ij}(t)$ 越大，$P_{ij}{}^{k}(t)$ 也就越大。

当所有蚂蚁完成一次周游以后，各路径上的信息素将会被更新，即

$$\tau_{ij}(t+1)=\rho\cdot\tau_{ij}(t)+\Delta\tau_{ij}(t) \tag{4.43}$$

$$\Delta\tau_{ij}(t)=\sum_{k=1}^{m}\Delta\tau_{ij}^{k}(t) \tag{4.44}$$

式中，ρ 为挥发系数，$\rho\in[0,1]$；$\Delta\tau_{ij}(t)$ 表示本次循环中路径 $L(i,j)$ 上的信息素增量，初始时刻 $\Delta\tau_{ij}(0)=0$；$\Delta\tau_{ij}^{k}(t)$ 表示第 k 只蚂蚁在本次循环中留在该路径 $L(i,j)$ 上的信息素。

根据 $\Delta\tau_{ij}^{k}(t)$ 求法的不同，Dorigo 提出了三种不同的基本蚁群算法模型，分别称为 Ant - Cycle 模型、Ant - Quantity 模型以及 Ant - Density 模型。

在 Ant - Cycle 模型中：

$$\Delta\tau_{ij}^{k}(t)=\begin{cases}\dfrac{Q}{L_k}, & \text{第 } k \text{ 只蚂蚁在本次循环中经过 } L(i,j)\\ 0, & \text{否则}\end{cases} \tag{4.45}$$

式中，Q 为信息素强度，它在一定程度上影响算法的收敛速度；L_k 表示第 k 只蚂蚁在本次循环中所走路径的总长度。

在 Ant - Quantity 模型中：

$$\Delta\tau_{ij}^{k}(t)=\begin{cases}\dfrac{Q}{d_{ij}}, & \text{第 } k \text{ 只蚂蚁在 } t \text{ 和 } t+1 \text{ 之间经过 } L(i,j)\\ 0, & \text{否则}\end{cases} \tag{4.46}$$

在 Ant - Density 模型中：

$$\Delta\tau_{ij}^{k}(t)=\begin{cases}Q, & \text{第 } k \text{ 只蚂蚁在 } t \text{ 和 } t+1 \text{ 之间经过 } L(i,j)\\ 0, & \text{否则}\end{cases} \tag{4.47}$$

以上三种模型的区别在于：第一种模型中利用的是整体信息，即蚂蚁完成一个循环后更

新所有路径上的信息素；后两种模型利用的是局部信息，即蚂蚁转移一次城市就更新路径上的信息素。由于第一种模型在求解 TSP 时表现的性能最好，因此通常采用 Ant - Cycle 模型作为 ACA 算法的基本模型。

以求解 TSP 为例，给出基本 ACA 算法的步骤：

① 令 $t=0$，初始化参数，将 NP 只蚂蚁置于 n 个城市中，并建立禁忌表；

② $t=t+1$；

③ 对每个蚂蚁 $k(k=1,\cdots,\mathrm{NP})$，按照状态转移概率公式(4.41)选择下一个城市，并修改禁忌表；

④ 按式(4.43)和式(4.44)更新信息素；

⑤ 判断是否满足迭代终止条件，若满足则结束，否则转到步骤②；

⑥ 输出获得的最优解。

4.4.2　多目标蚁群算法

ACA 算法多用于离散域优化问题的求解，而对于连续域内的多目标优化问题(Multi - objective Optimization Problem，MOP)则应用相对较少。由于 MOP 的特殊性，Pareto 解集内的设计点均可作为潜在解供设计者决策。因此，在设计求解算法时，希望获得的解能够真实地反映原问题的特性。通常，在设计多目标优化算法时要求满足以下几个方面：① 希望算法找到的 Pareto 前沿($\mathrm{PF}_{\mathrm{current}}$)与实际 Pareto 前沿($\mathrm{PF}_{\mathrm{ture}}$)的距离尽可能接近；② 希望获得的 Pareto 最优解集具有较好的分布；③ 希望 $\mathrm{PF}_{\mathrm{current}}$ 的散布范围尽可能宽广，即覆盖每个子目标的可能取值范围。

为此，著者提出了用于求解 MOP 的多目标蚁群算法(Multi - objective Ant Colony Algorithm，MACA)。MACA 算法通过建立一个外部集合 EA 存放已获得的非劣解；随着迭代过程的进行，集合 EA 内的元素逐渐增多并占优，其前沿面逐步靠近实际的 Pareto 前沿。

1. 修正的信息素更新公式和转移概率

由于这里涉及的优化问题为连续域问题，区别于离散域的情形，故在 MACA 算法中，令每个蚂蚁携带信息素，且信息素只作用于蚂蚁所在的位置，并可被其他蚂蚁察觉。在搜索过程中，蚂蚁是否释放信息素是由其所在位置的支配关系确定的，即只有当前位置不可支配(进入集合 EA)时释放信息素，否则不释放。

在求解 MOP 时，如果在某一时刻，蚂蚁 i 是不可支配的，即该蚂蚁能够进入集合 EA 时，则蚂蚁 i 优于不能进入集合 EA 的其他蚂蚁。此时，蚂蚁 i 应该释放信息素，在使自身信息素浓度提高的同时，还能吸引其他蚂蚁靠近当前所处的占优位置。修正后的信息素更新公式如下：

$$\tau_i(t+1)=\begin{cases}\rho\cdot\tau_i(t)+\Delta\tau_i(t), & x\in \mathrm{EA}\\ \rho\cdot\tau_i(t), & \text{否则}\end{cases}\tag{4.48}$$

$$\Delta\tau_i(t)=\tau'+\frac{t_{\max}-t}{t_{\max}}\tau'\tag{4.49}$$

式中，$t_{\max}$ 为迭代上限；t 为迭代次数；ρ 为挥发系数，$\rho\in[0,1]$；τ'用于控制信息素增量的大小；$\Delta\tau_i(t)$为信息素增量。

由式(4.49)可知，信息素增量 $\Delta\tau_i(t)$随着迭代次数 t 的增加而逐步减少。这是因为在迭代初期，集合 EA 的元素（即非劣解）的个数相对较少，应该加大信息素增量 $\Delta\tau_i(t)$，以便进入集合 EA 的蚂蚁能够吸引更多的蚂蚁，进而增加集合 EA 内元素的数量；而在后期，随着集合 EA 中元素数的增加，应该减少信息素增量 $\Delta\tau_i(t)$，使得蚂蚁更多地按照启发信息来进行搜索，以避免蚂蚁聚集于某个区域，丢失种群多样性。此外，设置信息素的上下限分别为 τ_{max} 和 τ_{min}，避免因某个蚂蚁的信息素过大或过小而引起过早收敛。

蚂蚁 i 的移动方向由其他蚂蚁的信息素浓度和蚂蚁之间的距离确定。对于蚂蚁 i 的转移概率定义如下：

$$P_j = \frac{\tau_j \cdot \eta_{ij}}{\sum_l \tau_l \cdot \eta_{il}}, \quad i \neq j, \quad j = 1,2,\cdots,N \tag{4.50}$$

式中，启发信息 η_{ij} 是距离的函数，即 $\eta_{ij} = \eta_{ij}(d_{ij})$，$d_{ij}$ 为蚂蚁 i 与蚂蚁 j 在搜索空间内的欧几里得距离。蚂蚁 i 通过式(4.50)选择概率最高的蚂蚁 j 作为其下一步的寻优移动方向。

2. 依概率选择搜索策略

由于 MOP 的解具有多样性，MACA 算法在求解过程中需要保持蚂蚁群体的分布性和多样性，并满足集合 EA 均匀性及其前沿面散布性的要求。这就要求算法在调动蚂蚁时，也要有相应的策略，使得蚂蚁的移动具有机动性和多样性。

由式(4.50)可知，蚂蚁根据其他蚂蚁的信息素浓度和彼此之间距离的远近来确定下一步的搜索方向。由式(4.48)可知，信息素是蚂蚁在搜索过程中对自身探索能力的评价指标，即若蚂蚁随着迭代进入最优解集，那么该蚂蚁的信息素呈现增长趋势，反之则减少。启发信息是距离的函数，若 $\eta_{ij} = 1/d_{ij}$，则蚂蚁 i 将选择信息素浓度较高且距离较近的蚂蚁 j 作为下一步的寻优方向；相反，若 $\eta_{ij} = d_{ij}$，则蚂蚁 i 将选择信息素浓度较高但距离较远的蚂蚁 j 作为下一步的寻优方向。可见，随着启发信息 η_{ij} 的不同取值，蚂蚁 i 的寻优方向具有一定的机动性，而且这种机动性随着蚂蚁的移动也会带来群体的多样性。

求解 MOP 时，在搜索过程的前期阶段，蚂蚁群体应该在大范围内进行搜索；而在后期阶段，蚁群应该进行局部寻优。大范围搜索可以有效解决前沿的散布性，局部寻优则是针对前沿分布的均匀性。因此，这里提出了依概率选择转移搜索策略，即根据概率大小改变启发信息的函数形式，使蚂蚁在两种搜索之间动态调整，其形式如下：

$$\eta_{ij} = \begin{cases} d_{ij}, & \text{rand}(j) \leqslant \text{pc} \\ 1/d_{ij}, & \text{否则} \end{cases} \tag{4.51}$$

式中

$$\text{pc} = \text{pc}_{min} + \frac{t_{max} - t}{t_{max}}(\text{pc}_{max} - \text{pc}_{min}) \tag{4.52}$$

在式(4.51)中，$\text{rand}(j) \in [0,1]$为随机数；$\text{pc} \in [0,1]$为选择概率。式(4.52)中，pc_{max} 和 pc_{min} 为选择概率的上下限。由式(4.52)可知，概率 pc 随着迭代线性递减，这使得在迭代初期蚂蚁群体以较大概率进行大范围搜索，后期则以较大概率进行局部搜索。

3. 蚂蚁的移动方式

在离散域空间内，以 TSP 为例，蚂蚁的移动是通过在离散点集上的跳跃实现的，即从空间内的一个城市节点直接转移到另一个城市节点。鉴于连续域不同于离散域，为蚂蚁定义了新的运动方式，其过程主要参考了 PSO 算法中粒子的移动公式，第 i 个蚂蚁在 t 时刻的移动公式为

$$\boldsymbol{X}_i^{t+1}=\boldsymbol{X}_i^t+c_1r_1(\boldsymbol{X}_j^t-\boldsymbol{X}_i^t)+c_2r_2(\boldsymbol{P}_k^t-\boldsymbol{X}_i^t) \tag{4.53}$$

式中，c_1 和 c_2 为距离参数，控制移动距离的大小；r_1 和 r_2 为[0,1]之间的随机数，起着扰动的作用；$\boldsymbol{X}_i$ 表示蚂蚁 i 所在的位置；$\boldsymbol{P}_k$ 表示从集合 EA 中随机选取的一个非劣解；$\boldsymbol{X}_j$ 为蚂蚁 i 根据式(4.50)和式(4.51)选择的参考蚂蚁。

由式(4.53)可知，蚂蚁 i 的移动要受到两个位置的影响：参考蚂蚁 j 和集合 EA 中的非劣解。在迭代初期，蚂蚁 i 会先参考距离较远的蚂蚁，以增大搜索范围；而在迭代后期，则会优先参考距离较近的蚂蚁，以提高局部寻优能力。为了加速搜索，利用随机选取的方式从已经找到的非劣解集合 EA 中选择一个解作为另一个参考。蚂蚁 i 会在这两个参考解的作用下对搜索空间进行搜索，最终获得满意的 Pareto 解集。

此外，由式(4.48)可知，当蚂蚁无法进入外部集合 EA 时，该蚂蚁的信息素会减少；若持续几代都无法进入集合 EA，则信息素将达到规定的下限。这时，该蚂蚁被选为其他蚂蚁的参考对象的概率会很低。因此，对信息素降到下限值的蚂蚁进行跳跃式变异，其变异公式为

$$\boldsymbol{X}_i^{t+1}=\begin{cases}\boldsymbol{P}_{s1}^t+\varphi(\boldsymbol{P}_{s2}^t-\boldsymbol{P}_{s3}^t), & \text{rand}_1\leqslant \text{pf}\\ \boldsymbol{X}_{i\min}+\text{rand}_2\cdot(\boldsymbol{X}_{i\max}-\boldsymbol{X}_{i\min}), & \text{否则}\end{cases} \tag{4.54}$$

式中，$\boldsymbol{P}_{s1}$、$\boldsymbol{P}_{s2}$、$\boldsymbol{P}_{s3}\in$ EA 且互不相同；$\boldsymbol{X}_{i\max}$ 和 $\boldsymbol{X}_{i\min}$ 为设计变量的上下限；rand_1 和 rand_2 为[0,1]之间的随机数；pf 为给定的概率值；φ 为变异系数，可以参考差分进化算法变异公式中的缩放比例因子 Fc。

由式(4.54)可知，对于信息素为下限值的蚂蚁按概率 pf 选择两种变异形式：当随机数小于概率 pf 时，利用已找到的非劣解进行变异，使得能够在其附近进行局部寻优，并加快收敛速度；当随机数大于概率 pf 时，在设计空间内随机初始化，以增加种群的多样性，获得更加全面的非劣解集。

4. 外部集合 EA 的更新

蚂蚁在搜索过程中把获得的非劣解存入集合 EA。开始时刻集合 EA 设置为空集，并限定其最大容量；随着迭代的进行，集合 EA 将不断被更新，最终即为求得的非劣解集。

更新集合 EA 的步骤如下：

① 找出当前蚁群中的非劣解集 $P_{\text{current}}(t)$；

② 令 t 时刻的集合 EA 记为 $\text{EA}_{\text{current}}(t)$，将 $P_{\text{current}}(t)$ 与 $\text{EA}_{\text{current}}(t)$ 合并为一个集合，然后剔除其中受支配的个体；

③ 若集合 $\text{EA}_{\text{current}}(t)$ 的元素数大于最大容量，则删除分散度最小的元素，直到个体数等于最大容量为止。

该最优解保留策略不仅可以提高算法的寻优效率，还能通过保留分散度较好的个体，增加解集的多样性，有利于更加均匀地逼近真实 Pareto 最优解集。

综上所述，给出求解 MOP 的 MACA 算法的具体流程，如图 4.21 所示。

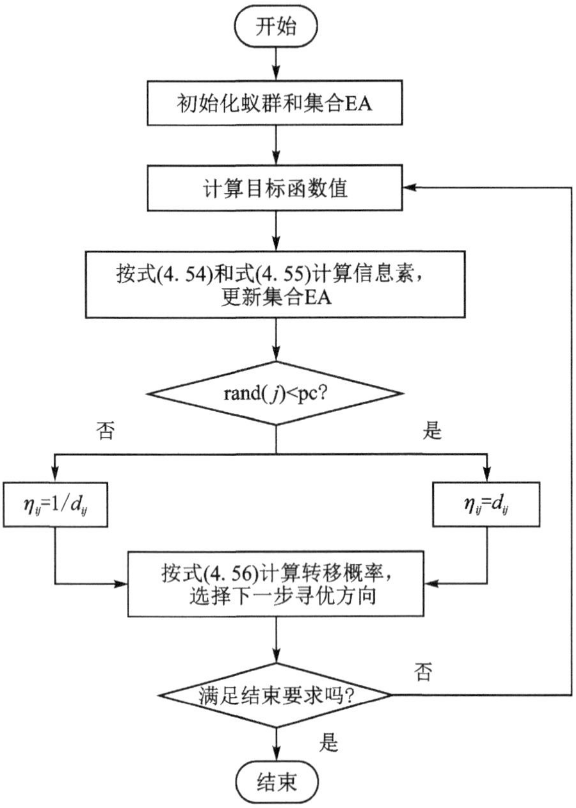

图 4.21　MACA 算法流程

5. 算法测试与结果分析

为验证 MACA 算法能否收敛到所求多目标优化问题的真实 Pareto 前沿，使用了 6 个典型的基准测试函数。这些测试函数均为两目标优化问题，其中 ZDT1、ZDT3 属于凸问题；KUR、ZDT2、ZDT4、ZDT6 属于非凸问题；KUR、ZDT3 的 Pareto 前沿分布不连续；ZDT6 的 Pareto 前沿不均匀。各测试函数设计变量的空间维度、上下界以及优化目标函数的详细信息如下。

(1) KUR

$$\min F(\boldsymbol{x}) = (f_1(\boldsymbol{x}), f_2(\boldsymbol{x}))^{\mathrm{T}}$$

$$f_1(\boldsymbol{x}) = \sum_{i=1}^{D-1} \left[-10\exp(-0.2\sqrt{x_i^2 + x_{i+1}^2})\right]$$

$$f_2(\boldsymbol{x}) = \sum_{i=1}^{D} (|x_i|^{0.8} + 5\sin x_i^3)$$

$$\text{s.t.} \quad -5 \leqslant x_i \leqslant 5, \quad i = 1,2,3, \quad D = 3$$

该函数的 Pareto 前沿为非凸、不连续曲线。

（2）ZDT1

$$\min F(\boldsymbol{x}) = [f_1(\boldsymbol{x}), f_2(\boldsymbol{x})]^{\mathrm{T}}$$
$$f_1(\boldsymbol{x}) = x_1$$
$$f_2(\boldsymbol{x}) = g(x)[1 - \sqrt{x_1/g(x)}]$$
$$g(\boldsymbol{x}) = 1 + 9\left(\sum_{i=2}^{D} x_i\right)/(D-1)$$
$$\text{s.t.}\quad 0 \leqslant x_i \leqslant 1,\quad i = 1,2,\cdots,D,\quad D = 30$$

该函数的 Pareto 前沿为凸曲线。

（3）ZDT2

$$\min F(\boldsymbol{x}) = [f_1(\boldsymbol{x}), f_2(\boldsymbol{x})]^{\mathrm{T}}$$
$$f_1(\boldsymbol{x}) = x_1$$
$$f_2(\boldsymbol{x}) = g(\boldsymbol{x})\{1 - [x_1/g(\boldsymbol{x})]^2\}$$
$$g(\boldsymbol{x}) = 1 + 9\left(\sum_{i=2}^{D} x_i\right)/(D-1)$$
$$\text{s.t.}\quad 0 \leqslant x_i \leqslant 1,\quad i = 1,2,\cdots,D,\quad D = 30$$

该函数的 Pareto 前沿为非凸曲线。

（4）ZDT3

$$\min F(\boldsymbol{x}) = [f_1(\boldsymbol{x}), f_2(\boldsymbol{x})]^{\mathrm{T}}$$
$$f_1(\boldsymbol{x}) = x_1$$
$$f_2(\boldsymbol{x}) = g(\boldsymbol{x})\left[1 - \sqrt{x_1/g(\boldsymbol{x})} - \frac{x_1}{g(\boldsymbol{x})}\sin(10\pi x_1)\right]$$
$$g(\boldsymbol{x}) = 1 + 9\left(\sum_{i=2}^{D} x_i\right)/(D-1)$$
$$\text{s.t.}\quad 0 \leqslant x_i \leqslant 1,\quad i = 1,2,\cdots,D,\quad D = 30$$

该函数的 Pareto 前沿为凸的不连续的曲线段。

（5）ZDT4

$$\min F(\boldsymbol{x}) = [f_1(\boldsymbol{x}), f_2(\boldsymbol{x})]^{\mathrm{T}}$$
$$f_1(\boldsymbol{x}) = x_1$$
$$f_2(\boldsymbol{x}) = g(\boldsymbol{x})[1 - \sqrt{x_1/g(\boldsymbol{x})}]$$
$$g(\boldsymbol{x}) = 1 + 10(D-1) + \sum_{i=2}^{D}[x_i^2 - 10\cos(4\pi x_i)]$$
$$\text{s.t.}\quad 0 \leqslant x_1 \leqslant 1$$
$$-5 \leqslant x_i \leqslant 5,\quad i = 2,3,\cdots,D,\quad D = 10$$

该函数的 Pareto 前沿为凸曲线。

(6) ZDT6

$$\min F(\boldsymbol{x})=[f_1(\boldsymbol{x}),f_2(\boldsymbol{x})]^{\mathrm{T}}$$
$$f_1(\boldsymbol{x})=1-\exp(-4x_1)\sin^6(6\pi x_1)$$
$$f_2(\boldsymbol{x})=g(\boldsymbol{x})\left\{1-\left[\frac{f_1(x_1)}{g(\boldsymbol{x})}\right]^2\right\}$$
$$g(\boldsymbol{x})=1+9\left(\sum_{i=2}^{D}\frac{x_i}{D-1}\right)^{0.25}$$
$$\text{s.t.}\quad 0\leqslant x_i\leqslant 1,\quad i=1,2,\cdots,D,\quad D=10$$

该函数的 Pareto 前沿为非凸曲线,而且不均匀。

MOP 的求解不同于单目标优化问题,除了关注设计空间内变量的走势外,还要更多关注目标空间内的 Pareto 前沿。在求解 Pareto 最优解集时,通常希望能够满足以下两个要求:

① 逼近性:当前获得的 Pareto 前沿与真实 Pareto 前沿的距离尽可能小;

② 分布性:求得的 Pareto 前沿在目标空间内的分布尽可能好,即其分布可以较好地覆盖真实 Pareto 前沿。

由于 MOP 本身的特点,评价多目标优化算法的效率和有效性是相对困难的。然而,为了对其进行量化评价,研究人员已经提出了一系列性能度量方法,如 S -度量、C -度量、U -度量、时间复杂度、直观可视化度量、逼近性指标 γ、分布性能指标 Δ 等,在测试过程中使用了最后两种度量方法。

逼近性指标 γ 用于衡量算法所得非劣解集的前沿与真实 Pareto 前沿的逼近程度,其形式为

$$\gamma=\frac{1}{M}\sum_{i=1}^{M}\min(\|p_i-p'\|,p'\in P^*),\quad p_i\in \mathrm{EA} \tag{4.55}$$

式中,M 为算法所得非劣解集 EA 中解的个数;P^* 为真实 Pareto 解集,一般使用真实 Pareto 前沿的均匀采样。显然,γ 值越小,即表明算法所得前沿面越接近真实 Pareto 前沿,即算法具有良好的逼近性。

分布性能指标 Δ 用于衡量 Pareto 前沿的分布和覆盖情况,其形式为

$$\Delta=\frac{d_{\mathrm{f}}+d_{\mathrm{l}}+\sum_{i=1}^{M-1}|d_i-\overline{d}|}{d_{\mathrm{f}}+d_{\mathrm{l}}+(M-1)\overline{d}} \tag{4.56}$$

式中,d_{f} 和 d_{l} 分别表示真实 Pareto 前沿的两个边界点到集合 EA 前沿的两个边界点的欧几里得距离;M 为集合 EA 的最大容量;$d_i(i=1,2,\cdots,M)$为集合 EA 的前沿中相邻两个点之间的欧几里得距离,$\overline{d}$ 为其平均距离。显然,Δ 值越小,则算法所得前沿分布越均匀,即算法的分布性能越优。

为了更好地对 MACA 算法进行评价,将其与 NSGA-II、SPEA 和 PESA 进行优化比较。四种算法的最大函数评价次数均设为 25 000,外部集合 EA 的最大容量均为 100。MACA 的参数设置为:种群大小 NP=100;初始信息素 $\tau_i(0)$为 100;信息素的上下限分别设置为 $\tau_{\min}=10$、$\tau_{\max}=1\ 000$;τ'设置为 50;pf=0.8;$\rho=0.7$;选择概率的上下限分别设置为 $pc_{\max}=0.9$ 和

$pc_{min}=0.1$ 和;距离参数设置为

$$\begin{cases} c_1=2.0, c_2=1.0\cdot\dfrac{t_{max-t}}{t_{max}}, & \eta=d_{ij} \\ c_1=c_2=2.0, & \eta=1/d_{ij} \end{cases} \tag{4.57}$$

式中,t 为迭代次数;t_{max} 为迭代上限。

表 4.10 列出了 4 种算法的性能比较结果,其性能指标包括逼近性指标 γ 以及分布性指标 Δ 的平均值(Mean)和标准差(St. Dev.)。

表 4.10　NSGA-II、SPEA、PESA 和 MACA 算法对测试函数的结果比较

函数/算法		γ		Δ	
		Mean	St. Dev.	Mean	St. Dev.
KUR	NSGA-II	2.90×10^{-2}	1.80×10^{-5}	4.11×10^{-1}	9.92×10^{-4}
	SPEA	4.56×10^{-2}	5.0×10^{-5}	8.53×10^{-1}	2.62×10^{-3}
	PESA	5.73×10^{-3}	1.20×10^{-2}	1.08	1.38×10^{-2}
	MACA	2.08×10^{-2}	1.83×10^{-3}	3.3×10^{-1}	2.19×10^{-2}
ZDT1	NSGA-II	3.35×10^{-2}	4.75×10^{-3}	3.90×10^{-1}	1.88×10^{-3}
	SPEA	1.80×10^{-3}	1.0×10^{-6}	7.85×10^{-1}	4.44×10^{-3}
	PESA	8.21×10^{-2}	8.68×10^{-3}	1.23	4.84×10^{-3}
	MACA	2.64×10^{-3}	5.8×10^{-4}	1.75×10^{-1}	1.07×10^{-2}
ZDT2	NSGA-II	7.24×10^{-2}	3.17×10^{-2}	4.31×10^{-1}	4.72×10^{-3}
	SPEA	1.34×10^{-3}	0	7.55×10^{-1}	4.52×10^{-3}
	PESA	1.26×10^{-1}	3.69×10^{-2}	1.17	4.84×10^{-3}
	MACA	1.72×10^{-3}	5.29×10^{-4}	1.82×10^{-1}	1.27×10^{-2}
ZDT3	NSGA-II	1.15×10^{-1}	7.94×10^{-3}	7.39×10^{-1}	1.97×10^{-2}
	SPEA	4.75×10^{-2}	4.7×10^{-5}	6.73×10^{-1}	3.59×10^{-3}
	PESA	2.39×10^{-2}	1.0×10^{-5}	7.90×10^{-1}	1.65×10^{-3}
	MACA	5.98×10^{-3}	4.94×10^{-4}	4.41×10^{-1}	6.14×10^{-3}
ZDT4	NSGA-II	5.13×10^{-1}	1.18×10^{-1}	7.02×10^{-1}	6.46×10^{-2}
	SPEA	7.34	6.57	7.98×10^{-1}	1.46×10^{-2}
	PESA	8.55×10^{-1}	5.27×10^{-1}	8.70×10^{-1}	1.01×10^{-1}
	MACA	2.66×10^{-3}	1.76×10^{-4}	1.82×10^{-1}	8.977×10^{-3}
ZDT6	NSGA-II	2.97×10^{-1}	1.31×10^{-2}	6.68×10^{-1}	9.92×10^{-3}
	SPEA	2.21×10^{-1}	4.49×10^{-4}	8.49×10^{-1}	2.71×10^{-3}
	PESA	8.55×10^{-1}	5.27×10^{-1}	1.15	3.92×10^{-3}
	MACA	9.6×10^{-4}	3.09×10^{-4}	1.73×10^{-1}	3.52×10^{-2}

由表 4.10 可知,在逼近性指标 γ 方面,对于 KUR、ZDT3、ZDT4 和 ZDT6,MACA 算法的平均值小于其他三种算法;对于 ZDT1 和 ZDT2,SPEA 算法的结果要略优于 MACA 算法,NSGA-II 和 PESA 算法的结果次之。在分布性指标 Δ 方面,对于所测试的 6 个函数,MACA

算法得到的平均值最小。测试结果表明，MACA 算法具有优良的全局收敛性能，而且能获得具有良好分布性能的 Pareto 前沿。

图 4.22 列出了 MACA 算法求解 6 个测试函数获得的非劣解集的前沿与真实 Pareto 前沿的对比结果，其中圆圈表示 MACA 算法搜索得到的前沿，实线表示测试函数的真实 Pareto 前沿。从图中可知，MACA 算法所得非劣解集的前沿能够很好地逼近真实 Pareto 前沿，而且获得的前沿具有较好的均匀性，散布范围也广，能基本满足 MOP 的求解要求。

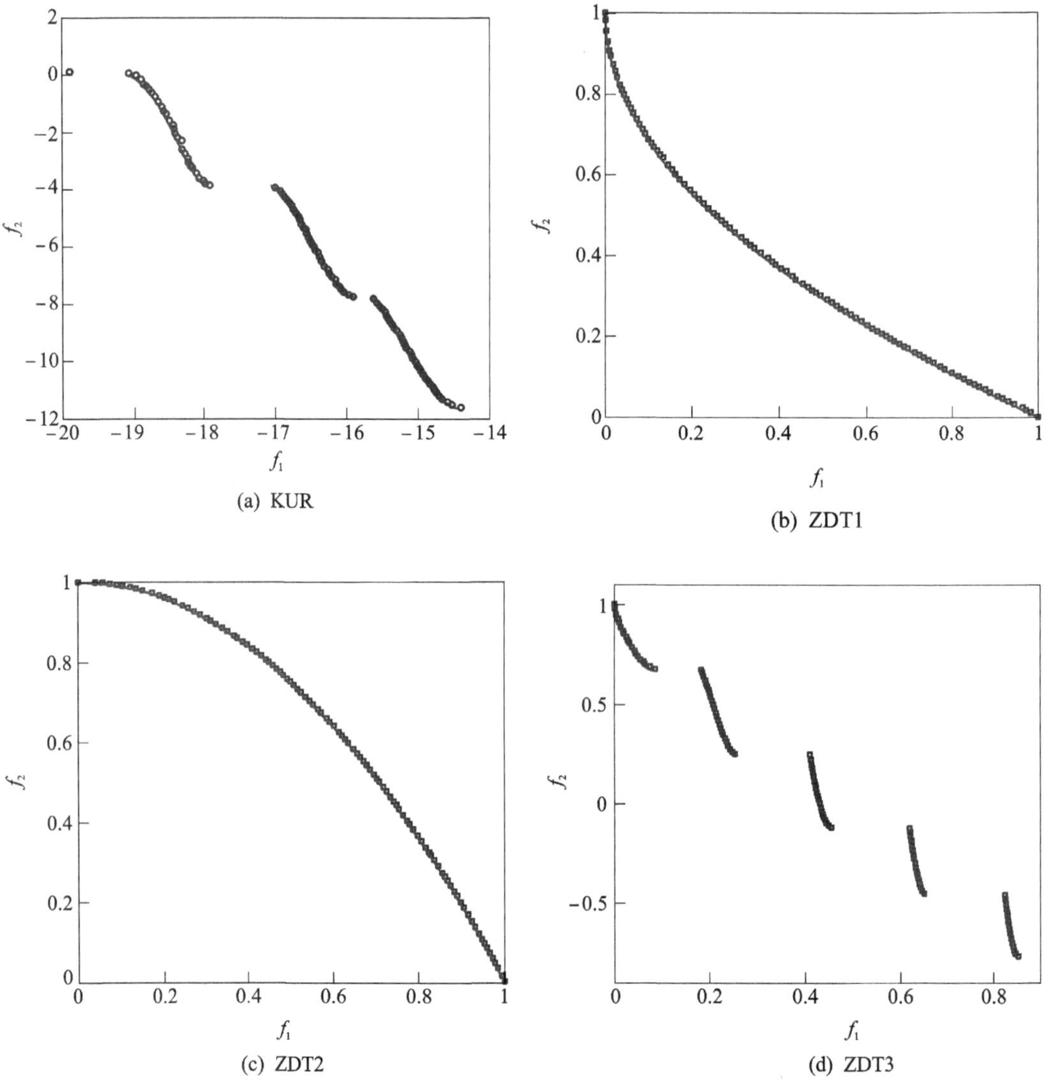

图 4.22 MACA 算法对测试函数获得的非劣解集与真实 Pareto 前沿的对比

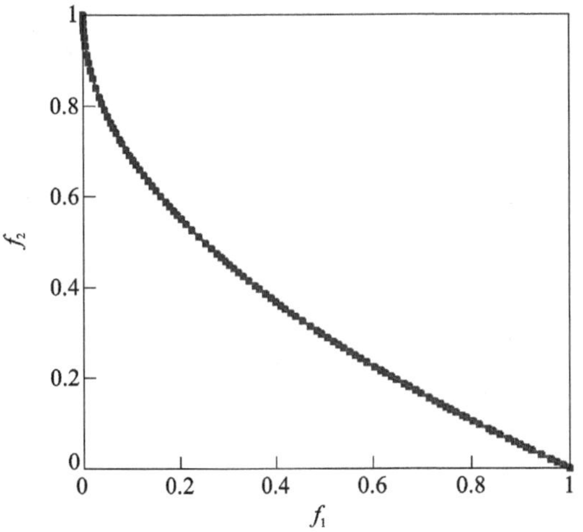

(e) ZDT4

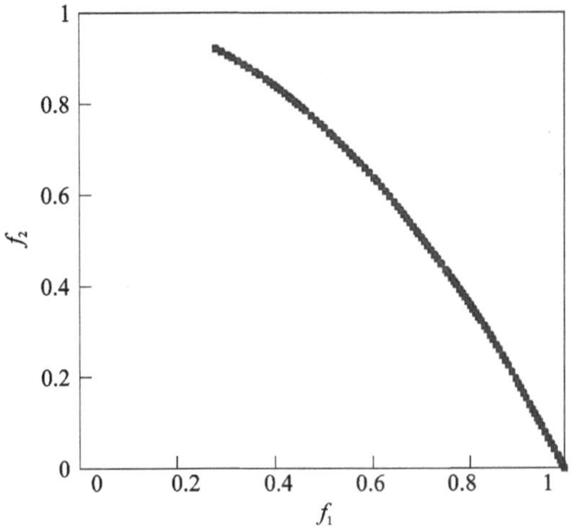

(f) ZDT6

图 4.22　MACA 算法对测试函数获得的非劣解集与真实 Pareto 前沿的对比(续)

4.5　量子优化算法

将量子信息、量子计算机制引入到已有的群智能优化算法中，或者将进化算法与量子算法相融合，或者在经典优化算法中加入量子机制、被"量子化"后而形成量子优化算法，在很大程度上加速并提升了算法的优化性能，使其具有不同于传统优化算法的许多优点。尤其是在群智能优化算法中，通过引入量子机制，用量子比特的概率幅构造寻优个体，用量子旋转门更新个体的量子态，用量子非门完成个体的变异，进而实现与群智能优化算法截然不同的量子搜索机制。这种搜索机制能够增强对解空间的遍历性，增强种群的多样性，从而增大获得全局最优解的概率。因此，量子优化已成为国内外信息科学和计算机科学等领域的研究热点。著者对量子计算进行了研究，并针对求解多目标优化问题的特殊性，提出了量子粒子群多目标优化算法(Multi-objective Quantum Particle Swarm Optimization，MQPSO)。

4.5.1　量子计算

在现实世界中，通常用一种物质的运动状态或存在状态来表征信息。例如，传统的计算机采用经典比特 0 和 1 表示信息，它们分别对应半导体管的开和关两种状态。在经典物理学中，宏观物体的运动服从确定性规律，且物理量具有确定的值。微观世界中的分子、原子和电子等微观粒子统称为量子，量子的运动服从统计规律。量子的状态属性包括量子态的叠加、纠缠、不可克隆，量子的波粒二象性以及测量导致的量子态坍缩等。量子信息是指利用量子的某一状态来表示的信息。信息一旦量子化，描述原子水平上的物质结构及其属性的量子力学特性便成为描述量子信息行为的基础。

量子力学在原子层面上揭示了物质内部原子及其组成的基本粒子的结构和性质。将量子力学与信息科学交叉、融合，开创了量子计算与量子算法的先河。以量子算法为代表的量子计算由于具有高并行性、指数级存储容量以及对经典的启发式算法的指数加速作用，其在计算复杂度、收敛速度等方面明显超过了常规算法。Grover 量子搜索算法和 Shor 大数质因子分解算法是量子算法的经典代表。值得指出的是，量子计算需要在量子计算机上才能实现真正意义上的并行运算，而量子计算机尚处于研制的初级阶段。尽管目前不能在普通计算机上检验算法的性能，但研究量子算法仍然有重要的理论意义和应用前景。

1. 量子比特

在经典计算中，通常采用 0 和 1 二进制数表示信息，称其为比特(bit)。在量子计算中，量子态可以用希尔伯特空间中的矢量来描述，标记符号为狄拉克(Dirac)记号"$|\rangle$"，微观粒子的两种基本状态采用$|0\rangle$和$|1\rangle$表示，称其为量子比特(Quantum Bit)，单量子比特的任意状态都可以表示为$|0\rangle$和$|1\rangle$这两个基本状态的线性组合。量子比特与比特的区别在于，量子比特的状态除了$|0\rangle$和$|1\rangle$之外，还可以是状态的线性组合，通常称其为叠加态(Superposition)，即

$$|\varphi\rangle=\alpha|0\rangle+\beta|1\rangle \tag{4.58}$$

式中，α 和β 是一对复数，称为量子态的概率幅，即量子态$|\varphi\rangle$因测量导致其或以$|\alpha|^2$ 的概率坍缩(Collapsing)到$|0\rangle$，或以$|\beta|^2$ 的概率坍缩到$|1\rangle$，且满足

$$|\alpha|^2+|\beta|^2=1 \tag{4.59}$$

因此，量子态也可以由概率幅表示为$|\varphi\rangle=[\alpha,\beta]^{\mathrm{T}}$。显然，在式(4.58)中，当 $\alpha=1,\beta=0$ 时，$|\varphi\rangle$即为基本状态$|0\rangle$，此时可表示为$[1,0]^{\mathrm{T}}$；相反，当 $\alpha=0,\beta=1$ 时，$|\varphi\rangle$即为基本状态$|1\rangle$，此时可表示为$[0,1]^{\mathrm{T}}$。一般而言，量子态是二维复向量空间中的单位向量。

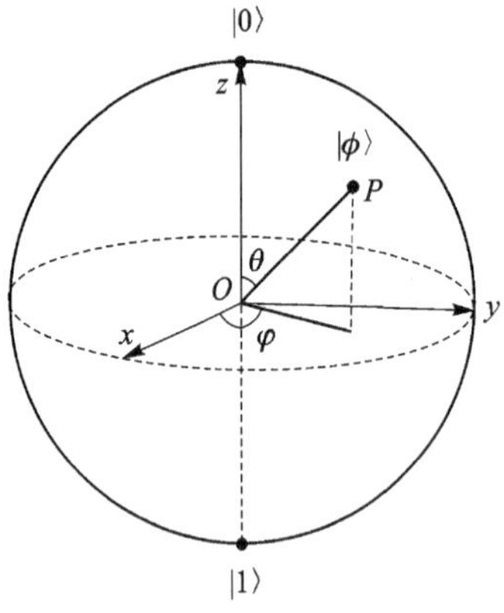

图 4.23 量子比特的 Bloch 球面表示

根据式(4.59)，可以将式(4.58)改写为

$$|\varphi\rangle=\cos\frac{\theta}{2}|0\rangle+\mathrm{e}^{\mathrm{i}\varphi}\sin\frac{\theta}{2}|1\rangle \tag{4.60}$$

式中，$\cos\frac{\theta}{2}$和 $\mathrm{e}^{\mathrm{i}\varphi}\sin\frac{\theta}{2}$是复数，$\left|\cos\frac{\theta}{2}\right|^2$ 和 $\left|\mathrm{e}^{\mathrm{i}\varphi}\sin\frac{\theta}{2}\right|^2$ 分别表示量子态处于$|0\rangle$和$|1\rangle$的概率，且满足归一条件

$$\left|\cos\frac{\theta}{2}\right|^2+\left|\mathrm{e}^{\mathrm{i}\varphi}\sin\frac{\theta}{2}\right|^2=1 \tag{4.61}$$

此时，量子态可借助于图 4.23 所示的 Bloch 球面直观表示，其中 θ 和 φ 定义了该球面上的一点 P。

2. 量子逻辑门

在量子计算中，通过对量子态进行一系列的酉变换来实现某些逻辑变换功能。在一定时间间隔内实现逻辑变换的量子装置称为量子门。量子门是在物理上实现量子计算的基础。单比特量子门可以由 2×2 阶矩阵给出。对于用作量子门的矩阵 $\boldsymbol{U}$，唯一要求是其具有酉性，即 $\boldsymbol{U}^{+}\boldsymbol{U}=\boldsymbol{I}$，其中 $\boldsymbol{U}^{+}$ 是 $\boldsymbol{U}$ 的共轭转置，$\boldsymbol{I}$ 为单位阵。

量子旋转门是比较常用的一种单比特量子门，其矩阵可表示为

$$\boldsymbol{R}=\begin{bmatrix}\cos\theta & -\sin\theta\\ \sin\theta & \cos\theta\end{bmatrix} \tag{4.62}$$

酉矩阵 $\boldsymbol{R}$ 对输入量子比特的作用过程可以描述为

$$|\varphi'\rangle = \boldsymbol{R}\,|\varphi\rangle = \begin{bmatrix}\cos\theta & -\sin\theta \\ \sin\theta & \cos\theta\end{bmatrix}\begin{bmatrix}\cos\varphi \\ \sin\varphi\end{bmatrix} = \begin{bmatrix}\cos(\varphi+\theta) \\ \sin(\varphi+\theta)\end{bmatrix} \tag{4.63}$$

由此可知，量子旋转门可以使单量子比特的相位旋转 θ 弧度。

量子非门常用于实现量子比特的变异，其作用过程可以描述为

$$|\varphi'\rangle = \boldsymbol{N}\,|\varphi\rangle = \begin{bmatrix}0 & 1 \\ 1 & 0\end{bmatrix}\begin{bmatrix}\cos\varphi \\ \sin\varphi\end{bmatrix} = \begin{bmatrix}\sin\varphi \\ \cos\varphi\end{bmatrix} \tag{4.64}$$

4.5.2　量子粒子群多目标优化算法

1. 粒子编码及解空间变换

在 MQPSO 中，粒子中每个维度的位置均采用量子比特的方式表示，称为量子位。对于 D 维空间优化问题，粒子位置的编码方式可通过量子位的概率幅表示为

$$\boldsymbol{Q}_i = \begin{bmatrix}\cos(\theta_{i1}),\cos(\theta_{i2}),\cdots,\cos(\theta_{iD}) \\ \sin(\theta_{i1}),\sin(\theta_{i2}),\cdots,\sin(\theta_{iD})\end{bmatrix} \tag{4.65}$$

式中，$\theta_{ij}=\pi\times\text{rand}$，rand 为[−1,1]之间的随机数，$i=1,2,\cdots,N$，$N$ 为种群规模；$j=1,2,\cdots,D$，D 为空间维度。可见，种群中的每个粒子都有两个位置，分别对应量子态 $|0\rangle$ 和 $|1\rangle$ 的概率幅为

$$\boldsymbol{Q}_{ic} = [\cos(\theta_{i1}),\cos(\theta_{i2}),\cdots,\cos(\theta_{iD})] \tag{4.66}$$

$$\boldsymbol{Q}_{is} = [\sin(\theta_{i1}),\sin(\theta_{i2}),\cdots,\sin(\theta_{iD})] \tag{4.67}$$

式中，$\boldsymbol{Q}_{ic}$ 称为余弦位置，$\boldsymbol{Q}_{is}$ 称为正弦位置。

量子比特的每个概率幅对应解空间的一个设计变量。由式(4.66)和式(4.67)可知，在设计变量的每个维度上，粒子的遍历区间均为[−1,1]。因此，为求解优化问题，需要进行解空间的变换，将每个粒子占据的余弦位置和正弦位置由单位空间映射到优化问题的解空间。记粒子 $\boldsymbol{Q}_i$ 的第 k 个量子位为 $[\cos(\theta_{ik}),\sin(\theta_{ik})]^{\mathrm{T}}$，相应的解空间设计变量为

$$X_{ic} = X_{\min i} + \frac{1}{2}[1+\cos(\theta_{ik})](X_{\max i} - X_{\min i}) \tag{4.68}$$

$$X_{is} = X_{\min i} + \frac{1}{2}[1+\sin(\theta_{ik})](X_{\max i} - X_{\min i}) \tag{4.69}$$

由此可知，每个粒子的余弦位置和正弦位置对应优化问题的两个解：X_{ic} 对应于量子态 $|0\rangle$ 的概率幅，X_{is} 对应于量子态 $|1\rangle$ 的概率幅，其中 $i=1,2,\cdots,N$，$j=1,2,\cdots,D$。

2. 粒子状态更新

不同于标准 PSO 算法，在 MQPSO 中，粒子的移动主要通过量子旋转门实现：粒子的速度更新转换为量子旋转门的转角更新，粒子的位置更新则转换为量子位概率幅的更新。不失一般性，设粒子 $\boldsymbol{Q}_i$ 的当前个体最优位置和全局最优位置均为余弦位置，即

$$\boldsymbol{P}_i = [\cos(\theta_{Pi1}),\cos(\theta_{Pi2}),\cdots,\cos(\theta_{PiD})] \tag{4.70}$$

$$\boldsymbol{G} = [\cos(\theta_{G1}),\cos(\theta_{G2}),\cdots,\cos(\theta_{GD})] \tag{4.71}$$

这时，粒子状态更新规则可以描述如下。

(1) 粒子 Q_i 的量子位辐角增量的更新

$$\Delta\theta_{ij}^{t+1}=w\Delta\theta_{ij}^{t}+c_1r_1\Delta\theta_P^t+c_2r_2\Delta\theta_G^t \tag{4.72}$$

式中

$$\Delta\theta_P^t=\begin{cases}\dfrac{\pi}{2}+\theta_{Pij}-\theta_{ij}, & \theta_{Pij}-\theta_{ij}<-\pi\\ \theta_{Pij}-\theta_{ij}, & -\pi\leqslant\theta_{Pij}-\theta_{ij}\leqslant\pi\\ \theta_{Pij}-\theta_{ij}-\dfrac{\pi}{2}, & \theta_{Pij}-\theta_{ij}>\pi\end{cases} \tag{4.73}$$

$$\Delta\theta_G^t=\begin{cases}\dfrac{\pi}{2}+\theta_{Gij}-\theta_{ij}, & \theta_{Gij}-\theta_{ij}<-\pi\\ \theta_{Gij}-\theta_{ij}, & -\pi\leqslant\theta_{Gij}-\theta_{ij}\leqslant\pi\\ \theta_{Gij}-\theta_{ij}-\dfrac{\pi}{2}, & \theta_{Gij}-\theta_{ij}>\pi\end{cases} \tag{4.74}$$

(2) 基于量子旋转门的量子位概率幅更新

$$\begin{bmatrix}\cos(\theta_{ij}^{t+1})\\ \sin(\theta_{ij}^{t+1})\end{bmatrix}=\begin{bmatrix}\cos(\Delta\theta_{ij}^{t+1}) & -\sin(\Delta\theta_{ij}^{t+1})\\ \sin(\Delta\theta_{ij}^{t+1}) & \cos(\Delta\theta_{ij}^{t+1})\end{bmatrix}\begin{bmatrix}\cos(\theta_{ij}^{t})\\ \sin(\theta_{ij}^{t})\end{bmatrix}=\begin{bmatrix}\cos(\theta_{ij}^{t})+\Delta\theta_{ij}^{t+1})\\ \sin(\theta_{ij}^{t})+\Delta\theta_{ij}^{t+1})\end{bmatrix} \tag{4.75}$$

式中，$i=1,2,\cdots,N;j=1,2,\cdots,D$。

粒子 Q_i 更新后的余弦位置和正弦位置分别为

$$Q_{ic}^{t+1}=[\cos(\theta_{i1}+\Delta\theta_{i1}^{t+1}),\cos(\theta_{i2}+\Delta\theta_{i2}^{t+1}),\cdots,\cos(\theta_{iD}+\Delta\theta_{iD}^{t+1})] \tag{4.76}$$

$$Q_{is}^{t+1}=[\sin(\theta_{i1}+\Delta\theta_{i1}^{t+1}),\sin(\theta_{i2}+\Delta\theta_{i2}^{t+1}),\cdots,\sin(\theta_{iD}+\Delta\theta_{iD}^{t+1})] \tag{4.77}$$

由此可见，量子旋转门通过改变描述粒子位置的量子位幅角，能够实现两个位置的同时移动。因此，在群体规模不变的情况下，量子旋转门操作减少了计算量，有利于提高算法的优化效率。

3. 多目标处理

MOP 的解具有多样性，且对于非劣解而言并没有优劣之分。因此，在 MQPSO 中，对于粒子 Q_i 不存在某一个确定的全局最优解，每个非劣解都可以作为当前的全局最优解。同时，考虑到在求解多目标优化问题的前期搜索阶段，粒子群应该在解空间大范围进行搜索，以满足散布性要求；而在后期阶段，粒子群则应该对非劣解集内的解进行局部搜索，以满足均匀性要求。为此，采用了依概率选择全局最优解的策略。

使用外部集合 Z 保存到目前为止找到的非劣解。这些非劣解将随着搜索过程的进行而逐步靠近优化问题的 Pareto 前沿。在 MQPSO 中，令全局最优解都来源于外部集合 Z。如前所述，根据迭代过程，在前期阶段，MQPSO 将以较大概率随机选择外部集合 Z 中的非劣解 $Z_1=[\cos(\theta_{Z11}),\cos(\theta_{Z12}),\cdots,\cos(\theta_{Z1D})]$作为当前的全局最优解，这时有

$$\Delta\theta_{ij}^{t+1}=w\Delta\theta_{ij}^{t}+c_1r_1\Delta\theta_P^t+c_2r_2\Delta\theta_{Z1}^t \tag{4.78}$$

式中

$$\Delta\theta_{Z1}^t=\begin{cases}\dfrac{\pi}{2}+\theta_{Z1j}-\theta_{ij}, & \theta_{Z1j}-\theta_{ij}<-\pi\\ \theta_{Z1j}-\theta_{ij}, & -\pi\leqslant\theta_{Z1j}-\theta_{ij}\leqslant\pi\\ \theta_{Z1j}-\theta_{ij}-\dfrac{\pi}{2}, & \theta_{Z1j}-\theta_{ij}>\pi\end{cases} \tag{4.79}$$

在后期阶段，则以较大概率选择外部集合 Z 中散布最为稀疏的非劣解 $Z_2=[\cos(\theta_{Z21}), \cos(\theta_{Z22}),\cdots,\cos(\theta_{Z2D})]$ 作为当前的全局最优解，这时

$$\Delta\theta_{ij}^{t+1}=w\Delta\theta_{ij}^{t}+c_1r_1\Delta\theta_P^t+c_2r_2\Delta\theta_{Z2}^t \tag{4.80}$$

式中

$$\Delta\theta_{Z2}^t=\begin{cases}\dfrac{\pi}{2}+\theta_{Z2j}-\theta_{ij}, & \theta_{Z2j}-\theta_{ij}<-\pi\\ \theta_{Z2j}-\theta_{ij}, & -\pi\leqslant\theta_{Z2j}-\theta_{ij}\leqslant\pi\\ \theta_{Z2j}-\theta_{ij}-\dfrac{\pi}{2}, & \theta_{Z2j}-\theta_{ij}>\pi\end{cases} \tag{4.81}$$

选择概率 pc 的变化公式为

$$\mathrm{pc}=0.1+0.8\,\frac{t_{\max}-t}{t_{\max}} \tag{4.82}$$

式中，$t_{\max}$ 为最大迭代次数，t 为当前迭代次数。

4. 变异算子

在标准 PSO 算法中，随着粒子速度的减小，搜索能力也将逐渐降低。与此类似，在 MQPSO 算法中，随着量子位辐角增量的减少，粒子的移动将会受到影响，种群的多样性也会相应地消失。为了改善这种情况，根据量子位辐角增量减少程度的不同，在 MQPSO 算法中采用了两种变异算子，以保证种群的多样性，增强局部搜索能力。

第一种变异算子通过量子非门实现变异操作，其过程可以描述为

$$\begin{bmatrix}0 & 1\\ 1 & 0\end{bmatrix}\begin{bmatrix}\cos(\theta_{ij})\\ \sin(\theta_{ij})\end{bmatrix}=\begin{bmatrix}\sin(\theta_{ij})\\ \cos(\theta_{ij})\end{bmatrix}=\begin{bmatrix}\cos\left(\dfrac{\pi}{2}-\theta_{ij}\right)\\ \sin\left(\dfrac{\pi}{2}-\theta_{ij}\right)\end{bmatrix} \tag{4.83}$$

式中，$i=1,2,\cdots,N;j=1,2,\cdots,D$。

由式(4.83)可知，该变异算子对于粒子 $\boldsymbol{Q}_i$ 用量子非门对换了两个概率幅，而粒子的个体最优位置和转角向量仍保持不变。

第二种变异算子通过对随机选择互不相同的 Z_l、Z_m、$Z_n\in Z$ 的量子位辐角进行差分变异，其过程可以描述为

$$\theta_i^{t+1}=\theta_{Z_l}^t+c(\theta_{Z_m}^t-\theta_{Z_n}^t) \tag{4.84}$$

式中，$i=1,2,\cdots,N$；c 为变异系数。

由式(4.84)可知，该变异算子通过对外部集合 Z 中三个非劣解之间的简单数学运算实现了对当前非劣解 Z 的局部搜索。

综前所述，给出量子粒子群多目标优化算法的具体步骤如下：

① 采用量子编码初始化粒子群；

② 计算每个粒子的目标函数适应值，若粒子当前的位置优于个体最优值，则用当前位置进行替换，并更新外部非劣解集合 Z；

③ 根据式(4.72)和式(4.75)更新粒子的状态；

④ 对每个粒子根据式(4.83)或式(4.84)进行变异操作；

⑤ 若满足停止要求，则终止；否则，转至步骤②。

5. 算法测试与结果分析

为了验证 MQPSO 算法能否收敛到多目标优化问题的真实 Pareto 前沿，使用了 6 个典型的基准测试函数进行测评。所采用的 6 个测试函数均为两目标优化问题，其中 ZDT1、ZDT3 属于凸问题，KUR、ZDT2、ZDT4、ZDT6 属于非凸问题；KUR、ZDT3 的 Pareto 前沿分布不连续，ZDT6 的 Pareto 前沿不均匀。

对于上述 6 个测试函数，分别采用 NSGA－II、SPEA、PESA 和 MQPSO 算法进行优化对比。4 种算法的最大函数评价次数均设为 25 000，外部集合 Z 的最大容量均为 100。MQPSO 算法的参数设置如下：种群规模 $N=50$，惯性权重 $w=0.4$，加速因子 $c_1=c_2=2.0$。

表 4.11 列出了 4 种多目标优化算法的性能结果比较，其指标包括逼近性指标 γ 以及分布性指标 Δ 的平均值(Mean)和标准差(St. Dev.)。

表 4.11　NSGA－II、SPEA、PESA 和 MQPSO 算法对测试函数的结果比较

函　数	算　法	γ		Δ	
		Mean	St. Dev.	Mean	St. Dev.
KUR	NSGA－II	2.90×10^{-2}	1.80×10^{-5}	4.11×10^{-1}	9.92×10^{-4}
	SPEA	4.56×10^{-2}	5.0×10^{-5}	8.53×10^{-1}	2.62×10^{-3}
	PESA	5.73×10^{-2}	1.20×10^{-2}	1.08	1.38×10^{-2}
	MQPSO	1.35×10^{-2}	5.79×10^{-2}	3.66×10^{-1}	5.99×10^{-1}
ZDT1	NSGA－II	3.35×10^{-2}	4.75×10^{-3}	3.90×10^{-1}	1.88×10^{-3}
	SPEA	1.80×10^{-3}	1.0×10^{-6}	7.85×10^{-1}	4.44×10^{-3}
	PESA	8.21×10^{-2}	8.68×10^{-3}	1.23	4.84×10^{-3}
	MQPSO	1.24×10^{-3}	1.51×10^{-4}	1.48×10^{-1}	1.20×10^{-2}
ZDT2	NSGA－II	7.24×10^{-2}	3.17×10^{-2}	4.31×10^{-1}	4.72×10^{-3}
	SPEA	1.34×10^{-3}	0	7.55×10^{-1}	4.52×10^{-3}
	PESA	1.26×10^{-1}	3.69×10^{-2}	1.17	4.84×10^{-3}
	MQPSO	9.04×10^{-4}	1.79×10^{-4}	1.49×10^{-1}	1.08×10^{-2}
ZDT3	NSGA－II	1.15×10^{-1}	7.94×10^{-3}	7.39×10^{-1}	1.97×10^{-2}
	SPEA	4.75×10^{-2}	4.7×10^{-5}	6.73×10^{-1}	3.59×10^{-3}
	PESA	2.39×10^{-2}	1.0×10^{-5}	7.90×10^{-1}	1.65×10^{-3}
	MQPSO	4.79×10^{-3}	4.94×10^{-4}	4.19×10^{-1}	6.14×10^{-3}
ZDT4	NSGA－II	5.13×10^{-1}	1.18×10^{-1}	7.02×10^{-1}	6.46×10^{-2}
	SPEA	7.34	6.57	7.98×10^{-1}	1.46×10^{-2}
	PESA	8.55×10^{-1}	5.27×10^{-1}	8.70×10^{-1}	1.01×10^{-1}
	MQPSO	2.68×10^{-3}	1.81×10^{-4}	1.51×10^{-1}	1.26×10^{-2}
ZDT6	NSGA－II	2.97×10^{-1}	1.31×10^{-2}	6.68×10^{-1}	9.92×10^{-3}
	SPEA	2.21×10^{-1}	4.49×10^{-4}	8.49×10^{-1}	2.71×10^{-3}
	PESA	8.55×10^{-1}	5.27×10^{-1}	1.15	3.92×10^{-3}
	MQPSO	1.38×10^{-3}	1.86×10^{-4}	1.37×10^{-1}	3.52×10^{-2}

由表 4.11 可知，对于两种评价指标的逼近性指标 γ 和分布性指标 Δ，MQPSO 算法的平均值均小于其他三种算法。测试结果表明，MQPSO 算法具有优良的全局收敛性能，而且能获得具有良好分布性能的 Pareto 前沿。

图 4.24 列出了利用 MQPSO 算法求解 6 个测试函数所获得的非劣解集与真实 Pareto 前沿的结果对比，其中实点表示 MQPSO 算法搜索得到的非劣解，实线表示测试函数的真实 Pareto 前沿。从图中可知，MQPSO 算法所得非劣解集能较好地逼近真实 Pareto 前沿，其不仅具有良好的均匀性，而且散布范围广，能基本满足 MOP 的求解要求。

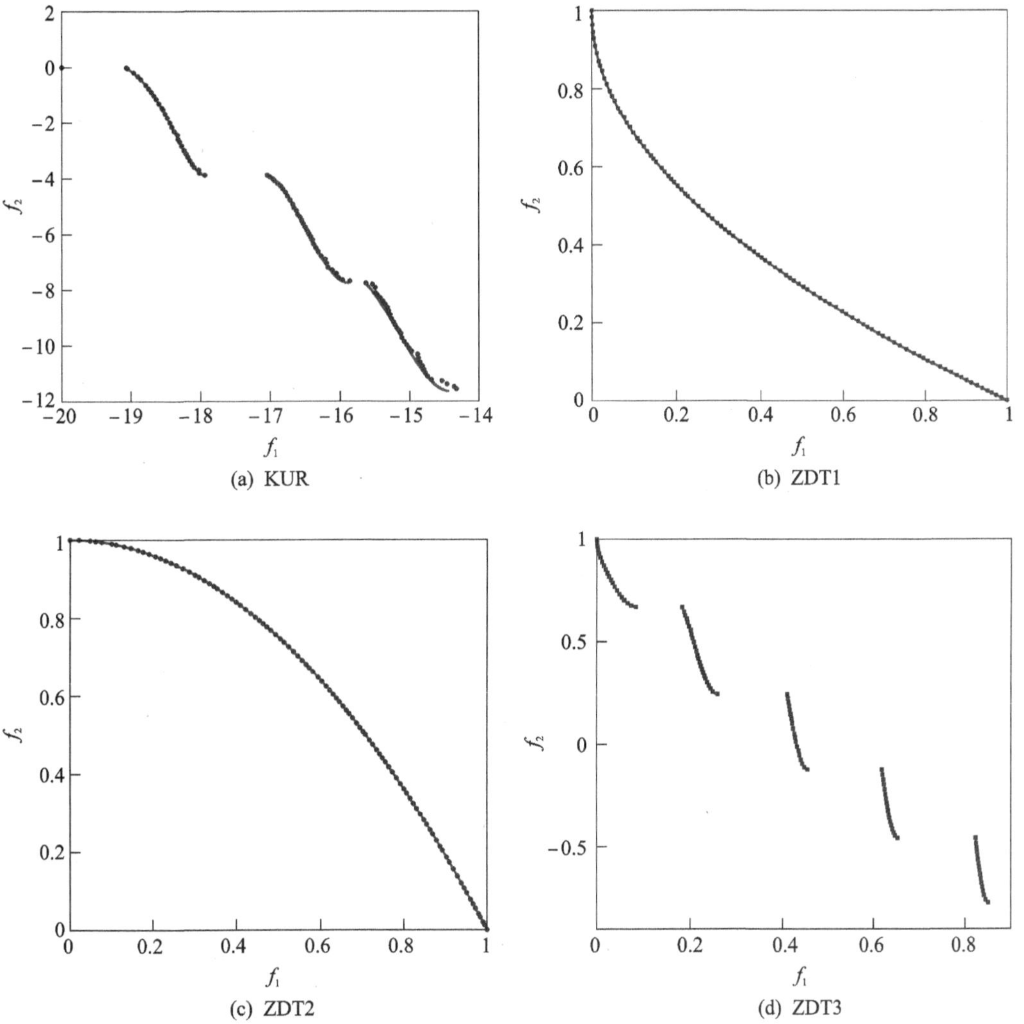

(a) KUR　(b) ZDT1　(c) ZDT2　(d) ZDT3

图 4.24　MQPSO 算法对测试函数获得的非劣解集与真实 Pareto 前沿的对比

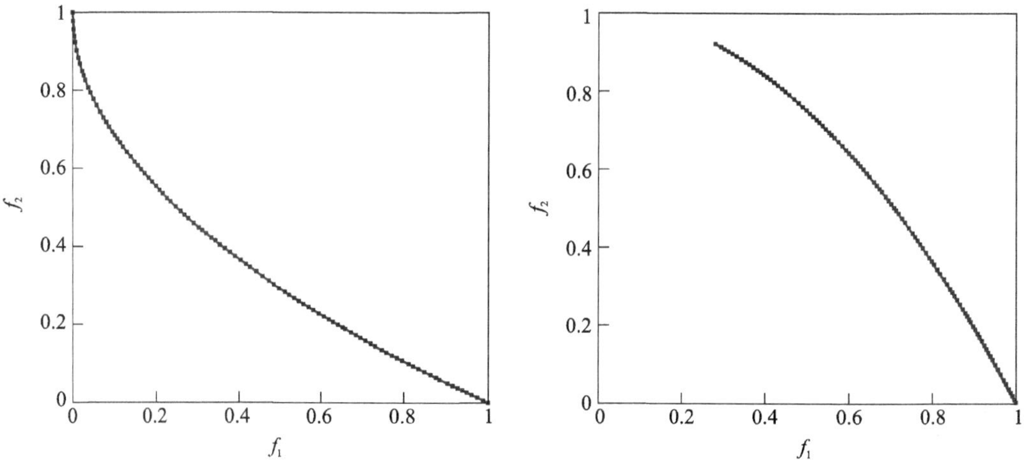

(e) ZDT4　　(f) ZDT6

图 4.24　MQPSO 算法对测试函数获得的非劣解集与真实 Pareto 前沿的对比(续)

第5章　优化设计相关技术

对于一个优化设计问题，在建立优化模型并根据问题的特点和设计需求选择优化算法之后，即可着手求解优化问题。如果优化问题不复杂，借助于计算机程序进行优化的迭代计算，即可获得一个优化设计结果。对于较复杂的优化问题，在优化计算过程中往往会遇到计算时间过长、多个优化目标的权衡以及多维优化设计结果的显示等问题。为提高优化计算的效率、获得更为理想的优化结果，本章介绍了在求解复杂优化问题时常用的多目标处理、高维多目标可视化、近似模型、计算机试验设计分析等优化设计相关技术。

5.1　梯度计算方法

在相当多的优化算法和优化问题的分析中都要用到梯度信息，但在工程实际问题中极少能够手工获得梯度值，优化问题一般都比较复杂，不能直接得到目标函数与设计变量之间的显式函数关系，需要通过适当的途径来计算梯度。梯度计算的常用方法包括有限差分法、自动微分法及符号微分法等，本节主要介绍有限差分法和自动微分法。

5.1.1　有限差分法

有限差分法利用泰勒展开式近似计算函数的偏导数。虽然是近似计算，但是通常也能够满足使用要求。

根据偏导数的定义：

$$\frac{\partial f}{\partial x_i}(\boldsymbol{X}^0)=\lim_{h\to 0}\frac{f(x_1^0,\cdots,x_i^0+h,\cdots,x_n^0)-f(x_1^0,\cdots,x_i^0,\cdots,x_n^0)}{h}$$

可得

$$\frac{\partial f}{\partial x_i}(\boldsymbol{X}^0)\approx\frac{f(x_1^0,\cdots,x_i^0+h,\cdots,x_n^0)-f(x_1^0,\cdots,x_i^0,\cdots,x_n^0)}{h}$$

有限差分有向前差分、向后差分、中心差分等格式，可以参考一般的差分算法。理查德外推算法是另一种数值微分算法，往往能得到更精确的结果：当求解某点 $\boldsymbol{X}^0$ 的梯度 G 时，通过比较 $\boldsymbol{X}^0$ 周边点的函数值，求出近似梯度，当取（$\boldsymbol{X}^0-h,\boldsymbol{X}^0+h$）（$h<\varepsilon$）内的点足够逼近 $\boldsymbol{X}^0$ 时，近似梯度可以作为 $\boldsymbol{X}^0$ 处的梯度。记 $\omega_i(h)=f(x_1^0,\cdots,x_i^0+h,\cdots,x_n^0)$，有

$$\frac{\partial f}{\partial x_i}(\boldsymbol{X}^0)\approx\frac{4}{3}\,\frac{\omega_i(h/2)-\omega_i(-h/2)}{h}-\frac{1}{6}\,\frac{\omega_i(h)-\omega_i(-h)}{h}$$

梯度步长选择太大或太小均可使计算结果有较大误差，取 $h=1\times10^{-6}\sim10^{-3}$ 一般能得到较为满意的结果。

5.1.2　自动微分法

自动微分法的基本原理是：无论函数有多复杂，其形式如何，是否含有子程序，每个函数

均可写为一系列基本的元函数，比如加减乘除与 sin 等的组合，若对这些基本的元函数求偏导数并用链式求导法则对偏导数按规律进行累计，就可以计算出与计算机精度相当的求导结果。

考虑标量函数 $y=f(\boldsymbol{x})$，$f:\mathbf{R}^n\rightarrow\mathbf{R}$，有如下关系：

for $i=n+1$ to $n+p$

　　$x_i=f_i(x_j),\quad j\in J_i$

end

$y=x_{n+p}$

其中，$J_i\subset\{1,2,\cdots,i-1\}$，$\forall i=n+1,n+2,\cdots,n+p$。

上述循环表明了将元函数表示成若干基本元函数的组合过程：对于包含 n 个独立变量 $x_1,x_2,\cdots,x_n$ 的函数 $y=f(\boldsymbol{x})$，设置 p 个中间变量 $x_{n+1},x_{n+2},\cdots,x_{n+p}$，并将其表示为基本元函数 $f_{n+1},f_{n+2},\cdots,f_{n+p}$，则最后一项 f_{n+p} 就是原函数 $y=f(\boldsymbol{x})$。

以函数

$$y=[x_1x_2+\sin x_1+4](3x_2^2+6) \tag{5.1}$$

为例，其独立变量为 x_1、x_2，设置中间变量 $\{x_3,x_4,\cdots,x_{10}\}$，并将其表示为相应元函数 $\{f_3,f_4,\cdots,f_{10}\}$，很明显可以将其按照运算次序拆分成以下代码表：

$$\left.\begin{aligned}
x_3&=f_3=x_1*x_2\\
x_4&=f_4=\sin x_1\\
x_5&=f_5=x_3+x_4\\
x_6&=f_6=x_5+4\\
x_7&=f_7=x_2**2\\
x_8&=f_8=3*x_7\\
x_9&=f_9=x_8+6
\end{aligned}\right\} \tag{5.2}$$

这时，因变量 $y=f_{10}=x_6*x_9$。再对每个元函数 $\{f_3,f_4,\cdots,f_{10}\}$ 求偏导数，并按照式(5.2)的链式关系，对求得的元偏导数进行累计：

$$\frac{\partial y}{\partial x_1}=\frac{\partial f_{10}}{\partial f_6}\frac{\partial f_6}{\partial f_5}\frac{\partial f_5}{\partial f_4}\frac{\partial f_4}{\partial f_1}+\frac{\partial f_{10}}{\partial f_6}\frac{\partial f_6}{\partial f_5}\frac{\partial f_5}{\partial f_3}\frac{\partial f_3}{\partial f_1}$$

$$\frac{\partial y}{\partial x_2}=\frac{\partial f_{10}}{\partial f_6}\frac{\partial f_6}{\partial f_5}\frac{\partial f_5}{\partial f_3}\frac{\partial f_3}{\partial f_2}+\frac{\partial f_{10}}{\partial f_9}\frac{\partial f_9}{\partial f_8}\frac{\partial f_8}{\partial f_7}\frac{\partial f_7}{\partial f_2}$$

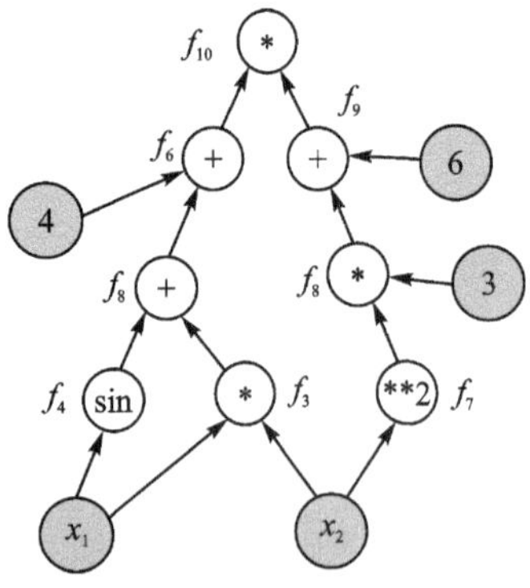

图 5.1　计算函数 y 的 Kantorovich 图

图 5.1 是计算函数 y 的 Kantorovich 图，根据图论的术语，其中圆圈代表结点，若有连线从结点 i 指向结点 j，则 i 是 j 的父结点，j 是 i 的子结点。

根据图 5.1 和链式关系可以精确得到最终的偏导数结果。通过上述分析可知，自动微分可以针对程序模块求导，而求取的是解析导数。自动微分对任意子程序的求导过程可以分为三步：

① 将该子程序分解为一系列的元函数；

② 对元函数求导；

③ 将元偏导数累加起来。

对于一个自动微分算法的程序而言，不论求导问题如何复杂，其分解出的元函数种类都是有限的，所以第②步的实现代码是固定的。第①步可以有多种实施方法，一般可分为操作符重载和预编译两类。第③步的累加方法有两种：前向模式和后向模式。不同问题使用不同的模式，或者可以混合使用这两种模式。

1. 前向模式

前向模式从代表独立变量的结点开始向上寻找原函数的导数，是一个从父结点向子结点计算的过程。众所周知，如果 y 是 $f, f\in\mathbf{R}^p$ 的函数，而 F 是 $\boldsymbol{x}, \boldsymbol{x}\in\mathbf{R}^n$ 的函数，则 y 关于 $\boldsymbol{x}$ 的导数可写为

$$\nabla_x y(f(\boldsymbol{x}))=\sum_{i=1}^{p}\frac{\partial y}{\partial f_i}\nabla f_i(\boldsymbol{x})$$

利用该规则，通过迭代可以求得原函数的偏导数。其计算机实现过程如下：

FORWARD $(y, \nabla y, x)$

for $i=1$ to n

　　$\nabla x_i = e_i$

end

for $i=n+1$ to $n+p$

　　$x_i=f_i(x_j)_{j\in J_i}$

　　$\nabla x_i = \sum_{j\in J_i}\frac{\partial f_i}{\partial x_j}\nabla x_j$

end

$y=x_{n+p}$

$\nabla y=\nabla x_{n+p}$

其中，J_i 代表以 x_j 为自变量的元函数的下标集合，即 x_j 的所有父结点号。前向模式算法是一个正向累计过程，对于 p 个中间变量链式求偏导数的规则，正向(图 5.1 中自下而上)求其梯度，最终得到函数 y 的梯度。

对于式(5.1)的例子，采用前向模式对偏导数的计算过程如下：

$$\nabla x_1=e_1,\quad \nabla x_2=e_2$$

$$x_3=f_3=x_1*x_2,\quad \frac{\partial f_3}{\partial x_1}=x_2,\quad \frac{\partial f_3}{\partial x_2}=x_1$$

$$x_4=f_4=\sin x_1,\quad \frac{\partial f_4}{\partial x_1}=\cos x_1,\quad \frac{\partial f_4}{\partial x_2}=0$$

$$x_5=f_5=x_3+x_4$$

$$\frac{\partial f_5}{\partial f_4}=1,\quad \frac{\partial f_5}{\partial f_3}=1,\quad \frac{\partial f_5}{\partial x_1}=\frac{\partial f_5}{\partial f_4}\cdot\frac{\partial f_4}{\partial x_1}+\frac{\partial f_5}{\partial f_3}\cdot\frac{\partial f_3}{\partial x_1}=1\cdot\cos x_1+1\cdot x_2,\quad \frac{\partial f_5}{\partial x_2}=1\cdot x_1$$

$$x_6=f_6=x_5+4,\frac{\partial f_6}{\partial f_5}=1,\quad \frac{\partial f_6}{\partial x_1}=1\cdot(\cos x_1+x_2),\quad \frac{\partial f_6}{\partial x_2}=1\cdot x_1$$

$$\vdots$$

$$x_{10}=f_{10}=f_6\cdot f_9$$

$$\frac{\partial f_{10}}{\partial f_6}=f_9,\quad \frac{\partial f_{10}}{\partial f_9}=f_6,\quad \frac{\partial f_{10}}{\partial x_1}=\frac{\partial f_{10}}{\partial f_6}\cdot\frac{\partial f_6}{\partial x_1}=f_9(\cos x_1+x_2)$$

$$\frac{\partial f_{10}}{\partial x_2}=f_9\cdot x_1+f_6\cdot 6\cdot x_2$$

2. 后向模式

后向模式算法不像前向模式算法直接简单地把函数值和梯度值同时算出来，其可分为两步：首先是正向地计算出 p 个中间变量 $x_i=f_i(x_j)_{j\in J_i}$ 及其偏导数$\frac{\partial f_i}{\partial x_j}$，再反向地从第 $n+p$ 项至 $n+1$ 项累计中间变量的梯度 $\bar{x}_i=\bar{x}_i+\frac{\partial f_j}{\partial x_i}\bar{x}_j$，这里 $\bar{x}_j=\frac{\partial f}{\partial x_j}$。后向模式的计算机实现过程如下：

REVERSE(y,∇y,x)
for $i=n+1$ to $n+p$
  $x_i=f_i(x_j)_{j\in J_i}$
  $\bar{x}_i=0$
end
$y=x_{n+p}$
$\bar{x}_{n+p}=1$
for $i=1$ to n
  $\bar{x}_i=0$
end
for $i=n+p$ down to $n+1$
  $\bar{x}_i=\bar{x}_i+\frac{\partial f}{\partial x_j}\frac{\partial x_j}{\partial x_i},\forall J\in J_i$
end
for $i=1$ to n
  $\nabla y=\bar{x}_i$
end

对于式(5.1)的例子，采用后向模式对偏导数的计算过程如下：

首先算出 $f_3,f_4,\cdots,f_{10}$ 的值以及直接相连的两结点的偏导数

$$\frac{\partial f_3}{\partial x_1},\frac{\partial f_3}{\partial x_2},\frac{\partial f_4}{\partial x_1},\frac{\partial f_5}{\partial x_4},\cdots,\frac{\partial f_{10}}{\partial x_9}$$

然后从子结点向父结点计算中间变量的偏导数(除最后一个子结点偏导数初值置为 1 外，其余结点偏导数初值均置为 0)。

$$\bar{x}_{10}=\frac{\partial f}{\partial x_{10}}=1$$

$$\bar{x}_9=\bar{x}_9+\frac{\partial f}{\partial x_{10}}\frac{\partial x_{10}}{\partial x_9}=\frac{\partial f_{10}}{\partial f_9}$$

$$\bar{x}_6=\bar{x}_6+\frac{\partial f}{\partial x_{10}}\frac{\partial x_{10}}{\partial x_6}=\frac{\partial f_{10}}{\partial f_6}$$

$$\bar{x}_5 = \bar{x}_5 + \frac{\partial f}{\partial x_6}\frac{\partial x_6}{\partial x_5} = \frac{\partial f_{10}}{\partial f_6}\frac{\partial f_6}{\partial f_5}$$

照此计算出 $\bar{x}_4$、$\bar{x}_3$、$\bar{x}_8$、$\bar{x}_7$，然后

$$\bar{x}_1 = \bar{x}_1 + \frac{\partial f}{\partial x_4}\frac{\partial x_4}{\partial x_1} = \bar{x}_4\frac{\partial f_4}{\partial x_1}$$

$$\bar{x}_1 = \bar{x}_1 + \frac{\partial f}{\partial x_3}\frac{\partial x_3}{\partial x_1} = \bar{x}_1 + \bar{x}_3\frac{\partial f_3}{\partial x_1}$$

$$\bar{x}_2 = \bar{x}_2 + \frac{\partial f}{\partial x_7}\frac{\partial x_7}{\partial x_2} = \bar{x}_7\frac{\partial f_7}{\partial x_2}$$

$$\bar{x}_2 = \bar{x}_2 + \frac{\partial f}{\partial x_3}\frac{\partial x_3}{\partial x_2} = \bar{x}_2 + \bar{x}_3\frac{\partial f_3}{\partial x_2}$$

最终求出的 $\bar{x}_1$ 即为$\frac{\partial y}{\partial x_1}$，$\bar{x}_2$ 即为$\frac{\partial y}{\partial x_2}$。在利用后向模式计算时应注意结点 i 的值要在其子结点值全算出后才能算出，并且将所有子结点的值累计起来，例如结点 1 的 $\bar{x}_1$ 要累计结点 3 和结点 4 的值。

比较两种模式的梯度运算规则可以看出，后向模式不像前向模式那样需要重复累计计算梯度，其计算梯度∇y 和函数 y 的计算量的比率与独立变量的个数 n 无关，无论问题的规模（即 n 值）有多大，其计算导数的时间均不超过计算原函数时间的 3 倍，而前向模式算法计算导数的时间均不超过计算原函数时间的 $3n$ 倍。后向模式之所以有这样的优点，是因为它在计算时存储了大量中间结果，避免了大量重复计算，这样后向模式算法所需存储空间比前向模式算法的多 $O(n+p)$。由于给计算机配置大的存储空间并不困难，所以通常采取后向模式这种以提高空间复杂度来降低时间复杂度的方法。对单值函数的求导，一般采用后向模式算法；而对多值函数的求导，当原多值函数的函数维数（即函数值的个数）m 大于自变量维数 n 时，采用前向模式算法比较好，反之采用后向模式算法比较好。

5.2　多目标优化方法

多目标优化模型的一般形式为

$$\left.\begin{array}{l}
\min\ f_1(x_1,x_2,\cdots,x_n) \\
\vdots \\
\min\ f_r(x_1,x_2,\cdots,x_n) \\
\max\ f_{r+1}(x_1,x_2,\cdots,x_n) \\
\vdots \\
\max\ f_m(x_1,x_2,\cdots,x_n) \\
\text{s.t.}\quad g_j(x_1,x_2,\cdots,x_n) \geqslant 0,\quad j=1,2,\cdots,p \\
\qquad\quad h_k(x_1,x_2,\cdots,x_n) = 0,\quad k=1,2,\cdots,q
\end{array}\right\} \tag{5.3}$$

式中，$\boldsymbol{f}$ 为优化的目标函数，m 为优化目标的个数，$\boldsymbol{x}$ 为设计变量，n 为设计变量的个数，$\boldsymbol{g}$ 为不等式约束，p 为不等式约束的个数，$\boldsymbol{h}$ 为等式约束，q 为等式约束的个数。

通常为便于求解，将上述模型转化为多目标极小化模型：

$$\left.\begin{array}{l}\min\ f_1(x_1,x_2,\cdots,x_n)\\ \vdots\\ \min\ f_m(x_1,x_2,\cdots,x_n)\\ \text{s.t.}\quad g_j(x_1,x_2,\cdots,x_n)\geqslant 0,\quad j=1,2,\cdots,p\\ \qquad\ h_k(x_1,x_2,\cdots,x_n)=0,\quad k=1,2,\cdots,q\end{array}\right\}\tag{5.4}$$

在本节的多目标优化方法描述中，均以多目标极小化模型为例。

5.2.1 物理规划法

物理规划法是由 A. Messac 提出的一种多目标优化方法，该方法根据目标类型将目标分为软目标和硬目标，硬目标作为约束按常规方法处理，软目标有 1S、2S、3S 和 4S 这 4 种类型，按如下方法处理：

设计者首先根据自己的偏好对各个软目标的函数值确定出自己很满意、满意、可接受、不满意、很不满意以及不可行的区间；利用凸的样条函数将其映射成为类别函数（Class - Function），每一个目标函数的值均通过三次样条映射与一个类别函数的值 $\bar{g}_i$ 对应；将所有目标函数的类别函数值综合起来构成总的偏好函数作为优化目标，这样就将多目标问题转化成了单目标问题。物理规划中的类别函数将量纲和大小都不同的各个目标分别映射成为设计者的偏好，反映了设计者的满意程度，避免了一般多目标优化方法中对各个不同类型和量纲的目标之间重要性的比较和权衡，具有更明确的物理意义，使用起来更方便。

在物理规划中，设计者根据设计准则用 4 种不同的类别函数来表示设计的目标，每一种类别函数根据偏好的强烈程度可能有两种情形：软性（Soft）或硬性（Hard）。所有软类别函数构成最终的总目标函数。

每一种设计准则都可以用如下 8 种类别（4 种软的、4 种硬的）来描述。

(1) 软性的

1S 类：越小越好，如最小化；

2S 类：越大越好，如最大化；

3S 类：某值最好，如望目；

4S 类：某范围最好。

(2) 硬性的

1H 类：必须小于某值，如 $g_i\leqslant g_{i\max}$；

2H 类：必须大于某值，如 $g_i\geqslant g_{\min}$；

3H 类：必须等于某值，如 $g_i=g_{i\mathrm{val}}$；

4H 类：必须在某范围内，如 $g_{i\min}\leqslant g_i\leqslant g_{i\max}$。

对上述每一种类别都构造一个相应的类别函数，该类别函数反映了在一定设计准则下设计者的偏好。从数学上说，类别函数是设计偏好的映射函数，它具有以下性质：

对于所有的软性类别，类别函数应满足的条件为：(p1) 严格为正，(p2) 具有连续一阶导数，(p3) 二阶导数严格为正，(p4) 适用于任意给定的区域边界。

另外，对于 1S 类，类别函数还必须满足：

(p5) 一阶导数严格为正；

(p6)　$\lim\limits_{g_i \to -\infty} \bar{g}_i(g_i)=0$。

对于 2S 类,类别函数须满足:

(p7) 一阶导数严格为负;

(p8)　$\lim\limits_{g_i \to \infty} \bar{g}_i(g_i)=0$。

对于 3S 类,类别函数须满足:

(p9) 一阶导数有且只有一个零点;

(p10) $g_i=g_{i\text{val}}$ 时,$\dfrac{\partial \bar{g}_i}{\partial g_i}$。

高阶多项式不能作为类别函数,因为一般多项式不容易满足性质(p3),三次样条函数也不容易满足性质(p3)。为了使类别函数能够满足以上条件,A. Messac 构造了一种 n 次保凸的样条,样条由四部分组成:1 个常数项、1 个 1 次项、2 个 n 次项。1S～4S 类型的类别函数图形如图 5.2～图 5.5 所示。其中 1S 的类别函数是一个基本函数,2S 的类别函数可以看成是 1S 的函数关于纵轴的镜像,3S 和 4S 类型的类别函数可以看成是 1S 和 2S 类别函数的叠加。

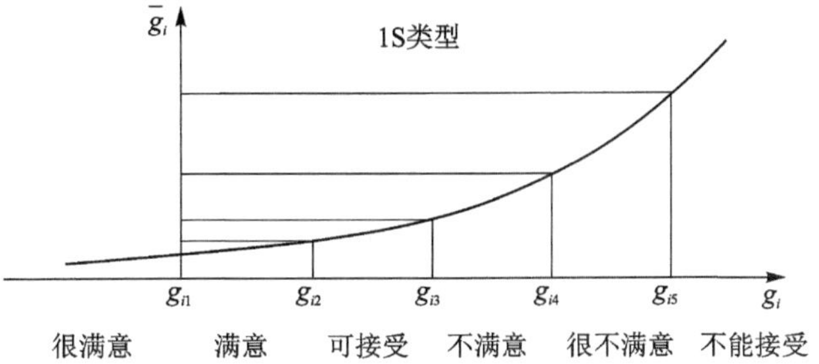

图 5.2　1S 类型的类别函数

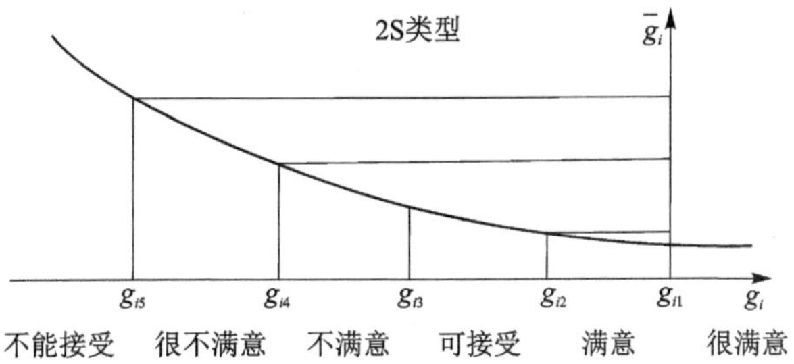

图 5.3　2S 类型的类别函数

1S 类型的类别函数由两段组成,区域 1(小于 g_{i1})用指数函数表示,区域 2、3、4、5、6(大于 g_{i1},对应于满意、可接受、不满意、很不满意和不能接受的区域)则用专门构造的凸样条函数表示。

计算中,定义如下符号:

$\bar{g}_i(g_{ik}) \equiv \bar{g}^k$,　$\forall i, 1 \leqslant i \leqslant 5$;

$\tilde{\bar{g}}^k \equiv \bar{g}_i(g_{i(k)}) - \bar{g}_i(g_{i(k-1)})$,　$2 \leqslant k \leqslant 5$;

$\tilde{\bar{g}}^1 \equiv \bar{g}_i(g_{i(1)})$。

假设已知 i 为某个软目标的下标,g_i 为第 i 个软目标的计算值,g_{ij} 为第 i 个软目标的区

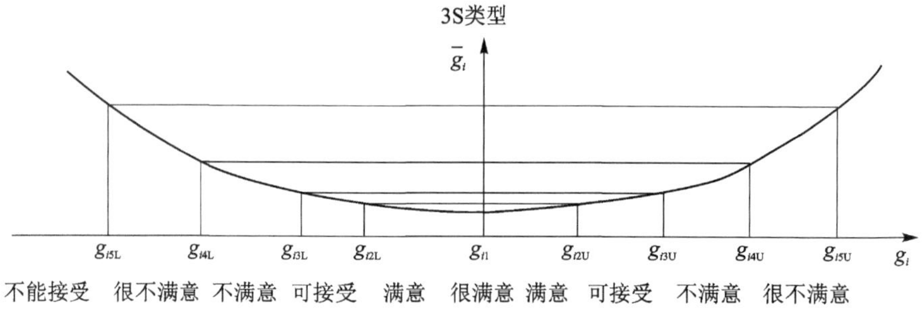

图 5.4　3S 类型的类别函数

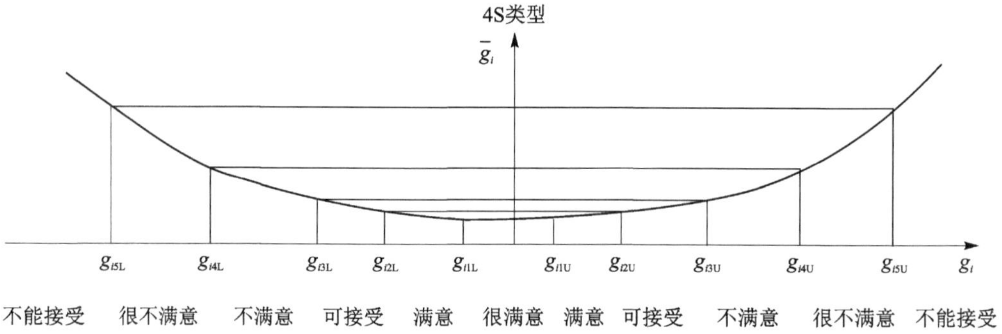

图 5.5　4S 类型的类别函数

域边界值，n_{sc} 为软目标的个数，物理规划中对于 1S 类型的目标计算其映射目标函数的过程如下：

① 给定 $\bar{g}^1=\tilde{\bar{g}}^1=0.1$；

② 对于 $k=2,3,4,5$，$\tilde{\bar{g}}^k=\beta n_{sc}\tilde{\bar{g}}^{k-1}$，可取 $\beta=5$；

③ 对于 $k=2,3,4,5$，$\bar{g}^k=\bar{g}^{(k-1)}+\tilde{\bar{g}}^k$；

④ 对于 $k=2,3,4,5$，$\lambda_i^k=g_{i(k)}-g_{i(k-1)}$；

⑤ 对于 $k=2,3,4,5$，$\tilde{s}_i^k=\tilde{\bar{g}}/\lambda_i^k$；

⑥ $s_{i1}=\alpha\tilde{s}_i^1$，$\alpha>0$；

⑦ 对于 $k=2,3,4,5$，$s_{ik}=(s_{ik})_{\min}+\alpha\Delta s_{ik}$，$(s_{ik})_{\min}=\dfrac{4\tilde{s}_i^k-s_i(k-1)}{3}$，$\Delta s_{ik}=\dfrac{8}{3}\{\tilde{s}_i^k-s_{i(k-1)}\}$；

⑧ 如果 $g_i\leqslant g_{i1}$，则 $\bar{g}_i=g_{i1}\exp\left[\dfrac{s_{i1}}{g_{i1}}(g_i-g_{i1})\right]$；否则，对于 $k=2,3,4,5$，有

$$\bar{g}_i^k=T_0(\xi_i^k)g_{i(k-1)}+T_1(\xi_i^k)g_{ik}+\overline{T}_0(\xi_i^k,\lambda_i^k)s_{i(k-1)}+\overline{T}_1(\xi_i^k,\lambda_i^k)s_{ik}$$

$$T_0(\xi)=\frac{1}{2}\xi^4-\frac{1}{2}(\xi-1)^4-2\xi+\frac{3}{2}$$

$$T_1(\xi)=-\frac{1}{2}\xi^4+\frac{1}{2}(\xi-1)^4+2\xi-\frac{1}{2}$$

$$\overline{T}_0(\xi,\lambda)=\lambda\left[\frac{1}{8}\xi^4-\frac{3}{8}(\xi-1)^4-\frac{1}{2}\xi+\frac{3}{8}\right]$$

$$\overline{T}_1(\xi,\lambda)=\lambda\left[\frac{3}{8}\xi^4-\frac{1}{8}(\xi-1)^4-\frac{1}{2}\xi+\frac{1}{8}\right]$$

$$\xi_i^k=\frac{g_i-g_{i(k-1)}}{g_{i(k)}-g_{i(k-1)}},\quad \lambda_i^k=g_{i(k)}-g_{i(k-1)}$$

在多目标优化过程中，对各个目标 g_i 通过类别函数映射为$\bar{g}_i$，总的目标函数 g 通过下式求得，即

$$g=\lg\left(\frac{1}{n_{sc}}\sum_{i=1}^{n_{sc}}\bar{g}_i\right)$$

2S 类型的软目标可以看作是 1S 类型的镜像，仍然用上述过程计算类别函数，但是映射函数的参数要有所变化；3S 类型的软目标在映射时可当成 1S 与 2S 类型的组合，选择不同的映射函数。

5.2.2　线性加权法

线性加权法的核心是将多个目标通过构造成一个评价函数而将多目标优化问题转化为单目标优化问题。

具体来说，设各优化目标 $f_i(\boldsymbol{x})$的重要程度为 $\omega_i(\omega_i>0)$，相对应的单目标最优值为 f_i^*，以线性加权方式构建评价函数。可将式(5.2)转化为

$$\left.\begin{aligned}&\min_{x\in \mathbf{S}} u(f)=\min_{x\in S}\sum_{i=1}^{m}\frac{\omega_i f_i(\boldsymbol{x})}{f_i^*}\\&\text{s.t.}\quad \boldsymbol{x}\in\mathbf{S}\\&\sum_{i=1}^{m}\omega_i=1\end{aligned}\right\}\tag{5.5}$$

式中，ω_i 为权系数，**S** 为可行域。根据各个目标在问题中的重要程度，分别赋予其一个数值并把该数值作为相应目标的权系数，同时用单目标的最优值对各个目标进行无量纲化处理，然后将这些带权系数的无量纲目标相加来构造评价函数，最优化该评价函数对应的单目标函数，其最优解即为原多目标问题的 Pareto 最优解，不断改变权系数的分配就可以得到一系列 Pareto 最优解，从而形成 Pareto 前沿。

使用线性加权法时，均匀的权值变化并不能保证得到均匀分布的 Pareto 前沿点；而在非凸问题中，采用该方法可能无法探索到全部 Pareto 前沿。

5.2.3　*P* 模理想点法

P 模理想点法的思路是先单独计算各个分目标的最优值，然后让各分目标尽量接近各自的最优值。通常把各个分目标的最优值组成的空间点称为优化问题的理想点，因此该方法也可以理解为在可行域内寻找与理想点的 *P* 模距离最近的目标点。

P 模理想点法的重点是选取适当的模的形式构造评价函数，并对其进行最优化，公式可表示为

$$\left.\begin{aligned}&\min_{x\in\mathbf{S}} u(f)=\min_{x\in\mathbf{S}}\|f(\boldsymbol{x})-f^*\|_p=\min_{x\in S}\left[\sum_{i=1}^{m}\left(\frac{f_i(\boldsymbol{x})-f_i^*}{f_i^*}\right)^p\right]^{\frac{1}{p}}\\&\text{s.t.}\quad \boldsymbol{x}\in\mathbf{S}\\&1\leqslant p\leqslant\infty\end{aligned}\right\}\tag{5.6}$$

通过 P 模理想点法得到的相对最优解会随 P 值的不同而略有变化，但基本都集中在 Pareto 前沿的某个小邻域内；当 P 为 2 时，评价函数的表达式为空间点之间的距离，此时对应的求解方法也称为最短距离法。

5.2.4 极大极小法

当把 P 模理想点法中 p 取值为∞时，相应的最小化评价函数成为了最小化极大模，有

$$\min_{x\in\mathbf{S}}\|f(\boldsymbol{x})-f^*\|_p=\min_{x\in\mathbf{S}}\max_{1\leqslant i\leqslant m}\left\{\left|\frac{f_i(\boldsymbol{x})-f_i^*}{f_i^*}\right|\right\}\tag{5.7}$$

对上式直接求解不方便，需要引入新的变量，令

$$\lambda=\max_{1\leqslant i\leqslant m}\left\{\left|\frac{f_i(\boldsymbol{x})-f_i^*}{f_i^*}\right|\right\}\tag{5.8}$$

则得到极大极小法的求解模型为

$$\left.\begin{aligned}&\min\lambda\\&\text{s.t.}\quad \boldsymbol{x}\in\mathbf{S}\\&\frac{f_i(\boldsymbol{x})-f_i^*}{f_i^*}\leqslant\lambda\\&\lambda\geqslant 0\end{aligned}\right\}\tag{5.9}$$

在求解过程中，λ 既是设计变量，也是目标变量。

极大极小法是 P 模理想点法的一种变型，因而也称为极大模理想点法；该方法实际采用的是一种保守决策，即在最坏的情况下，寻求最好的结果。

5.2.5 逐步宽容约束法

逐步宽容约束法是将原问题的某个分目标作为目标函数，其他分目标设置可选值范围的约束条件，将多目标问题转化为单目标问题，并通过逐次放宽约束边界求得单目标优化的最优值，最终，不同约束条件下的单目标最优解构成整个多目标优化问题的 Pareto 前沿。该方法的公式表达如下：

$$\left.\begin{aligned}&\min_{x\in S} f_i(\boldsymbol{x})\\&\text{s.t.}\quad \boldsymbol{x}\in\mathbf{S}\\&f_j(\boldsymbol{x})\leqslant e_j,\quad j\neq i,\quad j=1,2,\cdots,m\end{aligned}\right\}\tag{5.10}$$

式中，e_j 表示每个分目标的约束边界。在运用该方法求解多目标优化问题时，必须正确选择作为优化目标的分目标和作为约束边界的分目标。在设置分目标的约束边界时必须在该分目标允许的可行域内，否则会得出错误的结果。

逐步宽容约束法操作简便，如果给定的约束边界值是均匀变化的，并且范围合适，那么 Pareto 前沿点在该约束对应的分目标的方向上就是均布的。

5.2.6 Benson 法

Benson 法的求解思想是先给定一个原问题在可行域的参考点 z^0,然后最大化与该参考点的正偏差,其公式为

$$\left.\begin{aligned}&\max\sum_{i=1}^{m}\max\left\{0,\frac{z_i^0(\boldsymbol{x})-f_i(\boldsymbol{x})}{z_i^0}\right\}\\&\text{s.t.}\quad \boldsymbol{x}\in\mathbf{S}\\&f_i(\boldsymbol{x})\leqslant z_i^0\end{aligned}\right\}\tag{5.11}$$

通过 Benson 法得到的相对最优解依赖于参考点 z^0 的位置;在使用 Benson 法时,不同 z^0 所对应的相对最优解的差别可能很大。合理选择 z^0 点就能得到相对正确的优化结果。

5.2.7 目标规划法

目标规划法的实质是在一定约束条件下要求多个目标达到或尽可能接近给定的对应目标值 $\tilde{f}_i$;这些目标值通常取为各个分目标的最优值,所对应的空间点即为分目标的理想点。目标规划模型可以简单表示如下:

$$\left.\begin{aligned}&\min\sum_{i=1}^{m}(u_id_i^+ + v_id_i^-)\\&\text{s.t.}\quad f_i(\boldsymbol{x})+d_i^- - d_i^+ = \tilde{f}_i,\quad i=1,2,\cdots,m\\&\qquad g_j(\boldsymbol{x})\leqslant 0,\quad j=1,2,\cdots,p\\&\qquad d_i^+,d_i^-\geqslant 0\end{aligned}\right\}\tag{5.12}$$

式中,$\tilde{f}$ 为第 i 个目标函数的目标值,u_i 为对应第 i 个分目标函数正偏差的权重,v_i 为对应第 i 个分目标函数负偏差的权重,d_i^+ 为第 i 个分目标偏离相应目标值的正偏差,定义公式为

$$d_i^+=\begin{cases}f_i(\boldsymbol{x})-\tilde{f}_i, & f_i(\boldsymbol{x})>\tilde{f}_i\\0, & f_i(\boldsymbol{x})\leqslant\tilde{f}_i\end{cases}=\max\{0,f_i(\boldsymbol{x})-\tilde{f}_i\}\tag{5.13}$$

d_i^- 为第 i 个分目标偏离相应目标值的负偏差,定义公式为

$$d_i^-=\begin{cases}0, & f_i(\boldsymbol{x})>\tilde{f}_i\\-[f_i(\boldsymbol{x})-\tilde{f}_i], & f_i(\boldsymbol{x})\leqslant\tilde{f}_i\end{cases}=\max\{0,-[f_i(\boldsymbol{x})-\tilde{f}_i]\}\tag{5.14}$$

在目标规划法的执行过程中,如果把目标值 $\tilde{f}$ 取得比理想值还小,就可以去掉对负偏差 d_i^- 的定义和计算,从而简化问题的求解。

5.2.8 多目标遗传算法

遗传算法的主要特点是大规模计算和并行搜索,它是对整个群体进行进化运算操作,且着眼于个体的集合。多目标优化问题的 Pareto 最优解也是一个集合,因此遗传算法是求解这种集合的有效手段。将遗传算法引入多目标优化,可以在一次优化过程中就产生一组非劣解,并使优化过程直接趋向 Pareto 最优解。

1989 年 Goldberg 首先提出了基于 Pareto 最优解的概念计算个体适应度的方法,借助非

劣解等级的概念和相应的选择算子使种群在优化过程中朝 Pareto 最优解的方向进化。采用这种思想已经产生了多种基于 Pareto 最优解的多目标遗传算法(MOGAs),如 NSGA、NCGA、FFGA、NPGA 和 SPGA 等。各种 MOGAs 的差异主要体现在适应度的具体分配和保持种群多样性的方法上。

Srinivas 和 Deb 提出的 NSGA 算法是体现 Goldberg 思想最直接的方法,其适应度分配方法为:种群依据非劣解划分等级,所有的非劣解个体被归为同一类,且赋予相同的等级 1,使这些个体有相同的复制概率;剥离这些非劣解,再从剩余的个体中找出当前的非劣解,赋等级为 2;重复上述过程,直到全部种群都被分配适应度。2000 年 Deb 对 NSGA 算法进行了改进,得到了 NSGA - II 算法,使运算速度和算法的鲁棒性进一步提高。

Shinya 等人于 2002 年提出的 NCGA 算法在 NSGA - II 等算法的基础上,对种群中个体的交叉操作新增了相邻繁殖的机制,使分目标值接近的个体最有可能交叉繁殖,加速了原有 MOGA 算法的收敛进程,减少了数值仿真的运行次数。

NCGA 方法的步骤如下:

① 初始化:令 $t=0$,设置第一代个体 P_0,种群数为 N,计算个体对应的适应值函数,计入 A_0;

② 令 $t=t+1$,$P_t=A_{t-1}$;

③ 排序:个体 P_t 按向聚集的目标值的方向进行排序;

④ 分组:个体 P_t 根据上述排序分为若干组,每组由两个个体组成;

⑤ 交叉和变异:在每一组中执行交叉和变异操作,由两个父代个体产生两个子代个体,同时父代个体被删除;

⑥ 重组:所有子代个体组成一组新的 P_t;

⑦ 更新:将 A_{t-1} 与 P_t 组合,按环境选择(Environment Selection)机制,从 $2N$ 个个体中,选出其中的 N 个个体;

⑧ 终止:如果满足终止条件,则终止仿真程序,否则返回第②步。

5.2.9 多目标决策方法

由于多目标优化不存在绝对意义的最优解(理想解),故多目标决策方法就是从这些非劣解集中根据决策者偏好确定最好解的方法。

1. 二元相对比较法

二元相对比较法首先对各分目标函数建立非劣解之间的相对满意度矩阵 $\boldsymbol{R}^k$,$k=1,2,\cdots,m$(m 为分目标的个数),然后运用模糊数学中的 λ 截矩阵的概念,求出对各个分目标累计相对满意度最高的解。对于任意两个非劣解,相对满意度 R_{ij} 可以定义为

$$R_{ij}=\begin{cases}\dfrac{f_j^{2c}}{f_i^{2c}+f_j^{2c}}, & i\neq j\\ 1, & i=j\end{cases} \tag{5.15}$$

式中,R_{ij} 表示第 j 个分目标相对于第 i 个分目标的满意程度;f_i 为第 i 个分目标的值。求出 $\boldsymbol{R}^1,\boldsymbol{R}^2,\cdots,\boldsymbol{R}^m$ 后,分别对每一个矩阵由大到小取 λ 截集,$\lambda\in[0,1]$,认为首先达到除对角线元素外全行为 1 的行号所对应的非劣解为相对最优,记对应序号为 1,消除该非劣解的影响,即

划去相关矩阵中该非劣解的对应行和列，在降阶的相关矩阵中逐步减小 λ，重复以上工作，分别得到序号 2,3,…。如果在第 N 次取 λ 截集时，有不止一行元素达到全为 1，则记这些行对应的序号全为 V，以相应行的序号为向量元素，分别可以得到对应于各分目标的相对优选向量 $\boldsymbol{S}_1,\boldsymbol{S}_2,\cdots,\boldsymbol{S}_m$，$\boldsymbol{S}$ 为 n 维列向量。记相对优选矩阵 $\boldsymbol{S}=\{\boldsymbol{S}_1,\boldsymbol{S}_2,\cdots,\boldsymbol{S}_m\}$，根据分目标的重要程度选取权重向量 $\boldsymbol{W}=\{\boldsymbol{W}_1,\boldsymbol{W}_2,\cdots,\boldsymbol{W}_m\}^{\mathrm{T}}$，求总优选向量 $\boldsymbol{G}=\boldsymbol{SW}$，选取向量 $\boldsymbol{G}$ 中最小分量所对应的非劣解即为最佳方案。

二元相对比较法需要在已知非劣解集的基础上才可以进行；而按行排序的方式可能会造成分目标之间相对满意度差别的减小，从而影响关于相对最优解的恰当选取。

2. 模糊关联度

关联度作为一种技术方法，是分析系统中各因素关联程度的方法，或者说关联程度量化的方法。作为一种数学理论，该方法实质上是将无限收敛用近似收敛取代，将无限空间问题用有限数列的问题取代，将连续概念用离散数列取代的一种方法。关联度的基本思想是根据曲线间的相似程度来判断关联程度。

模糊关联度法认为各非劣解之间以及非劣解与理想解之间具有模糊性，在此基础上计算模糊理想解与模糊非劣解之间的关联度，根据关联度的大小从众多模糊非劣解中判别出对应的相对最优解。

模糊关联度反映了非劣解与理想解的接近程度。这里理想解是指针对每个分目标的单目标最优解，即 $\boldsymbol{F}=\{\mathring{f}_1,\mathring{f}_2,\cdots,\mathring{f}_m\}$。

首先将非劣解集模糊化，求非劣解相对于理想解的隶属度，从而消除物理量纲的影响。设

$$\left.\begin{aligned}\boldsymbol{F}^* &=\{\mu(\mathring{f}_1),\mu(\mathring{f}_2),\cdots,\mu(\mathring{f}_m)\}=\{1,1,\cdots,1\}\\ \boldsymbol{F}_1 &=\{\mu(f_{11}),\mu(f_{12}),\cdots,\mu(f_{1m})\}\\ \boldsymbol{F}_2 &=\{\mu(f_{21}),\mu(f_{22}),\cdots,\mu(f_{2m})\}\\ &\vdots\\ \boldsymbol{F}_n &=\{\mu(f_{n1}),\mu(f_{n2}),\cdots,\mu(f_{nm})\}\end{aligned}\right\} \tag{5.16}$$

式中，$\boldsymbol{F}^*,\boldsymbol{F}_1,\boldsymbol{F}_2,\cdots,\boldsymbol{F}_n$ 分别为理想解和各非劣解的模糊集合。由于非劣解总是对称分布在理想解周围，故选用对称分布形式的隶属函数 $\mu(f)$（正态分布、柯西分布）。

$$\xi_i(k)=\frac{A+\rho B}{|\mu(\mathring{f}_k)-\mu(f_{ik})|+\rho B} \tag{5.17}$$

式中，$\xi_i(k)$ 为第 i 组模糊非劣解 $\boldsymbol{F}_i$ 与模糊理想解 $\boldsymbol{F}^*$ 在第 k 个分目标的关联系数。用下式表示两极最小差：

$$A=\min_i\min_k|\mu(\mathring{f}_k)-\mu(f_{ik})| \tag{5.18}$$

式中，$\min\limits_k|\mu(\mathring{f}_k)-\mu(f_{ik})|$ 是第一级最小差，表示 $\boldsymbol{F}_i$ 中与 $\boldsymbol{F}^*$ 的最小差；$\min\limits_i\min\limits_k|\mu(\mathring{f}_k)-\mu(f_{ik})|$ 是第二级最小差，表示在第一级最小差的基础上按 $j=1,2,\cdots,n$ 找出所有曲线与 F_i 的最小差。用下式表示两级最大差：

$$B=\max_i\max_k|\mu(\mathring{f}_k)-\mu(f_{ik})| \tag{5.19}$$

ρ 为分辨系数，位于 0～1 之间，一般取 $\rho=0.5$。

模糊关联度法需要在已知理想解和非劣解集的基础上才可以进行；而且关联度由于自身缺陷，对某些模糊集存在失效的可能，而改用加权模糊关联度识别则可以解决该问题。

$\boldsymbol{F}_i$ 相对于 $\boldsymbol{F}^*$ 的加权关联度为

$$r_i=\frac{1}{m}\sum_{k=1}^{m}\omega_k\xi_i(k) \tag{5.20}$$

它是所求关联度中最大的一组，其模糊非劣解对应的一组非劣解即为相对最优解。

3. 超传递近似法

超传递近似法属于运筹学理论，是一种对目标间重要性进行模糊评价的简单有效的方法。关于权系数确定已经有若干方法，例如特征向量法、最小平方和法以及最大熵法等。在对目标之间的重要性进行模糊评价以及对方案进行模糊排序时，特征向量法被认为是一种很好的工具，但其存在的问题是在进行二元判断时可能会出现不一致性。超传递近似法则能处理此类问题。

在目标之间首先两两比较生成二元比较矩阵，进而求得超传递近似矩阵，最后用特征向量法求出该矩阵最大特征值对应的特征向量，即为分目标对应的权系数。具体步骤如下。

(1) 生成二元比较矩阵

通常决策者直接设定第 k 个目标前的具体权值 λ_k 是困难的，但让其估计第 k 个目标是第 1 个目标重要性的几倍却是比较容易的。决策者每次对两个目标进行重要性比较，共需做 $N(N-1)/2$（设有 N 个目标）次比较，第 i 个分目标对第 j 个分目标的相对重要性估计为 a_{ij}，当 f_i 比 f_j 重要时，$a_{ij}>1$；当 f_i 与 f_j 同等重要时，$a_{ij}=1$；当 f_j 比 f_i 重要时，$a_{ij}<1$。由此形成了二元比较矩阵 $\boldsymbol{A}$，其中 $a_{ij}=1/a_{ji}$。

(2) 求超传递矩阵

构造互补矩阵 $\boldsymbol{B}^1,\boldsymbol{B}^2,\cdots,\boldsymbol{B}^N$，且互补矩阵 $\boldsymbol{B}^i$ 的第 i 行等于矩阵 $\boldsymbol{A}$ 的第 i 行，即 $\boldsymbol{b}_i^i=\boldsymbol{a}_i$；

$$\boldsymbol{B}^i=(\boldsymbol{b}_1^i,\boldsymbol{b}_2^i,\cdots,\boldsymbol{b}_N^i)^{\mathrm{T}} \tag{5.21}$$

式中，$\boldsymbol{b}_i^i=\boldsymbol{a}_i$，$\boldsymbol{b}_1^i=(a_{i1})^{-1}\boldsymbol{b}_i^i$，$\boldsymbol{b}_2^i=(a_{i2})^{-1}\boldsymbol{b}_i^i$，$\boldsymbol{b}_N^i=(a_{iN})^{-1}\boldsymbol{b}_i^i$。

构造超传递近似矩阵

$$\boldsymbol{A}^*=(a_{ij}^*)_{N\times N} \tag{5.22}$$

式中

$$a_{ij}^*=(b_{ij}^1\times b_{ij}^2\times\cdots\times b_{ij}^N)^{\frac{1}{N}} \tag{5.23}$$

(3) 特征向量法求权系数

$$\left.\begin{aligned}&(\boldsymbol{A}^*-\alpha_{\max}\boldsymbol{I})\lambda=\boldsymbol{0}\\&\sum_{i=1}^{N}\lambda_i=1\end{aligned}\right\} \tag{5.24}$$

式中，λ 是求 $\boldsymbol{A}^*$ 最大特征值 $\alpha_{\max}$ 对应的特征向量，其分量 $\lambda(i=1,2,\cdots,N)$ 即为对应的目标函数的最佳权系数。求出最佳权系数分配后，再用多目标优化方法求解。

5.3 高维多目标可视化技术

当多目标优化问题由三个以上目标函数组成时，Pareto 前沿将由 Pareto 表面变换为超空间表面。此时 Pareto 最优解集被定义为超空间 Pareto 前沿(HPF)。由于 Pareto 解集通常由多个解组成,这使得很难从中挑选出一个最好的全局最优解。因此,设计者需要一个工具帮助其从备选的设计中挑选出最终的全局最优方案,也就是一个能提供直观权衡分析的工具。

依据人类获取信息的方式,应用可视化技术有助于决策者完成权衡分析过程。研究表明:人类 75%的注意力都集中在视觉上,剩余 25%集中在听觉、嗅觉、触觉和味觉上。因此,可视化通过为决策者提供定性的信息,可以改进决策过程。在二维可视化空间中,可以凭直觉做出决策,以便根据设计者的偏好选择最适合的解。然而大多数实际问题都是多维的(高于二维),因此这类设计空间的可视化是一个很困难的过程。

5.3.1　传统可视化技术

1. 平行坐标法

平行坐标法是一种表达多维空间点的几何投影方法,通过某种变换将多维空间点映射到二维空间,从而实现低维的可视化表示。平行坐标是信息可视化的一项重要技术。为克服传统的笛卡儿直角坐标容易耗尽空间和难以处理二维以上数据的问题,平行坐标将高维数据的各个变量用一系列相互平行的坐标轴表示,变量值对应轴上位置。为了反映变化趋势及变量间的相互关系,往往将描述不同变量的各点连接成折线。所以平行坐标图的实质是将 m 维欧式空间的一个点 $X_i(x_{i1},x_{i2},\cdots,x_{im})$映射到二维平面上的一条曲线。平行坐标图可以表示超高维数据。平行坐标的一个显著优点是其具有良好的数学基础,其射影的几何解释和对偶特性使它很适合用于可视化数据分析。

平行坐标的理论来源最早可以追溯到 19 世纪。平行坐标最早由法国数学家 Ocanc 在 1885 年提出,此时的平行坐标只限于二维情况;在 Ocanc 的著作中还讨论了二维情况下平行坐标中点与直线的对偶关系。1958 年 Griffen 考虑设计二维平行坐标模型作为绘制和计算 Kendall 关联系数的方法。1962 年 Zirakzadeh 提出一种 n 维射影空间到二维平面的变换,并提议将该方法用于图解多维问题。IIartigan 在 1975 年描述的轮廓图本质上就是平行坐标,但这时的理论还不具有完善的数学结构,尤其是对于高维数据。Diaconis 和 Fricdman 在 1983 年讨论了所谓的 M 和 N 图,其特殊情况 1 和 1 图实质上就是二维空间的平行坐标。1985 年 Inselberg 提出多维情况下的平行坐标,并将其应用于计算几何。1990 年美国统计学家 Wegman 提议将平行坐标应用于多元数据分析,平行坐标开始走进多元统计领域。最近 10 年,平行坐标已成为信息可视化、可视化数据挖掘等领域的主流技术之一,是信息可视化领域研究较早、发展较为成熟的多维变量数据可视化方法之一。平行坐标法的主要作用在于以可视化手段从多维复杂数据集中发现隐含和有用的知识,从而获得对复杂系统的形象理解,是可视化数据挖掘的代表方法之一。

设 $\mathbf{E}$ 是由 m 个数据组成的 N 维对象集合,即

$$\mathbf{E}=\{\boldsymbol{e}_1,\boldsymbol{e}_2,\cdots,\boldsymbol{e}_m\}$$

式中,$\boldsymbol{e}_i$ 为 N 维矢量:

$$\boldsymbol{e}_i=\{x_{i1},x_{i2},\cdots,x_{iN}\}$$

当 $N>3$ 时,在笛卡儿坐标系中表达 N 维矢量非常困难,为此引入平行坐标法。平行坐标法以一组平行等距的水平或竖直坐标轴为基本坐标轴,N 维矢量的每一维对应一个坐标

轴，一个 N 维矢量 $\boldsymbol{e}_i$ 用平行坐标系中的一条折线表示，折线顶点在坐标轴上的取值为相应维上的标量值，从而实现降低维度的可视化显示的目的。数据集合 $\mathbf{E}$ 可用平行坐标系上若干折线表示，这些折线的分布特征表现了多维空间数据集的分布特征。用平行坐标法表示的 11 维空间点如图 5.6 所示。

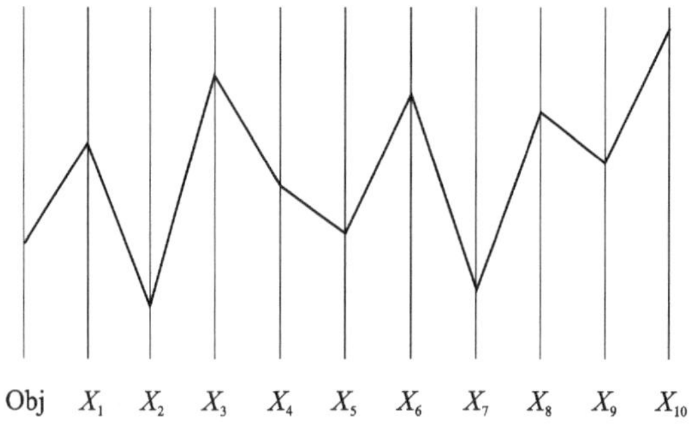

图 5.6　平行坐标法表示 11 维空间点

从设计空间中随机抽取均匀分布的 1 000 个设计点，计算各点的目标值和约束值，进行无量纲化处理，最后完成 1 000 个点的平行坐标映射，如图 5.7 所示。

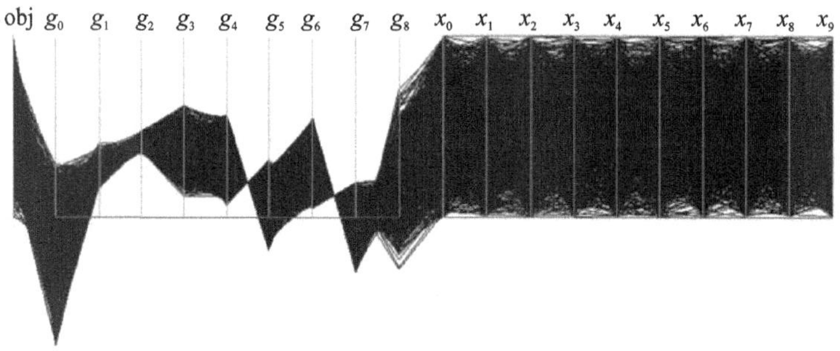

图 5.7　1 000 个数据点平行坐标法映射

2. 超空间对角计算

超空间对角计算(Hyper-Space Diagonal Counting，HSDC)的基本思想与平行坐标法一样，通过某种变换将 N 维空间中的点映射到二维空间。HSDC 所应用的变换机制为：对于平面中任何一个点，在直线上存在一个相应的点与之对应；相反地，对于直线上的任何一个点，在平面中也存在一个相应的点与之对应，这样就可以将二维平面中的点映射到一维直线上。当然也可以将三维空间中的点映射到二维空间，再从二维空间映射到一维空间。

图 5.8 是通过在二、三维空间中建立一条穿过各点的曲线来完成从二、三维空间到一维空间映射的示意图。例如，从图 5.8 中可以看出，二维空间中的点(1,1)与直线上的点 1 对应，而点(2,2)与直线上的点 5 对应；三维空间中的点(1,1,1)与直线上的点 1 对应，而点(1,1,3)与点 5 对应。

下面以具有四目标函数的多目标优化问题来进一步说明 HSDC。假设此优化问题有 10 个 Pareto 点(A～J)。四目标函数每个序号所对应的取值区间如表 5.1 所列，其中每个目标函数均分成 5 个区间。表 5.2 为四目标函数多目标优化问题的 10 个 Pareto 点以及相应的

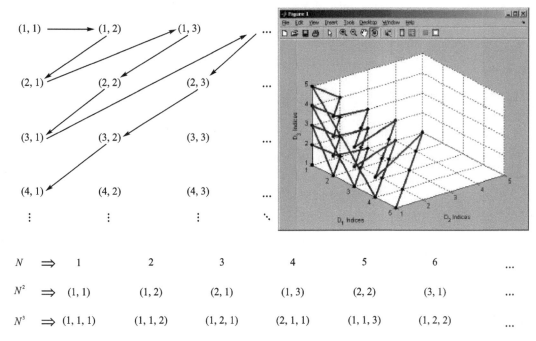

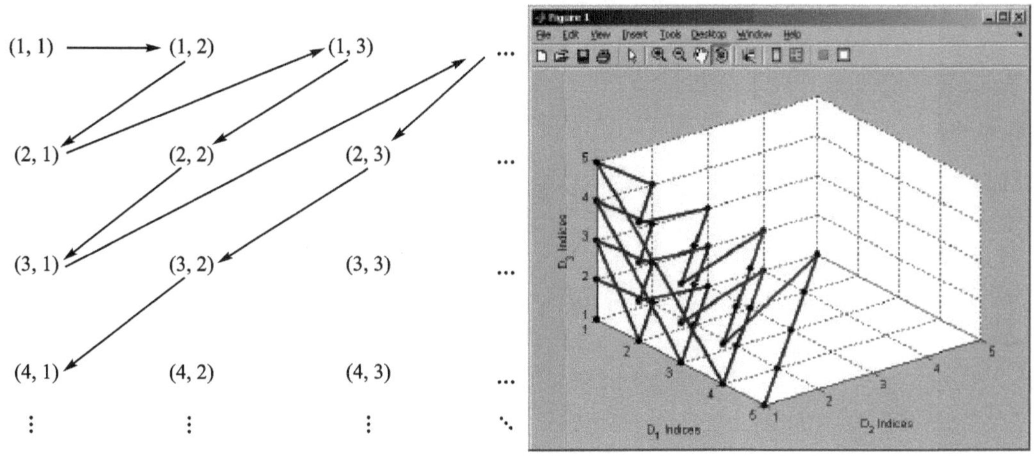

N	$\Rightarrow$ 1	2	3	4	5	6	…
N^2	$\Rightarrow$ (1, 1)	(1, 2)	(2, 1)	(1, 3)	(2, 2)	(3, 1)	…
N^3	$\Rightarrow$ (1, 1, 1)	(1, 1, 2)	(1, 2, 1)	(2, 1, 1)	(1, 1, 3)	(1, 2, 2)	…

图 5.8　二、三维空间中的点与直线上点的对应映射

HSDC 序号。由于每个目标函数具有不同的取值区间，导致每个标号对应不同的取值范围。

表 5.1　各目标函数区间序号与取值的对应关系

区间序号 (Bin)	F_1 取值范围		F_2 取值范围		F_3 取值范围		F_4 取值范围	
1	3.84	4.58	−12.98	−12.93	15.05	15.79	29.71	30.48
2	4.58	5.32	−12.93	−12.88	15.79	16.53	30.48	31.48
3	5.32	6.06	−12.88	−12.83	16.53	17.27	31.26	32.03
4	6.06	6.80	−12.83	−12.78	17.27	18.01	32.03	32.81
5	6.80	7.54	−12.78	−12.73	18.01	18.76	32.81	33.59

表 5.2　四目标函数 10 个 Pareto 点信息以及对应的 HSDC 序号

Pareto 点	F_1	F_2	F_3	F_4	HSDC 序号	
					F_1F_2	F_3F_4
A	3.84	−12.98	18.76	33.57	1	41
B	3.97	−12.95	17.92	33.59	1	32
C	4.27	−12.90	16.99	33.20	2	24
D	5.23	−12.89	16.02	31.71	5	8
E	5.81	−12.87	15.61	31.17	13	2
F	6.22	−12.91	15.74	30.68	14	2

续表 5.2

Pareto 点	F_1	F_2	F_3	F_4	HSDC 序号	
					F_1F_2	F_3F_4
G	6.94	−12.73	15.05	30.60	41	2
H	7.15	−12.88	15.33	30.18	20	1
I	7.50	−12.77	16.31	29.71	41	3
J	7.54	−12.88	15.32	29.96	20	1
Maxf	7.54	−12.73	18.76	33.59		
Minf	3.84	−12.98	15.06	29.71		
取值范围	3.70	0.25	3.71	3.80		
区间数	5	5	5	5		
区间范围	0.74	0.05	0.74	0.78		

图 5.9 给出了对 F_1F_2 进行序号标定的过程。例如,对于 Pareto 点 F,F_1 落在序号为 4 的区间内,F_2 落在序号为 2 的区间内,那么在 HSDC 空间,F_1F_2 所对应的序号为 14。类似地,如果 F_3 和 F_4 分别落在序号为 1 和 2 的区间内,那么在 HSDC 空间内,F_3F_4 所对应的序号为 2。对表 5.2 中所列的 10 个 Pareto 点进行上述相同处理,即对 F_1F_2 和 F_3F_4 进行在 HSDC 空间内的序号标定,则超空间 Pareto 前沿(HPF)在 HSDC 空间中的表示如图 5.10 所示。

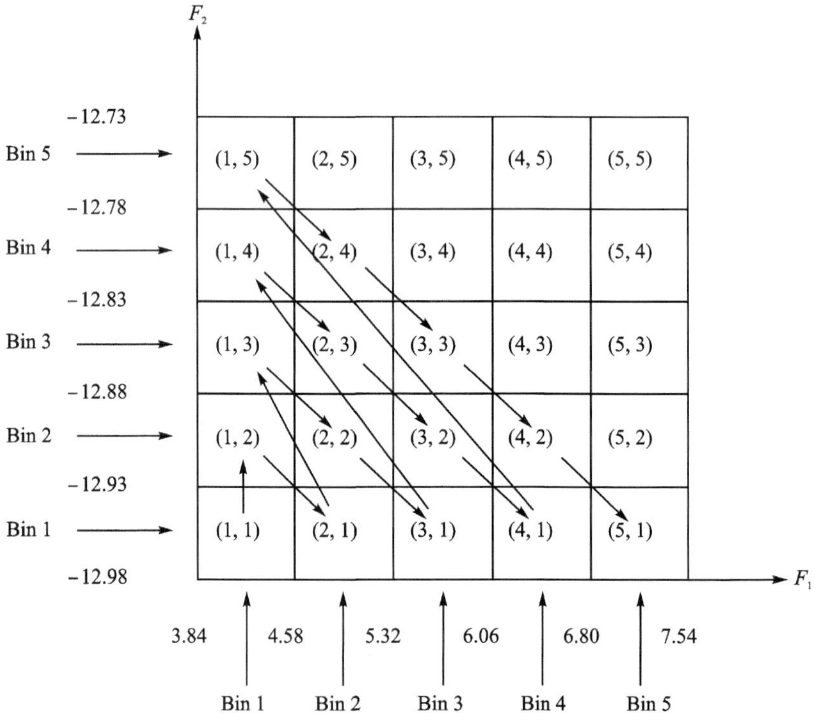

图 5.9 对 F_1F_2 进行序号标定

图 5.10 中,离 F_1F_2 坐标轴较近的区域有一些点重叠在一起(例如 HSDC 序号为[41,2]和[41,3]的点)。这是由于每个目标函数区间个数比较少(只有 5 个)所导致的,如果区间数更

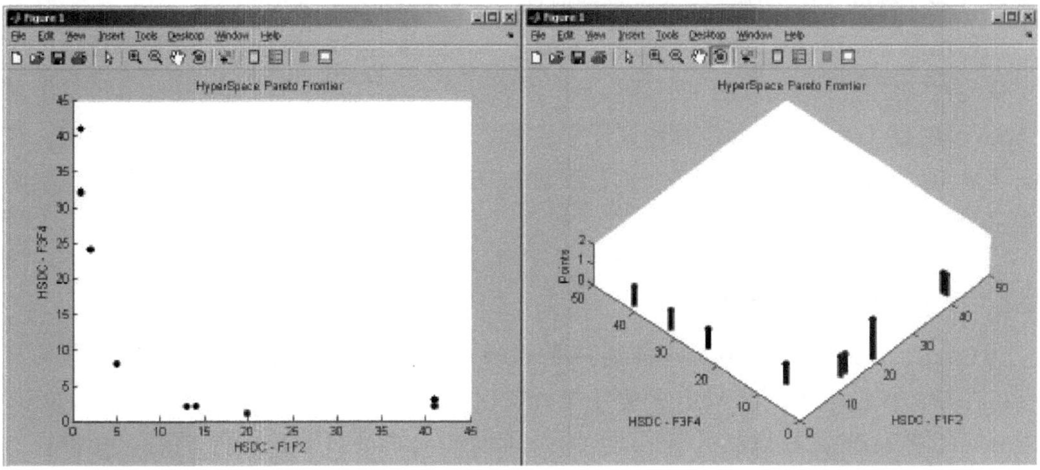

图 5.10　10 个 Pareto 点的 HSDC 显示结果

多一些(例如 10 个、20 个),则 Pareto 点会分布得更为分散。值得注意的是,通过旋转图 5.10 左面的图,HSDC 序号为[20,1]的点包含多个 Pareto 点(此算例包含 2 个),这样有助于确定哪个 HSDC 空间点包含多个决策者感兴趣的解决方案。同时可知,图中存有较大的空隙,这是由于只显示 10 个 Pareto 点造成的,随着 Pareto 点个数的增加,图中的间隙将变得越来越小。

利用 HSDC 对 HPF 进行可视化显示后,决策者就可以根据设计偏好选择较满意的设计方案。如果以各目标函数取最小值为最佳,那么离原点最近的 Pareto 点将作为全局最优点而被选择出来。

但是也要注意应用 HSDC 方法对 HPF 进行可视化显示时遇到的两个问题。① 目标函数取值的区间个数将会影响最终的可视化结果。由于 HPF 直接受目标函数区间数的影响,目标函数区间个数越多,概念设计越有可能被精确表示,因为每个区间的范围将会变得越来越小。② 不同的目标函数分组形式会得到不同的可视化结果。为使 HSDC 所显示的 HPF 更接近实际 Pareto 前沿,目标函数间的相关系数将用来指导设计者进行更好的目标函数分组。目标函数之间有三种关系:正相关、负相关和不相关。研究表明,如果每组中目标函数都具有正相关关系,那么表示出来的 HPF 将更类似于传统凸形的 Pareto 前沿。

3. 图像变形法

图像变形法所依据的基本概念很简单,就是直接通过某种方式将表示目标函数和约束的等式显示在二、三维空间中。没有直接显示在坐标轴上的设计变量通过界面上的滚动条进行适时控制,这些设计变量的改变将直接反映为优化设计空间的图形变化,设计者可以直观了解设计变量对目标函数以及约束的影响。

图形变形法使设计者可以直观了解设计变量对优化设计空间的影响。由于 N 维问题直接显示在二、三维空间中,因此设计者可以直观清晰地了解设计空间。同时,由于此方法允许设计者实时改变所有设计变量,这样更有助于设计者了解复杂的设计问题。设计者可以更容易地选择最佳设计变量,确定不可行的设计空间以及冗余或不重要的约束条件,从而在一定程度上减少多学科设计优化所需要的成本和时间。

利用图形变形法，设计者可以很快确定哪些设计变量对目标函数和约束起到决定性的作用。确定对特定目标函数或约束起到重要作用的设计变量，对设计者获取最终的最优解很重要。相反地，设计者也可以确定哪些设计变量对其设计要求具有较小影响或没有影响。这样设计者就可以对设计空间进行高效的、有目的的、有选择的分析，从而确定较好的设计空间或最终的设计方案。

5.3.2 超径向可视化技术

为克服传统可视化方法在处理高维多目标设计优化问题时遇到的问题，2007 年纽约州立大学水牛城分校的技术人员提出了超径向可视化技术（Hyper-Radial Visualization，HRV）。该技术可以将 HPF 无损地显示于二维空间，有助于设计人员对 HPF 进行高效直观的权衡分析，并最终确定符合特定偏好的全局最优解。

1. 超径向可视化的基本概念

HRV 的概念来源于传统的半径计算。如图 5.11 所示，利用半径值代替坐标值来表征各数据点，可以实现二维数据在一维空间的映射。

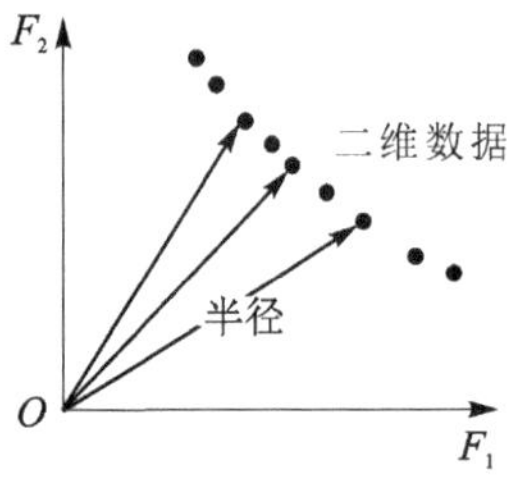

图 5.11 超径向可视化原理

仿照传统的半径计算过程，HRV 技术采用下式计算超空间 Pareto 点的超径向半径值（Hyper-Radial Calculation，HRC）：

$$\mathrm{HRC}=\sqrt{\frac{\sum_{i=1}^{n}\widetilde{F}_i^2}{n}},\quad \mathrm{HRC}\in[0,1] \tag{5.25}$$

式中，F_i 为目标函数 i 的值，n 为目标函数的个数。

为了在同一坐标系下对具有不同量级和不同单位的目标函数进行显示，采用下式分别对各目标函数进行归一化处理：

$$\widetilde{F}_i=\frac{F_i-F_{i\min}}{F_{i\max}-F_i},\quad \widetilde{F}_i\in[0,1] \tag{5.26}$$

考虑如下式所示的多目标设计优化模型：$n(n>3)$个目标函数，HPF 包含 q 个 Pareto 点。采用 HRV 技术分别对各 Pareto 点进行处理。

$$\left.\begin{array}{l}[F_1,,F_2,\cdots,F_n],\quad j=1,2,\cdots,q\\ \text{Group1}:[F_1,F_2,\cdots,F_s]\\ \text{Group2}:[F_{s+1},F_{s+2},\cdots,F_n]\end{array}\right\} \tag{5.27}$$

第一步：将目标函数按照式(5.27)进行分组（设计者也可选择其他目标函数分组方式）。

第二步：对各目标函数进行归一化处理，然后代入下式计算出每组的 HRC 值，完成高维数据$[F_1,F_2,\cdots,F_n]$在低维空间(HRC1，HRC2)的映射。

$$
\left.\begin{aligned}
\text{Group1:}\quad \mathrm{HRC1} &= \sqrt{\frac{\sum_{i=1}^{s}\widetilde{F}_i^2}{s}} \\
\text{Group2:}\quad \mathrm{HRC2} &= \sqrt{\frac{\sum_{i=s+1}^{n}\widetilde{F}_i^2}{n-s}}
\end{aligned}\right\} \tag{5.28}
$$

第三步：以(HRC1,HRC2)为坐标数据，实现 HPF 在相应二维空间的显示，辅助设计者直观地对 HPF 进行权衡分析。

对于求最小值的优化问题，因为归一化后的各目标函数的最小值为 0，所以理想设计点为一个 n 维零向量[0,0,…,0]，其必定为低维空间(HRC1,HRC2)的坐标原点。因此，设计者可根据各 Pareto 点离坐标原点的距离来评定其全局性能的优劣。

利用超径向可视化技术对 HPF 进行无损的二维可视化表示，结果如图 5.12 所示。其中，目标函数[F_1,F_2]分为一组，对应的 HRC1 值在横坐标轴进行表示，目标函数[F_3,F_4]构成第二组，对应的 HRC2 值在纵坐标轴进行表示，同时，坐标原点(0,0)为最理想点。

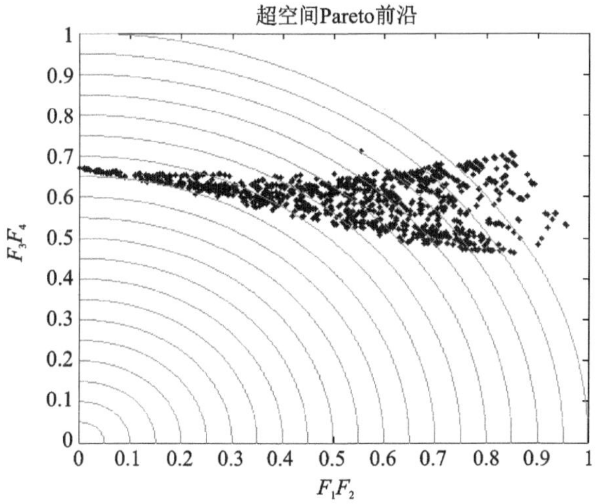

图 5.12　应用 HRV 技术得到的 HPF 可视化结果

2. 基于超径向可视化技术的偏好引入

(1) 权重因子法

通过为各目标函数 F_i 指定相应的权重因子 W_i，可以表征设计者对各目标函数的偏好程度。W_i 越大，表明对 F_i 的偏好程度越大。

通过权重因子引入设计者偏好的公式为

$$
\mathrm{HRCW} = \sqrt{\frac{\sum_{i=1}^{n} W_i \times \widetilde{F}_i^{\,2}}{n}},\quad W_i > 0,\quad \sum_{i=1}^{n} W_i = 1 \tag{5.29}
$$

应用这种方法，在计算 HRC 值之前，设计者通过为每个目标函数指定不同的权重因子来引入设计者的偏好。这样设计者将获得与各 Pareto 点对应的二维坐标参数(HRCW1,

HRCW2)，利用这些二维坐标参数即可完成通过权重因子引入设计者偏好的 HPF 可视化显示，随后对显示结果进行分析，进而选择出满意的 Pareto 点。

(2) 颜色标记法

设计者首先需要在各目标函数的取值范围内定义偏好区间，然后根据各目标函数的具体数值，确定其所处的偏好等级。表 5.3 为 5 个偏好区间的定义：最期望等级(Highly Desirable，HD)、期望等级(Desirable，D)、可以接受等级(Tolerable，T)、不期望等级(Undesirable，U)、最不期望等级(Highly Undesirable，HU)。设计者也可自行指定偏好区间的个数以及各偏好区间的界限值。

表 5.3 偏好区间的定义

目标函数取值范围/%		偏好等级
最小值(0)	20	HD
20	40	D
40	60	T
60	80	U
80	最大值(100)	HU

对于不同的偏好区间，有 3 种颜色标记原则：最优颜色标记原则根据 Pareto 点中目标函数的最低偏好等级进行颜色标记；包容颜色标记原则根据 Pareto 点中目标函数的最高偏好等级进行颜色标记；混合颜色标记原则利用两个数字对各 Pareto 点进行颜色标记。其中，第一个数字以最优颜色标记原则进行设定，第二个数字以包容颜色标记原则进行设定。混合颜色标记原则的样例如表 5.4 和图 5.13 所示。

表 5.4 混合颜色标记原则定义

标 号	偏好等级	标 号	偏好等级
11	均为最期望等级	43	最低为不期望等级，最高为可接受等级
21	最低为期望等级，最高为最期望等级	44	均为不期望等级
22	均为期望等级	51	最低为最不期望等级，最高为最期望等级
31	最低为可接受等级，最高为最期望等级	52	最低为最不期望等级，最高为期望等级
32	最低为可接受等级，最高为期望等级	53	最低为最不期望等级，最高为可接受等级
33	均为可接受等级	54	最低为最不期望等级，最高为不期望等级
41	最低为不期望等级，最高为最期望等级	55	均为最不期望等级
42	最低为不期望等级，最高为期望等级	—	—

根据标记原则，标号为 11 的点中各目标函数均处于最期望等级。因此该点为设计者的理想解，但由于各目标函数的优化求解往往是相互冲突的，导致其在现实情况下几乎不可能获得。

采用基于偏好区间的颜色标记原则对多目标设计优化的 HPF 进行 HRV 处理，得到如图 5.14 所示的可视化结果。可以看出，图中没有标号为 11 的点，而出现大量标号为 32、41 和 42 的点，这一方面说明通过多目标设计优化，得到的都是相对全局最优解，而非理想解；另一方面可以辅助设计者更直观高效地在 HPF 中确定符合特定偏好的全局最优解。

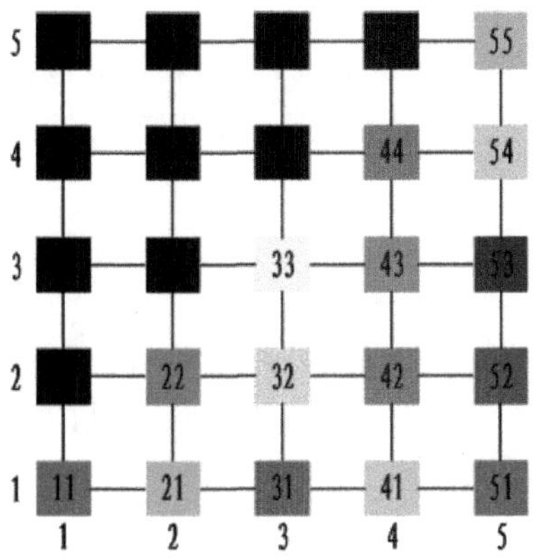

图 5.13　颜色与标号的对照说明

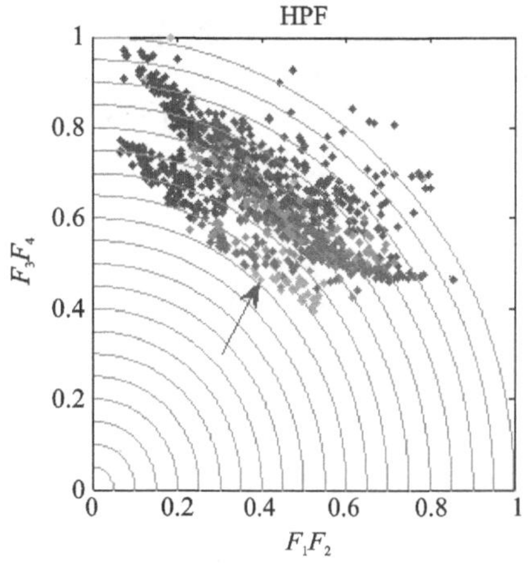

图 5.14　采用混合颜色标记的 HPF 可视化结果

5.4　近似技术

近似技术在科学和工商业中都有广泛的应用，主要用来获得数值模拟结果的函数表达式或某研究对象的数学模型。在液体火箭发动机优化过程中，如果目标函数的获得要花费较长的计算时间，那么整个优化的迭代过程可能更加漫长。为了缩短优化的时间消耗，可以考虑在优化过程中加入近似技术，即对原来通过数值仿真获得的目标函数用近似简单的数学模型代替，缩短数值仿真的时间。

近似技术可以在以下两种情况下采用：① 获得目标函数或约束条件值的数值仿真时间长。优化过程中每探索一组新的设计变量，数值仿真程序都要被调用一次，计算时间很长。② 设计变量个数多。如果在优化问题中有成十上百甚至上千个设计变量，那么探索整个设计空间的次数很多，即使数值仿真的时间不算长，但如果优化迭代的次数太多，那么整个优化计算时间将仍然是相当长的。

在近似优化过程中，用近似模型代替实际模型。近似模型一般具有如下作用：

① 减少优化过程中数值分析程序的计算时间消耗：建立设计变量与目标函数、约束条件之间的显函数，用其来代替原来长时间的数值分析。

② 减少数值模拟的计算噪声：数值噪声容易产生局部最优解，对优化问题有不利的影响。近似模拟尤其是响应面模拟可以平滑数值噪声，帮助优化问题收敛到全局最优解。

③ 为敏度分析提供一种有效方法：可以用在可靠性优化、蒙特卡罗模拟或其他需要敏度分析的场合。

目前在优化中采用的近似技术可以分为 3 类：

① 降基法：减少优化问题中设计变量的个数，分析程序完全执行。

② 插值法：设计变量个数不变，数值分析程序简化，如响应面法和 Kriging 法。

③ 变精度法：在优化过程中将原来的高精度分析模型和近似模型交替使用。

5.4.1 曲线拟合技术

曲线拟合是根据离散量的点列图，选定某种曲线去拟合那些离散点，从而获得可以描述该点离散规律的近似函数的表达式。这些表达式便于编写优化程序及运算。常用的方法有平均法和最小二乘法两种。

5.4.2 响应面法

响应面是近似技术中常用来代替原数值分析的模型之一，它指的是用来代替实际数值分析代码的简单代数函数，通常采用低阶多项式和样条函数等。二次多项式是最常见的一种响应面模型，即在感兴趣点的局部区域，用二次模型近似原问题模型。由泰勒展开

$$f(x) \approx q^{(k)}(x-x_k) = f(x_k) + \nabla f(x_k)^{\mathrm{T}}(x-x_k) + \frac{1}{2}(x-x_k)^{\mathrm{T}}\,\nabla f(x_k)(x-x_k)$$

可以看到，这种近似在局部区域是有效的。

二次多项式响应面的基本形式为

$$y = \beta_0 + \sum_{i=1}^{m}\beta_i x_i + \sum_{i=1}^{m}\beta_{ii}x_i^2 + \sum_{\substack{i=1\\ i<j}}^{m}\beta_{ij}x_i x_j \tag{5.30}$$

式中，$x_1, x_2, \cdots, x_m$ 为设计变量，y 为拟合函数，m 为设计变量的个数，β_0、β_i、β_{ij} 为待定系数。

上式可由多元线性回归处理：

$$y = \beta_0 + \beta_1 x_1 + \cdots + \beta_p x_p + \varepsilon$$

p 与 m 的关系为 $p = 2m + \dfrac{m(m-1)}{2}$，一般设 $\varepsilon \sim N(0, \sigma^2)$。应用 $n(n \geqslant p+1)$ 个样本点求出待定系数 $\beta_i (i = 0, 1, \cdots, p)$。当设计矩阵 $\boldsymbol{X}$ 的秩大于或等于 $p+1$ 时，$\boldsymbol{X}^{\mathrm{T}}\boldsymbol{X}$ 为非奇异矩阵，$\hat{\beta}$ 的最小二乘估计为 $\hat{\beta} = (\boldsymbol{X}^{\mathrm{T}}\boldsymbol{X})^{-1}\boldsymbol{X}^{\mathrm{T}}\boldsymbol{Y}$。其中

$$\boldsymbol{X} = \begin{bmatrix} 1 & x_{1,1} & x_{1,2} & \cdots & x_{1,p} \\ 1 & x_{2,1} & x_{2,2} & \cdots & x_{2,p} \\ \vdots & \vdots & \vdots & & \vdots \\ 1 & x_{n,1} & x_{n,2} & \cdots & x_{n,p} \end{bmatrix}, \quad \hat{\beta} = \begin{bmatrix} \beta_0 \\ \beta_1 \\ \vdots \\ \beta_p \end{bmatrix}$$

$\boldsymbol{Y} = [y_1, y_2, \cdots, y_n]^{\mathrm{T}}$ 为样本点对应的响应值。

应用统计量

$$F = \frac{Q_B / p}{Q_A / (n-p-1)}$$

检验 y 与 $(x_1, x_2, \cdots, x_p)$ 之间的线性关联程度。若 $F > F_\alpha(p, n-p-1)$，则认为回归方程在 α 水平上有显著意义，即回归方程的不可靠概率不大于 α，二次响应面可以作为近似模型，否则认为回归方程在 α 水平上无显著意义，二次响应面不可以作为近似模型。

上式中，

$Q_A = \sum_{i=1}^{n}(y_i - \hat{y}_i)^2$ 为残差平方和；

$Q_B = \sum_{i=1}^{n}(\hat{y}_i - \hat{y}_i)^2$ 为回归平方和。

$\bar{y}_i=\frac{1}{n}\sum_{i=1}^{n}y_i$。$y_i$ 和 $\hat{y}_i$ 分别表示第 i 个样本点上的响应值和近似值。

5.4.3 Kriging 近似模型

Kriging 模型起源于地理统计学。南非矿业工程师 D. G. Krige 在 20 世纪 50 年代发明了一种由采样矿石等级确定实际矿石等级分布的经验方法，人们将这种方法建立的模型称为 Kriging 模型。在 Kriging 模型中，真实未知函数的形式如下：

$$y(\boldsymbol{x})=f(\boldsymbol{x})+Z(\boldsymbol{x})$$

式中，$f(\boldsymbol{x})$是关于 $\boldsymbol{x}$ 的未知函数，$Z(\boldsymbol{x})$是均值为零、方差为 σ^2、协方差非零的随机函数。$f(\boldsymbol{x})$相当于响应面模型中的多项式模型，是对全部设计空间的全局模拟，而 $Z(\boldsymbol{x})$是对全局模拟的偏离。一般 $f(\boldsymbol{x})$用常数 β 代替，即

$$y(\boldsymbol{x})=\beta+Z(\boldsymbol{x})$$

式中，β 为未知的常数，通过已知的响应值进行估计。$Z(\boldsymbol{x})$通过 n_s 个样本点插值获得。

$Z(\boldsymbol{x})$的协方差矩阵形式如下：

$$\mathrm{cov}[Z(\boldsymbol{x}^{(i)},\boldsymbol{x}^{(j)}]=\sigma^2\boldsymbol{R}R[\boldsymbol{x}^{(i)},\boldsymbol{x}^{(j)}]$$

式中，$\boldsymbol{R}$ 为相关矩阵，$R[\boldsymbol{x}^{(i)},\boldsymbol{x}^{(j)}]$为任意两个样本点 $\boldsymbol{x}^{(i)}$、$\boldsymbol{x}^{(j)}$之间的相关函数；$i=1,2,\cdots,n_s$，$j=1,2,\cdots,n_s$，n_s 为已知样本数据点的个数。相关矩阵 $\boldsymbol{R}$ 为 $n_s\times n_s$ 阶对称正定对角矩阵，相关函数 R 可以选择，常采用如下形式的高斯函数：

$$R(\boldsymbol{x}^{(i)},\boldsymbol{x}^{(j)})=\exp\left[-\sum_{k=1}^{n_v}\boldsymbol{\theta}_k\mid x_k^{(i)}-x_k^{(j)}\mid^2\right] \tag{5.31}$$

式中，n_v 为设计变量的个数，$\boldsymbol{\theta}_k$ 为未知的相关参数矢量，可用标量 θ 代替 $\boldsymbol{\theta}_k$，于是式(5.31)可变为

$$R(\boldsymbol{x}^{(i)},\boldsymbol{x}^{(j)})=\exp\left[-\sum_{k=1}^{n_v}\theta\mid x_k^{(i)}-x_k^{(j)}\mid^2\right] \tag{5.32}$$

未知 $\boldsymbol{x}$ 处的响应值 $y(\boldsymbol{x})$的预测估计值 $\hat{y}=\hat{\beta}+\boldsymbol{r}^{\mathrm{T}}(\boldsymbol{x})\boldsymbol{R}^{-1}(\boldsymbol{y}-\boldsymbol{f}\hat{\beta})$，其中 $\boldsymbol{y}$ 是长度为 n_s 的单位列向量，包含样本数据的响应值。当 $f(\boldsymbol{x})$为常数时，$\boldsymbol{f}$ 是长度为 n_s 的单位列向量。$\boldsymbol{r}^{\mathrm{T}}(\boldsymbol{x})$的长度为 n_s，是未知位置 $\boldsymbol{x}$ 和样本数据$\{\boldsymbol{x}^1,\boldsymbol{x}^2,\cdots,\boldsymbol{x}^{n_s}\}$之间的相关向量($n_s$ 为样本数据点的个数)。

$$\boldsymbol{r}^{\mathrm{T}}(\boldsymbol{x})=[R(\boldsymbol{x},\boldsymbol{x}^1),R(\boldsymbol{x},\boldsymbol{x}^2),\cdots,R(\boldsymbol{x},\boldsymbol{x}^{n_s})]$$

$$\hat{\beta}=(\boldsymbol{f}^{\mathrm{T}}\boldsymbol{R}^{-1}\boldsymbol{f})^{-1}\boldsymbol{f}^{\mathrm{T}}\boldsymbol{R}^{-1}\boldsymbol{y}$$

方差估计值 $\hat{\sigma}^2=\frac{(\boldsymbol{y}-\boldsymbol{f}\hat{\beta})^{\mathrm{T}}\boldsymbol{R}^{-1}(\boldsymbol{y}-\boldsymbol{f}\hat{\beta})}{n_s}$。式(5.32)中的相关参数 θ 由最大可能估计给出，即在 $\theta>0$ 时使下式最大：

$$-\frac{[n_s\ln(\hat{\sigma}^2)+\ln\mid\boldsymbol{R}\mid]}{2} \tag{5.33}$$

式中，$\hat{\sigma}$ 和 $\boldsymbol{R}$ 是 θ 的函数，任意一个 θ 值都能生成一个插值模型，最终的 Kriging 模型是通过求解式(5.33)的无约束非线性最优问题得到的。

如果所选相关函数的形式不同，最终得到的 Kriging 模型也不同，这使得所建立的 Kriging 模型具有很大的灵活性。另外，根据不同的相关函数，Kriging 模型既可以服从原始采样数据，对其进行准确的插值，也可以对原始采样数据进行平滑，获得不够准确的插值。前面提到的高斯相关函数是准确插值函数。

从上面描述的 Kriging 模型的建立过程可以看到，随着设计变量个数的增加、采样数据点的增加或者 Kriging 模型中响应个数的增加，建立 Kriging 模型的时间可能会急剧增加，因为随着矩阵大小的增加，用来求其行列式和逆矩阵的计算时间将成指数倍增加，所以如果想用足够数量的采样点建立一个好的 Kriging 模型，即使是采样数据点的数值分析计算已经完成，单是用这些采样点来建立其近似 Kriging 模型就有可能耗费相当长的时间。

一旦 Kriging 模型建立好并且具有足够的精度，即可用其代替原来的仿真分析程序进行设计分析，不过 Kriging 模型的使用与响应面模型的使用很不相同。在使用响应面模型时，只需将未知的一组设计变量代入已建立好的响应面模型表达式，就可以立即求出其响应(目标函数值或约束条件的值)。但是在使用 Kriging 模型时，还需要先求出相关函数和相关矩阵，再进行多次矩阵求逆和矩阵相乘的运算，最后才能得到响应值，而且矩阵的大小会随着样本个数的不同而变化，所以即使采用 Kriging 模型很可能仍然需要较多的计算时间。

虽然在建立 Kriging 模型时没有采样点个数的限制，即使只用两个点也可以建立 Kriging 模型，但是为了建立较为准确的近似模型，建议采样点数是设计变量数的 10 倍左右。

5.4.4 神经网络

神经网络的研究可以追溯到 1890 年美国著名心理学家 W. James 关于人脑结构与功能的研究，而人工神经网络引起各界广泛关注和兴趣则是在 20 世纪 80 年代。人工神经网络是人脑及其活动的一个理论化的数学模型，由大量处理单元通过适当的方式互联构成，是一个大规模的非线性自适应系统。神经网络的定义有多种，这里给出将神经网络看成一种自适应机器的定义：一个神经网络是一个由简单处理元构成的规模宏大的并行分布式处理器，天然具有存储经验知识和使之可用的特性。神经网络在两个方面与人脑相似：① 神经网络获取的知识是从外界环境中学习得来的；② 互连神经元的连接强度，即突触权值用于存储获取的知识。

按照网络运行过程中信息的流向，现有神经网络分为前馈型、反馈型及其结合型。前馈型神经网络包括径向基函数神经网络和 BP 神经网络等，Hopfield 网络属于反馈型神经网络。本章主要介绍在优化中建立近似模型常用的径向基函数神经网络和 BP 神经网络两种前馈型神经网络，对反馈型神经网络有兴趣的读者可以参阅其他相关文献。

前馈型神经网络由许多非常简单的彼此之间高度连接排列而成的处理单元组成，信息只能从输入层单元向其上面一层的单元传输，并且结构是分层的，第一层的每个单元与第二层的所有单元相连，第二层的每个单元又与其上一层的所有单元相连，如图 5.15 所示。

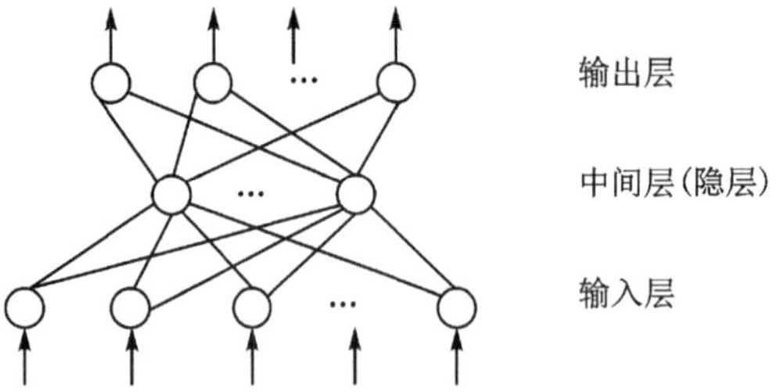

图 5.15 前馈型神经网络模型

接收输入信号的单元层称为输入层，输出信号单元称为输出层，不直接与输入输出发生联系的单元层称为中间层或隐层。神经网络的处理功能都是由这些简单的处理单元完成的，各处理单元通过权值连接。将输入激励转化为输出响应的数学表达式称为处理单元的传递函数，传递函数的形式是神经网络分类的一个重要指标。处理单元决定后，利用网络构造响应面就是通过样本点的设计量及状态量数据来调整确定权值的，即所谓的“训练”过程。这是因为对每个处理单元而言，在其传递函数确定的情况下，其输出由两个因素决定，即输入数据和与此处理单元相连的各输入量的权值。

神经网络的功能十分强大，可以完成如函数逼近、最近相邻模型分类、概率密度估计等计算，广泛应用于图像识别、模式识别、人工智能等领域，近年来神经网络技术在航空航天领域也得到了广泛应用。

1. 径向基函数神经网络

在诸多神经网络模型中，径向基函数神经网络（Radial Basis Function Neural Network，RBFNN）在函数逼近方面有其特有的优良性质，多变量插值的径向基函数方法是径向基神经网络用于函数逼近的数学基础。径向基函数是一类局部分布的对中心点径向对称衰减的非负非线性函数。通常的径向基函数有高斯函数、多二次函数、逆多二次函数、薄板样条函数等。将径向基函数应用于构造神经网络的传递函数即构成了径向基函数神经网络。RBF 神经网络的突出优点在于该网络不仅同通常 BP 网络一样具有任意精度的泛函逼近能力，而且具有最优泛函逼近特性，同时具有较快的收敛速度。

基本形式的径向基函数网络结构与多层前向网络类似，是三层前向网络，其中每一层都有着完全不同的作用。输入层由一些源点（感知单元）组成，它们将网络与外界环境联系起来；第二层为隐含层；第三层为输出层。从输入层到隐含层是一种固定不变的非线性变换，将输入矢量直接映射到一个新的空间，中心点确定以后，这种映射关系也就确定了。在大多数情况下，隐层空间具有较高的维数，因为维数越高，逼近就越精确。而隐层空间到输出层空间的映射是线性的，即输出层在该新的线性空间中实现线性加权组合，此处的权即为网络可调参数。

可以将径向基函数神经网络的基本思想理解为，用径向基函数作为隐含层单元的基，构成隐含层空间，隐含层对输入矢量进行变换，将低维的输入数据变换到高维空间内，使得在低维空间内线性不可分的问题在高维空间内线性可分。

RBF 神经网络结构简单、训练简洁而且学习的收敛速度快，能够逼近任意非线性函数。RBF 神经网络是单隐含层的前向网络，根据隐含层单元的个数，可以建立两种 RBF 神经网络：正规化网络和广义网络。正规化网络的隐单元就是训练样本，其隐单元的个数与训练样本的个数相同，是一个通用的逼近器，只要隐单元足够多，就可以逼近任意 M 元连续函数，而且对于任一未知的非线性函数，总存在一组权值使网络对该函数的逼近效果最好；由于正规化网络的训练样本与基函数一一对应，当样本个数很大时，网络的实现复杂，且在求解网络的权值时容易产生病态问题。解决此问题的办法是减少隐含层神经元的个数，构造广义网络。下面介绍广义 RBF 神经网络的构造方法。

径向基函数可以写为

$$g(\boldsymbol{x})=\sum_{p=1}^{P}\lambda_p\varphi_p(\|\boldsymbol{x}-\boldsymbol{c}_p\|)+\theta \tag{5.34}$$

式中，$\boldsymbol{x}\in\mathbf{R}^N$ 表示模式向量；$\{c_p\}_{p=1}^{P}\subset\mathbf{R}^N$ 为基函数的中心；λ_p 为权函数；φ_p 为选定的非线性

基函数，一般是格林函数；θ 为阈值。式(5.34)可以看作是一个神经网络，输入层有 N 个单元，输入模式向量 $\boldsymbol{x}$ 由此进入网络。隐层有 $P+1$ 个单元，第 p 个单元的输入为 $h_p=\|\boldsymbol{x}-\boldsymbol{c}_p\|$，输出为$\varphi_p(h_p)$，其中 p 从 1 到 P，第 $P+1$ 个隐层单元为 1。输出层有 1 个单元，输出为 $g(\boldsymbol{x})=\sum_{p=1}^{P}\lambda_p\varphi_p(h_p)+\theta$。

常用的非线性基函数有以下几种：

① 薄板样条函数：$\varphi(\nu)=\nu^2\lg(\nu)$；

② 多二次函数：$\varphi(\nu)=(\nu^2+c)^{\frac{1}{2}}, c>0$；

③ 逆多二次函数：$\varphi(\nu)=(\nu^2+c)^{-\frac{1}{2}}, c>0$；

④ 高斯基函数：可选取如下的高斯基函数来构造径向基函数：

$$g(\boldsymbol{x})=\sum_{p=1}^{P}\lambda_p\varphi_p(\boldsymbol{x})+\theta$$

式中，$\varphi_p(\boldsymbol{x})=\exp\left(-\frac{\|\boldsymbol{x}-\boldsymbol{c}_p\|^2}{2\sigma_p^2}\right)$，参数 σ_p 是第 p 个高斯基函数 $\varphi_p(\boldsymbol{x})$的宽度或平坦度。$\sigma_p$ 越大，以 $\boldsymbol{c}_p$ 为中心的等高线越稀疏，即 θ_p 类所含的样本点与中心 $\boldsymbol{c}_p$ 的平均距离越大，$\varphi_p(\boldsymbol{x})$ 越平坦。

(1) 基函数中心的选取

基函数中心$\{\boldsymbol{c}_p\}_{p=1}^{P}$ 的选取通常选用 k-均值聚类算法。聚类算法的作用是将所给数据点划分成几个不同的部分(类)，每一部分中的数据尽量有相同的性质。k-均值聚类算法将径向基函数的中心放在输入空间中重要数据点所在的区域上，令 P 为径向基函数的数目(依靠试验来确定取何值合适)，其算法如下：

① 给定训练样本$\{\boldsymbol{x}^j\}_{j=1}^{J}\subset\mathbf{R}^N(J>P)$。

② 将聚类中心$\{\boldsymbol{c}_p\}_{p=1}^{P}$ 初始化(可以随机选取，只要每一个中心的初值不同即可，例如可选为$\{\boldsymbol{x}^l\}_{l=1}^{P}$)。

③ 将$\{\boldsymbol{x}^j\}_{j=1}^{J}$ 按距离远近向$\{\boldsymbol{c}_p\}_{p=1}^{P}$ 聚类，分成 P 组$\{\boldsymbol{\theta}_p\}_{p=1}^{P}$，即令 $\|\boldsymbol{x}^j-\boldsymbol{c}_{p^*}\|=\min\limits_{1\leqslant p\leqslant P}\|\boldsymbol{x}^j-\boldsymbol{c}_p\|$，所确定的 p 值即为 $\boldsymbol{x}^j$ 的分组。

④ 计算样本均值，作为新的聚类中心，M_p 是类 θ_p 中的样本个数，有

$$\boldsymbol{c}_p=\frac{1}{M_p}\sum_{x^j\in\theta_p}\boldsymbol{x}^j,\quad p=1,2,\cdots,P$$

⑤ 若$\{\boldsymbol{c}_p\}P_{p=1}$ 的改变量很小，则停止；否则，转至步骤③。

k-均值聚类算法是循环选取聚类中心$\{\boldsymbol{c}_p\}_{p=1}^{P}$ 与聚类集合$\{\boldsymbol{\theta}_p\}_{p=1}^{P}$ 的一个迭代过程，它是一个竞争分类的过程。其局限性在于它只能达到依赖于所选中心初值的局部最优解，所以计算资源有可能浪费，因为一些中心的初值可能位于输入空间中数据点稀少的区域，没有机会移到其所需的新位置上去。Chen 提出了一种增强 k-均值聚类算法，其建立在变差加权度量的聚类基础上，可以使算法收敛于一个最优结果或近似最优结果，而与中心的初始位置无关。

另外还有一种 k-均值聚类算法。

① 将聚类中心$\{\boldsymbol{c}_p\}_{p=1}^{P}$ 初始化。

② 随机选取样本向量$\{\boldsymbol{x}^j\}_{j=1}^{J}$。

③ 将$\{\boldsymbol{x}^j\}_{j=1}^J$按距离远近向$\{\boldsymbol{c}_p\}_{p=1}^P$聚类，分成 P 组$\{\boldsymbol{\theta}_p\}_{p=1}^P$，即令$\|\boldsymbol{x}^j-\boldsymbol{c}_{p^*}\|=\min\limits_{1\leqslant p\leqslant P}\|\boldsymbol{x}^j-\boldsymbol{c}_p\|$，所确定的 p 值即为$\boldsymbol{x}^j$ 的分组。

④ 调整样本中心($\eta>0$ 是选定的学习速率)：

$$\boldsymbol{c}_p^{\text{new}}=\begin{cases}\boldsymbol{c}_p^{\text{old}}+\eta(\boldsymbol{x}^i-\boldsymbol{c}_p^{\text{old}}), & p=p^*\\ \boldsymbol{c}_p^{\text{old}}, & p\neq p^*\end{cases}$$

⑤ 若新旧$\{\boldsymbol{c}_p\}_{p=1}^P$的改变量很小，则停止；否则，转至步骤②。

(2) 方差的确定

高斯条函数的方差σ_{pn}^2是不同的，为简化起见，将其定为一个值：

$$\sigma_{pn}^2=\frac{d_{\max,n}^2}{2P}$$

式中，$d_{\max,n}$为所选中心之间第 n 维的最大距离，用此式可以避免每个径向基函数太尖或太平。

(3) 权系数 $\boldsymbol{\lambda}_i$ 的确定

在$\boldsymbol{c}_p$ 和σ_{pn}确定后，就可以通过最小二乘法来确定λ_i 的值。

$$\boldsymbol{H}=\begin{bmatrix}\varphi_1(\boldsymbol{x}_1) & \varphi_2(\boldsymbol{x}_1) & \cdots & \varphi_P(\boldsymbol{x}_1) & 1\\ \varphi_1(\boldsymbol{x}_2) & \varphi_2(\boldsymbol{x}_2) & \cdots & \varphi_P(\boldsymbol{x}_2) & 1\\ \vdots & \vdots & & \vdots & \vdots\\ \varphi_1(\boldsymbol{x}_n) & \varphi_2(\boldsymbol{x}_n) & \cdots & \varphi_P(\boldsymbol{x}_n) & 1\end{bmatrix}$$

式中，P 为中心的个数，n 为输入样本点的个数。

$$\hat{\boldsymbol{\lambda}}=(\boldsymbol{H}^{\mathrm{T}}\boldsymbol{H})^{-1}\boldsymbol{H}^{\mathrm{T}}\boldsymbol{Y}$$

式中，$\hat{\boldsymbol{\lambda}}=[\lambda_1,\lambda_2,\cdots,\lambda_p,\theta]^{\mathrm{T}}$，$\boldsymbol{Y}=[y_1,y_2,\cdots,y_n]^{\mathrm{T}}$。然后可以通过下式计算预测点的近似值：

$$y=\lambda_1\varphi_1(\boldsymbol{x})+\lambda_2\varphi_2(\boldsymbol{x})+\cdots+\lambda_p\varphi_p(\boldsymbol{x})+\theta$$

(4) 基函数个数 $\boldsymbol{P}$ 的确定

基函数的个数 P 就是隐层单元的个数，在满足精度要求的前提下，P 越小越好，这样不仅可以减小网络成本，而且可以减少逼近函数不必要的振荡。确定 P 可从大的单元数出发，逐步减少 P，直至精度不再满足要求为止；也可以从较小的 P 出发，逐步增加单元的个数，直到精度满足要求。

以高斯基函数为例，假设已经用样本($x^1,\cdots,x^j$)确定了 P 个隐单元，即已经确定了$\{\boldsymbol{c}_p,\boldsymbol{\lambda}_p,\boldsymbol{\sigma}_p\}_{p=1}^P$，使得

$$|y^p-g(\boldsymbol{x})^p|<\varepsilon,\quad p=1,\cdots,j \tag{5.35}$$

这里 ε 为给定的误差上限。考虑样本向量$\boldsymbol{x}^{j+1}$，如果能够调整$\{\boldsymbol{c}_p\}_{p=1}^P$ 和$\{\boldsymbol{\lambda}_p\}_{p=1}^P$，使得式(5.35)对 $p=1,\cdots,j+1$ 都成立，则无需增加新的隐单元，进而可以考虑下一个样本向量$\boldsymbol{x}^{j+2}$。如果无法做到这一点，则分配一个新的 $P+1$ 号隐单元，其中心$\boldsymbol{c}_{p+1}$可以取为$\boldsymbol{x}^{j+1}$，而σ_{p+1}的选取应使得

$$\varphi_{P+1}(\boldsymbol{x}^p)\ll 1,\quad p=1,\cdots,j \tag{5.36}$$

而

$$\lambda_{P+1}=[y^{j+1}-g^{\text{old}}(\boldsymbol{x}^{j+1})]/\varphi_{P+1}(\boldsymbol{x}^{j+1}) \tag{5.37}$$

这样新的径向基函数

$$g^{\text{new}}(\boldsymbol{x})=g^{\text{old}}(\boldsymbol{x})+\lambda_{P+1}\varphi_{P+1}(\boldsymbol{x}) \tag{5.38}$$

将使式(5.35)对 $p=1,\cdots,j+1$ 成立(可能误差上限 ε 稍微扩大一点)。

(5) 高斯条函数

典型的径向基函数只对输入空间的一个很小的局部区域作出有效响应(当 $\|\boldsymbol{x}-\boldsymbol{c}_p\|^2$ 较大时,$\varphi_p(\boldsymbol{x})$接近零),因此径向基函数对描述函数的局部性质较为有效,而不适于对函数进行大范围的逼近。为弥补径向基函数这一不足,构造了高斯条函数,将 $\varphi_p(\boldsymbol{x})$改为

$$\varphi_p(\boldsymbol{x})=\sum_{n=1}^{N}\omega_{pn}\exp\left(-\frac{\|\boldsymbol{x}_p-\boldsymbol{c}_{pn}\|^2}{2\sigma_{pn}^2}\right)$$

式中,ω_{pn} 为待定线性权值,$\boldsymbol{c}_p=(c_{p1},c_{p2},\cdots,c_{pN})$为第 p 个中心,σ_{pn} 为第 p 个中心基函数沿第 n 个坐标轴的宽度。在高斯条函数中只要输入向量 $\boldsymbol{x}$ 与中心 $\boldsymbol{c}_p$ 的任一坐标相接近,则网络作出有效的响应;而在高斯基函数中,只有当 $\boldsymbol{x}$ 与中心 $\boldsymbol{c}_p$ 的每一个坐标都接近时,网络才作出有效的响应。以地形图为例,高斯基函数适于描述凸起的包或凹下的坑,而高斯条函数还可以描述狭长的山谷或山脊。

高斯条函数中的权系数可以用最速下降梯度法等方法来优化选择。对于给定的误差函数 E,例如 $E=\frac{1}{2}\sum_{j=1}^{J}[y^j-g(\boldsymbol{x}^j)]^2$,权系数 ω_{pn}、中心 c_{pn} 和宽度σ_{pn} 的最速下降方向分别为

$$-\frac{\partial E}{\partial \omega_{pn}}=\delta_p e_{pn}$$

$$-\frac{\partial E}{\partial c_{pn}}=\delta_p\frac{\omega_{pn}}{\sigma_{pn}}\left(\frac{x_n-c_{pn}}{\sigma_{pn}}\right)e_{pn}$$

$$-\frac{\partial E}{\partial \sigma_{pn}}=\delta_p\frac{\omega_{pn}}{\sigma_{pn}}\left(\frac{x_n-c_{pn}}{\sigma_{pn}}\right)^2 e_{pn}$$

式中

$$\delta_p=\frac{\partial E}{\partial \varphi_p},\quad e_{pn}=\exp\left\{-\frac{1}{2}\left[\frac{(x_n-c_{pn})}{\sigma_{pn}}\right]^2\right\}$$

2. BP 神经网络

BP 神经网络也称为误差后传神经网络(Back Propagation Neural Network,BPNN),它是无反馈的前向神经网络。网络中分层排列的神经元除有输入层和输出层外,还至少有一层隐层。每一层神经元的输出均传送到下一层,利用输出后的误差来估计输出层的直接前导层的误差,再用该误差估计更前一层的误差,如此一层一层反传下去,就获得了各层的误差估计。这样就形成了将输出层的误差沿着与输入信息传递方向相反的传递过程,这也是这种网络被称为误差后传神经网络的原因。

BP 网络中的每个神经元均由其输入、激活函数和阈值来决定它的活化程度,网络的工作过程分为学习期和工作期两部分。学习期由输入信息的正向传播和误差的反向传播两个过程组成。在正向传播过程中,每一层神经元的状态只影响下一层神经元的状态,如果输出层的输出与给出样本的希望输出不一致,则计算输出误差,转入误差反向传播过程,将误差沿原来的

通路返回，通过修改各层神经元之间的权值，使误差达到最小。经过大量学习样本训练之后，各层神经元之间的连接权值就固定下来了，网络可以进入工作期。工作期中只有输入信息的正向传播，对训练好的网络按照正向计算输出值。BP 网络训练的关键是学习期的误差反向传播与网络调整过程，此过程是通过使目标函数最小化来完成的。目标函数可以定为网络实际输出与样本希望输出之间误差的平方和等。在 BP 网络中，虽然从学习的角度看，信息的传播是双向的，但 BP 网络的结构仍然是单向的，不存在信息的反馈，所以它仍然是一种前馈型神经网络。

(1) BP 神经网络学习算法

按照 BP 算法的要求，神经元所用的激活函数必须是处处可导的。一般使用 S 形函数。对一个神经元来说，其网络输入可以表示为

$$\text{net} = x_1\omega_1 + x_2\omega_2 + \cdots + x_n\omega_n$$

式中，$x_1, x_2, \cdots, x_n$ 为该神经元接受的输入；$\omega_1, \omega_2, \cdots, \omega_n$ 为神经元对应的连接权值。若采用 S 形函数，则该神经元的输出为

$$y = f(\text{net}) = \frac{1}{1 + e^{-\text{net}}}$$

S 形函数的曲线如图 5.16 所示。当 net＝0 时，y 的取值为 0.5，并且 net 在(－0.6，0.6)之间取值时，y 的变化率较大；在(－1，1)之外，y 的变化率就非常小。

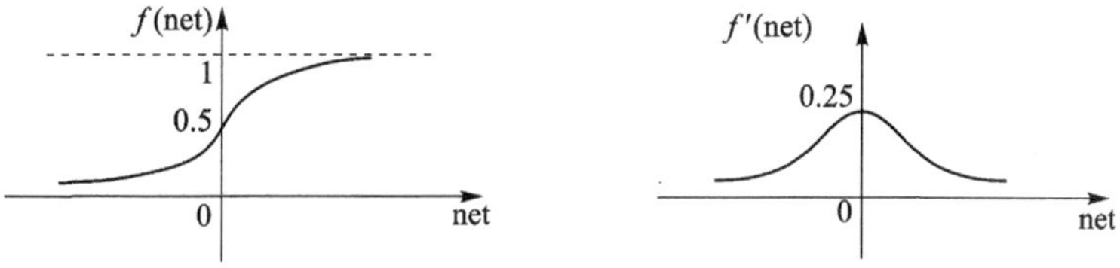

图 5.16　S 形激活函数及其导数示意

求 y 关于 net 的导数：

$$f'(\text{net}) = \frac{e^{-\text{net}}}{(1 + e^{-\text{net}})^2} = \frac{1 + e^{-\text{net}} - 1}{(1 + e^{-\text{net}})^2} = \frac{1}{1 + e^{-\text{net}}} - \frac{1}{(1 + e^{-\text{net}})^2} = y - y^2$$

注意到

$$\lim_{\text{net} \to +\infty} \frac{1}{1 + e^{-\text{net}}} = 1$$

$$\lim_{\text{net} \to -\infty} \frac{1}{(1 + e^{-\text{net}})^2} = 0$$

根据 S 形激活函数可知，y 的值域为(0，1)，f'(net)的值域为(0，0.25)，且在 $y = 0.5$ 时，f'(net)达到极大值，如图 5.16 所示。对神经网络进行训练，应将 net 的值控制在收敛较快的范围内。也可以选择其他函数作为 BP 神经网络的激活函数，只要该函数满足处处可导的条件即可。

接下来以三层 BP 神经网络为例，介绍其学习算法。

假设 $\boldsymbol{x}$ 代表输入层神经元，$\boldsymbol{h}$ 代表隐层神经元，$\boldsymbol{y}$ 代表输出层神经元，i 代表输入，o 代表输出，希望的输出向量为 $\boldsymbol{d}$，样本数据个数 $k = 1, 2, \cdots, m$，权值为 w，阈值为 b，并假设神经元数目在输入层、隐层、输出层分别为 n、p、q，即输入向量 $\boldsymbol{x} = (x_1, x_2, \cdots, x_n)$；

隐层输入向量 $\boldsymbol{h}_i(hi_1,hi_2,\cdots,hi_p)$；

隐层输出向量 $\boldsymbol{h}_o=(ho_1,ho_2,\cdots,ho_p)$；

输出层输入向量 $\boldsymbol{y}_i=(yi_1,yi_2,\cdots,yi_q)$；

输出层输出向量 $\boldsymbol{y}_o=(yo_1,yo_2,\cdots,yo_q)$；

希望输出向量 $\boldsymbol{d}=(d_1,d_2,\cdots,d_q)$；

输入层与中间层的连接权值为 ω_{ih}；

隐含层与输出层的连接权值为 ω_{ho}；

隐含层各神经元的阈值为 b_n；

输出层各神经元的阈值为 b_o。

BP 神经网络的标准学习算法如下：

① 网络初始化。给 ω_{ih}、ω_{ho}、b_n 和 b_o 分别赋一个区间(−1,1)内的随机数，设定误差函数 $e=\frac{1}{2}\sum_{o=1}^{q}[d_0(k)-y_0(k)]^2$，给定计算精度值 ε 和最大学习次数 M。

② 随机选取第 k 个输入样本 $\boldsymbol{x}(k)=(x_1(k),x_2(k),\cdots,x_n(k))$ 及对应的期望输出 $\boldsymbol{d}(k)=(d_1(k),d_2(k),\cdots,d_q(k))$。

③ 计算隐含层各神经元的输入 $hi_h(k)$，然后用 $hi_h(k)$ 和激活函数计算隐含层各神经元的输出 $ho_h(k)$：

$$hi_h(k)=\sum_{i}^{n}\omega_{ih}x_i(k)-b_h,\quad h=1,2,\cdots,p$$

$$ho_h(k)=f(hi_h(k)),\quad h=1,2,\cdots,p$$

$$yi_o(k)=\sum_{h}^{p}\omega_{ho}ho_h(k)-b_o,\quad o=1,2,\cdots,q$$

$$yo_h(k)=f(yi_o(k)),\quad o=1,2,\cdots,q$$

④ 利用网络期望输出向量 $\boldsymbol{d}(k)=(d_1(k),d_2(k),\cdots,d_q(k))$ 和网络的实际输出 $yo_o(k)$，计算误差函数对输出层各神经元的偏导数 $\delta_o(k)$：

$$\delta_o(k)=[d_o(k)-yo_o(k)]yo_o(k)[1-yo_o(k)],\quad o=1,2,\cdots,q$$

⑤ 利用隐含层到输出层的链接权值 $\omega_{ho}(k)$、输出层的 $\delta_o(k)$ 和隐含层的输出 $ho_h(k)$ 计算误差函数对隐含层各神经元的偏导数 $\delta_h(k)$：

$$\delta_h(k)=\sum_{o=1}^{q}[\delta_o(k)\omega_{ho}]ho_h(k)[1-ho_h(k)]$$

⑥ 利用输出层各神经元 $\delta_o(k)$ 和隐含层各神经元的输出 $ho_h(k)$ 来修正链接权值 $\omega_{ho}(k)$ 和阈值 $b_o(k)$：

$$\omega_{ho}^{N+1}(k)=\omega_{ho}^{N}(k)+\eta\delta_o(k)ho_h(k)$$

$$b_o^{N+1}(k)=b_o^{N}(k)+\eta\delta_o(k)$$

式中，N 代表调整前；$N+1$ 代表调整后；η 为学习率，在(0,1)之间取值。

⑦ 利用隐含层各神经元的 $\delta_h(k)$ 和输入层各神经元的输入 $x_i(k)$ 来修正链接权值和阈值：

$$\omega_{ih}^{N+1} = \omega_{ih}^{N} + \eta\delta_h(k)x_i(k)$$

$$b_h^{N+1}(k) = b_h^{N}(k) + \eta\delta_h(k)$$

⑧ 计算全局误差

$$E = \frac{1}{2m}\sum_{k=1}^{m}\sum_{o=1}^{q}[d_o(k) - y_o(k)]^2$$

判断网络误差是否满足要求，当 $E<\varepsilon$ 或学习次数大于设定的次数 M 时，结束算法；否则，随机选取下一个学习样本及对应的期望输出，返回步骤③，进入下一轮学习过程。

(2) BP 神经网络存在的问题

BP 神经网络把一组样本的输入、输出问题变成一个非线性问题，实现从输入空间到输出空间的非线性映射，在很多领域得到成功应用。但它也存在一些问题：

① 学习算法的收敛速度很慢；

② 隐层个数和隐层神经元个数的选取对网络性能影响较大，只能根据经验选取，缺乏理论上的指导；

③ 学习过程是一个非线性优化过程，可能产生局部极小值，影响网络的训练结果；

④ 网络的泛化能力受训练样本和测试样本的影响较大。

为改善 BP 神经网络的性能，研究人员提出了很多改进方法，例如在学习过程中动态改变学习系数的大小，网络学习终止条件由预测误差控制等，有兴趣的读者可参阅相关文献。

3. 深度神经网络

深度神经网络（Deep Neural Network，DNN）在传统的神经网络基础之上发展而来，如图 5.17 所示。DNN 网络由多个单层非线性网络叠加而成，有更多的隐层，并且引入更多有效的算法，对复杂系统的近似表达能力较强；其多隐层的结构能够在无先验知识的条件下捕捉数据之间的复杂特征进行学习，并通过自动调整权重的方法使模型具有较强的泛化性。目前常用的 DNN 网络类型包括全连接深度神经网络、卷积神经网络和循环神经网络等。后两类神经网络常用于图像和语音领域，相关问题的输入是包含海量信息的图片或音频；液体火箭发动机优化设计领域所用近似模型的变量数相对较少，可以采用全连接深度神经网络。

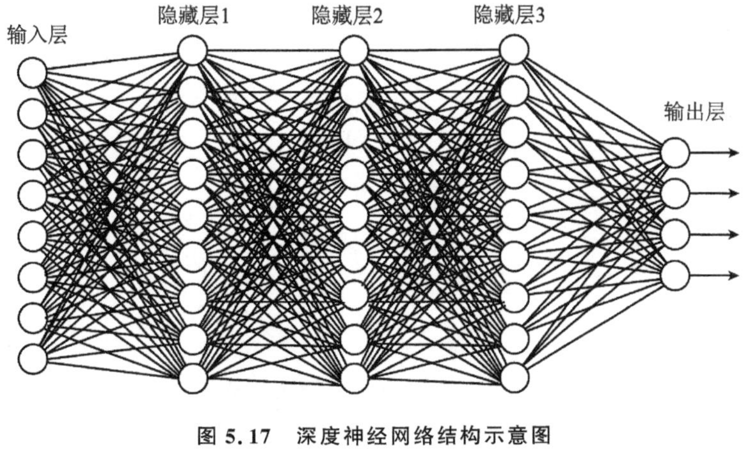

图 5.17　深度神经网络结构示意图

(1) 激活函数

DNN网络的基本模型为线性模型，网络中每个神经元节点接受上一层神经元的输出值作为输入值，并将其输出值传递给下一层。但如果DNN网络中只包含线性模型，那么无论包含多少层，输出都是输入的线性组合，网络只能表示线性关系，对复杂问题的处理能力相当有限。因此，需要通过激活函数在层与层之间进行去线性化，从而通过多层非线性变换对高复杂性的数据进行近似建模。图5.18为加入激活函数和偏置项之后的神经元结构示意。

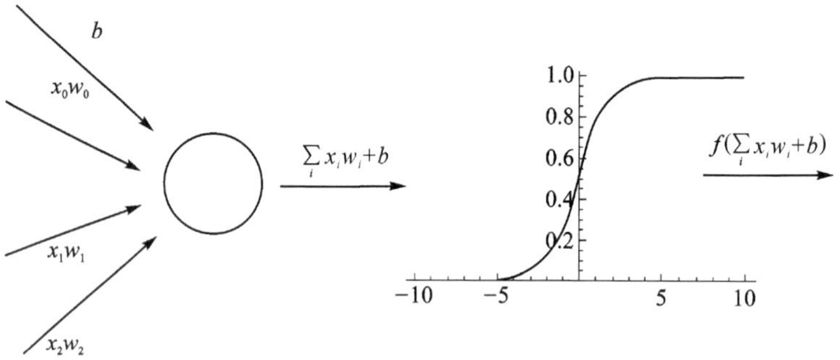

图5.18 加入激活函数和偏置项之后的神经元结构示意

常用的激活函数包括Sigmoid函数、tanh函数和ReLU函数，如图5.19所示。

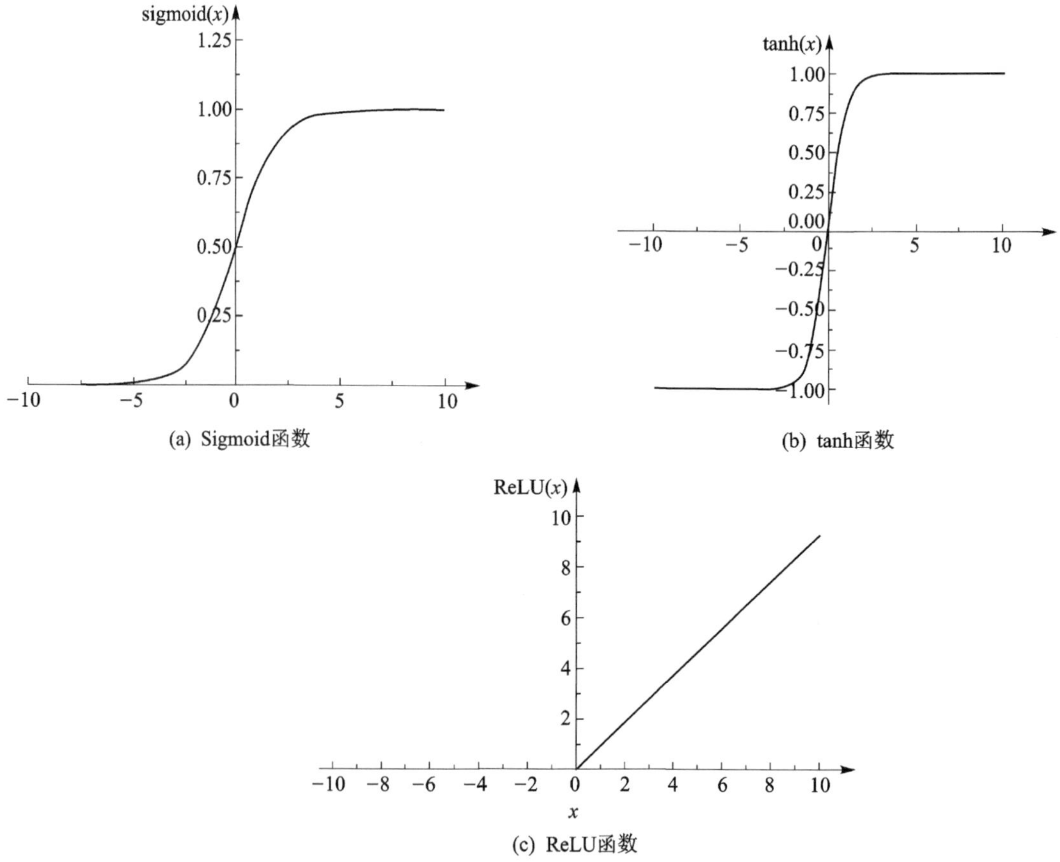

图5.19 常用的激活函数图像

(2) 损失函数

神经网络模型的近似效果是通过损失函数来定义的，以损失函数最小为目标训练网络模型。

在近似模型中常见的两类问题为分类问题与回归问题。分类问题根据类别数会有多个输出点，每个输出点输出对于每个类别预测结果的概率值，通常采用交叉熵(Cross Entropy，CE)作为损失函数。单个样本的交叉熵表达式如下：

$$\mathrm{CE} = -\sum_{c=1}^{M} y_{ic}\log(p_{ic})$$

式中，M 表示类别的数量；y_{ic} 为指示变量，如果经模型分类的类别 c 与样本 i 的实际类别对应就是 1，不对应则是 0；p_{ic} 是神经网络对于观测样本 i 属于类别 c 的预测概率。对所有样本的交叉熵求平均，即可得到整个模型的交叉熵损失函数：

$$L = \frac{1}{N}\sum_{i} - \sum_{c=1}^{M} y_{ic}\log(p_{ic})$$

回归问题是对具体数值的预测，一般只有一个输出点即为预测值，这个预测值不是一个事先定义好的类别，而是一个任意实数，回归问题常采用均方误差(Mean Squared Error，MSE)作为损失函数，定义如下：

$$\mathrm{MSE}(y, y') = \frac{\sum_{i=1}^{n}(y_i - y_i')^2}{n}$$

式中，y_i 为一个 batch 中第 i 个数据的实际值，而 y_i' 为神经网络给出的预测值。

(3) 正则化

在近似建模过程中，由于抽样误差，导致 DNN 可能产生过拟合，具体表现为 DNN 可对训练集达到极高的学习准确率，但在测试集中表现不佳。可以使用正则化减小模型的结构风险，防止 DNN 出现过拟合，减小测试误差，提高泛化能力，同时适当降低模型的复杂度。

常用的正则化方式是在损失函数后添加一个结构损失项。添加正则化项后的目标函数为

$$\bar{J}(W, b) = J(W, b) + \frac{\lambda}{2m}\Omega(\omega)$$

式中，m 为样本个数，λ 是用于控制正则化程度的一个超参数。当采用 L1 正则化时，对应正则化项为 L1 范数：

$$\Omega(\omega) = \|\omega\|_1 = \sum_{l}^{m} |\omega_i|$$

当采用 L2 正则化时，对应正则化项为 L2 范数：

$$\Omega(\omega) = \|\omega\|_2^2 = \sum_{l}^{m} \omega_i^2$$

5.4.5　近似模型的误差

在优化中利用近似技术是为了在优化过程中快速获得目标函数或约束条件对设计变量的响应，通常根据给定的采样点构建近似模型从而得到未知点的预测结果，即所构建的近似模型具有较好的泛化能力，能够对未在给定样本集中出现的样本作出较好的预测响应。优化中需要对近似模型误差进行估计以更新近似模型获得更好的预测结果，不过如何科学评价近似模

型的误差是需要进一步研究的问题。以下是常用的计算误差指标，可以作为评价近似模型误差的参考。

① 最大绝对误差(Maximal Errors，ME)：

$$\mathrm{ME}=\max\{|f_i-\hat{f}_i|\},\quad i=1,2,\cdots,N_v$$

式中，f_i 为第 i 个样本点的真实值，$\hat{f}_i$ 为对应样本点的近似值，N_v 为样本点的个数。

② 平方和误差(Sum of Squared Errors，SSE)：

$$\mathrm{SSE}=\sum_{i=1}^{N_v}(f_i-\hat{f}_i)^2$$

③ 均方根误差(Root Mean Squared Errors，RMSE)：

$$\mathrm{RMSE}=\sqrt{\frac{\mathrm{SSE}}{N_v}}=\sqrt{\frac{\sum_{i=1}^{N_v}(f_i-\hat{f}_i)^2}{N_v}}$$

④ 平均绝对误差(Mean Absolute Error，MAE)：

$$\mathrm{MAE}=\frac{\sum_{i=1}^{N_v}|f_i-\hat{f}|}{N_v}$$

⑤ 平均相对误差(Mean Relative Error，MRE)：

$$\mathrm{MRE}=\frac{1}{N_v}\sum_{i=1}^{N_v}\left|\frac{f_i-\hat{f}}{f_i}\right|$$

⑥ 偏差平方和(Sum of Squares of Deviation，SSD)：

$$\mathrm{SSD}=\sum_{i=1}^{N_v}(f_i-\bar{f}_i)^2=\sum_{i=1}^{N_v}f_i^2-\frac{1}{N}\left(\sum_{i=1}^{N_v}\hat{f}_i\right)^2$$

式中，$\bar{f}$ 为样本点近似均值，$\bar{f}=\frac{1}{N_v}\sum_{i=1}^{N_v}\hat{f}_i$。

⑦ 回归平方和(Sum of Squares of Regression，SSR)：

$$\mathrm{SSR}=\sum_{i=1}^{N_v}(\hat{f}_i-\bar{f}_i)^2$$

⑧ 复相关系数(R Square，R^2)：

$$R^2=1-\frac{\mathrm{SSE}}{\mathrm{SSY}}=\frac{\mathrm{SSR}}{\mathrm{SSY}}=1-\frac{\sum_{i=1}^{N_v}(f_i-\hat{f}_i)^2}{\sum_{i=1}^{N_v}(f_i-\bar{f}_i)^2}$$

对于在实际问题中该用何种近似技术来构造近似模型，很大程度上取决于问题本身和使用者的经验。问题的规模、所能获得样本点的数量、数据中有无噪声等都对近似模型的建立有影响，而使用的要求如计算效率、模型稳健性、易用性也关系到近似技术的选择。关于近似技术的比较，可参阅相关文献。

5.5　计算机试验设计分析

试验设计是将设计参数的各种取值(参数水平)及其相应的设计目标值进行组合分析,评估各设计参数对设计性能特征影响的系统方法。不同于传统试验设计,计算机试验设计分析(Design and Analysis of Computer Experiments,DACE)在设置参数取值时并不考虑随机误差,因此其试验设计点在设计空间的分布比较平均。DACE 可用于近似建模、参数敏度分析以及低精度的设计优化等。

5.5.1　计算机试验设计分析的基本思想和应用分类

一般来说,一个系统或过程的特征可用一个或多个变量来描述,这些变量随着诸多因素的变动而变动。通常把描述系统特征的变量称为试验点,把引起系统特征变化的因素称为因子,因子所处状态称为水平,把系统的输出称为响应。计算机试验设计分析就是科学地变动各个因子的水平从而组织一系列试验,观察相应试验点下的响应,然后分析研究因子变动与响应变动之间的关系,得到系统输入变量对于其性能影响的更深刻理解。试验设计是有关知识和技术的一个整体,它使研究人员能够很好地开展计算机试验,有效地进行数据分析,并建立分析结论与最初研究目标之间的联系。

根据不同的目标,计算机试验设计分析的应用大致分为 5 类。

1. 处理比较

其主要目的是比较几种不同的处理并选择最好的。例如比较液体火箭发动机在不同参数下的性能,选择最佳参数。

2. 参数敏度分析及变量筛选

一个系统中有许多因子,但通常只有小部分是重要的。根据计算机试验设计结果,采用方差分析等参数统计分析方法,分别开展各因子的 Pareto 分析、主效应分析以及交互效应分析。主效应分析反映了每个参数对试验响应目标函数的单独影响。Pareto 分析将所有参数按其对试验响应目标函数的影响程度进行百分数排序。交互效应分析则反映了各个参数在其他参数变化时对试验响应目标函数的综合影响。通过开展基于计算机试验设计的参数敏度分析可以识别重要因子,从而实现变量筛选。

3. 响应曲面探查

当少数重要因子被识别出来后,其在响应上的效应需要深入探查。这些因子与响应的关系有时称为响应曲面。通过计算机试验设计分析,可以使得这些因子、二次效应以及因子间的某些交互作用能够被估计。

4. 系统优化

许多研究的兴趣在于系统的优化。若一个响应曲面被识别了,它就可以用来进行优化。但在寻找一个最优目标时,不必勾画出整个曲面做响应曲面探查。一种巧妙的序贯策略能很快地使试验移动到含有因子的最优组合设置的区域中进行，只有这个区域才能确保是对响应曲面的彻底探查。

5. 系统稳健性

除优化响应外，在质量改进中提高系统的抗干扰能力（即使得系统对于噪声变化有稳健性）也是十分重要的。对于这点通常可以通过选择那些使系统对噪声变化不敏感的控制因子水平组合来达到目的。尽管噪声的变化在正常条件下难以控制，但在试验期间还是有必要使噪声系统地进行变化。在统计分析中，响应常是对于一个给定的控制因子水平组合在噪声重复中的方差。

5.5.2 全因子设计

在一项试验中，当因子和水平确定后，在进行试验设计时最容易想到的就是全面试验。全面试验将每一个因子的不同水平组合进行同样数目的试验：在一项试验中若有 m 个因子，它们各有 $l_i(i=1,\cdots,m)$ 个水平，则全面试验至少需做 $l_1\times l_2\times\cdots\times l_m$ 次试验，即每个处理的重复次数是 l_i 次。

虽然用全面试验的方法并且通过数据分析可以获得非常丰富的结果，结论也非常精确，但是当因子数较多、水平数较大时，全面试验要求较多的试验。例如，有 6 个因素，每个因子都是 5 水平，则至少需要 $5^6=15\ 625$ 次试验，这个数目太大了，对于绝大多数场合，做这么多次试验是不可能的。这极大地限制了全面试验的应用范围，全面试验一般用于因子数较少、水平数不高的试验设计中。

5.5.3 多次单因子设计

与全面试验不同，多次单因子试验每次只改变一个因子，而其他因子不变：在一项试验中若有 m 个因子，它们各有 $l_i(i=1,\cdots,m)$ 个水平，则全面试验至少需做 $l_1+l_2+\cdots+l_m$ 次。虽然多次单因子试验法需要的试验次数少，但是多次单因子试验法有局限性，其只能用于因子间没有交互作用的场合。特别是当因子的数目和水平数更多时，常常会得到错误的结论，不能达到预期的目的。

5.5.4 正交试验设计

为了解决多因子全面实施试验次数过多、条件难以控制的问题，有必要选出部分代表性很强的处理组合来做试验。这些具有代表性的部分处理组合，一般可通过正交表来确定，而这些处理通常是线性空间的正交点。正交试验设计正是根据因子设计的分式原理，采用由组合理论推导而成的正交表来安排设计试验，并对结果进行统计分析设计的多因子试验方法。

用正交试验设计法安排试验具有许多优点。假设现要进行的试验需考察 A、B、C 三个因子，每个因子取 3 个水平，则全面试验共需 $3^3=27$ 次试验，这 27 个试验点在空间的分布可以用图 5.17 形象地说明。而采用单因子试验虽只需进行 7 次试验，但从图 5.18 可以看到，7 个试验点在空间的分布极不均匀，如左、中、右 3 个平面，在 A_1 平面和 A_2 平面上各只有 1 个试验点，而在 A_3 平面上有 5 个试验点。因为 7 个试验点在空间的分布极不均匀，所以根据单因子试验得到的结论不一定可靠。假设不考虑因子之间的交互作用，可采用 $L_9(3^4)$ 正交表安排这样一个 3 因子 3 水平的试验，共需要做 9 次试验，其试验点的分布如图 5.19 所示。这些试验点在空间的分布是均匀的，每个平面都分布了 3 个试验点。正交试验设计需要的试验点少且具有很好的代表性。

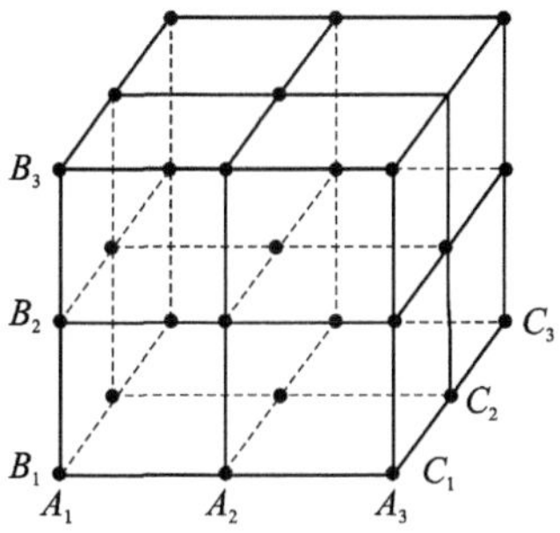

图 5.17　全因子设计

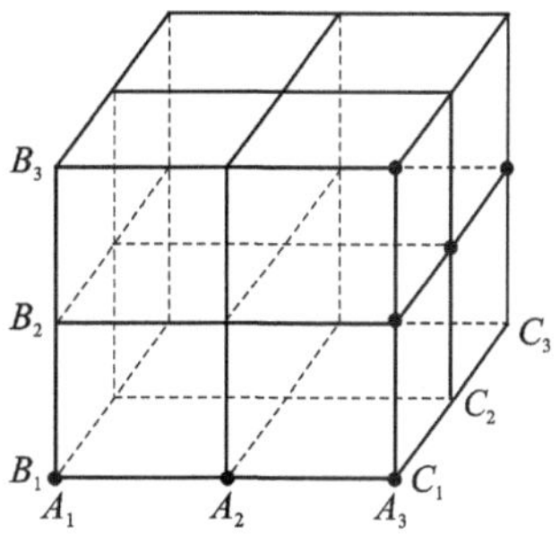

图 5.18　单因子试验

在其试验的初期阶段，正交试验设计可采用很少的试验单元筛选众多的因子。在试验中期，其可进一步扩大试验规模进行各因子间的交互作用分析。在试验后期，其可进行各种模型优化试验设计。正交设计在实际工程中可以灵活运用，主要适用于水平数相同或不同的试验，考虑或不考虑交互作用的试验，单一指标或多指标的试验，计量指标或非计量指标的试验，分批或不分批的试验，安排区组或进行裂区设计，单一或联合的正交试验，利用正交表做配方设计以及利用正交表进行序贯设计。利用正交表可以对试验结果进行直观分析、级差分析、方差分析、回归分析和协方差分析等。

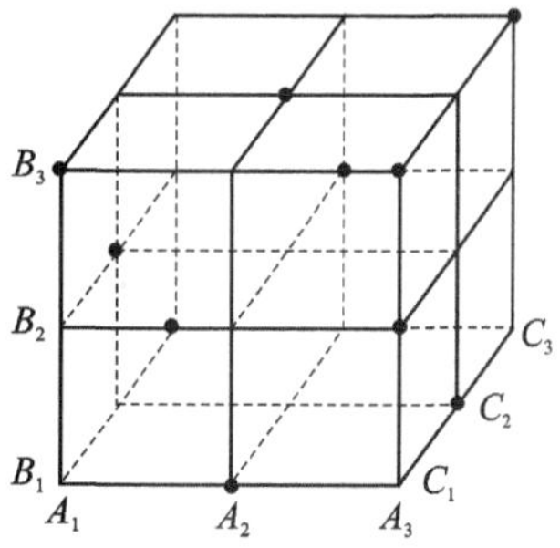

图 5.19　正交试验设计

自 1945 年 Finney 提出分式设计后，许多学者潜心研究，提出了供分式设计用的正交表。20 世纪 40 年代后期，日本人田口玄一首次把正交法应用到日本的电话机试验上，随后在日本各行各业广泛应用，获得丰硕的经济效益。正交试验设计在中国的普及使用始于 20 世纪 60 年代末，70 年代达到高潮，并在实践应用中发展了多种实用设计表，随后在各行各业逐步展开应用。正交试验设计由于能用少量试验提取关键信息，并且简单易行，已成为工程实际问题中多因子最优化的主要方向。

5.5.5　均匀设计

正交试验设计具有均匀分散、整齐可比的特点，而在均匀设计中只考虑试验点的均匀分散性，即让试验点均衡地分布在试验范围内，使每个试验点有充分的代表性。这样，均匀设计的试验点会比正交设计的试验点分布得更均匀，因而具有更好的代表性。由于不考虑整齐可比性，在正交设计中为整齐可比而设置的试验点可不予考虑，因而大大减少了试验次数。采用均匀设计法时，每个因素的每个水平只做一次试验，当水平数值增加时，试验数随水平数的增加而增加。采用正交设计时，试验数则随水平数的平方数而增加。例如用正交设计需做 961 次 5 因素 31 水平的试验；而采用均匀设计只需做 31 次试验，其效果基本相同。

将因子数设为 q，在各因子水平数相等且均为 n 的情况下，表 5.5 列举了全面试验、正交试验设计和均匀设计各自需要的试验次数。从表中可以看出，均匀设计需要的试验次数最少，尤其当水平数较大时其优势更加明显。

表 5.5 三种试验设计方法的试验次数比较

q、n	试验次数	$q=3$，$n=3$	$q=3$，$n=10$	$q=10$，$n=3$	$q=100$，$n=100$
全面试验	q^n	27	59 049	1 000	1.0e+200
正交试验设计	q^2	9	9	100	10 000
均匀设计	q	3	3	10	100

均匀设计与正交试验设计的特性比较如下：

① 正交设计具有正交性，如果试验按正交设计，则可以估计出因素的主效应；均匀设计是非正交设计。

② 正交设计用于水平数不高的试验，因为其试验次数至少为水平数的平方；均匀设计的试验次数可达到与水平数相等，因而它适合于多因素、多水平数的试验，试验安排的灵活性大。

③ 正交设计的安排有跳跃性；均匀设计试验次数随水平数的增加有连续性。

第6章　多学科设计优化

液体火箭发动机是一个复杂的系统，在液体火箭发动机的设计中涉及结构力学、材料力学、固体力学、流体力学、传热学、燃烧学、气体动力学、可靠性工程等多个学科。传统的设计方式一般只考虑单学科对发动机性能的影响，通过边界条件的传递将不同的学科联系起来。传统优化设计也是在一个学科中针对液体火箭发动机系统或部件的优化设计。由于液体火箭发动机设计中各学科之间存在较强的耦合性，故采用传统串行方式设计周期长，还往往不能得到整体性能令人满意的发动机。单学科最优的设计构成一个有机整体时常常并非整体性能最优的设计，因为学科之间的动态关联被割裂开来，优化设计也未从整体的角度协调各个学科的设计。本章主要介绍多学科设计优化的定义、研究概况、发展趋势、典型应用、研究内容、软件框架及项目组开发的液体火箭发动机多学科设计优化软件等。

6.1　多学科设计优化的定义

1982年美籍波兰人Sobieski在求解大型结构优化问题时，提出了多学科设计优化（Multidisciplinary Design and Optimization，MDO）的设想，利用复杂耦合系统的全局敏度方程将常规优化方法用于求解系统的优化设计问题，既体现了大系统中各子系统的相互耦合作用，又实现了并行处理。因此这种设想一提出就受到广泛关注，现已应用到各种领域。

截至目前还没有对多学科设计优化的统一定义。随着对多学科设计优化研究的深入，其包含的研究内容也在不断丰富和完善。

Giesing等对MDO的定义为：一种用于设计复杂工程系统及子系统的方法论，它充分利用了相互作用的现象之间的协同作用。

NASA（National Aeronautics and Space Administration）对MDO的定义是：对于由相互影响和耦合的物理现象主导并由相互作用的子系统组成的复杂工程系统进行设计，以使系统的综合性能达到最优的一种设计方法。MDO的主要思想包括增大概念设计在整个设计过程中的比例；在设计的各个阶段力求各学科的平衡，充分考虑各学科之间的互相影响和耦合作用；应用有效的设计优化策略和分布式计算机网络系统来组织和管理整个系统的设计过程；通过充分利用各学科之间的相互作用所产生的协同效应，获得系统的整体最优解。

可以看出，虽然不同研究者对MDO给出了不同的定义，但是这些定义所反映出的MDO主要特征却是相同的，即MDO是一种设计方法，它研究的对象是由若干子系统组成的复杂系统，并且考虑了子系统之间的相互作用。

Sobieski在提出MDO概念的同时阐述了MDO的主要研究内容。随着对MDO研究的深入以及MDO在工业领域中的应用，MDO的研究内容有所扩展，即从单纯的技术方面的研究扩充至团队管理等非自然科学领域的研究，这也从一个侧面说明了MDO在实践中应用的重要性和复杂性。

虽然本书前5章介绍的优化设计概念与优化算法都是基于传统优化设计思想的，但其仍然在 MDO 中起着重要作用,因为 MDO 算法侧重于解决系统与子系统(学科)之间的耦合作用问题,优化过程仍需借助于前几章介绍的各种优化算法来完成。MDO 的研究内容十分广泛,为使读者对其有一个整体的了解,本章简要介绍其研究概况、发展趋势和主要研究内容,其中的基本概念也是理解后续章节对发动机系统和部件优化设计的基础。

MDO 与传统的单学科设计优化相比,考虑了各学科之间的耦合关系,能以较大概率找到问题的最优解,但也有计算复杂性的问题。MDO 经过 20 多年的发展,已经形成了较为成熟的算法。从单级优化算法到并行子空间算法、协作优化算法,它们对于设计变量数目大的复杂优化问题的求解能力越来越强,对于学科间的耦合关系的处理也越来越巧妙。这体现在通过实现各学科模块化并行设计缩短设计周期,通过学科间相互耦合挖掘设计潜力,通过系统综合分析进行方案选择和评估,通过系统高度集成实现自动化设计,通过学科综合提高可靠性,通过门类齐全的多学科综合设计降低研制费用。对于一个研究对象的 MDO 过程可用图 6.1 来表示。

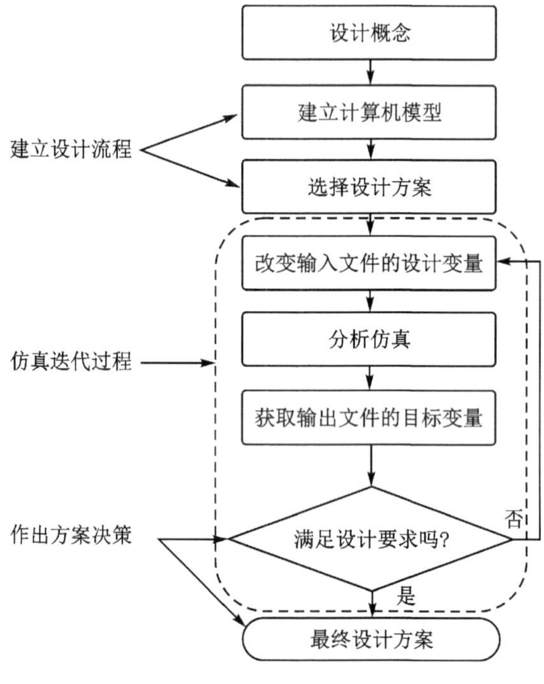

图 6.1 MDO 过程简图

MDO 过程分为三大部分:建立设计流程、仿真迭代过程和方案决策。每个部分都能通过集成的多学科设计优化平台自动实现。在建立计算机模型时可通过 CAD/CAE/自编的内部程序完成数学建模;在仿真迭代过程中通过设计平台自动改变输入文件的数值;在方案决策过程中通过设计平台的数据可视化和分析后处理过程,快速确定最佳设计方案。这个过程似乎与传统优化过程并无区别,但其实采用 MDO 技术后在图 6.1 所示虚线框内,设计变量、分析仿真、目标函数都与传统优化是不同的。

在各领域展开 MDO 的目的在于:通过充分利用各个学科之间的相互作用所产生的协同效应,获得系统的整体最优解;通过实现并行计算和设计,缩短设计周期;采用高精度的分析模型,提高设计结果的可信度。

6.2　多学科设计优化的研究概况

纵观 MDO 的发展历程,从 MDO 概念的提出迄今 20 多年中,各领域 MDO 的研究均取得了不菲的成绩,许多工程项目已经应用于人们的日常生活中,为社会的不断进步做出了贡献。MDO 是一个逐渐发展的设计方法,应用的领域越来越广,参与的机构越来越多。在航空航天领域最早开始 MDO 研究,但是现在,MDO 已遍及汽车、材料、航海、电子、化工、管理等许多新领域,可以预计将来还会有更多行业使用 MDO 技术。起先研究 MDO 的机构、大学只有美国国内为数不多的几个,后来迅速扩展为有设计研究的地方就有 MDO 研究,不同机构均开展了 MDO 研究。MDO 也从美国传播到世界各国,科威特、葡萄牙等国也都报道了他们对 MDO 的研究进展。现今,每年都会有好几个世界级的 MDO 研讨会召开。目前政府、商业机构和大学对 MDO 的研究工作既有独立承担的,也有相互合作完成的,并且合作完成的研究课题越来越多。

1.　国外研究概况

图 6.2 是近年来美国从事 MDO 研究的一些单位,可以分为政府机构、公司企业和科研院校三类。政府机构中最具典型的代表是 MDOB(Multidisciplinary design Optimization Branch)、MDOTC(Multidisciplinary Design Optimization Technical Committee)、国际结构与多学科优化协会 ISSMO(International Society for Structural and Multidisciplinary Optimization)等;公司企业中的典型代表是波音公司、达索公司、SGI 等;科研院校有佐治亚理工学院、弗吉尼亚理工大学、斯坦福大学等。其中政府机构是从事 MDO 研究的核心。

政府机构	公司企业	科研院校
● NASA MDOB	● Boeing	● Georgia Tech
● AIAA MDOTC	● Lockheed Martin	● Virginia Tech
● ISSMO	● Rocketdyne	● Univ. of Florida
● NASA centers	● GE	● Stanford
● National Labs	● Honeywell	● Buffalo
● U.S. DoD	● Aerospace Corp.	● MIT
● SIAM	● SGI	● Penn State Univ.
● …	● Enginous	● Notre Dame
	● Phoenix	● RPI
	● …	● …

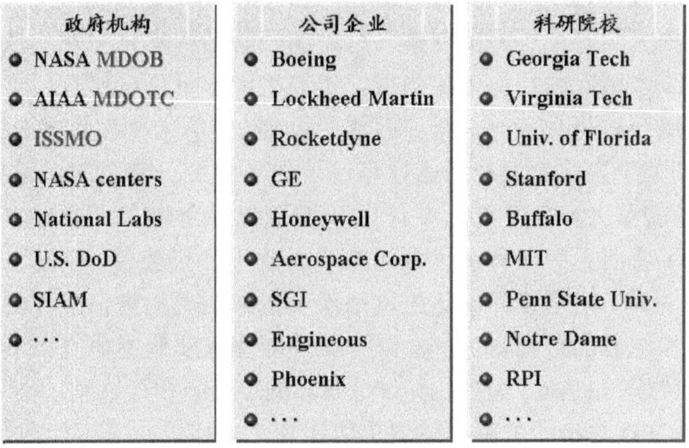

图 6.2　美国从事 MDO 研究的单位

MDOB 是 1994 年 8 月由 NASA 在兰利研究中心成立的多学科设计优化部门。MDOB 的任务包括确认、发展和展示 MDO 方法及相关技术,及时将有前途的 MDO 方法和技术向工程界推广,并促进 NASA、工程单位和高校对 MDO 的基础研究。

MDOTC 是 1991 年由美国航空航天学会 AIAA 成立的专门的 MDO 技术委员会,其发表了《MDO 的研究现状——AIAA 白皮书》。该书详尽阐述了 MDO 的必要性和迫切性、MDO

的定义、MDO的研究内容以及发展方向。MDOTC作为AIAA下属委员会，主要履行以下四个方面的职责：提供关于MDO方法和技术的应用信息的交流平台，建立工程单位与政府和学术研究机构之间的对话论坛；对在MDO领域的突出成就及时进行奖励；与AIAA内外的相关机构合作开展工作以促进MDO的教育；定期出版发行MDO的相关文章和刊物，包括《白皮书》和年度MDO研究综述。

国际结构及多学科优化协会ISSMO于1991年在德国成立，成立之初命名为ISSO(International Society for Structural and Multidisciplinary Optimization)，1993年更名，其目前已成为国际上非常有影响力的组织。协会的宗旨是鼓励和促进结构优化及相关课题研究、鼓励优化方法在工程中的应用以及相关软件的开发、促进不同学科优化技术的交流、扶持优化在多学科协同设计中的应用、提供交流研讨会的组织和制定交流传播规范、促进第三世界结构优化教学等方面的工作。

在美国企业和科研院校中，MDO也受到了广泛关注。SGI和福特汽车公司在汽车设计中应用MDO考虑重量、安全和用户满意度等需求，将原来3年的计算缩短为不到2天。波音公司对下一代7E7飞机和高超声速飞行器使用MDO进行设计。克莱姆森大学对于在不同地点进行大规模的优化设计研究，取得了用于协同设计中多目标权衡的同步和不同步的方法。密歇根州立大学完善了用于优化分解车身结构的方法，以实现结构完整性和部件模块化的最大可能，拓展了对不确定性的多层次系统的分析，并测试了使用非线性FEM近似的车身结构防撞性的优化方法。纽约州立大学水牛城分校建立了在汽车碰撞过程中婴儿座位的生物力学和防撞性模型，并且研究了在非协作环境中集成系统设计的框架，该框架使用了博弈和可靠性理论。莱塞拉尔理工学院对于MDO的应用广泛，包括结构、生产计划和投资风险管理等，同时还提出了一种用于概念选择的优化方法。宾州州立大学发展了关于多学科可视化及描述关于客户需求、环境和制造变量等不确定因素的方法，使用优化方法对飞行器"变形"，得到了大翼展的形式。斯坦福大学研究了关于完整飞行器的气动结构优化问题。俄克拉荷马州大学在大型并行机上开展了多层次的结构优化测试。密苏里大学哥伦比亚分校将MDO应用于传感器、聚合物组成、可展开结构和表面合金等问题的研究，使用优化和敏度分析的方法研究原料处理，并将其集成到关于聚合物的产品或过程设计的环境中。麻省理工学院在翼身一体飞行器、卫星星座和轨道转移飞行器等概念设计中开展了包含全生命周期影响的MDO研究。圣母玛利亚大学创建了弯曲翼的双翼飞机从而改变了航程和可控性，同时与宾州州立大学的应用研究实验室合作研究了用于设计高速超汽蚀水下运输工具的可信域方法。亚利桑那州立大学研究了关于危险探测器的传感器优化放置。桑迪亚国家实验室研究了不确定性和基于代理的优化，DAKOTA(Design Analysis Kit for OpTimizAtion)软件已用于大型并行MDO研究。密歇根大学通过将CFD与结构有限元模型集成实现了最优的气动弹性剪裁，其优化变量同时包括了上千个气动形状和结构尺寸变量，他们同NASA合作优化了大展弦比机翼。NASA Glenn研究中心同Genworks等多家单位合作开发了开源MDO框架OpenMDAO。

英格兰的谢菲尔德大学研究了进化计算，通过探究并行性，MDO的应用与现存的工业结构更加相容。英国国防评估和研究机构用MDO设计了混合机翼/机身的飞机。杜伦大学用模仿骨骼生长的方法来优化结构。空客公司成功用MDO识别飞机机翼形状不明显和显著改进的设计。英国航空航天局和劳斯莱斯公司赞助南安普顿大学进行了涡轮叶片的MDO工作和低振动卫星结构设计；南安普顿大学还开发了优化设计UAVs环境，并用其对海上救援原型飞机进行了详细设计、制造、测试和优化。巴斯大学研究了稳健的拓扑优化技术，能够得到对载荷的变动不太敏感的最优设计。

法国的皮埃尔和玛丽居里大学进行了 MDO 在汽车防撞方面的应用研究；尼斯大学报告了用创新的图像处理技术进行拓扑优化的重大进展。

韩国汉阳大学的灵敏度分析与设计革新实验室研究了 MDO 中的灵敏度分析方法、元模型分析方法、基于可靠性的设计优化和全局优化方法；建国大学的气动设计与多学科设计优化实验室研究了数值优化方法、各类飞行器的数值优化、热防护系统设计与优化、MDO 框架、MDO 方法和 MDO 应用等。

波兰科学院下属的基础技术研究所研究了用于框架结构的多种有效优化方法。以色列特拉维夫大学在确定压电最优层的过程中使用了结构拓扑设计方法。日本大阪大学系统设计工程实验室研究了利用计算机支持产品 MDO 的设计方法。加拿大拉维尔大学用 MDO 设计飞行模拟器的静态平衡运动系统。澳大利亚昆士兰理工大学和澳大利亚航天自动化研究中心等单位合作研究了不确定性 MDO 的先进进化方法。

由此可见，世界各国的大学、工业界和政府机构对 MDO 的研究和应用都日益增多，取得的成就也很显著。

2. 国内研究概况

在中国，MDO 研究起步较晚，但是越来越多的科研院校和研究部门已经意识到 MDO 的重要性，开始关注 MDO 的研究和应用。1996 年自然科学基金将复杂系统的整体优化问题列为机械工程类优化设计的前沿课题。航空基础科学基金则将多学科多层次优化设计列为优先研究领域。2001 年的第四次世界结构与多学科优化会议在大连理工大学举行。近些年来，多学科优化设计技术的研讨会定期召开，许多高校和研究机构成立了多学科优化设计技术中心。

在理论研究方面，国内很多高校已经开展了 MDO 的理论研究工作，并将其运用于一些简单系统设计中。余雄庆对 MDO 优化过程进行了综述，并运用 MDO 进行了无人机设计；陈小前运用响应面法进行了飞行器概念设计，并提出了 MDO 在飞行器设计中运用的方法与步骤；胡峪提出了子空间近似优化算法，并将其运用于微型飞机的 MDO 中；陈琪锋研究了协同进化 MDO 算法，并将其运用于导弹总体参数优化设计和卫星星座系统的 MDO 中；罗世彬将 MDO 方法运用到高超声速飞行器机体/发动机一体优化设计中，取得了满意的结果；谷良贤对多学科可行法过程、单学科可行法过程以及协同优化过程进行了比较与综述；陶冶对协同优化过程进行了改进研究，提出了基于满意度原理的协同优化过程；易国伟研究了 MDO 优化过程中存在的不确定性问题以及不确定性对设计过程和设计结果的影响，提出了相应的解决办法；卜广志分别采用多学科可行法过程、单学科可行法过程和协同优化过程对鱼雷总体综合设计的建模问题进行了研究；方杰运用多岛遗传算法和序列二次规划算法相结合的多学科可行法过程成功进行了发动机喷管的 MDO；吴立强采用多学科可行法过程成功进行了航空发动机涡轮叶片的 MDO；龚春林运用基于响应面的并行子空间优化过程对整体式冲压发动机飞航导弹进行了优化设计；张科施将均匀设计与二次响应面相结合，改进了并行子空间优化过程，并将该过程成功运用于飞机的 MDO。可见国内学者对 MDO 优化过程研究得较多，尤其是对多学科可行法过程和协同优化过程研究得较多，而对并行子空间优化过程和两级系统集成算法过程的研究相对较少。

国防科工局已经组织了多届军工产品多学科设计优化技术研讨会，并将总体设计、动力和电子三个方面列为 MDO 的重点应用领域。围绕这三个领域，航空航天工业部门和众多科研院所加入到 MDO 的研究中。航空工业第一集团公司沈阳发动机设计研究所针对航空发动机开展了综合优化设计技术的研究应用；航天科技集团五院 501 部对卫星总装支架和太阳翼等结构分别开展了多学科设计优化；航天科工集团三院三部投入大量的人力财力准备开发适用于导弹武器研发的多学科协同优化系统；国防科技大学的飞行器多学科设计优化研究小组正在进行飞行器总体多学科设计优化通用平台的研制，其撰写的专著《飞行器多学科设计优化理论与应用研究》已出版；北京航空航天大学工程系统设计优化研究中心作为 iSIGHT 软件的培训基地，在涡轮盘锻压优化设计、控制问题和控制系统优化设计以及复杂工程系统总体设计的多学科优化建模等方面都开展了研究工作；北京航空航天大学固体力学研究所对磁悬浮飞轮内转子进行了基于 iSIGHT 软件的结构优化，并取得了初步成果；北京航空航天大学宇航学院开展了对 MDO 算法、智能优化算法及其应用的研究，进行了液体火箭发动机、固液火箭发动机的优化设计；清华大学在燃气透平叶栅的气动优化以及末级叶片与扩压器的联合优化等项目中也借助 iSIGHT 软件开展了卓有成效的研究应用；西北大学改进了在 MDO 中协同可靠性分析的效率。

总而言之，国内的 MDO 研究已初具规模，逐步被工业部门接受，并被国防科工局列入制造业数字化领域的重要研究项目。目前面临的主要问题包括：缺乏系统的理论体系、与工程结合不够紧密、部分关键技术研究有待突破。

3. MDO 应用特点

根据国内外多个进行 MDO 研究应用的案例，可以总结出 MDO 的应用特点如下：

① 目前，政府、商业机构和大学对 MDO 的研究既有独立承担的工作，也有相互合作完成的工作，而合作完成的工作越来越多。对 MDO 中基本技术的研究由一个机构单独完成的多，但是大型研究课题多数是合作完成的。

② 从 MDO 在国外和国内的研究概况看，其应用的领域越来越广，参与的机构越来越多。

③ 由于现实中系统之间以及系统的部件之间广泛存在的耦合性，可以看出 MDO 的研究具有现实意义，并且可以应用到各个领域中。但由于 MDO 的复杂性，其发展还不成熟；另外，MDO 对仿真的依赖也限制了它在工程上的直接应用。

从大量文献可以看出，MDO 作为一种新兴的研究领域在最近 20 年当中取得了飞速发展，并在许多领域已取得实际应用且获得了相当可观的收益。MDO 的方法有很多，不同研究领域中使用的方法也不尽相同。对液体火箭发动机系统进行优化设计，只做到简单的单学科、单目标优化，对其进行 MDO 研究仍处于起步阶段，远远不能满足工程设计的要求。将 MDO 方法应用于液体火箭发动机的工程设计当中，将提高发动机整体设计水平。

6.3 多学科设计优化的发展趋势

MDO 研究的发展一方面是对 MDO 技术本身而言的，另一方面是将其与当前新的计算技术相结合，以解决复杂的大型问题。当前先进的高性能计算和 Internet 技术、更好的数值计算和近似技术使得对随机或确定性系统和产品的优化成为可能，MDO 能够对以前认为复杂得不能处理的问题进行建模、模拟及求解。现在不确定性问题的 MDO、基于网络的 MDO 以及 MDO 设计空间可视化等问题成为了 MDO 的新兴研究方向。分析现有的 MDO 理论和应用以及目前存在的 MDO 框架，在以下方面的 MDO 研究还有待进一步深入。

1. 分布式的协同工程

协同设计优势在 MDO 的研究内容中已经描述过。美国敏捷制造企业论坛从 1994 年 11 月起开展了最佳敏捷实践参考基础研究，其中敏捷制造的第一个参考技术就是集成的产品和过程开发。欧洲的 Esprit II 计划中的 EurocoOp 项目就是为了开发能够支持分布式协同工作的系统。亚洲国家自 1996 年起每年召开一次 CSCW in Design 的国际会议，讨论设计中的协同工作问题。分布式的协同工程支持大型项目的多学科设计优化，可以显著缩短设计周期和提高设计效率与质量。

2. 基于不确定性的多学科设计优化

工程中的不确定信息主要有三种：随机性、模糊性和未确知性。展开不确定性的 MDO 研究，才能将理论研究应用到实际中，提高设计的可靠性和稳健性。

3. 多学科设计优化的可视化

可视化包含图形可视化、界面可视化、设计空间可视化、数据可视化和结果可视化等多个层面的内容。可视化的实现可更直观地展示设计过程和结果。

4. 从概念设计延伸到制造的 MDO 参数化模型

对于大型复杂结构系统，参数化建模一直是设计优化中的难点所在，而从概念设计延伸到制造过程的参数化模型无疑对设计者提出了更高的要求，同时这一过程的实现能够增加设计自由度，拓展设计空间，同时有利于分布式的协同设计优化。

5. 可用于大规模多学科设计优化的并行计算

现在工程对 MDO 的需求并不满足于单台 PC 的简单优化。越来越复杂的工程计算要求 MDO 过程具备大规模的并行计算能力。

6.4　多学科设计优化的典型应用

政府机构的应用研究项目包括塞式喷管设计优化、高速民用运输机的设计、飞行器系统从概念到验证计划、变形体研究计划、创新机身概念与系统研究计划、机身集成推进计划和高性能计算与通信计划等。

1. 塞式喷管的多学科设计优化

对塞式喷管进行多学科分析，用来评估 MDO 策略和新的初步设计过程。这是 NASA 兰利研究中心和波音北美公司 Rockerdyne 分部合作工作的一部分。图 6.3 为塞式喷管的学科分解。

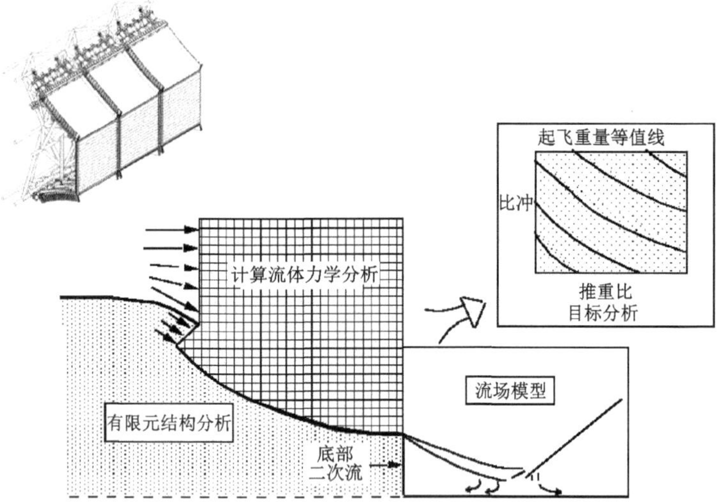

图 6.3 塞式喷管的学科分解

1995 年 NASA 兰利研究中心和 Rocketdyne 分部合作，用数月的时间，对 X-33 的塞式发动机喷管进行了多学科分析和优化。初始型面是 Rocketdyne 用传统方法得到的最优二维型面之一，喷管流场用步进 Euler 法仿真，结构计算用商业有限元程序仿真，底部流动用简化的模型仿真，并通过比冲和推力重量比查表得到净起飞重量。

优化过程中直接调用仿真和敏度分析，与传统的优化设计结果相比，整体性能提高 5%左右。结果是在损失很小推力的情况下减小了约 4.3%的重量。该研究直接调用仿真和敏度分析，在几台 UltraSPARC 的工作站运行，用一天时间达到最优解。由于该研究结果是在设计定型后完成的，所以未用于实际的 X-33 发动机。但在 X-33 项目终止前，该塞式喷管已经热试车达到 263 s，基本接近实用水平。

2. 高速民用运输机(HSCT)概念设计

对 HSCT 的设计是兰利研究中心从 1990—1999 年开展的高速研究计划的研究内容。HPCCP(High Performance Computing and Communications Program)目标之一是促进对用于快速解决空间飞行器多学科优化问题的先进计算技术的使用。1992 年 HPCCP 的 CAS (Computational Aerosciences)团队开始了多学科分析和优化软件研发。最初是进行软件集成，应用于 HSCT2.1 和 HSCT3.5，之后关注更复杂的工程应用 HSCT4.0。

HSCT2.1 模型程序是对机翼的概念设计，考虑了气动、结构、性能和推进等学科内容，工况为巡航状态，设计变量为 5 个，每个优化步用时约 10 min。

HSCT3.5 模型程序是对飞行器的概念设计，设计变量增加为 7 个，每个优化步用时大约 3 h。

1997 年在已有研究的基础上开始研究 HSCT4.0 模型程序，目标是在异构网络环境中应用高精度的有限元分析和计算流体力学气动分析，对完全的飞行器结构进行形状和尺寸优化，所使用的软件集成系统为 CORBA-Java Optimization(CJOpt)。MDO 过程考虑了气动、结构和性能；工况为巡航、滑行和机动飞行等 8 个状态；包括 271 个设计变量、32 000 个约束，优化目标为最小化总起飞重量；研究了分布式计算、并行计算和计算机自动化在 MDO 中的应用，以此验证技术方案的可行性，证明所选择程序的可用性并为测试不同的优化方案提供工作环境。

HSCT4.0 的优化流程包括计算分析、敏度分析和基于梯度的优化。优化方法为序列线性规划，并使用了基于一阶泰勒展开式的近似。敏度分析采用手动差分公式和自动差分工具相结合的方式。图 6.4 为 HSCT4.0 的分析流程。

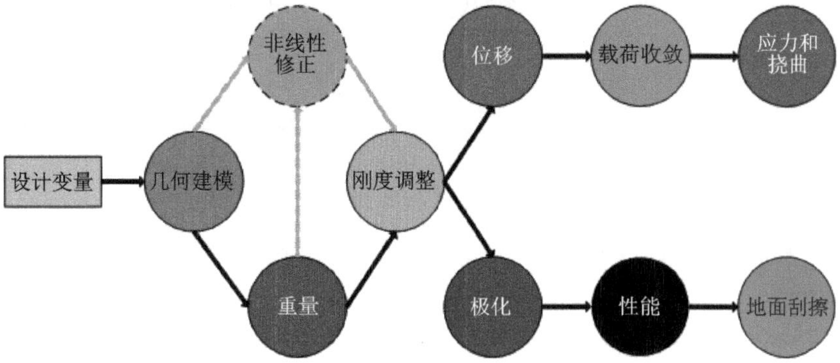

图 6.4　HSCT4.0 的分析流程

HSCT4.0 的详细分析流程包括几何建模过程、重量过程（由理论有限元结构重量分析和两个重量内置模块组成）、非线性修正过程、刚度调整过程、极化过程、性能过程、地面刮擦过程、位移过程、载荷收敛过程、应力和挠曲过程。

HSCT4.0 进行了 SCM（Software Configuration Management）过程，包括基准的建立、变化的控制和管理以及对软件发展的评论等，从而增强了软件的可靠性和质量。其中关于版本的控制最为重要。SCM 最初使用的是 TRUE 软件公司的 TRUEchange 软件，之后又采用了一系列基于网络的电子表格（包括正式的问题报告、变化请求和改进通告等内容）和关于变化控制的数据库。

2000 年由于项目被取消而终止了 HSCT4.0 的研究。该研究作为首个对大型工程问题的 MDO 典型应用，已经建立了可变精度的模块化仿真模型，并通过两组设计数据验证了过程集成的正确性；完成了各模块的敏度计算；确定了优化问题的表述，并通过非线性的气动优化给出了型面参数的变化范围；而且还在原有 FIDO（Framework of Interdisciplinary Design Optimization）的基础上自主研发了新一代 CJOpt 计算环境。整个 HSCT 项目实现了兰利研究中心关于高性能计算与通信以及 MDO 应用的目标，并为后续更复杂的研究项目积累了有益的经验和技术。

3. 波音 777 的涡扇发动机优化

1991 年 GE 公司对波音 777 的涡扇发动机进行原型设计优化，建立了发动机集成自动化设计平台，在满足强度、性能、几何约束的基础上，优化设计之后发动机的级数从 7 级减到 6 级，质量减轻了 908～1 135 kg（200～250 lb），燃油消耗率下降了 1%，每个引擎节省了 25 万美元，按预期总销售量，共节省成本近 5 亿美元，投资回报率大幅提高。而用于 MDO 的开发周期仅 2 个月，整个优化设计平台的运行时间仅需 2 周。

4. Delta 火箭尾部助推支架优化

EELV/Delta IV 火箭尾部助推支架的整体优化设计由波音公司研究完成，构建了火箭支架集成优化设计平台，在满足强度、安全性和几何约束的条件下将缓冲器数目从 24 个减少到 12 个，共节省成本 120 万美元，而整个优化设计平台的集成时间为 3 周。

6.5 多学科设计优化的研究内容

关于 MDO 研究内容的定义和分类，从学术角度到工程应用角度已经发展了三代。其最初是由 Sobieski 个人提出的。表 6.1 为 Sobieski 对 MDO 的分类。兰利研究中心 MDOB 在对其进行改进后发展了新的版本并推广使用数年。1998 年 AIAA 的多学科优化技术委员会又委托 Giesing 和 Barthelemy，根据对工程界关于 MDO 的应用和需求的总结，提出了新的关于 MDO 研究内容的定义和分类，表 6.2 中列举了具体内容。

表 6.1 Sobieski 对 MDO 研究内容的分类

信息科学与技术	面向设计的多学科分析	多学科设计优化
● 产品数据模型； ● 数据软件标准； ● 数据存储管理与可视化； ● 软件工程实践； ● 界面	● 数学模型； ● 成本与精度模型； ● 敏捷重分析； ● 近似； ● 敏度分析	● 学科优化； ● 分解； ● 设计空间探索； ● 优化进程

表 6.2 MDOTC 对 MDO 研究内容的分类

设计的表达与求解	信息管理与处理
● 设计问题描述； ● 设计问题分解和组织； ● 优化过程及相关事项	● MDO 结构框架； ● 数据库数据流和标准； ● 计算需求； ● 设计空间可视化
分析能力和近似方法	管理与文化实施
● 广度和深度需求； ● 对高精度分析和测试的有效包含； ● 近似和修正； ● 参数化几何建模； ● 分析和敏度计算能力	● 组织机构； ● 在总体设计部门的作用； ● 接受、验证、成本和收益； ● 培训

由表 6.2 可知，MDO 的研究内容主要包括设计的表达与求解、分析能力和近似方法、信息管理与处理、管理与文化实施这四类，而每一类下均又细分了若干具体研究项目。值得注意的是，第四类——管理与文化实施被首次明确纳入 MDO 的研究领域，也说明这一内容已受到工程部门的关注。

根据表 6.2 所列关于 MDO 的第三代定义和分类标准，以下将对其研究内容进行介绍。

6.5.1　设计的表达与求解

1. 设计问题的表达

由于多学科分析一般都很耗时并且难以开展，所以对设计变量、约束条件和目标函数等进行清楚的表达是很必要的。

设计变量是可以独立改变的基本参数。从理论上讲，无论哪一种参数都可以按设计变量处理。设计变量越多，设计自由度越大，越能深刻揭示待优化问题的本质。然而这实际上不一定合理，有时甚至是不可行的。设计变量太多会造成数学模型过分复杂而求解困难。所以在一般情况下，应将对目标函数影响较大的参数定为设计变量，而将影响较小的参数取作常量。在确定设计变量时，还应考虑工程实际中实现的可能性和必要性。所确定的设计变量寻出的最优解在工程中应能实现和达到；如果工程中实现不了，应限制其变动范围或将其作为常量。例如基于 CFD 的 MDO 问题在进行定义时需要注意设计变量的恰当选择，因为优化时变动的参数化型面可能导致 CFD 程序失效，出现网格破裂、流动分离等现象。

当设计变量确定为连续变量时，应规定其上下限；上下限随设计要求或设计者的技术、经验不同而不尽相同。对于不连续的设计变量，取值应符合相应的标准或规定，其优化过程可以采用整数规划的方法；也可以先按连续变量处理，在取得最优方案后，再按标准或规定取为整数。

约束条件既是对设计变量取值范围的限制，也是对目标函数寻优时的限制，它构成了 MDO 问题的可行域和非可行域。在建模过程中，对于一个性能指标，既可以取为目标函数，也可以定为约束条件，两者是可以相互交换的。在确定约束条件时，一般可以比常规设计考虑更多方面的要求，如工艺、装备、各种失效形式、费用、性能及环保要求等；只要某种限制能够用设计变量表示为约束函数，就都可以确定为约束条件。

MDO 问题的结果一般分为可行（Feasible）解、最优（Optimal）解、改进（Improved）解和帕累托（Pareto）解。

可行解就是使设计满足所有约束要求；最优解是指找到所有目标函数为最优值的设计；改进解介于上述两种解之间，提升了可行解，但只满足部分目标函数为最优值。尽管设计中都希望计算出最优解，但是通常得到的都是改进解，甚至是可行解。因为关于实际问题的全局最优性一般较难验证，而相互冲突的多目标问题的优化又必然要引入人为的权衡。从可行解到改进解的计算消耗远远小于从改进解到最优解。从更符合实际情况的不确定性优化的角度来看，传统意义的最优解由于没有考虑设计的可靠性和稳健性而往往不具有实用价值。因此，传统的优化算法在 MDO 问题中更适于用来指导改进当前设计的移动方向，而非定位于数学意义上的最优解。

Pareto 解集又称为非劣解集，对于针对多目标之间相互冲突的 MDO 问题而言，其设计结果通常由一组考虑了权衡的非劣解组成。传统的多目标优化方法主要是集成的方法，如权重法、约束法和目标规划法等。将多目标问题转换为单目标后，再采用比较成熟的单目标优化算法求解。集成方法的缺点是，每次计算只能产生一个解，要多次运行后才能得到一组近似 Pareto 解，而由于每次计算彼此是独立的，因此计算结果可能出现不一致的情况。

图 6.5 中深色点表示的是关于最小化质量和应力两个优化目标的 Pareto 解；浅色点表示

的则是改进解和可行解。

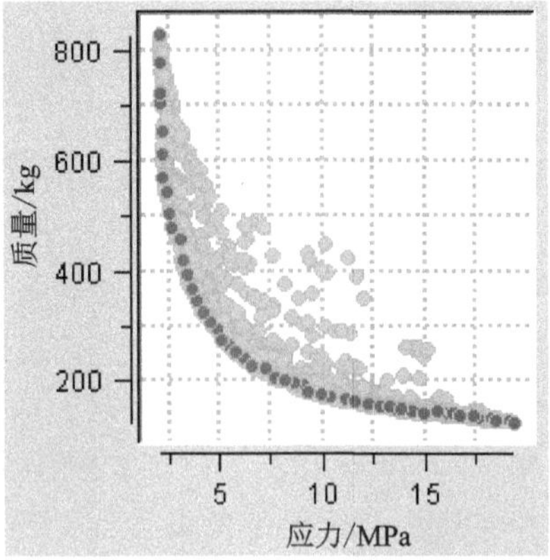

图 6.5 Pareto 解与可行解

为克服集成方法的缺点,研究人员提出了非集成非 Pareto 的方法,如 VEGA 法、加权的最大最小法、词典次序法、游戏理论等,但它们仍具有局限性。将遗传算法引入多目标优化,可在一次优化过程中产生一组非劣解,并使优化过程直接面向 Pareto 解进行,避免了集成方法的缺陷。以基于分支联赛选择机制的遗传算法为例,其具体的过程包括:编码—分支联赛选择—交叉和变异—非劣解搜索—最优保存策略。该方法采用的选择机制使得选择的种群中父代个体至多有两次被复制的机会,确保了种群的多样性,因此能够有效求解多目标优化问题。

2. 设计问题的分解和组织

MDO 方法研究的主要问题是如何将复杂的多学科设计优化问题分解为若干较为简单的子学科(或子系统)设计优化问题;如何协调各学科的设计进程;如何综合各学科的设计结果。MDO 方法包括 MDO 表示(算法)及其优化算法,前者处理对问题的分解及等价性,后者处理对 MDO 的求解过程。MDO 方法探索有相互作用的现象之间的协作,以改进复杂工程系统的设计,可以用在设计的各阶段(概念设计、初步设计或详细设计),其典型的目标函数包含:改善产品设计的性能,降低成本,缩短开发时间。

MDO 算法分为单级优化算法和多级优化算法。所谓单级算法就是只进行系统级的优化;而多级优化算法则是在系统级和子系统级都进行优化。单级优化算法包括多学科可行法(MultiDisciplinary Feasible,MDF,也称为嵌套分析和设计法,即 Nested ANalysis and Design,NAND)、单学科可行法(Individual Disciplinary Feasible,IDF)和 AAO 算法等。多级优化算法包括协同优化算法(Collaborative Optimization,CO)、并行子空间算法(Concurrent SubSpace Optimization,CSSO)、MAESTRO 算法和两级系统集成算法(Bi - Level Integrated System Synthesis,BLISS)等,在此基础上还发展了 BLISS - 2000 算法、解析目标级联算法(Analytical Target Cascading,ATC)、多方法协作优化算法(Multimethod Collaborative Optimization Algorithm,MCOA)、并行子空间设计算法(Concurrent Subspace Design, CSD)、顺序近似算法(Sequential Approximation Optimization,SAO)等改进算法。下面以两学科的优化问题为例,分别对这些主要的 MDO 算法进行简单介绍。

(1) MDF 算法

MDF 算法是一种多学科设计优化的单级算法,直接在原始设计问题多学科分析(MDA)的基础上添加了一个系统优化器。MDF 算法中每个计算点对设计问题的多学科分析都是一致的,如果在各个学科之间存在较强的耦合,则多学科分析还需要在各学科之间迭代进行。所谓多学科可行是指对所有学科的分析都是一致可行的,各学科分析一致的计算点也有可能因违反优化问题的约束而成为不可行的优化计算点。图 6.6 给出了 MDF 算法的示意。

MDF 算法不需要进行系统分解,对于固定点的迭代计算是运用这种方法的关键。从优化的角度而言，MDF 算法与传统的单学科优化算法没有本质区别，但其结果可以作为其他 MDO 算法有效性的评价标准。

(2) IDF 算法

IDF 算法主要用于处理大型松耦合系统设计问题。该算法在系统级增加了一致性约束，学科耦合变量成为设计变量的一部分，优化过程寻求每一个学科分析但不是多学科分析的可行解，只有在优化问题收敛时才能得到各个学科都可行的分析解，其算法示意如图 6.7 所示。

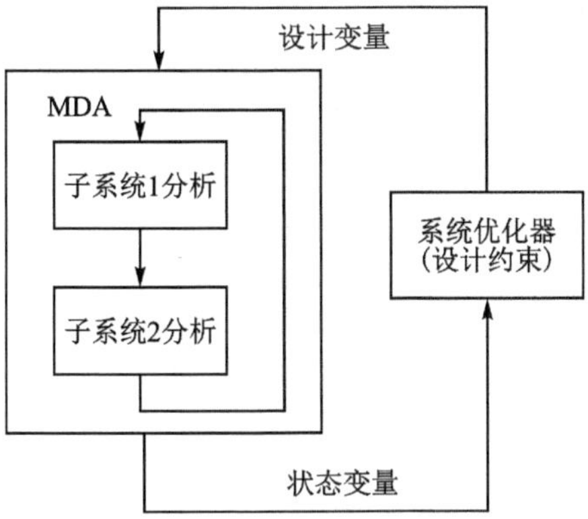

图 6.6　MDF 算法示意

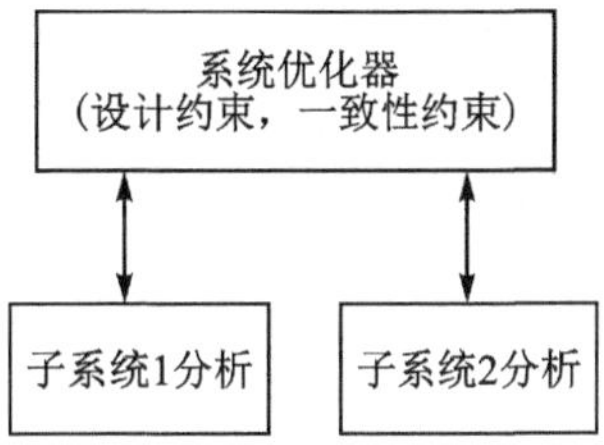

图 6.7　IDF 算法示意

IDF 算法需要进行系统分解，与 MDF 算法一样对于每个计算点都只进行一次优化，其对耦合变量的约束方式与 CO 算法类似。对于子系统的分析可以采用并行和分布计算。

(3) CO 算法

CO 算法适用于处理大型、复杂的松耦合系统，特别是当学科内的设计变量多于学科间的耦合变量时，推荐使用 CO 算法。在 IDF 算法中，每个子空间只进行分析，而在 CO 算法中，每个子空间不仅进行分析，而且进行设计优化。该算法在每个子空间进行设计优化时，暂不考虑其他子空间的影响(即隔断与其他子空间的联系)，只需满足本子系统的当地约束，其优化目标是使该子系统设计优化方案与系统级优化提供的目标方案的差异最小。各子系统设计优化结果的不一致性通过系统级优化来协调。系统级等式约束的构造主要有相减为零、相除为 1 和取对数为零三种类型。通过等式约束使得计算过程中各子系统相互制约的关系得到弱化。子系统的优化目标与系统约束条件的表达形式相同。系统级优化目标可以采用求解非劣解的一种常用方法——线性组合法来确定，无量纲因子为各个子系统独立求解时达到的最优解。图 6.8 给出了 CO 算法的示意。

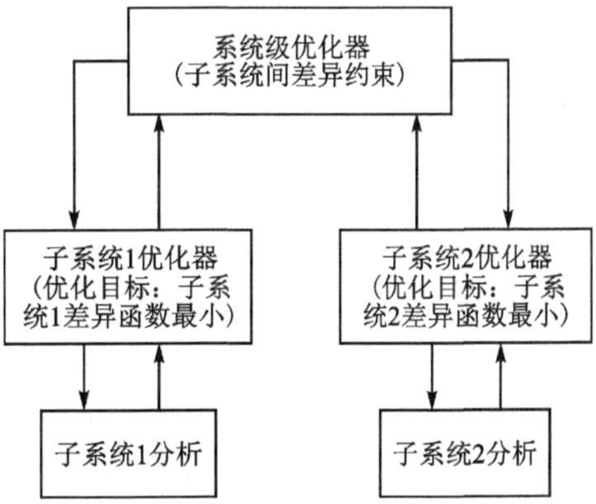

图 6.8　CO 算法示意

CO 算法是一个二级优化算法，需要进行系统分解。子系统可以实现并行和分布式计算，其算法结构与现有的设计专业分工组织形式相吻合。由于 CO 算法使子系统分析的次数大大增加，因此总的计算量有可能并不减少。另外，这种算法只有当系统级所有的约束都满足时，才能找到一个可行的优化解，而不像 CSSO 算法每次迭代都能在可行域内找到一个更好的设计结果。

一般来说，非线性的 MDO 问题可能有多个可行域，基于微积分的方法在求解这类问题时容易收敛到局部解。而在 CO 算法中，原设计问题的约束是在子系统中满足的，多个可行域的出现引起了新的困难：CO 算法中系统级变量的扰动直接转化为子系统中参数的变动，当系统级优化器收敛到某个解时，子系统的参数可能还在相当大的范围内变动，因此子系统优化器可以不连续地从一个可行域跳到另一个可行域，子系统解的矛盾性可能导致子系统目标函数的不光滑，从而产生一个病态的系统级 Jacobian 矩阵，牵制系统级的性能改善。由于多个可行域一般都不能被去掉，所以建立系统级优化问题时应当尽量避免由此带来的困难，例如将每个子系统的优化过程都限于单个可行域，或者在子系统优化目标中添加一个小的惩罚项，或者用松弛变量和等式约束代替子系统中的不等式约束。

CO 算法在实际应用中还可能产生不必要的系统级迭代，这通常与系统级约束的表达有关。通过将系统级约束修改为不等式约束，可以避免这种问题的出现。

（4）CSSO 算法

CSSO 算法的模块化性能可以有效地使系统解耦以进行敏度分析和子系统优化。凡涉及每个子系统状态变量的计算都用该学科的分析方法（计算软件）进行分析，而其他状态变量和约束则采用全局敏度方程（GSE）近似计算。同时每个子系统只优化整个系统设计变量的一部分，各个子系统的设计变量互不重叠；子系统的约束采用积累约束形式（K－S 函数），将责任系数和权衡系数分配给每个子系统；当系统优化协调时，调整这些系数使得系统的目标值最小。图 6.9 给出了 CSSO 算法的示意。

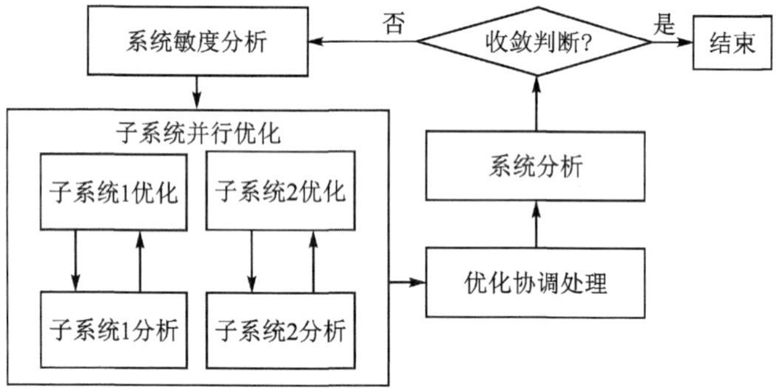

图 6.9　CSSO 算法示意

CSSO 算法除了能减少系统分析次数以外，其突出优点在于子系统能同时进行设计优化，实现了并行设计的思想。同时通过基于 GSE 的近似分析和协调优化，考虑了各个学科（子系统）之间的相互影响，保持了原系统的耦合性。

由于 CSSO 算法是基于 GSE 的线性近似，因而子系统设计变量的变化范围较窄，而且许多算例表明 CSSO 算法不一定能够保证收敛，可能会出现振荡。另外，子系统中设计变量互不重叠的要求不太合理，因为在实际设计问题中，有些设计变量同时对几个子系统均有很大的影响。为克服上述缺陷，Renaud 和 Gabriele 对传统的 CSSO 算法提出了改进，在系统协调时，通过对系统近似分析的模型来进行系统级的优化，而不是简单地将子系统优化结果进行组合。系统近似分析模型来源于设计数据库，而设计数据库来源于每个子系统优化设计后的子系统分析。这个数据库在迭代过程中不断丰富，使得系统近似分析模型也不断趋于精确。

考虑到求解 GSE 方程需要获得偏导数，所以其只适用于连续变量的优化问题。如果用响应面模型来表达每个子系统优化中所需的其他子系统的状态变量和协调中的系统近似分析模型，不仅能简化计算，还能使每个子系统通过响应面来获取其他子系统状态变量的近似计算结果，并把本子系统的设计优化结果作为进一步构造响应面的设计点。在这种改进的 CSSO 算法的迭代过程中，系统响应面的精度不断提高，直至系统协调中设计变量收敛为止。在此算法中，如果各个子系统不进行优化而只给出一个设计方案，就成为并行子空间设计算法（CSD）。

（5）MAESTRO 算法

MAESTRO 算法实际上是等价于 MDF 的一种多级 MDO 算法。

如图 6.10 所示，该算法首先进行子系统 1 的优化，然后再进行子系统 2 的优化，同时保证子系统 1 的结果不断改进；如此反复，直至优化结果收敛。

MAESTRO 算法是一种序贯方法，该算法不同于其他多级 MDO 算法，不需要协调子系统间的差异。相比于 MDF，MAESTRO 算法在执行分析优化时计算规模较小，但是反复的优化迭代可能还会增加计算次数，而且因为存在系统分解，MAESTRO 算法并不适用于所有设计优化问题，尤其是强耦合、高度非线性的问题。

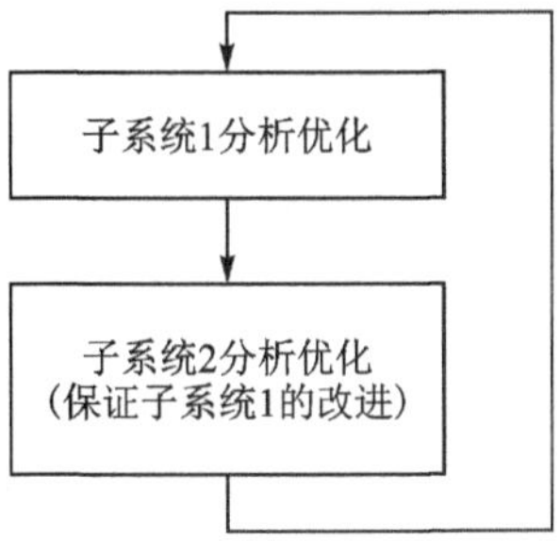

图 6.10　MAESTRO 算法示意

（6）BLISS 算法

BLISS 算法要对设计系统进行分解，系统级的优化变量相对较少。优化过程为：首先固定系统级变量，先后进行子系统敏度分析和基于 GSE 的系统级敏度分析，然后开展对子系统的优化，计算得到系统全导数后再进行系统级优化，更新设计变量直至优化结果收敛。子系统的优化目标因为是考虑了其他子系统变量影响的综合目标，所以体现了该算法名称中“综合”的意义。在进行敏度分析和子系统优化时，BLISS 算法都提供了并行计算的可能。全导数的求解是该算法的难点，需要计算基于 KTC 条件的 Lagrange 乘子。图 6.11 给出了 BLISS 算法的示意。

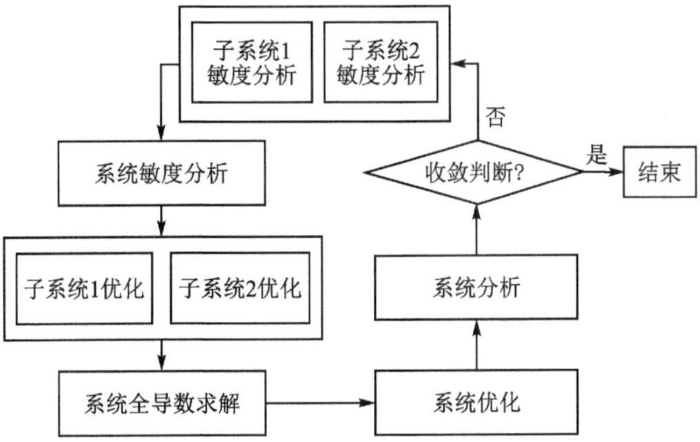

图 6.11　BLISS 算法示意

BLISS 算法依赖于对所研究非线性优化问题的线性化，所以其有效性受到问题的非线性程度的影响。另一方面，非凸域则可能导致 BLISS 算法在某些初值情况下陷于局部最优。为了平滑不连续性和克服非凸域的不良影响，从而增强算法的稳健性，可以用响应面改进 BLISS 算法。响应面一是可以替代对系统变量的部分敏度分析，二是减弱了子系统优化时的约束，并且还可以提高算法的收敛性。

分解和组织是针对复杂过程而言的，它可以发现利于提高数值计算效率的子系统的最佳顺序，追踪一个子系统的输入变化对其他子系统输出的影响。通过考虑子系统间的前后馈信息从而确定子系统的执行次序。

MDO 模型和仿真工具之间的信息交换以及耦合非线性方程组的求解是 MDO 的难点之一。由于大多数仿真和优化算法的求解时间以一个超线性的速率增加，因而多学科设计优化的计算成本通常远高于所涉及单学科设计优化的成本之和。对设计问题进行分解和组织的优点之一就是能够实现多点运行，平衡计算资源，减少设计优化的时间。

3. 优化过程及相关事项

求解 MDO 问题经常选择基于梯度的优化算法，这需要进行敏度分析。最直接的优化过程是优化器分别调用系统分析（仿真）和敏度分析过程进行寻优，图 6.12 给出了这种直接优化过程的示意。

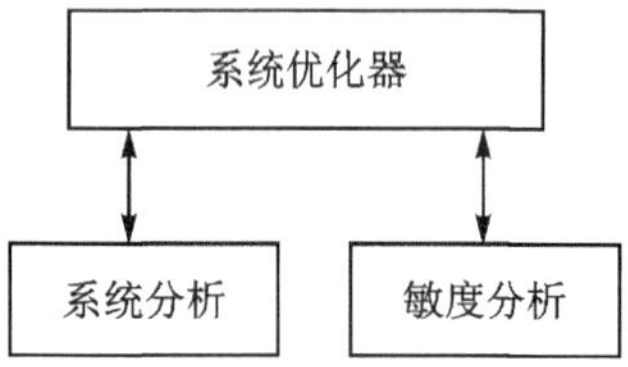

图 6.12　直接优化过程示意

然而系统分析和敏度分析往往非常耗时，因此基于近似模型的逐步逼近（Sequential Approximate Programming，SAP）过程被广为采用。

如图 6.13 所示，优化器调用的是计算消耗较小的近似模型，而系统分析和敏度分析则主要用于近似模型的构建和更新。SAP 过程将优化算法和基于零阶或一阶信息的局部近似耦合在一起，比直接优化过程需要更多的优化循环才能收敛，但是其效率通常更高，因为每个优化循环并不费时。

非线性的 CFD 迭代计算占用了多学科分析的大部分时间，而对于 MDF 而言，优化初期的 CFD 计算完全收敛往往是不必要的，可以考虑将这些迭代放到外部优化过程一起进行，即多学科分析（仿真）时不完全收敛，而在优化改进后再逐步强化收敛条件。这种分析与设计同步进行（Simultaneous ANalysis and Design，SAND）的方式如图 6.14 所示。

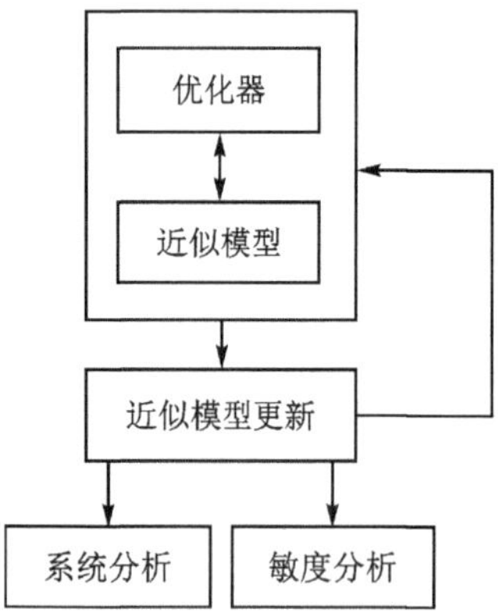

图 6.13　SAP 过程示意

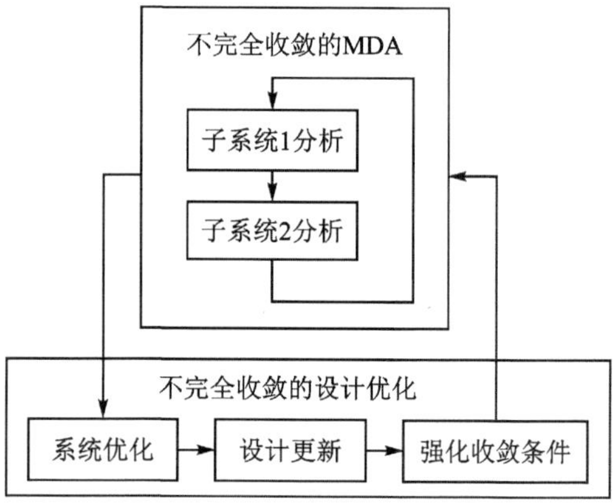

图 6.14　SAND 过程示意

SAND 过程可能因为不满足收敛条件而使整个优化过程提前终止，并且无法得到可行解，这种缺陷限制了对 SAND 的使用，尤其是在结构设计领域。

典型的工程优化问题多是非线性和非凸的，因此需要大量经验来可靠地处理优化方法。所采用的优化技术应当能处理大型工程问题，在大范围的变动中能收敛，耗时合理，对噪声因子不敏感，能寻找到全局最优解而不陷于局部最优。混合格式可以处理离散和连续变量问题。混合优化则有助于得到全局最优解。

新发展的软计算研究内容包括模糊逻辑、神经元网络、遗传算法、概率推理、混沌理论等。这些方法之间是互为补充而不是互为竞争的。软计算在 MDO 中的应用可以归纳为四个方面，包括进化算法、模拟退火算法、禁忌搜索算法在内的智能优化算法；基于人工神经网络和模糊逻辑的函数近似法；用遗传算法对模糊规划和成员函数参数进行优化；在 MDO 问题分解设计中的应用。需要指出的是，这些非梯度的优化算法并不适于处理包含大量变量和约束的优化问题。

混合搜索策略是解决 MDO 问题的主要途径。并行算法是提高搜索效率的有力途径。分解方法、近似方法和优化方法的结合是解决 MDO 问题复杂性的关键。搜索策略与算法体系的结合则是今后 MDO 研究的重要方向。

6.5.2　分析能力和近似方法

1. 广度和深度的需求

这里的广度是指学科数量或研究对象，深度则是指仿真精度或研究工具。

对广度和深度的需求分析，实际上是对取得理想结果与付出合理计算消耗之间的权衡思考。设计研究的广度或使用工具的深度太小，会导致设计结果的非实用性，也就是说对简单模型进行多学科设计优化往往会产生不实用的设计结果；相反，使用高精度模型或工具虽然能弥补这一不足，但子系统间的交互作用变得非常复杂而重要，可能使设计无法完全展开或者得到的是耗时的结果。

有专家认为，在设计中应考虑全部的关键物理机制和约束，以建立最精确的仿真模型；另一些专家则认为，可以建立不同精度的模型，由 MDO 过程本身根据敏度分析的需要来确定选择相应精度的仿真模型。

2. 对高精度分析或测试的有效包含

仿真或分析的精度可以归纳为三类：① 经验公式；② 中间精度模型，如梁单元理论、平板流等；③ 高精度模型，如 CFD、FEA 等。

由于各学科领域的专家对于理论分析或测试能否反映真实状况还缺乏信心，所以都倾向于使用第三类精度的仿真模型，也就是设计手段满足最新、最好且精度最高的要求，这种情况在学科设计和详细设计阶段比较普遍。因此，如何在设计过程中有效包含高精度的分析或测试模型，对于工程单位的 MDO 应用人员和 MDO 方法的研究人员来说，是亟待解决的问题。

目前有两种方法：一是进行系统分解，实现并行分布计算；二是引入近似和修正，加速收敛进程。高精度的方法由于不能自动运行、不够稳健且计算效率低而无法直接用于 MDO，而即使这些方法发展成熟了，其大规模的计算需求仍然是个问题。

3. 近似和修正

当仿真计算工作量大时，直接将设计空间的分析程序耦合起来进行迭代是不切实际的，因为求解所需的模块调用次数太多，计算消耗大，所以必须考虑使用近似技术。近似是通过系统零阶或高阶信息来可靠地逼近原系统的单学科或多学科响应的一种工具。

数学上的近似技术分为两类：局部近似和全局近似。局部近似技术只在某个设计点附近对函数关系进行近似，所以近似的步长有限制：步长太大，容易得到错误的近似解；步长太小，优化收敛速度慢。当函数高度非线性时，也容易出现错误的近似。但局部近似技术计算简单，计算量小。目前采用的局部近似技术主要有泰勒级数近似、两点或多点近似等。其中，基于一阶泰勒级数展开的近似方法非常简单，但要求解导数，并且精度不高；两点或多点近似精度较高，但也要求解导数，并且需要更多的函数值来构造近似方程，从而降低了计算效率。

全局近似技术是对整个设计空间进行近似的，主要有响应面法、Kriging 近似法和神经网络近似法等，这些算法可以滤除设计空间的波峰或波谷，使设计空间的函数关系变得光滑，从而使设计优化收敛速度加快，并且容易求得全局最优解。其缺点是构造近似函数或训练神经网络需要在许多初始点处进行分析计算，因此效率低下。另外，近似函数或神经网络的好坏还和初始设计点的选取有关，而初始点的选取往往带有盲目性。

对于计算量并不算很大的分析过程或者两级优化中的子系统优化，也都可以采用近似技术，用其构建设计变量与目标函数、约束条件间的显式函数关系。

近似模型可以减少数值模拟过程中的数值噪声，使模拟的响应更平滑。有些问题的仿真程序对输入参数很敏感，输入参数的微小变化就会引起输出量的很大扰动。在处理这类问题时经常会产生数值噪声干扰，使优化算法容易陷于局部最优点或者不收敛。如果在设计过程中为原问题创建近似模型，就会大大降低这种干扰。因为近似模型(尤其是响应面模型)中的响应函数都进行了平滑处理，有利于设计更快收敛到全局最优点。

建立关于仿真分析的近似模型的流程如图 6.15 所示。其中，选择数据点是指设定设计参数的值。对于每一组的设计参数值都进行一次仿真模拟。然后建立仿真的输出和输入之间的函数，即建立近似模型。在优化分析过程中，还需要不断对重新选择合适的数据点运行高精度的模型，从而对已有近似模型进行修正。近似模型的构建和修正存在一个对设计空间近似精度的控制和建立模型所需数据量的权衡问题。

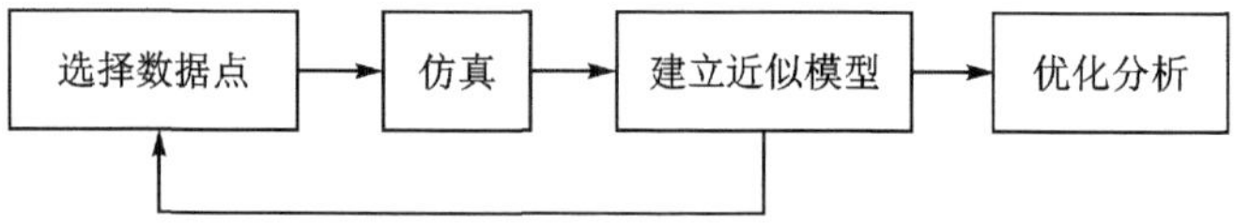

图 6.15 建立关于仿真分析的近似模型的流程

与此类似，如果把图 6.15 中的仿真模块替换为子系统优化，而优化分析替换为系统级的优化分析，得到如图 6.16 所示的建立关于优化的近似模型的流程。

图 6.17 给出了三种形式的近似和修正过程。方式一为一般近似，通过响应面、神经网络或泰勒级数等形式构建近似模型；方式二采用中间精度的基于物理机制的近似，针对不同的仿真引入相应的物理简化模型；方式三是将原问题分解，通过降阶来表达。方式一和方式三主要应用的是纯数学手段，方式二的近似模型则具有物理解释，对设计优化的收敛更加有利。

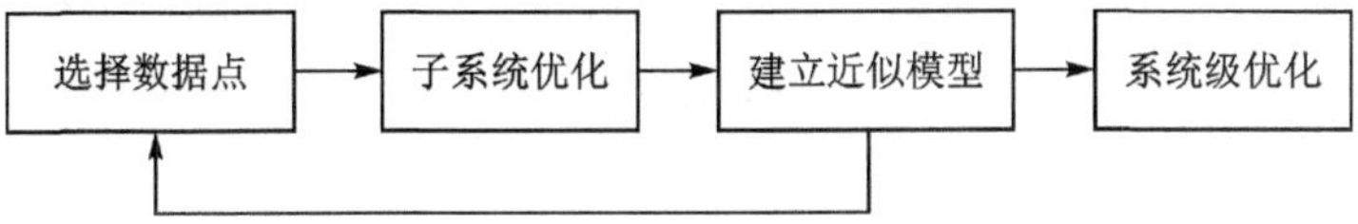

图 6.16　建立关于优化的近似模型的流程

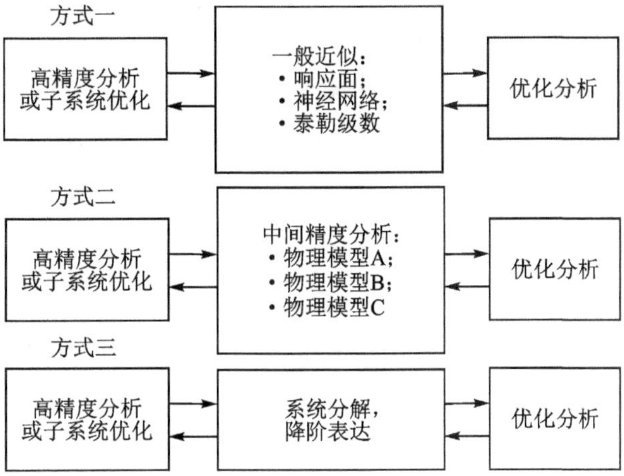

图 6.17　近似和修正过程的方式

相关的对近似模型的误差估计(error estimates)也是当前的研究课题之一。

4. 几何建模参数化

MDO 需要参数化模型和自动建模技术。共享的反映特征的参数模型有助于模型的自动变化。

几何建模参数化主要有四种方法:① 分析方法(analytical methods),将一些设计变量表征为一系列表面,方法比较简单,但表面变化的自由度少,学科间的耦合也非常困难;② 半分析法(semi - analytical methods),用一些点来描述初始几何面,然后用多项式来描述几何变动,设计变量为多项式系数,该方法也比较简单,但应用于复杂系统的 MDO 还比较困难;③ 离散法(discrete methods),将几何体划分网格,每个网格点就成为优化的设计变量,该方法容易实行,但变量数太多,且难以保证几何光滑特性;④ CAD 表示(CAD representation),用 CAD 系统进行几何建模(主要是基于 NURBS 等性能优良的曲线、曲面造型方法对几何体的表示),整个优化过程的所有设计参数都包含在 CAD 所建的模型中,从而可以实现直接的参数传递。CAD 模型具有局部修改性,并能够保证连续和光滑。已有的 CAD 模型直接可以作为初始模型,但还需要注意参数化几何模型必须与 CAD 软件兼容,而且当前的 CAD 技术对于拓扑优化还不够稳健,对有学科交互作用的复杂系统建模比较困难。

参数化的几何模型应当在设计变量变化时保持一定的精度和真实性,相关变形处理技术(morphing techniques)目前还不足以满足工程应用的需求。

5. 分析和敏度计算能力

MDO 的发展依赖于各学科分析(仿真)的发展,而后者并不属于 MDO 领域。

工程单位倾向于尽可能使用无需定制的详细分析工具，实现自动化运行是其最大的需求；其次是对制造和维护费用的量化及约束的确定，而费用往往与重量关系密切；有时也需要考虑问题的规模和复杂性。

对用于 MDO 的分析程序的要求包括：稳健，能自动运行，计算效率高，结构清晰，具备精确有效的敏度计算。

图形用户界面在初始问题设置和离线可视化及结果解释方面可以起到较好的作用，但如果在优化循环中都使用图形用户界面则会带来困难，而且也没有必要。

敏度分析是指通过有效的数值工具提供输入参数改变对单学科或系统响应影响的信息。作为预处理工具精确有效的敏度分析技术已经比较成熟。目前主要有以下五种方式来获取敏度信息。

(1) 手工编程计算

对于已知敏度（导数）求解公式表达的问题，可以直接编程计算。该方法只适用于有公式表达的问题，敏度信息准确，但对于非线性问题的求解可能会出现数值振荡，不利于优化过程的收敛。

(2) 有限差分计算

用有限差分来代替导数求解。这种方法对线性函数是精确的；对非线性函数，精度随步长的增加而降低，而步长太小则又会增加截断误差。如果求解过程需要迭代，该方法可能会给出无意义的解。随着设计变量数目的增加，有限差分的计算量呈线性增长，所以在大型问题和需要解耦的复杂工程问题中，即使采用了低代价重分析技术，有限差分的计算量仍然十分巨大。

(3) 神经网络计算

由于神经网络的训练过程实际上是在样本点上不断调整输出函数关于输入变量的连接权值的分配，因此，对于一个训练好的神经网络而言，其连接权值可以认为是对敏度的一种度量。通过神经网络获取敏度信息需要反复进行网络训练，计算消耗非常大。

(4) 建立全局敏度方程计算

首先在各学科求解学科内的权衡方程、耦合方程的导数，然后将其组合成全局敏度方程（Global Sensitivity Equations，GSE），通过求解 GSE 得到敏度信息。该方法的缺点在于 GSE 的求解往往非常困难和耗时，而要进行导数计算则限制了它只能处理连续变量的问题。

(5) 利用 Kuhn－Tucker(K－T)条件计算

该方法主要用于求解设计变量与目标函数最优解之间的导数关系。它利用 K－T 条件和隐函数求导法则，先对 K－T 条件中的方程求导，得到伴随敏度方程，而设计变量与目标函数最优解之间的敏度在该方程中以未知量的形式存在。这种方法主要用于可以进行层次分解的优化算法中。

方法(2)的有限差分计算方式由于通用性较强，被大部分 MDO 计算框架（软件）所采用。例如由美国 Argonne 国家实验室和 Rice 大学合作研发的基于 Fortran 的自动差分程序 ADIFOR，就具备在 CFD 计算中直接生成海森行列式的功能，从而能获取二阶导数信息。对于完全的多重网格、多区域的湍流问题，使用 ADIFOR 进行敏度分析需要大约一周的时间。相类似的程序还有基于 C 的 ADIC 程序。

改进敏度分析并不是十分迫切，但提高其效率可以促进优化过程，有利于响应面或其他近似模型的创建以及不确定性优化中的信息提供。

智能重分析是指当输入参数变化时，进行系统仿真计算量最小的有效重分析技术。智能重分析是一项重要而又亟待研究的问题，仅仅将前一步的结果作为初始条件进行完整的仿真计算或者仅根据敏度信息进行线性插值都是不妥当的方式。

6.5.3　信息管理与处理

1. MDO 框架和结构

MDO 框架是指能够实现 MDO 方法、包含硬件和软件体系的计算环境。在这个计算环境中，能够集成和运行各学科的计算，实现各学科之间的通信，从而开展 MDO 的研究和应用。

理想 MDO 框架的特征和功能可以从如下四个方面来概括。

(1) 结构框架

良好的图形化界面(GUI)、面向对象的设计、标准对象接口、有效的对象链接、可扩展性，可提示避免不必要的优化过程，可处理大型问题，支持多种媒体协同设计，并且是根据标准(在信息传递或数据库存取等方面)建立的。

(2) 问题定义设置

通过抽象模块而非编程定义问题，修改方便，兼容代码，集成多种优化算法，支持调试和控制远程机，具备即插即用功能。

(3) 执行操作

高性能的计算，操作过程有文件记录，自动运行，支持并行，能在不同类型的计算机上分布运行，可以动态调整流程，支持批处理，操作简单，具有跨操作系统的平台。

(4) 信息获取

资源共享，提供数据库操作功能，结果可视化，反映实时状态，具备容错机制(可以从失效步前的数据重新开始计算)。

在 MDO 的具体应用中，超过 90%的时间和精力都要用于仿真程序的准备及其在 MDO 框架内的集成。因此，MDO 框架最好是松耦合、可灵活构造的系统，能提供无需定制(Off The Shelf，OTS)的计算环境。然而到目前为止，还没有一个商业 MDO 框架可以提供完整的解决方案。

已有的 MDO 框架可以归类为三个层次：第一层次是通用 MDO 框架，如 iSIGHT、Model Center、DAKOTA、Visual DOC 等；第二层次是针对某一特定 MDO 方法的计算框架，如基于并行子空间优化的 CSD、基于协同优化的 Caffe 等；第三层次是基于某种 MDO 方法的针对特定优化问题的计算框架，如美国 NASA 针对高速民机(HSCT)初步设计问题开发的 FIDO、CJOpt 等。

2. 数据库、数据流及其标准

在数据量非常大的情况下，数据库可以有效收集、存储、管理、归档和可视化多学科设计优化过程所产生的数据。工程上通常使用适于多站点或多操作系统且用户界面友好的商业数据库。例如 Microsoft SQL Server 数据库管理系统，支持网络环境下的数据库并发操作，允许多个用户同时访问一个数据库表，采用“上锁”的方式保证数据存取的一致性和正确性。而基于 Internet 的数据库系统则是将来处理大型工程数据的有效方式。

定义数据流标准可以改进设计优化的模块间的通信过程，减小出错概率，并降低分析循环的时间消耗。为了保证在不同的硬件平台、操作系统、网络环境、协议和数据库之间能共享数据，以往都需要对不同的应用和网络编写专门的程序。

CORBA（COmmon Request Broker Architecture）是由对象管理组（OMG）组织制定的一个工业标准；OMG组织的中心任务是基于实用的面向对象技术，建立一个体系结构和一套标准，在分布式环境中实现应用的集成，使得软件成员在分布异构环境中实现可重复使用、可移植和互操作。CORBA标准的ORB部分实际上是一种中间件，而中间件的本质特征是以一种透明的方式来实现在复杂计算环境中的数据共享和通信，它的出现大大减轻了工程单位进行网络开发的压力，使其可以不必为不同环境重复开发相同的软件。ORB属于中间件中最成熟的一种，同时还具有面向对象的优点，这使得CORBA标准在近些年受到广泛重视。

欧洲相关研究机构在数据管理方面概括了如下的研究项目：数据定义、数据库技术、过程定义、分布式网络的过程执行、数据可视化及软件版本管理等。

3. 计算需求

当前基于CFD或FEM的单次仿真的计算耗时往往是用小时数甚至是天数来计算的，这对于需要反复调用仿真的优化过程而言是非常大的困难。大规模并行或多处理器仿真是满足MDO计算需求的可能方式之一，但一般都要对现有的分析代码进行相应的改动。NASA致力于推行Teraflops Computing方式即工作站的集群式使用，并认为这是未来的趋势，与此相关的技术是对分布计算的控制。

Eldred等研究人员曾经探索了多级的粗粒度并行与细粒度并行相结合的运行方式，采用充分发挥大规模并行计算机性能的方法进行优化设计。Woodard在Unix环境下使用单个优化程序调度局域网上各学科的分析程序，开展了多学科设计优化的研究。然而这些环境和方法只是实现了各个学科的并行分析，学科的自治性不强，而且未能实现各学科的并行设计优化。

CORBA能提供灵活的客户机/服务器架构方式，封装了复杂的网络底层编程，屏蔽了软硬件的异构性，可方便地集成各学科已有的分析设计代码。随着并行工程的广泛开展，航空航天及其他工业系统实现了基于CORBA的一体化设计环境，使得基于CORBA的分布式计算有较好的工程应用前景。

4. 设计空间可视化

设计人员往往更关心最优点周围的空间而非最优点本身，因此，界面友好的设计和优化空间的可视化（而不是仿真或优化结果的可视化）是MDO研究所关注的内容之一。通过直观的可视化结果，设计人员可以得到设计变量或干扰因素对于系统目标和约束的影响信息，掌握设计空间在最优点附近的分布情况，判断优化收敛的进程等。

当前的主要困难在于对三维以上空间的可视化表达方式以及相应的大计算量需求，因为空间可视化需要的是更多的计算操作而非优化过程。

6.5.4 管理与文化实施

MDO的发展在组织管理和文化理念上所受的阻碍可能还要大于其技术难度，因此关于

MDO 的非技术因素研究受到普遍关注。

LaRC 曾经对其下属的三个具有 MDO 研究背景的团队进行过长期调查和访问，用系统思维的方法，对影响团队发展动力的关键因素展开了研究，在这里介绍和讨论该研究的内容及成果。

1. 组织结构

工程单位都是根据学科或系统分类来建立相应研究团队的，这种学科型的团队通常会采用最新、最先进同时也是最精确的仿真分析工具，确保其得到设计数据的准确性。

在引入并推行多学科设计优化之后，组织结构上要有相应的调整。应该新增一个 MDO 小组，专门负责整体的设计集成、全局优化以及各学科之间的联系和协调；原有的研究团队除保持其技术先进性之外，还应关心设计数据的集成，并配合 MDO 小组制定学科间的通信标准。

系统级的设计优化不能过多采用近似分析而回避高精度的仿真工具，应当提出某种集成函数，以保证各学科或子系统的分析和优化能维持原有的精度并具备容错机制。仿真分析最好使用成熟的技术而非最新技术，以减小技术风险，提高设计效率。

另外，简单地将学科分析的专家引入 MDO 系统往往是不可行的，这可能会带来很多理念上的冲突。

2. MDO 在总体设计部门的应用

MDO 在设计中的应用并不会取代总体设计部门的功能，而是会影响后者更新其设计理念和设计准则，增加或替换关键性约束，考虑更多的权衡等。

新增的 MDO 小组主要负责设计优化的运行以及为适应优化进程所作的权衡分析等；而总体设计部门则应该将 MDO 作为一种基本工具，在更高层次指导整个设计工作的开展。

3. 关于 MDO 的接受、验证、费用和收益

工程单位的管理者或学科分析专家由于缺少对 MDO 的理解而不轻易接受和推广 MDO 这种设计方法，而且工程单位目前也难以有效判断对 MDO 研究和应用的投入与产出。

现在迫切需要一系列工程上可行的关于 MDO 的验证性案例，而非仅仅数学意义上的，并且这些案例最好能反映在使用 MDO 后所带来的可以量化的额外收益。只有通过实际的可量化的比较，说明 MDO 比现有传统设计模式的优越性，才能真正推动 MDO 的发展和应用。

4. 针对 MDO 的培训

工程界对 MDO 及其相关优化工具的使用都还不熟悉，需要大量针对 MDO 的材料和课程来培训现有的管理者、设计人员和学科分析专家等；而已经接受过 MDO 训练的高校毕业生则是推行 MDO 的重要人力资源。

5. 影响 MDO 团队发展动力的因素

为了增强已有团队的效率，识别和回避造成问题的因素，并为新组建团队的良好运作提供指导，NASA 的 LaRC 在对其下属三个 MDO 团队经过几年的调查和访问之后，应用系统思维

的方式总结了若干较为典型的情况，归纳和分析了影响团队发展动力的主要因素，追踪其因果关系，建立了有关的动力模型，并提出了能改善团队发展动力的干预措施。这些研究内容和相关结论虽然不可避免地会融入 LaRC 的特定因素，但还是具有相当的普遍性和指导意义。

LaRC 将影响团队发展动力的因素归纳为内外因素，确立了各自的关于发展动力的指标，相对独立地进行了研究。LaRC 把 MD/SD 作为评估外部因素对 MDO 团队发展动力影响的指标，并通过系统思维，从团队参与、技术成熟度、个人熟练程度和团队的能力、个人熟悉程度和亲和度及技术成熟差距等方面，以模型图的方式建立了影响团队发展的外部因素的动力模型。

成功团队的特征包括能达到阶段性的目标，完成高质量的设计，产生具有长远意义的结果，超出外部预期以及具备有效的内部联络等。而团队效率(team effectiveness)与上述特征密切相关。LaRC 把团队效率作为评估内部因素对 MDO 团队发展动力影响的指标，通过系统思维，以模型图的方式建立了影响团队发展的六个内部因素的动力模型，包括任务清晰度、关键专家的参与、多学科团队经验、团队成员的意愿、团队工作流程的效率、技术平衡六方面内部因素对 MDO 团队发展动力的综合影响。

6.6 多学科设计优化的软件框架

软件框架对于 MDO 的意义不仅仅在于集成仿真分析代码和设计优化方法，借助于集成的计算环境，设计人员还能够在线监控设计优化流程，管理和共享数据，探讨设计变量对于整个系统性能的影响。本节首先对 MDO 软件的需求进行分析，然后简单评述典型的 MDO 软件框架，最后对自主研制的支持并行分布计算的液体火箭发动机多学科设计优化软件(LREMDOS)进行介绍。

6.6.1 多学科设计优化软件框架的需求分析

MDO 软件框架的需求和功能可以从如下四个方面来概括。

1. 结构框架

具有良好的图形化界面(GUI)、面向对象的设计、标准对象接口、有效的对象链接，具备可扩展性，能够提示避免不必要的优化计算过程，可处理大型、复杂的问题对象，支持多种媒体进行协同设计，并且是根据标准(在信息传递或数据库存取等方面)建立的框架。

2. 问题定义设置

通过抽象模块而非编程实现问题定义，且修改方便，兼容多种编程代码，能够集成多种优化算法，支持通过客户端—服务端的模式来实现调试和控制远程机，具备即插即用功能。

3. 执行操作

支持高性能的计算，操作过程有后台文件记录，能够自动运行，支持并行，可以在不同类型的计算机上分布运行，可以动态调整流程，支持批处理，操作简单，具有跨操作系统的平台。

4. 信息获取

资源共享，提供数据库操作功能，仿真和优化模块分别通过各自的数据接口对数据进行存储、访问和处理，结果可视化，能够实时反映状态，具备容错机制（可以从失效步前的数据重新开始计算）。

6.6.2 典型的多学科设计优化软件框架

以下将根据相关文字资料和对某些软件的使用经验，对若干典型的 MDO 软件框架进行简单评述。

1. iSIGHT

iSIGHT 是美国易擎公司（Engineous Software Inc.）开发的一个集试验设计、近似建模、设计优化、可靠性分析和质量工程于一体的用于多领域工程自动设计优化的开发平台。该软件宣称是第一位的 MDO 软件，被世界级的制造商所广泛应用，也是最早进入国内市场的 MDO 软件框架。

iSIGHT 在加快产品进入市场、降低产品成本、提高产品质量等方面取得了令人瞩目的突破，它在过程集成和设计优化领域的市场占有率超过一半，已经成为该领域厂商们的首选设计软件。

iSIGHT 包含有如下的模块：设计过程集成、自动设计优化、设计探索工具、试验设计、优化、近似建模、质量工程和知识挖掘工具等。

iSIGHT 提供的多学科设计优化的功能主要表现在：① 过程集成，提供完整的设计综合环境，包括多学科代码集成，流程自动化、层次化，嵌套式任务组织管理，优化过程的实时监控与后处理，支持脚本语言、API 定制及基于 MDOL 语言二次开发等；② 设计优化，内置先进的探索工具包，包括试验设计、数学规划、近似建模、质量设计以及知识规则系统和多准则权衡方法，具有开放架构，允许第三方优化/试验算法的嵌入，可以定制组合优化策略；③ 网络功能，支持并行计算和分布式计算，能够进行远程部署和调用，也可实现 CORBA 调用。

iSIGHT 的优点包括集成性好，自主运行，内置很多工具，优化算法多，适合一些 MDO 方法，能够利用高性能并行机或工作站等；有专家库来指导用户，数据处理方便，具备友好的前后和实时处理模块。其缺点则包括对异构计算机的支持不够，不提供框架和优化算法的源代码，只能单机安装，协作功能不明显，用户不易于掌握使用等。

2. Model Center

Model Center 是由 Phoenix Integration 公司开发的复杂产品与系统设计的集成与优化环境，在工业界也得到了广泛应用，与 Boeing 和 NASA 都有很好的合作应用案例。

基于该环境，用户可以充分利用已有的和由 Model Center 提供的建模、仿真和优化计算能力，形成复杂系统和产品设计过程的自动化流程；通过集成和优化设计过程与方案，减少设计失误，快速提高产品的设计质量。

Model Center 包括客户端软件 Model Center、服务器端软件 Analysis Server、设计优化工具和基于 Center Link 的 Web 服务等功能模块。

Model Center 的特点是界面简单，容易使用，流程集成封装性好，具有良好的可扩展性和灵活性，提供功能全面的可解决广泛优化与可靠性问题的内置或第三方插件式的工具包，可驱动各种优化图形可视化工具，支持分布并行计算，允许用户跨平台进行学科分析，并能通过网络递交执行、监测权衡研究的进程，反映模型变化的趋势。但是其内置的优化和近似工具还不够丰富。

3. DAKOTA

DAKOTA 是由美国 Sandia 国家实验室研发的非商业 MDO 软件框架，主要用于大型工程问题优化和不确定性分析。

DAKOTA 的结构框架采用面向对象的原则，使用 C＋＋语言编写，定义了优化方法和分析程序的通用界面，实现了即插即用的功能；需通过创建文件来定义问题，优化算法包括 NLP、DOT、OPT＋＋和遗传算法，优化策略包括单一优化（single）、组合优化（multilevel hybrid）和近似优化（sequential approximate optimization）等；通过 MPI 消息功能支持分布并行；可创建接力计算文件或实现其他容错机制。

DAKOTA 的优点包括：使用面向对象的 C＋＋语言编写，可以通过界面封装分析代码，自带优化算法库，集成了界面代码等。缺点则包括：用户界面还需研发，暂不支持异构计算机，没有标准解法，没有可视化界面来定义问题，后处理功能有限，不提供其他 CAD/ CAE 商用软件的接口等。

4. FIDO

FIDO 是由 NASA 的 Langley 研究中心针对高超声速民用飞行器（HSCT）研究而开发的专用 MDO 框架，是 LaRC 的研究人员进行各种优化方法测试的平台。CJOpt 是 FIDO 在异构网络环境中应用的更新升级版本。

FIDO 包含分布计算和服务模块，模块间的通信由通信库来完成。支持并行功能。持续的学科驱动（persistent discipline drivers）支持同一学科的程序通过内存共享数据，从而提高了计算效率。嵌入的计时程序可显示各部分的计算用时。GUI 则可以显示系统的运行状态。FIDO 不能通过抽象模块定义问题，学科分析之间的协作要通过编写专门的主模块 C 程序来实现。其内置的优化算法包括基于梯度的算法、CONMIN 和 KSOPT 等。数据通过文件指针可直接在子机间传递而不经由中央数据管理器。可以通过监控工具（spy tool）调整对初始问题的定义，以实现运行阶段的动态人机交互。

6.6.3 液体火箭发动机多学科设计优化软件框架结构

著者项目组使用 C＋＋语言自主开发了液体火箭发动机多学科设计优化软件（LREMDO），开发平台为 C＋＋ Builder。该软件的框架结构由如图 6.18 所示的三部分组成：① 数据库层，一方面负责存储和管理液体火箭发动机系统和部件的仿真模型、内置的优化算法和多学科设计优化方法等，另一方面负责记录和管理其他两层框架结构产生的相关数据，支持工具采用 SQL；② MDO 应用层，使用内置或第三方插件式的 MDO 方法及仿真和分析模型，根据用户的输入条件进行设计计算；③ 用户建模和监控层，通过 LREMDO 提供的可视化界面来选择设计问题，在给定范围内设置参数条件，并对 MDO 过程和结果进行实时和事后监控。图 6.19 为软件的用户界面的截图。各层结构之间通过千兆以太网交换机进行通信连接。

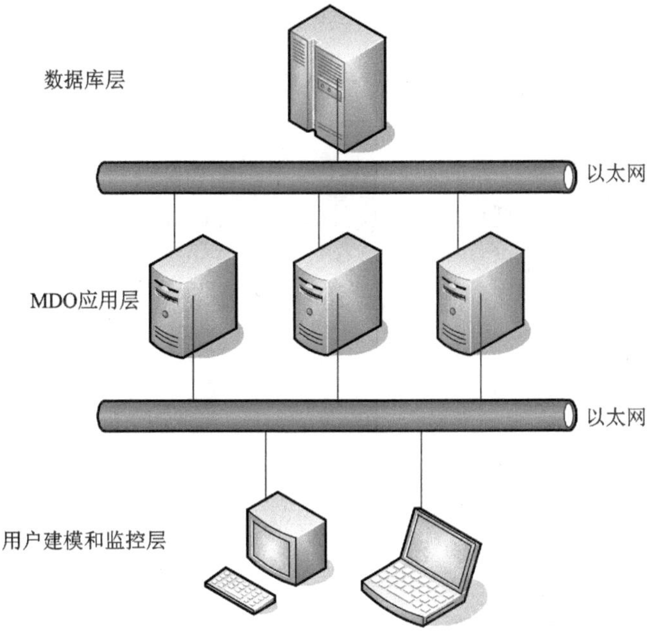

图 6.18　液体火箭发动机多学科设计优化软件框架结构

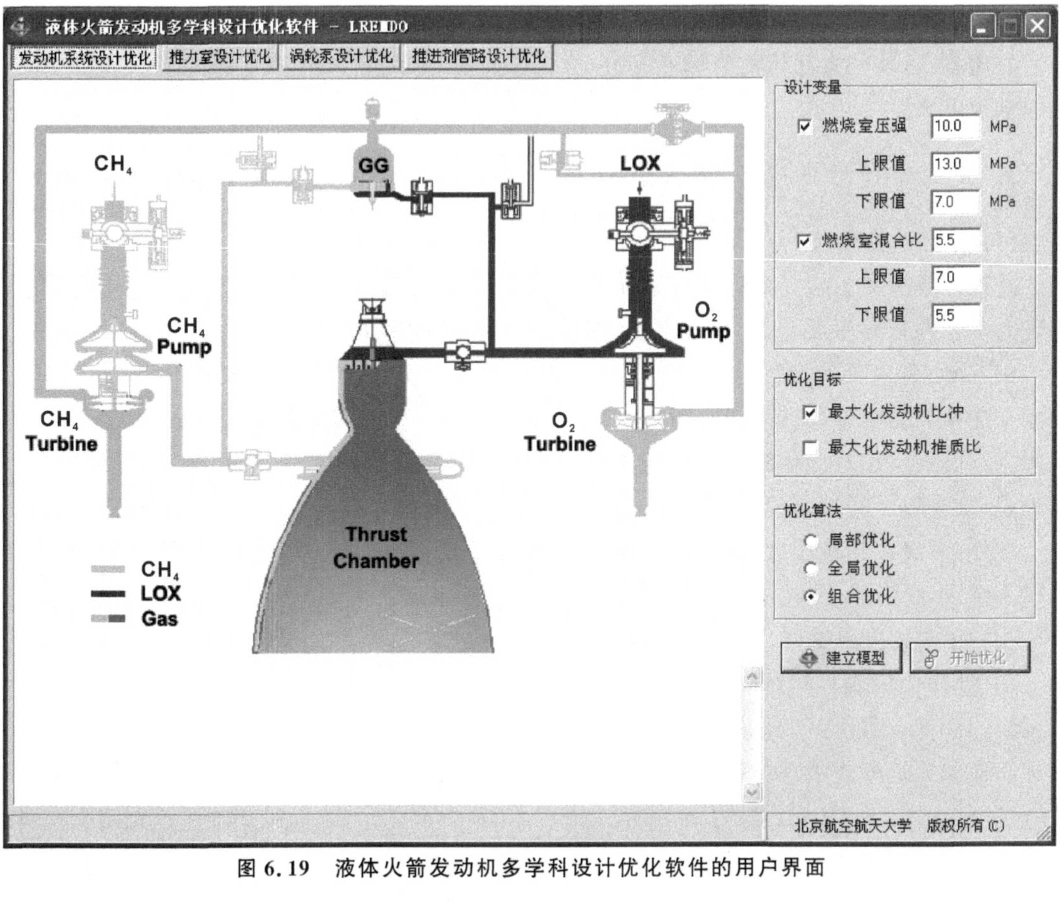

图 6.19　液体火箭发动机多学科设计优化软件的用户界面

1. 设计分析工具的集成

LREMDO 主要的内置优化算法包括粒子群算法、差分进化算法以及蚁群算法等群智能优化算法。

LREMDO 内置仿真模型包括热力计算程序、火箭发动机系统参数平衡计算程序、喷管性能计算程序以及参数化几何造型程序等。设计人员只需选择或修改相关控制参数，就可以方便地使用 LREMDO 内置的各种设计分析工具。

此外，LREMDO 也支持通过 Windows API 函数来调用第三方设计分析工具，并使用 TIMER 控件来保证 MDO 流程的自动运行。

2. 在线数据管理

LREMDO 使用面向对象的分层模型对数据库访问进行封装。根据仿真和优化模块对数据库访问的要求，定义模块的数据源或目的地址表示方式，并在模块接口中开发数据（按地址存取的接口）。

利用组件对内置的仿真模型和优化算法进行封装，支持对所封装模型的生成、重构、修改和运行等操作。根据火箭发动机系统和部件的设计优化特点，预先定制了一些模型关联关系，以避免用户误操作。

开发了基于 SQL 的查询生成工具。根据数据库结构，由用户以框图方式输入查询条件和结果处理方式，软件将其转换为标准 SQL 语句递交数据库执行，并将查询结果以表格或图形方式显示出来。

3. 大规模并行分布计算

(1) 并行计算支持

并行计算主要包括并行计算机系统、并行算法和并行程序设计三部分内容。并行算法的实现离不开并行程序设计，并行程序设计则依赖于并行计算机系统。

LREMDO 内置的群智能优化算法具有很好的并行特性，算法产生的每代个体之间不需要相互交换数据信息，支持同步并行计算，其实质就是一种并行式问题求解方法。LREMDO 采用主从模式实现对优化算法的并行控制：主进程负责数据控制，大量并行的从进程负责数据处理，从进程之间没有数据交互，由主进程通过调用优化算法完成数据交互和更新。

此外，多级多学科设计优化方法中的子系统设计优化也支持同步并行计算，不同层级之间的子系统设计优化则支持异步并行计算。

(2) 分布式应用支持

LREMDO 的硬件运行环境为航天推进仿真中心的 PC 机群。作为一个主流发展方向，机群系统的计算节点由 PC 组成，因此在性价比、可扩展性、可用性等方面具有很强的竞争力，目前在高性能计算模式中占有相当大的比重。航天推进仿真中心的 PC 计算节点配置为：Intel Core Duo E6600 2.4 GHz CPU 和 DDR II 6 672 GB 内存，节点之间采用千兆以太网交换机进行连接。

LREMDO 采用 TCP/IP 通信协议机制实现计算节点之间的数据通信。TCP/IP 通信协议是开放的协议标准，独立于特定的计算机硬件与操作系统，采用统一的网络地址分配方案，这使得每个计算单元都具有唯一的地址，方便识别。尽管 TCP/IP 协议的标准四层结构能够提供比较可靠的用户服务，但为了避免由于并行和大规模计算带来的不确定的数据通信冲突，LREMDO 根据液体火箭发动机 MDO 的数据结构特点开发了专门的数据确认模块，以提高容错性，更好地支持分布式计算。

第7章　液体火箭发动机系统仿真与优化设计

液体火箭发动机由推力室、涡轮泵、燃气发生器、管路、阀门等部件构成。这些部件之间存在着相互作用和相互依赖的关系。当各部件均满足设计要求时才能实现规定的功能。液体火箭发动机系统即为发动机各部件组成的整体。

液体火箭发动机系统按照推进剂的供应方式一般分为两大类：一类是挤压式供应系统，一类是泵压式供应系统。挤压式系统由高压气体建立供应压力，泵压式系统由泵建立供应压力。挤压式系统适用于总冲量较小的发动机；而在设计大推力发动机时，普遍采用泵压式供应系统。本章研究泵压式推进系统的设计、仿真和优化。首先简述了发动机系统的总体设计；然后分别针对系统的静、动态特性阐述了详细的仿真分析方法和仿真结果；最后以液氧/液氢发动机为例，进行了发动机系统的优化设计分析。

7.1　液体火箭发动机总体设计

液体火箭发动机的总体设计任务是在运载火箭总体设计给定的空间和尺寸范围内，对组成发动机的各组件，按其在发动机系统中的功能和作用，进行结构协调并提出结构设计要求。具体目标是使发动机在结构质量、外廓尺寸、总体布局、推力的传递与控制等方面与火箭总体设计协调一致。

总体设计在发动机研制中具有技术综合作用，在液体火箭发动机的发展历史中，充分发挥总体设计的综合作用而促使这一领域技术发展的例子很多。并联组合设计的成功，使发动机推力水平成倍增加；摇摆方案实现后，取代了沿袭多年的燃气舵方案；以推力室为基础的总体布局改变了推力传递结构的设计思想，并为标准模块的发展提供了可能。这一切不仅大大促进了航天技术的发展，也扩大了总体设计的技术范畴，使总体设计出现了新的构想，总体布局确立了新的原则，结构设计也增加了新的课题。在现有发动机技术基础上，充分发挥总体设计的综合能力，是满足航天事业发展需要的一个重要手段和有效途径。

7.1.1　总体设计依据

液体火箭发动机总体设计的依据包括发动机设计任务书和发动机系统设计说明书。

1. 发动机设计任务书

由火箭总体设计部门向发动机设计研究部门提出发动机设计要求的主要文件，应包括以下与总体设计有关的内容：

① 发动机的型式；

② 推进剂组合；

③ 设计标准条件（大气压强、推进剂标准温度、发动机工作高度、泵入口标准压强和最小压强等）；

④ 在设计标准条件下发动机的主要性能(推力、比冲、混合比、总质量流量和后效冲量等);

⑤ 发动机的额定工作时间;

⑥ 发动机起动与关机方式;

⑦ 贮箱增压方式;

⑧ 对发动机结构质量、质心和转动惯量的要求;

⑨ 发动机的外廓尺寸、与箭体所有对接接口尺寸及精度要求;

⑩ 对发动机推力矢量位置及精度的要求;

⑪ 对摇摆发动机的有关要求;

⑫ 各种载荷条件及对发动机强度和刚度的要求;

⑬ 控制电路系统的要求;

⑭ 发动机的使用维护要求;

⑮ 对遥测参数、测点数量、位置和尺寸的要求。

2. 发动机系统设计说明书

根据《发动机设计任务书》的要求,由发动机系统设计部门通过论证选定系统方案,经过参数平衡计算,确定对发动机各组件的性能参数要求,形成指导发动机结构设计的系统设计说明书。具体内容包括以下方面。

(1) 发动机系统图

将发动机的系统组成、各零(部、组)件在发动机系统中的地位和作用以示意图或原理图的形式明确表达出来。

(2) 发动机系统组成说明

组成发动机系统的各分支系统及其所包含的本、部、组件的功能,如起动系统、主系统(推力室供应系统)、副系统(涡轮工质供应系统)、控制系统、调节系统、预冷系统、吹除系统、清洗泄出系统、增压系统、地面试车辅助系统等。

(3) 发动机系统工作原理和工作顺序

按发动机工作的时间顺序描述发动机从起动前的准备、起动、稳态工作,直到关机的完整工作过程,以及在这个过程中发动机各分支系统和组件相应的动作或工作状态以及推进剂各组元和气体工质在系统图中的流程。

(4) 发动机及各组件的设计性能参数要求

各组件的入口压强、工质流量、燃烧室的压强、流阻、推力、泵的压头、涡轮的功率等。

(5) 发动机测量参数

其包括地面试车和飞行试验中必测和选测参数的数量和部位。这决定着发动机状态的确定和区分,并通过总体结构协调和结构设计予以实现。

3. 其他依据

除上述两个主要依据外,还有一些其他因素对总体设计产生影响,包括:

① 各主要组件(推力室、涡轮泵等)的结构设计方案和轮廓尺寸;

② 火箭总体设计部门提出的要求,包括振动、冲击、噪声等环境条件要求,发动机验收技

术要求及标准选用范围等；

③ 相关试验技术能力的调查，如发动机试车台的推力量级、测试能力及精度，推进剂贮箱的容量，高空模拟能力等；

④ 承制厂家设备能力和技术水平的调查，如冲压设备的能力、钎焊设备的尺寸、测量设备的配套以及其他工艺能力和水平；

⑤ 对所需材料市场供应情况的调查。

7.1.2 总体设计必要性分析

1. 总体设计工作顺序

总体设计的流程由总体方案论证、总体布局设计、发动机结构协调和总装结构设计四个步骤构成。其中总体方案的确定和总体布局的选择是直接影响发动机整体设计水平的关键步骤。液体火箭发动机的设计阶段分为模样、初样和试样三个阶段。在发动机设计初期，即模样设计阶段必须充分论证总体方案，慎重选择总体布局。图 7.1 为液体火箭发动机总体设计的工作流程。

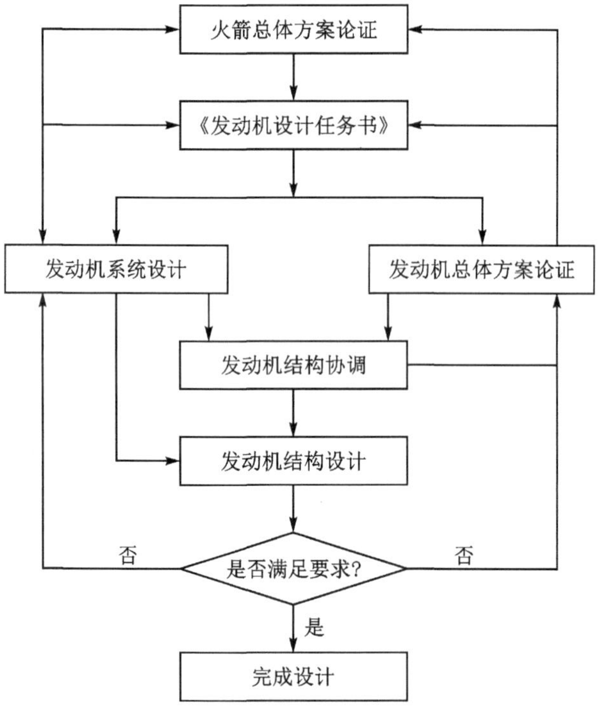

图 7.1 液体火箭发动机总体设计工作流程

2. 总体设计的必要性

总体设计的重要内容是根据《发动机设计任务书》进行系统参数分配，并在部件设计后协调系统设计参数与部件设计参数。在发动机型号设计过程中，如果忽视总体设计环节，系统设计与部件设计以及部件级设计之间由于缺乏参数一致性协调而产生大量重复性分析，这与先进液体火箭发动机技术是背道而驰的。进行发动机总体设计就是要在发动机设计之初进行参数合理化配置,缩短设计周期,提高发动机设计水平。

7.2　液体火箭发动机系统静态特性仿真

由于推进系统输入参数(推进剂的温度、密度、组分等)的一些变化,使得推进系统的内部参数也会随制造和控制允差变化,所以任何一台未经校验的液体火箭发动机系统的性能都常常不能与要求的设计性能完全一致。在液体火箭发动机系统的校验过程中,因对其进行试验研究能获得大量第一手试验数据,可直接用于理论分析和指导工程设计,所以在国内外液体火箭发动机系统的研制和设计中被广泛应用。试验研究也有周期长、耗资巨大、地面试车时测量的参数有限、飞行时系统参数遥测数据少等不利因素。相反,利用液体火箭发动机系统的静态模型对系统静态特性进行分析则具有快、好、省的优点。因此,对液体火箭发动机系统静态特性进行数值仿真可有效解决试验的不足,减少试验次数,节省费用,提高安全性,预估不同工况下液体火箭发动机系统的性能。

在液体火箭发动机系统的工作过程中,当干扰因素发生变化时,系统参数便平衡在一个新的稳定状态。推进系统静态特性就是研究在各稳定状态下,系统各参数与各干扰因素之间的关系。液体火箭发动机静态特性仿真用途很广,包括:分析内外干扰因素对推进系统性能及其元件参数的影响;精确调整推进系统以补偿内外干扰因素的影响;确定在正常的干扰因素影响下发动机系统性能参数的变化范围,并以此参数范围为依据评价发动机系统试车是否正常;预估发动机系统设计改变对系统性能参数的影响;根据允许的发动机系统性能偏差推算系统元件的允许公差、优化系统设计。

7.2.1　液体火箭发动机各部件静态数学模型

静态特性仿真一般是从建立发动机部件模型开始的,从而分析干扰因素对推进系统性能的影响。在对推进系统进行静态特性仿真过程中,数学模型的准确度将直接影响特性分析结果的准确度。此外,对模型进行数值仿真使用的计算方法也会直接关系到计算结果的准确性。

对推进系统进行静态特性数值仿真时,系统的性能和状态可由系统各部件的性能、状态及其相互之间关系的状态来反映。因此,整个推进系统的数学模型可由系统各部件数学模型与系统参数平衡模型来描述。

1. 部件数学模型

(1) 推力室

液体火箭发动机的推力室将燃料与氧化剂进行喷雾、混合、燃烧,产生高温高压气体,高温高压气体在喷管中加速将热能转化为机械能产生推力。推力室的主要性能参数有室压、混合比、推力等。

推力室的燃烧室压强为

$$p_c=\frac{\dot m_{oxc}+\dot m_{fc}}{A_t}c^* \tag{7.1}$$

式中,A_t 为推力室喉部有效面积;$\dot m_{oxc}$、$\dot m_{fc}$ 分别为推力室的氧化剂流量和燃料流量;$c^*=$

$f(k_c, p_c)$为燃烧室特征速度，描述燃烧室中的能量转换特性，反映推进剂能量的高低和燃烧过程的质量，是评价火箭发动机燃烧室内部工作过程质量的指标，可通过火箭发动机热试车确定，其数学表达式为

$$c^* = \sqrt{\frac{R_c T_c}{k_c \left(\frac{2}{k_c + 1}\right)^{\frac{k_c+1}{k_c-1}}}} \tag{7.2}$$

式中，k_c 为燃烧室内燃气的绝热指数；R_c 为燃烧室内燃气的气体常数；T_c 为燃烧室内燃气的温度。

推力室混合比

$$K_c = \frac{\dot{m}_{oxc}}{\dot{m}_{fc}} \tag{7.3}$$

推力室推力

$$F = C_f A_t p_c \tag{7.4}$$

式中，C_f 为推力室的推力系数，也可以表示为 $F=(\dot{m}_{oxc}+\dot{m}_{fc})I_{spc}$，其中 I_{spc} 为推力室的比冲。

燃气发生器与推力室热力参数 RT 根据标准热力计算程序的计算结果拟合给出，RT 主要取决于混合比 K，压强对 RT 的影响很小。RT 的一般形式为

$$\mathrm{RT} = \mathrm{e}^{\alpha_0 + \alpha_1 K + \alpha_2 K^2 + \cdots + \alpha_N K^N} \tag{7.5}$$

式中，$\alpha_0, \alpha_1, \cdots, \alpha_N$ 为拟合系数，N 的值根据拟合精度要求而定，一般取 2～5。

(2) 泵

泵是用于提高流体压强的一种机械装置。目前采用较多的是离心泵，其设计方法也较成熟，离心泵的主要性能参数有扬程(或称压头)、功率和效率。

扬程是离心泵出口总压头与进口总压头之差。扬程表示单位质量流体通过离心泵后能量的增值。由于离心泵的进出口高度和进出口速度相差很小，可以略去不计，故有

$$H = \frac{\Delta p}{g\rho} \tag{7.6}$$

式中，Δp 为离心泵的进出口压差；H 为离心泵扬程；g 为重力加速度。

Δp 通常用下面的经验关系式表示：

$$\Delta p = a\rho_{cp} n_p^2 + b n_p \dot{m}_{mp} - c\frac{\dot{m}_{mp}^2}{\rho_{cp}} \tag{7.7}$$

式中，a、b、c 为离心泵的特性系数，为常数；n_p 为离心泵的转速；ρ_{cp} 为离心泵进、出口推进剂的平均密度。

离心泵的有效功率

$$P_{ep} = \dot{m}_{mp} g\rho H \tag{7.8}$$

离心泵的输入功率 P_p 通常用经验关系式表示：

$$P_p = a_1 \rho_{cp} n_p^3 + b_1 n_p^2 \dot{m}_{mp} + c_1 \frac{n_p \dot{m}_{mp}^2}{\rho_{cp}} \tag{7.9}$$

式中，a_1、b_1、c_1 为离心泵的功率特性系数，为常数。

离心泵的效率为其有效功率与输入功率的比值，表示为

$$\eta_{\mathrm{p}}=\frac{P_{\mathrm{ep}}}{P_{\mathrm{p}}}=\frac{\Delta p\dot{m}_{\mathrm{mp}}}{\rho_{\mathrm{cp}}P_{\mathrm{p}}} \tag{7.10}$$

在上述泵特性方程表达式中采用平均密度，考虑了离心泵进、出口推进剂密度的变化。对于常规燃气发生器循环液体火箭发动机，由于推进剂组元密度变化小，故不考虑密度变化时的计算误差较小；但对于高压补燃循环发动机和使用了低温推进剂的发动机，不考虑密度变化则存在较大的计算误差。

目前计算泵出口温度、密度的方法存在一定的局限性。在对离心泵出口推进剂的密度、温度进行计算时，可将泵内介质流动过程视为多变过程，利用压强功将泵的出口焓增与出口压强、质量体积联系起来，从而得到出口压强的计算公式，迭代出口密度直到计算的出口压强与由压头关系式确定的出口压强相等为止。验证发现该方法计算结果与实际结果相差很远，分析原因可能是其多变过程指数的计算方法有问题。下面针对不同的推进剂组合给出计算泵出口推进剂密度和温度的两种方法。

① 假设从泵的入口到出口推进剂密度和温度的变化不大，根据这一假设，由能量守恒定律和热力学定律得到温度变化的表达式为

$$\Delta T=\frac{\Delta p}{\rho_{\mathrm{cp}}c_p}\left[\frac{1-\eta_{\mathrm{p}}}{\eta_{\mathrm{p}}}-\frac{T_{\mathrm{cp}}}{\rho_{\mathrm{cp}}}\left(\frac{\partial\rho}{\partial T}\right)_{\mathrm{cp}}\right] \tag{7.11}$$

式中，c_p 为推进剂比定压热容；T_{cp} 为推进剂平均温度；$(\partial\rho/\partial T)_{\mathrm{cp}}$ 为推进剂密度对温度的变化率。对于常温推进剂，推进剂密度对温度的变化率是一个常数，如煤油 $(\partial\rho/\partial T)_{\mathrm{cp}}=0.000\ 703$。对低温推进剂，其表示形式为

$$\left(\frac{\partial\rho}{\partial T}\right)_{\mathrm{cp}}=(B_1T_{\mathrm{cp}}+2C_1T_{\mathrm{cp}}^2)+(B_2T_{\mathrm{cp}}+2C_2T_{\mathrm{cp}}^2)p_{\mathrm{cp}}+(B_3T_{\mathrm{cp}}+2C_3T_{\mathrm{cp}}^2)p_{\mathrm{cp}}^2 \tag{7.12}$$

式中，p_{cp} 为泵进、出口平均压强；$\rho_{\mathrm{cp}}=\rho(T_{\mathrm{cp}},p_{\mathrm{cp}})$ 由推进剂标准物性数据拟合公式给出，对于常温推进剂，有

$$\rho_{\mathrm{cp}}=\rho_0+\left(\frac{\partial\rho}{\partial T}\right)_{\mathrm{cp}}(T_{\mathrm{cp}}-T_0) \tag{7.13}$$

对于低温推进剂，有

$$\rho_{\mathrm{cp}}=(A_1+B_1T_{\mathrm{cp}}+C_1T_{\mathrm{cp}}^2)+(A_2+B_2T_{\mathrm{cp}}+C_2T_{\mathrm{cp}}^2)p_{\mathrm{cp}}+(A_3+B_3T_{\mathrm{cp}}+C_3T_{\mathrm{cp}}^2)p_{\mathrm{cp}}^2 \tag{7.14}$$

式中，A_i、B_i、C_i $(i=1,2,3)$ 为密度拟合公式的系数。

推进剂平均温度表达式为

$$T_{\mathrm{cp}}=T_{\mathrm{in}}+\frac{1}{2}\Delta T \tag{7.15}$$

式中，T_{in} 为泵入口推进剂的温度。

② 根据泵的功率和效率关系可知，泵的输入功率中只有 $\eta_{\mathrm{p}}P_{\mathrm{p}}$ 转化为有效功率，另外的 $(1-\eta_{\mathrm{p}})P_{\mathrm{p}}$ 变成了各种损失。

泵内的损失一般分为水力损失、容积损失和机械损失三部分，由于粘性和摩擦，水力损失的大部分将转化为热量使泵内推进剂的温度升高，因为很难确定泵的水力损失所占的比例，所以假定总损失 $(1-\eta_{\mathrm{p}})P_{\mathrm{p}}$ 中有 $\zeta(1-\eta_{\mathrm{p}})P_{\mathrm{p}}$ 转变为热量，ζ 为总损失中转化为热量的份额。

因此，对泵内单位质量的流体，忽略泵入口、出口流速的差值，根据能量方程，有

$$h_2=h_1+\left(1-\zeta+\frac{\zeta}{\eta_p}\right)\frac{\Delta p}{\rho_{cp}} \tag{7.16}$$

式中，h_1、h_2 为泵出口和入口的比焓；推进剂平均密度可表示为

$$\rho_{cp}=\frac{\rho_1+\rho_2}{2} \tag{7.17}$$

式中，ρ_1、ρ_2 分别为泵入口、出口的推进剂密度。

采用如下形式的推进剂热力状态方程：

$$\rho=\rho(h,p) \tag{7.18}$$

$$T=T(p,\rho) \tag{7.19}$$

在计算液体火箭发动机泵的出口密度和温度时，已知泵的出口压强和出口比焓。因此，建立了以压强和比焓表示的密度和温度状态方程的拟合关系式，泵出口氢、氧的密度状态方程拟合式为

$$\rho=\rho(p,h)=d_0+d_1p+d_2p^2+d_3h+d_4h^2+d_5\frac{1}{5}+d_6\frac{1}{p}+d_7\frac{p}{h} \tag{7.20}$$

泵出口氢、氧的温度状态方程拟合式为

$$T=T(p,\rho)=t_0+t_1p+t_2\rho+t_3\frac{p}{\rho}+t_4\ln\rho+t_5(\ln\rho)^2+t_6(\ln\rho)^3 \tag{7.21}$$

式中，$d_i(i=0,1,\cdots,7)$，$t_i(i=0,1,\cdots,6)$均为拟合系数。

(3) 气涡轮

在泵压式液体火箭发动机中，涡轮是推进剂泵的动力机。涡轮可分为冲击式和反力式两种。在液体火箭发动机中冲击式涡轮应用较多。描述涡轮的性能参数有涡轮工质的绝热膨胀功、流量、效率、功率以及涡轮出口温度。

1）涡轮工质的绝热膨胀功

涡轮工质由压强 p_0 膨胀降压到 p_1，气流具有的绝热功可以表示为

$$L_{ad}=\frac{k}{k-1}RT_g\left[1-\left(\frac{p_1}{p_0}\right)^{\frac{k-1}{k}}\right] \tag{7.22}$$

式中，k 为涡轮燃气的绝热指数；R 为涡轮燃气的气体常数；T_g 为涡轮燃气的温度。

2）涡轮工质流量

涡轮工质的流量是通过涡轮喷嘴的喉部截面积来控制的。可按下式确定：

$$\dot{m}_t=\begin{cases}C_tA_tp_0\sqrt{\dfrac{k}{RT_g}\left(\dfrac{2}{k+1}\right)^{\frac{k+1}{k-1}}}, & \dfrac{p_{bi}}{p_0}\leqslant\left(\dfrac{2}{k+1}\right)^{\frac{k}{k-1}}\\ C_tA_tp_0\sqrt{\dfrac{2k}{k-1}\dfrac{1}{RT_g}\left[\left(\dfrac{p_{bi}}{p_0}\right)^{\frac{2}{k}}-\left(\dfrac{p_{bi}}{p_0}\right)^{\frac{k+1}{k}}\right]}, & \dfrac{p_{bi}}{p_0}>\left(\dfrac{2}{k+1}\right)^{\frac{k}{k-1}}\end{cases} \tag{7.23}$$

式中，C_t 为涡轮喷嘴的流量系数；A_t 为涡轮喷嘴的最小流通截面积；p_{bi} 为涡轮静叶喷嘴出口处的压强。

$$p_{bi}=p_0\left[\theta+(1-\theta)\left(\frac{p_1}{p_0}\right)^{\frac{k-1}{k}}\right]^{\frac{k}{k-1}} \tag{7.24}$$

式中，θ 为涡轮反力度。对于冲击式涡轮，$\theta=0$，$p_{bi}=p_1$；对于反力式涡轮，θ 与涡轮速度比和落压比有关，其关系式由涡轮吹风试验得出。

3）涡轮效率

涡轮效率与速度比 u/u_c 有关，效率的表达式由试验确定，可以采用以下拟合式：

$$\eta_t = a\left(\frac{u}{u_c}\right)^3 + b\left(\frac{u}{u_c}\right)^2 + c\left(\frac{u}{u_c}\right) + d \tag{7.25}$$

式中，a、b、c、d 为由试验确定的拟合系数。

u 为涡轮叶片切向速度：

$$u = \frac{\pi D_t n_t}{60} \tag{7.26}$$

式中，D_t 为涡轮叶片圆周直径；n_t 为涡轮转速。

u_c 为涡轮燃气理论喷射速度：

$$u_c = \sqrt{2L_{ad}} \tag{7.27}$$

整个涡轮的功率可表示为

$$P_t = \dot{m}_t L_{ad} \eta_t \tag{7.28}$$

忽略燃气的传热，由能量方程得

$$\Delta h = \frac{1}{2}(u_2^2 - u_1^2) + \eta_t L_{ad} \tag{7.29}$$

式中，u_1、u_2 分别为涡轮入口和出口的绝对流速；Δh 为工质在涡轮通道的实际焓降。

故涡轮动叶出口处工质的实际温度为

$$T_1 = T_0 - \frac{\Delta h}{c_p} = T_0 - \frac{k-1}{k}\frac{P_t}{q_t R} \tag{7.30}$$

(4) 液涡轮

为了传动预压泵，经常采用从主泵出口引出的部分高压液体作为工质的水力涡轮，由于水力涡轮是在不可压缩的液体中工作，因此用于计算液涡轮的公式相对气涡轮更简单化，可用理论比功取代涡轮的绝热功，即

$$L_{ad} = (p_1 - p_2)/\rho \tag{7.31}$$

式中，p_1 为液涡轮入口总压；p_2 为液涡轮出口静压。

由于对不可压缩液体，多变过程的比功等于绝热功，而且可将绝热速度换成理论速度，故有

$$u_{lc} = \sqrt{2L_{ad}} \tag{7.32}$$

叶片切向速度与气涡轮相同：

$$u_l = \frac{\pi D_l n_l}{60} \tag{7.33}$$

式中，D_l 为液涡轮叶片中心的圆周直径，n_l 为液涡轮的转速。

液涡轮的效率 η_l 也是关于 u/u_c 的函数，可表达为与气涡轮效率拟合式相同的形式。

同时，可以将绝热功率换算成理论计算功率：

$$P_t = \dot{m} L_{ad} \eta_t \tag{7.34}$$

(5) 燃气发生器

燃气发生器的工作特性主要由其能量转换特性确定：

$$k_g = \frac{\dot{m}_{g,o}}{\dot{m}_{g,f}} \tag{7.35}$$

式中，$\dot{m}_{g,o}$ 为燃气发生器氧化剂质量流量；$\dot{m}_{g,f}$ 为燃气发生器燃料质量流量。

(6) 液体管路

通常，管路长径比较大，粘性摩擦力(沿程压强损失)引起的压强变化是主要的，其数学模型为

$$p_1 - p_2 - \frac{\xi \cdot \dot{m} \cdot |\dot{m}|}{\rho} = 0 \tag{7.36}$$

式中，p_1、p_2 分别为管路入口和出口压强；ξ 为管路流阻系数(与沿程损失系数 λ、管路长度、直径有关)，即

$$\lambda = \begin{cases} 64/Re, & Re < 2\ 300 \\ 0.316\ 4/Re^{0.25}, & Re \in [2\ 300, 10^5] \\ 0.003\ 2 + 0.221/Re^{0.237}, & Re > 10^5 \end{cases} \tag{7.37}$$

式中，Re 为雷诺数，ρ 为推进剂密度。

(7) 气体管路

对于高压气体流路，可类似于液体流路写出其压差方程：

$$p_{g1} - p_{g2} = \xi_g \frac{\dot{m}_g^2}{\rho_{gcp}} \tag{7.38}$$

由理想气体状态方程，气体的平均密度可表示为

$$\rho_{gcp} = \frac{p_{g1} + p_{g2}}{2RT} \tag{7.39}$$

则

$$p_{g1} = \sqrt{p_{g2}{}^2 + 2\xi_g R T_g \dot{m}_g^2} \tag{7.40}$$

(8) 汽蚀管

在液体火箭发动机中作为流量控制元件，在氧化剂与燃料管路中同时使用就能起到控制推进剂混合比的作用，其工作特性由其流量特性代表，即

$$\dot{m}_v = C_{dv} \frac{\pi d^2}{4} \sqrt{2\rho(p_{v,i} - p_s)} \tag{7.41}$$

式中，C_{dv} 为流量系数；$p_{v,i}$ 为入口压强；p_s 为推进剂饱和蒸气压。

(9) 局部压强损失部件

局部压强损失部件包括电爆阀、破裂膜片、自锁阀、过滤器、节流圈、电磁阀、加/排阀等。流体在流过这类部件时，受到的扰动很大，摩擦损失可忽略，则数学模型为

$$p_1 - p_2 - \frac{\xi \cdot \dot{m} \cdot |\dot{m}|}{\rho} = 0 \tag{7.42}$$

式中，p_1、p_2 为局部压强损失的入口、出口压强；ξ 为阀门流阻系数(与阀门局部损失系数、阀门流通面积有关)；ρ 为推进剂密度。

(10) 贮箱模型

贮箱流动特点为只有推进剂的流出，没有流入。贮箱推进剂压强为贮箱增压压强与膜片(胶囊等)压强之差。贮箱出口压强为贮箱推进剂压强减去推进剂流出贮箱时的局部压强损失，或者可以直接简化为贮箱推进剂压强，其数学模型为

$$p_0 - p_1 - \Delta p_t = 0 \tag{7.43}$$

$$p_1 - p_2 - \frac{\xi \cdot \dot{m} \cdot |\dot{m}|}{\rho} = 0 \tag{7.44}$$

式中，p_0、p_1、p_2 分别为贮箱挤压气体压强、贮箱推进剂压强和贮箱出口压强；Δp_t 为贮箱膜片压强；ξ 为贮箱出口流阻系数（与贮箱局部损失系数、贮箱出口面积有关）；ρ 为推进剂密度。

（11）三通流量模型（一进二出、二进一出）

不考虑压强损失或将其局部压强损失纳入与之相连接的管路，只考虑在阀处的流量平衡，则有

$$\dot{m}_1 - \dot{m}_2 - \dot{m}_3 = 0 \tag{7.45}$$

式中，$\dot{m}_1$、$\dot{m}_2$、$\dot{m}_3$ 分别为一进口（或一出口）和二出口（或二进口）处的流量。

（12）四通流量模型（一进三出、三进一出）

不考虑压强损失或将其局部压强损失纳入与之相连接的管路，只考虑在阀处的流量平衡，则有

$$\dot{m}_1 - \dot{m}_2 - \dot{m}_3 - \dot{m}_4 = 0 \tag{7.46}$$

式中，$\dot{m}_1$、$\dot{m}_2$、$\dot{m}_3$、$\dot{m}_4$ 分别为一进口（或一出口）和三出口（或三进口）处的流量。

（13）五通流量模型（一进四出、四进一出）

不考虑压强损失或将其局部压强损失纳入与之相连接的管路，只考虑在阀处的流量平衡，则有

$$\dot{m}_1 - \dot{m}_2 - \dot{m}_3 - \dot{m}_4 - \dot{m}_5 = 0 \tag{7.47}$$

式中，$\dot{m}_1$、$\dot{m}_2$、$\dot{m}_3$、$\dot{m}_4$、$\dot{m}_5$ 分别为一进口（或一出口）和四出口（或四进口）处的流量。

7.2.2　静态特性仿真方法

静态特性仿真采用参数平衡法。参数平衡模型是描述发动机系统各组件间工作参数相互关系的数学表达式。对于发动机系统，参数平衡模型主要包括流量平衡、压强平衡和功率平衡等基本关系式，这些参数平衡关系式的实质是质量守恒、能量守恒和动量守恒的基本物理定律。在液体火箭发动机正常工作条件下，参数平衡模型是得到满足的。

1. 流量平衡

氧化剂流量平衡关系为

$$\dot{m}_o = \dot{m}_{c,o} + \dot{m}_{g,o} = \frac{r_c}{1+r_c}\dot{m}_c + \frac{r_g}{1+r_g}\dot{m}_g \tag{7.48}$$

燃料流量平衡关系为

$$\dot{m}_f = \dot{m}_{c,f} + \dot{m}_{g,f} = \frac{1}{1+r_c}\dot{m}_c + \frac{1}{1+r_g}\dot{m}_g \tag{7.49}$$

式中，$\dot{m}_{c,o}$ 为燃烧室中氧化剂流量，$\dot{m}_{g,o}$ 为燃气发生器中氧化剂流量，$\dot{m}_{c,f}$ 为燃烧室中燃料流量，$\dot{m}_{g,f}$ 为燃气发生器中燃料流量，$\dot{m}_c$ 为燃烧室总流量，$\dot{m}_g$ 为燃气发生器总流量，并且

$$\dot{m}_c = \dot{m}_{c,o} + \dot{m}_{c,f} \tag{7.50}$$

$$\dot{m}_g = \dot{m}_{g,o} + \dot{m}_{g,f} \tag{7.51}$$

2. 压强平衡

主供应系统压强平衡就是使泵的出口压强等于燃烧室压强与泵出口到推力室喷注器出口

各组件的压强之和，即

$$p_{e,o}=p_c+\sum \Delta p_o \tag{7.52}$$

$$p_{e,f}=p_c+\sum \Delta p_f \tag{7.53}$$

式中，$p_{e,o}$、$p_{e,f}$ 分别为氧化剂泵与燃料泵的出口压强。

3. 功率平衡

功率平衡就是涡轮功率等于它所驱动泵的功率之和，即

$$P_t-\sum_i P_{pi}=0 \tag{7.54}$$

在以上部件的数学模型中，由于许多表达式系数是在试验基础上获得的，因此，为提高推进系统静态特性数学模型的准确度，有必要发展一种数据协调方法，便于在模型中综合考虑试验、建模、仿真计算带来的误差，尽可能缩小模型计算结果与实测结果的差距。

7.2.3 液氧/液氢燃气发生器循环发动机静态特性仿真

1. 系统简介

图 7.2 为某液氧/液氢燃气发生器循环发动机系统简图。系统氧化剂流路主要包括氧泵前阀、氧化剂泵、氧主阀、氧副控阀。氧化剂经氧泵增压后，一部分进入燃烧室，一部分进入燃气发生器。燃料流路主要包括氢泵前阀、氢泵、氢主阀、氢副控阀。燃料经氢泵增压后一部分进入燃烧室，一部分进入燃气发生器。燃气发生器的高温高压燃气直接驱动氢氧两个涡轮。氧化剂泵和燃料泵分别由两个涡轮（氧涡轮和氢涡轮）驱动。在所有管路上均有阀门作为控制元件，以控制发动机的工作状态。

2. 系统模型

为了验证液体火箭发动机静态特性仿真软件的通用性，根据给定的系统原理图，在建模时主要考虑的部件包括氧泵、氢泵、氧涡轮、氢涡轮、6 个阀门、4 段液体管路和 2 段高压燃气管路等。根据部件模型方程和系统参数平衡模型建立了该液体火箭发动机系统的静态数学模型。

为简化该液体火箭发动机系统的数学模型，提出以下几方面假设：

① 管路与阀门的阻力系数 ξ 为常数；

② 忽略管路系统与环境的热交换；

③ 燃气发生器与涡轮之间气路中气体的燃气热值近似取为燃气发生器的燃气热值；

④ 气路中的气体按理想气体处理，密度取为平均密度。

考虑上述条件，对该燃气发生器循环方式的液体火箭发动机系统建立 68 个方程，其中包括 68 个未知量和 123 个常量。同样采用单一干扰因素变化的方法对该系统进行静态特性仿真研究。

利用液体火箭发动机静态特性通用仿真软件对该模型进行仿真时，采用的是单一干扰因素变化方法来分析发动机性能参数的变化，同时由于建立模型时将一些在实际系统中变化的参数作为常数处理，仿真结果会产生一定的误差。

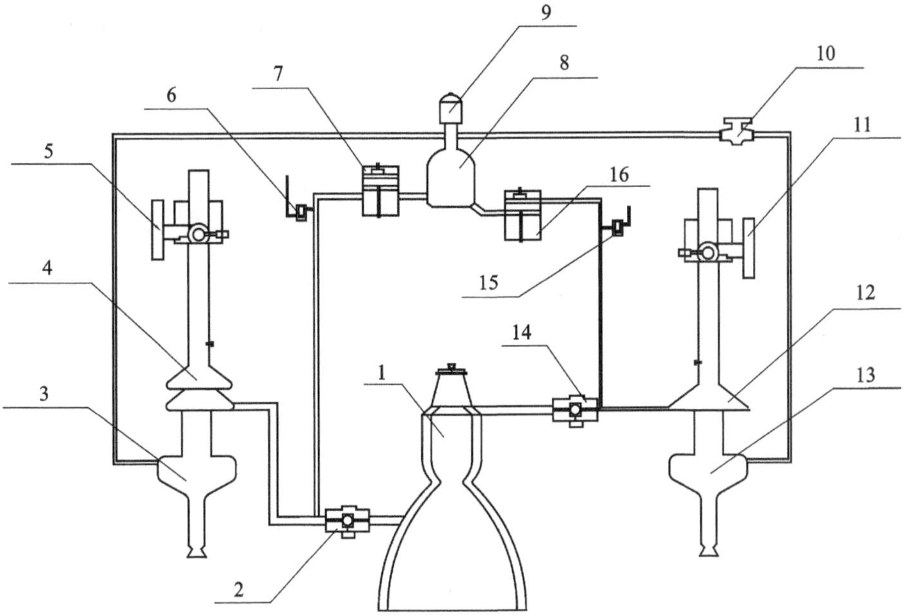

1—推力室；2—氢主阀；3—氢涡轮；4—氢泵；5—氢泵前阀；6—氢预冷泄出阀；7—氢副阀；8—燃气发生器；9—火药起动器；10—燃气阀；11—氧泵前阀；12—氧泵；13—氧涡轮；14—氧主阀；15—氧预冷泄出阀；16—氧副阀

图 7.2　液体火箭发动机系统简图

3. 仿真结果

以泵的入口压强、氧化剂和燃料入口温度、氢涡轮和氧涡轮基圆直径、推力室喉部面积等为干扰因素，利用静特性通用仿真软件进行计算，得到发动机性能参数随干扰因素变化的曲线，如图 7.3～图 7.10 所示。

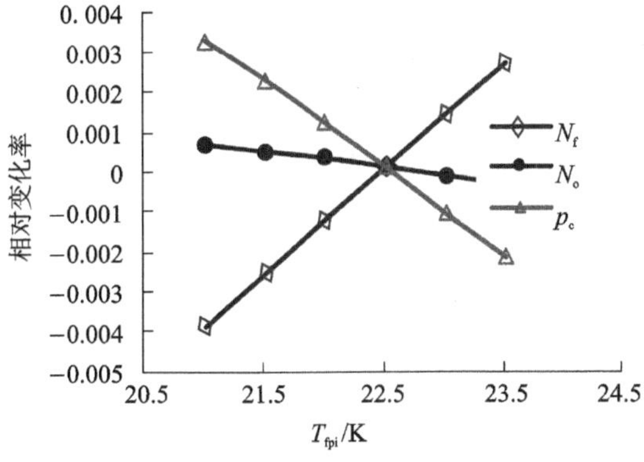

图 7.3　氢泵入口温度对转速和室压的影响

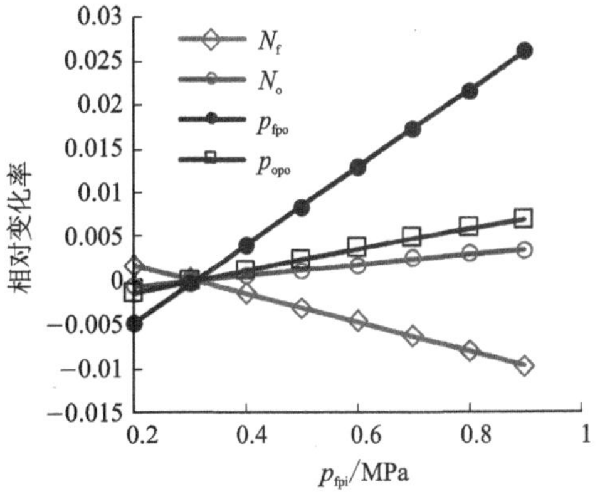

图 7.4　氢泵入口压强对转速和出口压强的影响

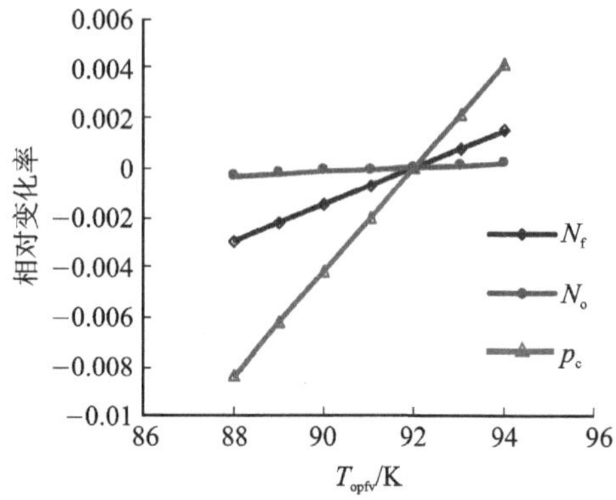

图 7.5　氧泵入口温度对转速和室压的影响

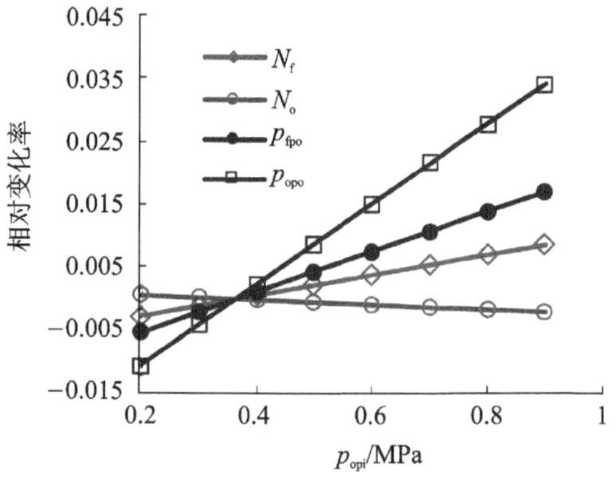

图 7.6　氧泵入口压强对转速和出口压强的影响

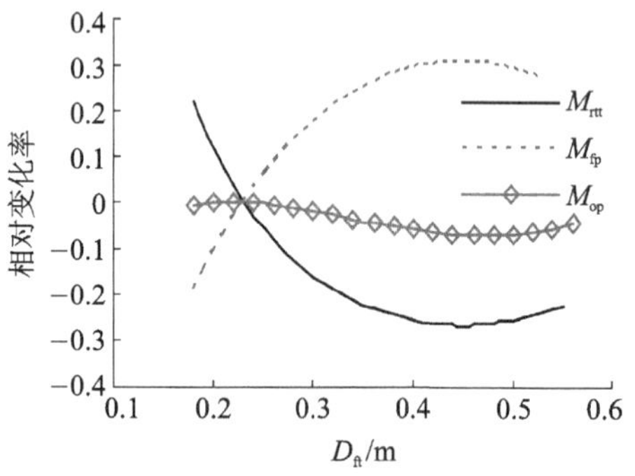

图 7.7　氢涡轮基圆直径对流量的影响

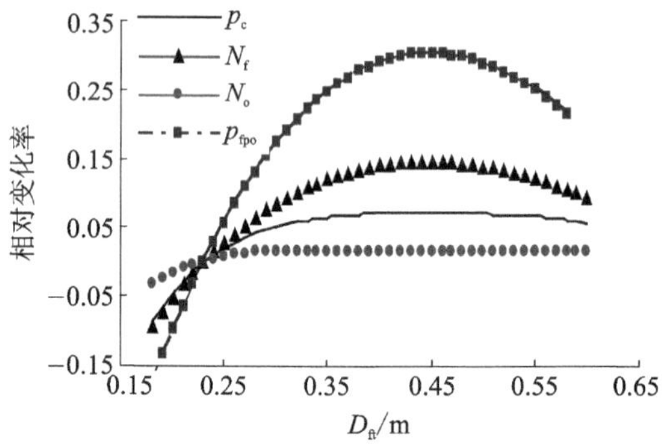

图 7.8　氢涡轮基圆直径对部分参数的影响

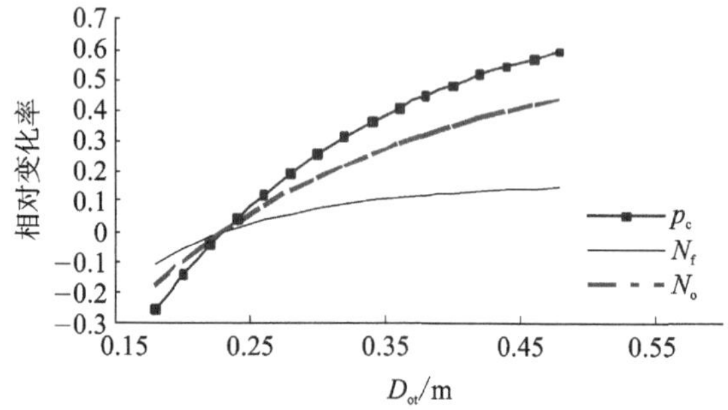

图 7.9　氧涡轮基圆直径对室压和泵流量的影响

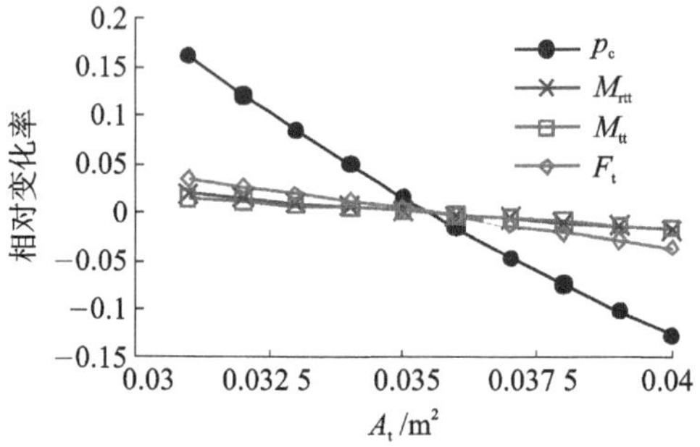

图 7.10　喉部面积变化对部分参数的影响

由图 7.3～图 7.10 可见，对于同样的相对变化率，入口压强的影响比温度影响更小。随着氢涡轮直径的增大，氢泵流量和出口压强先增大到峰值，然后又开始下降，而推力室混合比则先减小后增大。氧涡轮直径增大会引起两泵转速和燃烧室压强等的增大。各种因素都会导致推力室喉部面积的实际值与设计值存在偏差，对应于喉部面积增大，燃烧室的压强、混合比、流量和推力等均呈现减小的趋势。

确定影响系统工作状态的主要干扰因素，对发动机研制具有指导意义。可用敏感矩阵来获得内外干扰因素与各变量间的关系。由方程组 $\boldsymbol{F}=(f_1,f_2,\cdots,f_n)$、变量 $\boldsymbol{X}=[x_1,x_2,\cdots,$

x_n]和常量 $\boldsymbol{D}=[d_1, d_2, \cdots, d_k]$可以得到敏感矩阵 SM:

$$\mathrm{SM}=\{\mathrm{sm}_{ij}\}_{n\times k}=\frac{\mathrm{d}\boldsymbol{X}}{\mathrm{d}\boldsymbol{D}}=-\left[\frac{\partial \boldsymbol{F}}{\partial \boldsymbol{X}}\right]^{-1}\cdot\frac{\partial \boldsymbol{F}}{\partial \boldsymbol{D}} \tag{7.55}$$

利用敏感矩阵,变量响应量 Δx_i 可表示为多干扰因素扰动量 Δd_i 的线性函数:

$$\Delta x_i=\mathrm{sm}_{i1}\cdot\Delta d_1+\mathrm{sm}_{i2}\cdot\Delta d_2+\cdots+\mathrm{sm}_{ik}\cdot\Delta d_k \quad (i=1,2,\cdots,n) \tag{7.56}$$

敏感矩阵可化成无量纲的形式,本文选择部分变量计算了其无量纲敏感度,结果如图 7.11 所示。

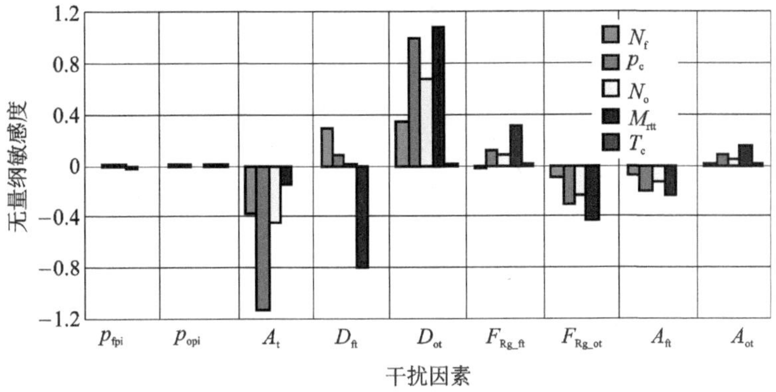

图 7.11　部分状态参数对单干扰因素的无量纲敏感度

从图 7.11 中可以看出氢、氧涡轮的基圆直径、喉部面积、气路流阻、涡轮喷嘴最小流通面积等参数对涡轮泵转速、燃烧室压强、推力室混合比的影响比较明显;而泵入口压强对整个系统的稳态工况影响不大。

7.2.4　液氧/煤油补燃循环发动机静态特性仿真

1. 系统简介

图 7.12 为某液氧/煤油高压补燃循环发动机系统简图。该系统采用将液氧全部引入燃气发生器的高富氧燃气发生器方案。燃气发生器产生的富氧燃气驱动主涡轮后,大部分直接引入主燃烧室;氧化剂和燃料系统均设预压涡轮泵,燃料预压涡轮泵利用燃料一级泵后的高压燃料驱动,氧化剂预压涡轮泵利用主涡轮后的小部分富氧燃气经换热器降温后驱动;燃气发生器的燃料则利用燃料二级泵供应;推力室利用燃料作为冷却剂;发动机的推力与混合比分别由推力调节器(流量调节器)和混合比调节器来调节。

2. 系统模型

为了验证液体火箭发动机静态特性仿真软件的通用性,根据系统原理图,建模时主要考虑的部件包括氧主泵、燃料一级泵、燃料二级泵、预燃室、主涡轮、推力室、4 个阀门、3 段液体管路和 2 段高压燃气管路。由于系统参数的缺乏,并未考虑预压系统对发动机工作的影响。根据上述基本部件模型方程,可建立该液体火箭发动机系统的静态数学模型。

为了简化该液体火箭发动机系统的数学模型,提出以下几方面假设:

① 管路与阀门的阻力系数 ξ 为常数;

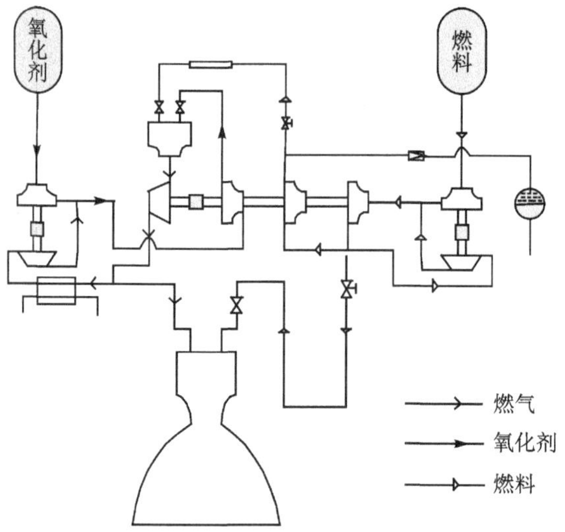

图 7.12 液氧/煤油高压补燃循环发动机系统

② 忽略管路系统与环境的热交换；

③ 燃气发生器与涡轮之间气路中气体的燃气热值近似取为燃气发生器的燃气热值；

④ 气路中的气体按理想气体处理，密度取为平均密度。

根据上述条件，对该补燃循环方式的液体火箭发动机系统建立 65 个方程，其中包括 65 个未知量和 91 个常量。同样采用单一干扰因素变化的方法对该系统进行静态特性仿真研究。

利用液体火箭发动机静态特性通用仿真软件对该模型进行仿真时，采用的是单一干扰因素变化的方法来分析发动机性能参数的变化，同时由于在建立模型时把一些在实际系统中变化的参数作为常数处理，仿真结果会产生一定的误差。

3. 仿真结果

以氧主泵入口压强、燃料一级泵入口压强、涡轮基圆直径等为干扰因素，利用静特性通用仿真软件进行计算，得到发动机性能参数随干扰因素变化的曲线如图 7.13～图 7.18 所示。

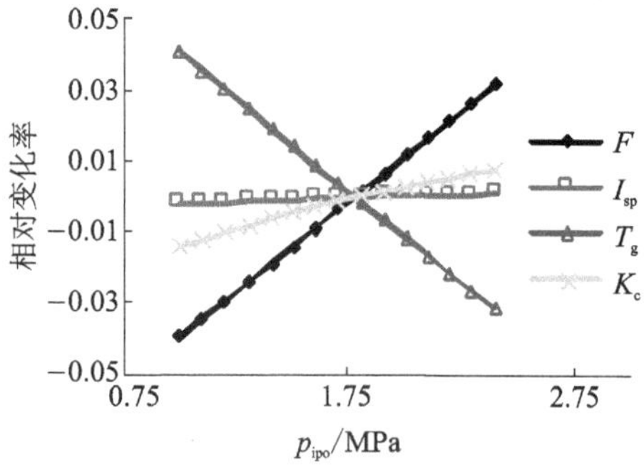

图 7.13 氧泵入口压强对发动机参数的影响

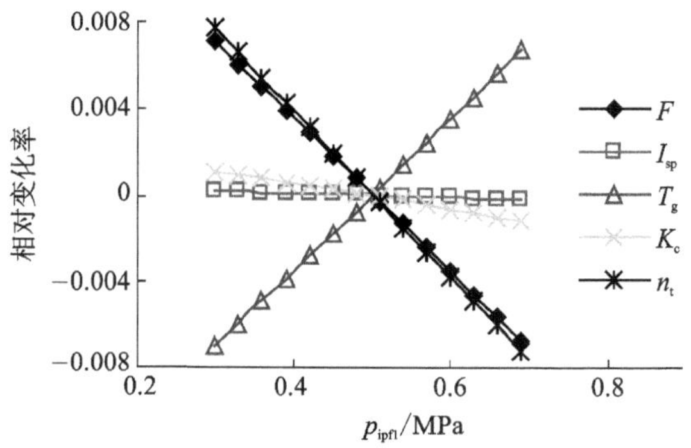

图 7.14 燃料泵入口压强对发动机参数的影响

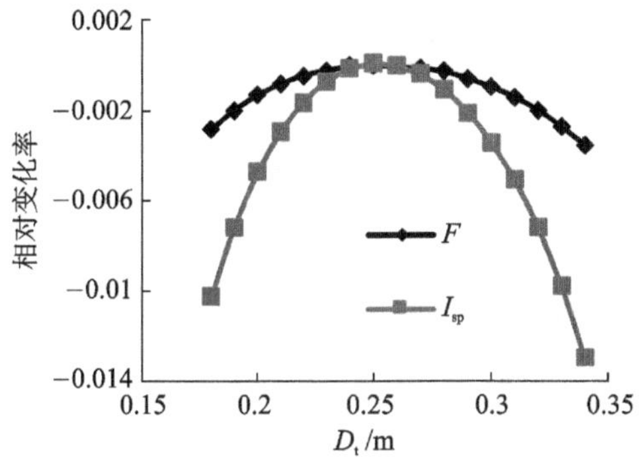

图 7.15　主涡轮基圆直径对推力、比冲的影响

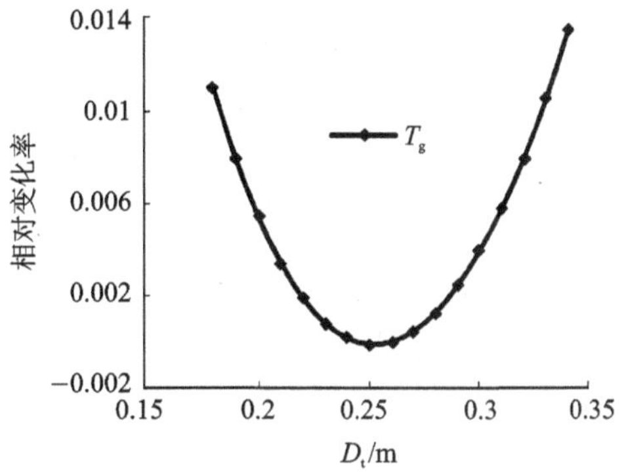

图 7.16　预燃室温度随主涡轮基圆直径的变化

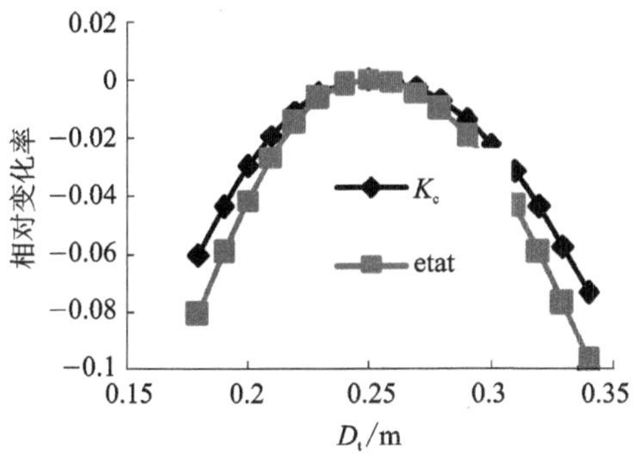

图 7.17　主涡轮基圆直径对混合比、效率的影响

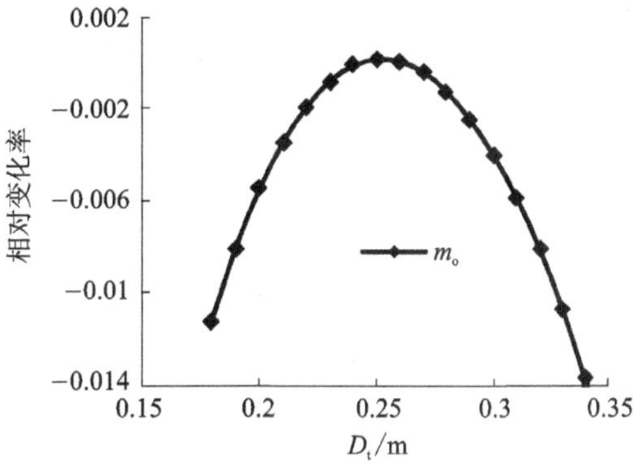

图 7.18　氧主泵流量随主涡轮基圆直径的变化

图 7.13 给出了推力 F、比冲 I_{sp}、燃烧室混合比 K_c、预燃室温度 T_g 随氧泵入口压强 p_{ipo} 的变化。由图可见，氧主泵的泵前压强提高，使发动机的推力、比冲和混合比都有所增大，而预燃室的燃气温度有所下降。这主要是由于氧化剂输送压强升高，增大了进入预燃室的氧化剂流量，使混合比增大，改变了预燃室和燃烧室的燃气温度造成的。

图 7.14 给出了推力 F、比冲 I_{sp}、燃烧室混合比 K_c、预燃室温度 T_g 和主涡轮转速 n_t 随燃料一级泵入口压强 p_{ipf1} 的变化。由图可见，燃料一级泵泵前压强提高，使发动机的推力、比冲和混合比以及主涡轮转速都有所降低，而预燃室的燃气温度则有所增加。这主要是由于燃料泵入口压强提高，使燃料流量有所增大，所以发动机混合比有所下降，发动机的推力、比冲也随之有所降低。

图 7.15～图 7.18 给出了主涡轮基圆直径 D_t 的变化对推力 F、比冲 I_{sp}、燃烧室混合比 K_c、主涡轮效率 η_t、燃烧室氧化剂流量 m_o 和预燃室温度 T_g 的影响。与氢氧发动机类似，各主要参数都随着涡轮直径的变化经历了一个先增大后减小的过程，而预燃室温度则是先降低后增高。这主要是因为主涡轮叶片中心圆周直径的变化直接影响涡轮叶片切向速度与涡轮燃气喷射速度之比，使涡轮效率发生相应变化造成的。在前半段，涡轮直径越大，其效率越高，做功能力也越强，从而使泵的转速升高，扬程和流量增大，提高了燃烧室的工况，增大了推力。另一方面，由于氧化剂流量增加较快，使富氧预燃室中的混合比进一步增大，降低了预燃室的燃气温度。在涡轮直径增加的后半段，随着涡轮效率的降低，系统工况的变化过程与前半段正好

相反。计算表明,在一般情况下,入口压强和涡轮尺寸的改变对于该发动机状态的影响并不显著,当干扰因素的量变化1倍时,主要状态参数的改变量不会超过8%。

7.3 液体火箭发动机系统动态特性仿真

现代液体火箭发动机作为复杂的动态系统,其显著特点是存在很多彼此交叉耦合的动态环节,试验研究费用高,试验准备时间长,存在安全风险。数值模拟方法作为现代科研的重要手段已在发动机设计中得到大量应用,它与试验研究相辅相成,成为认识发动机工作过程的有力工具。开发通用性好、扩展性强、简便易用的液体火箭发动机仿真软件,对于提高设计质量、加快发动机型号研制进程意义重大。

7.3.1 液体火箭发动机动态数学模型

液体火箭发动机动态过程包括复杂的机械和热流体动力现象,其特性不同于部件特性的研究,着重于系统的整体特性。因此,必须在部件模型的准确度与系统整体的复杂性和协调性之间合理平衡。

目前的发动机控制设计都是在较简单的低维动态空间内采用简单、稳健性强的控制方法,使发动机系统动态特性模型具有相对低的复杂度(流动维数、变量个数、动力学阶数)和较小的不确定性(不依赖于过多的不可验证假设),同时又能反映较高频的动态特性。

发动机动力学模型包括时域模型和频域模型。在系统动态过程(包括推进剂充填、起动过渡、变工况、关机过程、内外干扰因素的影响等)的仿真研究中,大多采用时域模型。而在系统频率响应和运载火箭纵向耦合振动(POGO)研究中,往往采用频域模型。

大量实践经验和分析表明,当系统和组件的工作频率范围较低时(通常低于50 Hz),集总参数法模型能够很好地满足上述要求,它把整个组件或组件的某些参数作为描述对象并建立相应的控制方程。另一种常用的方法是分布参数法,它将所描述的物理过程在空间上进行离散,认为建立的控制方程对划分的每个单元都适用,并且单元之间必须遵循各种守恒关系。分布参数模型比集总参数模型能更准确地反映实际物理过程在空间上的不对称特性,但是需要复杂得多的求解方法和庞大的计算量。下面给出的组件模型大多是一般意义上的数学模型,适用于不同发动机的动态过程。

1. 单相可压瞬变流一维动力学方程

液体火箭发动机系统内部管路中的流体一般包括常温推进剂、低温推进剂、高温燃气、低温吹除气体等。流体的状态主要有液相、气相和气液两相流动。对于泵后管流,流动状态主要是湍流流动。由于航天推进系统的特点,推进剂往往要流经复杂的几何通道和各种流动控制装置,而且经常伴随着不同强度的传热过程,因此上述流动在实际过程中是可压缩粘性流体的三维非对称流动。但是在选择计算系统动态特性的管路流动模型时,应尽量简化流体流动的控制方程,以便于进行总体模型求解。所以在系统管路流动分析中通常采用单相一维可压缩流体的流动模型。

假设:

① 管流为一维流动;

② 管壁摩擦和管壁对流体的传热遵循与准稳态流动相同的规律；

③ 忽略管流中的轴向热传导。

控制流体流动的守恒方程为

$$\frac{\partial(\rho A)}{\partial t}+\frac{\partial(\rho uA)}{\partial x}=0 \tag{7.57}$$

$$\frac{\partial(\rho uA)}{\partial t}+\frac{\partial(\rho u^2A+pA)}{\partial x}=p\frac{\partial A}{\partial x}-\rho A(f_R+b\cos\theta) \tag{7.58}$$

$$\frac{\partial\left(e\rho A+\frac{u^2}{2}\rho A\right)}{\partial t}+\frac{\partial\left(e\rho uA+\frac{u^2}{2}\rho uA+puA\right)}{\partial x}=\dot{q}C-\rho uAb\cos\theta \tag{7.59}$$

式中，f_R 为单位质量流体受到的管壁摩擦阻力，b 为质量力场加速度，C 为管路周长，$\dot{q}$ 为单位面积的热流率，θ 为管路轴线方向与质量力场加速度的夹角。在能量方程中，认为管壁摩擦耗散的能量全部转化为热能进入流体；考虑粘性流体在贴壁处的粘附条件，忽略管壁侧面对流体所做的功。

为使上述方程组封闭，还需补充流体的热值状态方程 $e=f(p,\rho)$、热力状态方程 $T=f(p,\rho)$、管路截面积变化率关系式及管壁热流密度表达式。

(1) 可压缩流管路有限元状态空间模型

由于从发动机推进剂贮箱出口至泵入口段的管路通常都比较长，长径比较大，故在非稳态流动过程中会产生明显的高频振荡现象。要对上述问题进行研究，应使用分布参数模型。但这类模型都涉及到偏微分方程的求解，且处理复杂结构的流路过程比较繁琐，不太适合与泵后其他组件组成系统进行同时求解。但在使用低温推进剂的发动机系统中，如果将推进剂按不可压流体的集总参数模型来处理，则会在分析一些压强变化较显著的过程时产生较大的计算误差。因此在对分析精度和组件动态特性的刻画能力要求较高时，泵后系统的分析往往采用可压缩流的分布参数模型。

低温推进剂液体火箭发动机中的液氢、液氧流动在高压条件下表现出较强的可压缩性，为准确描述其行为特性，需要采用可压缩流模型。一维可压缩流的有限元状态空间模型是通过计算流体力学有限体积法离散控制体积的守恒方程，采用空间位置上交错的控制体积网格，将分布参数的偏微分方程转化成分段体积上的常微分方程组，可同时求解可压缩流体沿管路轴向的密度、压强和速度的变化，而且这种方法在处理复杂形状的流路和边界条件时也比较方便。

有限元守恒形式的管路状态空间方程主要是将一维流动计算单元的质量方程、动量方程和能量方程沿轴向进行积分，然后用迎风格式的差分方法得到状态单元和速度单元边界处的流动参数值，进而得出各参数的时变量。其主要推导过程如下：

对可压缩管流，假设：

① 在任一瞬间，管流任一截面上压强、密度、温度和速度是均一的；

② 管壁摩擦取准稳态描述方式；

③ 忽略管流中的轴向热传导。

从管流中取一控制体积，端面的轴向坐标分别为 x_1 和 x_2，其流动守恒方程如下：

1）质量守恒方程

$$\frac{\partial}{\partial t}\int_{x_1}^{x_2}\rho A\,\mathrm{d}x=(\rho uA)_{x=x_1}-(\rho uA)_{x=x_2} \tag{7.60}$$

2）动量守恒方程

$$\frac{\partial}{\partial t}\int_{x_1}^{x_2}\rho uA\,\mathrm{d}x=(\rho u^2A+pA)_{x=x_1}-(\rho u^2A+pA)_{x=x_2}+\int_{x_1}^{x_2}p\,\mathrm{d}A-\int_{x_1}^{x_2}\frac{f\rho A}{2D}u\mid u\mid\mathrm{d}x \tag{7.61}$$

3）能量守恒方程

$$\frac{\partial}{\partial t}\int_{x_1}^{x_2}EA\,\mathrm{d}x=[(E+p)uA]_{x=x_1}-[(E+p)uA]_{x=x_2}+\int_{x_1}^{x_2}\pi D\dot{q}\,\mathrm{d}x \tag{7.62}$$

$$E=\rho\left(e+\frac{1}{2}u^2\right) \tag{7.63}$$

式中，$\dot{q}$ 为管壁单位表面积上的热流率，f 为准稳态的管壁摩擦系数，D 为管道内径，E 为单位体积的总能量，e 为单位质量内能，ρ、u、p 分别为流体的密度、速度和压强。

上述模型所采用的网格划分方法如图 7.19 所示。

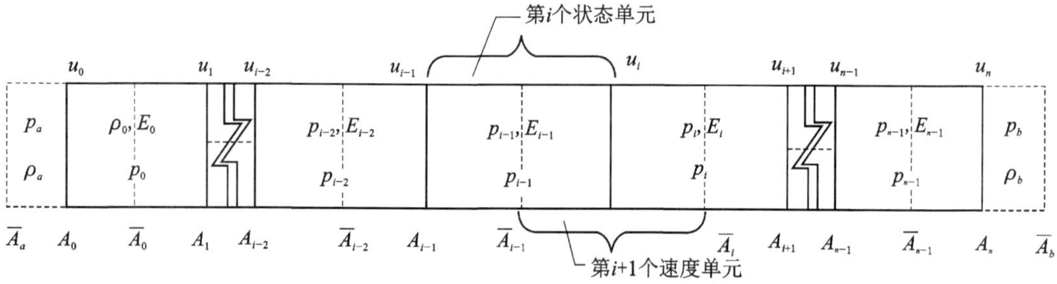

图 7.19 有限元状态空间模型使用的交错网格

离散并整理后的方程如下：

1）质量守恒方程

$$\frac{\mathrm{d}\rho_i}{\mathrm{d}t}=\frac{1}{\Delta V_i}(\rho_i^{\mathrm{in}}u_iA_i-\rho_i^{\mathrm{exit}}u_{i+1}A_{i+1}) \tag{7.64}$$

2）能量守恒方程

$$\frac{\mathrm{d}p_i}{\mathrm{d}t}=\frac{1}{\Delta V_ie'}[(p+\rho e)_i^{\mathrm{in}}u_iA_i-(p+\rho e)_i^{\mathrm{exit}}u_{i+1}A_{i+1}]+\frac{4\dot{q}_i}{\bar{D}_i}-\frac{e'_{\rho i}}{e'_{pi}}\cdot\frac{\mathrm{d}\rho_i}{\mathrm{d}t} \tag{7.65}$$

式(7.64)和式(7.65)为状态单元的控制方程。在状态单元内部，认为压强 p、密度 ρ 和内能 e 等参数是瞬时一致和均布的。下标 i 表示单元编号，除 u_i 外其他带 i 的参数都是第 i 个状态单元内部的均值。$\bar{D}_i$ 为第 i 个状态单元的边界截面直径 D_i 与 D_{i+1} 之间距离的 1/2 处的截面积直径，ΔV_i 为对应单元的体积。其中，e'_p 和 e'_ρ 是关于内能的偏导数计算式，分别为 $e'_p=\rho\dfrac{\partial e}{\partial p}$ 和 $e'_\rho=e+\rho\dfrac{\partial e}{\partial \rho}$。在实际计算时应根据低温流体的物性拟合公式求偏导数。q_i 表示管路流体与管壁交换的热量。u_i 则是第 i 个速度单元内部的均值速度；上标 in 和 exit 分别表示通过控制体积两个边界的流体状态参数值，这两组参数根据每个界面两边的流动方向按照一阶迎风格式确定。具体如下：

$$g_i^{\text{in}}=\begin{cases}g_{i-1}, & u_i\geqslant 0\\ g_i, & u_i<0\end{cases},\quad g_i^{\text{exit}}=\begin{cases}g_i, & u_{i+1}\geqslant 0\\ g_{i+1}, & u_{i+1}<0\end{cases}\tag{7.66}$$

式中，$i=0,1,2,\cdots,n-1,g\in\{\rho,p\}$；$g_{-1}=g_a,g_n=g_b$ 分别表示管路 a、b 两端的物理边界条件。低温流体的温度 T_i 采用关于压强和密度的温度拟合公式 $T(p_i,\rho_i)$ 获得。

3）动量守恒方程

$$\frac{\mathrm{d}W_i}{\mathrm{d}t}=[p_{i-1}+\rho_{i-1}(u_i^{\text{in}})^2]\bar{A}_{i-1}-[p_i+\rho_i(u_i^{\text{in}})^2]\bar{A}_i+0.5(p_{i-1}+p_i)(\bar{A}_i-\bar{A}_{i-1})-\frac{0.5f_i(\Delta V_{i-1}\rho_{i-1}+\Delta V_i\rho_i)u_i\mid u_i\mid}{2D_i}\tag{7.67}$$

式中，W_i 为速度单元的动量，第 i 个速度单元内的速度由动量求出；$\bar{A}_i$ 为速度单元的边界截面积，表示第 i 个状态单元的边界截面 A_i 与 A_{i+1} 之间距离的 1/2 处的截面积。实际上速度单元边界的位置在状态单元中可以是任意的，这样做只是为了处理的方便。W_i、u_i^{in}、u_i^{exit} 的表达式如下：

$$W_i=0.5(\Delta V_{i-1}\rho_{i-1}+\Delta V_i\rho_i)u_i,\quad i=0,1,2,\cdots,n\tag{7.68}$$

$$u_i^{\text{in}}=\begin{cases}u_{i-1}, & u_i\geqslant 0\\ u_i, & u_i<0\end{cases},\quad u_i^{\text{exit}}=\begin{cases}u_i, & u_{i+1}\geqslant 0\\ u_{i+1}, & u_{i+1}<0\end{cases}\tag{7.69}$$

采用交错网格的主要好处是，离散化的连续性方程将含有相邻速度单元的差值，有效地避免了中心差分格式可能引起的波形速度场；相邻状态单元之间的压强差对相应速度边界上的速度增量形成了驱动力，从而消除了产生锯齿形压强场等不真实计算结果的可能性。

(2) 理想气体管路有限元状态空间模型

液体火箭发动机系统分析中经常会遇到各种气体管路的计算，比如管路的预冷吹除过程、燃气发生器后的燃气管道流动、膨胀循环发动机中的工质输送管路、喷管流动等。气体流动是一种可压缩流动，因此前面给出的可压缩流管路有限元状态模型完全适用于气路的计算。由于可以将发动机系统中的大部分气体流动看成是理想气体的行为，因而可以用理想气体的内能与状态参数的明确关系以及理想气体状态方程来准确计算流体的内能。理想气体的有限元状态空间模型与前面给出的可压缩流模型在质量和动量守恒方程上完全一致。下面给出能量方程的格式。

适用于所有一维可压缩流的能量方程为

$$\frac{\mathrm{d}E_i}{\mathrm{d}t}=\frac{1}{\Delta V_i}[(E_i^{\text{in}}+p_i^{\text{in}})u_iA_i-(E_i^{\text{exit}}+p_i^{\text{exit}})u_{i+1}A_{i+1}]+\frac{4\dot{q}_i}{\bar{D}_i}\tag{7.70}$$

各项参数的定义与前面公式中的定义基本相同，其中 E_i 表示第 i 个状态单元的总能量：

$$E_i=\rho_ie_i+\frac{1}{2}\rho_i[0.5(u_i+u_{i+1})]^2,\quad i=0,1,2,\cdots,n-1\tag{7.71}$$

对于理想气体状态单元，内能可由其他状态参数确定：

$$e_i=\frac{p_i}{(\gamma-1)\rho_i}\tag{7.72}$$

将式(7.72)代入式(7.71)，得到压强的计算公式为

$$p_i=(\gamma-1)\left\{E_i-\frac{1}{2}\rho_i[0.5(u_i+u_{i+1})]^2\right\} \tag{7.73}$$

式中，γ 为气体的比热比。边界上的 E_i^{in} 和 E_i^{exit} 取值按照与式(7.65)类似的方法确定。

2. 弱可压流体瞬变流动的基本方程

无论是燃气发生器循环发动机，还是分级燃烧动力循环发动机，其泵前管路中的流体压强都很低，按照一般一维可压瞬变流处理比较繁琐，这时可采用以下弱可压流体瞬变流动的基本方程。

假设：

① 管流是一维绝热流动；

② 流体不可压(弱可压)；

③ 壁面摩擦应力服从定常流平方律形式。

控制方程为

$$\frac{\partial p}{\partial t}+u\frac{\partial p}{\partial x}+\rho a^2\frac{\partial u}{\partial x}=0 \tag{7.74}$$

$$\frac{\partial p}{\rho\partial x}+u\frac{\partial u}{\partial x}+\frac{\partial u}{\partial t}=-f_R-b\cos\theta \tag{7.75}$$

式中，f_R 为单位质量流体受到的管壁摩擦阻力，b 为质量力场加速度，θ 为管路轴线方向与质量力场加速度的夹角，a 为管流声速。

对于具有恒定管径和轴向层流流动的流体传输管道，可用电传输线的理论来描述。管道动态特性的基本方程如下：

$$\begin{bmatrix}P_1(s)\\U_1(s)\end{bmatrix}=\begin{bmatrix}\operatorname{ch}\Gamma(s) & Z_c(s)\operatorname{sh}\Gamma(s)\\ \dfrac{1}{Z_c(s)}\operatorname{sh}\Gamma(s) & \operatorname{ch}\Gamma(s)\end{bmatrix}\begin{bmatrix}P_2(s)\\U_2(s)\end{bmatrix} \tag{7.76}$$

式中，$P(s)$和$U(s)$分别为管道的压强和体积流量，$Z(s)$和$Y(s)$分别为管道单位长度的串联阻抗和并联导纳，$\Gamma(s)=\gamma(s)L$ 为传播算子，$\gamma(s)=\sqrt{Z(s)Y(s)}$ 为传播常数，$Z_c(s)=\sqrt{Z(s)/Y(s)}$ 为特征阻抗。

3. 流体管路集总参数模型

(1) 液体管路模型

数值模拟的实践证明，如果将管路看作是带集总参数的系统，那么大部分低频动力学问题都可以用简单的函数关系式表述，并且具有足够高的精度。典型应用就是描述液态推进剂流动的泵后管路模型。

设管路的长度为 l，液体中的声速为 a，则管路中液体自由振动的一阶频率计算公式为 $\omega=\frac{\pi a}{l}$。一般情况下，泵后管路的长度都不大，所以液体振动的固有频率会远大于整个系统的频率范围，液体沿该段管路不会出现压强波动。这时用集总参数模型就足以描述流体的各种特性。具体的判定方法为，管路的最大长度 $l_{\max}$ 应当小于该过程的最大频率 $\omega_{\max}$ 波长，即

$$l_{\max}\leqslant\frac{2\pi a}{\omega_{\max}n} \tag{7.77}$$

式中，n 为裕度系数，n 为 6～12。

对于液体管路可以给出下面的质量流量微分方程：

$$\lambda \frac{\mathrm{d}\dot{m}}{\mathrm{d}t} = p_1 - p_2 - \zeta \frac{\dot{m}^2}{\rho} \tag{7.78}$$

式中，p_1 和 p_2 分别为流路分段的进口和出口压强，ζ 为管路流阻系数，λ 为惯性损失系数（$\lambda=\frac{L}{A}$，L 和 A 分别为管路的长度和截面积）。

通过拉普拉斯变换，设脉动压强 $P_1=\Delta p_1$，$P_2=\Delta p_2$；脉动质量流量 $Q=\Delta\dot{m}$，式(7.78)也可写为

$$P_1 - P_2 = Z_1 Q \tag{7.79}$$

式中，阻抗 $Z_1=sL+R$。记 $Q_1=Q_2=Q$，管路集总参数的有量纲传递方程为

$$\begin{bmatrix} P_2 \\ Q_2 \end{bmatrix} = \begin{bmatrix} 1 & -Z_1 \\ 0 & 1 \end{bmatrix} \begin{bmatrix} P_1 \\ Q_1 \end{bmatrix} \tag{7.80}$$

(2) 气体管路模型

对于气体管路，起主导作用的是气体的压缩性和粘性。但对于细长管路，气体的惯性依然不容忽视。仿照液体管路的形式，可以写出考虑气体粘性和惯性的动态方程：

$$\lambda \frac{\mathrm{d}\dot{m}}{\mathrm{d}t} = p_\mathrm{i} - p_\mathrm{e} - \zeta \frac{\dot{m}^2}{\rho} \tag{7.81}$$

采用平均密度概念，气体管路中的气体密度为

$$\rho = \frac{p_\mathrm{i} + p_\mathrm{e}}{2RT} \tag{7.82}$$

可以得出考虑气体惯性和粘性的动态方程为

$$\lambda \frac{\mathrm{d}\dot{m}}{\mathrm{d}t} = p_\mathrm{i} - p_\mathrm{e} - \zeta \frac{2RT}{p_\mathrm{i} + p_\mathrm{e}} \dot{m}^2 \tag{7.83}$$

4. 流体局部阻力模型

(1) 液路局部阻力

液路局部阻力包括节流装置、阀门、调节器、喷嘴、调整用孔板等，是为了控制推进剂的流量而在发动机流路中专门设置的，或者是由流路自身结构特点（转弯和截面积变化等）造成的。在发动机流路中，局部阻力常常是在湍流状态下产生的。

对于局部阻力，流量 $\dot{m}$ 与压差 $\Delta p = p_1 - p_2$ 有着平方关系。在这里忽略液体的惯性，方程可表示为

$$\dot{m} = \mu F \sqrt{\rho(p_1 - p_2)} \tag{7.84}$$

式中，μ 为流量系数，F 为局部阻力流通截面积，p_1 为进口压强，p_2 为出口压强。

在可调节的局部阻力中（调节器、阀门、节流装置等），可移动调节件的位置是由流通截面的面积及流量系数决定的。将式(7.84)线性化，得

$$Q = \frac{\bar{\dot{m}}}{\overline{\mu F}}(\mu F) + \frac{1}{2}\frac{\bar{\dot{m}}}{\bar{p}_1 - \bar{p}_2}P_1 - \frac{1}{2}\frac{\bar{\dot{m}}}{\bar{p}_1 - \bar{p}_2}P_2 \tag{7.85}$$

式中，μF 为有量纲的流通截面面积变化量（考虑了流量系数的变化）。

(2) 气路局部阻力

气路局部阻力包括涡轮喷嘴、燃烧室气喷嘴、平衡叶栅、节流孔的阻力等。

研究具有亚临界压降的局部阻力位于流路出口时的一般情况。在这种情况下，由气体动力学公式把流量与压强及温度联系起来，有

$$\dot{m}_2=\mu_2F_2\sqrt{\frac{2k}{k-1}\frac{p^2}{RT_2}\left[\left(\frac{p_{\mathrm{M,c}}}{p}\right)^{2/k}-\left(\frac{p_{\mathrm{M,c}}}{p}\right)^{(k+1)/k}\right]} \tag{7.86}$$

式中，μ_2 为流量系数，F_2 为流路分段出口处局部阻力的最小截面积，k 为气体绝热指数，p、$p_{\mathrm{M,c}}$ 分别为局部阻力前后的压强，R、T_2 分别为气体常数及出口温度。

将式(7.86)进行线性化，取气体常数 $R=\mathrm{const}$，得有量纲形式的气路局部阻力脉动流量为

$$Q_2=(1+\varepsilon)\frac{\overline{\dot{m}}_2}{\bar{p}}p-\varepsilon\frac{\overline{\dot{m}}_2}{\bar{p}_{\mathrm{M,c}}}p_{\mathrm{M,c}}-0.5\frac{\overline{\dot{m}}_2}{\bar{T}_2}T_2 \tag{7.87}$$

式中，ε 为通过局部阻力的燃气流量与 $p_{\mathrm{M,c}}/p$ 关系曲线的无量纲斜率：

$$\varepsilon=\frac{(k+1)(p_{\mathrm{M,c}}/p)^{(k-1)/k}-2}{2k[1-(p_{\mathrm{M,c}}/p)^{(k-1)/k}]} \tag{7.88}$$

5. 热力组件模型

发动机热力组件是指包括燃烧室、燃气发生器等在内的所有气路。只有对流体动力学和物理-化学现象同时进行研究，并考虑二者之间的相互影响，才能正确描述发动机热力组件的工作过程。

(1) 集总参数模型

1）较简单模型

为建立比较简单的热力组件动态模型，提出如下假设：

① 推进剂从喷注至热力组件到转换成燃气经过一个不变时滞后瞬间完成；

② 任意时刻热力组件中，燃气压强、温度等参数都均匀不变；

③ 推进剂的燃烧产物为热力完全气体；

④ 热力组件绝热，与外界不发生热交换。

现在只考虑热力组件中采用理想气体状态方程的燃烧特性集总参数模型，并认为化学反应都处于平衡状态，燃烧温度只与混合比有关。

热力组件内平均质量混合比为

$$k_{\mathrm{m1}}=\frac{\dot{m}_{\mathrm{OX}}}{\dot{m}_{\mathrm{F}}} \tag{7.89}$$

式中，$\dot{m}_{\mathrm{OX}}$、$\dot{m}_{\mathrm{F}}$ 分别为热力组件内氧化剂和燃料的质量流量。对式(7.89)中的 k_{m1} 求时间导数，并对燃气应用理想气体状态方程，可得到热力组件内混合比变化的微分方程：

$$\frac{\mathrm{d}k_{\mathrm{m1}}}{\mathrm{d}t}=\frac{RT_{\mathrm{g}}}{V_{\mathrm{gg}}p_{\mathrm{g}}}(1+k_{\mathrm{m1}})[\dot{m}_{\mathrm{OX}}(t-\tau_{\mathrm{T}})-k_{\mathrm{m1}}\dot{m}_{\mathrm{F}}(t-\tau_{\mathrm{T}})] \tag{7.90}$$

式中，τ_{T} 为从推进剂喷入热力组件到转换成燃气所用的时间，即燃烧时滞；V_{gg} 为热力组件中的气体体积，它等于热力组件总容积与其中液相推进剂体积之差。

由燃气的理想气体状态方程可以得到热力组件内的压强方程：

$$\frac{\mathrm{d}p_g}{\mathrm{d}t}=[\dot{m}_{OX}(t-\tau_T)+\dot{m}_F(t-\tau_T)-\dot{m}_{out}]\cdot\frac{(RT)_g}{V_{gg}}+\frac{p_g}{RT_g}\frac{\mathrm{d}(RT)_g}{\mathrm{d}t}+\frac{p_g}{V_{gg}}\frac{\mathrm{d}V_{gg}}{\mathrm{d}t} \tag{7.91}$$

式中，$\dot{m}_{out}$ 为从热力组件流出的燃气质量流量。

热力参数 RT_g 在这里被认为只与混合比有关，可以根据标准的热力计算程序计算出一定混合比范围内的 k_{m1} 值，并以指数函数为基底进行最小二乘法拟合，拟合式为

$$(RT)_g=c_0+c_1k_{m1}+c_2k_{m1}^2+c_3k_{m1}^3+\frac{c_4}{k_{m1}}+\frac{c_5}{k_{m1}^2} \tag{7.92}$$

$$\frac{\mathrm{d}(RT)_g}{\mathrm{d}t}=\frac{(RT)_{gg}-(RT)_s}{\tau_1} \tag{7.93}$$

式中，c_i 为热力参数 $(RT)_g$ 的拟合系数；$(RT)_{gg}$ 为生成燃气的热值；$(RT)_s$ 为 τ_1 时刻前滞流燃气的热值；τ_1 为燃气在燃气发生器中的停留时间，有

$$\tau_1=\frac{m_{gg}}{m_{out}} \tag{7.94}$$

式中，m_{gg} 为热力组件中积累的燃气质量。

在压强方程式(7.91)中，对于 $\dot{m}_{out}$，在进行燃气发生器压强计算时，$\dot{m}_{out}$ 取涡轮燃气质量流量的总和。而进行燃烧室压强计算时，$\dot{m}_{out}$ 取从喷管流出的燃气质量流量 $\dot{m}_c$，其可由气体流出容腔的流量方程求出：

$$\dot{m}_c=\begin{cases}A_tp_c\sqrt{\dfrac{k}{RT_c}\left(\dfrac{2}{\gamma+1}\right)^{\frac{k+1}{k-1}}}, & \dfrac{p_a}{p_c}\leqslant\left(\dfrac{2}{k+1}\right)^{\frac{k}{k-1}}\\ A_tp_c\sqrt{\dfrac{2k}{k-1}\dfrac{1}{RT_c}\left(\dfrac{p_a}{p_c}\right)^{\frac{2}{k}}-\left(\dfrac{p_a}{p_c}\right)^{\frac{k+1}{k}}}, & \dfrac{p_a}{p_c}>\left(\dfrac{2}{k+1}\right)^{\frac{k}{k-1}}\end{cases} \tag{7.95}$$

式中，p_c 为燃烧室的总压，p_a 为喷管外界环境反压，k 为燃气的绝热指数，A_t 为喷管喉部的截面积。

将质量平衡方程在稳态工作点附近线性化得到

$$\frac{V_{gg}}{RT_g}\frac{\mathrm{d}\Delta p_g(t)}{\mathrm{d}t}=\Delta\dot{m}_{OX}(t-\tau_T)+\Delta\dot{m}_F(t-\tau_T)-\frac{\overline{\dot{m}}_g}{\bar{p}_g}\Delta p_g(t) \tag{7.96}$$

记脉动量 $P_g=\Delta p_g(t)$，$Q_{OX}=\Delta\dot{m}_{OX}(t-\tau_T)$，$Q_F=\Delta\dot{m}_F(t-\tau_T)$，得到

$$\frac{V_{gg}}{RT_g}\frac{\mathrm{d}P_g}{\mathrm{d}t}+\frac{\overline{\dot{m}}_g}{\bar{p}_g}P_g=Q_{OX}(t-\tau_T)+Q_F(t-\tau_T) \tag{7.97}$$

线性化质量守恒方程：

$$Q_g(t)=Q_{OX}(t-\tau_T)+Q_F(t-\tau_T) \tag{7.98}$$

两组元流量的变化导致其混合比的变化，因而也与燃烧产物的温度变化联系在一起。室压对燃烧产物温度的影响不大，所以只限于研究燃烧产物温度与组元混合比的关系，即 $T_g=f(k_{m1})$。

将温度与混合比关系式线性化，得

$$T_g=\varphi K_{m1}=\varphi\cdot\left[\frac{\bar{T}_g}{\overline{\dot{m}}_{OX}}Q_{OX}(t-\tau_T)-\frac{\bar{T}_g}{\overline{\dot{m}}_F}Q_F(t-\tau_T)\right] \tag{7.99}$$

式中，φ 为燃烧产物温度与推进剂组元混合比的关系曲线的无量纲斜率，$\varphi=\dfrac{\bar{k}_{\mathrm{m1}}}{\bar{T}_{\mathrm{g}}}\dfrac{\partial T_{\mathrm{g}}}{\partial k_{\mathrm{m1}}}$。

对上述方程进行拉氏变换，得到燃气发生器的传递矩阵方程(液-液型燃烧组件)：

$$\begin{bmatrix} P_{\mathrm{g}} \\ Q_{\mathrm{g}} \\ T_{\mathrm{g}} \end{bmatrix}=\mathrm{e}^{-s\tau_{\mathrm{T}}}\begin{bmatrix} \dfrac{K_{\mathrm{co}}}{1+s\tau_{\mathrm{c}}} & \dfrac{K_{\mathrm{cf}}}{1+s\tau_{\mathrm{c}}} \\ 1 & 1 \\ \varphi\dfrac{\bar{T}_{\mathrm{g}}}{\bar{\dot{m}}_{\mathrm{OX}}} & -\varphi\dfrac{\bar{T}_{\mathrm{g}}}{\bar{\dot{m}}_{\mathrm{F}}} \end{bmatrix}\begin{bmatrix} Q_{\mathrm{OX}} \\ Q_{\mathrm{F}} \end{bmatrix} \tag{7.100}$$

式中，τ_{T} 为燃烧时滞，τ_{c} 为时间常数，K_{co}、K_{cf} 为相对于氧化剂秒流量及燃料流量的压强放大系数，$\bar{\dot{m}}_{\mathrm{OX}}$、$\bar{\dot{m}}_{\mathrm{F}}$、$\bar{T}_{\mathrm{g}}$ 分别为喷嘴后稳态的氧化剂流量、燃料流量及燃气发生器静温。

燃气发生器是气液连接部件，其中既有液氧与燃料的燃烧过程，又有燃烧产物的流动过程。因此在建模过程中，也可把燃气发生器分为两个部分，即燃烧区和燃气流动区，并假设燃烧区不占发生器容积。

2) 热力组件分区建模

a. 燃气发生器燃烧区建模

燃气发生器入口压强脉动等于液氧喷嘴传递矩阵输出的压强脉动。

假设推进剂的转化曲线逼近于纯时滞，将燃气发生器入口燃气流量与经过喷嘴的液体组元流量相联系，则线性化处理后的质量守恒方程为

$$Q_1=Q_{\mathrm{OX}}(t-\tau_{\mathrm{T}})+Q_{\mathrm{F}}(t-\tau_{\mathrm{T}}) \tag{7.101}$$

式中，τ_{T} 为液体组元转化为燃烧产物的时间，Q_1、Q_{OX}、Q_{F} 为流量脉动值。

燃烧产物温度与组元混合比的关系为 $T_1=f(k_{\mathrm{m1}})$，温度脉动与入口流量脉动的关系见式(7.99)。

对上述方程进行拉氏变换后得到燃气发生器燃烧区的传递矩阵：

$$\begin{bmatrix} P_1 \\ Q_1 \\ T_1 \\ K_{m1} \end{bmatrix}=\mathrm{e}^{-s\tau_{\mathrm{T}}}\begin{bmatrix} \dfrac{1}{\mathrm{e}^{-s\tau_{\mathrm{T}}}} & 0 & 0 \\ 0 & 1 & 1 \\ 0 & \varphi\dfrac{\bar{T}_1}{\bar{\dot{m}}_{\mathrm{OX}}} & -\varphi\dfrac{\bar{T}_1}{\bar{\dot{m}}_{\mathrm{F}}} \\ 0 & \dfrac{1}{\bar{\dot{m}}_{\mathrm{F}}} & -\dfrac{\bar{\dot{m}}_{\mathrm{OX}}}{\bar{\dot{m}}_{\mathrm{F}}^2} \end{bmatrix}\begin{bmatrix} P_1 \\ Q_{\mathrm{OX}} \\ Q_{\mathrm{F}} \end{bmatrix} \tag{7.102}$$

式中，$\bar{\dot{m}}_{\mathrm{OX}}$、$\bar{\dot{m}}_{\mathrm{F}}$ 分别为通过喷嘴的液体氧化剂和燃料的稳态流量；$\bar{T}_1$ 为燃气发生器燃气燃烧时的稳态温度。

b. 燃气发生器流动区模型

燃气发生器出口燃气混合比

$$K_{\mathrm{m2}}=K_{\mathrm{m1}}(t-\tau_1) \tag{7.103}$$

式中，τ_1 为燃气在发生器中停留的时间。

燃气在流路内的非稳态不等温运动也是绝热运动，考虑熵的定义，由能量守恒方程得到发

生器出口温度：

$$T_2 = \frac{\bar{T}_2}{\bar{T}_1} \cdot T_1(t-\tau_1) + \frac{k-1}{k} \cdot \frac{\bar{T}_2}{\bar{p}_1}[P_1 - P_1(t-\tau_1)] \tag{7.104}$$

由质量连续方程得到

$$Q_2 = \frac{\bar{\dot{m}}_2}{\bar{\dot{m}}_1}Q_1 - \left\{\frac{\tau}{k} \cdot \frac{\bar{\dot{m}}_2}{\bar{p}_1} \cdot \frac{\mathrm{d}P_1}{\mathrm{d}t} - \frac{\bar{\dot{m}}_2}{\bar{T}_1} \cdot T_1 + \frac{\bar{\dot{m}}_2}{\bar{T}_1} \cdot T_1(t-\tau_1) + \frac{k-1}{k} \cdot \frac{\bar{\dot{m}}_2}{\bar{p}_1} \cdot [P_1 - P_1(t-\tau_1)]\right\} \tag{7.105}$$

对上述方程进行拉氏变换，得到燃气发生器流动区的传递矩阵方程：

$$\begin{bmatrix} P_2 \\ Q_2 \\ T_2 \\ K_{m2} \end{bmatrix} = \begin{bmatrix} \frac{\bar{p}_2}{\bar{p}_1} & 0 & 0 & 0 \\ -\frac{\bar{\dot{m}}_2}{\bar{p}_1}\left[\frac{s\tau_1}{k} + \frac{k-1}{k}(1-\mathrm{e}^{-s\tau_1})\right] & \frac{\bar{\dot{m}}_2}{\bar{\dot{m}}_1} & \frac{\bar{\dot{m}}_2}{\bar{T}_1}(1-\mathrm{e}^{-s\tau_1}) & 0 \\ \frac{\bar{T}_2}{\bar{p}_1}\frac{k-1}{k}(1-\mathrm{e}^{-s\tau_1}) & 0 & \frac{\bar{T}_2}{\bar{T}_1}\mathrm{e}^{-s\tau_1} & 0 \\ 0 & 0 & 0 & \frac{\bar{k}_{m2}}{\bar{k}_{m1}}\mathrm{e}^{-s\tau_1} \end{bmatrix} \begin{bmatrix} P_1 \\ Q_1 \\ T_1 \\ K_{m1} \end{bmatrix} \tag{7.106}$$

式中，$\bar{p}_1$、$\bar{p}_2$ 分别为流动区入口、出口压强稳态值，$\bar{\dot{m}}_1$、$\bar{\dot{m}}_2$ 为流动区入口、出口流量稳态值，$\bar{T}_1$、$\bar{T}_2$ 为流动区入口、出口温度稳态值。

c. 燃烧室分区模型

在燃烧室建模过程中，也可将其分为两部分：燃烧区和燃气流动区。对于液-液型燃烧室（燃气发生器循环），燃烧室模型与燃气发生器模型相同；对于气-液型燃烧室（补燃循环），燃烧室的燃烧区模型与燃气发生器的模型有所区别。而对于流动区模型，燃烧室与燃气发生器的模型是一致的。

在补燃循环发动机中，假设液体组元在燃烧室头部附近的富氧燃气中燃烧，此时组元混合比由下式确定：

$$k_{mk} = \frac{\frac{k_{m1}}{k_{m1}+1}\dot{m}_g}{\frac{1}{k_{m1}+1}\dot{m}_g + \dot{m}_F(t-\tau_{T3})} = \frac{k_{m1}\dot{m}_g}{\dot{m}_g + (k_{m1}+1)\dot{m}_F(t-\tau_{T3})} \tag{7.107}$$

式中，$\dot{m}_g$ 为由燃气导管通过喷嘴进入燃烧室的发生器燃气流量；k_{m1} 为由燃气导管通过喷嘴进入燃烧室的燃气混合比；$\dot{m}_F$ 为供入燃烧室的液体燃料；τ_{T3} 为燃烧室内液体燃料转化为气体的时间。

将式(7.107)进行线性化处理，得到

$$K_{\mathrm{mk}}=\left(1-\frac{\bar{k}_{\mathrm{mk}}}{\bar{k}_{\mathrm{m1}}}\right)\frac{\bar{k}_{\mathrm{mk}}}{\overline{\dot{m}}_{\mathrm{g}}}Q_{\mathrm{g}}+\left[1-\frac{\bar{k}_{\mathrm{m1}}\overline{\dot{m}}_{\mathrm{F}}}{\overline{\dot{m}}_{\mathrm{g}}+(1+\bar{k}_{\mathrm{m1}})\overline{\dot{m}}_{\mathrm{F}}}\right]\frac{\bar{k}_{\mathrm{mk}}}{\bar{k}_{\mathrm{m1}}}K_{\mathrm{m1}}-\frac{(1+\bar{k}_{\mathrm{m1}})\bar{k}_{\mathrm{mk}}}{\overline{\dot{m}}_{\mathrm{g}}+(1+\bar{k}_{\mathrm{m1}})\overline{\dot{m}}_{\mathrm{F}}}Q_{\mathrm{F}}(t-\tau_{\mathrm{T3}}) \tag{7.108}$$

根据组元混合比脉动变化量即可求得燃烧室进口处燃烧产物温度的脉动变化量

$$T_{\mathrm{k1}}=\varphi_{\mathrm{k}}\frac{\bar{T}_{\mathrm{k}}}{\bar{k}_{\mathrm{mk}}}K_{\mathrm{mk}} \tag{7.109}$$

式中，T_{k1} 为燃烧室进口处燃气温度的脉动变化量；φ_{k} 为燃烧室内燃气温度与组元混合比关系曲线的无量纲斜率，$\varphi_{\mathrm{k}}=(\bar{k}_{\mathrm{mk}}/\bar{T}_{\mathrm{k1}})(\partial T_{\mathrm{k1}}/\partial k_{\mathrm{mk}})$。

线性化处理后燃烧室内质量平衡方程为

$$Q_{\mathrm{k1}}=Q_{\mathrm{F}}(t-\tau_{\mathrm{T3}})+Q_{\mathrm{g}} \tag{7.110}$$

由式(7.108)～式(7.110)得到燃烧室燃烧区的传递矩阵为

$$\begin{bmatrix}P_{\mathrm{k}}\\Q_{1}\\T_{\mathrm{k1}}\end{bmatrix}=\begin{bmatrix}\dfrac{\bar{p}_{\mathrm{k}}}{\bar{p}_{\mathrm{g}}} & 0 & 0 & 0\\ 0 & 1 & \mathrm{e}^{-s\tau_{\mathrm{T3}}} & 0\\ 0 & \varphi_{\mathrm{k}}\dfrac{\bar{T}_{\mathrm{k1}}}{\overline{\dot{m}}_{\mathrm{g}}}\left(1-\dfrac{\bar{k}_{\mathrm{mk}}}{\bar{k}_{\mathrm{m1}}}\right) & -\varphi_{\mathrm{k}}\dfrac{(1+\bar{k}_{\mathrm{m1}})\bar{T}_{\mathrm{k1}}}{A}\mathrm{e}^{-s\tau_{\mathrm{T3}}} & \varphi_{\mathrm{k}}\dfrac{\bar{T}_{\mathrm{k1}}}{\bar{k}_{\mathrm{m1}}}\left(1-\dfrac{\bar{k}_{\mathrm{m1}}\overline{\dot{m}}_{\mathrm{F}}}{A}\right)\end{bmatrix}\begin{bmatrix}P_{\mathrm{g}}\\Q_{\mathrm{g}}\\Q_{\mathrm{F}}\\K_{\mathrm{m1}}\end{bmatrix} \tag{7.111}$$

燃烧室流动区方程见式(7.106)。

燃烧室喷管喉部燃气处于临界压降之下，即式(7.87)中 $\varepsilon=0$，因此有边界条件：

$$Q_{2}=\frac{\overline{\dot{m}}_{2}}{\bar{p}_{\mathrm{k2}}}P_{\mathrm{k2}}-0.5\frac{\overline{\dot{m}}_{2}}{\bar{T}_{\mathrm{k2}}}T_{\mathrm{k2}} \tag{7.112}$$

3）较复杂模型

描述推进剂组元在热力组件中燃烧过程的方程，可以从液体组元及气体产物的质量积累（m_{lox}、m_{lf} 及 m_{g}）与液体推进剂组元燃尽（$m_{\mathrm{lox}}/\tau_{\mathrm{ox}}$、$m_{\mathrm{lf}}/\tau_{\mathrm{f}}$ 分别为燃烧形成的氧化剂流量和燃料流量）之间的动态平衡条件导出。在推导热力组件方程时，不考虑波动、混气形成动力学及燃烧不均匀性。

液体氧化剂、液体燃料及燃烧产物的质量累积分别为

$$\frac{\mathrm{d}m_{\mathrm{lox}}}{\mathrm{d}t}=\dot{m}_{\mathrm{lox,in}}-\frac{m_{\mathrm{lox}}}{\tau_{\mathrm{ox}}}-\dot{m}_{\mathrm{lox,out}} \tag{7.113}$$

$$\frac{\mathrm{d}m_{\mathrm{lf}}}{\mathrm{d}t}=\dot{m}_{\mathrm{lf,in}}-\frac{m_{\mathrm{lf}}}{\tau_{\mathrm{f}}}-\dot{m}_{\mathrm{lf,out}} \tag{7.114}$$

$$\frac{\mathrm{d}m_{\mathrm{g}}}{\mathrm{d}t}=\dot{m}_{\mathrm{g,in}}+\frac{m_{\mathrm{lox}}}{\tau_{\mathrm{ox}}}+\frac{m_{\mathrm{lf}}}{\tau_{\mathrm{f}}}-\dot{m}_{\mathrm{g,out}} \tag{7.115}$$

式中，τ_{ox}、τ_{f} 分别为液体氧化剂和燃料的转化时间，$\dot{m}_{\mathrm{lox,in}}$、$\dot{m}_{\mathrm{lf,in}}$ 分别为经喷嘴进入的液体氧化剂和燃料的质量流量，$\dot{m}_{\mathrm{lox,out}}$、$\dot{m}_{\mathrm{lf,out}}$ 分别为气体带走的液体氧化剂和燃料的质量流量。

推进剂的组元比 k_{mk} 的计算公式为

$$\frac{\mathrm{d}k_{\mathrm{mk}}}{\mathrm{d}t}=\frac{1+k_{\mathrm{mk}}}{m_{\mathrm{g}}}\left[\frac{k_{\mathrm{in}}}{k_{\mathrm{in}}+1}\dot{m}_{\mathrm{g,in}}+\frac{m_{\mathrm{lox}}}{\tau_{\mathrm{ox}}}-k_{\mathrm{mk}}\left(\frac{1}{k_{\mathrm{in}}+1}\dot{m}_{\mathrm{g,in}}+\frac{m_{\mathrm{lf}}}{\tau_{\mathrm{f}}}\right)\right] \tag{7.116}$$

式中，k_{in} 为进入热力组件的气体（流量为 $\dot{m}_{\mathrm{g,in}}$）中的推进剂组元比，$\frac{k_{\mathrm{in}}}{k_{\mathrm{in}}+1}\dot{m}_{\mathrm{g,in}}$ 为进入热力组件的气体中的氧化剂质量流量，$\frac{1}{k_{\mathrm{in}}+1}\dot{m}_{\mathrm{g,in}}$ 为进入热力组件的气体中的燃料质量流量。

气腔中燃烧产物的做功能力 RT_{i} 的计算公式为

$$\tau_{\mathrm{stay}}\frac{\mathrm{d}RT_{\mathrm{i}}}{\mathrm{d}t}=RT(k_{\mathrm{mk}},p_{\mathrm{i}})-RT_{\mathrm{i}}-a\Delta RT \tag{7.117}$$

式中，$RT(k_{\mathrm{mk}},p_{\mathrm{i}})$ 为燃烧产物做功能力参数，由热力计算得到。

气体在热力组件中的停留时间为

$$\tau_{\mathrm{stay}}=m_{\mathrm{g}}/\dot{m}_{\mathrm{g}} \tag{7.118}$$

流出热力组件的燃气流量为

$$\dot{m}_{\mathrm{g,out}}=\mu F\Gamma(k)\frac{p_i}{\sqrt{RT_{\mathrm{i}}}}q(\lambda) \tag{7.119}$$

式中，μF 为考虑流场压缩性时容腔出口的流通截面积。

气腔中压强的计算公式为

$$\frac{\mathrm{d}p_{\mathrm{i}}}{\mathrm{d}t}=\frac{RT_{\mathrm{i}}}{V_{\mathrm{gg}}}\frac{\mathrm{d}m_{\mathrm{g}}}{\mathrm{d}t}+\frac{p_{\mathrm{i}}}{RT_{\mathrm{i}}}\frac{\mathrm{d}(RT_{\mathrm{i}})}{\mathrm{d}t}-\frac{p_{\mathrm{i}}}{V_{\mathrm{gg}}}\frac{\mathrm{d}V_{\mathrm{gg}}}{\mathrm{d}t} \tag{7.120}$$

式中，V_{gg} 为热力组件中的气体容积，且 $V_{\mathrm{gg}}=V_{\mathrm{g}}-\frac{m_{\mathrm{lox}}}{\rho_{\mathrm{lox}}}-\frac{m_{\mathrm{lf}}}{\rho_{\mathrm{lf}}}$；$\rho_{\mathrm{lox}}$、$\rho_{\mathrm{lf}}$ 分别为液体氧化剂和燃料的密度；V_{g} 为热力组件的总容积。

气体容积变化的计算公式为

$$\frac{\mathrm{d}V_{\mathrm{gg}}}{\mathrm{d}t}=-\frac{1}{\rho_{\mathrm{lox}}}\frac{\mathrm{d}m_{\mathrm{lox}}}{\mathrm{d}t}-\frac{1}{\rho_{\mathrm{lf}}}\frac{\mathrm{d}m_{\mathrm{lf}}}{\mathrm{d}t} \tag{7.121}$$

上述常微分方程组可描述液体火箭发动机起动、关机及所有转级工况下燃气发生器及燃烧室等热力组件的工作过程。

(2) 分布参数模型

当所分析的燃气波长并不远大于导管长度时，要考虑导管内的声学效应，因此采用绝热等熵流动的分布参数模型。在不考虑摩擦、扩散、热交换、质量源及忽略燃烧区长度（一般认为，液体推进剂组元转化为燃气系经某一时间延迟后瞬时实现的）的条件下，研究圆柱形燃烧室内气体的一维流动。

于是，上述一般条件下的方程组只剩下描述一维流动的连续方程和运动方程。至于能量方程，在研究动态特性时一般认为热量在某一截面导入气体，则该截面外是绝热运动。这样便可利用熵守恒形式的能量方程。在所采用的假设条件下，忽略沿通道长度的压强损失，描述流路内燃烧产物非稳态流动的方程组具有以下形式：

$$\left.\begin{aligned}&\frac{\partial \rho}{\partial t}+v\frac{\partial \rho}{\partial x}+\rho\frac{\partial v}{\partial x}=0\\&\frac{\partial v}{\partial t}+v\frac{\partial v}{\partial x}+\frac{1}{\rho}\frac{\partial p}{\partial x}=0\\&\frac{\partial s}{\partial t}+v\frac{\partial s}{\partial x}=0\end{aligned}\right\}\tag{7.122}$$

式中，p、ρ 及 s 间的联系由热力学关系确定：

$$\left.\begin{aligned}&s=c_p\ln T-R\ln p+\text{const}\\&p=\rho RT=\frac{\rho a^2}{k}\\&a^2=\left(\frac{\partial p}{\partial \rho}\right)_s\end{aligned}\right\}\tag{7.123}$$

对上式进行线性化，引入压强的稳态值 $\bar{p}$、流量的稳态值 $\overline{\dot{m}}$ 及温度的稳态值 $\bar{T}$，则气路有量纲的传递数学模型如下：

$$\begin{bmatrix}P_2\\Q_2\\T_2\end{bmatrix}=\begin{bmatrix}\frac{1}{2}\left[e^{\left(\frac{i\bar{\omega}}{1-Ma}\right)}+e^{\left(-\frac{i\bar{\omega}}{1+Ma}\right)}\right] & -\frac{\alpha}{2}\left[e^{\left(\frac{i\bar{\omega}}{1-Ma}\right)}-e^{\left(-\frac{i\bar{\omega}}{1+Ma}\right)}\right]\frac{\bar{p}}{\overline{\dot{m}}} & 0\\ -\frac{1}{2\alpha}\left[e^{\left(\frac{i\bar{\omega}}{1-Ma}\right)}-e^{\left(-\frac{i\bar{\omega}}{1+Ma}\right)}\right]\frac{\overline{\dot{m}}}{\bar{p}} & \frac{1}{2}\left[e^{\left(\frac{i\bar{\omega}}{1-Ma}\right)}+e^{\left(-\frac{i\bar{\omega}}{1+Ma}\right)}\right] & 0\\ \frac{k-1}{2k}\left[e^{\left(\frac{i\bar{\omega}}{1-Ma}\right)}+e^{\left(-\frac{i\bar{\omega}}{1+Ma}\right)}-2e^{\left(-\frac{i\bar{\omega}}{Ma}\right)}\right]\frac{\bar{T}}{\bar{p}} & -\frac{\alpha(k-1)}{2k}\left[e^{\left(\frac{i\bar{\omega}}{1-Ma}\right)}-e^{\left(-\frac{i\bar{\omega}}{1+Ma}\right)}\right]\frac{\bar{T}}{\overline{\dot{m}}} & e^{\left(-\frac{i\bar{\omega}}{Ma}\right)}\end{bmatrix}\begin{bmatrix}P_1\\Q_1\\T_1\end{bmatrix}\tag{7.124}$$

式中，a 为当地声速；Ma 为马赫数，$Ma=\frac{u}{a}$；$\bar{\omega}=\frac{wl}{a}$，为无量纲频率；$\alpha=kMa$，为折算波阻。

6. 离心泵模型

泵起动的动态过程包括了泵从起转、加速和最终达到平衡转速等较为复杂的阶段。实际的起动过程需要根据泵的稳态特性对转速等进行细致的调整，否则在不稳定工况下容易引发破坏性的汽蚀和振荡，造成泵的损坏和起动失败。当前正在实际使用的泵的性能比较高，也经历了各种实际试车的考验，所以根据实验参数调整得到的泵特性方程对于实际泵的工作边界描述应该有足够的裕度，将其用于系统分析，能够得出较为合理的结果。

(1) 泵特性的一般方程

在泵的额定工况附近，其动态扬程、效率、扭矩等可用静态的关系式计算得到。假设流过泵的流量等于泵出口管路的流量，则泵的主要特性方程为

扬程方程：

$$\Delta p=p_2-p_1=c_1\cdot\bar{\rho}\cdot n^2+c_2\cdot n\cdot\dot{m}+c_3\cdot\frac{\dot{m}^2}{\bar{\rho}}\tag{7.125}$$

效率方程：

$$\eta_p=b_1\cdot\left(\frac{\dot{m}}{\bar{\rho}\cdot n}\right)^2+b_2\cdot\left(\frac{\dot{m}}{\bar{\rho}\cdot n}\right)+b_3\tag{7.126}$$

功率方程：

$$N_H = \frac{\dot{m} \cdot \Delta p}{\bar{\rho} \cdot \eta_p} \tag{7.127}$$

扭矩方程：

$$M_p = A_1 \cdot n^2 + A_2 \cdot \frac{n \cdot \dot{m}}{\bar{\rho}} + A_3 \cdot \left(\frac{\dot{m}}{\bar{\rho}}\right)^2 \tag{7.128}$$

式中，p_1、p_2 分别为泵入口和出口的压强；Δp 为泵的扬程；c_i 为泵的扬程拟合系数；b_i 为泵效率的拟合系数；A_i 为泵扭矩的拟合系数；n 为泵的转速；$\dot{m}$ 为泵的流量；$\bar{\rho}$ 为泵的平均密度，是泵入口密度与出口密度的平均值，即 $\bar{\rho} = \frac{\rho_1 + \rho_2}{2}$。

(2) 泵出口推进剂温升模型

根据泵出口推进剂的压强和比焓，利用推进剂有关的热力状态方程来迭代计算泵出口推进剂的密度与温度。

对泵内单位质量的推进剂，忽略泵入口和出口的流速差值，得到能量方程：

$$h_2 = h_1 + \left(1 - \zeta + \frac{\zeta}{\eta_p}\right)\frac{\Delta p}{\bar{\rho}} \tag{7.129}$$

式中，h_1、h_2 分别为泵入口和出口的比焓，ζ 为总损失中转化为热量的份额，η_p 为泵的效率。

密度和温度拟合式具体如下：

密度拟合式为

$$\rho = \rho(h, p) = d_0 + d_1 p + d_2 p^2 + d_3 h + d_4 \frac{1}{h} + d_5 \frac{1}{p} + d_6 \frac{p}{h} \tag{7.130}$$

式中，$d_i (i=0,1,\cdots,7)$ 为拟合系数。

温度拟合式为

$$T = T(\rho, p) = t_0 + t_1 p + t_2 \rho + t_3 \frac{p}{\rho} + t_4 \ln\rho + 5_5 (\ln\rho)^2 + t_6 (\ln\rho)^3 \tag{7.131}$$

式中，$t_i (i=0,1,\cdots,6)$ 为拟合系数。

(3) 泵的起动效率特性

当泵的转速很低时，静态效率特性公式显然不再适用。这里采用一种简便的方法来得到适用于起动过程的效率表达式。采用泵质量流量与转速的比值 $\dot{m}/n$ 作为自变量。在流量为零时，泵因为没有做任何功，所以效率应该是零。这样就可以确定效率曲线将通过坐标系中的原点。同时为便于分析，将效率拟合成二次曲线。该二次曲线的表达式中只有两个指数项，这样就可以根据静特性公式计算出额定点和另一个较低工况下的参数，用待定系数法求出两个指数项的系数，从而得到一个新的效率表达式。这条曲线包含了稳态和部分极限工况的信息，在对计算精度要求不太高时，这种做法具有一定的应用价值。描述发动机起动效率的修正式为

$$\eta_p = \left[a\left(\frac{\dot{m}}{n}\right)^2 + b\left(\frac{\dot{m}}{n}\right)\right]\frac{\bar{\rho}_0}{\bar{\rho}_{tr}} \tag{7.132}$$

式中，额定工况下泵的平均密度为 $\bar{\rho}_0$，过渡工况下泵的平均密度为 $\bar{\rho}_{tr}$。

考虑效率分层效应，计算与低转速对应的效率式为

$$\eta_m = 1 - (1 - \eta_p) \cdot \left(\frac{n_d}{n}\right)^{0.25} \tag{7.133}$$

式中，η_p 为式(7.132)的计算结果，n_d 为设计转速，n 为待求效率工况的转速。此公式主要适用于小推力和中等推力的泵压式液体火箭发动机。

对于大推力的液体火箭发动机，采用下式计算泵的效率分层特性：

$$\eta_m = \frac{\eta_p}{\eta_p - (1-\eta_p)\cdot\left(\frac{n_d}{n}\right)^{0.17}} \tag{7.134}$$

(4) 泵的起动扬程特性

针对在起动开始阶段泵的静态特性方程不适用于较低转速的事实，应该根据实验数据对泵的特性曲线进行外推。根据相关文献，采用了 Suter 的泵全特性表达式来合理描述泵在所有工况下的状态。具体做法如下：

建立关于无量纲扬程 h 和无量纲扭矩 β 的表达式：

$$h = \frac{\frac{\Delta p}{\Delta p_d}}{\left(\frac{\Delta Q}{\Delta Q_d}\right)^2 + \left(\frac{n}{n_d}\right)^2},\quad \beta = \frac{\frac{T}{T_d}}{\left(\frac{\Delta Q}{\Delta Q_d}\right)^2 + \left(\frac{n}{n_d}\right)^2} \tag{7.135}$$

定义一个自变量 θ，$\theta = \arctan\left(\frac{n/n_d}{Q/Q_d}\right)$。选取稳定工况附近的若干点，算出相应的 h、β 和 θ，就可拟合出 h 和 β 关于 θ 的多项式形式的拟合式。

(5) 考虑泵中汽蚀现象

在离心泵入口处普遍存在汽蚀现象，如果入口处的压强 p_{in} 满足下列关系，则汽蚀现象就会产生：

$$p_{in} \leqslant p_s + \rho g(\mathrm{NPSH})_{net} \tag{7.136}$$

式中，p_s 为入口温度下推进剂的饱和蒸气压，ρ 为液体密度，$(\mathrm{NPSH})_{net}$ 为离心泵的净正抽吸压头。

汽蚀区体积 V_{cav} 的变化方程为

$$\frac{\mathrm{d}V_{cav}}{\mathrm{d}t} = \frac{\dot m_{out} - \dot m_{in}}{\rho - \rho_{gs}} \tag{7.137}$$

式中，$\dot m_{in}$ 和 $\dot m_{out}$ 分别为泵入口和出口处的推进剂组元流量，ρ_{gs} 为推进剂饱和蒸气的密度。

考虑汽蚀对离心泵压头的影响，有

$$\Delta p' = \bar H \Delta p = f(\bar V_{cav})\Delta p \tag{7.138}$$

式中，$\Delta p'$ 为离心泵的实际压头；Δp 为无汽蚀发生时的离心泵压头；$\bar H$ 为离心泵压头的修正系数，与汽蚀相对体积 $\bar V_{cav}$ 有关；$\bar V_{cav} \equiv V_{cav}/V^*_{ww}$，其中 V^*_{ww} 为诱导轮和工作轮的容积(对带诱导轮的离心泵而言)。

(6) 泵扬程特性模型

只建立泵最简单的工况，即流道内无汽蚀现象。在建立泵内液体流动的数学模型时，忽略液体的压缩性及泵壳的柔性，进行液路动力学分析时采用泵的扬程特性。进行线性化，得到

$$p_2 = p_1 + \phi_Q Q + \phi_n n \tag{7.139}$$

式中，p_1 为泵入口脉动压强，p_2 为泵出口脉动压强，Q 为脉动质量流量，n 为脉动转速，$\phi_Q =$

$\frac{\partial \Delta p}{\partial \dot{m}}$；$\phi_n=\frac{\partial \Delta p}{\partial n}$，$\Delta p$ 为泵的扬程。

(7) 含汽蚀柔度的泵模型

泵作为输送系统的一个重要环节，其动特性对发动机的频率特性有极大的影响。其中最主要的参数为泵的动态增益 $m+1$、泵进口的汽蚀柔性 C_b、泵的质量增益 M_b、泵的惯性 L_p 和泵的阻力 R_p。

对于汽蚀泵，根据质量守恒方程，有

$$\dot{m}_1-\dot{m}_2=\frac{\mathrm{d}m}{\mathrm{d}t}=-\rho_L\frac{\mathrm{d}V_b}{\mathrm{d}t} \tag{7.140}$$

式中，m 为泵腔内液体质量；V_b 为泵腔内空泡体积，是入口压强和入口流量的函数。

对式(7.140)进行拉氏变换并线性化，根据液体管路模型，得到汽蚀泵传递矩阵：

$$\begin{bmatrix} P_2 \\ Q_2 \end{bmatrix}=\begin{bmatrix} m+1+sC_bZ_p & -Z_p(1-sM_b) \\ -sC_b & (1-sM_b) \end{bmatrix}\begin{bmatrix} P_1 \\ Q_1 \end{bmatrix} \tag{7.141}$$

式中，Z_p 为泵的阻抗，$Z_p=sL_p+R_p$。

7. 燃气涡轮模型

燃气涡轮在液体火箭发动机工作时将燃气能量转化为泵对推进剂的做功。它在十分恶劣的条件下工作，承受高温、高压、高转速。但是燃气流动过程比较便于控制，涡轮特性相对于泵特性要稳定一些。描述涡轮工作的数学模型主要是关于涡轮效率、功率、转速等参数的。这里假设燃气服从理想气体状态方程，且气体流过涡轮的过程为等熵过程。

涡轮的功率方程既是描述涡轮静态工作又是描述其动态工作的基本关系式。

涡轮的功率方程为

$$N_T=L_{ad}\dot{m}_T\eta_T \tag{7.142}$$

式中，L_{ad} 为涡轮的绝热功，$L_{ad}=c_1^2/2$，c_1 为燃气从涡轮喷嘴流出的绝对速度；$\dot{m}_T$ 为通过涡轮的燃气流量；η_T 为涡轮效率。

绝热功由下式确定：

$$L_{ad}=\frac{k}{k-1}RT_T\left[1-\left(\frac{p_{t,e}}{p_{t,i}}\right)^{\frac{k-1}{k}}\right] \tag{7.143}$$

式中，$p_{t,i}$、$p_{t,e}$ 分别为燃气涡轮入口和出口的压强；R 为涡轮静子入口燃气的气体常数；T_T 为涡轮静子入口燃气的温度；k 为燃气比热比。

通过涡轮的燃气流量(在亚临界流动状态下)为

$$\dot{m}_T=\mu F_T\sqrt{\frac{2k}{k-1}\frac{p_{t,i}^2}{RT_T}\left[\left(\frac{p_{M,c}}{p_{t,i}}\right)^{2/k}-\left(\frac{p_{M,c}}{p_{t,i}}\right)^{(k+1)/k}\right]} \tag{7.144}$$

式中，μF_T 为流通截面积，$p_{M,c}$ 为涡轮喷嘴切口处的压强，可由下式确定：

$$p_{M,c}=p_{t,i}\cdot\left[\theta+(1-\theta)\cdot\left(\frac{p_{t,e}}{p_{t,i}}\right)^{\frac{k-1}{k}}\right]^{\frac{k}{k-1}} \tag{7.145}$$

式中，θ 为涡轮的反力度，用来衡量燃气在涡轮动叶中的膨胀程度。

涡轮效率

$$\eta_T=f(u/c_1) \tag{7.146}$$

起动过程中涡轮效率的确定方法与泵效率的确定方法类似，即假设其为一通过原点的二次函数曲线。通过额定点和任一额定点附近的较低工况点的参数，求出该二次曲线的系数。新的效率曲线表达式为

$$\eta_T = a \cdot \left(\frac{u}{c_1}\right)^2 + b \cdot \frac{u}{c_1} \tag{7.147}$$

式中，a、b 为拟合系数；u 为涡轮叶片圆周切向速度，$u = \frac{\pi D_t n}{60}$；c_1 为涡轮燃气的绝热速度，$c_1 = \sqrt{2L_{ad}}$；D_t 为涡轮基圆的直径；n 为转速，单位为 r/min。

在起动过程中，涡轮泵转速是从零开始增加的，起动状态下涡轮扭矩方程为

$$M_T = \dot{m}_T \left(a \frac{D}{2\sqrt{2}} \sqrt{L_{ad}} - b \frac{\pi D^2 n}{4}\right) \tag{7.148}$$

对式(7.148)在稳态点附近进行线性化，并消去中间变量，得到涡轮线性传递矩阵为

$$\begin{bmatrix} P_{t,e} \\ Q_T \\ T_{t,e} \end{bmatrix} = \begin{bmatrix} A_1 & A_2 & A_3 \\ 0 & 1 & 0 \\ 0 & 0 & 1 \end{bmatrix} \begin{bmatrix} P_{t,i} \\ Q_T \\ T_{t,i} \end{bmatrix} \tag{7.149}$$

式中
$$A_1 = \left[(1+\varepsilon_T)\frac{\overline{\dot{m}}_T}{\bar{p}_{t,i}} - \varepsilon_T \theta \frac{\overline{\dot{m}}_T}{\bar{p}_{M,c}}\left(\frac{\bar{p}_{t,i}}{\bar{p}_{M,c}}\right)^{-\frac{1}{k}}\right] \Bigg/ \left[\varepsilon_T(1-\theta)\frac{\overline{\dot{m}}_T}{\bar{p}_{M,c}}\left(\frac{\bar{p}_{t,e}}{\bar{p}_{M,c}}\right)^{-\frac{1}{k}}\right]$$

$$A_2 = 1 \Bigg/ \left[\varepsilon_T(1-\theta)\frac{\overline{\dot{m}}_T}{\bar{p}_{M,c}}\left(\frac{\bar{p}_{t,e}}{\bar{p}_{M,c}}\right)^{-\frac{1}{k}}\right]$$

$$A_3 = \frac{1}{2}\frac{\overline{\dot{m}}_T}{\bar{T}_T} \Bigg/ \left[\varepsilon_T(1-\theta)\frac{\overline{\dot{m}}_T}{\bar{p}_{M,c}}\left(\frac{\bar{p}_{t,e}}{\bar{p}_{M,c}}\right)^{-\frac{1}{k}}\right]$$

8. 涡轮泵动态模型

在实际液体火箭发动机系统中，涡轮泵是最重要同时也是工作条件最恶劣的组件之一：一方面它为燃烧装置泵送高压推进剂，对发动机的正常工作和总体性能都有非常重要的影响；另一方面，涡轮在很高转速和离心力作用下还要承受具有腐蚀性的高温高速燃气的冲击，同时泵还会在不同工况中面临汽蚀对正常性能和结构的影响。

对于具有几台泵的装置，其旋转部分的动量矩方程是涡轮泵的基本方程：

$$J\frac{d\omega}{dt} = M_T - \sum_i M_{Hi} \tag{7.150}$$

式中，J 为涡轮泵旋转部分的转动惯量，ω 为轴的角速度，M_T 为涡轮力矩，M_{Hi} 为第 i 台泵轴上的力矩。

涡轮发出的力矩与其功率有关：

$$M_T = N_T/\omega = 60N_T/(2\pi n) \tag{7.151}$$

同样对于泵，有

$$M_{Hi} = 60N_{Hi}/(2\pi n) \tag{7.152}$$

对上式进行线性化处理，得

$$\frac{\pi^2 J\bar{n}}{900}\frac{dn}{dt} = N_T - \sum_i N_{Hi} \tag{7.153}$$

涡轮功率线性方程：

$$N_{\mathrm{T}}=\frac{1}{2}(1-\psi_{c_1})\frac{\bar{N}_{\mathrm{T}}}{\bar{T}_{\mathrm{T}}}T_{\mathrm{T}}+\left(1+\varepsilon_{\mathrm{T}}+\beta_{\mathrm{T}}-\frac{1}{2}\psi_{c_1}\beta_{\mathrm{T}}\right)\frac{\bar{N}_{\mathrm{T}}}{\bar{p}_{\mathrm{t,i}}}P_{\mathrm{t,i}}-\left(\varepsilon_{\mathrm{T}}+\beta_{\mathrm{T}}-\frac{1}{2}\psi_{c_1}\beta_{\mathrm{T}}\right)\frac{\bar{N}_{\mathrm{T}}}{\bar{p}_{\mathrm{t,e}}}P_{\mathrm{t,e}} \tag{7.154}$$

式中

$$\psi_{c_1}=\frac{\overline{u/c_1}}{\bar{\eta}_{\mathrm{T}}}\cdot\frac{\partial\eta_{\mathrm{T}}}{\partial(u/c_1)}$$

$$\varepsilon_{\mathrm{T}}=\frac{(k+1)(\bar{p}_{\mathrm{M,c}}/\bar{p}_{\mathrm{t,i}})^{(k-1)/k}-2}{2k[1-(\bar{p}_{\mathrm{M,c}}/\bar{p}_{\mathrm{t,i}})^{(k-1)/k}]}$$

$$\beta_{\mathrm{T}}=\frac{(k-1)(\bar{p}_{\mathrm{t,e}}/\bar{p}_{\mathrm{t,i}})^{(k-1)/k}}{k[1-(\bar{p}_{\mathrm{t,e}}/\bar{p}_{\mathrm{t,i}})^{(k-1)/k}]}$$

燃气在临界流动状态和超临界流动状态下 β_{T} 系数为零。

假设离心泵的效率不变，得到离心泵功率的线性方程为

$$N_{\mathrm{H}i}=\psi_{\mathrm{Q}}^{(N)}\frac{\bar{N}_{\mathrm{H}i}}{\bar{\dot{m}}}Q+\psi_{\mathrm{n}}^{(N)}\frac{\bar{N}_{\mathrm{H}i}}{\bar{n}}n \tag{7.155}$$

式中，$\psi_{\mathrm{Q}}^{(N)}=\dfrac{\dot{m}}{N_{\mathrm{H}}}\dfrac{\partial N_{\mathrm{H}}}{\partial\dot{m}}$为泵功率与流量关系曲线的斜率，$\psi_{\mathrm{n}}^{(N)}=\dfrac{n}{N_{\mathrm{H}}}\dfrac{\partial N_{\mathrm{H}}}{\partial n}$为泵功率与转速关系曲线的斜率。

由上述公式可得转子动力学线性方程：

$$\frac{\pi^2 J\bar{n}}{900\bar{N}_{\mathrm{T}}}\frac{\mathrm{d}n}{\mathrm{d}t}+\frac{A_1}{\bar{n}}n=\frac{A_2}{\bar{T}_{\mathrm{T}}}T_{\mathrm{T}}+\frac{A_3}{\bar{p}_{\mathrm{t,i}}}P_{\mathrm{t,i}}+\frac{A_4}{\bar{p}_{\mathrm{t,e}}}P_{\mathrm{t,e}}-\frac{\sum\limits_i\dfrac{\bar{N}_{\mathrm{H}i}}{\bar{N}_{\mathrm{T}}}\psi_{\mathrm{Q}_i}^{(N)}}{\bar{\dot{m}}_i}Q_i \tag{7.156}$$

式中

$$A_1=-\psi_{c_1}+\sum_i\frac{\bar{N}_{\mathrm{H}i}}{\bar{N}_{\mathrm{T}}}\psi_{\mathrm{n}i}^{(N)},\quad A_2=\frac{1}{2}(1-\psi_{c_1})$$

$$A_3=1+\varepsilon_{\mathrm{T}}+\beta_{\mathrm{T}}-\frac{1}{2}\psi_{c_1},\quad A_4=\varepsilon_{\mathrm{T}}+\beta_{\mathrm{T}}-\frac{1}{2}\psi_{c_1}\beta_{\mathrm{T}}$$

7.3.2　数值计算方法

为了便于实现模块化仿真，上述液体火箭发动机各部件的模型都是分别建立的。这样，系统模型实质上是由相对简单的组合件模型组成的。组合件模型创建后，可以单独调试，然后再组合在一起形成整个系统模型。对于组合件模型，其形式一般为一组一阶常微分方程组和非线性方程组：

$$\frac{\mathrm{d}x_i}{\mathrm{d}t}=f(\boldsymbol{x},\boldsymbol{y},\boldsymbol{u})$$

$$f(\boldsymbol{x},\boldsymbol{y},\boldsymbol{u})=0 \tag{7.157}$$

式中，$i=1,2,\cdots,k$，$\boldsymbol{x}=(x_1,x_2,\cdots,x_m)$为组合件的内部变量；$\boldsymbol{y}=(y_1,y_2,\cdots,y_n)$为组合件的输出变量；$\boldsymbol{u}=(u_1,u_2,\cdots,u_q)$为组合件的输入变量；$f=(f_1,f_2,\cdots,f_{m+n-k})$为描述组件工作的代数方程。各组合件之间通过变量 $\boldsymbol{y}$、$\boldsymbol{u}$ 加以联系。这种形式的优势是当发动机某个组件的结构变化时，只需修改该组件模型，而不影响其他部分。

对所建立的发动机系统的常微分方程组可采用多种方法进行数值积分：

$$\left.\begin{aligned} &y_i'=f_i(t,y_1,y_2,\cdots,y_s), \quad i=1,2,\cdots,s, \quad t_0\leqslant t\leqslant T \\ &y_i(t_0)=y_{i0}, \quad\quad\quad\quad\quad\quad i=1,2,\cdots,s \end{aligned}\right\} \tag{7.158}$$

本书仿真计算程序中使用的方法包括一阶精度的 Euler 法、四阶精度的经典龙格-库塔法。其中，一阶精度的 Euler 法的形式如下：

$$y_{n+1}=y_n+hf(t_n,y_n) \tag{7.159}$$

式中，h 为积分步长。Euler 法在求解一些简单的微分方程时具有快速、方便的优点，而且精度上也能满足要求，因此，本书在多数情况下采用 Euler 法来求解组件的数学模型。

经典龙格-库塔法的形式如下：

$$\left.\begin{aligned} &y_{n+1}=y_n+\frac{h}{6}(k_1+2k_2+2k_3+k_4) \\ &k_1=f(t_n,y_n) \\ &k_2=f\left(t_n+\frac{1}{2}h,y_n+\frac{1}{2}hk_1\right) \\ &k_3=f\left(t_n+\frac{1}{2}h,y_n+\frac{1}{2}hk_2\right) \\ &k_4=f(t_n+h,y_n+hk_3) \end{aligned}\right\} \tag{7.160}$$

式中，h 为积分步长。经典龙格-库塔法具有四阶精度，且数值稳定性好，受步长的限制较小。在求解含有高频特性的模型方程时可通过选取适当的步长获得较高的计算效率。

液体火箭发动机各单个组件彼此间通过液路或气路相互连接，构成一个有机整体。在对液体火箭发动机整个系统进行频率特性建模时，传统的方法是列出发动机系统所有组件的方程，组成系统方程组：

$$\boldsymbol{W}(s)\delta x=\boldsymbol{d}\delta\boldsymbol{y} \tag{7.161}$$

式中，δx 和 $\delta\boldsymbol{y}$ 分别为系统变量和扰动向量，$\boldsymbol{W}(s)$ 和 $\boldsymbol{d}$ 为系数矩阵。令 $s=\mathrm{i}\omega$，给定角频率 ω，系统的方程组是一个线性代数方程组。对第 j 个扰动量求解上述方程组即可获得发动机系统各个变量对该扰动的频率响应：

$$\delta x/\delta y_i=W(\mathrm{i}\omega)^{-1}d_j \tag{7.162}$$

式中，d_j 为 $\boldsymbol{d}$ 的第 j 列。

由于发动机系统的部件很多，所以直接组成方程组将会使方程组的维数很高。根据发动机组件的连接关系，通过简单的矩阵运算消去一部分中间变量，从而降低方程组的维数，便于后续的求解。

采用传递矩阵的方法来对发动机系统进行建模，根据部件的连接关系，将各部件的传递矩阵模型进行运算，最终得到关于系统变量 $\boldsymbol{x}^{\mathrm{T}}=(\delta P_2,\delta Q_2,\delta T_2,\cdots)$ 和扰动量 $\boldsymbol{y}^{\mathrm{T}}=(\delta P_1,\delta Q_1,\delta T_1,\cdots)$ 的表达式：

$$\boldsymbol{x}^{\mathrm{T}}=\begin{bmatrix} A_{11} & \cdots & A_{1n} \\ \vdots & \ddots & \vdots \\ A_{n1} & \cdots & A_{nn} \end{bmatrix}\cdot\boldsymbol{y}^{\mathrm{T}} \tag{7.163}$$

式中，$\begin{bmatrix} A_{11} & \cdots & A_{1n} \\ \vdots & \ddots & \vdots \\ A_{n1} & \cdots & A_{nn} \end{bmatrix}$ 为经过矩阵运算后发动机系统最终的传递矩阵模型。

大型液体火箭发动机包含流体管路、气液容腔、涡轮泵旋转机械、热力组件等分系统，要通过数值模拟来分析其动态工作情况，对各个组件采用合适的数学模型是非常重要的。在通常情况下，分析整个动力系统性能的目的是为了获得各组件的工况在复杂条件中的相互关系信息以及在其共同作用下系统对控制信号和干扰因素等的总体响应，从而找出决定发动机内部过程的主要因素。因此对于系统级的研究，关注的重点是系统组件输入/输出参数的协调性和稳定性。

7.3.3　液氧/液氢燃气发生器循环发动机过渡过程仿真

1. 发动机起动过程仿真

液体火箭发动机的起动过程是一个能量高密度释放、热交换剧烈、工况变化复杂的物理化学过程。在发动机起动过程中，推进剂组元发生极为复杂的物理、化学变化，发动机系统参数在大范围内极迅速地变化，很容易使系统组件承受较为恶劣的工况，从而导致发动机故障或毁坏。国内外大量研制实践已经证明，液体火箭发动机工作过程中发生的故障，如供应系统的破坏，发生器、燃烧室、涡轮叶片和燃气管路的烧蚀等，绝大多数发生在起动阶段。发动机工作的可靠性在很大程度上取决于其起动的可靠性。对液体火箭发动机起动过程的研究是液体火箭发动机研制的难点和重点。因此，对发动机起动动态过程进行深入研究以揭示其规律，具有非常重要的意义。

(1) 发动机系统简述

液氧/液氢发动机采用开式循环系统，如图 7.2 所示。由于经过燃气涡轮的燃气直接排入大气中，不存在对燃烧室工作的影响，所以开式循环系统中各组件的协调关系相比于补燃循环和全流量发动机来说要简单一些。其起动的控制规律也更容易把握。

系统的部分额定点参数如表 7.1 所列。

表 7.1　液氧/液氢发动机额定点状态参数

状态变量	额定点值	状态变量	额定点值
氢泵转速/($r\cdot min^{-1}$)	35 000	氧泵转速/($r\cdot min^{-1}$)	18 000
氢泵扬程/MPa	15.17	氧泵扬程/MPa	13.97
氢涡轮落压比	12.18	氧涡轮落压比	14.29
氢泵流量/($kg\cdot s^{-1}$)	24.58	氧泵流量/($kg\cdot s^{-1}$)	138.45
燃烧室压强/MPa	10.47	燃气发生器压强/MPa	6.32
燃烧室混合比	6.27	燃气发生器混合比	0.867

本发动机系统采用两套独立的涡轮泵来分别泵送氧化剂和燃料，它们工作在不同的转速和落压比状态下，这便于在设计时把注意力集中到如何提高各自的效率上，而不是相互之间性能的折中。但是，相对于单轴的涡轮泵系统，这可能会增加系统的总体重量。另外，两套系统共用一个富燃的燃气发生器，会在起动的时候给协调两涡轮泵的转速带来困难。

在实际发动机系统中，从氢主阀流出的液氢全部进入到再生冷却通道中进行换热，然后经过氢头腔喷入燃烧室中。液氢的吸热性能很强，且冷却通道入口处的起始温度很低，可以有效地将喷管固体壁面的温度控制在允许范围内。但是，液氢在泵的出口处就已经处于临界状态，进入冷却通道后，温度进一步升高，整个冷却过程处于超临界状态下。这种非平衡状态会带来物性参数和流动结构的显著变化，给准确计算冷却通道的流动传热过程造成较大困难。

值得注意的是，系统采用的是外能源辅助起动方式。通过配置在燃气发生器底部的火药起动器在燃气发生器点火前产生较为稳定的燃气流，驱动涡轮泵加速到一定的工况水平。这种起动方式的好处是可以通过外加的可靠的动力源使系统从零状态加速到一个稳定的较低工况，从而克服在起动初期各种复杂的物理过程给状态顺利爬升带来的不利影响，从起动控制技术上更容易实现。其缺点主要是增加了发动机与正常工况无关的额外重量，使燃气发生器的结构复杂化，且不利于实现其自身重复起动等。

(2) 发动机起动过程描述

液体火箭发动机在起动过程中是一个可控的系统，通过调节装置对流量、压强、点火时间等的控制，能够使发动机工况参数协调平稳地增加。相比依靠箱压自身起动的系统，外能源起动系统的控制要简化很多。但还是需要仔细地控制燃烧装置中的混合比、涡轮泵转速等参数，以防止参数过度振荡对发动机组件结构的破坏，并且还要保证涡轮泵有足够的剩余功率以在较短时间内持续加速到设计平衡点。

为了简化计算复杂度，本文忽略了从开始发出起动指令到泵前管路充填完毕之间管路中气体预冷、充填、水击、瞬态两相流传热等过程的计算；并且在泵后所有控制阀门打开后，忽略管路充填、传热等动态过程，假设上述过程在瞬时就达到了平衡状态。这种简化对于关注重点为如何协调整个系统起动过程的研究是有益的。因为上述过程虽然复杂，但对火药点火器开始工作之后的系统加速过程没有太多的影响。即使是燃气发生器、燃烧室点火之前的头腔充填和不稳定换热过程对起动的影响也只是主要表现在点火时间的延迟上，要在计算中能够分析这种延迟所造成的影响，需要在仿真研究的各方面进一步细化组件模型，提高计算的精度。因此，在开始分析起动特性时，整体系统模型对这些细节的计算结果是不敏感的，应该随着仿真计算的深入而逐步引入上述模型。本书根据实际发动机正常试车时的起动过程，重新确定仿真计算的阀门控制时序如下：

零时刻推力室氢阀全开，推力室氧阀半开(流量系数为10%)。推力室中(设定初始压强为101 kPa(1个大气压))开始有推进剂流入。t_1 时刻(0.5 s)后火药起动器点火工作，固体推进剂产生的燃气驱动两套涡轮泵起转并加速。泵的扬程开始较快增加，带动推进剂流量的增加。在 t_2 时刻(1.2 s)后打开燃气发生器的氧阀和氢阀，推进剂开始进入燃气发生器，燃气发生器路的推进剂流量保持增加。在 t_3 时刻(1.3 s)火药点火器为燃烧室点火，燃烧室的压强开始增加。t_4 时刻(1.305 s)燃气发生器点火，开始建立压强。同时，推力室氧阀全开。t_5 时刻(约为1.4 s)火药起动器停止工作，涡轮泵在燃气发生器气体驱动下继续加速，保证燃烧室和燃气发生器的流量持续增加，压强不断增大。在起动过程的末段，由于推力室和燃气发生器压强的增大，使泵的流量和转速增加变缓，热力组件的压强和温度也趋于稳定。进而系统的各个状态参数逐渐过渡到额定值的2%误差带内，起动过程结束。计算时使用的阀门打开时序如图7.20所示。

需要说明的是，上述各个时刻是将起动过程简化后得到的。与真实的起动时序是不同的。在实际试车中，预冷和充填过程达到平衡态所用的时间较长，火药起动器在起动开始信号发出3 s后才点火，所以可以近似认为，上述控制规律是对实际起动过程2.5 s以后的描述。实际各个组件开始工作的时间大约等于各个时刻的值加上2.5 s。

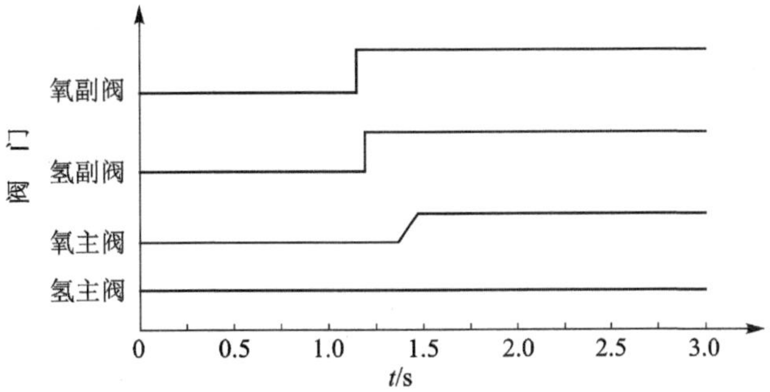

图 7.20　仿真计算阀门打开时序

(3) 起动过程的仿真模型

发动机起动过程的数学模型，实质上是对发动机起动物理、化学过程的一种数学描述。液体火箭发动机是由一些典型组件（涡轮、泵、阀门、燃烧组件等）连接起来的复杂热动力流体网络系统。对发动机起动过程的数学描述涉及到推进剂的充填、燃烧组件的燃烧、管路中的气液两相流动等诸多物理过程；对低温推进剂组元，还包括动态换热过程。建立发动机起动过程的数学模型时应满足如下要求：

① 模型应能够正确反映发动机的实际工作过程，同时力求简单。模型越精确，仿真结果与实际吻合越好，但同时也加大了模型的复杂程度。这就要求对二者进行折中。

② 在建立数学模型时，应对发动机工作过程进行仔细分析，忽略那些对起动影响不大的环节，从而抽象出发动机的物理模型，再根据发动机的物理模型建立数学模型。

③ 抽象出发动机的物理模型后，需要选择合适的数学工具来加以描述。具体采用何种形式与计算实现的难易程度以及模拟对象有关。

1）系统模型的简化

根据发动机系统结构，结合前面介绍的组件模型对泵后的重要组件都建立了数学模型，通过定义组件之间的输入/输出关系组成了系统的动态方程组。另外，将起动的控制时序加入到模型信息中，以便更真实地模拟起动工况。为了能够顺利求解这组模型，结合物理过程，需对模型的初始条件和参数设置等进行调整。

泵后四条推进剂输送管路的动态方程与前面给出的液体管路集总参数法模型一致。由于三通管路处的流动参数未知，且每条管路上都有一个流量控制阀门，所以将阀前管路、阀门、阀后管路、头腔、喷注器的流阻都叠加到各段管路的流阻系数中。虽然推力室氢阀后的所有液氢都是流经再生冷却通道之后再进入燃烧室的，这与其他三条管路的情况不同，但由于在计算流阻系数时，入口压强代入的是稳态时的泵出口压强，出口压强代入的是额定的燃烧室压强，因此已将所有流阻都考虑进去了。所得到的简化方程可以足够精确地描述这四条支路中的流动变化工况。各段惯性损失系数按照实际参数进行计算。

2）涡轮泵特性参数的外推

由于氢泵的比转速低，故在起动阶段扬程增加较慢。按照前述方法的交点取值求出的氢泵曲线在起动后很长时间内都输出负扬程，最终导致计算失败。这显然与实际情况不符。本节根据计算过程中系统正常加速对特性的需要，对氢泵曲线与横轴的交点进行了适当扩展，使得氢泵能较快地转出负扬程状态，并且负扬程的绝对值较小，依靠泵入口压强就能够克服。相应地，对氢泵的效率特性也做了修改，使之满足与扬程曲线交于一点。但是，这也引入了误差，泵的效率在部分区域超过了 95%，这是不合理的。但是上述区域并不是泵效率的额定值，在加速过程中会很快地通过，而且按照静态特性公式外推的扬程计算值偏低，较高的效率能够增加涡轮泵的转速，从而在一定程度上补偿扬程的误差。在计算中采用的特性曲线如图 7.21、图 7.22 所示。

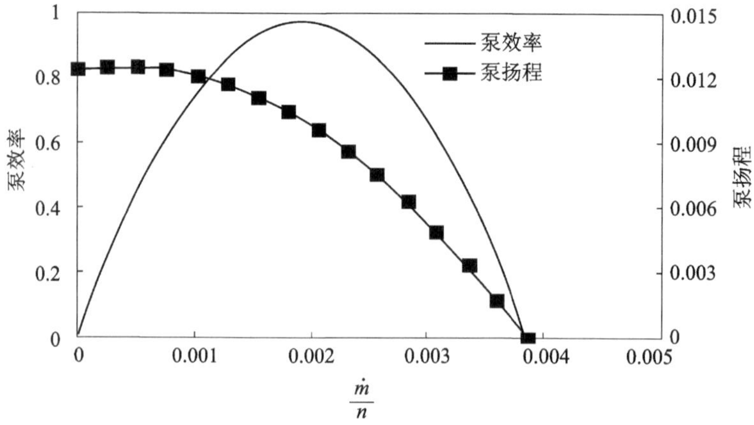

图 7.21　氢泵扬程和效率曲线

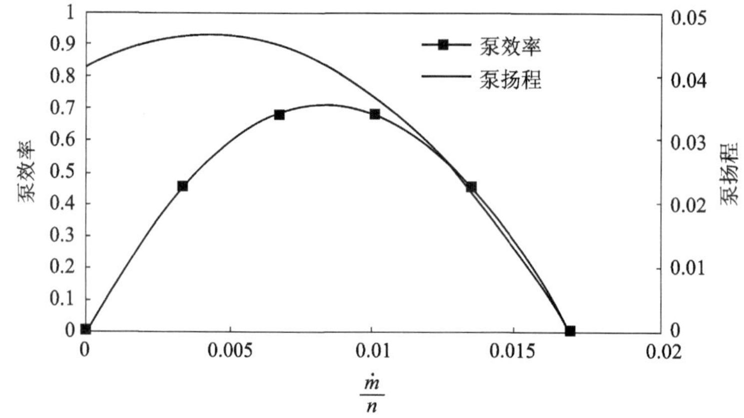

图 7.22　氧泵扬程和效率曲线

本书对采用 Suter 全特性工况描述方式的无量纲扬程和扭矩根据额定点附近的参数点进行了拟合。为了简便，采用了 5 次指数函数进行拟合，无量纲扬程 h 与无量纲扭矩 β 的拟合表达式分别为

$$h = c_0 + c_1\theta + c_2\theta^2 + c_3\theta^3 + c_4\theta^4 + c_5\theta^5 \tag{7.164}$$

$$\beta = b_0 + b_1\theta + b_2\theta^2 + b_3\theta^3 + b_4\theta^4 + b_5\theta^5 \tag{7.165}$$

式中，c_i、b_i 为拟合系数。

在拟合时分别选取了额定质量流量 $\dot{m}_d$ 的 10 个等分点，并假设密度不变，求出体积流量；与之对应的转速从 75%的额定转速 n_d 开始，以 5%的额定转速为间距，计算 10 个转速值。再计算出对应的 θ 值进行拟合。计算出的氧泵待拟合特性和拟合系数分别如表 7.2 和表 7.3 所列。

表 7.2　氧泵无量纲特性拟合值

h	0.982	0.945 1	0.897 7	0.847 2	0.797 9	0.751 9	0.709 9	0.672 2	0.638 3	0.608 2
β	0.123 4	0.223 4	0.300 4	0.358 0	0.400 2	0.430 8	0.452 8	0.468 4	0.479 5	0.487 1
θ	1.446 4	1.339 7	1.249 0	1.172 2	1.107 1	1.051 6	1.004 0	0.963	0.927 3	0.896 1

表 7.3　氧泵无量纲特性拟合系数

类　别	0	1	2	3	4	5
b_i	−0.3	2.214 84	−1.894 23	0.673 31	−0.338 3	0.098 9
c_i	−0.58	2.965 92	−4.705 86	4.782 71	−2.128 8	0.308 72

氢泵的拟合采用相同的方法，在此不再赘述。两泵的全特性曲线分别如图 7.23 和图 7.24 所示。

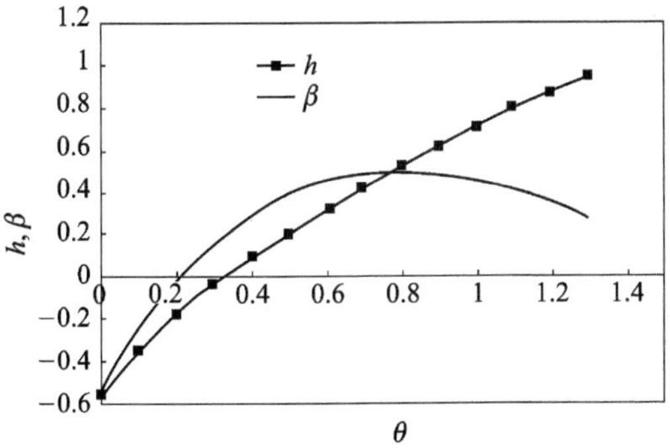

图 7.23　氢泵的全特性曲线

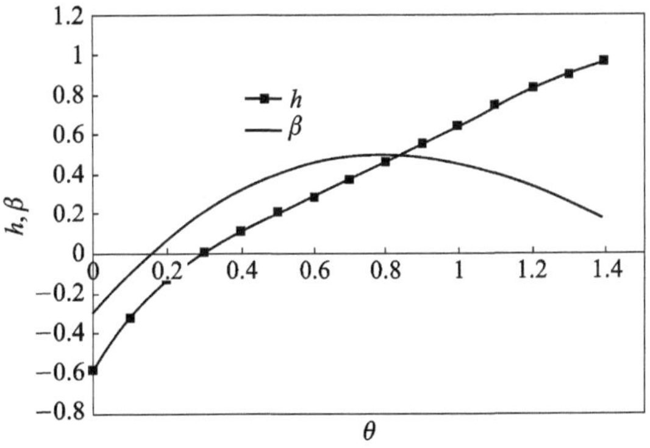

图 7.24　氧泵的全特性曲线

按照通过原点二次函数曲线的形式外推涡轮的效率特性曲线，如图 7.25 和图 7.26 所示。

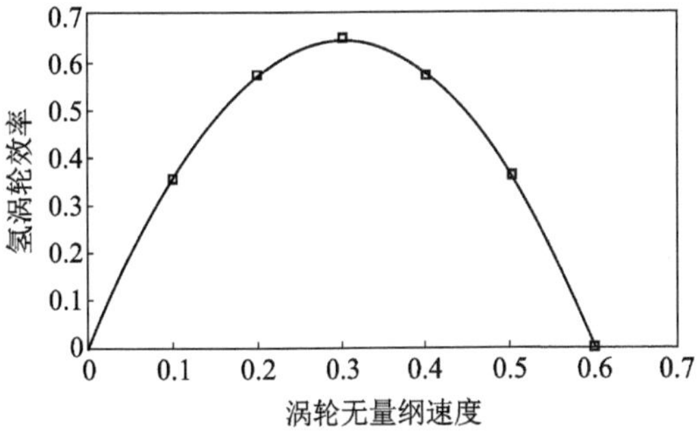

图 7.25　氢涡轮的效率曲线

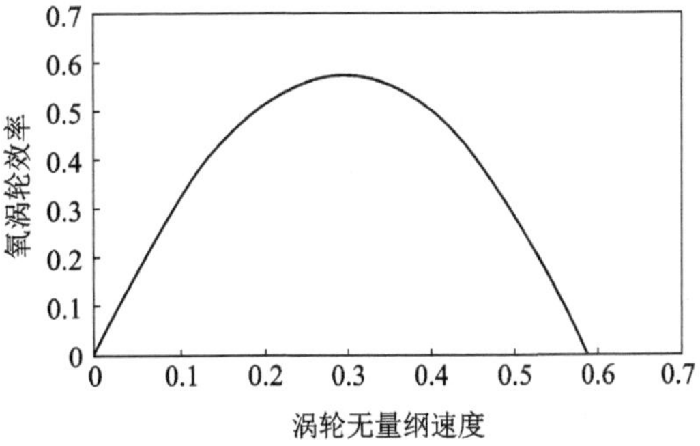

图 7.26　氧涡轮的效率曲线

3）开式系统涡轮后容腔模型

开式循环的发动机系统将涡轮燃气直接排入大气。准确计算涡轮出口压强对于起动过程中涡轮落压比的计算以及涡轮泵的正常加速都非常重要。针对所掌握的数据中没有关于涡轮游动小喷管的参数情况，对涡轮后的流路建立气体容腔的集总参数模型，根据额定状态下的参数,得到游动喷管的最小截面积;同时,对容腔的体积进行了估计。计算表明,上述模型能够很好地描述起动过程中涡轮出口压强的增加过程,并且与涡轮模型的输出参数协调得很好。

4)能源起动的火药起动器模型

采用外能源起动的系统能够较为平稳地跨过起动初期诸多参数协调的问题,对于低温液体火箭发动机的研制来说是一个简单可靠的方法。但是,由于引入了火药起动器,会增加仿真的复杂度,这里采用简化的模型来描述其有效工况和从起动器模式转到燃气发生器模式的过渡过程。

火药起动器的工作原理与固体火箭发动机比较相似,都是通过燃烧腔体内的固体推进剂来产生高温高压燃气。虽然固体推进剂在燃烧过程中的燃面一直在改变,燃气流动参数也都处于动态变化过程中,但是通过设计可以使燃烧室内的压强等参数在点火后迅速达到并保持一个较为稳定的数值,然后在工作末段迅速地降低工况至退出工作。一个具体的固体火箭发动机头部的压强曲线如图 7.27 所示。

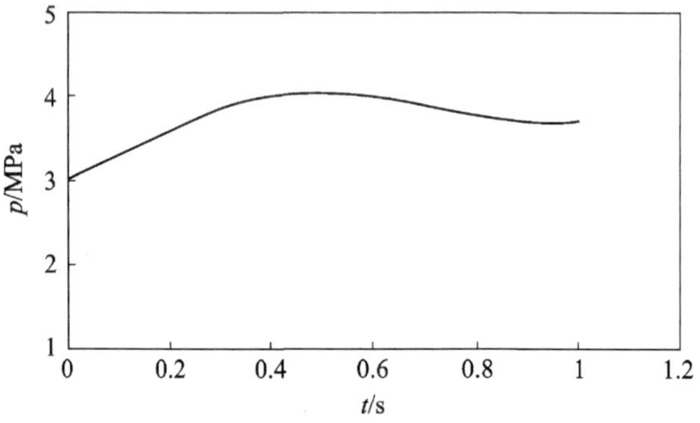

图 7.27 固体火箭发动机头部的压强曲线

可见,对于与固体火箭发动机工作过程类似的火药起动器,可以将其等效为一个具有特定压强变化规律的燃气发生器,或是看成涡轮前的一个恒压燃气源。为此,本书采用两种方法来描述起动器的工作。一种方法是根据图 7.27 的压强曲线拟合一个涡轮前压强 p_{st} 随时间 t 变化的表达式,在仿真时代入到系统模型中作为涡轮的一个输入条件。可以采用以下的拟合式形式:

$$p_{st}=a_0+a_1t+a_2t^2+a_3t^3+a_4t^{-1}+a_5t^{-2} \tag{7.166}$$

这种方法的缺点是对起动器的实际压强变化范围不清楚,需要对系统模型进行反复试算以确定大致可行的压强范围,可能给起动的时间控制带来较大误差。

另一种方法是在进一步获得火药起动器的参数信息后采用的。已知火药起动器在正常工作时会维持一个恒定的质量流量。因此可以根据稳态参数对流入两个燃气通道的流量进行分配。然后分别对两个燃气通道应用气体容腔的集总参数模型。

在计算燃气发生器点火建压与火药点火器的过渡过程时进行了简化处理,即假设燃气发生器点火时的初始压强为 101 kPa(1 个大气压),同时燃气发生器的出口被封闭,流出流量为 0,这时火药点火器继续工作,其后流路中的燃气热物性参数仍采用固体推进剂燃气的数值。当燃气发生器的压强迅速增加到超过火药点火器在涡轮前建立的压强时,假设燃气发生器与涡轮接通,涡轮及其后流路中的燃气热物性参数都转变成氢氧推进剂燃气的数值,同时火药点火器退出工作。上述简化过程未考虑燃气发生器的燃气和火药起动器的燃气相互混合的过渡状态,会给精确计算带来误差。但燃气发生器在点火之后的工况提升很快,这种共存的工况所占时间很短,对整个起动过程影响不大。

(4) 起动过程仿真结果及分析

经过上述调整的仿真模型相对于实际的系统仍然存在一些不够准确的近似,例如对阀门开度随时间变化的控制、具体管路的尺寸和物性参数等。这些不确定因素或是简单的近似可能会对起动特性的准确把握有一定影响。限于条件,这里没有考虑起动过程中的一些控制装置,如预冷泄出阀。但是计算表明,即使是较为简单的系统模型仍然能够在一定程度上反映起动中的主要特性,具有进一步研究的价值;而且,在经过验证的成熟模型基础上加入新的控制逻辑,在仿真技术上比较容易实现。

按照最一般的情况对各个参数进行设置,以保证两套涡轮泵在整个起动过程中有足够的剩余功率以加速到额定状态。由于对阀门开度的控制方式较为简单,所以计算时发现不能很好地控制涡轮泵的转速增长趋势。由于开式系统的涡轮泵动力系统的转速在阀门控制作用不明显时可以认为是一个一阶环节,所以转速在增长过程中一般不会出现振荡和峰值,但是在开始响应起动控制信号时,转速的爬升率会相当大,不利于建立一个平稳的起动过程,应该进一步研究对阀门控制的仿真问题。

仿真计算的部分变量变化规律如图 7.28～图 7.35 所示。

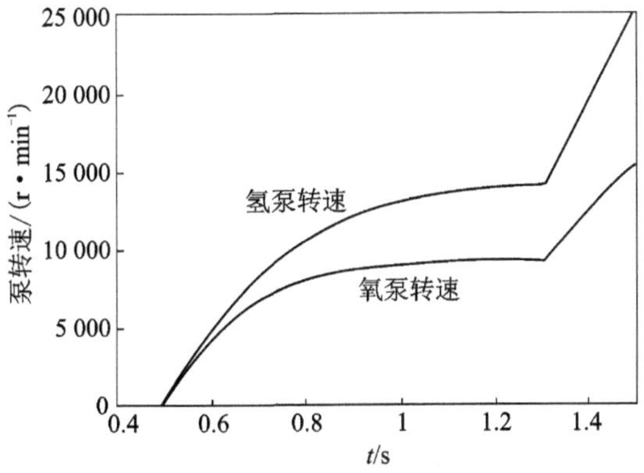

图 7.28　火药起动器工作段泵转速仿真曲线

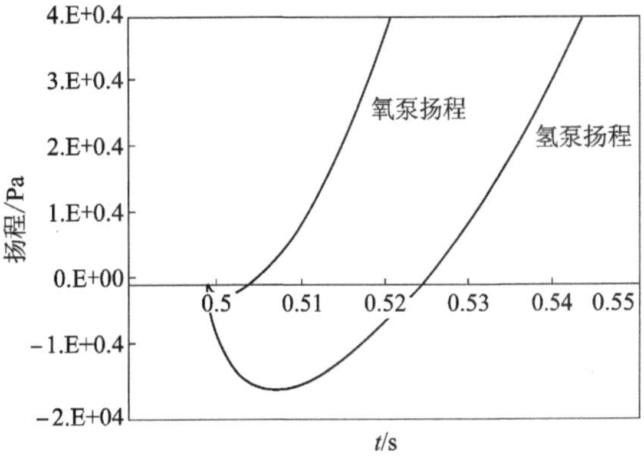

图 7.29　火药起动器工作段泵扬程仿真曲线

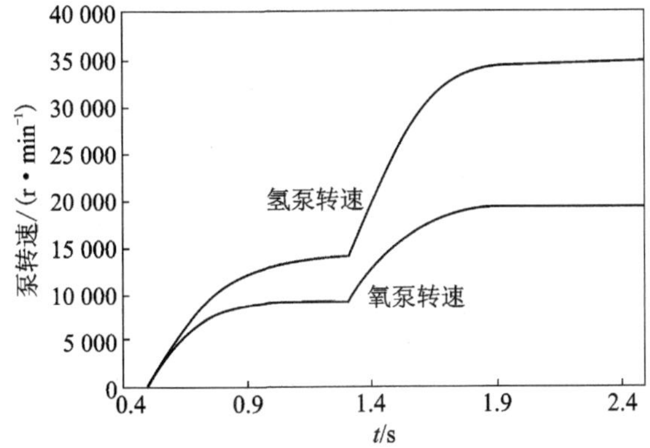

图 7.30　起动全过程仿真曲线

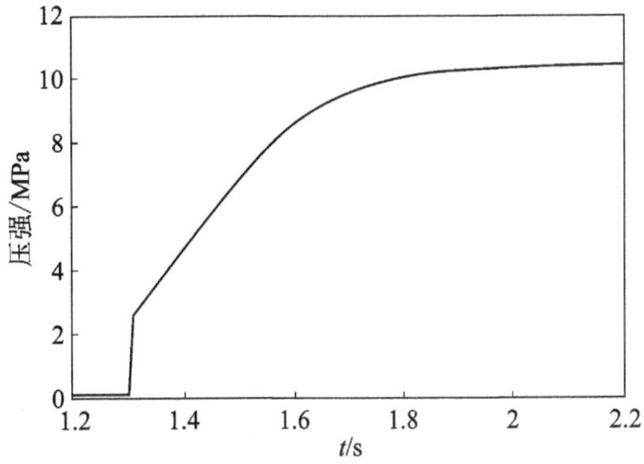

图 7.31　起动过程燃烧室压强仿真曲线

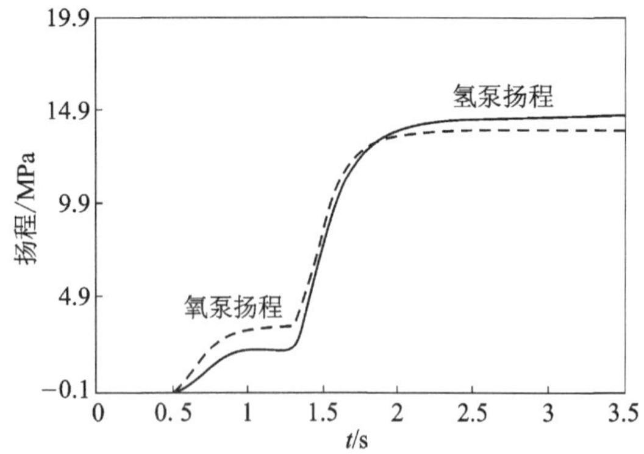

图 7.32 起动过程泵的扬程仿真曲线

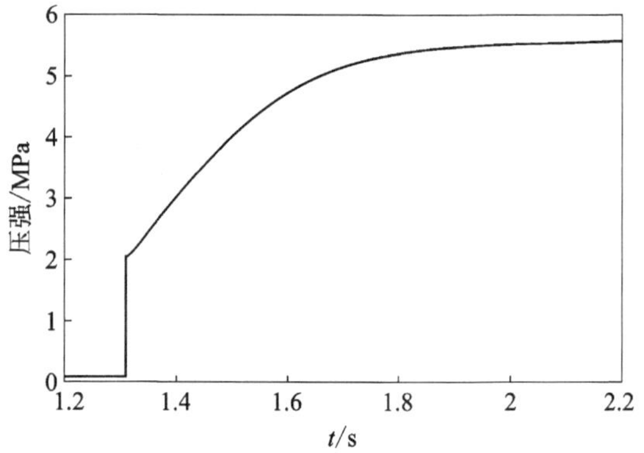

图 7.33 起动过程燃气发生器压强仿真曲线

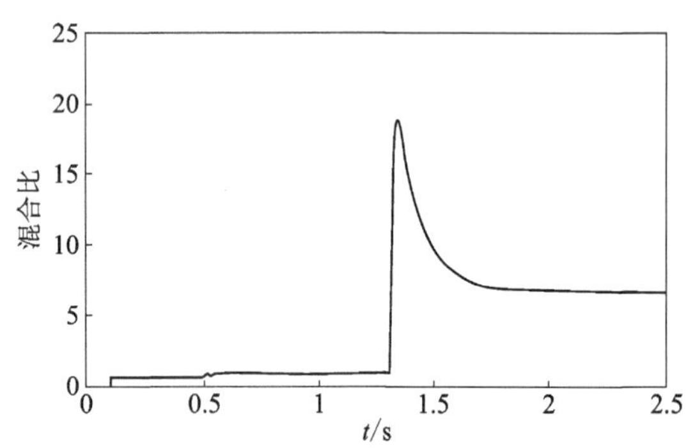

图 7.34 起动过程燃烧室混合比仿真曲线

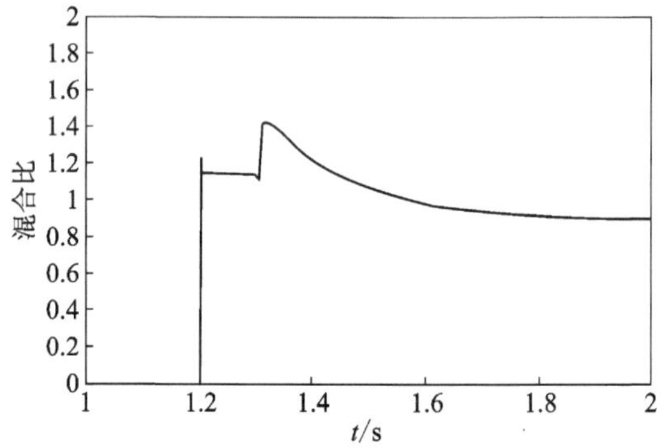

图 7.35 起动过程燃气发生器混合比仿真曲线

从图 7.28～图 7.35 可以看到，虽然稳态时氢涡轮泵的转速远大于氧涡轮泵的转速，但由于氢涡轮泵的转动惯量比氧涡轮泵的转动惯量大很多，因此氢涡轮泵在起动初始阶段的转速增加较慢，与氧涡轮泵的转速值相差不大。随着燃气发生器开始工作和涡轮泵工况的提升，氢泵的转速增量才逐渐加大。氧泵和氢泵的扬程在火药起动器接通后的一段时间内都不同程度地出现了负扬程的工况。这时如果不能给涡轮泵提供足够的功率加速，泵会在较长时间内处于负扬程工况和低转速状态，使燃气发生器缺乏足够的推进剂流量建立压强，最终导致起动失败。可见，采用火药起动器可以有效保证泵能够从较低的工况尽快过渡到稳定加速的工况。在涡轮泵起转的初始阶段，氢泵的效率较高，在开始的一段时间内出现了效率为 1 的情况。这种效率不正常偏高的情况是由此时氢泵的负扬程特性造成的。在实际计算时，由效率特性曲线可以看出，这一段起动过程的效率为负值，由于氢泵的特性对系统中的参数变化比较敏感，这里在实际计算时将产生负扬程时的氢泵效率设定为 1，计算出的氧泵初始阶段效率变化也出现了一段效率为负的状态。

图 7.36 和图 7.37 为某次起动过程试车曲线。比较上述计算结果与实验曲线可以看到，虽然计算结果中火药起动器退出工作时两涡轮泵的转速比实际试车数据要小，但是如果忽略各种初始条件的差异和模型本身的误差，在起动器工作的近 1 s 时间内，计算结果很好地反映了实际涡轮泵转子的转速增加趋势，而燃气发生器开始工作后的涡轮泵计算转速曲线也较好地反映了实际转速增量从大到小直至进入稳态的过程。通过比较还发现，计算的氢泵出口压

强在点火器工况下的值明显偏低，这表明计算所采用的氢泵扬程特性数学模型与实际物理模型有较大差异，需要根据新的泵实验数据加以改进。

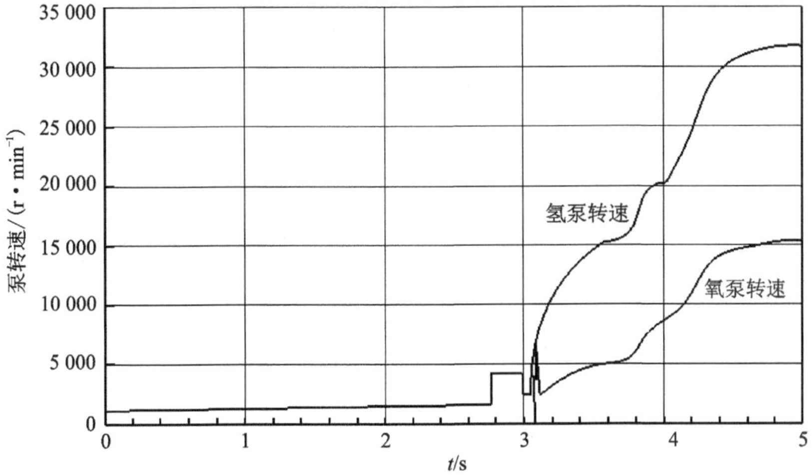

图 7.36　某次起动试车涡轮泵转速曲线

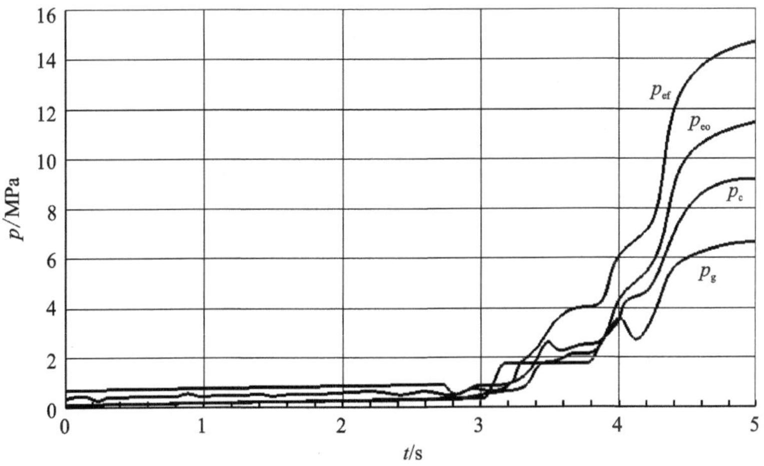

图 7.37　某次起动试车泵出口压强和燃烧室压强曲线

2. 发动机转级过程仿真

干扰因素对液体火箭发动机性能影响的过渡特性研究是液体火箭发动机动力学研究的内容之一。通过分析干扰因素对液体火箭发动机性能的影响，可以得知干扰因素对发动机性能影响的大小以及性能参数过渡过程的快慢，进而改进数学模型，有利于对发动机的过渡过程进行控制，减少发动机在这种不稳定状态下的工作时间，从而提高发动机的性能和可靠性。

(1) 数学模型

发动机的主要性能(推力、混合比等)必须保持在规定的数值精度范围内，但实际发动机受各种干扰因素的影响，其性能常常偏离设计值甚至超出精度范围。影响性能精度的因素可分为两类：一类是内部干扰因素，如推力室效率偏差、泵压头偏差、涡轮和泵效率偏差、管路损失系数偏差以及组件的制造和装配误差等；另一类是外部干扰因素，如环境大气压偏差、推进剂密度误差、泵入口压强偏差等。发动机的主要性能是一系列工作参数的函数，可用数学表达式表示，这些数学表达式大部分为非线性方程。

根据发动机结构和工作过程的复杂性，考虑发动机的低温特性，对上述动态数学模型进行相应简化，建立由管路、燃气发生器、燃烧室、涡轮泵等组件数学模型所组成的微分方程和非线性方程组，采用欧拉法进行求解。

(2) 仿真结果

仿真计算时假设在 $t=0$ s 时，发动机处于额定工作状态，而且只有一个干扰因素发生阶跃变化。图 7.38～图 7.43 分别为氧泵入口压强增大的情况下，燃烧室混合比和压强等参数的过渡特性曲线。

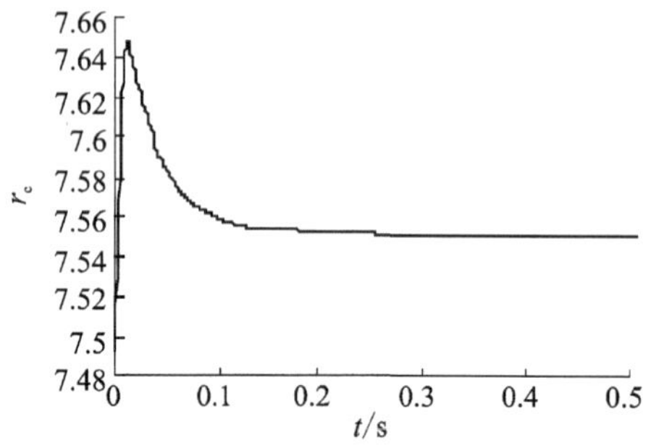

图 7.38　燃烧室混合比变化曲线

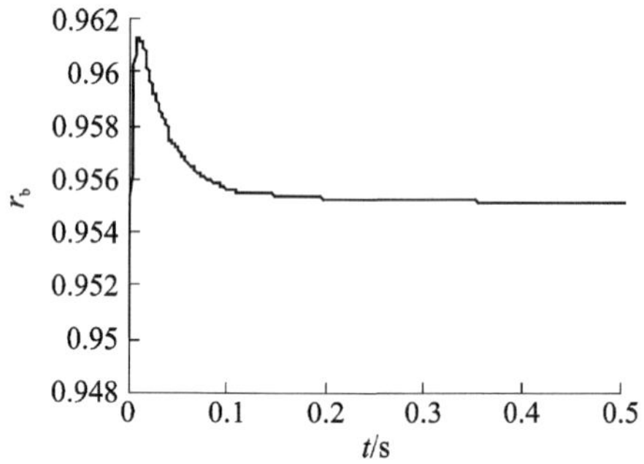

图 7.39　燃气发生器混合比变化曲线

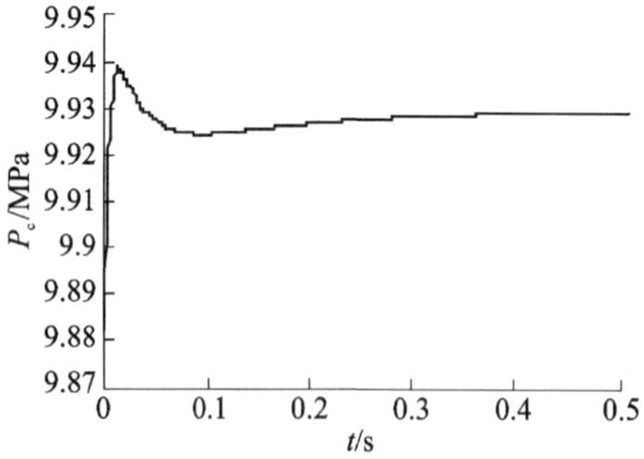

图 7.40　燃烧室压强变化曲线

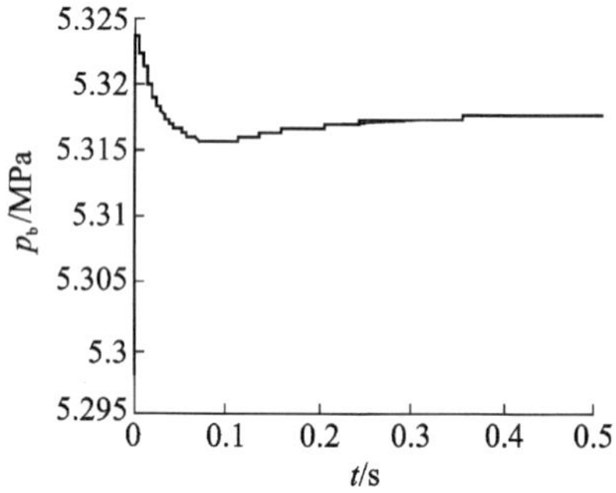

图 7.41　燃气发生器压强变化曲线

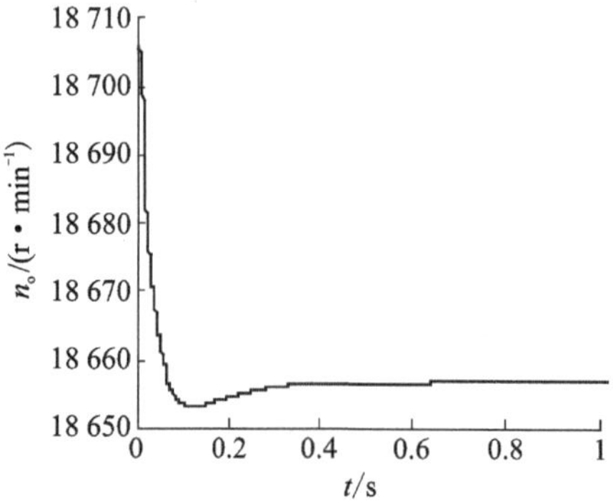

图 7.42　氧涡轮泵转速变化曲线

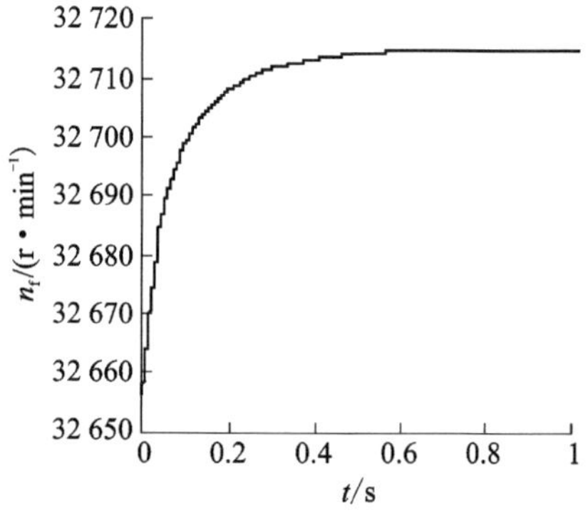

图 7.43　氢涡轮泵转速变化曲线

从图7.38～图7.43中可以看出，在干扰因素作用下，各个发动机参数的过渡曲线都可以达到新的稳态值，而不会造成发动机工作的不稳定，而且过渡时间也比较短，基本都小于0.1 s。由图可以看出，当氧泵入口压强增大时，则氧泵的流量增大，从而使燃气发生器混合比和压强增大，燃烧室的混合比和压强也增大；由于燃气发生器的混合比增加，燃气的RT值增加，即燃气做功能力增加，故氢涡轮的转速增大；然而由于氧泵的流量增加，其所需的功率也增加，而氧涡轮增加的功率小于氧泵的功率，故氧涡轮的转速有所下降。

7.3.4 液氧/煤油补燃循环发动机过渡过程仿真

1. 发动机起动过程仿真

对于补燃循环自身起动的发动机来说，其起动过程更为复杂。与燃气发生器循环发动机不同，补燃循环发动机的燃气从燃气发生器出来驱动涡轮后要进入燃烧室进行补燃，燃烧室压强的变化影响涡轮的压比和流量，进而影响涡轮泵和燃气发生器的工作，反过来燃气发生器和涡轮工况的变化又影响燃烧室压强的变化。如果燃气发生器燃料流量、燃烧室压强上升速率选择不合理，极易造成发生器温度过高，烧蚀涡轮和燃气通道。因此，设计补燃循环发动机时，必须选择合适的起动方案和起动程序，需要经过大量的冷调试验和热试车，花费大量的财力、物力。随着对发动机过渡过程动态特性的深入研究和计算机仿真技术的发展，起动过程的研究方法和技术得到了增强，可以通过仿真计算结合组件冷调试验确定并优化起动方案和起动程序，从而减少热试车的次数，加快研制进度。

(1) 发动机系统简述

液氧/煤油补燃循环发动机系统如图7.12所示，发动机采用液氧和煤油推进剂、富氧燃气发生器，以及自身起动和化学点火方式。液氧通过氧预压泵、氧主泵、液氧主阀全部进入燃气发生器。煤油经燃料预压泵、燃料一级泵出口流量分为四路：大部分煤油通过推力室冷却通道进入燃烧室，一部分煤油经过燃料二级泵使压强提高后流入燃气发生器和推力室点火管路，一部分煤油驱动燃料预压泵后流入主路，一部分作为伺服机构的能源。

发生器产生的富氧燃气通过反力式涡轮带动泵工作后进入推力室，与大部分流入推力室的煤油再次燃烧，并经喷管产生推力。只有少量富氧燃气从涡轮出口引出驱动氧预压涡轮泵，然后汇入液氧主路。推力室利用煤油作为冷却剂。发动机的推力与混合比分别由流量调节器和混合比调节器(节流阀)来调节。

发动机系统的部分额定点参数如表7.4所列。

表7.4 液氧/煤油发动机额定点参数

状态变量	额定点值	状态变量	额定点值
氧主泵流量/(kg·s^{-1})	300	燃料一级泵流量/(kg·s^{-1})	126.11
氧泵扬程/MPa	41	燃料二级泵流量/(kg·s^{-1})	5.54
燃料一级泵扬程/MPa	34.8	燃料二级泵扬程/MPa	15.6
主涡轮转速/(r·min^{-1})	18 000	主涡轮落压比	1.83
燃烧室压强/MPa	18	燃气发生器压强/MPa	37.1
燃烧室混合比	2.6	燃气发生器混合比	54
真空比冲/(m·s^{-1})	3 286	真空推力/kN	1 346

(2) 发动机起动过程描述

液氧/煤油高压补燃循环发动机采用自身起动方式。所谓自身起动是指起动初始阶段对燃气发生器的推进剂供应依赖于贮箱和液柱压强,而不借助于外能源的起动方式。

起动时,先挤压起动箱,经过一段时间后打开氧化剂主阀,氧化剂充填完阀后管道与燃气发生器头部进入燃气发生器,再经过一段时间后打开燃气发生器燃料阀,燃料进入发生器与氧化剂燃烧,产生的富氧燃气驱动涡轮。进入燃气发生器的燃料流量由流量调节器来控制。在主涡轮泵转速达到某一值后,打开燃料主阀,燃料充填完推力室冷却套后进入推力室与富氧燃气燃烧。在燃料一级泵至推力室的燃料路上装有混合比调节器,开始时混合比调节器处于小流量状态,入口压强达到某一值后混合比调节器转为主级状态。发动机起动时序如图7.44所示。

t_1 为高压氦气挤压起动箱时刻。点火剂分为两路:一路充填至燃气发生器燃料阀前,另一路充填推力室点火喷嘴后进入推力室。

t_2 为液氧主阀打开时刻。液氧在贮箱和液柱的压强下充填燃气发生器氧化剂头腔并进入发生器,液氧在充填过程中与壁面发生非稳定换热而气化,氧蒸气在发生器中建立一定的压强。此时主涡轮在氧蒸气的驱动下开始起旋。

t_3 为发生器燃料阀打开时刻。为控制起动过程中进入燃气发生器的燃料流量,在发生器燃料供应路设置流量调节器,使之处于小流量(起动流量),保证发生器点火柔和,压强上升平稳。在主涡轮转速达到一定值时调节器转级,进入发生器的燃料流量向额定流量过渡。图7.45所示为流量调节器流量在发动机起动过程中的变化。

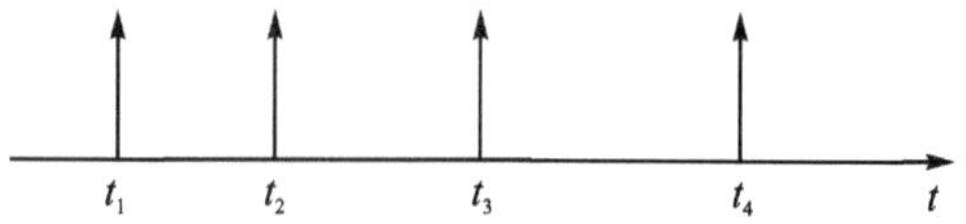

图7.44 液氧/煤油发动机的起动时序

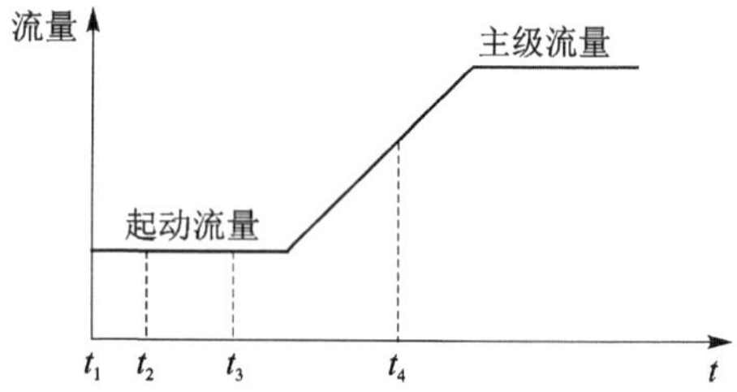

图7.45 起动过程调节器流量的变化

t_4 时刻打开推力室燃料主阀。燃气发生器点火后,发动机工况迅速爬升,工况达到一定水平时开启推力室燃料主阀,推力室迅速开始建压。

(3) 起动过程的仿真模型

发动机数学模型的建模要求与7.3.3小节中燃气发生器循环发动机起动过程的数学模型的建模要求相同,不再赘述。

1) 系统模型简化

由于液氧/煤油补燃循环发动机结构和起动工作过程的复杂性,根据上述发动机起动过程的建模要求,在建立发动机起动过程的数学模型时进行了如下的简化和假设:

① 由于缺少发动机预压系统的数据和特性参数,且预压系统对发动机起动过程主要参数的影响不大,在计算过程中未考虑预压子系统,而将主泵入口参数作为发动机的入口参数;

② 忽略从开始发出起动指令到泵前管路充填完毕之间管路中气体预冷、充填、水击、瞬态两相流传热等过程的计算;

③ 假设在发动机起动前氧化剂已充填至氧化剂主阀，并已充分预冷；燃料经抽真空与排放已充填至燃料主阀及燃气发生器点火导管前；

④ 忽略换热器温度变化对整个系统参数的影响；

⑤ 由于流量调节器的结构和工作过程复杂，根据工程试验经验，其流量由 1 kg/s 匀速上升至 5 kg/s。

通过以上简化和假设，针对简化后的液氧/煤油发动机系统，从发动机主泵入口开始建立起动过程的仿真模型，主要包括液体管路集总参数模型、涡轮泵组件模型、气体管路模型、热力组件模型等。

2）涡轮泵特性参数外推

本章对采用 Suter 全特性工况描述方式的无量纲扬程和扭矩根据额定点附近的参数点进行了拟合。为简便起见，采用 5 次指数函数进行拟合。拟合式的形式为

$$h=c_0+c_1\theta+c_2\theta^2+c_3\theta^3+c_4\theta^4+c_5\theta^5 \tag{7.167}$$

$$\beta=b_0+b_1\theta+b_2\theta^2+b_3\theta^3+b_4\theta^4+b_5\theta^5 \tag{7.168}$$

式中，c_i、b_i 为拟合系数。

$$h=\frac{\dfrac{\Delta p}{\Delta p_d}}{\left(\dfrac{\Delta Q}{\Delta Q_d}\right)^2+\left(\dfrac{n}{n_d}\right)^2},\quad \beta=\frac{\dfrac{T}{T_d}}{\left(\dfrac{\Delta Q}{\Delta Q_d}\right)^2+\left(\dfrac{n}{n_d}\right)^2},\quad \theta=\arctan\left(\frac{n/n_d}{Q/Q_d}\right) \tag{7.169}$$

在拟合时分别选取了额定质量流量 $\dot{m}_d$ 的 10 个等分点，并假设密度不变，求出体积流量；与之对应的转速从 75%的额定转速 n_d 开始，以 5%的额定转速为间距，计算 10 个转速值。再计算出对应的 θ 值进行拟合。计算出泵待拟合的无量纲特性值和拟合系数分别如表 7.5 和表 7.6 所列。

表 7.5　泵的扬程无量纲特性拟合值

h_o	1.070 8	1.013 4	0.947 4	0.881 4	0.819 8	0.764 1	0.714 7	0.671 3	0.633 1	0.599 5
h_{f1}	1.005 2	0.971 3	0.921 9	0.867 2	0.813 0	0.762 0	0.715 4	0.673 4	0.635 8	0.602 2
h_{f2}	0.861 2	0.848 1	0.818 8	0.782 2	0.743 6	0.705 9	0.670 7	0.638 4	0.609 0	0.582 5
θ	1.438 2	1.325 8	1.231 5	1.152 6	1.086 3	1.030 4	0.982 8	0.942 0	0.906 8	0.876 1

表 7.6　泵的扬程无量纲特性拟合系数

	0	1	2	3	4	5
c_{hoi}	−0.58	2.499 03	−3.526 63	4.195 73	−2.286 09	0.430 762
c_{hf1i}	−0.55	1.930 33	−1.987 6	2.661 02	−1.655 53	0.334 322
c_{hf2i}	−0.55	2.239 82	−2.504 93	2.803 26	−1.631 05	0.326 694

氧泵、燃料一级泵、燃料二级泵的全特性曲线如图 7.46 所示。在对全特性曲线进行拟合时，为求转速为零附近的点，需要根据泵的设计比转速求泵在 θ 为零时的扬程和扭矩，然后将结果代入拟合数据中进行拟合。

按照上述泵效率的确定方法，外推得到涡轮和泵的效率特性曲线，如图 7.47～图 7.50 所示，即假设其为一通过原点的二次函数曲线，通过额定点和任一额定点附近的较低工况点的参

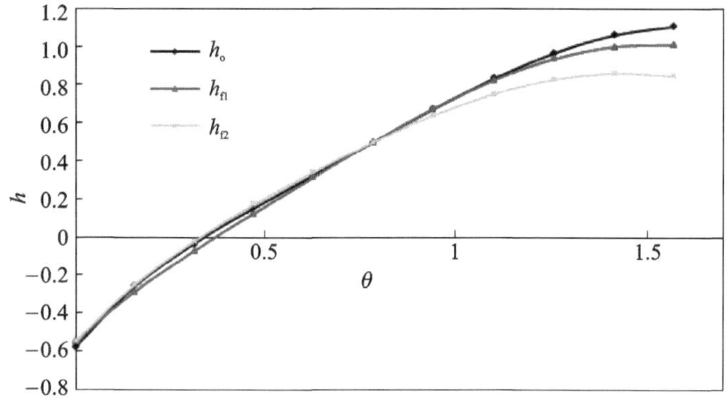

图 7.46 泵的扬程特性曲线

数,求出该二次曲线系数。

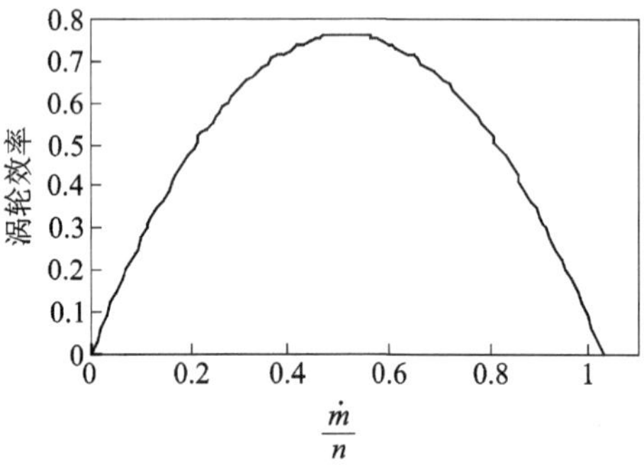

图 7.47 涡轮效率特性曲线

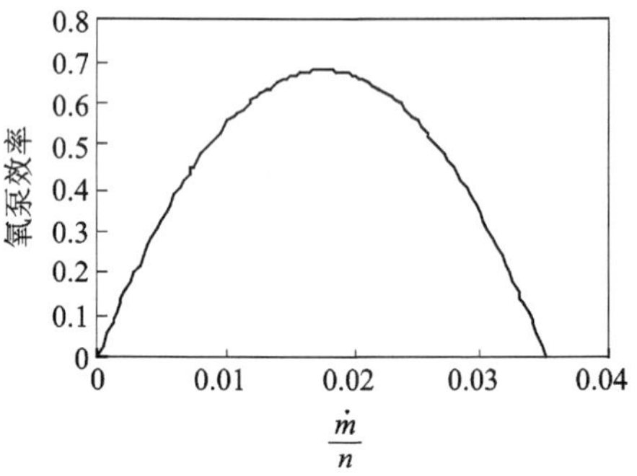

图 7.48 氧泵效率特性曲线

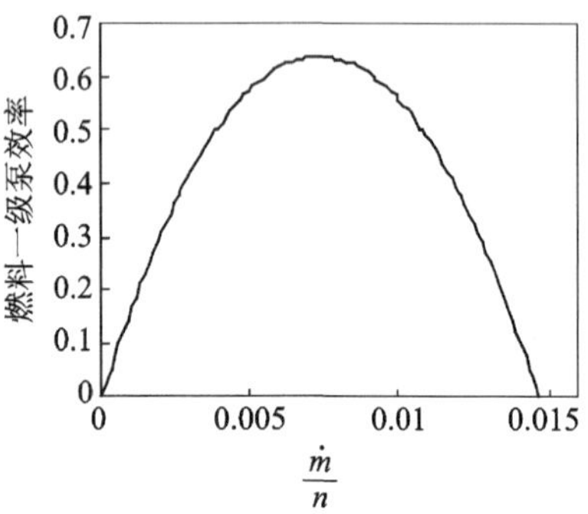

图 7.49 燃料一级泵效率特性曲线

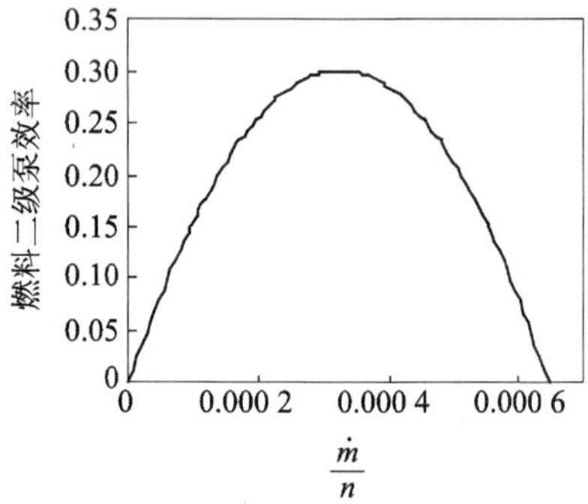

图 7.50 燃料二级泵效率特性线

2. 起动过程仿真结果及分析

根据上述起动过程的数学模型,通过编制计算程序对液氧/煤油发动机起动过程进行初步的仿真。以主泵入口参数作为发动机的入口参数,取氧泵入口压强为 0.5 MPa,燃料泵入口压强为 0.3 MPa。以燃气发生器氧化剂主阀打开时间为仿真起始时间,发生器燃料阀在 0.2 s 时刻打开,燃烧室燃料主阀在 0.5 s 时刻打开。起动流量取 1 kg/s,计算得到了发动机性能参数随时间的变化曲线。部分参数变化曲线如图 7.51～图 7.56 所示。

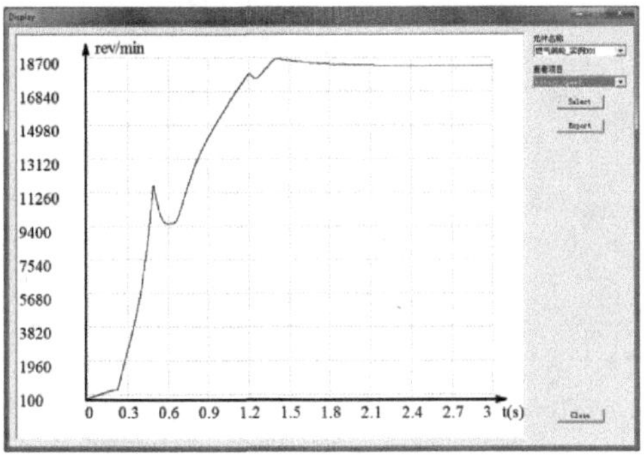

图 7.51　主涡轮转速 n_t 随时间的变化曲线

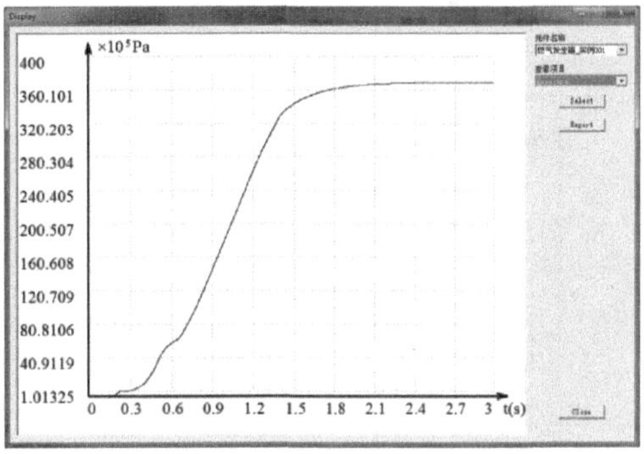

图 7.52　燃气发生器压强 p_{gg} 随时间的变化曲线

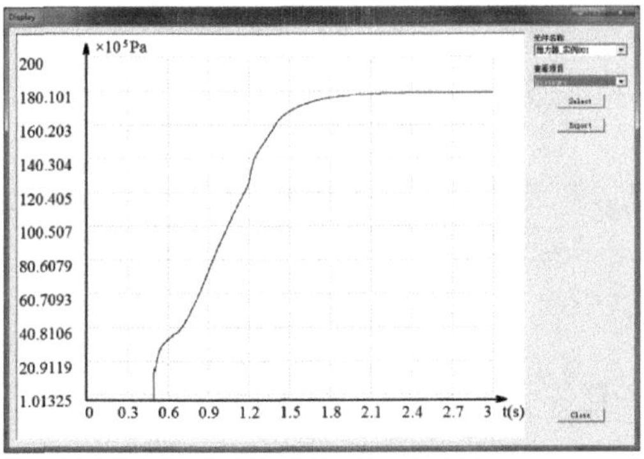

图 7.53　燃烧室压强 p_c 随时间的变化曲线

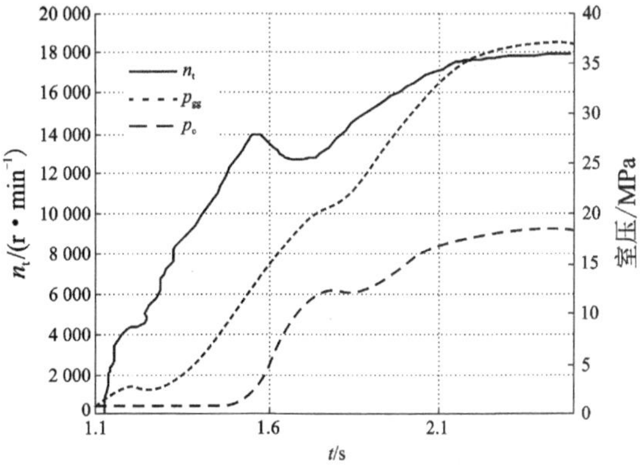

图 7.54　某次起动试车时参数随时间的变化曲线

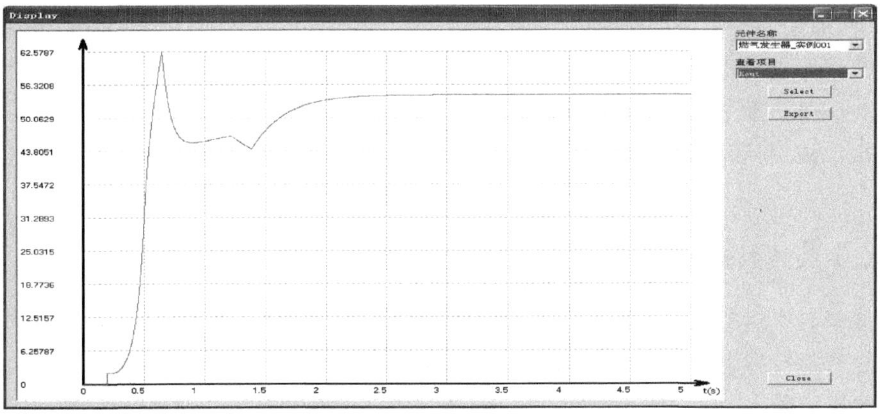

图 7.55　燃气发生器混合比的变化曲线

从图 7.51～图 7.56 可以看出，燃气发生器的氧化剂先进入，燃料流量开始时为零，随着燃料的进入，燃气发生器开始工作。随着氧泵扬程的增加，氧泵流量增大，混合比也增高，达到一定值后流量调节器转级，混合比有所下降，最后稳定到某一值。在燃烧室燃料主阀打开前，

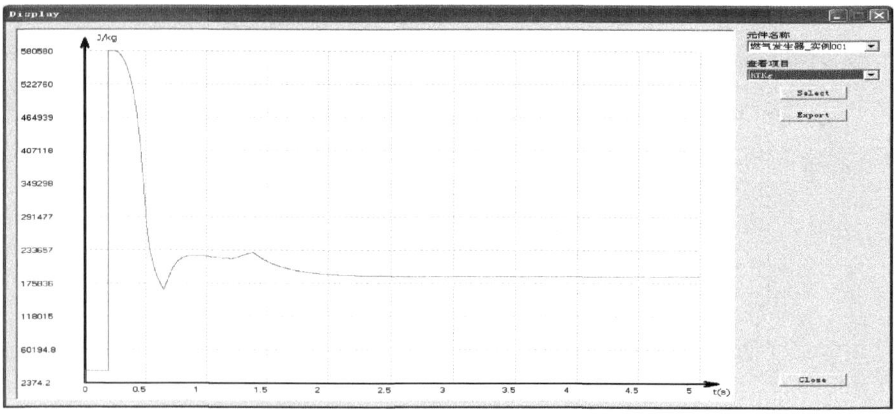

图 7.56 燃气发生器燃气 RT 值变化曲线

即燃烧室开始建压前，涡轮压比较大，涡轮转速增长较快；燃料主阀打开后，燃烧室压强开始增加，涡轮压比开始减小，涡轮转速有所下降。随着流量调节器的转级，进入发生器的燃料流量增加，燃气发生器的混合比开始减小，燃气的 RT 值增加，其做功能力增强，涡轮的转速又开始上升。

对于采用自身起动的液氧/煤油补燃循环发动机，其起动过程并不依赖于外能源，起动过程中对能量的匹配要求犹为严格，起动的可靠性由一系列紧密相关、相互影响的条件来控制。不利的起动参数组合将导致起动能量的不合理分配，引起发生器温度过高、室压过高、参数出现振荡甚至起动失败。

在仿真计算中，没有考虑推进剂供应管路、燃气通道和燃料主阀后推力室腔道的充填过程，以燃气发生器氧化剂主阀打开时间为仿真计算的开始时间，所得到的起动过程中燃气发生器压强、燃烧室压强等参数变化曲线如图 7.51～图 7.53 所示。图 7.51 中 $t=0$ s 时刻基本对应于图 7.54 中实际试车 $t=1.1$ s 时刻。由于未考虑发动机腔道的充填过程，起动时的流量变化率较大，曲线上升的速率较快。

通过几幅图的对比可以看出，仿真曲线与试车曲线存在一定差距，但是参数的变化趋势及过渡时间与试车结果基本一致，说明仿真计算结果基本能够反映实际发动机的起动过程。对发动机入口压强、起动流量和阀门开启时间等做相应调整后，可以得到与试车数据更为接近的结果。

3. 发动机转级过程仿真

对发动机转级过程进行仿真，了解干扰因素对发动机过渡过程快慢的影响，有利于对发动机的转级过程进行控制，减少相应的工作时间，提高发动机的性能和可靠性。

(1) 数学模型

影响发动机动态过程的因素与 7.3.3 小节中相应的内容相同，不再赘述。

根据液氧/煤油补燃循环发动机的结构和工作过程的复杂性，考虑发动机的低温特性，对上述动态数学模型进行相应简化，忽略预压泵对发动机系统的影响，建立了由管路、燃气发生器、燃烧室、涡轮泵等组件的数学模型所组成的微分方程和非线性方程组，采用欧拉法进行求解。

(2) 仿真结果

仿真计算时假设：$t=0$ s 时，发动机处于额定工作状态，而且只有一个干扰因素发生阶跃变化。从图 7.57～图 7.60 可以看出，考虑泵出口推进剂温度、密度变化和忽略推进剂温度和密度变化两种情况下发动机参数有较大的差别，说明了考虑推进剂温度和密度变化的必要性。在干扰因素作用下，各发动机参数都可以达到新的稳态值，而不会造成发动机工作的不稳定，而且过渡时间也比较短，基本都小于 0.1 s。

1）氧主泵入口压强增大对发动机过渡过程的影响

由图 7.57～图 7.60 可以看出，当氧泵入口压强增大时，燃气发生器混合比、燃烧室混合比都有所增大，燃气发生器压强、RT 值、涡轮转速有所下降。这是由于氧主泵入口压强增大使氧化剂流量有所增加，而进入燃气发生器的燃料流量由稳流型调节器控制，流量变化较小，故使得燃气发生器混合比增大，燃气发生器中的燃气温度降低，燃气做功能力下降，使涡轮转速也有所下降。由图中还可以看出，在最初阶段各参数都出现了“凸峰”现象，这是由于当燃料入口参数发生突然变化时，进入燃气发生器的氧化剂流量变化比较大，造成的混合比变化过快之故。比较图中两种曲线可知，忽略推进剂温度、密度变化，燃气发生器和燃烧室的压强略微偏高，而混合比略微偏低，会带来一定的误差。

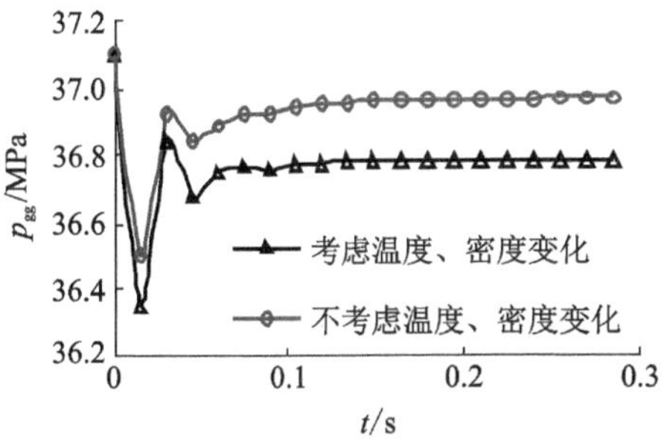

图 7.57　燃气发生器压强变化曲线

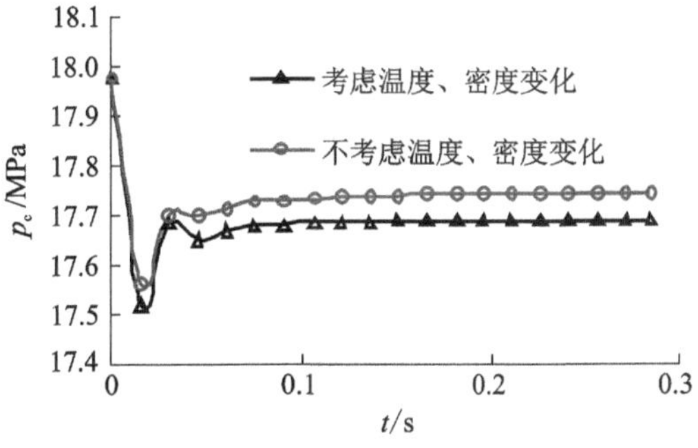

图 7.58　燃烧室压强变化曲线

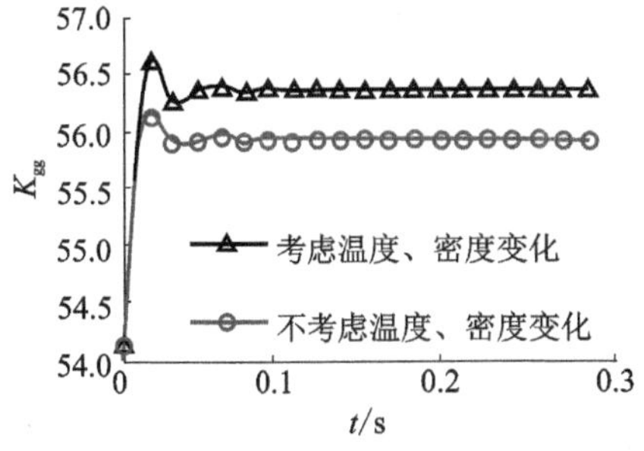

图 7.59　燃气发生器混合比变化曲线

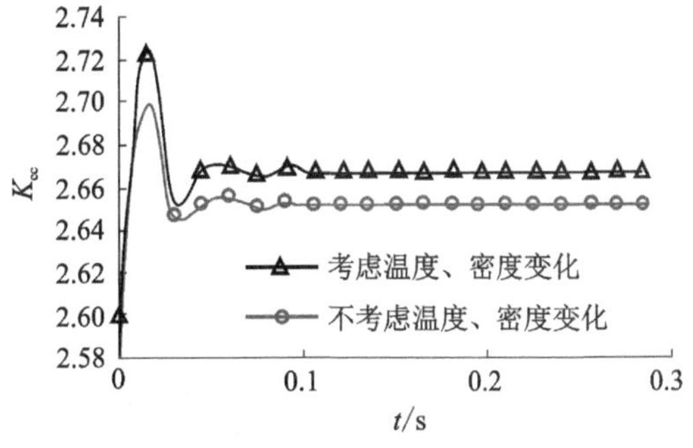

图 7.60　燃烧室混合比变化曲线

2）涡轮圆叶片周直径增大对发动机过渡过程的影响

由图 7.61～图 7.64 可以看出，增大主涡轮叶片圆周直径时，燃气发生器和燃烧室的混合比、涡轮转速都有所降低，燃气发生器温度有所升高。这主要是因为主涡轮叶片中心圆周直径的变化直接影响涡轮叶片切向速度与涡轮燃气喷射速度之比，使涡轮效率发生相应的变化。

此外，从图中还可以看出考虑和忽略推进剂温度、密度变化的两种曲线有较大差别，可见在涡轮叶片圆周直径变化时，推进剂的温度和密度变化对发动机参数有较大影响。

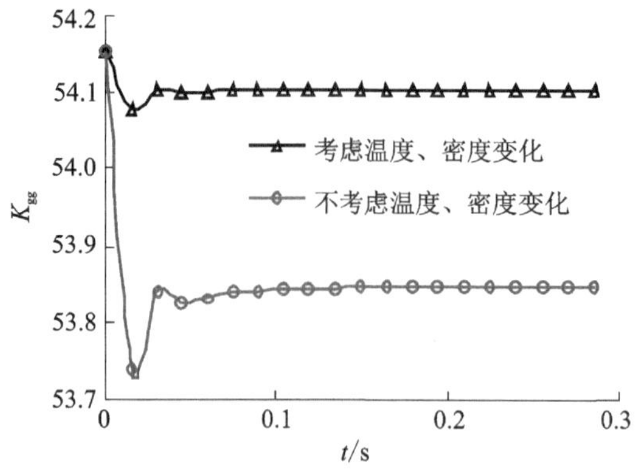

图 7.61 燃气发生器混合比变化曲线

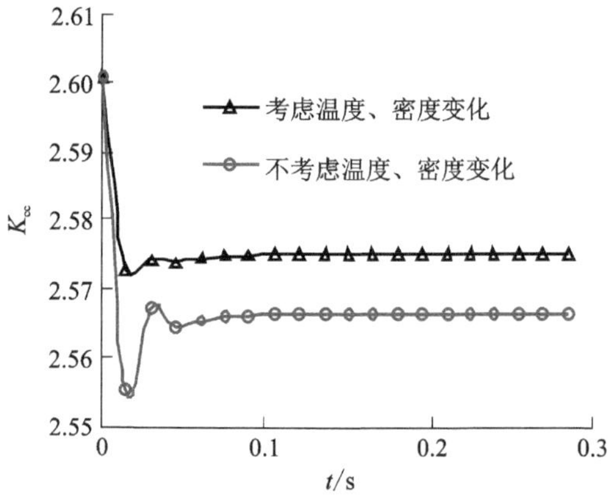

图 7.62 燃烧室混合比变化曲线

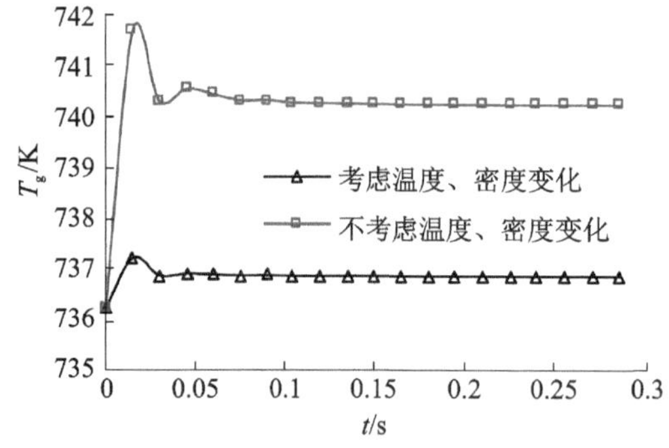

图 7.63 燃气发生器温度变化曲线

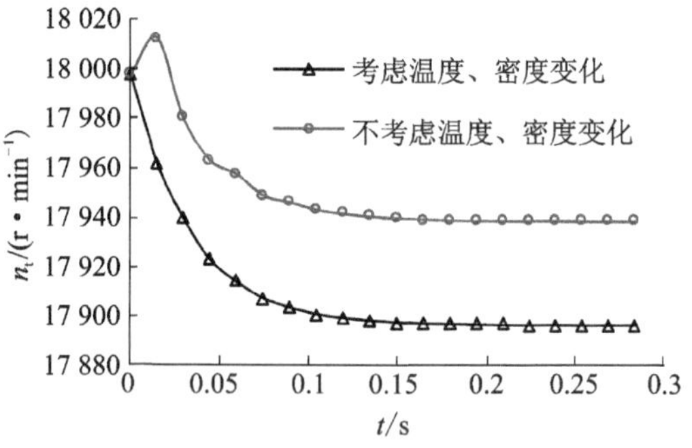

图 7.64 主涡轮转速变化曲线

7.4 液体火箭发动机系统优化设计

发动机系统的优化过程也是系统主要参数重新匹配的过程。根据平衡方程和仿真程序，通过优化算法搜索出使发动机总体性能达到最优的各部件参数。

7.4.1 系统优化设计模型

对于燃气发生器循环发动机系统，发动机的主要参数是对运载火箭的运载能力有重大影响的参数。参数可分为两类：一类是因变量，包括发动机比冲、涡轮功率、发动机推力等；另一类是自变量，包括燃烧室压强、混合比等。在进行发动机系统参数优化时，设计变量应从自变量中选择，目标函数应从因变量中选择。

1. 设计变量

一般可供选择的设计变量包括推力室室压、推力室混合比、喷管扩张比和喷管出口反压等。

2. 优化目标

对于发动机系统，可供选择的优化目标很多。凡是能够体现运载火箭能力的发动机性能参数都能作为优化目标，包括推力、比冲、有效载荷、发动机质量等。

衡量发动机性能的指标性参数主要有 7 个，在优化过程中可以根据具体要求选择其中某些指标参数作为目标。

(1) 发动机比冲

发动机比冲是衡量发动机性能的重要参数，获得尽可能大的发动机比冲是系统设计最基本的目标。

(2) 发动机质量

在保证推力不变的条件下，减轻液体火箭发动机结构质量将提高火箭的运载能力。根据使用目的的不同，发动机的结构质量又分为干质量和湿质量。干质量是发动机的净结构质量。湿质量是包含推进剂的发动机总质量。表 7.7 列出了发动机主要构件的结构质量分配比例的经验数据。

表 7.7　发动机部件结构质量分配

组　件	推力室	涡轮泵	阀门	机架	总装
质量百分比/%	30～50	20～40	2～5	8～15	15～20

(3) 推力质量比

发动机推力质量比值的大小体现了发动机运载能力的强弱。

(4) 有效载荷

将齐奥尔可夫斯基公式写成如下形式：

$$M_{ef}=\frac{V_p\rho_p}{e^{\frac{v}{cI_{se}}}-1}-M_{tk}-M_e-M_{oth} \tag{7.170}$$

式中，V_p 为消耗的推进剂总体积；ρ_p 为推进剂综合密度；v 为发动机关机时运载火箭的飞行速度；c 为考虑空气阻力和重力影响的修正系数；I_{se} 为发动机平均比冲；M_{tk} 为贮箱及其增压系统的质量；M_e 为发动机的质量；M_{ef} 为级载荷，即上面级发动机启动时运载火箭总质量，对最后一级，即为有效载荷质量；M_{oth} 为发动机关机时，除 M_{tk}、M_e、M_{ef} 以外的运载火箭质量。

通常在发动机设计中，将使有效载荷最大的一组发动机参数作为最佳参数。

(5) 发动机密度比冲

发动机密度比冲是发动机比冲与推进剂综合密度的乘积，即单位体积推进剂产生的冲量。当贮箱容积一定时，发动机密度比冲越大，产生的总冲量越大，则在相同推力条件下，发动机具有较长的工作时间。

(6) 推进剂综合密度

$$r_{ep}=\frac{\rho_o\rho_f(1+r_e)}{\rho_o+r_e\rho_f} \tag{7.171}$$

式中，ρ_o、ρ_f 分别为氧化剂和燃料的密度，r_e 为发动机混合比（发动机氧化剂与燃料流量之比）。

增大推进剂的综合密度，将减轻运载火箭的结构质量，从而增加火箭的运载能力。

(7) 关机时的飞行速度

$$v = cI_{se}\ln\frac{m_{st}}{m_{cd}} \tag{7.172}$$

式中，m_{st}、m_{cd} 分别为发动机启动和关机时的运载火箭质量。

在推力一定的条件下，关机时的飞行速度越大，发动机的推质比就越大，从而增加了火箭的运载能力。

3. 约束条件

约束条件由多种因素确定，包括推力室压强范围、推力室混合比范围等。有些约束是在仿真过程中实现的，但是当采用某些多学科优化方法（协同优化方法、并行子空间优化方法等）时，由于系统解耦，增加了一致性约束条件等因素，某些仿真过程的约束条件也将在优化过程中进行约束限制。合理定义约束条件同时也能加快优化的收敛性，提高计算效率。

7.4.2 液氧/液氢燃气发生器循环发动机质量估算

液体火箭发动机的结构质量对航天运载系统的运载能力有显著影响。影响发动机质量的因素很多，因此，液体火箭发动机的质量很难准确预计。任何液体火箭发动机都是由推力室、涡轮泵、燃气发生器、管路和阀门、机架等元件组成的。其中，推力室和涡轮泵是发动机的核心部件，这两个部件的质量约占整个发动机质量的一半，因此正确估算发动机的核心部件质量是发动机质量预估的关键。

本小节通过收集 YF－73、YF－75、HM－60、LE－7、DA－76 和 YF－77 六个氢氧火箭发动机的相关数据，确定影响发动机各主要部件质量的系统参数，对发动机各主要部件建立质量计算模型，并根据已知数据用最小二乘法进行数值拟合，从而确定各部件的质量估算公式。

1. 推力室质量估算

一般认为影响推力室质量的关键系统参数是发动机推力、燃烧室压强和喷管扩张比。发动机推力越大，则推力室越重。喷管扩张比越大，推力室的几何尺寸也越大，其质量随之增大。而燃烧室压强增大，推力室的尺寸相应减小，其质量也随之减小。将推力室质量估算公式写为

$$M_c = 0.007\,693\cdot F_v^{0.116\,77}\cdot \varepsilon^{1.572\,8}\cdot p_c^{1.364\,2} \tag{7.173}$$

式中，M_c 为推力室质量，F_v 为推力室真空推力（单位为 kN），ε 为喷管扩张比，p_c 为燃烧室压强（单位 MPa），式中的实数为通过最小二乘法拟合的系数。

2. 涡轮泵质量估算

根据工程部门的经验，涡轮泵的质量估算以泵内各项参数为主。以泵扬程、流量和泵转速作为影响涡轮泵质量的主要因素。氢、氧涡轮泵质量预估公式分别为

$$\left.\begin{aligned} M_{pH} &= 562\cdot 24\cdot H_{pH}^{1.466\,3}\Bigg/\left[\dot m_{pH}^{0.057\,72}\cdot\left(\frac{f_{pH}}{10\,000}\right)^{3.972\,6}\right]\\ M_{pO} &= 0.098\,046\cdot H_{pO}^{5.766\,2}\Bigg/\left[\dot m_{pO}^{1.480\,5}\cdot\left(\frac{f_{pO}}{10\,000}\right)^{1.392\,4}\right]\end{aligned}\right\} \tag{7.174}$$

式中，M_p 为涡轮泵的质量，$\dot{m}_p$ 为泵的流量，f_p 为泵的转速，H_p 为泵的扬程。下标 H 和 O 分别对应氢和氧。对于氢涡轮泵和氧涡轮泵，分别用上式进行估算。由于 YF－73 是一台涡轮带动两台泵的结构，与其他发动机结构不同，因此不列入涡轮泵质量估算内。

3. 燃气发生器质量估算

影响燃气发生器质量的关键因素是燃气发生器内燃气流量和燃气发生器的压强。与推力室相似，燃气发生器内的压强越大，则其质量相应越小。而燃气流量增大，在其他条件相同的情况下，燃气发生器的尺寸相应增加，从而使得其质量增加。燃气发生器的质量估算公式为

$$M_g = 4.8939 \cdot \dot{m}_g^{0.52478} \cdot p_g^{0.16579} \tag{7.175}$$

式中，M_g 为燃气发生器的质量，$\dot{m}_g$ 为燃气发生器的燃气流量，p_g 为燃气发生器的压强。

4. 阀门质量估算

$$M_v = a \cdot \dot{m}_v^b \cdot p_v^c \tag{7.176}$$

式中，M_v 为阀门质量，$\dot{m}_v$ 为通过阀门的推进剂或燃气流量，p_v 为阀门入口压强，a、b、c 分别为拟合系数。对于 YF 系列的液体火箭发动机，主要阀门件包括氢泵前阀、氧泵前阀、氢主阀、氧主阀、氢副控阀、氧副控阀。用上式分别对这六个阀门件进行质量估算，采用的拟合系数不同。表 7.8 列出了六种阀门拟合系数的值。由于 DA76 型发动机的循环方式与其他三个型号发动机不同，因此在阀门件质量估算中未计入考量。

表 7.8　六种阀门拟合系数值

组合件名称	a	b	c
氢泵前阀	0.011 661	0.951 09	−3.891 3
氧泵前阀	2.4532×10^{-5}	1.611 9	−6.517 6
氢主阀	15.275	1.879 7	1.905 6
氧主阀	0.109 50	0.650 64	0.947 91
氢副控阀	14.446	1.236 3	−1.057 6
氧副控阀	0.964 17	0.447 42	0.236 47

5. 总装管路及部件质量估算

$$M_l = 78.691 \cdot F_v^{0.083275} \cdot p_g^{0.35774} \tag{7.177}$$

式中，M_l 为总装管路及部件的质量，F_v 为发动机真空推力，p_g 为发动机燃气发生器压强。

6. 推进剂和贮箱质量估算

推进剂的质量和流量与发动机的工作时间有关。估算推进剂的公式为

$$M_H = \dot{m}_H \cdot \rho_H \tag{7.178}$$

$$M_O = \dot{m}_O \cdot \rho_O \tag{7.179}$$

式中，M_H、M_O 分别为液氢和液氧的质量，$\dot{m}_H$、$\dot{m}_O$ 分别为液氢和液氧的流量。ρ_H、ρ_O 分别为

液氢和液氧的密度。

液体火箭发动机的箭身为圆筒形,因此推进剂贮箱一般设计为中间圆柱段和两端椭球的形状。贮箱直径受到箭体直径的限制。贮箱为薄壁结构,可用面密度 ρ_t 来表示贮箱的结构质量。质量估算公式为

$$M_{\text{tank}}=A_{\text{tank}}\cdot\rho_t=\rho_t(\pi DL+\alpha D^2) \tag{7.180}$$

式中,M_{tank} 为贮箱质量,A_{tank} 为贮箱表面积,D 和 L 分别为贮箱的直径和长度,α 为箱底面积系数。贮箱的直径和长度可根据推进剂的体积计算得到。以液氢贮箱为例:

$$V_{\text{tank}}=\frac{M_H}{\rho_H\cdot\beta}=\frac{\pi}{4}D^2(L-D/h)+2\times\frac{1}{12}\times\frac{\pi D^3}{h} \tag{7.181}$$

式中,V_{tank} 为贮箱体积,β 为贮箱充满系数,一般为 0.98;h 为贮箱椭球形箱底半径与高度之比,可取为定值。

由于未查得推进剂和贮箱的质量数据,因此对这两个参数的估算未与实际值做比较。

7. 发动机总质量估算

将各部件质量求和,即得发动机的质量。发动机的质量不包括推进剂和贮箱质量。表 7.9 为估算所得的发动机质量与已知数据的对比。

表 7.9 发动机质量与估算值对比

型号	YF-73	YF-75	DA76	YF-77
质量/kg	240	307	1415	1 100
拟合值/kg	222.006 4	335.094 8	1 387.703 9	1 105.616 6
相对误差	7.50×10^{2}	9.15×10^{-2}	1.93×10^{-2}	5.11×10^{-3}

估算结果均与原始数据接近,因此能够满足发动机设计中对系统质量的估计需求。所有公式估算对象为相似结构的氢氧火箭发动机,不能用于不同结构的其他液体火箭发动机的质量估算。

7.4.3 液氧/煤油补燃循环发动机质量估算

本小节进行的液氧/煤油发动机质量估算主要以俄罗斯的 RD-1020 发动机为研究对象。质量模型对大推力液氧/煤油发动机具有参考价值。

$$m_g=m_t+m_{\text{THA}}+m_{\text{RR}}+m_u+m_s \tag{7.182}$$

式中,m_g、m_t、m_{THA}、m_{RR}、m_u、m_s 分别为发动机、推力室、涡轮泵、预燃室、各种活门自动器及总装器件的质量。

1. 推力室质量模型

$$m_t=A_t\left[17.58\times(p_c\dot{m}c^*)^{0.125}+\frac{3.962\times10^6}{(p_c\dot{m}c^*)^{0.25}}+\gamma_c(\bar{S}_z+\bar{S}_s)+\gamma_k\bar{S}_k-\frac{13.3}{A_t}\right] \tag{7.183}$$

$$\gamma_c=3.03\times10^{-6}\frac{p_c}{\sqrt{d_t}}-17 \tag{7.184}$$

$$\gamma_k = 5.894 \times 10^2 \left(\frac{p_c}{\sqrt{\varepsilon_p \cdot d_t}} \right)^{0.475} - 23.58 \tag{7.185}$$

$$\bar{S}_z = 3.544 L_{np} \sqrt{\frac{p_c \bar{q}_c}{\dot{m}}} - \frac{2}{\sqrt{\bar{q}_c c^*}} + \sqrt{\bar{q}_c c^*} + 1 \tag{7.186}$$

$$\bar{S}_s = \frac{2}{\bar{q}_c c^*} + \frac{0.818}{\sqrt{\bar{q}_c c^*}} - 0.974 \tag{7.187}$$

$$\bar{S}_k = S_0 \left[1 - \left(1.415 - \frac{0.274}{\sqrt[4]{\varepsilon_A}} \right) (1 - \exp(-\sqrt[3]{1-z})) \right] \tag{7.188}$$

$$S_0 = (32 - 10\bar{k})(\sqrt{\varepsilon_A} - 1) + (2.1 + 1.6\bar{k}^4)(\sqrt{\varepsilon_A} - 1)^{2.25} \tag{7.189}$$

$$z = 1 - \left[\frac{\sin \beta_a}{0.6 - (0.018\bar{k} - 0.0175)(\sqrt{\varepsilon_p} + 24)} \right]^{4/3} \tag{7.190}$$

式中，γ_c 为燃烧室和喷管收敛段面密度；γ_k 为喷管扩张段面密度；$\bar{S}_z$ 为推力室圆柱段相对面积；$\bar{S}_s$ 为喷管收敛段相对面积；$\bar{S}_k$ 为喷管扩张段相对面积；L_{np} 为燃烧室特征长度；$\bar{q}_c$ 为燃烧室流量强度，$\bar{q}_c = \dot{m}/(A_c p_c)$，$\dot{m}$ 为推力室推进剂质量流量；A_c 为燃烧室圆柱段截面面积，p_c 为燃烧室压强；A_t 为喷管喉部面积；d_t 为喷管喉部直径；c^* 为特征速度；ε_p 为喷管压强比；ε_A 为喷管面积比；β_a 为喷管出口型面角；$\bar{k}$ 为平均等熵指数。其中，相对面积定义为该段表面积与喷管喉部面积之比。

2. 涡轮泵质量模型

同轴式布局中，一台涡轮带动两台泵，且涡轮与泵同轴线、同转速。俄罗斯制发动机多采用这种布局方式，其质量计算公式如下：

$$m_{THA} = 28.5 + \frac{0.348 \times 10^{-3}}{\omega} (\dot{m}_{HO} H_{HO}^{3/2} + \dot{m}_{HR1} H_{HR1}^{3/2} + \dot{m}_{HR2} H_{HR2}^{3/2}) \tag{7.191}$$

式中，下标 HR 表示燃料泵，下标 HO 表示氧化剂泵。

3. 预燃室质量模型

$$m_{RR} = 0.17 m_{THA} \tag{7.192}$$

4. 各种活门、自动器质量模型

$$m_u = 0.47 m_{THA} + 2.5B \tag{7.193}$$

式中，B 为气路活门个数。

5. 总装器件质量模型

$$m_s = 0.416(m_{THA} + m_t) + W \tag{7.194}$$

式中，W 为特殊部件质量，如无特殊部件，则令 $W=0$ 即可。

7.4.4 系统优化设计方法

1. 系统设计结构矩阵

设计结构矩阵能够充分展现复杂系统各分系统之间的相互关系，标示分系统间参数的传递情况和系统的耦合程度。

关于系统的多学科设计优化研究包括了推力室、管路、阀门、燃气发生器、涡轮和泵组件，以及结构质量和性能评估七项内容。各研究内容之间的耦合关系可通过图 7.65 的设计结构矩阵来表示。

在图 7.65 中，虚线框内为系统参数计算部分，圆点表示两个模块之间有参数传递。在各个模块组成矩阵的对角线上方的圆点表示参数是正反馈，即参数传递自上而下；下方的圆点表示参数有负反馈，即参数传递自下而上。设计结构矩阵中的负反馈越多，说明系统越复杂，耦合程度也越深。其中的推力室以及涡轮和泵的计算分别提供了推力室推力值和涡轮排放推力值，根据这两个推力求和得到发动机真空推力，进而计算发动机真空比冲，连同结构质量计算结果一起用于性能评估的计算；对于管路和阀门只进行结构质量的求解，从而实现对燃气发生器循环系统发动机的多学科设计优化。

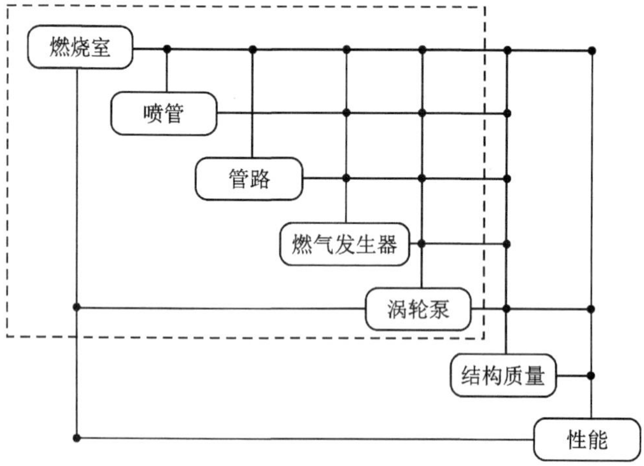

图 7.65 系统设计结构矩阵

2. 优化设计方法

根据系统设计的仿真程序，首先利用多学科可行法 MDF 算法对其进行系统参数优化设计。

将优化模型直接加在系统参数设计程序上，就形成了利用单级 MDO 算法 MDF 对发动机系统参数的设计优化软件。为了能以较大的概率找到最优解，采用了多岛遗传算法和梯度算法相结合的混合优化策略，兼有全局算法和局部算法的优点，在现在的优化问题中被广泛使用。多岛遗传算法的子群数为 10，岛数选为 10，遗传代数为 40。在遗传算法所找到的全局最优解的基础上，利用序列二次规划法进行局部寻优，对系统参数的优化在 Isight 下完成，优化过程如图 7.66 所示。

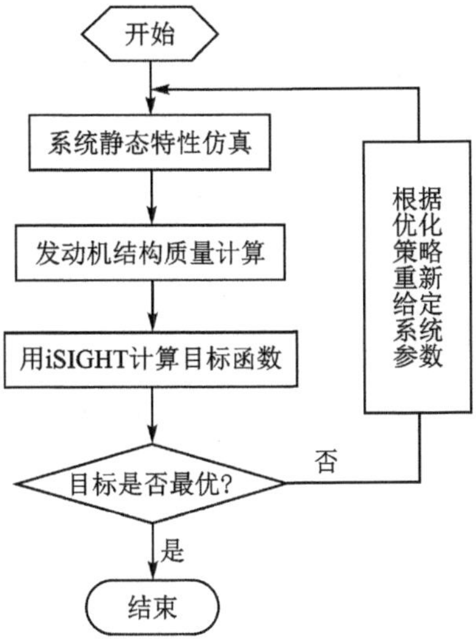

图 7.66　基于仿真程序和 iSIGHT 的发动机系统的优化流程

最后根据第 5 章描述的多目标优化方法，对系统的推质比和比冲两个优化目标进行优化，对优化结果进行分析。

7.4.5　液氧/液氢燃气发生器循环发动机优化设计

研究对象为工程单位提供的燃气发生器循环氢氧发动机。系统的主要部件包括推力室、燃气发生器、氢涡轮泵组和氧涡轮泵组。液氢液氧分别进入燃料泵和氧化剂泵后压强升高，一小部分进入燃气发生器进行不完全燃烧，燃气进入氢涡轮和氧涡轮，涡轮做功驱动泵工作，燃气由涡轮尾喷管排出。大部分液氢液氧由泵后进入燃烧室燃烧，再由喷管排出形成发动机推力。

发动机的设计指标包括：真空推力 70×10^3 kg，真空比冲 426 s。

推力室压为 10 MPa，扩张比为 49，推进剂混合比为 6.35，喷管的出口反压为 0.02 MPa。

燃气发生器室压为 8.5 MPa，燃气发生器混合比为 0.9。

液氢流量为 21.77 kg/s，液氧流量为 138.23 kg/s；氢泵转速为 35 000 r/min，氧泵转速为 18 000 r/min；氢泵扬程为 18 MPa，氧泵扬程为 16.5 MPa；氢涡轮效率为 50%，氧涡轮效率为 25%；氢涡轮压比为 13.5，氧涡轮压比为 12.7。

根据 7.2.3 小节描述的仿真模型，对某发动机静态工作过程进行模拟。依据仿真出的结果对发动机进行质量估算，包括计算衡量发动机性能指标的参数。选择燃烧室压强和燃烧室混合比作为因变量，模拟其他参数相对于这两个参数的变化。

优化模型如下。

(1) 设计变量

设计变量包括推力室室压 p_c、推力室混合比 r_c、喷管扩张比 ε 和喷管出口反压 p_2 等。

(2) 优化目标

在 7.4.1 小节中讲述的所有指标性参数都将作为优化目标在本小节中进行分析。

(3) 约束条件

根据工程部门提供的系统参数，可供选择的约束条件如下：

● 推力室室压范围：6.0 MPa$\leqslant p_c \leqslant$15 MPa；
● 推力室混合比范围：5.5$\leqslant r_c \leqslant$7.5；
● 喷管出口反压范围：0.017 8 MPa$\leqslant p_2 \leqslant$0.182 MPa；
● 真空推力：$F_v \geqslant$700 kN；
● 真空比冲：$I_e \geqslant$426 s；
● 发动机混合比：5.0$\leqslant r_e \leqslant$5.5。

1. 燃烧室压强对发动机性能的影响

图 7.67 显示了比冲 I_e、设计高度推力 F_1、发动机结构质量 M_e 和总质量 M 随燃烧室压强的变化情况。

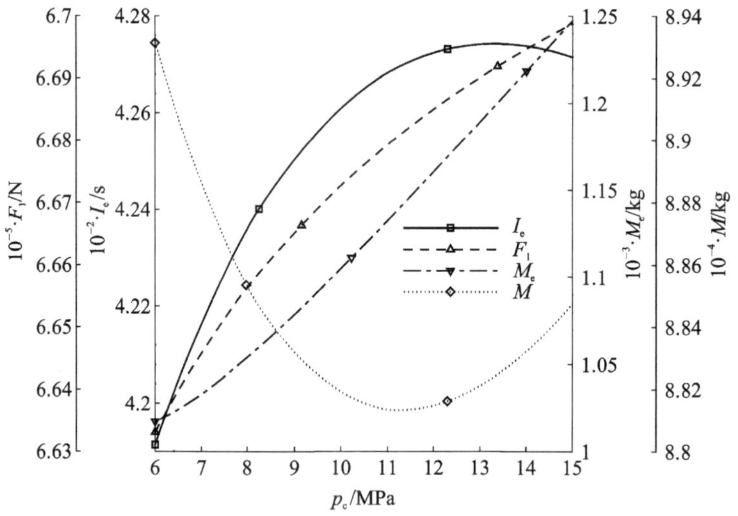

图 7.67　比冲、设计高度推力、发动机结构质量和总质量随室压的变化

燃烧室混合比为定值 6.35，发动机比冲随着燃烧室压强的增加而逐渐增大，当压强增加到 13.4 MPa 时，比冲达到最大值。之后随压强继续增加，比冲逐渐减小。设计要求发动机比冲至少为 426 s，则在其他参数不变的条件下，燃烧室压强必须大于 9.9 MPa。因此燃烧室压强的可选择范围在 9.9～13.4 MPa 之间。设计高度的推力和发动机干质量随燃烧室压强的增加而单调增加。发动机总质量在燃烧室压强为 11.2 MPa 时达到最小值。

发动机推力的产生包括推力室喷管排气和涡轮尾喷管排气两部分。当燃烧室压强增大时，燃烧室中的推进剂流量减小，燃气发生器中的推进剂流量增大，但是推进剂的总流量有一个先减小后增大的过程。因此发动机比冲存在单峰值。

当燃烧室压强增大时，推力室的结构质量减小，涡轮泵、燃气发生器、阀门、贮箱的结构质量增大，所需推进剂质量先减小后增大，因此发动机的结构质量增大，发动机总质量先减小后增大。

设计高度推力与燃烧室压强、喷管喉部截面积、喷管出口反压、燃气的绝热指数有关。在其他条件不变的前提下，设计高度推力与燃烧室压强成正比关系。

图 7.68 显示了比冲 I_e、有效载荷 M_{ef}、飞行速度 v 随燃烧室压强的变化情况。

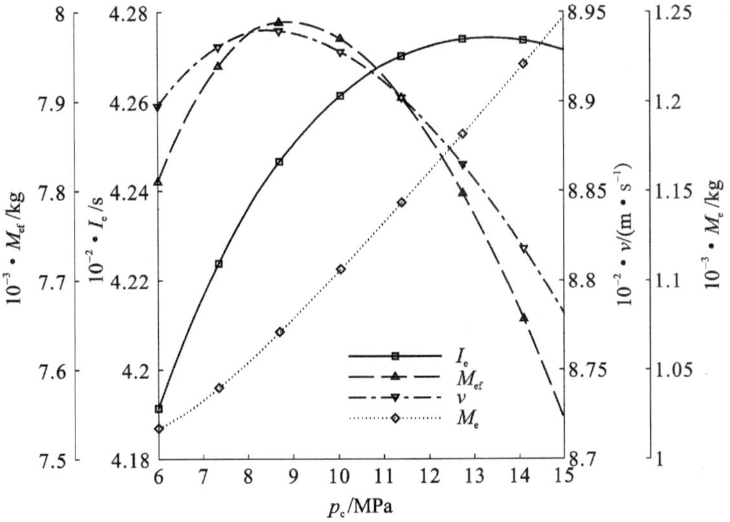

图 7.68　比冲、有效载荷、飞行速度随燃烧室压强的变化

燃烧室混合比为定值 6.35，有效载荷和飞行速度都随燃烧室压强的增加而先增大后减小。有效载荷在燃烧室压强为 9 MPa 时达到最大峰值；飞行速度在燃烧室压强为 8.2 MPa 时达到最大峰值。

当燃烧室压强增大时，发动机比冲先增大后减小，发动机启动和关机时的质量比逐渐减小。综合比冲与质量比的变化是，发动机关机时的飞行速度先增大后减小，与比冲的变化规律相同。但由于质量比的影响，飞行速度峰值出现时对应的燃烧室压强小于比冲峰值出现时对应的燃烧室压强。

在计算有效载荷时，假定除发动机、贮箱以外的运载火箭的质量不变。当燃烧室压强增大时，由于发动机的结构质量不断增加，发动机比冲先增大后减小，有效载荷值先增大后减小，与比冲的变化规律相同。但是由于发动机结构质量的影响，有效载荷的峰值对应的燃烧室压强小于比冲峰值所对应的燃烧室压强。

图 7.69 显示了发动机混合比 r_e、综合密度 r_{ep}、密度比冲 I_{sc} 随燃烧室压强的变化情况。燃烧室混合比为定值 6.35，发动机混合比、综合密度、密度比冲都随燃烧室压强的增加而单调递减。燃气发生器循环系统的发动机的混合比通常最大只能达到 5.5，因此发动机室压必须在大于 10 MPa 的范围内选取。

当燃烧室压强增大时，燃烧室中的燃料与氧化剂的流量同时减小，燃气发生器中的燃料与氧化剂的流量同时增加。但是总的氧化剂流量与总燃料流量的比值是减小的，从而发动机的混合比逐渐减小。

发动机的综合密度和发动机混合比与所选推进剂的密度有关。在给定推进剂的前提下，发动机综合密度与发动机混合比的变化规律相同。

发动机的密度比冲和发动机比冲与发动机的综合密度有关。结合比冲与综合密度的影响，发动机的密度比冲随燃烧室压强的增大而逐渐减小。

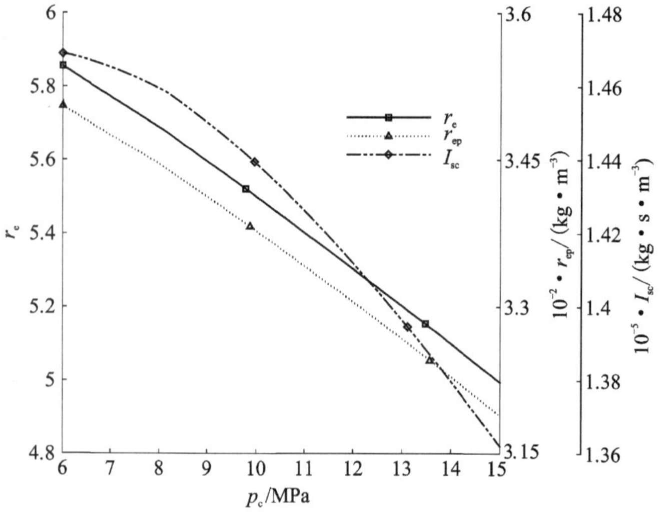

图 7.69 发动机混合比、综合密度、密度比冲随燃烧室压强的变化

2. 燃烧室混合比对发动机性能的影响

图 7.70 显示了比冲 I_e、设计高度推力 F_1 和发动机总质量 M 随燃烧室混合比的变化情况。

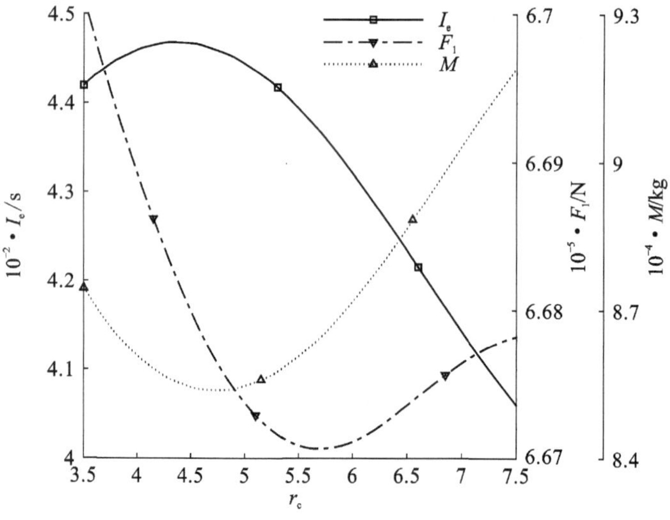

图 7.70 比冲、设计高度推力、发动机总质量随燃烧室混合比的变化

燃烧室压强为定值 10 MPa，发动机比冲在燃烧室混合比为 4.5 时最大，当混合比大于 4.5 时，发动机比冲逐渐减小。设计高度推力与发动机总质量都随燃烧室混合比的增大而先减小后增大。

在其他条件不变时，增大燃烧室混合比，所需推进剂的总流量先减小后增大，从而发动机的比冲在混合比的可选范围内存在单峰值。这一点与其随燃烧室压强的变化规律相同。

由于所需推进剂的总质量随混合比的增大而先减小后增大，因此发动机的总质量也随混合比的增大而先减小后增大，这一点与其随燃烧室压强的变化规律相同。

改变燃烧室的混合比，燃烧室中的燃气绝热指数也随之改变，从而影响设计高度的推力值。燃气绝热指数随混合比增大而先减小后增大。设计高度推力随燃烧室混合比的变化规律与燃气绝热指数相同。

图 7.71 显示了发动机混合比 r_e、综合密度 r_{ep}、结构质量 M_e 随燃烧室混合比的变化情况。燃烧室压强为定值 10 MPa，发动机混合比与综合密度都随燃烧室混合比的增大而单调递增。发动机结构质量随燃烧室混合比的增大而减小。开式系统的发动机混合比最大通常只能达到 5.5，因此燃烧室的混合比应在小于 6.35 的范围内选取。增大燃烧室混合比，总的氧化剂流量与总燃料流量的比值增加，发动机的混合比随之增加。

发动机的综合密度和发动机混合比与推进剂密度有关，在给定推进剂的前提下，发动机综合密度与发动机混合比的变化规律相同。增大燃烧室混合比，涡轮泵、燃气发生器、阀门的结构质量减小，所以发动机的结构质量逐渐减小。

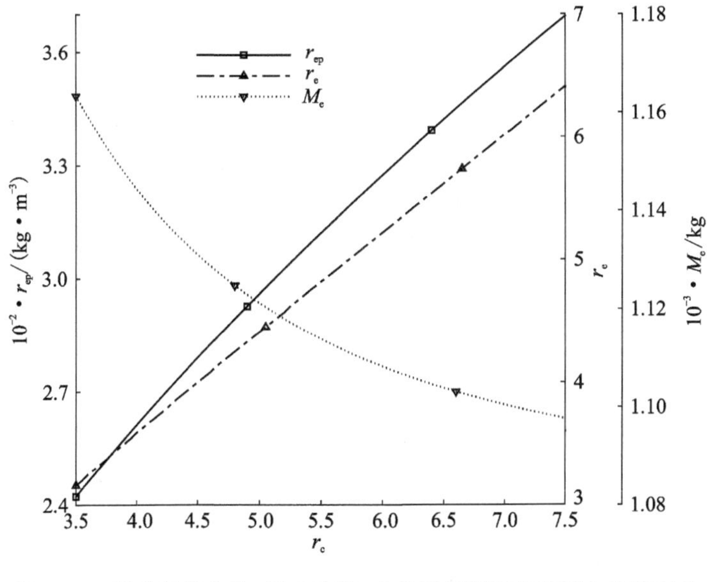

图 7.71　发动机混合比、综合密度、结构质量随燃烧室混合比的变化

图 7.72 显示了有效载荷 M_{ef}、飞行速度 v 和密度比冲 I_{sc} 随燃烧室混合比的变化情况。

燃烧室压强为定值 10 MPa，有效载荷与飞行速度都随燃烧室混合比的增大而先增大后减小。发动机的密度比冲随燃烧室混合比的增大而单调递增。

当燃烧室混合比增大时，发动机比冲先增大后减小，发动机启动和关机时的质量比逐渐减小。综合比冲与质量比的变化可知，发动机关机时的飞行速度先增大后减小，与比冲的变化规律相同。这一点与其随燃烧室压强的变化规律相同。

有效载荷随燃烧室混合比的变化规律与其随燃烧室压强的变化规律相同，因为二者的比冲变化规律相同。但是由于发动机的结构质量随燃烧室压强的增大而逐渐减小，因此有效载荷的峰值所对应的燃烧室混合比大于比冲峰值所对应的燃烧室混合比。

由以上结果可得，发动机比冲、有效载荷、关机时的飞行速度、发动机总质量随燃烧室压强和混合比的变化规律相同；发动机结构质量、发动机混合比、综合密度、密度比冲随燃烧室压强

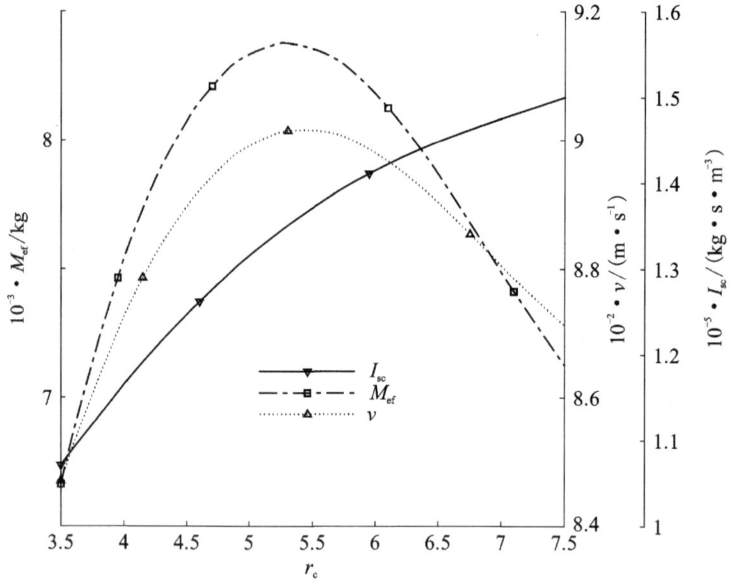

图 7.72 有效载荷、飞行速度、密度比冲随燃烧室混合比的变化

和混合比的变化规律相反。

3. 优化结果分析

随着任务要求的不同，发动机系统设计的性能目标会有所不同。应分别对单个、两个、三个设计变量，选取不同的优化目标，组成多种优化方案，进行系统参数优化。在计算目标函数时，所取的权系数相等。

(1) 多岛遗传算法的收敛性验证

在优化过程中的优化算法采用多岛遗传算法和序列二次规划算法相结合的组合优化算法，首先必须对多岛遗传算法的全局收敛性作出判定。在多岛遗传算法中取岛数为 10，子群规模和代数均取为 20，分别给定不同的初值进行比冲与有效载荷最大化的优化，部分结果如表 7.10 所列。

表 7.10 收敛性验证结果

初 值		结 果	
p_c/MPa	r_c	p_c/MPa	r_c
10.0	7.5	9.403	5.5
15.0	8.0	9.412	5.5
6.0	7.0	9.408	5.5

对于不同的初值，优化结果相近。由此证明，采用多岛遗传算法的结果具有较好的收敛性。

(2) 单变量双目标优化问题

以燃烧室压强 p_c 为设计变量，选取不同的优化目标，结果如表 7.11 所列。优化模型被定义如下：

设计变量：p_c。

约束条件：推力室室压范围　6.0 MPa≤p_c≤15 MPa

真空推力　F_v≥700 kN

真空比冲　I_e≥426 s

优化目标：可供选择的不同优化目标如表 7.11 所列。

表 7.11　单变量双目标优化结果

优化目标	p_c/MPa
比冲最大，发动机结构质量最小	9.91
比冲最大，发动机总质量最小	12.24
比冲最大，发动机关机飞行速度最大	10.46
比冲最大，发动机有效载荷最大	9.90
比冲最大，发动机综合密度最大	9.90
比冲最大，发动机密度比冲最大	9.90

由于发动机比冲是最为重要的发动机性能指标，因此在定义优化模型时，将最大化发动机比冲作为一个恒定的优化目标。在此基础上，考虑其他发动机的性能参数寻优。根据上述的仿真结果分析，要求发动机比冲最大时的燃烧室压强应在 13.3 MPa 附近。在加入其他参数作为优化目标时，燃烧室压强取值有所减小。可见，只追求比冲最高对于发动机整体性能的提高是不全面的。对于发动机整机性能甚至火箭总体性能的优化，在提高发动机比冲的同时需要综合考虑其他性能参数的影响。

(3) 双变量双目标优化问题

以燃烧室压强和燃烧室混合比为设计变量，选取不同的优化目标，结果如表 7.12 所列。优化模型被定义如下：

设计变量：p_c、r_c。

约束条件：推力室室压范围　6.0 MPa≤p_c≤15 MPa

推力室混合比范围　5.5≤r_c≤7.5

真空推力　F_v≥700 kN

真空比冲　I_e≥426 s

发动机混合比　5.0≤r_e≤5.5

优化目标：可供选择的不同优化目标如表 7.12 所列。

表 7.12　双变量双目标优化结果

优化目标	p_c/MPa	r_c
比冲最大，发动机结构质量最小	9.9	5.7
比冲最大，发动机总质量最小	9.9	5.7
比冲最大，发动机关机飞行速度最大	9.9	5.7
比冲最大，发动机有效载荷最大	9.9	5.7
比冲最大，发动机综合密度最大	9.66	6.31
比冲最大，发动机密度比冲最大	9.66	6.31

增加燃烧室混合比作为设计变量后，燃烧室压强取值进一步减小，发动机的综合密度和密度比冲反映发动机的总冲量，追求这一指标最优时，燃烧室混合比取值为 6.31；而对于发动机有效载荷、质量和飞行速度，燃烧室压强和混合比的寻优结果相同。

(4) 多变量双目标优化

以燃烧室压强和燃烧室混合比以及喷管出口反压为设计变量，选取不同的优化目标，结果如表 7.13 所列。优化模型被定义如下：

设计变量：p_c、r_c、p_2。

约束条件：推力室室压范围 $6.0\ \text{MPa} \leqslant p_c \leqslant 15\ \text{MPa}$

推力室混合比范围 $5.5 \leqslant r_c \leqslant 7.5$

喷管出口反压范围 $0.017\,8\ \text{MPa} \leqslant p_2 \leqslant 0.182\ \text{MPa}$

真空推力 $F_v \geqslant 700\ \text{kN}$

真空比冲 $I_e \geqslant 426\ \text{s}$

发动机混合比 $5.0 \leqslant r_e \leqslant 5.5$

优化目标：所选择的不同优化目标如表 7.13 所列。

表 7.13 多变量双目标优化结果

优化目标	p_c/MPa	r_c	p_2/MPa
比冲最大，发动机结构质量最小	9.87	5.72	0.018 1
比冲最大，发动机总质量最小	9.67	5.69	0.017 8
比冲最大，发动机关机飞行速度最大	9.67	5.69	0.017 8
比冲最大，发动机有效载荷最大	9.67	5.69	0.017 8
比冲最大，发动机综合密度最大	9.44	6.28	0.017 8
比冲最大，发动机密度比冲最大	9.44	6.28	0.017 8

根据表 7.13 的结果，喷管出口反压的取值基本在可选范围的下限，可见其对发动机性能的影响不大，应着重考虑燃烧室压强和混合比对发动机性能的影响。

综合表 7.11、表 7.12 及表 7.13 的优化结果，选出几组燃烧室室压的取值，对发动机系统进行仿真计算，所得结果如表 7.14 所列。根据 7.4.3 小节的发动机质量和部件质量，仿真结果如表 7.15 所列。其中燃烧室压强为 9.9 MPa 的这一组最接近已知发动机的各项数据。

表 7.14 不同燃烧室压强对应系统仿真结果

类 别	数 值				
p_c/MPa	9.0	9.61	9.9	10.46	12.24
推力室混合比	6.349 56	6.349 56	6.349 56	6.349 56	6.349 56
燃气发生器压强/MPa	7.65	8.17	8.4	8.89	10.4
扩张比	44.85	47.29	48.44	50.64	57.5
喉径/m	0.227	0.219	0.216	0.209	0.192
总推力(真空)	700 000	700 000	700 000	700 000	700 000
比冲/s	425	425.7	426	426.5	427.2
推力室推力 / N	685 213	683 903	683 226	682 005	677 739

续表 7.14

类别			数值				
推力室比冲/ s			433	434.7	435	436.6	439.8
设计高度总推力 / N			666 515	666 989	667 200	667 583	668 682
地面总推力 / N			514 182	516 809	517 979	520 109	525 900
发动机混合比			5.596	5.54	5.509	5.455 3	5.27
推进剂综合密度/(kg·m^{-3})			341	339	338	336	329.5
发动机密度比冲/(kg·s·m^{-3})			145 021	144 355	144 016	143 327	140 821
氢涡轮小喷管		推力/ N	9 694	10 619	11 074	11 980	15 103
		比冲 / s	219	220	220	221	223
		喉径 / m	0.130	0.132	0.133	0.134	0.138
		扩张比	3.5	3.66	3.7	3.87	4.28
氧涡轮小喷管		推力/N	5 091	5 477	5 660	6 013	7 157
		比冲/ s	237	238	238	238.9	240
		喉径/ m	0.076	0.076	0.077	0.077	0.077
		扩张比	4.5	4.76	4.8	5.03	5.57
推力室		氢流量/(kg·s^{-1})	21.96	21.84	21.79	21.69	21.39
		氧流量/(kg·s^{-1})	139.41	138.68	138.34	137.71	135.83
燃气发生器		氢流量/(kg·s^{-1})	3.52	3.82	3.97	4.26	5.23
		氧流量/(kg·s^{-1})	3.17	3.44	3.57	3.83	4.70
氢涡轮泵	泵	泵后压强/MPa	14.85	15.86	16.335	17.26	20.19
		扬程/m	14.55	15.55	16.035	16.96	19.9
		流量/(kg·s^{-1})	25.98	26.16	26.26	26.45	27.12
		效率/%	68.6	67.6	67.2	66.4	63.8
	涡轮	流量/(kg·s^{-1})	4.50	4.91	5.12	5.52	6.9
		进口压强/MPa	7.2	7.69	7.92	8.37	9.79
		出口压强/MPa	0.42	0.45	0.466	0.49	0.576
氧涡轮泵	泵	泵后压强/MPa	12.6	13.45	13.86	14.64	17.136
		扬程	12.225	13.08	13.485	14.27	16.76
		流量/(kg·s^{-1})	142.58	142.12	141.92	141.54	140.54
		效率/%	73.3	73	72.9	72.6	71.5
	涡轮	流量/(kg·s^{-1})	2.19	2.35	2.42	2.57	3.03
		进口压强/MPa	5.58	5.96	6.14	6.49	7.59
		出口压强/MPa	0.41	0.438	0.451	0.48	0.558
发动机干质量/kg			1 078	1 094	1 102	1 117	1 167
发动机总质量/kg			88 319	88 232	88 202	88 157	88 158
有效载荷/kg			7 988	7 981	7 974	7 955	7 841

表 7.15 不同燃烧室压强对应的发动机部件质量和发动机质量估算结果

类 别		数 值				
燃烧室压强/MPa		9.0	9.61	9.9	10.46	12.24
部件质量/kg	氢泵前阀	29.7	25.96	24.4	21.8	15.75
	氧泵前阀	30.0	31.85	32.7	34.3	39.5
	氢主阀	28.0	28.17	28.3	28.5	29.2
	氧主阀	28.4	28.3	28.3	28.3	28.1
	氢副控阀	3.95	4.08	4.1	4.26	4.7
	氧副控阀	2.94	3.1	3.2	3.3	3.8
	燃气发生器	18.6	19.6	20.1	21.0	24.1
	其余质量(管路机架)	281.1	287.85	290.9	296.7	313.9
	推力室	390	387.4	386.2	384	377.8
	氢泵	163.76	173.7	178.4	187.5	216.5
	氧泵	102	104.5	105.6	107.8	114.1
	液氢贮箱	4 757	4 790	4 806	4 839	4 957.6
	液氧贮箱	1 750	1 745.5	1 743	1 739	1 728.6
	液氢	12 443	12 531	12 576	12 666	12 991
	液氧	68 289	68 070	67 973	67 794	67 313
发动机干质量/kg		1 078	1 094.6	1 102	1 117	1 167.3
发动机总质量/kg		88 319	88 232	88 202	88 157	88 158
发动机关机质量/kg		10 783	10 821	10 841	10 882	11 033
有效载荷/kg		7 988	7 981	7 974	7 955	7 841
飞行速度/$(m \cdot s^{-1})$		893	893	892.9	892	888

设计部门可以根据实际需求,以需要达到的设计指标为依据,根据表 7.14 和表 7.15 中的结果选择合适的设计点。

(5) 多目标优化方法在发动机系统优化中的应用

根据工程部门提供的发动机系统参数,依照需求将发动机比冲和推力质量比作为系统的优化目标。运用多种多目标优化方法对发动机推力室室压和混合比进行优化。优化模型的约束条件与前述相同。

首先对发动机的比冲和推质比进行了单目标优化,得到的结果为 $I_e^* = 443.36$ s,$N_e^* = 684.70$ N/kg。采用 p 模理想点法、极大模理想点法、最短距离法、目标点法、目标规划法所得优化结果如表 7.16 所列。其中目标点法给定参考点所对应的目标值为 $I_e^0 = 434.75$ s,$N_e^0 = 616.70$ N/kg。

表 7.16　多目标优化方法求出的优化目标值比较

优化方法	优化目标	
	比冲/s	推质比
理想点 $p=2.0$	437.18	674.20
理想点 $p=5.0$	436.96	674.50
理想点 $p=20.0$	436.88	674.62
理想点 $p=100.0$	436.88	674.62
极大模理想点法	439.11	670.70
目标规划法	438.69	671.98
目标点法	437.41	673.87

由表 7.16 可知，选取不同的 p 值，用 p 模理想点法所得的优化目标值基本相同，比冲值的相对偏差在 $\pm 6.88\times 10^{-4}$ s 以内；推质比值的相对偏差在 $\pm 6.23\times 10^{-4}$ s 以内。而采用极大模理想点法和目标规划法所得的优化目标值较接近。

对于线性加权法、逐步宽容约束法和多目标遗传算法（包括 NSGA-II 法和 NCGA 法），分别用这四种方法对发动机比冲和推质比进行优化，所得优化结果如图 7.73～图 7.76 所示。

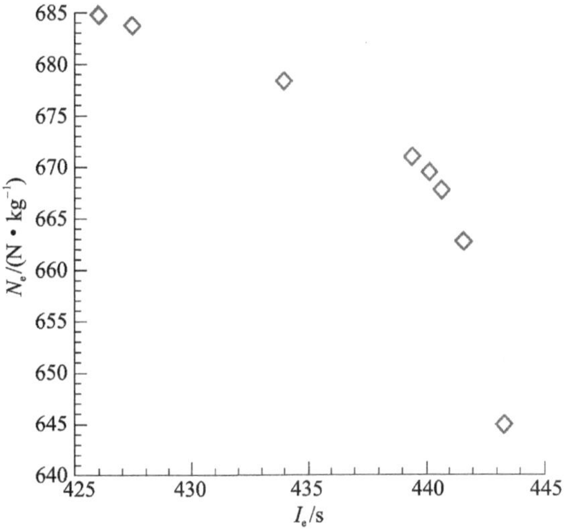

图 7.73　线性加权法得到 Pareto 前沿

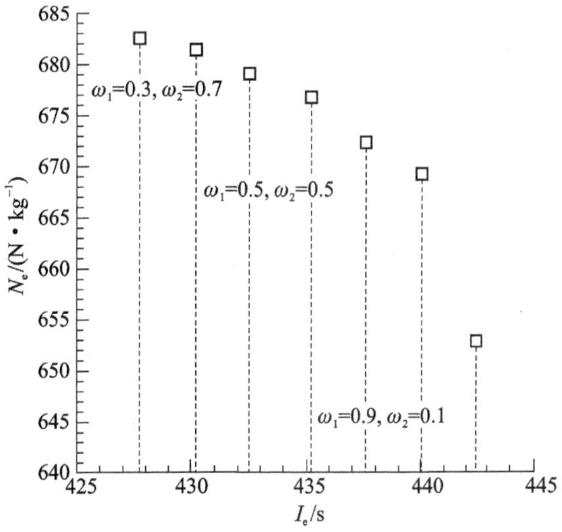

图 7.74　逐步宽容约束法得到 Pareto 前沿

线性加权法得到的 Pareto 前沿中，对两个优化目标使用了 9 组均匀变化的权系数构造评价函数。其中 ω_1 为推质比的权系数，ω_2 为发动机比冲的权系数，可以看到，权系数组（$\omega_1=0.1$，$\omega_2=0.9$）和（$\omega_1=0.2$，$\omega_2=0.8$）所对应的 Pareto 最优点（Pareto 前沿点）基本重合，位于图 7.73 中左上角位置，均匀变化的权系数并没有得到分布均匀的 Pareto 最优点。

逐步宽容约束法将最大化推质比作为单目标优化，把发动机的比冲设为约束条件，其上、下限分别为 427.72 s 和 442.51 s，并使用 MTA 对该约束条件分 7 次逐步放宽。在图 7.75 中，由于逐步宽容约束法的比冲条件的放宽设置是人为给定的，所以 Pareto 最优点在比冲坐标的方向实现了均匀分布。这说明了该方法在求解 Pareto 前沿时的可控性。

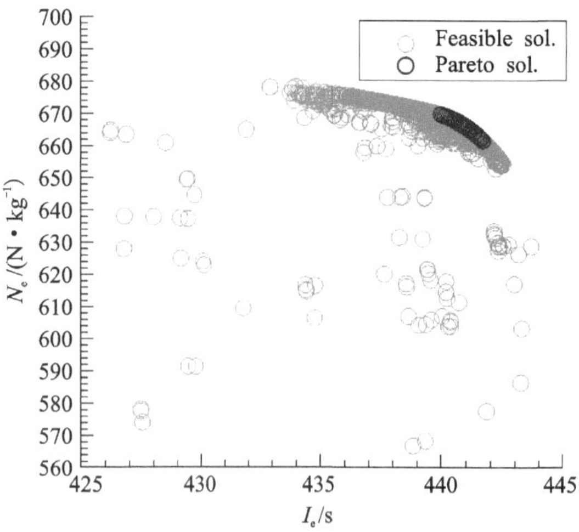

图 7.75 NSGA 法得到 Pareto 前沿

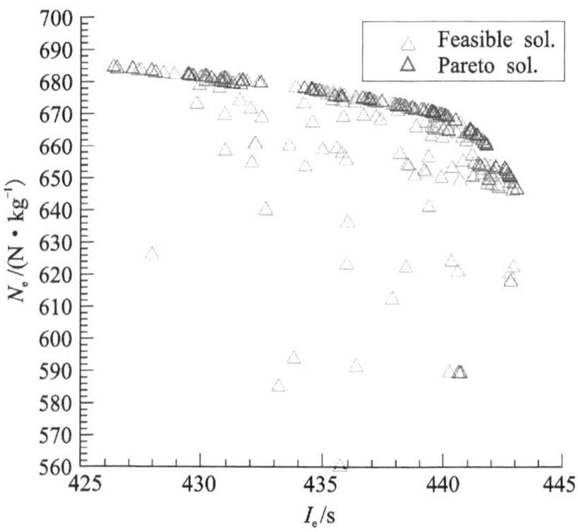

图 7.76 NCGA 法得到 Pareto 前沿

在多目标遗传算法中，NSGA－II 的遗传代数为 100，每代种群数为 50，交叉概率为 0.9；NCGA 的遗传代数为 50，每代种群数为 10，交叉概率为 1.0。从图中可以看出，两种方法关于从可行解中确定 Pareto 最优解的标准并不相同，NSGA－II 的 Pareto 前沿区域明显偏小；而从结果数据点的分布和相应数量来看，NCGA 的计算效率要高于 NSGA－II。

将以上四组曲线合并在同一图中，即可得到发动机优化问题的整体 Pareto 前沿，如图 7.77 所示。

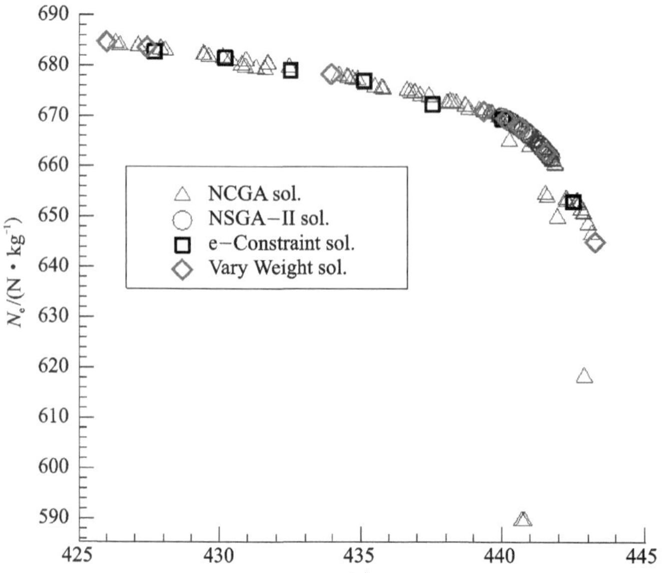

图 7.77 发动机系统优化问题的 Pareto 前沿

从图中可以看出，四种方法得到的 Pareto 前沿在重合区域内基本相同，但是在比冲取值较大时存在一定的差别。最大化发动机的比冲和推质比两个优化目标得到的 Pareto 前沿是一条不规则的非凸曲线，其对应的发动机比冲的变化范围从 426.00～443.27 s，推质比的变化范围从 589.35～684.70 N/kg。比较而言，NCGA 法用时最少，但其探索的 Pareto 前沿范围最广，并能发现局部区域的非凸特性，是一种高效且实用的多目标优化方法。

分别用二元相对比较法和模糊关联度法从上述各组非劣解中求得的满意解如表 7.17 所列。

表 7.17　多目标决策方法求得的满意解

方　法	比冲/ s	推质比/ (N · kg^{-1})
二元相对比较法	441.54	654.38
模糊关联度法	443.27	644.92

对于两个多目标决策方法，在发动机系统优化问题中所得结果接近。这是由于一方面发动机系统优化中的两个目标值处于同一数量级；另一方面二元相对比较法是各非劣解相互之间进行比较，而模糊关联度法是求解各组非劣解与理想解的关联度从而判定最佳非劣解，两种方法所用的原理不同。

图 7.78 给出了这些方法所得到的相对最优点以及理想点和 Pareto 前沿在目标域的分布。从图中可以看出，基于各种数学理论所确定的相对最优解并不相同，但都位于 Pareto 前沿上；尽管在所有方法中，对发动机的比冲和推质比两个优化目标的权重分配均为无偏好设定（即权值相等），但由于方法自身的特点，其所得解仍然反映出各个方法对分目标并不是同等的进行优化；P 模理想点法（包括最短距离法和极大极小法）中，P 值在$[1,+\infty)$变化时，所得到的优化结果基本都集中在一个小邻域中，差别不大。

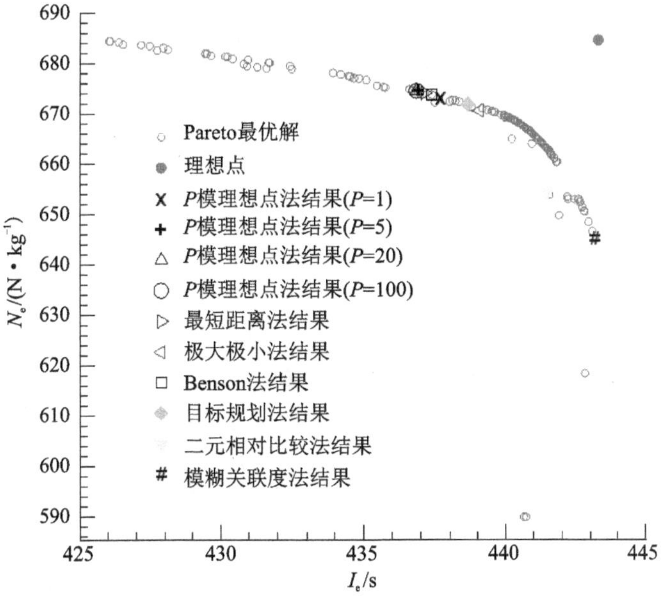

图 7.78　多目标优化方法结果比较

为了说明对系统进行多学科设计优化的改进程度，以模糊关联度法得到的相对最优解为例，将相关参数值列于表 7.18 中。

表 7.18 发动机系统多学科设计优化的变量、约束和目标的改进

变量名称	下限值	上限值	初始值	优化结果
p_c/MPa	6.0	15.0	10.00	8.59
r_c	5.0	8.0	6.35	5.00
r_e	4.5	5.8	5.50	4.50
I_e/s	426	—	426.00	443.27
N/(N·kg^{-1})	—	—	634.06	644.92

从表 7.18 中可以看出经过系统优化的发动机的比冲 I_e 提高了 17.3 s，推质比 N 增加了 10.9 N/kg，优化效果较好；而相应的燃烧室压强和混合比有所降低，这与仿真模型的一些基本假设（如燃烧效率为定值等）有关，同时也说明优化后的发动机设计对部分组件（尤其是推力室）的设计要求有很大的提高。

(6) 采用协作优化算法(CO)优化发动机比冲和推质比

在发动机系统的设计仿真程序中，推力室、燃气发生器、涡轮泵三部分之间的耦合关系通过参数的传递来实现。为了利用这三个仿真模块的独立性，考察协作优化算法对于强耦合问题的求解能力，在优化过程中采用了协作优化算法。

在 CO 算法中，每个子空间不仅进行分析，还进行设计优化。其基本思想是每个子空间在设计优化时可暂不考虑其他子空间的影响（隔断与其他子空间的联系），只需满足本子系统的约束，其优化目标是使该子系统设计优化方案与系统级优化提供的目标方案的差异最小。各个子系统设计优化结果的不一致性通过系统级优化来协调，通过系统级优化和子系统优化之间的多次迭代，最终找到一个一致性的最优设计。

这种算法的优点是消除了复杂的系统分析过程，各个子系统能并行地进行分析和优化。CO 算法使子系统分析的次数大大增加，另外，这种算法只有当系统级所有的等式约束都满足时，才能找到一个可行的优化解，而不是每次迭代都能在可行域内找到一个更好的设计结果。

在这种两级多学科设计优化算法中，系统级的设计变量除了基本的 2 个优化变量之外，还增加了另外 8 个耦合变量或状态变量，因此系统级的设计变量共有 10 个，即燃烧室压强 p_c、燃烧室混合比 r_c、推力室设计高度推力 F_1、燃料泵出口压强 p_H、氧化剂泵出口压强 p_O、燃气发生器压强 p_f、推力室推力 F_c、涡轮排气喷管推力 F_t、推力室流量 $\dot{m}_c$ 和燃气发生器流量 $\dot{m}_g$，它们所组成的设计矢量用 $\boldsymbol{X}$ 表示。

三个子系统分别指推力室、燃气发生器和涡轮泵。三个子系统的设计变量数目分别为 3 个、3 个和 6 个，子系统 1 的设计变量为燃烧室压强、燃烧室混合比、推力室设计高度推力，子系统 2 的设计变量为燃烧室压强、燃料泵出口压强、氧化剂泵出口压强，子系统 3 的设计变量为燃烧室压强、燃料泵出口压强、氧化剂泵出口压强、燃气发生器压强、燃烧室混合比和推力室流量，优化目标则是使各自设计变量值和系统级指定值之间的差异最小。由于三个子系统在优化和仿真上的独立性，所以子系统的优化过程是并行的，以缩短计算时间。

CO 算法的收敛问题并未从解析上给出很好的证明，在有的算例中它可以收敛，而在有的问题中它的收敛性并不理想。改善收敛性的一种方法是对系统级的一致性约束条件进行松弛，这里也采用了这种方法。试验证明，对约束条件进行适当松弛利于找寻最优解。

所采用的 CO 优化模型如下：

系统级：

Find X

min　$J=-I_e$

s. t.　$J_1\leqslant\varepsilon_1$

$J_2\leqslant\varepsilon_2$

$J_3\leqslant\varepsilon_3$

$F_v\geqslant F_0$

$I_e\geqslant I_{e0}$

$r_{e0}\leqslant r_e\leqslant r_{e1}$

其中的 J_1、J_2、J_3 协调子系统和系统之间变量的一致性，$J_i=\sum(x_j-x_j^*)^2$，x_j^* 为子系统求出的设计变量最优值；ε_1、ε_2、ε_3 为松弛系数，计算中分别取为 0.07、0.04、0.08。

为了加快 CO 的收敛速度，增强其寻优能力，在此研究中对协作优化算法进行了两点改进：一是将子系统级约束的值传递至系统级，作为系统级优化的约束，即系统级除了要协调三个子系统之间的关系外，还要考虑系统级分配的设计变量对各个子系统是否合理，这样有利于系统级的优化收敛；二是系统级的设计变量不直接全部传递到子系统级，子系统只是选择本系统要用到的一部分作为设计变量，即系统级设计变量的个数和子系统级设计变量的个数不相等，系统级的设计变量要多一些，这样可以减小子系统级优化问题的规模，加快优化进程。

在此研究中，CO 算法的收敛速度低于传统单级优化算法的收敛速度，所消耗的计算时间也要长得多，但是 CO 算法也显示出它对子系统之间强耦合关系的处理能力。所得到的结果列于表 7.19 中。

表 7.19　CO 算法的优化结果

类　别	系统级设计变量										优化目标
	p_c/MPa	r_c	p_H/MPa	p_O/MPa	p_f/MPa	F_1/kN	F_c/kN	F_t/kN	$\dot{m}_c$/(kg·s^{-1})	$\dot{m}_g$/(kg·s^{-1})	I_e/s
初始值	8.260	4.725	13.463	11.427	6.626	660.0	699.1	0.904 5	152.74	6.000	—
优化值	8.000	5.013	13.156	11.000	6.986	6.753	6.990	0.010 1	154.31	6.000	445.6

在表 7.19 中，设计变量的初始值是随意给定的，并未考虑子系统之间的耦合关系，因而它们并不能满足发动机系统参数平衡的要求，不能构成一个发动机系统，所以系统的比冲值无法确定，通过 CO 协调优化后，各子系统之间的耦合参数也被设置到合理的值，各参数基本能够满足系统平衡的要求。CO 算法表现出了对子系统之间强耦合关系的分析、协调能力，不过其优化工作的计算量要大得多。在本算例中，CO 算法的计算时间是单级算法的 3～5 倍；另外，CO 算法实现的难度要大一些，因为它具有两级优化，系统级或任意一个子系统级的优化失败都将导致整个算法的失败。

第8章 推力室和燃气发生器仿真与优化设计

液体火箭发动机推力室的功能主要是将推进剂的化学能转变为热能，并进而转变为动能，为飞行器提供动力。根据推力室的用途和工作环境，可将其分为运载器上的芯级、助推级、上面级，以及航天飞行器上的机动变轨和姿态控制推力室等。根据推进剂的种类，可将推力室分为单组元和双组元推力室等。推力室的基本部件包括燃烧室、喷管、喷注器、点火装置、推进剂进口和分配集液环、固定部件和传递推力的对接面结构等。推力室设计是液体火箭发动机工程领域中最复杂的任务之一。对于推力室优化设计的要求通常包括推力室的性能和稳定性好、寿命长、尺寸和质量小以及成本低等；推力室设计时的已知参数通常包括推进剂的类型、混合比、推力和比冲范围、工作时间、质量和外廓尺寸限制及其他总体要求等。

燃气发生器的功能主要是提供驱动涡轮做功的燃气。燃气发生器的基本部件包括燃烧室、喷注器、点火装置、推进剂进口和分配集液环以及固定部件的对接面结构等。对于燃气发生器设计，一般应考虑推进剂的雾化、燃烧与流动及燃烧室壳体强度等问题。考虑到涡轮叶片材料的许用温度和燃气发生器生成燃气的温度，燃气发生器出口的燃气温度应尽量均匀，以改善涡轮的温度应力分布。在用结构强度仿真计算燃气发生器的结构应力时，如何将结构连接部分用恰当的约束形式表达出来非常重要，但是与燃气发生器相连组件的受力和变形都难以确定，要准确计算出燃气发生器的受力情况也很困难。因此，对于燃气发生器的优化设计，一般不从受力均匀的角度考虑强度问题，认为采用传统安全系数法获得的初始设计能够满足强度要求，而只从燃烧流动的角度考虑发生器出口燃气温度是否均匀。

本章首先介绍用于推力室和燃气发生器优化设计的燃烧流场数值仿真和传热与结构强度仿真，然后分别开展推力室、喷管和燃气发生器的优化设计。

8.1 燃烧流场数值仿真

8.1.1 燃烧流场数值仿真模型

1. 考虑有限速率化学反应的流场控制方程

对燃气发生器和推力室燃烧流场的数值仿真可以采用轴对称 N－S 方程和组分连续方程，结合有限速率化学反应模型建立控制方程：

$$\frac{\partial \boldsymbol{U}}{\partial t}+\frac{\partial \boldsymbol{F}}{\partial x}+\frac{1}{y}\frac{\partial}{\partial y}(y\boldsymbol{G})=\frac{\partial \boldsymbol{F}_v}{\partial x}+\frac{1}{y}\frac{\partial}{\partial y}(y\boldsymbol{G}_v)+\frac{\boldsymbol{H}}{y}+\boldsymbol{S} \tag{8.1}$$

式中

$$\boldsymbol{U}=\begin{bmatrix}\boldsymbol{\rho}_i\\ \rho u\\ \rho v\\ \rho e\end{bmatrix},\quad \boldsymbol{F}=\begin{bmatrix}\boldsymbol{\rho}_i u\\ \rho u^2+p\\ \rho uv\\ (\rho e+p)u\end{bmatrix},\quad \boldsymbol{G}=\begin{bmatrix}\boldsymbol{\rho}_i v\\ \rho uv\\ \rho v^2+p\\ (\rho e+p)v\end{bmatrix}$$

$$\boldsymbol{F}_v=\begin{bmatrix}D_{i\mathrm{m}}\dfrac{\partial \boldsymbol{\rho}_i}{\partial x}\\ \tau_{xx}\\ \tau_{xy}\\ \tau_{xx}u+\tau_{xy}v-q_x\end{bmatrix},\quad \boldsymbol{G}_v=\begin{bmatrix}D_{i\mathrm{m}}\dfrac{\partial \boldsymbol{\rho}_i}{\partial y}\\ \tau_{xy}\\ \tau_{yy}\\ \tau_{xy}u+\tau_{yy}v-q_y\end{bmatrix}$$

$$\boldsymbol{H}=\begin{bmatrix}0\\ 0\\ P-\tau_{\theta\theta}\\ 0\end{bmatrix},\quad \boldsymbol{S}=\begin{bmatrix}\omega_i\\ 0\\ 0\\ 0\end{bmatrix}$$

式中，$\boldsymbol{\rho}_i=[\rho_1,\rho_2,\rho_3,\cdots,\rho_{\mathrm{ns}}]^{\mathrm{T}}$，ns 为反应中的组分数，$\rho$ 为密度，u、v 分别为 x、y 向的速度，p 为压强，e 为单位质量的总能量，各应力项为

$$\tau_{xx}=\left[-\frac{2}{3}\mu\left(\frac{\partial u}{\partial x}+\frac{\partial v}{\partial y}+\frac{v}{y}\right)+2\mu\frac{\partial u}{\partial x}\right]$$

$$\tau_{yy}=\left[-\frac{2}{3}\mu\left(\frac{\partial u}{\partial x}+\frac{\partial v}{\partial y}+\frac{v}{y}\right)+2\mu\frac{\partial v}{\partial y}\right]$$

$$\tau_{xy}=\tau_{yx}=\mu\left(\frac{\partial u}{\partial y}+\frac{\partial v}{\partial x}\right)$$

$$\tau_{\theta\theta}=\left[-\frac{2}{3}\mu\left(\frac{\partial u}{\partial x}+\frac{\partial v}{\partial y}+\frac{v}{y}\right)+2\mu\frac{v}{y}\right]$$

热流项为

$$q_x=-\lambda\frac{\partial T}{\partial x}-\sum_{i=1}^{\mathrm{ns}}D_{i\mathrm{m}}h_i\frac{\partial \rho_i}{\partial x}$$

$$q_y=-\lambda\frac{\partial T}{\partial y}-\sum_{i=1}^{\mathrm{ns}}D_{i\mathrm{m}}h_i\frac{\partial \rho_i}{\partial y}$$

式中，μ 和 λ 分别为总粘性系数和总导热系数，包含层流与湍流两部分之和。$D_{i\mathrm{m}}$ 为组元 i 在混合气体中的扩散系数，h_i 为组元 i 的焓。

计算中还要用到的其他关系式，包括完全气体状态方程

$$p=\rho RT \tag{8.2}$$

及单位质量的总能量方程

$$e=\frac{p}{\rho(\gamma-1)}+\frac{u^2+v^2}{2} \tag{8.3}$$

对方程(8.1)求解时，将其变换到计算坐标系(ξ，η)下，得到

$$\frac{\partial \widetilde{\boldsymbol{U}}}{\partial t}+\frac{\partial \widetilde{\boldsymbol{F}}}{\partial \xi}+\frac{\partial \widetilde{\boldsymbol{G}}}{\partial \eta}=\frac{\partial \widetilde{\boldsymbol{F}}_v}{\partial \xi}+\frac{\partial \widetilde{\boldsymbol{G}}_v}{\partial \eta}+\widetilde{\boldsymbol{H}}+\widetilde{\boldsymbol{S}} \tag{8.4}$$

式中

$$\widetilde{\boldsymbol{U}}=\boldsymbol{J}\cdot\boldsymbol{U}$$

$$\widetilde{\boldsymbol{F}}=\boldsymbol{J}\cdot(\xi_x F+\xi_y \boldsymbol{G})$$

$$\widetilde{\boldsymbol{G}}=\boldsymbol{J}\cdot(\eta_x \boldsymbol{F}+\eta_y \boldsymbol{G})$$

$$\widetilde{\boldsymbol{F}}_{\mathrm{v}}=\boldsymbol{J}\cdot(\xi_x \boldsymbol{F}_{\mathrm{v}}+\xi_y \boldsymbol{G}_{\mathrm{v}})$$

$$\widetilde{\boldsymbol{G}}_{\mathrm{v}}=\boldsymbol{J}\cdot(\eta_x \boldsymbol{F}_{\mathrm{v}}+\eta_y \boldsymbol{G}_{\mathrm{v}})$$

$$\widetilde{\boldsymbol{H}}=\frac{\boldsymbol{JH}+\boldsymbol{JG}_{\mathrm{v}}-\boldsymbol{JG}}{y}$$

$$\widetilde{\boldsymbol{S}}=\boldsymbol{JS}$$

Jacobian 行列式为

$$J=x_\xi y_\eta-x_\eta y_\xi$$

通常选择计算网格为均匀分布，如果 $\Delta\xi=\Delta\eta=\Delta\zeta=1$，$x_\xi$ 等可通过差分获得，ξ_x 等则通过以下变换关系得到

$$\left.\begin{aligned}\xi_x&=y_\eta/J,\quad \xi_y=-x_\eta/J\\ \eta_x&=-y_\xi/J,\quad \eta_y=x_\xi/J\end{aligned}\right\}\tag{8.5}$$

方程(8.1)中的输运系数如下。

(1) 粘性系数

计算中只考虑层流粘性，单组元的粘性系数由下式得到：

$$\mu_i=2.67\times10^{-6}\sqrt{M_iT}/\sigma_i^2\Omega_i\tag{8.6}$$

式中

$$\Omega_i=1.147T^{*-0.145}+(T^*+0.5)^{-2.0}$$

$$T^*=T/(\varepsilon_i/k_0)$$

式中，ε_i 为气体分子间的特征能量；k_0 为玻耳兹曼常数；T^* 为折算温度；Ω_i 为折算的碰撞积分；σ_i 为气体分子的碰撞截面直径，单位是 Å(埃)(1 Å$=10^{-10}$ m)；M_i 为 i 组分气体的摩尔质量，单位是 g/mol；μ_i 为 i 组分气体的粘性系数，单位是 kg/(m·s)。

混合气体的粘性系数为

$$\mu=\sum_{i=1}^{\mathrm{ns}}\frac{\mu_i}{1+\dfrac{1}{x_i}\sum\limits_{\substack{j=1\\ j\neq i}}^{\mathrm{ns}}x_j\varphi_{ij}}\tag{8.7}$$

式中

$$\varphi_{ij}=\frac{\left[1+\sqrt{\dfrac{\mu_i}{\mu_j}}\left(\dfrac{M_j}{M_i}\right)^{1/4}\right]^2}{\sqrt{8(1+M_i/M_j)}}$$

式中，x_i 为混合气体中 i 组分的摩尔分数。

(2) 热传导系数

根据 ENSKOG－CHAPMAN 公式，单种气体分子的热传导系数为

$$\lambda_i=\frac{R_0\mu_i}{M_i}(0.45+1.32c_{pi}/R_0)\tag{8.8}$$

式中，R_0 为通用气体常数；c_{pi} 为混合气体中 i 组分的比定压热容。

对于由多种气体组分组成的混合气体，其热传导系数 λ 由下式计算：

$$\lambda = \sum_{i=1}^{ns} \frac{\lambda_i}{1 + 1.065 \sum\limits_{\substack{j=1 \\ j \neq i}}^{ns} \frac{x_j}{x_i} \varphi_{ij}} \tag{8.9}$$

(3) 扩散系数

CHAPMAN 和 COWLING 从动力学理论导出了组元 i 和组元 j 之间的双元扩散系数 D_{ij} 的表达式：

$$D_{ij} = 1.858 \times 10^{-7} \frac{T^{3/2} \sqrt{\left(\frac{1}{M_i} + \frac{1}{M_j}\right)}}{p \sigma_{ij}^2 \Omega_D} \tag{8.10}$$

式中，p 以 atm 为单位，其余量由以下各式确定：

$$\Omega_D = T^{*-0.145} + (T^* + 0.5)^{-0.2}$$

$$T^* = T / \sqrt{T_{\varepsilon i} T_{\varepsilon j}}$$

$$T_{\varepsilon i} = \varepsilon_i / k_0$$

$$\sigma_{ij} = \frac{1}{2}(\sigma_i + \sigma_j)$$

对于多组元的扩散系统，则用下式计算：

$$D_{im} = \frac{1 - x_i}{\sum\limits_{j \neq i} \frac{x_j}{D_{ij}}} \tag{8.11}$$

方程(8.1)中的化学反应源项主要为各组分的生成率，对于基元化学反应有

$$\sum_{i=1}^{nx} v_{ij}^f R_i \Leftrightarrow \sum_{i=1}^{ns} v_{ij}^b R_i, \quad j = 1, 2, \cdots, nr \tag{8.12}$$

第 i 种组分的生成率为

$$\dot{\omega}_i = M_i \sum_{j=1}^{nr} (v_{ij}^b - v_{ij}^f) \left(\frac{\rho}{\bar{M}}\right)^n \left[k_j^f \prod_{l=1}^{ns} \left(\frac{\rho_l}{M_l}\right)^{v_{jl}^f} - k_j^b \prod_{l=1}^{ns} \left(\frac{\rho_l}{M_l}\right)^{v_{jl}^b}\right] \tag{8.13}$$

计算中所用的状态方程为

$$p = \sum p_i = R_0 T \sum \frac{\rho_i}{M_i} \tag{8.14}$$

式中，ns 为反应组分数，nr 为基元反应个数，k_j^f 和 k_j^b 分别为第 j 个基元反应的正向和逆向反应速率，M_i 为 i 组分的摩尔质量，R_0 为通用气体常数，$\bar{M}$ 为混合物的摩尔质量，n 为代表三体效应的常数(对于存在三体的基元反应，其值为 1，否则为 0)。

Arrhenius 公式中的正、逆反应速度分别为

$$\left.\begin{aligned} k_i^f &= A_{fi} T^{B_{fi}} e^{-\frac{C_{fi}}{T}} \\ k_i^b &= A_{bi} T^{B_{bi}} e^{-\frac{C_{bi}}{T}} \end{aligned}\right\} \tag{8.15}$$

式(8.15)对应于已知正、逆反应速率系数的情况。在有些情况下，往往只知道正向反应速率的系数，这时就要运用平衡常数来得到逆向反应速率，如下式：

$$k_{eq} = \frac{k_j^f}{k_j^b} = k_p \left(\frac{p_{atm}}{R_0 T}\right)^{\sum\limits_{i=1}^{ns} v_{ij}^b - v_{ij}^f} = \exp\left(\frac{T s_0 - h_0}{R_0 T}\right) \cdot \left(\frac{p_{atm}}{R_0 T}\right)^{\sum\limits_{i=1}^{ns} v_{ij}^b - v_{ij}^f} \tag{8.16}$$

式中，h_0 为焓，s_0 为熵，分别由下式决定：

$$h_0=\frac{R_0}{Aw(i)}\left(\sum_{j=0}^{4}\frac{1}{j+1}a_jT^j+a_5\right)$$

$$s_0=\frac{R_0}{AW(i)}\left(a_0\ln T+\sum_{j=1}^{4}\frac{1}{j}a_jT^j+a_6\right)$$

对方程(8.1)的求解还要考虑化学反应模型，对于氢氧反应可以采用6组分8反应的化学反应模型。6种组分为 H_2O、OH、H_2、O_2、H 和 O，8个反应如下：

① $H_2O+O=2OH$ ② $H_2O+H=OH+H_2$

③ $O_2+H=OH+O$ ④ $H_2+O=OH+H$

⑤ $H_2+M=2H+M$ ⑥ $O_2+M=2O+M$

⑦ $H_2O+M=H+OH+M$ ⑧ $OH+M=O+H+M$

2. 湍流模型

液体火箭发动机中的燃烧流场是湍流流场。对湍流的准确描述仍然是流体力学中的难点。目前对湍流的数值计算，可以采用直接数值模拟(Direct Numerical Simulation)或简化模型，后者包括大涡模拟(Large Eddy Simulation)和雷诺应力输运模型(RSTM，Reynolds Stress Transport Method)等。直接数值模拟和大涡模拟是近年来湍流流场研究的热点，但是由于其计算量巨大，对工程问题不适用。在工程问题方面，主要使用雷诺应力输运模型和两方程模型。

两方程模型中的 $k-\varepsilon$ 模型和 $k-\omega$ 模型应用很广，但存在流场近壁区边界条件不能精确给定及湍流物理量不能准确描述等问题。$k-g$ 模型无需确定到壁面的法向距离，具有源项形式简单、边界条件直接等优点。这里采用 $k-g$ 模型来模拟液体火箭发动机燃烧流场的湍流流动。

$$\frac{\partial}{\partial t}(\rho k)+\frac{\partial}{\partial x_i}(\rho k u_i)=\frac{\partial}{\partial x_i}\left[\left(\mu+\frac{\mu_i}{\sigma_k}\right)\frac{\partial k}{\partial x_i}\right]+P_k-\frac{\beta^*\rho^2k^2}{R} \tag{8.17}$$

$$\begin{aligned}\frac{\partial}{\partial t}(\rho g)+\frac{\partial}{\partial x_i}(\rho g u_i)=&\frac{\partial}{\partial x_i}\left[\left(\mu+\frac{\mu_i}{\sigma_g}\right)\frac{\partial g}{\partial x_i}\right]-\alpha\frac{\beta^*\rho g^3}{2R}P_k+\\&\beta\frac{\rho^2kg}{2R}-\left(\mu+\frac{\mu_i}{\sigma_g}\right)\frac{3\beta^*\rho kg}{R}\frac{\partial g}{\partial x_i}\frac{\partial g}{\partial x_i}\end{aligned} \tag{8.18}$$

式中

$$P_k=\mu_{ij}^t\frac{\partial u_i}{\partial x_j}=\mu_t\left(\frac{\partial u_i}{\partial x_j}+\frac{\partial u_j}{\partial x_i}-\frac{2}{3}\delta_{ij}\frac{\partial u_k}{\partial x_k}\right)\frac{\partial u_i}{\partial x_j}-\frac{2}{3}\rho k\frac{\partial u_k}{\partial x_k}=$$

$$\mu_t\left\{2\left[\left(\frac{\partial u}{\partial x}\right)^2+\left(\frac{\partial v}{\partial y}\right)^2+\left(\frac{\partial w}{\partial z}\right)^2\right]+\left(\frac{\partial u}{\partial y}+\frac{\partial v}{\partial x}\right)^2+\left(\frac{\partial v}{\partial z}+\frac{\partial w}{\partial y}\right)^2+\left(\frac{\partial u}{\partial z}+\frac{\partial w}{\partial x}\right)^2\right\}-\frac{2}{3}\rho k\left(\frac{\partial u}{\partial x}+\frac{\partial v}{\partial y}+\frac{\partial w}{\partial z}\right)$$

模型常数 $\alpha=5/9$，$\beta=0.075$，$\beta^*=0.09$，$\sigma_k=2.0$，$\sigma_g=2.0$；湍流粘性系数 $\mu_t=\beta^*\rho kg^2$。

8.1.2 燃烧流场数值计算方法

对控制方程(8.1)采用积分形式的有限体积格式求解；对时间导数项采用 LU 隐式格式，以提高流场计算的稳定性和收敛速度；对流通量采用 Van－Leer 矢通量分裂方法和 MUSCL 格式。

1. 二维 LU 格式

以欧拉方程为例，一般隐式格式可写成以下形式：

$$\widetilde{\boldsymbol{U}}^{n+1}=\widetilde{\boldsymbol{U}}^{n}-\beta\Delta t[D_{\xi}\widetilde{\boldsymbol{F}}(\widetilde{\boldsymbol{U}}^{n+1})+D_{\eta}\widetilde{\boldsymbol{G}}(\widetilde{\boldsymbol{U}}^{n+1})]-$$

$$(1-\beta)\Delta t[D_{\xi}\widetilde{\boldsymbol{F}}(\widetilde{\boldsymbol{U}}^{n})+D_{\eta}\widetilde{\boldsymbol{G}}(\widetilde{\boldsymbol{U}}^{n})] \tag{8.19}$$

令 $\widetilde{\boldsymbol{A}}=\dfrac{\partial\widetilde{\boldsymbol{F}}}{\partial\widetilde{\boldsymbol{U}}}=\xi_x\dfrac{\partial\boldsymbol{F}}{\partial\boldsymbol{U}}+\xi_y\dfrac{\partial\boldsymbol{F}}{\partial\boldsymbol{U}}=\xi_x\boldsymbol{A}+\xi_y\boldsymbol{B}$，$\boldsymbol{B}=\dfrac{\partial\widetilde{\boldsymbol{G}}}{\partial\widetilde{\boldsymbol{U}}}=\eta_x\dfrac{\partial\boldsymbol{F}}{\partial\boldsymbol{U}}+\eta_y\dfrac{\partial\boldsymbol{G}}{\partial\boldsymbol{U}}=\eta_x\boldsymbol{A}+\eta_y\boldsymbol{B}$，$\delta\widetilde{\boldsymbol{U}}=\widetilde{\boldsymbol{U}}^{n+1}-\widetilde{\boldsymbol{U}}^{n}$，局部线性化后，有

$$\widetilde{\boldsymbol{F}}(\widetilde{\boldsymbol{U}}^{n+1})=\widetilde{\boldsymbol{F}}(\widetilde{\boldsymbol{U}}^{n})+\widetilde{\boldsymbol{A}}\delta\widetilde{\boldsymbol{U}} \tag{8.20}$$

$$\widetilde{\boldsymbol{G}}(\widetilde{\boldsymbol{U}}^{n+1})=\widetilde{\boldsymbol{F}}(\widetilde{\boldsymbol{U}}^{n})+\widetilde{\boldsymbol{B}}\delta\widetilde{\boldsymbol{U}} \tag{8.21}$$

式(8.19)可变形为如下形式：

$$[\boldsymbol{I}+\beta\Delta t(D_{\xi}\widetilde{\boldsymbol{A}}+D_{\eta}\widetilde{\boldsymbol{B}}]\delta\widetilde{\boldsymbol{U}}=-\Delta t\boldsymbol{RHS} \tag{8.22}$$

式中

$$\boldsymbol{RHS}=D_{\xi}\widetilde{\boldsymbol{F}}(\widetilde{\boldsymbol{U}}^{n})+D_{\eta}\widetilde{\boldsymbol{G}}(\widetilde{\boldsymbol{U}}^{n})=\widetilde{\boldsymbol{F}}(\widetilde{\boldsymbol{U}})^{n}_{i+1/2}-\widetilde{\boldsymbol{F}}(\widetilde{\boldsymbol{U}})^{n}_{i-1/2}+\widetilde{\boldsymbol{G}}(\widetilde{\boldsymbol{U}})^{n}_{j+1/2}-\widetilde{\boldsymbol{G}}(\widetilde{\boldsymbol{U}})^{n}_{j-1/2}$$

令 $\widetilde{\boldsymbol{A}}=\widetilde{\boldsymbol{A}}^{+}\widetilde{\boldsymbol{A}}^{-}$，$\widetilde{\boldsymbol{B}}=\widetilde{\boldsymbol{B}}^{+}\widetilde{\boldsymbol{B}}^{-}$，$\widetilde{\boldsymbol{A}}^{+}$、$\widetilde{\boldsymbol{B}}^{+}$特征值非负，$\widetilde{\boldsymbol{A}}^{-}$、$\widetilde{\boldsymbol{B}}^{-}$特征值非正，则

$$\widetilde{\boldsymbol{A}}^{+}=\frac{\widetilde{\boldsymbol{A}}+r_A\boldsymbol{I}}{2},\quad \widetilde{\boldsymbol{B}}^{+}=\frac{\widetilde{\boldsymbol{B}}+r_B\boldsymbol{I}}{2}$$

$$\widetilde{\boldsymbol{A}}^{-}=\frac{\widetilde{\boldsymbol{A}}-r_A\boldsymbol{I}}{2},\quad \widetilde{\boldsymbol{B}}^{+}=\frac{\widetilde{\boldsymbol{B}}-r_B\boldsymbol{I}}{2}$$

式中，$r_{\widetilde{A}}\geqslant\max(|\lambda_{\widetilde{A}}|)$，$r_{\widetilde{B}}\geqslant\max(|\lambda_{\widetilde{B}}|)$，$\lambda_{\widetilde{A}}$ 和 $\lambda_{\widetilde{B}}$ 为特征值，其最大值为谱半径。

$$r_{\widetilde{A}}=\alpha\cdot\max(U_{\xi}\pm a\sqrt{\xi_x^2+\xi_y^2}),\quad r_{\widetilde{B}}=\alpha\cdot\max(U_{\eta}\pm a\sqrt{\eta_x^2+\eta_y^2})$$

将分解后的通量 Jacobian 矩阵代入隐式格式的计算式，并对正、负 Jacobian 矩阵分别运用后差和前差，可得

$$[\boldsymbol{I}+\beta\Delta t(D_{\xi}^{+}\widetilde{\boldsymbol{A}}^{-}+D_{\xi}^{-}\widetilde{\boldsymbol{A}}^{+}+D_{\xi}^{+}\widetilde{\boldsymbol{B}}^{-}+D_{\xi}^{-}\widetilde{\boldsymbol{B}}^{+})]\delta\widetilde{\boldsymbol{U}}=-\Delta t\boldsymbol{RHS} \tag{8.23}$$

进一步推导可得

$$(\boldsymbol{D}+\boldsymbol{L}+\boldsymbol{U})\delta\widetilde{\boldsymbol{U}}=-\Delta t\boldsymbol{RHS} \tag{8.24}$$

式中，$\boldsymbol{D}=\boldsymbol{I}+\beta\Delta t(\widetilde{\boldsymbol{A}}^{+}_{i,j}-\widetilde{\boldsymbol{A}}^{-}_{i,j}+\widetilde{\boldsymbol{B}}^{+}_{i,j}-\widetilde{\boldsymbol{B}}^{-}_{i,j})$，为对角阵；$\boldsymbol{L}=-\beta\Delta t(\widetilde{\boldsymbol{A}}^{+}_{i-1,j}+\widetilde{\boldsymbol{B}}^{+}_{i,j-1})$，为下三角阵；$\boldsymbol{U}=\beta\Delta t(\widetilde{\boldsymbol{A}}^{-}_{i+1,j}+\widetilde{\boldsymbol{B}}^{-}_{i,j+1})$，为上三角阵。

式(8.24)可近似分解成

$$(\boldsymbol{D}+\boldsymbol{L})\boldsymbol{D}^{-1}(\boldsymbol{D}+\boldsymbol{U})\delta\widetilde{\boldsymbol{U}}=-\Delta t\boldsymbol{RHS} \tag{8.25}$$

相当于求解以下方程：

$$(\boldsymbol{D}+\boldsymbol{L})\delta(\widetilde{\boldsymbol{U}})^{*}=-\Delta t\boldsymbol{RHS} \tag{8.26}$$

$$(\boldsymbol{D}+\boldsymbol{U})\delta\widetilde{\boldsymbol{U}}=\boldsymbol{D}\delta\widetilde{\boldsymbol{U}}^{*} \tag{8.27}$$

对于轴对称 N－S 方程组，只需对式(8.24)的右端项作以下修改：

$$\boldsymbol{RHS}=\boldsymbol{D}_{\xi}[\widetilde{\boldsymbol{F}}(\widetilde{\boldsymbol{U}}^{n})-\widetilde{\boldsymbol{F}}_{v}(\boldsymbol{U}^{n})]+\boldsymbol{D}_{\eta}[\widetilde{\boldsymbol{G}}(\widetilde{\boldsymbol{U}}^{n})-\widetilde{\boldsymbol{G}}_{v}(\widetilde{\boldsymbol{U}}^{n})]+\widetilde{\boldsymbol{H}} \tag{8.28}$$

由以上公式推导可以看出，轴对称 N－S 方程和二维 N－S 方程只是应力项和右端项有所不同，所以求解二维 N－S 方程的计算格式可以很方便地应用于轴对称 N－S 方程。

2. 矢通量分裂方法

采用 Van Leer 的矢通量分裂方法，对流通量可分裂为以下形式：

$$\left.\begin{aligned}\boldsymbol{F}&=\boldsymbol{F}^{+}+\boldsymbol{F}^{-}\\ \boldsymbol{G}&=\boldsymbol{G}^{+}+\boldsymbol{G}^{-}\end{aligned}\right\} \tag{8.29}$$

而

$$\boldsymbol{F}=\begin{cases}\boldsymbol{F}^{+}, & Ma_{\xi}>1\\ \boldsymbol{F}^{-}, & Ma_{\xi}\leqslant -1\end{cases},\quad \boldsymbol{G}=\begin{cases}\boldsymbol{G}^{+}, & Ma_{\eta}>1\\ \boldsymbol{G}^{-}, & Ma_{\eta}\leqslant -1\end{cases}$$

式中，ξ 向马赫数 $Ma_{\xi}=\dfrac{U_{\xi}}{a\sqrt{\xi_x^2+\xi_y^2}}$，$\eta$ 向马赫数 $Ma_{\eta}=\dfrac{U_{\eta}}{a\sqrt{\eta_x^2+\eta_y^2}}$。

逆变速度 $U_{\xi}=\xi_x u+\xi_y v$，$U_{\eta}=\eta_x u+\eta_y v$。

当 $Ma_{\xi}^2<1$ 时，

$$\boldsymbol{F}^{\pm}=\begin{bmatrix} f_1^{\pm}\\ f_1^{\pm}\left[u-\dfrac{y_{\eta}}{\sqrt{x_{\eta}^2+y_{\eta}^2}}\left(\dfrac{U_{\xi}J}{x_{\eta}^2+y_{\eta}^2}\mp 2a\right)\Big/\gamma\right]\\ f_1^{\pm}\left[v+\dfrac{x_{\eta}}{\sqrt{x_{\eta}^2+y_{\eta}^2}}\left(\dfrac{U_{\xi}J}{\sqrt{x_{\eta}^2+y_{\eta}^2}}\mp 2a\right)\Big/\gamma\right]\\ f_1^{\pm}\left(e+\dfrac{p}{\rho}\right)\end{bmatrix} \tag{8.30}$$

当 $Ma_{\eta}^2<1$ 时，

$$\boldsymbol{G}^{\pm}=\begin{bmatrix} g_1^{\pm}\\ g_1^{\pm}\left[u+\dfrac{y_{\xi}}{\sqrt{x_{\xi}^2+y_{\xi}^2}}\left(\dfrac{U_{\eta}J}{\sqrt{x_{\xi}^2+y_{\xi}^2}}\mp 2a\right)\Big/\gamma\right]\\ g_1^{\pm}\left[v-\dfrac{x_{\xi}}{\sqrt{x_{\xi}^2+y_{\xi}^2}}\left(\dfrac{U_{\eta}J}{\sqrt{x_{\xi}^2+y_{\xi}^2}}\mp 2a\right)\Big/\gamma\right]\\ g_1^{\pm}\left(e+\dfrac{p}{\rho}\right)\end{bmatrix} \tag{8.31}$$

式中

$$f_1^{\pm}=\pm\frac{1}{4}\rho a(Ma_{\xi}\pm 1)^2,\quad g_1^{\pm}=\pm\frac{1}{4}\rho a(Ma_{\eta}\pm 1)^2$$

应用于多组分系统时，

$$\boldsymbol{F}_n^{\pm}=y_n f_1^{\pm},\quad \boldsymbol{G}_n^{\pm}=y_n g_1^{\pm},\quad n\leqslant \mathrm{ns}$$

3. MUSCL 计算格式

MUSCL 计算格式的思想如下：在任一个网格点上，信息来源依据当地马赫数的值分别由上游或下游插值得到。通量插值时，应根据上述方法插值得到的原始变量进行计算，而不是

直接把通量插值。以 i 向为例,有

$$\boldsymbol{F}_{i+1/2}^{+}=\boldsymbol{F}^{+}\left(\boldsymbol{Q}_{i+1/2}^{-}\right) \tag{8.32}$$

$$\boldsymbol{F}_{i+1/2}^{-}=\boldsymbol{F}^{-}\left(\boldsymbol{Q}_{i+1/2}^{+}\right) \tag{8.33}$$

式中,$\boldsymbol{Q}$ 代表原始变量。

$$\boldsymbol{Q}_{i+1/2}^{-}=\boldsymbol{Q}_{i}+\frac{l_{i}}{2}\boldsymbol{\Phi}_{i+1/2}^{-}$$

$$\boldsymbol{Q}_{i+1/2}^{+}=\boldsymbol{Q}_{i+1}-\frac{l_{+1i}}{2}\boldsymbol{\Phi}_{i+1/2}^{+}$$

计算时用到的一种通量限制器为

$$\boldsymbol{\Phi}_{i+1/2}^{+}=\min \bmod(\boldsymbol{\Delta}_{i}^{+},\boldsymbol{\Delta}_{i}^{-}) \tag{8.34}$$

$$\boldsymbol{\Phi}_{i+1/2}^{+}=\min \bmod(\boldsymbol{\Delta}_{i}^{+},\boldsymbol{\Delta}_{i}^{-}) \tag{8.35}$$

式中

$$\boldsymbol{\Delta}_{i}^{+}=\frac{\boldsymbol{Q}_{i+1}-\boldsymbol{Q}_{i}}{(l_{i}+l_{i+1})/2},\quad \boldsymbol{\Delta}_{i}^{-}=\frac{\boldsymbol{Q}_{i}-\boldsymbol{Q}_{i-1}}{(l_{i}+l_{i-1})/2}$$

式中,l_i 为网格单元的长度。单元体内的坐标参数定义如图 8.1 所示。

4. 有限体积格式

计算时采用的是积分形式的有限体积格式,如图 8.2 所示。方程可写成以下形式:

$$\frac{\partial}{\partial t}=\iint_{\Omega}\boldsymbol{U}\,\mathrm{d}\Omega+\oint_{\Sigma}\vec{\boldsymbol{E}}\,\mathrm{d}\Sigma=0 \tag{8.36}$$

式中,Ω 代表单元体积,Σ 代表单元表面积,$\vec{\boldsymbol{E}}=(\boldsymbol{F}-\boldsymbol{F}_{\mathrm{v}})\hat{i}+(\boldsymbol{G}-\boldsymbol{G}_{\mathrm{v}})\hat{j}$。

将 N－S 方程写成离散形式为

$$\delta\boldsymbol{U}=-\frac{\Delta t}{\Omega}\sum_{k=1}^{4}[\Delta y_{k}(\boldsymbol{F}-\boldsymbol{F}_{\mathrm{v}})-\Delta x_{k}(\boldsymbol{G}-\boldsymbol{G}_{\mathrm{v}})] \tag{8.37}$$

运用式(8.37)时应当注意,计算Δx 和Δy 时应做逆时针循环。

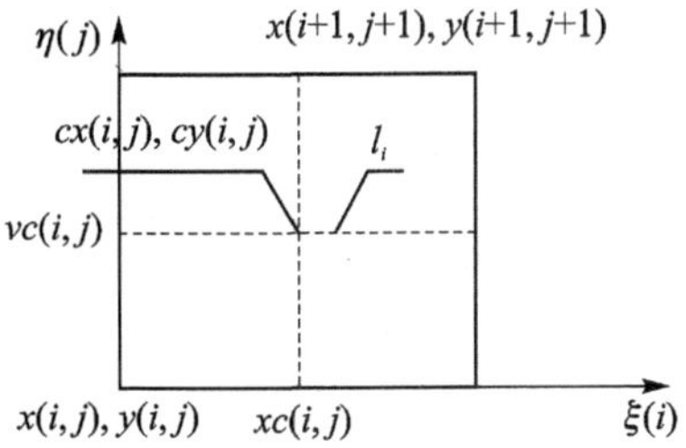

图 8.1　单元体坐标参数定义

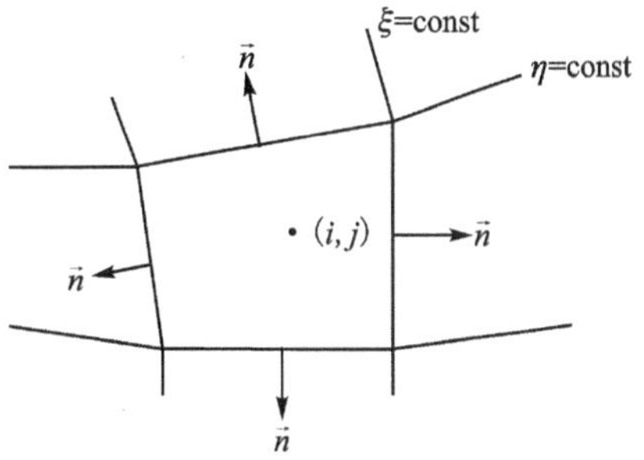

图 8.2　有限体积法通量示意图

当控制方程变换至一般曲线坐标系后,由于其逆变速度本身与单元边界垂直,因而积分时不需要分解为Δx 和Δy 分别处理。

$$\delta\boldsymbol{U}=-\frac{\Delta t}{\Omega}[A_{i+1/2,j}(\tilde{\boldsymbol{F}}-\tilde{\boldsymbol{F}}_{\mathrm{v}})_{i+1/2,j}-A_{i-1/2,j}(\tilde{\boldsymbol{F}}-\tilde{\boldsymbol{f}}_{\mathrm{v}})_{i-1/2,j}+$$

$$A_{i,j+1/2}(\tilde{\boldsymbol{G}}-\tilde{\boldsymbol{G}}_{\mathrm{v}})_{i,j+1/2}-A_{i,j-1/2}(\tilde{\boldsymbol{G}}-\tilde{\boldsymbol{G}}_{\mathrm{v}})_{i,j-1/2}]$$

在二维情况下，面积为

$$A_{i+1/2,j} = \sqrt{x_\eta^2 + y_\eta^2} \tag{8.38}$$

$$A_{i,j+1/2} = \sqrt{x_\xi^2 + y_\xi^2} \tag{8.39}$$

8.1.3 燃烧流场数值算例及结果分析

为了验证本书所建立的燃烧流场数值仿真模型及所用算法的正确性，进行了三个算例验证计算。

喷管的几何尺寸如图 8.3 所示。验证计算分别采用了 N－S 方程和欧拉方程的计算模型，将壁面和轴线的计算压强分布与文献试验数据进行了比较。图 8.4 和图 8.5 为欧拉方程的计算结果，从图中可以看出，在壁面和轴线上的计算结果与试验数据符合得很好。图 8.6 和图 8.7 为 N－S 方程的计算结果，计算结果与试验数据也符合得非常好。比较图 8.5 和图 8.7 可以得出，N－S 方程的解在壁面和轴线处的压强分布更好一些。

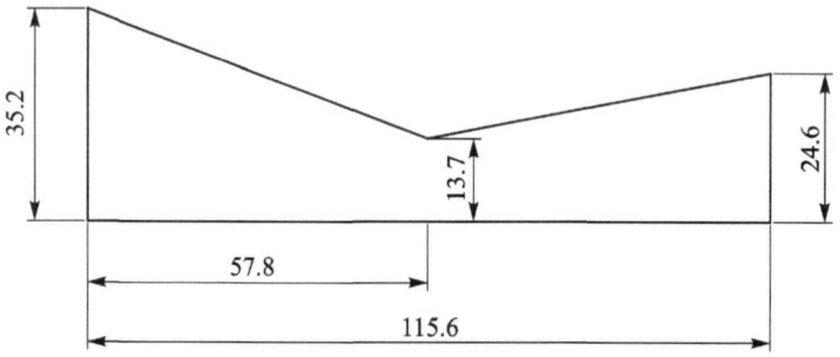

图 8.3 二维收缩扩张喷管示意(单位：mm)

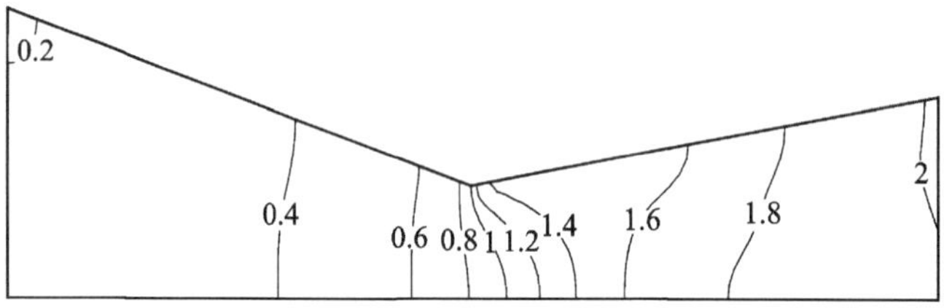

图 8.4 喷管无粘流马赫数等值线

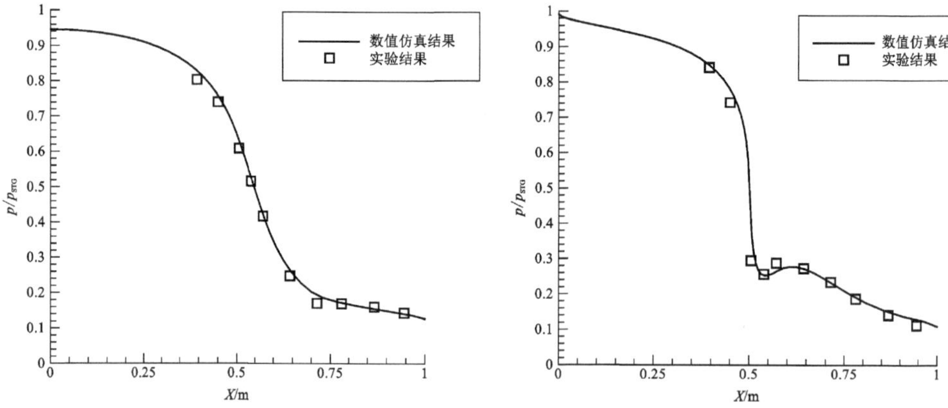

(a) 中心线位置　　(b) 壁面位置

图 8.5 喷管无粘流压强分布对比

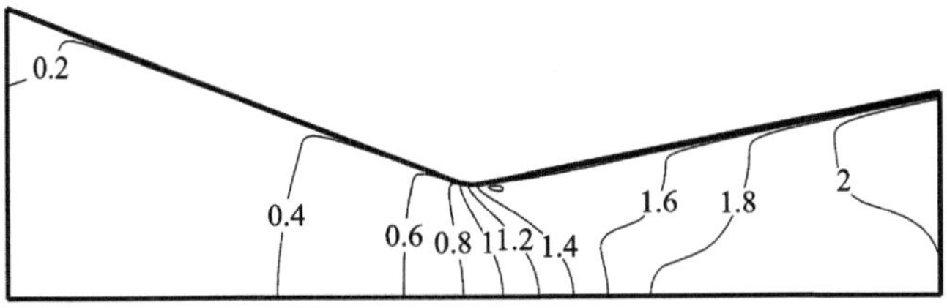

图 8.6　喷管有粘流动马赫数等值线

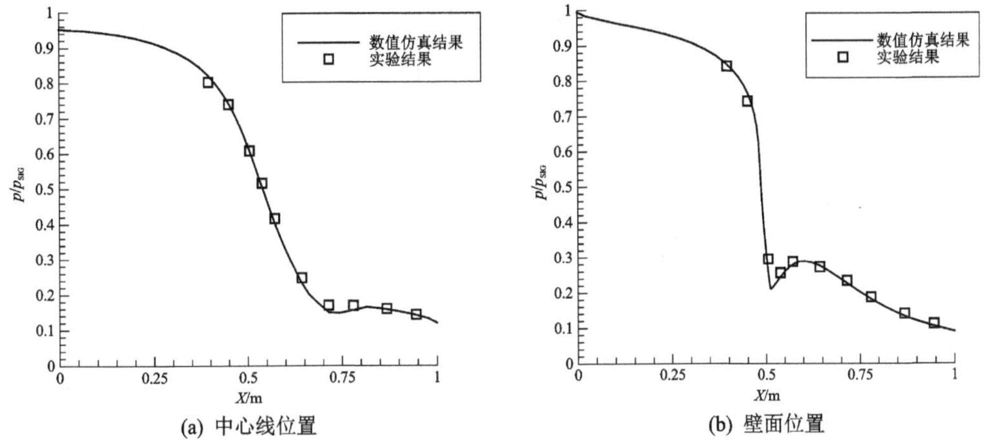

图 8.7　喷管有粘流压强分布对比

图 8.8 和图 8.9 分别给出了两种大小不同的喷管的压强和温度的数值计算结果。图 8.8 为大尺寸喷管，采用 CHO 化学反应模型。图 8.9 为小尺寸喷管，采用 CHON 化学反应模型。表 8.1 将求解化学非平衡的 N－S 方程得出的两种喷管的真空推力系数与相应的试验值进行了对比。

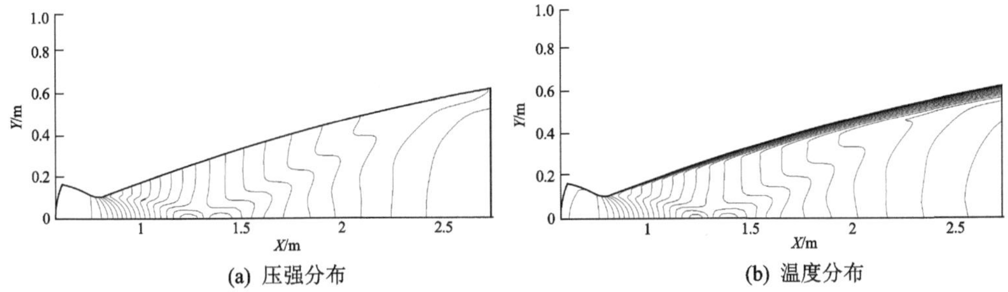

图 8.8　大尺寸喷管 B 流场数值仿真结果

表 8.1　燃烧流场数值算例的真空推力系数比较

类　别	数值模拟结果	实验值	相对误差/%
喷管 B	1.88	1.92	2.08
喷管 C	1.81	1.77	2.26

从以上算例验证结果可以看出，本文所采用的燃烧流场数值仿真模型和算法是比较准确

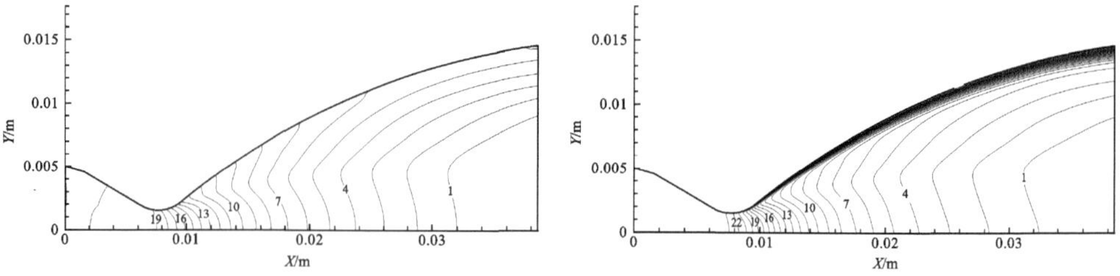

(a) 压强分布 (b) 温度分布

图 8.9 小尺寸喷管 C 流场数值仿真结果

和有效的,可以用于液体火箭发动机燃烧装置的优化设计。

8.2 传热与结构强度仿真

液体火箭发动机推力室内的燃气具有高温、高压及高速等特点,这样的燃气流将产生巨大的对流和辐射热流传向壁面。在这种情况下,若不采取有效的冷却措施,壁温将高到现有工程材料无法承受的程度而使得推力室壁发生过热、氧化、腐蚀甚至烧毁等现象。另外,对推力室壁过度冷却,将造成发动机的性能损失。

对于液体火箭发动机推力室,常用的冷却方法有再生冷却、膜冷却和发汗冷却等。再生冷却使用泵输送一股流体流过环绕推力室外面的冷却通道。目前,液体火箭发动机普遍使用再生冷却,因为它简单、成本低,并且吸收的能量增加了喷注前推进剂的初始能量。再生冷却的主要缺点是增加了用于运送冷却液通过冷却套的泵功率。

膜冷却是平行于推力室内壁面喷注低温气体或液体,在壁面上形成冷却膜。膜冷却直接在高温燃气和冷却液之间产生热交换,比再生冷却更有效。此外,它相对容易实现,已经应用于部分推力室设计中。膜冷却的主要缺点是单位面积内需要大量的冷却液,且由于流动扰动将导致较大的推力损失。

发汗冷却是通过多孔壁以很低的速度往推力室内喷注冷却液。与膜冷却相比,发汗冷却能使冷却液更好地分布,已经应用于冷却 SSME 的喷注面板,但还没有用于液体火箭发动机燃烧室或喷管的冷却上。在发汗冷却中,冷却剂的喷注速度比膜冷却的喷注速度慢,流动扰动也相应地减少。因此,与膜冷却相比,发汗冷却效果更好。其主要缺点是增加了推力室壁结构的复杂性。

8.2.1 传热与结构强度仿真模型

1. 推力室和燃气发生器结构热分析

由于目前大多数液体火箭发动机推力室身部采用铣槽结构,因此本书研究主要针对的是铣槽结构的物理模型。考虑到推力室结构的对称性,沿轴向切取半个冷却槽和半个肋条作为求解区域,如图 8.10 和图 8.11 所示。

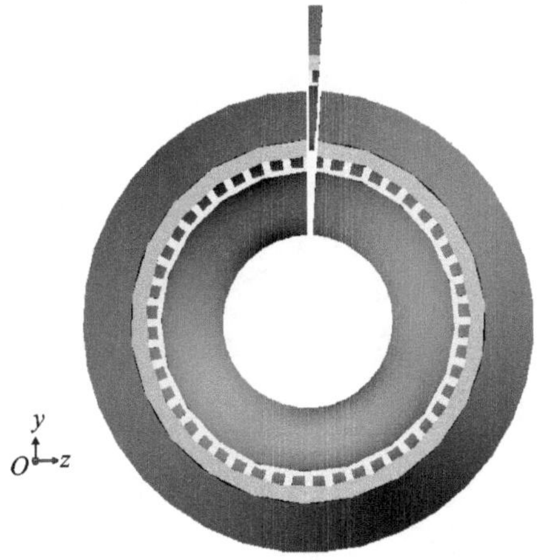

图 8.10　推力室计算结构的切取方式

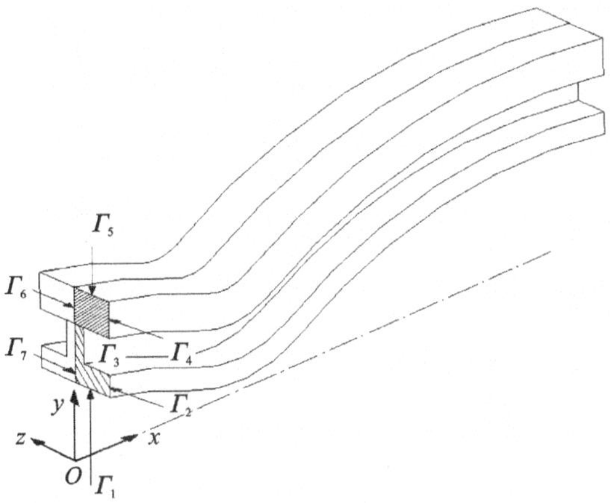

图 8.11　推力室计算几何模型及其边界

在一般的三维问题中，温度场的场变量 $T(x,y,z,t)$ 在直角坐标系中应满足的微分方程为

$$\rho c\frac{\partial T}{\partial t}-\frac{\partial}{\partial x}\left(\lambda_x\frac{\partial T}{\partial x}\right)-\frac{\partial}{\partial y}\left(\lambda_y\frac{\partial T}{\partial y}\right)-\frac{\partial}{\partial z}\left(\lambda_z\frac{\partial T}{\partial z}\right)-q_v\quad(\text{在}\ \Omega\ \text{内})\tag{8.40}$$

式中，第一项为微元体升温需要的热量，第二、三、四项分别为由 x、y 和 z 方向传入微元体的热量，最后一项为微元体内热源产生的热量。方程(8.40)表明，微元体升温所需的热量应与传入微元体的热量以及微元体内热源产生的热量平衡。

如图 8.11 所示，对于高温燃气侧边界 Γ_1，有

$$\lambda\frac{\partial T}{\partial n}\bigg|_{\text{in,w}}=(h_c+h_r)(T_{ad}-T_{wg})\tag{8.41}$$

对于冷却槽边界 Γ_3，有

$$\lambda\frac{\partial T}{\partial n}\bigg|_{\text{out,w}}=h_1(T_f-T_{wf})\tag{8.42}$$

除去与外界接触的外壁面 Γ_5，边界 Γ_2、Γ_4、Γ_6 和 Γ_7 均为绝热边界。由于冷却液带走了绝大部分热量，使得外壁面与外界的换热量很小，故 Γ_5 也假定为绝热边界。边界应满足

$$\Gamma_1+\Gamma_2+\Gamma_3+\Gamma_4+\Gamma_5+\Gamma_6+\Gamma_7=\Gamma\tag{8.43}$$

式中，Γ 是 Ω 域的全部边界。

对于燃气发生器，由于基本不采用主动冷却，因此对它的热分析可以视为推力室热分析的简化形式，适用相同的数学模型和计算程序。

2. 膜冷却

膜冷却是液体火箭发动机一个重要的冷却方式，YF-100 就采用了膜冷却作为其辅助冷却方式。膜冷却分为两种：一种是气膜冷却，另一种是液膜冷却。

(1) 气膜冷却

用加边界条件的方法对气膜冷却进行研究。将燃气和冷却剂分别作为一种组分，相互之间存在质量扩散，燃气入口参数由热力计算得到。控制方程为包含组分扩散的轴对称二维

N-S方程

$$\frac{\partial \boldsymbol{U}}{\partial t}+\frac{\partial \boldsymbol{E}}{\partial z}+\frac{\partial \boldsymbol{F}}{\partial r}+\boldsymbol{H}=\boldsymbol{0} \tag{8.44}$$

$$\boldsymbol{U}=r\begin{bmatrix}\rho\\ \rho_c\\ \rho u\\ \rho v\\ e\end{bmatrix},\quad \boldsymbol{E}=r\begin{bmatrix}\rho u\\ \rho_c u-D\dfrac{\partial \rho}{\partial x}\\ \rho u^2+p-\tau_{zz}\\ \rho uv-\tau_{zr}\\ (e+p)u-\tau_{zz}u-\tau_{zr}v-q_z\end{bmatrix}$$

$$\boldsymbol{F}=r\begin{bmatrix}\rho v\\ \rho_c v-D\dfrac{\partial \rho}{\partial r}\\ \rho uv-\tau_{rz}\\ \rho v^2+p-\tau_{rr}\\ (e+p)v-\tau_{rz}u-\tau_{rr}v-q_r\end{bmatrix},\quad \boldsymbol{H}=\begin{Bmatrix}0\\ 0\\ 0\\ -p+\tau_{\theta\theta}\\ 0\end{Bmatrix}$$

状态方程

$$p=(\gamma-1)\left[e-\frac{1}{2}\rho(u^2+v^2)\right] \tag{8.45}$$

进行坐标变换后，得到

$$\frac{\partial}{\partial t}\left(\frac{\boldsymbol{U}}{J}\right)+\frac{\partial}{\partial \xi}[(\xi_z\boldsymbol{E}+\xi_r\boldsymbol{F})/J]+\frac{\partial}{\partial \eta}[\eta_z\boldsymbol{E}+\eta_r\boldsymbol{F})/J]+\frac{\boldsymbol{H}}{J}=\boldsymbol{0} \tag{8.46}$$

式中，$\xi_z=Jr_\eta,\eta_z=-Jr_\xi,\xi_r=-Jz_\eta,\eta_r=Jz_\xi,J=\xi_z\eta_r-\xi_r\eta_z=1/(z_\xi r_\eta-z_\eta r_\xi)$。

计算中不考虑化学反应；湍流模型采用B-L代数模型，其涡粘系数的假设如下：

$$u_t=\begin{cases}(\mu_t)_{in}=\rho(ky)^2[1-\exp(-y^+/A^+)]^2\ |\omega|, & y\leqslant y_c\\ (\mu_t)_{out}=KC_{cp}\rho F_{wake}F_{kleb}(y), & y>y_c\end{cases} \tag{8.47}$$

式中，y是距离壁面的法向距离，y_c是内外两层具有相同μ_t值的点与壁面的法向距离。

$$|\omega|=\left|\frac{\partial u}{\partial y}-\frac{\partial v}{\partial x}\right|$$

$$y^+=\frac{\rho_w u_\tau y}{\mu_w}=\frac{\sqrt{\rho_w\tau_w}\cdot y}{\mu_w}$$

$$F_{wake}=\min(y_{max}\cdot F_{max},C_{wk}y_{max}u_{dif}^2/F_{max})$$

式中，F_{max}是函数$F(y)=y|\omega|[1-\exp(-y^*/A^+)]$的最大值。$y_{max}$是$F_{max}$对应的$y$值。

$$F_{kleb}(y)=\left[1+5.5\left(\frac{C_{kleb}\cdot y}{y_{max}}\right)^6\right]^{-1}$$

u_{dif}是在给定x站位处的速度最大值与最小值之差，即

$$u_{dif}=\left(\sqrt{u^2+v^2}\right)_{max}-\left(\sqrt{u^2+v^2}\right)_{min}$$

转捩对湍流的影响通过下述方法实现：当计算的μ_t小于某一给定值时，也就是$(\mu_t)_{max,剖面}<C_{MUTM}\cdot\mu_t$时，$\mu_t=0$。

上面所提到的各常数值为

$$A^+=26,\quad C_{cp}=1.6,\quad C_{kleb}=0.3,\quad C_{wk}=0.25,\quad k=0.4$$
$$K=0.0168,\quad Pr=0.72,\quad Pr_t=0.9,\quad C_{MUTM}=14$$

最终流场中的总粘性系数

$$\mu=\mu_0+\mu_t \tag{8.48}$$

式中，μ_0 为气体的分子粘性系数。

总导热系数为

$$k=k_0+k_t \tag{8.49}$$

式中，k_0 为气体的分子导热系数，$k_0=\dfrac{\mu_0}{Pr_0}$；k_t 为气体的湍流导热系数，$k_t=\dfrac{\mu_t}{Pr_t}$。Pr_0 为气体的分子普朗特数，Pr_t 为气体的湍流普朗特数，在通常的计算中，$Pr_0=0.72$，$Pr_t=0.9$。

(2) 液膜冷却

液膜冷却涉及大量的复杂问题，如超临界、相变、相间的质量能量传递，多相流动以及化学反应等，其物理本质非常复杂。液膜冷却过程可以简化为两相流动，高温燃气向低温液膜传递热量，引起液膜的沸腾并逐渐蒸发。因此，对气液两相分别建立守恒方程的同时，还必须对两相之间的质量、能量交换关系进行建模。下面是针对稳态液膜冷却建立的初步数学模型。

1) 液膜动量方程

z 向：

$$\rho_l\left(u_l\frac{\partial u_l}{\partial z}+v_l\frac{\partial u_l}{\partial r}\right)=\frac{1}{r}\frac{\partial}{\partial r}\left[r(\mu_l+\mu_{lt})\frac{\partial u_l}{\partial r}\right]+\rho_l g \tag{8.50}$$

r 向：

$$\rho_l\left(v_l\frac{\partial v_l}{\partial r}+u_l\frac{\partial v_l}{\partial z}\right)=\frac{\partial}{\partial z}\left[(\mu_l+\mu_{lt})\frac{\partial v_l}{\partial z}\right] \tag{8.51}$$

2) 液膜能量方程

$$\rho_l c_{pl}\left(u_l\frac{\partial T_l}{\partial z}+v_l\frac{\partial T_l}{\partial r}\right)=\frac{1}{r}\frac{\partial}{\partial r}\left[r(\lambda_l+\lambda_{lt})\frac{\partial T_l}{\partial r}\right] \tag{8.52}$$

3) 气体连续方程

$$\frac{\partial}{\partial z}(r\rho_g u_g)+\frac{\partial}{\partial r}(r\rho_g v_g)=0 \tag{8.53}$$

4) 气体动量方程

z 向：

$$\rho_g\left(u_g\frac{\partial u_g}{\partial z}+v_g\frac{\partial u_g}{\partial r}\right)=-\frac{dp}{dz}+\frac{1}{r}\frac{\partial}{\partial r}\left[r(\mu_g+\mu_{gt})\frac{\partial u_g}{\partial r}\right]-(\rho_0-\rho_g)g \tag{8.54}$$

r 向：

$$\rho_g\left(v_g\frac{\partial v_g}{\partial r}+u_g\frac{\partial v_g}{\partial z}\right)=-\frac{dp}{dr}+\frac{\partial}{\partial z}\left[(\mu_g+\mu_{gt})\frac{\partial v_g}{\partial z}\right] \tag{8.55}$$

5) 气体能量方程

$$\rho_g c_{pg}\left(u_g\frac{\partial T_g}{\partial z}+v_g\frac{\partial T_g}{\partial r}\right)=\frac{1}{r}\frac{\partial}{\partial r}\left[r(\lambda_g+\lambda_{gt})\frac{\partial T_g}{\partial r}\right]+\rho_g D(c_{pv}-c_{pa})\frac{\partial T_g}{\partial r}\frac{\partial w}{\partial r} \tag{8.56}$$

6）组分浓度方程

$$\rho_g\left(u_g\frac{\partial w}{\partial z}+v_g\frac{\partial w}{\partial r}\right)=\frac{1}{r}\frac{\partial}{\partial r}\left[r\rho_g D\frac{\partial w}{\partial r}\right] \tag{8.57}$$

7）气体状态方程

$$p=R\rho_g T_g \tag{8.58}$$

8）定解条件

边界条件：

$$z=0\rightarrow u_g=u_0,\quad T_g=T_0,\quad w=w_0$$

$$r=0\rightarrow \frac{\partial u_g}{\partial r}=0,\quad \frac{\partial T_g}{\partial r}=0,\quad \frac{\partial w}{\partial r}=0$$

$$r=R\rightarrow u_1=0,\quad \frac{\partial T_1}{\partial r}=0$$

速度与温度连续：

$$u_i=u_{gi}=u_{1i},\quad T_i=T_{gi}=T_{1i} \tag{8.59}$$

剪应力连续：

$$\tau_i=\left[(\mu+\mu_t)\frac{\partial u}{\partial r}\right]_{g,j}=\left[(\mu+\mu_t)\frac{\partial u}{\partial r}\right]_{1,j} \tag{8.60}$$

界面混合气体的法向流速与界面组分浓度：

$$v_i=-\frac{D}{1-w_i}\frac{\partial w}{\partial r},\quad w_i=\frac{M_v P_{v,i}}{M_a(P-P_{v,i})+M_v P_{v,i}} \tag{8.61}$$

界面的质量流率：

$$m_i=\frac{\rho_g D}{1-w_i}\frac{\partial w}{\partial r} \tag{8.62}$$

界面的热平衡：

$$\left[(\lambda+\lambda_t)\frac{\partial T}{\partial r}\right]_{1,i}=\left[(\lambda+\lambda_t)\frac{\partial T}{\partial r}\right]_{g,i}+m_i\gamma \tag{8.63}$$

总体质量平衡：

$$\frac{(R-\delta_0)^2}{2}\rho_g u_0=\int_0^{R-\delta} r\rho_g u_g \mathrm{d}r+\int_0^z \rho_g v_i \mathrm{d}z \tag{8.64}$$

$$\Gamma_0=\int_{R-\delta}^{R} r\rho_1 u_1 \mathrm{d}r+\int_0^z \rho_g v_i \mathrm{d}z \tag{8.65}$$

3. 发汗冷却

(1) 一维固液耦合温差模型

发汗冷却方式是将冷却介质以微小的量均匀地在受热壁面流出而形成隔热屏障，可以看成是膜冷却的极限形式。层板发汗冷却是在结构上由大量厚度小于 1 mm 的薄板片(简称层板)叠加构成受热部件，其中每一薄板的表面都加工有沟槽状的冷却流道，冷却剂从层板外围组件穿过这些流道到达并流出受热表面而完成热防护任务。层板发汗冷却通过两个过程来实现：第一个过程是冷却剂在冷却通道中的流动换热过程，通过对流换热吸收沿途层板的热量，降低层板结构温度；第二个过程是冷却剂流出推力室内壁进入燃气附面层形成发汗膜，阻碍高温燃气向室壁传热。层板发汗冷却推力室的截面图和冷却剂流道图如图 8.12 和图 8.13 所示。

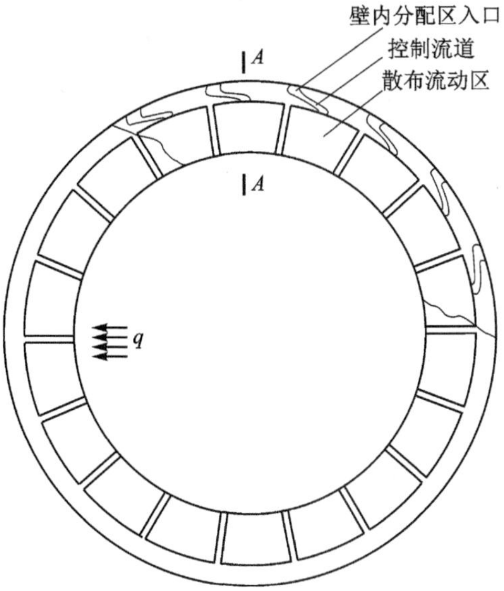

图 8.12　推力室横截面发汗冷却通道示意

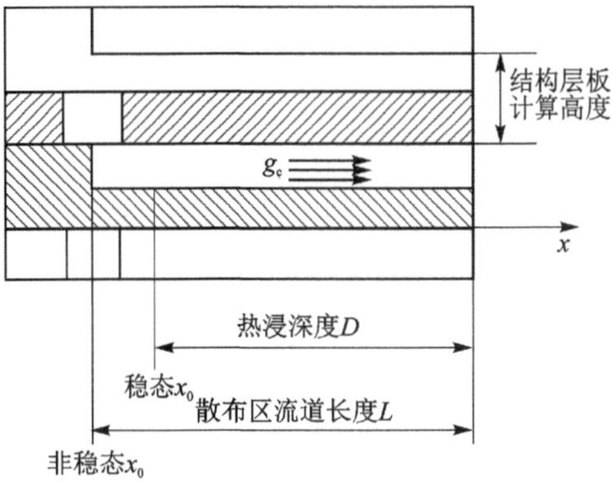

图 8.13　A－A 剖面冷却剂流道示意

现有的推力室结构温度场计算模型和分析方法，不论是局部热平衡模型还是温差模型，通常将上述两个过程分开考虑；燃气向发汗冷却室壁传热的热流强度都是由理论分析的方法或经验方法确定的，在室壁结构热分析中作为边界条件给出。本书建立了层板结构和冷却剂的温差模型，利用有限体积法，对发汗冷却层板推力室的壁温特性进行了数值仿真。

液体火箭发动机推力室的工作压强通常很高，冷却剂一般处于超临界流动状态，在层板流动中无相变过程，其换热过程表现为单向加热流动特性。该模型考虑层板结构和冷却剂之间的温差，高温燃气向推力室壁传递的热流作为边界条件给出。层板发汗冷却设计计算的一个重要目的是确定燃气的热浸深。如果能将热浸深控制在冷却剂散布流道之内，即使壁面某处过热，也不会扩散到整个壁面。

为方便、准确地对发汗冷却进行数值仿真研究，提出如下简化假设：

① 冷却剂在层板中流动时，进行稳态对流换热，任意位置处的物性都为定常状态；

② 忽略结构层板因加热而产生的膨胀和变形；

③ 冷却剂由控制流道进入散布区后为均匀流动，在垂直于流动方向截面上的温度相同；

④ 冷却剂在流动时不发生化学反应，高温燃气对层板中的冷却剂的辐射换热可以忽略；

⑤ 结构层板截面积沿推力室径向的变化可以忽略不计。

根据上述物理模型和假设，发汗冷却结构层板固体的能量方程的传热项包括沿 x 方向的导热和与冷却剂的对流换热：

$$\lambda_s \frac{d^2 T_s}{dx^2} - \frac{h_L C}{A_s}(T_s - T_c) = 0 \tag{8.66}$$

对于冷却剂，除了沿 x 方向的导热和与层板固体的对流换热外，还有一个由冷却剂流动而引起的能量随流迁移项：

$$\lambda_c \frac{d^2 T_c}{dx^2} + \frac{h_L C}{A_c}(T_s - T_c) - \rho_l u_l C_{pl} \frac{dT_c}{dx} = 0 \tag{8.67}$$

式中，λ_s、λ_c 分别为层板固体和冷却剂的导热系数；T_s、T_c 分别为层板固体和冷却剂的温度；C 为冷却通道中冷却剂浸湿层板的周长；h_L 为冷却剂和层板的等效换热系数；A_s 为层板固体截面积；A_c 为冷却通道截面积；ρ_1、u_1、C_{pl} 分别为冷却剂的密度、速度和比热容。

边界条件如下：

对于层板固体，

$$\text{左边界为 } x=0,\frac{\mathrm{d}T_s}{\mathrm{d}x};\quad \text{右边界为 } x=L,q=\lambda_s\left[\frac{\mathrm{d}T_s}{\mathrm{d}x}\right]_{x=l}$$

对于冷却液，

$$\text{左边界为 } x=0,T_c=105\ \mathrm{K};\quad \text{右边界为 } x=L,q=\lambda_c\left[\frac{\mathrm{d}T_c}{\mathrm{d}x}\right]_{x=l}+\rho_1 u_1 C_{pl} T_{C,N}$$

(2) 二维全场耦合模型

一维固液耦合温差模型主要用于分析层板发汗冷却的两个过程的第一个。现有研究一般都是将这两个过程分开考虑，互为边界条件进行处理；显然这样无法考虑到层板内部冷却剂和主流区燃气耦合流动的影响，因此只有将这两部分的流动与传热进行全场耦合求解，才可能得到比较合理的结果。

图 8.14 为二维全场耦合模型示意图，冷却剂从控制通道出来后流入散布通道，沿途吸收层板的热量，最后流出层板并吹除壁面的高温燃气，阻隔其向层板传热。数值仿真模型采用二维轴对称 N－S 方程，湍流模型选用 $k-w$ 模型，主要求解湍动能 k 及它的比耗散率的对流运输方程。

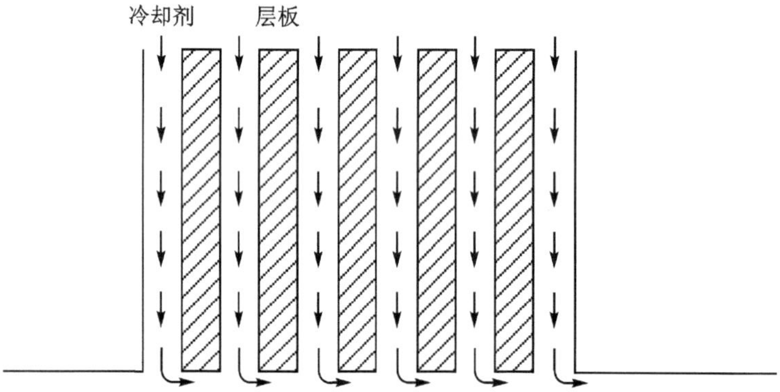

图 8.14 二维全场耦合计算模型

4. 推力室及燃气发生器热结构强度分析

推力室和燃气发生器的热结构强度分析是在传热分析的基础上进行的，其计算结构可以参考图 8.10 和图 8.11 的切取方式。进行结构强度分析，首先要得到结构的温度场分布，将温度场分布作为结构强度数值仿真的初始条件。

(1) 结构强度分析控制方程

$$\left.\begin{aligned}
&G\left(\frac{\partial^2 u}{\partial x^2}+\frac{\partial^2 u}{\partial y^2}+\frac{\partial^2 u}{\partial z^2}\right)+(\lambda+G)\left(\frac{\partial^2 u}{\partial x^2}+\frac{\partial^2 v}{\partial x\partial y}+\frac{\partial^2 w}{\partial x\partial z}\right)-\beta\frac{\partial T}{\partial x}+X=0\\
&G\left(\frac{\partial^2 v}{\partial x^2}+\frac{\partial^2 v}{\partial y^2}+\frac{\partial^2 v}{\partial z^2}\right)+(\lambda+G)\left(\frac{\partial^2 u}{\partial x\partial y}+\frac{\partial^2 v}{\partial y^2}+\frac{\partial^2 w}{\partial y\partial z}\right)-\beta\frac{\partial T}{\partial y}+Y=0\\
&G\left(\frac{\partial^2 w}{\partial x^2}+\frac{\partial^2 w}{\partial y^2}+\frac{\partial^2 w}{\partial z^2}\right)+(\lambda+G)\left(\frac{\partial^2 u}{\partial x\partial z}+\frac{\partial^2 v}{\partial y\partial z}+\frac{\partial^2 w}{\partial z^2}\right)-\beta\frac{\partial T}{\partial z}+Z=0
\end{aligned}\right\}\tag{8.68}$$

式中

$$\lambda=\frac{E\nu}{(1+\nu)(1-2\nu)},\quad G=\frac{E}{2(1+\nu)},\quad \beta=\alpha_t(3\lambda+2G)$$

u、v、w 分别为三个方向的位移量，X、Y、Z 为结构在三个方向的体积力。

结构的应力和应变关系如下列式子所示，由此可以得到结构的应力分布。

$$\varepsilon_x=\frac{\partial u}{\partial x},\quad \varepsilon_y=\frac{\partial v}{\partial y},\quad \varepsilon_z=\frac{\partial w}{\partial z}$$

$$\gamma_{xy}=\frac{\partial v}{\partial x}+\frac{\partial u}{\partial y},\quad \gamma_{yz}=\frac{\partial w}{\partial y}+\frac{\partial v}{\partial z},\quad \gamma_{zx}=\frac{\partial u}{\partial z}+\frac{\partial w}{\partial x}$$

$$\sigma_x=\lambda e+2G\varepsilon_x-\beta T$$

$$\sigma_y=\lambda e+2G\varepsilon_y-\beta T$$

$$\sigma_z=\lambda e+2G\varepsilon_z-\beta T$$

$$\tau_{xy}=G\gamma_{xy},\quad \tau_{yz}=G\gamma_{yz},\quad \tau_{zx}=G\gamma_{zx}$$

(2) 边界条件

结构强度计算的边界条件通常有应力边界条件和位移边界条件两种。根据需要，两种边界条件可以相互转化。位移形式的应力边界条件如下：

$$\left.\begin{aligned}
&l\sigma_x+m\tau_{yx}+n\tau_{zx}=\bar{X}\\
&l\tau_{xy}+m\sigma_y+n\tau_{xy}=\bar{Y}\\
&l\tau_{xz}+m\tau_{yz}+n\sigma_z=\bar{Z}
\end{aligned}\right\}\tag{8.69}$$

式中，l、m、n 分别是表面应力在三个坐标轴上的余弦分量，$\bar{X}$、$\bar{Y}$、$\bar{Z}$ 为三个方向的表面应力分量。

在式(8.69)中代入应力、应变的表达式，得到

$$\left.\begin{aligned}
&\lambda le+G\left(l\frac{\partial u}{\partial x}+m\frac{\partial u}{\partial y}+n\frac{\partial u}{\partial z}\right)+G\left(l\frac{\partial u}{\partial x}+m\frac{\partial v}{\partial x}+n\frac{\partial w}{\partial x}\right)=\bar{X}+l\beta T_s\\
&\lambda me+G\left(l\frac{\partial v}{\partial x}+m\frac{\partial v}{\partial y}+n\frac{\partial v}{\partial z}\right)+G\left(l\frac{\partial u}{\partial y}+m\frac{\partial v}{\partial y}+n\frac{\partial w}{\partial y}\right)=\bar{Y}+m\beta T_s\\
&\lambda ne+G\left(l\frac{\partial w}{\partial x}+m\frac{\partial w}{\partial y}+n\frac{\partial w}{\partial z}\right)+G\left(l\frac{\partial u}{\partial z}+m\frac{\partial v}{\partial z}+n\frac{\partial w}{\partial z}\right)=\bar{Z}+n\eta\beta T_s
\end{aligned}\right\}\tag{8.70}$$

8.2.2　传热与结构强度数值计算方法

1. 推力室和燃气发生器结构热分析

对于复杂的结构，有限单元法是非常有效的计算分析方法，单元采用八节点六面体等参单

元，这种单元几何映射到局部坐标的空间中为八节点正方体单元，如图 8.15 所示。

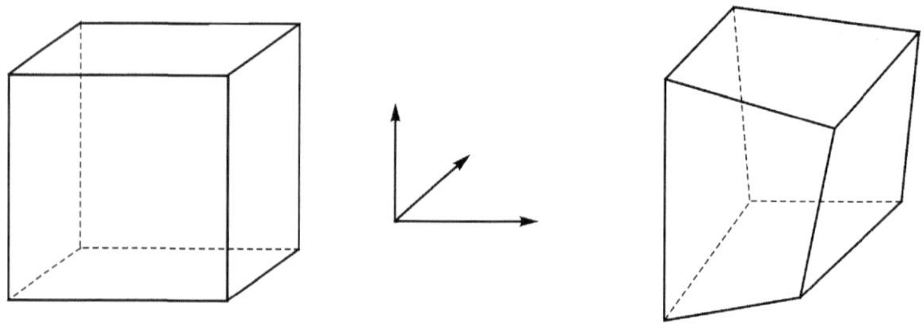

图 8.15　等参元示意

单元内任意一点的坐标和温度分别为

$$x = \sum_{i=1}^{8} N_i(\xi,\eta,\zeta)x_i = Nx^{e} \tag{8.71}$$

$$y = \sum_{i=1}^{8} N_i(\xi,\eta,\zeta)y_i = Ny^{e} \tag{8.72}$$

$$z = \sum_{i=1}^{8} N_i(\xi,\eta,\zeta)z_i = Nz^{e} \tag{8.73}$$

$$T = \sum_{i=1}^{8} N_i(\xi,\eta,\zeta)T_i = NT^{e} \tag{8.74}$$

式中，x_i、y_i、z_i 为节点 i 的坐标，T_i 为节点 i 的温度值，N_i 为单元形函数。

单元形函数 N_i 是局部坐标的函数，根据复合函数求导的规则，可以找出整体坐标与局部坐标的转换关系式：

$$\begin{bmatrix} \dfrac{\partial N_i}{\partial \xi} \\ \dfrac{\partial N_i}{\partial \eta} \\ \dfrac{\partial N_i}{\partial \zeta} \end{bmatrix} = \boldsymbol{J} \begin{bmatrix} \dfrac{\partial N_i}{\partial x} \\ \dfrac{\partial N_i}{\partial y} \\ \dfrac{\partial N_i}{\partial z} \end{bmatrix} \tag{8.75}$$

式中，$\boldsymbol{J}$ 为雅克比矩阵，其表达式为

$$\boldsymbol{J} = \begin{bmatrix} \dfrac{\partial x}{\partial \xi} & \dfrac{\partial y}{\partial \xi} & \dfrac{\partial z}{\partial \xi} \\ \dfrac{\partial x}{\partial \eta} & \dfrac{\partial y}{\partial \eta} & \dfrac{\partial z}{\partial \eta} \\ \dfrac{\partial x}{\partial \zeta} & \dfrac{\partial y}{\partial \zeta} & \dfrac{\partial z}{\partial \zeta} \end{bmatrix}$$

有限元方程：

对于任意一个单元，根据变分原理，方程及边界条件对应的泛函表达式为

$$I^{e} = \int_{V_e} \left\{ \frac{\lambda}{2} \left[\left(\frac{\partial T}{\partial x}\right)^2 + \left(\frac{\partial T}{\partial y}\right)^2 + \left(\frac{\partial T}{\partial z}\right)^2 \right] + \rho C_v \frac{\mathrm{d}T}{\mathrm{d}t} T \right\} \mathrm{d}V + \int_{S_2} q_w T \mathrm{d}S + \int_{S_3} \alpha \left(\frac{1}{2} T^2 - T_f T \right) \mathrm{d}S \tag{8.76}$$

对式(8.76)取极值，即$\frac{\partial I^e}{\partial T}=0$，得到单元有限元刚度方程为

$$(\boldsymbol{K}_1^e+\boldsymbol{K}_2^e)T^e+\boldsymbol{H}^e\frac{\partial T^e}{\partial t}=\boldsymbol{F}_1^e+\boldsymbol{F}_2^e \tag{8.77}$$

根据微分几何可知两个坐标系微元体积有以下关系：

$$\mathrm{d}x\mathrm{d}y\mathrm{d}z=|\boldsymbol{J}|\,\mathrm{d}\xi\mathrm{d}\eta\mathrm{d}\zeta \tag{8.78}$$

在 $\zeta=1$ 的表面上，微元曲面 $\mathrm{d}s$ 可表示为

$$\mathrm{d}s=\sqrt{AC-B^2}\,\mathrm{d}\xi\mathrm{d}\eta$$

式中

$$A=\left(\frac{\partial x}{\partial \xi}\right)^2+\left(\frac{\partial y}{\partial \xi}\right)^2+\left(\frac{\partial z}{\partial \xi}\right)^2$$

$$B=\frac{\partial x}{\partial \xi}\frac{\partial x}{\partial \eta}+\frac{\partial y}{\partial \xi}\frac{\partial y}{\partial \eta}+\frac{\partial z}{\partial \xi}\frac{\partial z}{\partial \eta}$$

$$C=\left(\frac{\partial x}{\partial \eta}\right)^2+\left(\frac{\partial y}{\partial \eta}\right)^2+\left(\frac{\partial z}{\partial \eta}\right)^2$$

因此，式(8.77)中的矩阵分别为

$$\boldsymbol{K}_1^e=\int_{V_e}\left(\left[\frac{\partial \boldsymbol{N}}{\partial x}\right]^{\mathrm{T}}\frac{\partial \boldsymbol{N}}{\partial x}+\left[\frac{\partial \boldsymbol{N}}{\partial y}\right]^{\mathrm{T}}\frac{\partial \boldsymbol{N}}{\partial y}+\left[\frac{\partial \boldsymbol{N}}{\partial z}\right]^{\mathrm{T}}\frac{\partial \boldsymbol{N}}{\partial z}\right)\mathrm{d}V$$

$$=\int_{-1}^{1}\int_{-1}^{1}\int_{-1}^{1}\left[\frac{\partial N_i}{\partial \xi}\ \frac{\partial N_i}{\partial \eta}\ \frac{\partial N_i}{\partial \zeta}\right]([\boldsymbol{J}]^{-1})^{\mathrm{T}}[\boldsymbol{J}]^{-1}\begin{bmatrix}\frac{\partial N_i}{\partial \xi}\\ \frac{\partial N_i}{\partial \eta}\\ \frac{\partial N_i}{\partial \zeta}\end{bmatrix}|\boldsymbol{J}|\,\mathrm{d}\xi\mathrm{d}\eta\mathrm{d}\zeta$$

$$\boldsymbol{K}_2^e=\frac{\alpha}{\lambda}\int_{S_3}[\boldsymbol{N}]^{\mathrm{T}}\boldsymbol{N}\mathrm{d}S=\frac{\alpha}{\lambda}\int_{-1}^{1}\int_{-1}^{1}[\boldsymbol{N}]^{\mathrm{T}}\boldsymbol{N}\sqrt{AC-B^2}\,\mathrm{d}\xi\mathrm{d}\eta$$

$$\boldsymbol{H}^e=\frac{\rho C_v}{\lambda}\int_{V_e}[\boldsymbol{N}]^{\mathrm{T}}\boldsymbol{N}\mathrm{d}V=\frac{\rho C_v}{\lambda}\int_{-1}^{1}\int_{-1}^{1}\int_{-1}^{1}[\boldsymbol{N}]^{\mathrm{T}}\boldsymbol{N}\,|\boldsymbol{J}|\,\mathrm{d}\xi\mathrm{d}\eta\mathrm{d}\zeta$$

$$\boldsymbol{F}_1^e=\frac{\alpha T_f}{\lambda}\int_{S_3}[\boldsymbol{N}]^{\mathrm{T}}\mathrm{d}S=\frac{\alpha T_f}{\lambda}\int_{-1}^{1}\int_{-1}^{1}[\boldsymbol{N}]^{\mathrm{T}}\sqrt{AC-B^2}\,\mathrm{d}\xi\mathrm{d}\eta$$

$$\boldsymbol{F}_2^e=\frac{q_w}{\lambda}\int_{S_2}[\boldsymbol{N}]^{\mathrm{T}}\mathrm{d}S=\frac{q_w}{\lambda}\int_{-1}^{1}\int_{-1}^{1}[\boldsymbol{N}]^{\mathrm{T}}\sqrt{AC-B^2}\,\mathrm{d}\xi\mathrm{d}\eta$$

2. 膜冷却

气膜冷却本质上属于冷流掺混问题，当前冷流掺混的计算方法主要有：

① 将冷气孔作为计算区域与主流进行分区计算，冷气孔区和主流区采用不同疏密的网格，在交界处采用任意连接方式进行耦合；

② “连续源”方法，即将喷入的冷气射流看成是一定区域中分布的源项；

③ 在射流喷射处施加一定的以射流参数表示的入口条件，该方法适合进行流场细节的研究；

④ 求解多组分方程，进行气、热、弹性耦合求解。

以上计算方法中，目前最常用的是第②和第③种方法。这里计算时采用将冷却剂入射作为边界条件的方法。该方法直观、方便，只需在普通流场计算程序中添加入口边界条件，保证物理真实，即可得到理想的结果。

3. 发汗冷却

(1) 一维固液耦合温差模型

使用内节点法对层板固体和冷却剂液体进行节点划分，对两者采用相同的划分方法，沿冷却剂流动方向均匀划分为 N 个网格控制体、$N+2$ 个节点。下面以层板固体和冷却剂液体的中间节点为例对控制方程进行离散。

对于层板固体的中间节点：

$$\lambda_s A_s \frac{T_{i+1}-T_i}{\Delta x}=h_L A^*(T_i-T_{Ci})+\lambda_s A_s \frac{T_i-T_{i-1}}{\Delta x} \tag{8.79}$$

整理可得

$$\left(2\frac{\lambda_s A_s}{\Delta x}+h_L A^*\right)T_i=\frac{\lambda_s A_s}{\Delta x}T_{i+1}+\frac{\lambda_s A_s}{\Delta x}T_{i-1}+h_L A^* T_{Ci} \tag{8.80}$$

对于冷却剂的中间节点，多了一项由流动引起的能量随流迁移项：

$$h_L A^*(T_{si}-T_i)+\lambda_c A_c \frac{T_{i+1}-T_i}{\Delta x}=\lambda_c A_c \frac{T_i-T_{i-1}}{\Delta x}+\rho_1 u_1 C_{p1} A_c(T_i-T_1) \tag{8.81}$$

整理可得

$$\left(2\frac{\lambda_c A_c}{\Delta x}+h_L A^*+\rho_1 u_1 C_{p1} A_c\right)T_i=\frac{\lambda_c A_c}{\Delta x}T_{i+1}+\left(\frac{\lambda_c A_c}{\Delta x}+\rho_1 u_1 C_{p1} A_c\right)T_{i-1}+h_L A^* T_{si} \tag{8.82}$$

其余边界节点也采用相同方法离散控制方程。根据上述方程，只需要确定层板和冷却剂的对流换热系数就可以计算结构温度场了。由于固体和液体之间存在对流换热，两者的温度必须要耦合求解，即先由初定的液体温度分布迭代解出固体的温度分布，然后由已经计算得到的固体温度，迭代解出液体温度分布；反复计算，直到前后两次计算得到的温差小于 10^{-5}。具体的解法是将边界条件转化为内部节点的源项，解三对角方程组，得到中间节点的温度，然后再外推求得边界节点的温度。

(2) 二维全场耦合模型

主流区和冷却剂流动区同时划分网格，在其边界层处加密。主流入口使用压强入口，出口为压强出口，冷却剂入口使用流量入口以方便控制。

4. 推力室及燃气发生器热结构强度分析

结构热应力计算是在温度场计算的基础上进行的，把温度场计算的结果作为初始条件进行分析。

单元形函数与温度场计算中的相同，此处不再赘述。

对于应变位移关系，单元内任意一点的位移可表示为

$$u=\sum_{i=1}^{8}N_i(\xi,\eta,\zeta)u_i=Nu^e$$

$$v = \sum_{i=1}^{8} N_i(\xi,\eta,\zeta)x_i = Nv^e$$

$$w = \sum_{i=1}^{8} N_i(\xi,\eta,\zeta)w_i = Nw^e \tag{8.83}$$

单元内任意一点的应变为

$$\boldsymbol{\varepsilon} = \sum_{i=1}^{8} \boldsymbol{B}_i\delta_i = \boldsymbol{B}\delta^e \tag{8.84}$$

式中

$$\boldsymbol{B}_i = \begin{bmatrix} \frac{\partial N_i}{\partial x} & 0 & 0 \\ 0 & \frac{\partial N_i}{\partial y} & 0 \\ 0 & 0 & \frac{\partial N_i}{\partial z} \\ \frac{\partial N_i}{\partial y} & \frac{\partial N_i}{\partial x} & 0 \\ 0 & \frac{\partial N_i}{\partial z} & \frac{\partial N_i}{\partial y} \\ \frac{\partial N_i}{\partial z} & 0 & \frac{\partial N_i}{\partial x} \end{bmatrix}$$

为应变矩阵

应力应变关系为

$$\boldsymbol{\sigma} = \boldsymbol{D\varepsilon} \tag{8.85}$$

式中,$\boldsymbol{D}$ 为材料矩阵。

利用虚功原理,得到单元的有限元平衡方程:

$$[k]^e[\delta]^e = [F]_R^e + [F]_q^e + [F]_g^e + [F]_0^e \tag{8.86}$$

式中,刚度矩阵

$$\begin{aligned}[k]^e &= \int_{V_e} \boldsymbol{B}^T[\boldsymbol{D}]\boldsymbol{B}\,dV \\ &= \int_{-1}^{1}\int_{-1}^{1}\int_{-1}^{1} \boldsymbol{B}^T[\boldsymbol{D}]\boldsymbol{B}\mid \boldsymbol{J} \mid d\xi d\eta d\zeta \end{aligned} \tag{8.87}$$

$[F]_R^e$ 为单元所受的集中力等效载荷,$[F]_q^e$ 为单元所受的面力等效载荷,$[F]_g^e$ 为体力等效载荷,$[F]_0^e$ 为初应力载荷。

8.2.3 传热与结构强度数值算例及结果分析

1. 推力室传热数值算例及结果分析

采用文献中的算例对本文所建立的推力室传热数值仿真模型及所用算法进行验证计算。如图 8.16 所示,液氧/煤油火箭发动机推力室采用了液膜-再生复合冷却方式进行冷却。液膜入口有三个:第一个分布在燃烧室圆管处,第二和第三个均分布在燃烧室收敛段前端。各项计算参数如表 8.2 所列。其中，无量纲距离 $x_i=\dfrac{L_i-L_t}{L}$。

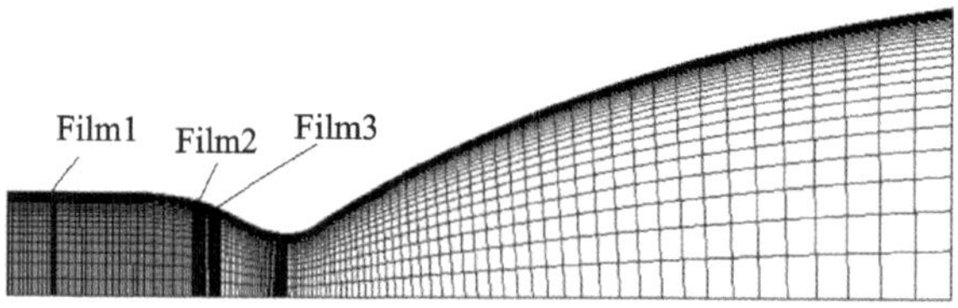

图 8.16 推力室传热数值算例示意

表 8.2 推力室传热数值算例的计算条件

参　数	数　值	参　数	数　值
燃气入口压强/MPa	15	再生冷却剂入口温度/K	300
燃气入口温度/K	3 800	再生冷却剂出口压强/MPa	15
冷却通道数	220	再生冷却剂质量流率/(kg·s^{-1})	25～40
无量纲距离 X_i	−0.25,−0.097,−0.075	冷却通道槽宽/mm	1.5
各液膜入口质量流率百分比/%	1,0.76,0.73	冷却通道壁高/mm	2
液膜入口温度/K	300	内壁厚/mm	1

图 8.17 为壁面热流密度分布，图 8.18 为内壁面温度分布。由图可知，本书中的传热数值仿真结果与文献中的结果趋势基本一致，但数值上有一定的误差，这是由于计算方法不同以及给定的初始参数有一定差异导致的。

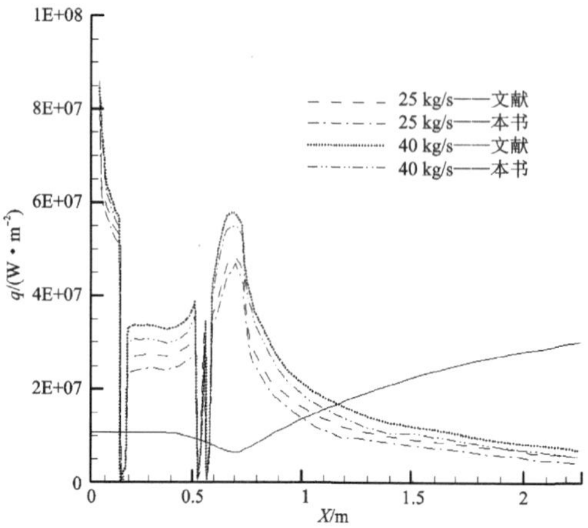

图 8.17 壁面热流密度分布

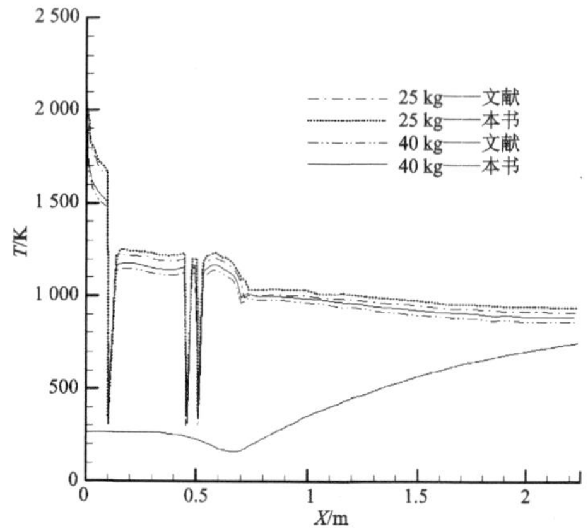

图 8.18 内壁面温度分布

由图中可以看出，液膜-再生复合冷却可以有效地降低壁面温度。即使再生冷却通道内冷却液的流量仅为 25 kg/s 时，内壁面温度也能降低到 1 300 K 以下，尤其是喉部温度得到了有效的控制。从壁面热流密度分布情况可以看出，喉部热流密度仍然是最大的。在液膜入口处的壁面热流密度很小，而壁面温度很低，这说明此处燃气传给壁面的热量绝大部分由液膜吸收，这部分热量导致了液膜温度的急剧升高，但液膜造成的冷气边区仍覆盖了整个燃烧室直至喷管出口处，从而有效地保护了壁面。再生冷却剂入口质量流量越大，复合冷却作用越明显；壁面温度越低，壁面热流密度越大。

2. 燃气发生器结构强度数值算例及结果分析

图 8.19 为燃气发生器壳体有限元网格，考虑到结构的对称性，取 1/4 模型为计算域，燃气发生器两侧加对称约束，头部为全约束；另一端不加约束，为自由端。图 8.20 为燃气发生器壳体温度分布，由图可知，壳体温度沿径向逐渐减小。

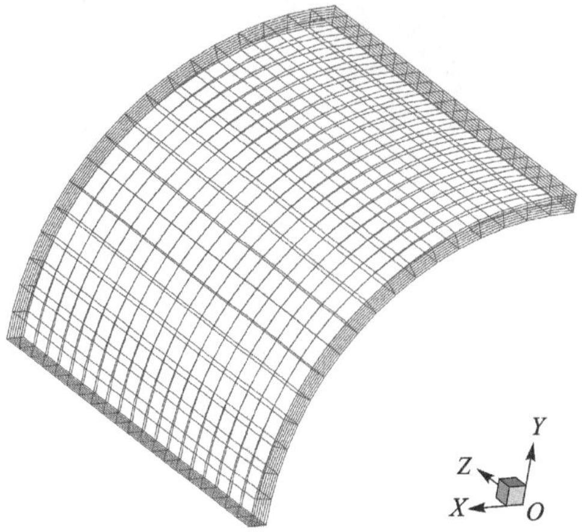

图 8.19　燃气发生器壳体有限元网格

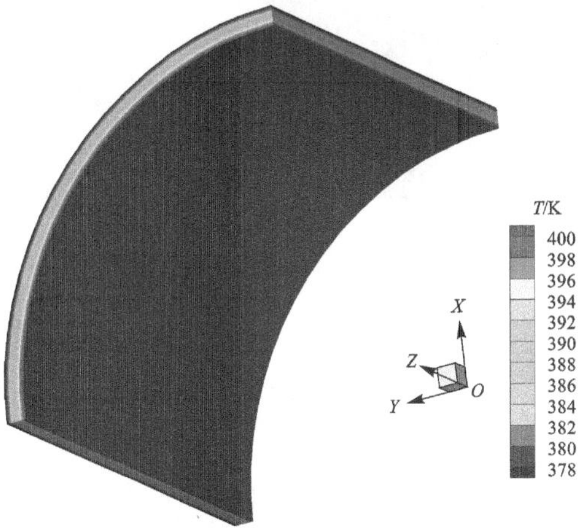

图 8.20　燃气发生器壳体温度分布

图 8.21 为燃气发生器壳体 X 向位移分布，由图可知自由端 X 向位移最大。图 8.22 为燃气发生器壳体 Y 向位移分布，由图可知，自由端 Y 向位移最大。图 8.23 为燃气发生器壳体 Z 向位移分布，由图可知，Z 向位移沿轴向逐渐增大。图 8.24 为燃气发生器壳体有效应力分布，由图可知，头部由于约束的原因，出现应力集中，且内壁面的有效应力大于外壁面，除燃气发生器头部约束处有效应力大于材料屈服应力外，其他区域燃气发生器有效应力小于材料的屈服应力。

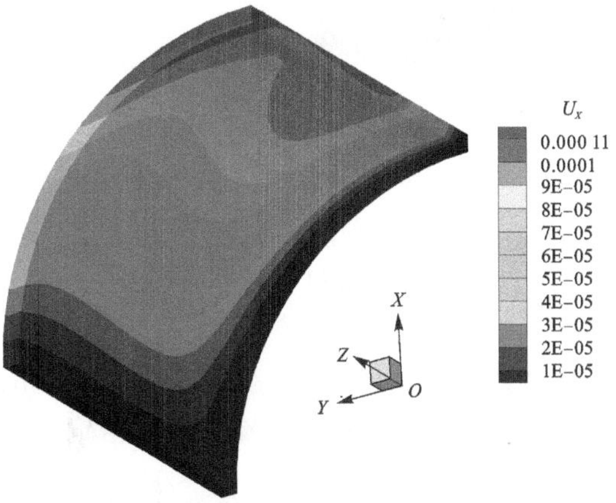

图 8.21　燃气发生器壳体 X 向位移分布

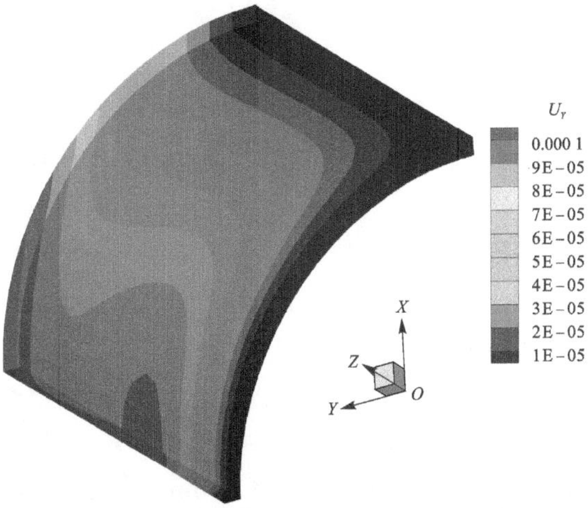

图 8.22　燃气发生器壳体 Y 向位移分布

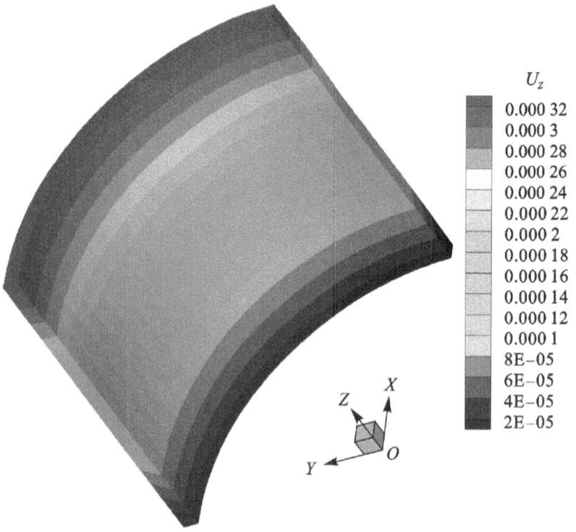

图 8.23 燃气发生器壳体 Z 向位移分布

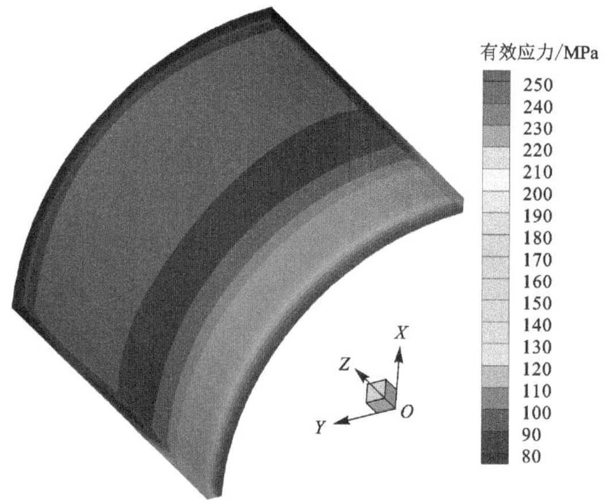

图 8.24 燃气发生器壳体有效应力分布

8.3 推力室优化设计

研究对象为工程单位提供的某发动机再生冷却推力室的短喷管构型，其相关结构如图 8.25 所示。

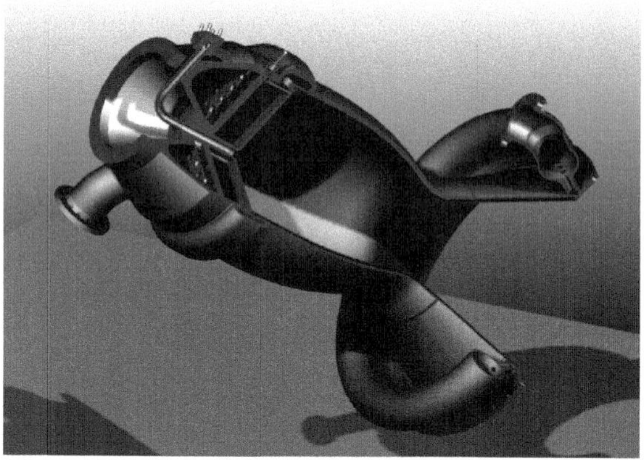

图 8.25 短喷管推力室的结构示意图

推力室设计室压为 10 MPa，液氢、液氧混合比为 6.7，燃烧温度约 3 500 K，地面单机设计推力为 510 kN。

燃烧室直径为 343 mm，喉部直径为 212.6 mm，推力室短喷管出口直径为 475.4 mm，轴向长度为 603.8 mm。

推力室再生冷却通道结构为大深宽比、窄缝通道。内壁有 300 个沟槽，变肋宽为 1.2 mm、1 mm、2.2 mm，喉部附近槽深为 7.6 mm，其余部分槽深为 8.2 mm，内壁旋压成型锆铜厚为 0.8 mm，外壁电镀镍厚为 4.5 mm，其上有厚为 4 mm 的 GH4169 的钢套。

结构材料的物性参数如下：锆铜密度为 8.9×10^3 kg/m^3，弹性模量为 129 GPa，线膨胀系数为 20.2 μm/(m·K)，泊松比为 0.3，其他参数(热导率和比热容)通过查表插值得到；镍密度为 8.9×10^3 kg/m^3；GH4169 密度为 8.2×10^3 kg/m^3。

再生冷却介质是超临界气氢，冷却通道内流体进口温度为 40 K，进口压强为 15.2 MPa，流量为 20.67 kg/s。氢介质参数随压强和温度变化，可通过查表插值得到。

为简化研究，假设燃烧工质为无粘的化学冻结流动，冷却通道内的氢气为一维流动，并忽略推力室头部结构。

8.3.1　基于数值仿真的短喷管推力室设计模型

1. 推力室的型面生成与质量计算

考虑到推力室优化设计的需要，对推力室结构进行参数化建模。

短喷管推力室扩张段轴对称面的型线由喉部后圆弧段和特型曲线组成，其参数化建模应满足如下要求：

① 参数表达要有足够的灵活性，从而为内型面提供足够多的可能性。

② 要尽可能减少设计变量的数目，以减少优化设计的计算量。

③ 参数表达应该与直观的几何特性建立很好的映射，以便对型面设计提供指导。

④ 在流动特性对内型面的微小变化很敏感的部位，即喉部后圆弧段和特性曲线相接处，至少要保证其一阶导数连续。

综合以上考虑，确定通过对 4 个控制点先后进行 Chebyshev 二次多项式拟合和 Hermite 插值，以建立推力室扩张段的模型，其型面控制点和模型如图 8.26 所示。

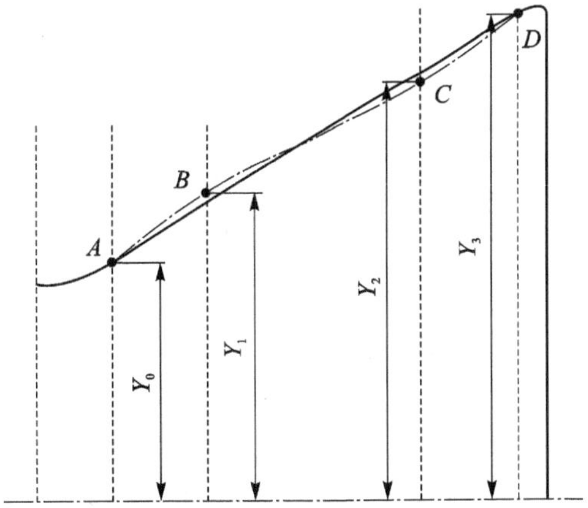

图 8.26　短喷管推力室扩张段的型面控制点和参数化模型

推力室的质量是根据其参数化模型分别对锆铜内壁、电镀镍外壁和 GH4169 钢套进行逐段差分计算得到的。

2. 燃烧流场数值仿真及出口性能计算

不考虑推力室内流场的化学反应和外界能量加入，流场入口参数根据热力计算结果给定，环境压强设为 0.95 个大气压，控制方程采用二维轴对称的 Euler 模型：

$$\frac{\partial \boldsymbol{U}}{\partial t}+\frac{\partial \boldsymbol{F}}{\partial x}+\frac{\partial \boldsymbol{G}}{\partial y}=\boldsymbol{0} \tag{8.88}$$

式中

$$\boldsymbol{U}=[\rho u,\rho v,\rho e]^{\mathrm{T}}$$

$$\boldsymbol{F}=[\rho u^2+p,\rho u v,(\rho e+p)u]^{\mathrm{T}}$$

$$\boldsymbol{G}=[\rho u v,\rho v^2+p,(\rho e+p)v]^{\mathrm{T}}$$

式中，ρ 为密度，u、v 为 x、y 向速度，p 为压强，e 为单位质量燃烧工质的总能量。

计算采用 LU 隐式格式差分求解。在推力室短喷管的出口截面积分得到内流场比冲值，并为传热计算输出壁面静压和静温分布。

3. 传热与冷却通道中的压强降计算

推力室内壁以热传导的方式把从内表面传来的热量传递到外表面，外表面将该热量以对流的方式传给冷却剂。在稳定传热状态下，由燃气传到内壁的总热流密度应等于由内壁外表面传到冷却剂的对流热流密度。推力室外壁设为绝热。

(1) 燃气的对流换热和辐射换热计算

氢和氧经过燃烧产生高温燃气，并以很高的速度沿室壁流动。燃气的强迫对流换热是传热的重要部分。根据 Bartz 计算法，燃气与室壁的对流换热系数为

$$h_{\mathrm{g}}=\frac{0.026}{d_{\mathrm{t}}^{0.2}}\left(\frac{\eta^{0.2}c_p}{Pr^{0.6}}\right)\left(\frac{p_{\mathrm{c}}^*}{c^*}\right)^{0.8}\left(\frac{A_{\mathrm{t}}}{A}\right)^{0.9}\sigma \tag{8.89}$$

式中，动力粘性系数 η、比定压热容 c_p、定普朗特数 Pr 均以总温 T^* 为定性温度，σ 为定性温度变换系数。

$$\sigma=\left[\frac{1}{2}\frac{T_{\mathrm{wg}}}{T^*}\left(1+\frac{\kappa-1}{2}Ma^2\right)+\frac{1}{2}\right]^{-0.68}\left(1+\frac{\kappa-1}{2}Ma^2\right)^{-0.12} \tag{8.90}$$

式中，Ma 为当地马赫数。

对于喉部，考虑到纵向曲率半径的影响，加入修正项 $\left(\frac{d_{\mathrm{t}}}{R_{\mathrm{t}}}\right)^{0.1}$，即得喉部传热系数

$$h_{\mathrm{g}}=\frac{0.026}{d_{\mathrm{t}}^{0.2}}\left(\frac{\eta^{0.2}c_p}{Pr^{0.6}}\right)\left(\frac{p_{\mathrm{c}}^*}{c^*}\right)^{0.8}\left(\frac{d_{\mathrm{t}}}{R_{\mathrm{t}}}\right)^{0.1}\left(\frac{A_{\mathrm{t}}}{A}\right)^{0.9}\sigma \tag{8.91}$$

对流热流密度

$$q_{\mathrm{cv}}=h_{\mathrm{g}}(T_{\mathrm{ad}}-T_{\mathrm{wg}}) \tag{8.92}$$

式中，T_{ad} 为绝热壁温，T_{wg} 为气壁温度。

液体火箭发动机推力室中的燃气一般不含固体微粒，能产生辐射热的主要是 H_2O 和 CO_2 气体。辐射热流密度取决于燃气温度、压强、H_2O 和 CO_2 的分压以及燃烧室几何尺寸等因素。实验研究表明，在燃烧室圆柱段和喷管收敛段前部处，辐射热流密度最大且实际上不变，因此设定

$$q_{\mathrm{r,max}}=6.46\ \mathrm{MW/m^2} \tag{8.93}$$

在此之后，燃气加速膨胀，静温、静压都急剧下降，辐射热流密度也随之下降，到喉部只剩下 $q_{\mathrm{r,max}}$ 的 50%，喉部之后降低更快，在面积比 $A/A_{\mathrm{t}}=4$、9、49 处，辐射热流密度 q_{r} 与其最大值之比 $q_{\mathrm{r}}/q_{\mathrm{r,max}}$ 相应降低到 3%、1.6%、0.1%，其余截面的热流密度的比值可通过插值计算得到。辐射热流密度只占总热流密度的很小一部分。

推力室内壁燃气侧总的对流热流密度

$$q_g = q_{cv} + q_r \tag{8.94}$$

(2) 内壁的导热计算

内壁热传导带走的热流密度为

$$q = \lambda (T_{wg} - T_{wl})/\delta \tag{8.95}$$

式中，λ 为平均壁温下的材料热导率，T_{wl} 为液壁温度，δ 为内壁厚度。

铣槽式结构中的槽间肋片可起散热片的作用，若用一维直肋片简化模型进行粗略估算，则肋效率为

$$\eta_f = th\left(\sqrt{\frac{2h_1}{b\lambda}}H\right)\Bigg/\sqrt{\frac{2h_1}{b\lambda}}H \tag{8.96}$$

式中，h_1 为液壁传热系数，b 为肋宽，H 为冷却通道高度。

判断单独采用再生冷却能否保证推力室安全工作的标志是气壁温度；对于锆铜合金，最高气壁温度 $T_{wg,max}$ 不得超过 870 K。

(3) 冷却通道中的对流换热计算

冷却通道液壁面为单相对流传热，超临界气氢的对流换热系数为

$$h_1 = 0.020\ 8c_p(u_1\rho_1)^{0.8}\left(\frac{\mu_1}{d_{eq}}\right)^{0.2} Pr_1^{-0.6}(1 + 0.014\ 57v_w/v_f) \tag{8.97}$$

式中，下标 l 表示的物理参数以近壁面流体平均温度为定性温度，下标 w 表示的物理参数以液壁面温度为定性温度，下标 f 表示的物理参数以冷却剂温度为定性温度。超临界气氢的物性参数通过查表插值得到。

考虑肋效应，引入等效对流换热系数

$$h_{l,eq} = h_l\left(\frac{B}{B+b} + \frac{2H}{B+b}\eta_f\right) \tag{8.98}$$

式中，B 为单元冷却通道宽度。

推力室内壁冷却剂侧的对流热流密度为

$$q_l = h_{l,eq}(T_{wl} - T_l) \tag{8.99}$$

(4) 冷却通道中的压强降计算

冷却通道中超临界气氢的压强降(压强损失)包括摩擦损失 Δp_{f_1} 和局部损失 Δp_{f_2}，有

$$\Delta p_1 = \Delta p_{f_1} + \Delta p_{f_2} \tag{8.100}$$

式中，$\Delta p_{f_1} = f\dfrac{\Delta L}{d_{l,eq}}\dfrac{\rho_l}{2g}u_l^2$，$f$ 为冷却通道内的摩擦系数，ΔL 为沿程分段的长度。

$$\Delta p_{f_2} = \xi\frac{\rho_l}{2g}u_l^2 \tag{8.101}$$

式中，ξ 为局部损失系数，可查水力学手册。

4. 推力室内壁组合应力计算

推力室外壁只承受由冷却剂压强所引起的应力，而内壁承受的是冷却剂与燃气间的压强差所引起的压缩应力和由室壁的温度梯度引起的热应力的组合应力。因此，最大的应力发生在推力室内壁的内表面处，并可从下式计算得到：

$$S_c = \frac{(P_1 - P_g)R_{1,eq}}{\delta} + \frac{Ea q\delta}{2(1-\mu)\lambda} \tag{8.102}$$

式中，内壁的弹性模量 E、线膨胀系数 a 和泊松比 μ 由于缺乏数据都不随温度变化，$R_{1,eq}$ 为单元冷却通道的当量半径。

8.3.2 推力室多学科设计优化模型

1. 多学科设计优化问题的描述

(1) 优化变量

优化变量如下：

- 喉部后圆弧半径 R_2；
- 特型曲线左端点 A 与喉部的水平距离 L_2；
- 特型曲线控制点 B 的纵坐标 Y_1；
- 特型曲线控制点 C 的纵坐标 Y_2；
- 内壁厚度 δ；
- 扩张段冷却通道肋宽 b_3。

短喷管推力室的多学科设计优化变量示意如图 8.27 所示。

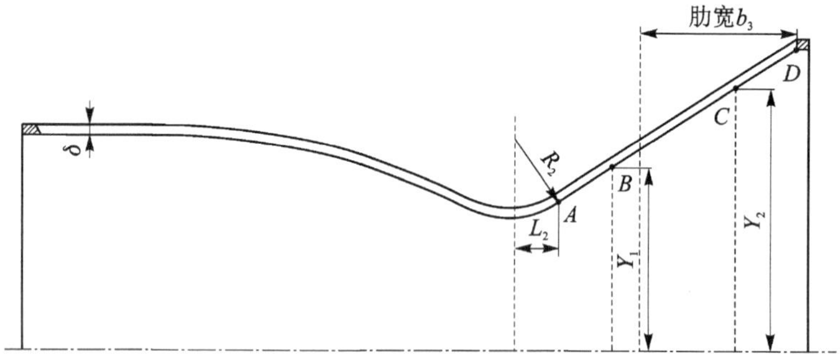

图 8.27 短喷管推力室的多学科设计优化变量示意

(2) 优化目标

基于无量纲和线性加权的评价函数 $U=\omega_1\dfrac{M_n}{M_0}-\omega_2\dfrac{I_n}{I_0}+\omega_3\dfrac{\Delta p_1}{\Delta p_0}$ 最小化。其中，M_n 表示推力室质量，I_n 表示短喷管的出口比冲，Δp_1 表示冷却通道的压强降，下标 0 表示相应参数在初始设计状态下的值，ω_1、ω_2 和 ω_3 分别表示质量、比冲和压降在评价函数中的权重，$\omega_1=2$，$\omega_2=\omega_3=1$。

(3) 优化的约束条件

结构约束：内壁最大组合应力 $S_{c,max}\leqslant 400$ MPa。

内壁最高温度：$T_{wg,max}\leqslant 870$ K。

几何约束：60 mm$\leqslant R_2\leqslant$70 mm；

30 mm$\leqslant L_2\leqslant$40 mm；

120 mm$\leqslant Y_1\leqslant$153 mm；

$200\ \text{mm} \leqslant Y_2 \leqslant 212\ \text{mm}$；

$0.8\ \text{mm} \leqslant \delta \leqslant 2\ \text{mm}$；

$1.5\ \text{mm} \leqslant b_3 \leqslant 2.3\ \text{mm}$。

冷却通道的最小宽度 $w_{\min} \geqslant 1.1\ \text{mm}$。

目标约束：$M_n \leqslant 75\ \text{kg}$；

$I_n \geqslant 2\ 795\ \text{m/s}$；

$\Delta p_1 \leqslant 4\ \text{MPa}$。

2. 设计结构矩阵

关于推力室的多学科设计优化研究包括了几何型面、质量、流动、传热和结构应力等学科内容。各学科间的耦合关系可通过图 8.28 所示的设计结构矩阵来表示。

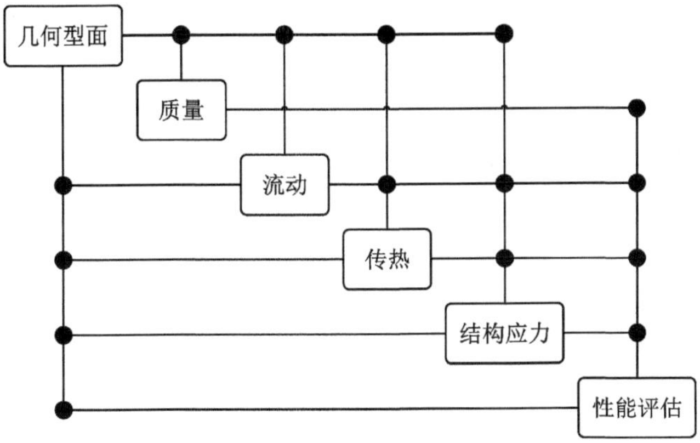

图 8.28　短喷管推力室的设计结构矩阵

8.3.3　推力室优化设计方法

1. 混合优化策略和 MDO 流程

结合已建立的仿真模型，通过解耦推力室内壁燃气侧的压强和温度边界，可以将数值仿真分解为两个子系统，从而实现协同优化算法（CO 算法）的应用。

针对优化问题的高阶、非线性和多峰值等特性，制定了基于 iSIGHT 软件平台的混合优化策略：首先利用多岛遗传算法（GA）的全局搜索性对优化问题进行全局寻优；在全局寻优到的最优解的可能存在域，利用序列二次规划（SQP）方法进行局部寻优。

最终通过 iSIGHT 软件实现关于推力室的过程集成和设计优化。图 8.29 为推力室的 MDO 流程图。

2. 协同优化算法的实现

为便于说明，对可分解为两个子系统的问题进行讨论，其协同优化算法（CO 算法）的表达形式如图 8.30 所示。

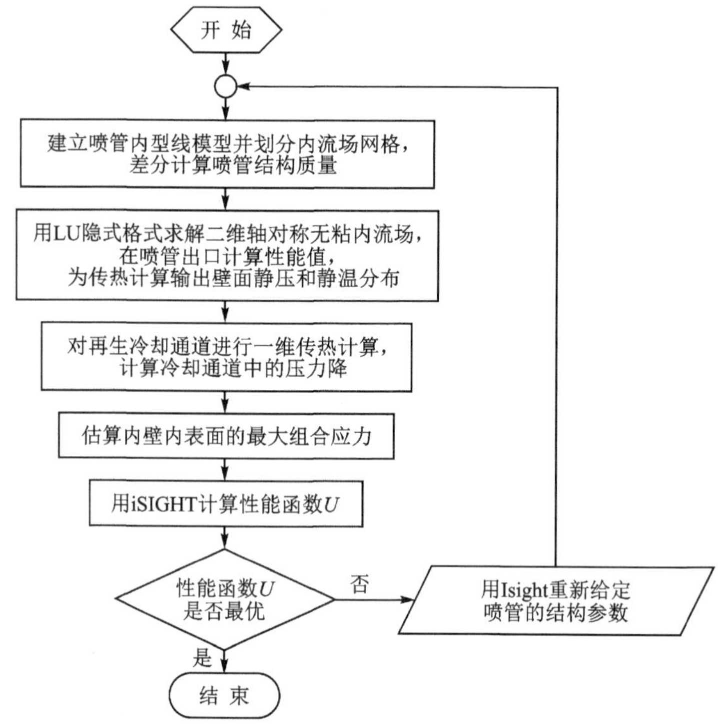

图 8.29 短喷管推力室的 MDO 流程

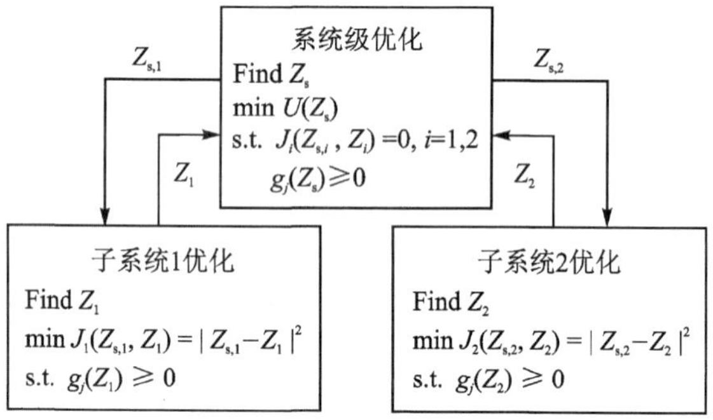

图 8.30 CO 算法示意

在系统级优化中，Z_s 为系统级设计变量；U 为原问题的目标函数；g 为原问题的约束函数；兼容性约束 J 的表达式与子系统中的相同，为设计变量的均方差形式，此时子系统级设计变量 Z 为固定值。而在子系统级优化中，最小化兼容性约束 J 为其优化目标，系统级设计变量 Z_s 为固定值。

考虑到在推力室 MDO 过程中，流场计算得到的推力室内壁侧的绝热温度和压强变化较小，结合已建立的仿真模型，通过解耦推力室内壁燃气侧的压强和温度边界，可以将仿真分解为两个子系统，从而实现 CO 算法的应用。

如图 8.31 所示，子系统 1 主要为推力室结构、质量和燃气流动的仿真优化，优化变量$\mathbf{Z}_1=\{R_2, L_2, Y_1, Y_2\}$；子系统 2 主要为推力室结构、质量、内壁传热和结构应力的仿真优化，优化变

量 $\mathbf{Z}_2=\{R_2, L_2, Y_1, Y_2, \delta, b_3\}$；而子系统之间的耦合边界的数据交换则通过系统级优化来协调。

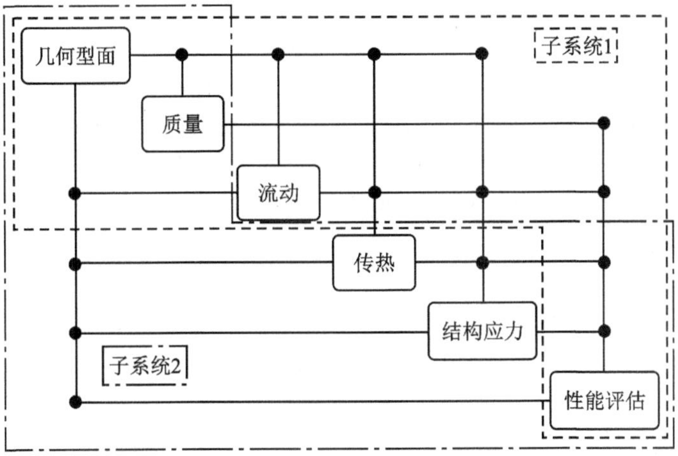

图 8.31　基于 CO 算法的短喷管推力室 MDO 的系统分解示意

3. 响应面模型(RSM)近似

在 CO 算法中使用近似处理是实现子系统的粗粒度(coarse-grained)并行的一种很自然的方式，并且可以减少仿真计算量，避免数值噪声(输入参数平缓变化而输出参数却剧烈振荡)的影响，平滑设计空间，加速收敛进程。

RSM 是一种序贯方法。首先，在设计变量初始点的邻近区域内，一阶模型是实际曲面的合理近似，因此在该区域就可以利用一阶模型来拟合实际曲面。在拟合面上利用最速下降法(即向响应有最大增量的方向逐步移动的方法)快速靠近最优点附近区域，直到响应不再增加。然后在当前点的附近区域再拟合一个新的一阶模型，确定一条新的最速下降路径，继续按上述方法进行，直至达到最优点的附近区域。当一阶模型不能满足精度要求时，必须考虑更高阶次的模型。通常使用二阶响应面模型近似，就可以分析并决定整个过程的最优点。图 8.32 给出了运用 RSM 近似处理的过程示意。

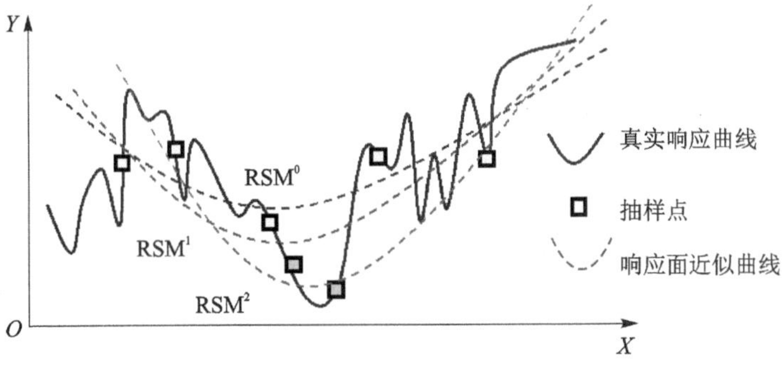

图 8.32　基于 RSM 近似处理的过程示意图

RSM 移动范围的大小是通过置信区间来调节的。每次优化迭代完成后，置信区间比率(TRR，即目标函数的实际改进值与近似模型预测改进值之间的比值)被计算出来。

$$\mathrm{TRR}=\frac{U_1-U_2}{A_1-A_2} \tag{8.103}$$

式中，U_1、U_2 分别为初始点和优化循环结束点处的精确值，A_1、A_2 分别为相对应的近似值。TRR 值为 1.0 时，表示模型的近似性能很好，因为预测值和精确值是相等的；TRR 值为 0 时，表示此次优化设计结果没有实际的提高；TRR 值为负值时，则表示在近似模型上进行的此次优化设计是失败的。根据 TRR 的值可以确定如何改变移动范围的大小：当 TRR 小于某一定值时，范围缩小；当 TRR 大于某一定值时，范围扩大；而当 TRR 在某一区间内时，则范围不变。

iSIGHT 软件内嵌的近似处理模块中包含了 1～4 阶的响应面模型，可以方便地在 MDO 过程中调用。本书采用 2 阶响应面模型对子系统仿真进行近似处理：

$$\widetilde{F}(X)=a_0+\sum_{i=1}^{2}b_i x_i+\sum_{i=1}^{2}c_i x_i^2+\sum_{i,j(i<j)}c_{ij}x_i x_j \tag{8.104}$$

式中，a、b、c 为 RSM 的拟合系数，X 为子系统的设计变量。

8.3.4　推力室优化设计结果

1. 优化历程及对比分析

表 8.3 中比较了推力室在初始阶段和混合优化策略各阶段的相关参数值。优化目标 U 值的相对改进程度在各阶段分别为 6.02% 和 0.21%。经过 MDO，推力室的质量减小 2.75%，冷却通道的压强降减小 9.51%，而短喷管出口比冲则基本不变。

表 8.3　短喷管推力室多学科设计优化的设计变量、约束变量和优化目标的改进

变量名	下　限	上　限	初始值	全局优化结果	局部优化结果
R_2/mm	60.00	70.00	63.78	65.29	63.90
L_2/mm	30.00	40.00	33.93	32.51	34.47
Y_1/mm	120.00	153.00	145.93	144.50	146.68
Y_2/mm	200.00	212.00	210.00	207.09	208.34
δ/mm	0.80	2.00	0.80	0.80	0.80
b_3/mm	1.50	2.30	2.20	1.51	1.51
S_{cmax}/MPa	—	400.00	300.85	301.08	301.14
$T_{wg,max}$/K	—	870.00	851.38	851.69	852.24
w_{min}/mm	1.10	—	1.19	1.24	1.24
M_n/kg	75.00	—	70.12	68.05	68.19
I_n/(m·s^{-1})	—	2 795.00	2 806.30	2 803.87	2 806.37
Δp_1/MPa	—	4.000	2.754	2.512	2.492

2. 推力室流场的优化结果

考虑到与内型面相关的优化设计变量都集中在推力室的扩张段，而结合表的数据，扩张段内型面经过多学科设计优化后变化不大，所以从流场结果图中可以看出，推力室内流场参数基本相同，只是在近壁区域略有差异。因而，优化前后的短喷管出口比冲值基本不变。

3. 再生冷却通道传热的优化结果

图 8.33 比较了优化前后的再生冷却通道内热流的分布。因为与冷却通道相关的优化变量主要集中在扩张段,所以该处的热流分布的变化较大。

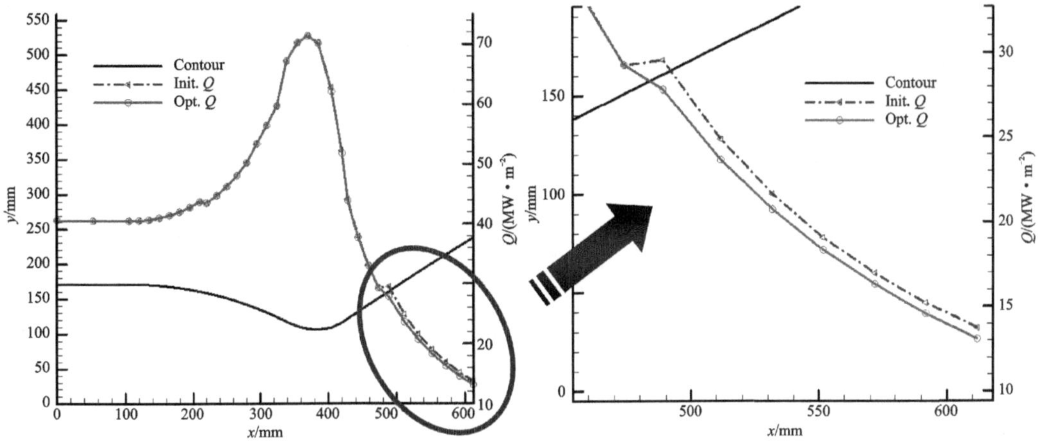

图 8.33　优化前后的再生冷却通道内热流分布的比较及其局部放大

结合表 8.3 的数据,推力室扩张段冷却通道在优化后肋宽变小,从而增大了流通面积,减小了冷却剂的流速,这使得相应的换热量减少,热流分布沿轴向变化更为均匀,同时也较大幅度地减少了冷却通道内的压强损失。

8.4　喷管优化设计

8.4.1　基于数值仿真的喷管设计模型

本小节的研究对象为工程单位提供的某型液体火箭发动机喷管。喷管的长度和面积比是给定的,喷管喉部下游的壁面用三次函数来表示,使用了 7 个控制点(分布位置如图 8.34 所

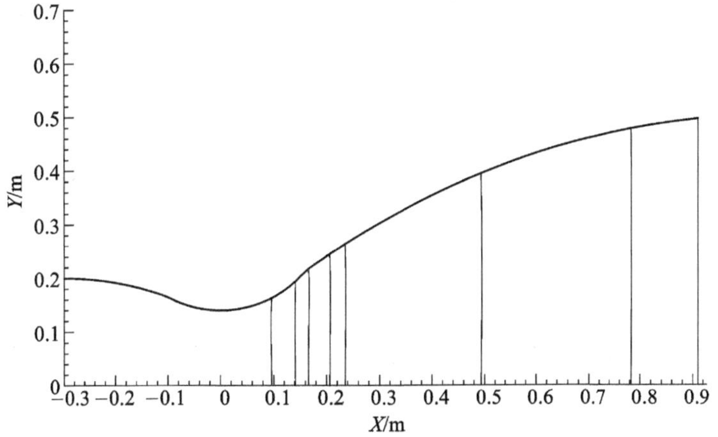

图 8.34　喷管型面控制点位置分布示意

示)来生成这个三次函数。由于在最初的喷管设计中,喉部和扩张段间的连接并不光滑,从而产生了一定的性能损失,因此,大部分控制点都选择放在了靠近喉部处。

以二维化学非平衡的 N－S 方程为计算模型,对喷管开展数值仿真。其中的化学动力学模型采用了包含 12 个组分和 14 个基元反应的 CHNO 模型,基元反应模型如下:

$$
\begin{aligned}
&H_2 + M \rightleftharpoons 2H + M\\
&O_2 + M \rightleftharpoons 2O + M\\
&H_2O + M \rightleftharpoons H + OH + M\\
&OH + M \rightleftharpoons O + H + M\\
&H_2O + O \rightleftharpoons 2OH\\
&H_2O + H \rightleftharpoons OH + H_2\\
&O_2 + H \rightleftharpoons OH + O\\
&H_2 + O \rightleftharpoons OH + H\\
&CO + OH \rightleftharpoons CO_2 + H\\
&O + N_2 \rightleftharpoons N + NO\\
&H + NO \rightleftharpoons N + OH\\
&O + NO \rightleftharpoons N + O_2\\
&NO + OH \rightleftharpoons H + NO_2\\
&NO + O_2 \rightleftharpoons O + NO_2
\end{aligned}
$$

根据数值仿真结果在喷管出口处积分求解推力值,以此作为设计性能参数。

8.4.2 喷管优化设计模型

对于喷管优化设计,流动边界条件通常是给定的,喷管型面则可以根据需要进行设计改变。这里优化设计的要求是获得最大真空推力,目标函数 $J(X)$ 为真空推力。设计变量为喷管壁面控制点的径向值。

8.4.3 喷管优化设计方法

优化设计过程选择了三种优化算法:第一种是序列二次规划法;第二种是遗传算法;第三种是混合优化算法,如图 8.35 所示。

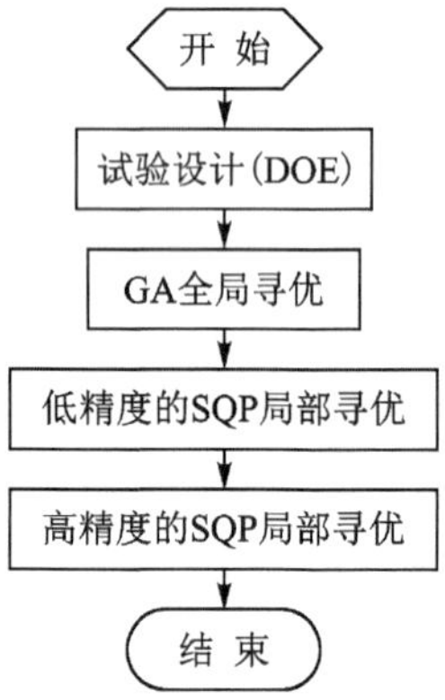

图 8.35 用于喷管优化设计的混合优化算法

8.4.4 喷管优化设计结果

采用三种不同的优化算法,得到了不同的优化设计结果,如表 8.4 所列。混合优化算法和遗传算法得到了比较相近的结果,而序列二次规划法由于在搜索全局最大值的过程中不能自动完成,因此只能得到一个近似的优化结果。

表 8.4　利用序列二次规划法、遗传算法和混合优化算法对喷管优化设计结果的比较

优化算法	原始型面真空推力系数	优化后真空推力系数	性能提高百分比/%
序列二次规划法	1.865	1.880	0.804
遗传算法	1.865	1.893	1.501
混合优化算法	1.865	1.892	1.448

图 8.36 显示出了采用混合优化算法的整个优化过程。优化过程从一个全局搜索开始，目的是以一个有效的途径来寻找解的空间。全局搜索一直持续到发现全部解空间和优化解可能存在的子域。然后在子域里开始局部寻优，直至找到最优解。从图中可以看出，在寻优过程中产生了大范围的振荡，尤其是全局寻优时，振荡更为明显。根据遗传算法的需要，仅仅保留了一些可以用于全局优化的数据。

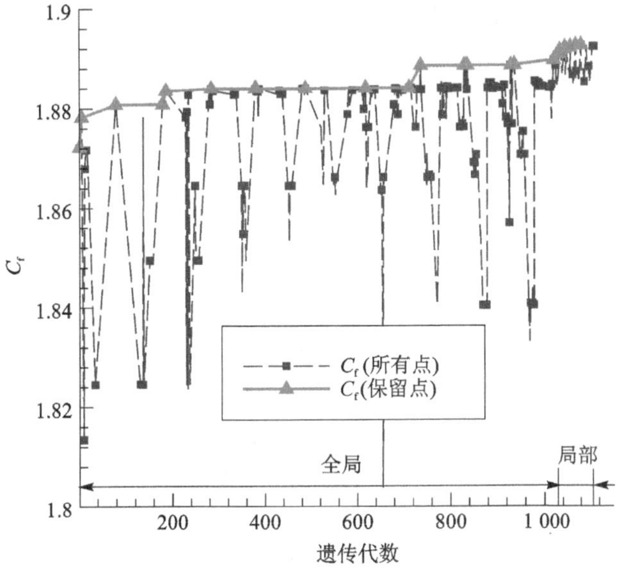

图 8.36　混合优化算法的寻优过程

优化前后的喷管压强等值线分布如图 8.37 所示。从图中可以看出，优化后的喷管膨胀波(产生于喷管喉部与扩张段的不光滑连接处)变弱，喷管出口截面的参数分布也更均匀，这些都有助于提高喷管的性能。

为了比较喷管在优化前后的性能差异，本书分析了采用不同的流场数值仿真模型所得出的计算结果，研究推力提高的原因。这些模型包括一维化学反应流、二维无粘冻结流、二维有粘冻结流、二维无粘反应流和二维有粘反应流。从这些计算结果的对比分析中可以得出不同的性能损失。

上述数值仿真模型分别用于计算优化前后的喷管流场及推力。定义推力系数为

$$C_f = \frac{F}{p_c A_t}$$

式中，p_c 为燃烧室的压强，A_t 为喷管喉部面积，F 为推力。图 8.38 给出了不同模型得到的喷管真空推力系数的比较。

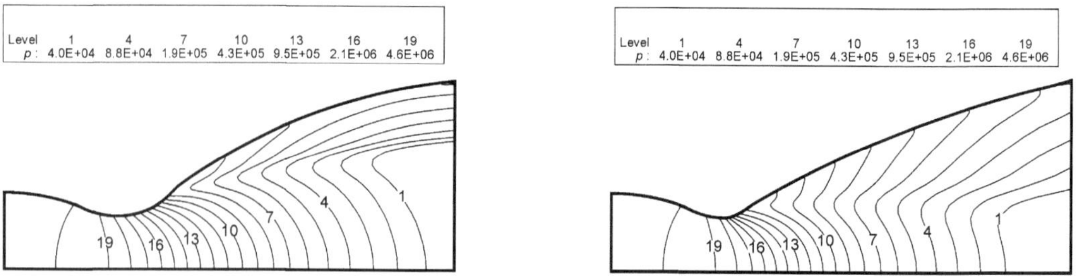

(a) 优化前

(b) 优化后

图 8.37 优化前后喷管粘性流动的压强分布比较

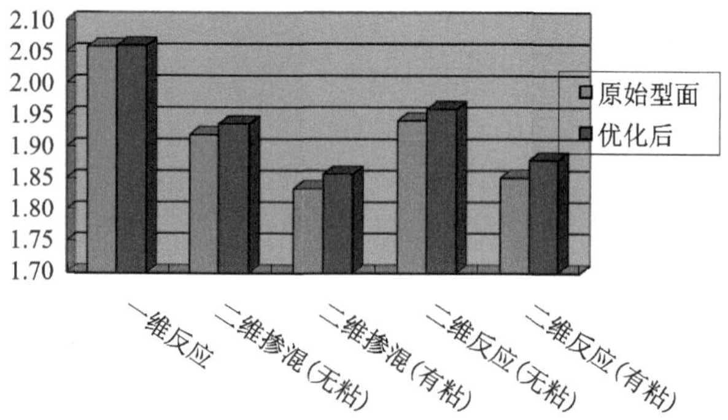

图 8.38 采用不同数值仿真模型得到的真空推力系数比较

从图 8.38 中可以分析得出，在所有的流场数值仿真中，优化后的喷管推力都大于优化前喷管的推力；一维计算的推力都比二维的推力大；在保持其他计算条件不变的情况下，无粘模型的推力大于有粘模型，化学非平衡流的推力比冻结流的推力大。

类似地，定义摩擦损失 ζ_f、化学非平衡损失 ζ_n 和非轴向损失 ζ_x 用来分析优化后喷管性能的提高。摩擦损失系数为

$$\zeta_f = \frac{C_{fE} - C_{fN}}{C_{fE}} = \frac{\Delta C_f}{C_{fE}}$$

式中，C_{fN} 和 C_{fE} 分别为求解 N－S 方程和 Euler 方程所得的推力系数。表 8.5 为优化前后的喷管摩擦损失的比较。在冻结流和化学非平衡流两种模型下，优化后喷管的摩擦损失都比优化前有所减少。

表 8.5 优化前后的喷管摩擦损失的比较

类　别	原始喷管			优化后喷管		
	C_{fE}	C_{fN}	$\zeta_f/\%$	C_{fE}	C_{fN}	$\zeta_f/\%$
冻结流	1.932	1.847	4.4	1.950	1.871	4.0
化学非平衡流	1.956	1.865	4.7	1.974	1.893	4.1

化学非平衡损失系数定义为

$$\zeta_n = \frac{C_{fr} - C_{fm}}{C_{fm}} = \frac{\Delta C_f}{C_{fm}}$$

式中，C_{fr} 为考虑化学非平衡流动时计算的推力系数，C_{fm} 为冻结流动的推力系数。优化前后

的喷管化学非平衡损失统计于表 8.6 中，在这一项的比较中，优化后喷管的性能并没有明显的提高。

表 8.6　优化前后的喷管化学非平衡损失的比较

类　别	原始喷管			优化后喷管		
	C_{fm}	C_{fr}	$\zeta_n/\%$	C_{fm}	C_{fr}	$\zeta_n/\%$
无粘	1.932	1.956	1.2	1.950	1.974	1.2
有粘	1.847	1.865	1.0	1.871	1.893	1.2

非轴向损失系数定义为

$$\zeta_x = \frac{C_{fo} - C_{ft}}{C_{fo}} = \frac{\Delta C_f}{C_{fo}}$$

式中，C_{fo} 和 C_{ft} 分别为求解一维和二维 Euler 方程获得的真空推力系数。计算结果见表 8.7，可以看出优化后喷管非轴向损失明显减少。

表 8.7　优化前后的喷管非轴向损失的比较

类　别	原始喷管			优化后喷管		
	C_{fo}	C_{ft}	$\zeta_x/\%$	C_{fo}	C_{ft}	$\zeta_x/\%$
非轴向损失	2.074	1.956	5.7	2.076	1.974	4.9

8.5　燃气发生器优化设计

8.5.1　基于数值仿真的燃气发生器设计模型

对燃气发生器燃烧流场的数值仿真采用二维轴对称 N－S 方程和组分连续方程，结合有限速率化学反应模型，计算氢氧反应采用了 6 组分、8 反应的化学反应模型，6 种组分分别为 H_2O、OH、H_2、O_2、H 和 O。采用 k－g 模型来模拟燃气发生器中的湍流流动。计算对控制方程采用积分形式的有限体积格式，时间导数项应用 LU 隐式格式，以提高流场稳定性和收敛速度。对流通量采用 Van－Leer 矢通量分裂方法和 MUSCL 格式。

8.5.2　燃气发生器优化设计模型

1. 优化变量

为了减少计算量，在优化设计中假设喷注器中喷嘴的总数、喷嘴的排列圈数以及每一圈上分布的喷嘴数目都不变，各圈喷嘴之间的间距设定为相等布置。选取优化变量为最内圈喷嘴的轴心所在圆的直径 d_1 以及各圈喷嘴之间的间距 d_{is}。

从理论上说设计变量的类型可以为连续的实数，但是考虑到燃气发生器喷嘴的加工和装配都有精度的限制，优化设计时设计变量的精度太高，实际工程上不能实现，即使获得了最优解也没有实际意义，所以在对燃气发生器进行优化设计时，设计变量的取值为不连续的离散值，从这些值中获得的最优值在工程上有实现的可能。本文设计变量的取值序列为 d_1｛36，

37,38,39},d_{is}{23,24,25,26}。

2. 优化目标

燃气发生器的作用是向涡轮提供工作气体,然后涡轮将气体的热能和压强能转变为轴上的机械功驱动泵。虽然燃气的温度越高热能越大,但是涡轮在过高温度下强度下降、叶片变形增大,会降低涡轮的效率。所以,在优化设计时希望燃气发生器出口燃气温度既不过低也不过高。根据经验,给定温度范围值为 850～950 K,即希望所设计出的燃气发生器出口燃气平均温度在此范围内。另外,燃气发生器出口燃气温度的均匀性直接影响涡轮的热应力,从减小涡轮热应力的角度考虑,希望燃气温度越均匀越好。在燃气发生器出口截面上,燃气温度沿径向分布并不均匀,在优化设计中,用燃气发生器出口燃气的平均温度 $\bar{T}$ 代表出口燃气温度,并利用出口截面各点上温度相对于平均温度的标准差 σ 衡量燃气温度的均匀性。

$$\sigma=\sqrt{\frac{1}{n}\sum_{i=1}^{n}(T_i-\bar{T})^2} \tag{8.105}$$

式中,n 代表计算获得的出口截面上温度的点数,T_i 为第 i 点的静温。

本书所选取的优化目标为:燃气发生器出口平均温度 $\bar{T}$ 在 850～950 K 内最好;温度标准差 σ 越小越好。

8.5.3 燃气发生器优化设计方法

1. 物理规划法

燃气发生器优化设计有两个目标,属于多目标优化问题,采用物理规划法处理。如表 8.8 所列,对燃气发生器的两个优化目标所选择的满意度区域进行划分:若燃气发生器出口平均温度在 850～950 K,就很满意;若出口平均温度在 800～850 K 或 950～1 100 K,满意;若出口平均温度在 750～800 K 或 1 100～1 200 K,可接受;若出口平均温度在 600～750 K 或 1 200～1 300 K,不满意;若出口温度在 500～600 K 或 1 300～1 400 K,很不满意;若出口温度小于 500 K 或大于 1 400 K,不能接受。对于燃气发生器出口的温度偏差,若小于 70 K,很满意;若偏差为 70～90 K,满意;若偏差为 90～100 K,可接受;若偏差为 100～120 K,不满意;若偏差为 120～140 K,很不满意;若偏差大于 140 K,不能接受。

表 8.8 燃气发生器优化目标的满意度区域划分

目标及类型		满意度						
		不能接受	很不满意	不满意	可接受	满意	很满意	
目 标	类 型	边 界	g_{i5}	g_{i4}	g_{i3}	g_{i2}	g_{i1}	边 界
平均温度$\bar{T}$/K	4S	300	500/1 400	600/1 300	750/1 200	800/1 100	850/950	2 000
温度偏差σ/K	1S	2 000	140	120	100	90	70	0

2. 试验设计

由于燃气发生器优化的设计变量取值是离散的,为了用较少的计算获得最好的结果,采用正交试验表安排数值计算试验的次数。对于 2 因子 4 水平的试验，正交表所采用的设计变量的计算数据如表 8.9 所列。

表 8.9　燃气发生器优化设计的正交试验表及结果

编　号	设计变量		状态变量			结　果		
	d_{is}/mm	d_1/mm	d_2/mm	d_3/mm	d_4/mm	$\bar{T}$/K	σ/K	g
1	23	36	59	82	105	975	87	0.915
2	23	37	60	83	106	974	86	0.836
3	23	38	61	84	107	974	84	0.707
4	23	39	62	85	108	975	82	0.603
5	24	36	60	84	108	972	87	0.903
6	24	37	61	85	109	972	85	0.761
7	24	38	62	86	110	972	84	0.699
8	24	39	63	87	111	971	82	0.587
9	25	36	61	86	111	968	85	0.746
10	25	37	62	87	112	968	84	0.684
11	25	38	63	88	113	968	83	0.628
12	25	39	64	89	114	969	81	0.532
13	26	36	62	88	114	965	84	0.673
14	26	37	63	89	115	965	84	0.673
15	26	38	64	90	116	966	83	0.620
16	26	39	65	91	117	967	82	0.572

8.5.4　燃气发生器优化设计结果

优化设计结果如表 8.9 所列。其中，第 11 组数据是初始设计的值。从计算结果可以看出，在计算取值的范围内，各组喷嘴之间的间距 d_{is} 相同，但是最内圈喷嘴轴心圆的直径 d_1 不同，燃气发生器出口燃气平均温度的变化不大，而燃气温度的均匀性不同：各组喷嘴分布的直径越大，温度越均匀。在所选择的设计计算空间中，第 11 组的初始数据是一组较好的设计值，所得到的燃气平均温度和燃气温度的均匀性都比较理想。相对最好的设计结果是第 12 组：各圈喷嘴间距为 25 mm，最内圈喷嘴轴心圆直径为 39 mm，四圈喷嘴所在的圆弧直径分别为 39 mm、64 mm、89 mm 和 114 mm。

第 9 章　涡轮泵仿真与优化设计

涡轮泵是泵压式液体火箭发动机中涡轮与泵组合的总称。涡轮泵是大推力液体火箭发动机的重要组成部分。随着液体火箭发动机推力、比冲和燃烧室压强的不断提高，涡轮泵在液体火箭发动机中的作用也越来越重要。

涡轮是利用液体推进剂燃烧产物作为工质的燃气动力装置，其功能是将燃气热能转换成动能，转子再将燃气动能转换成轴上的机械功以驱动泵。根据燃气流动方向，可分为轴流式涡轮和径流式涡轮；根据工作特点，可分为冲击式涡轮和反力式涡轮；根据级数，可分为单级涡轮和多级涡轮。液体火箭发动机中常用的是单级和多级轴流式涡轮；叶片形状可以是直列叶片，也可以是扭曲叶片。对于涡轮优化设计的要求通常包括涡轮效率高、寿命长、尺寸小和质量轻、成本低等。

泵是旋转叶轮机械，其功能是将旋转叶轮的机械能转化为推进剂的动能和压强能。根据推进剂流动方向，可分为轴流泵和离心泵；根据级数，可分为单级泵和多级泵。液体火箭发动机一般采用离心泵。根据泵抗气蚀性能的要求，有的离心泵还带有诱导轮。对于泵优化设计的要求通常包括泵效率高、气蚀性能好、寿命长、尺寸小和质量轻、成本低等。

涡轮泵是液体火箭发动机中最复杂的元件之一，其流道形状复杂，且流体与旋转叶片相互作用。在对涡轮泵进行优化设计时，可以采用计算流体力学的方法进行流场性能分析，采用有限元法进行结构强度仿真。

本章首先介绍用于涡轮泵优化设计的流场数值仿真和结构强度仿真，然后分别开展涡轮和泵的优化设计。

9.1　涡轮流场数值仿真

9.1.1　涡轮流场数值仿真模型

1. S_1、S_2 流面理论

采用叶轮机械流动计算领域广泛使用的 S_1、S_2 流面理论对涡轮的流动过程进行数值仿真。S_1、S_2 流面理论的基本思想就是把叶轮机械内部的三维流场分解在两类相对流面上，将三维流动问题转化成二维流动问题来求解。按照流体的流动方向，叶轮机械主要分为轴流式和离心式两种，S_1、S_2 流面理论对这两种类型叶轮机械内部流动的计算都适用。

第一类相对流面称为 S_1 流面。对于轴流式叶轮机械，S_1 流面与某一个位于叶栅前后和叶栅中轴向坐标等于常数的平面的交线是一个圆环；对于离心式叶轮机械，S_1 流面与某一个位于叶栅前后和叶栅中径向坐标等于常数的环面的交线是一个圆环，从这条交线上沿流动方向向前后延伸的流线的总和就组成了 S_1 流面。图 9.1 是轴流式和离心式叶轮 S_1 流面的示意。S_1 流面原则上是挠曲的，而不是旋成面(回转面)，但是大多数叶轮机械的壁面都是旋成

面，因此在不考虑粘性力时，靠近壁面的 S_1 流面与壁面形状一致，于是常认为 S_1 流面是旋成面。尤其是当叶片高度相对于回转半径来说很小时，可以足够准确地用旋成面代替 S_1 流面，使计算简化。

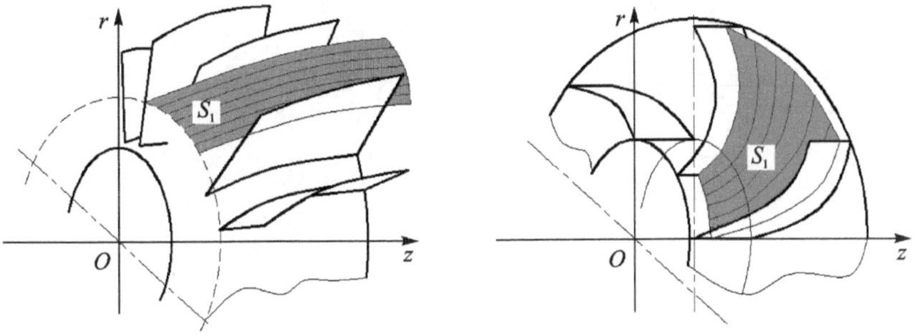

(a) 轴流式　　(b) 离心式

图 9.1　轴流式和离心式叶轮 S_1 流面示意

第二类相对流面称为 S_2 流面。对于轴流式叶轮机械，S_2 流面与某一个位于叶栅前后和叶栅中轴向坐标等于常数的平面的交线是一条径向线或是一条基本沿径向方向的曲线；对于离心式叶轮机械，S_2 流面与某一个位于叶栅前后和叶栅中径向坐标等于常数的环面的交线是一条轴向线或是一条基本沿轴向方向的曲线，从这条交线上沿流动方向向前后延伸的流线的总和就组成了 S_2 流面。图 9.2 为轴流式和离心式叶轮 S_2 流面的示意。在不考虑粘性力时，叶片表面就是 S_2 流面。把通过两个叶片流道中的流量进行等分的 S_2 流面称为中心 S_2 流面，用 S_{2m} 表示。

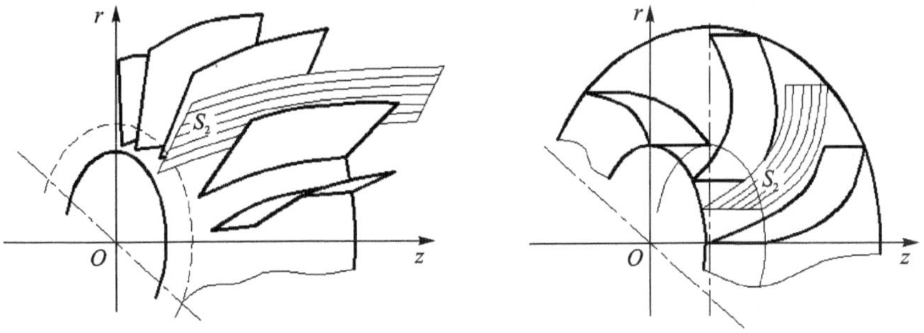

(a) 轴流式　　(b) 离心式

图 9.2　轴流式和离心式叶轮 S_2 流面示意

两类相对流面的关系如图 9.3 所示。计算时，作为初步近似，常假定 S_1 流面是一些任意旋成面，沿叶高不同部位计算若干个 S_1 流面；其形状和厚度分布根据子午面流道的形状来确定，或按各个 S_2 流面的计算结果确定。关于 S_2 流面，通常只取中心 S_2 流面进行计算；中心 S_2 流面的形状和厚度分布根据叶片流道来确定，或按各个 S_1 流面的计算结果确定。如果要进行全三维的流场计算，则两类相对流面之间需要通过反复的迭代求解才可以获得准确的三维解。通常在实际的工程应用中，因为流面迭代比较复杂，所以常对两类流面分别计算，采用初次近似的计算结果，获得流场的准三维解。本章就是对涡轮流动过程进行准三维的数值仿真。

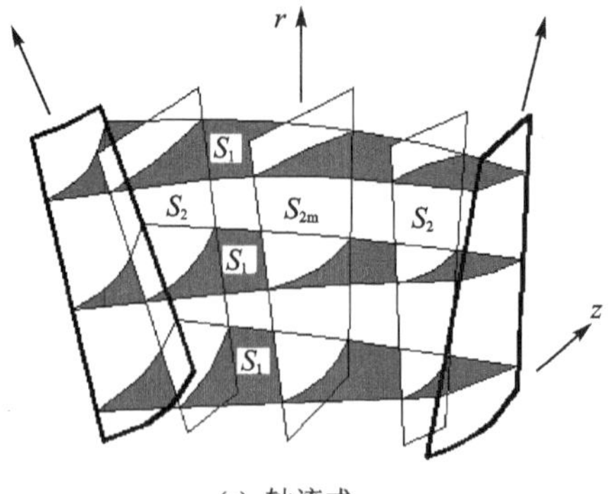

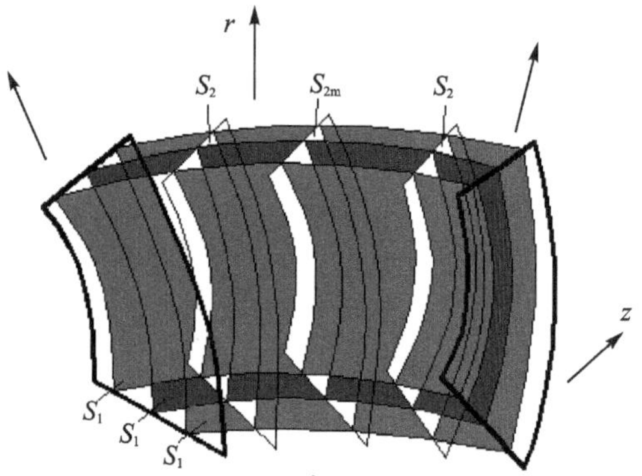

图 9.3 轴流式和离心式叶轮 S_1、S_2 流面关系示意

液体火箭发动机一般采用轴流式涡轮，且涡轮的叶片高度相对于回转半径较小，因此本章对于涡轮流动过程数值仿真主要针对各种形式的轴流式涡轮，认为涡轮的 S_1 流面是旋成面，S_2 流面的计算只取中心 S_2 流面，中心 S_2 流面上的流线沿轴线回转即可生成各个 S_1 流面。

2. 涡轮流场数值仿真的基本方程

涡轮流场数值仿真的流体介质是气体，即可压缩流体。假设燃气是完全气体，则可以使用完全气体的状态方程

$$p = \rho R T \tag{9.1}$$

式中，p 为压强，ρ 为密度，R 为气体常数，T 为温度。

在绝热的情况下，燃气在静叶通道中总能量守恒；而在动叶通道中，由于对外做功，总能量将会改变。为了统一涡轮动叶和静叶的计算模型，计算中引入相对滞止转焓的概念。假设流动过程绝热，则无论是对于静叶还是对于动叶，在同一排叶片通道内，相对滞止转焓的值均恒定不变。圆柱坐标系(r,θ,z)中相对滞止转焓 $\tilde{h}_w^*$ 表示为

$$\begin{aligned}\tilde{h}_w^* &= h + \frac{w^2}{2} - \frac{\omega^2 r^2}{2} = c_p \cdot T + \frac{w^2}{2} - \frac{\omega^2 r^2}{2} \\ &= h + \frac{c^2}{2} - \omega r c_\theta = c_p \cdot T^* - \omega r c_\theta\end{aligned} \tag{9.2}$$

式中，h 为焓，c_p 为比定压热容，ω 为角速度，r 为半径，w 为相对速度，c 为绝对速度，c_θ 为绝对速度在 θ 方向的分量，T^* 为总温。

涡轮流场数值仿真的基本方程包括连续方程、动量方程、能量方程和正交方程。

(1) 涡轮 S_1 流面的基本方程

在圆柱坐标系(r,θ,z)中，S_1 流面上的任一参量 q 可以认为只是 θ 和 z 的函数，即

$$q = q(r(\theta,z),\theta,z) \tag{9.3}$$

对参量 q 沿 S_1 流面求偏导数，可得

$$\frac{\bar{\partial} q}{\bar{\partial}\theta} = \frac{\partial q}{\partial\theta} + \frac{\partial q}{\partial r}\frac{\partial r}{\partial\theta} = \frac{\partial q}{\partial\theta} - r\frac{n_{1\theta}}{n_{1r}}\frac{\partial q}{\partial r} \tag{9.4}$$

$$\frac{\bar{\partial} q}{\bar{\partial} z}=\frac{\partial q}{\partial z}+\frac{\partial q}{\partial r}\frac{\partial r}{\partial z}=\frac{\partial q}{\partial z}-\frac{n_{1z}}{n_{1r}}\frac{\partial q}{\partial r} \tag{9.5}$$

式中，$\bar{\partial} q$ 表示参量 q 沿流面的偏导数，而∂q 表示参量 q 的偏导数，n_{1r}、$n_{1\theta}$、n_{1z} 分别为 S_1 流面的单位法线向量 $\boldsymbol{n}_1$ 在圆柱坐标系中的三个分量。

由以上两式可得

$$\frac{\partial q}{r\partial\theta}=\frac{\bar{\partial} q}{r\bar{\partial}\theta}+\frac{n_{1\theta}}{n_{1r}}\frac{\partial q}{\partial r} \tag{9.6}$$

$$\frac{\partial q}{\partial z}=\frac{\bar{\partial} q}{\bar{\partial} z}+\frac{n_{1z}}{n_{1r}}\frac{\partial q}{\partial r} \tag{9.7}$$

参量 q 在 S_1 流面上沿流线的变化率为

$$\frac{\mathrm{D}q}{\mathrm{D}t}=w_\theta\frac{\bar{\partial} q}{\bar{\partial}\theta}+w_z\frac{\bar{\partial} q}{\bar{\partial} z} \tag{9.8}$$

1）连续方程

相对定常运动的连续方程在圆柱坐标系(r,θ,z)中表示为

$$\frac{1}{r}\frac{\partial(\rho w_r r)}{\partial r}+\frac{\partial(\rho w_\theta)}{r\partial\theta}+\frac{\partial(\rho w_z)}{\partial z}=0 \tag{9.9}$$

式中，w_r、w_θ、w_z 分别为相对速度 w 在圆柱坐标系中的三个分量。

将式(9.6)和式(9.7)代入式(9.9)，可解得涡轮 S_1 流面的连续方程为

$$\frac{\bar{\partial}}{\bar{\partial}\theta}(b\rho w_\theta)+\frac{\bar{\partial}}{\bar{\partial} z}(rb\rho w_z)=0 \tag{9.10}$$

式中，b 为 S_1 流面的厚度。

2）动量方程

忽略气体的质量力和粘性力，圆柱坐标系(r,θ,z)绕 z 轴以等角速度 ω 旋转，动量方程为

$$-\frac{1}{\rho}\nabla p=\frac{\mathrm{D}\boldsymbol{w}}{\mathrm{D}t}-\omega^2\boldsymbol{r}+2(\boldsymbol{\omega}\times\boldsymbol{w}) \tag{9.11}$$

对于理想气体的定常流动，动量方程表示为

$$-\frac{1}{\rho}\nabla p=(\boldsymbol{w}\cdot\nabla)\boldsymbol{w}-\omega^2\boldsymbol{r}+2(\boldsymbol{\omega}\times\boldsymbol{w}) \tag{9.12}$$

式(9.12)在圆柱坐标系中展开为如下形式：

$$-\frac{1}{\rho}\frac{\partial p}{\partial r}=w_r\frac{\partial w_r}{\partial r}+w_\theta\frac{\partial w_r}{r\partial\theta}+w_z\frac{\partial w_r}{\partial z}-\frac{w_\theta^2}{r}-2\omega w_\theta-\omega^2 r \tag{9.13}$$

$$-\frac{1}{\rho}\frac{\partial p}{r\partial\theta}=w_r\frac{\partial w_\theta}{\partial r}+w_\theta\frac{\partial w_\theta}{r\partial\theta}+w_z\frac{\partial w_\theta}{\partial z}+\frac{w_\theta w_r}{r}+2\omega w_r \tag{9.14}$$

$$-\frac{1}{\rho}\frac{\partial p}{\partial z}=w_r\frac{\partial w_z}{\partial r}+w_\theta\frac{\partial w_z}{r\partial\theta}+w_z\frac{\partial w_z}{\partial z} \tag{9.15}$$

将式(9.2)、式(9.6)、式(9.7)和热力学关系式$-\dfrac{1}{\rho}\nabla p=T\nabla s-\nabla h$ 代入以上三式，可解得涡轮 S_1 流面的动量方程为

$$\frac{w_\theta}{r}\frac{\bar{\partial} w_r}{\bar{\partial}\theta}+w_z\frac{\bar{\partial} w_r}{\bar{\partial} z}-\frac{w_\theta^2}{r}-2\omega w_\theta=f_r \tag{9.16}$$

$$\frac{w_r w_\theta}{r}-\frac{w_r}{r}\frac{\bar{\partial} w_r}{\bar{\partial}\theta}-w_z\left(\frac{\bar{\partial} w_z}{r\bar{\partial}\theta}-\frac{\bar{\partial} w_\theta}{\bar{\partial} z}\right)+2\omega w_r=-\frac{1}{r}\frac{\bar{\partial}\tilde{h}_w^*}{\bar{\partial}\theta}+\frac{T}{r}\frac{\bar{\partial} s}{\bar{\partial}\theta}+f_\theta \tag{9.17}$$

$$-w_r\frac{\bar{\partial} w_r}{\bar{\partial} z}+w_\theta\left(\frac{\bar{\partial} w_z}{r\bar{\partial}\theta}-\frac{\bar{\partial} w_\theta}{\bar{\partial} z}\right)=-\frac{\bar{\partial}\tilde{h}_w^*}{\bar{\partial} z}+\frac{T\bar{\partial} s}{\bar{\partial} z}+f_z \tag{9.18}$$

式中，f_r、f_θ、f_z 为向量 $\boldsymbol{f}$ 在圆柱坐标系中的分量，$\boldsymbol{f}\equiv-\frac{1}{n_{1r}}\left(\frac{\partial h}{\partial r}-T\frac{\partial s}{\partial r}-\omega^2 r\right)\boldsymbol{n}_1$，$\boldsymbol{f}$ 为垂直于 S_1 流面的向量，s 为熵。

3）能量方程

在定常、绝热、无粘、无质量力的情况下，能量方程表示为

$$\frac{\mathrm{D}\tilde{h}_w^*}{\mathrm{D}t}=0 \tag{9.19}$$

将式(9.8)代入式(9.19)，可得涡轮 S_1 流面的能量方程为

$$\frac{w_\theta}{r}\frac{\bar{\partial}\tilde{h}_w^*}{\bar{\partial}\theta}+w_z\frac{\bar{\partial}\tilde{h}_w^*}{\bar{\partial} z}=0 \tag{9.20}$$

4）正交方程

由于向量 $\boldsymbol{f}$ 垂直于 S_1 流面，故 $\boldsymbol{f}$ 与相对速度的关系表示成正交方程为

$$f_r w_r+f_\theta w_\theta+f_z w_z=0 \tag{9.21}$$

(2) 涡轮 S_2 流面的基本方程

在圆柱坐标系(r,θ,z)中，S_2 流面上的任一参量 q 可以认为只是 r 和 z 的函数，即

$$q=q(r,\theta(r,z),z) \tag{9.22}$$

对参量 q 沿 S_2 流面求偏导数，可得

$$\frac{\bar{\partial} q}{\bar{\partial} r}=\frac{\partial q}{\partial r}+\frac{\partial q}{\partial\theta}\frac{\partial\theta}{\partial r}=\frac{\partial q}{\partial r}-\frac{n_{2r}}{n_{2\theta}r}\frac{\partial q}{\partial\theta} \tag{9.23}$$

$$\frac{\bar{\partial} q}{\bar{\partial} z}=\frac{\partial q}{\partial z}+\frac{\partial q}{\partial\theta}\frac{\partial\theta}{\partial z}=\frac{\partial q}{\partial z}-\frac{n_{2z}}{n_{2\theta}r}\frac{\partial q}{\partial\theta} \tag{9.24}$$

式中，n_{2r}、$n_{2\theta}$、n_{2z} 分别为 S_2 流面的单位法线向量 $\boldsymbol{n}_2$ 在圆柱坐标系中的三个分量。

由以上两式可得

$$\frac{\partial q}{\partial r}=\frac{\bar{\partial} q}{\bar{\partial} r}+\frac{n_{2r}}{n_{2\theta}r}\frac{\partial q}{\partial\theta} \tag{9.25}$$

$$\frac{\partial q}{\partial z}=\frac{\bar{\partial} q}{\bar{\partial} z}+\frac{n_{2Z}}{n_{2\theta}r}\frac{\partial q}{\partial\theta} \tag{9.26}$$

参量 q 在 S_2 流面上沿流线的变化率为

$$\frac{\mathrm{D}q}{\mathrm{D}t}=w_r\frac{\bar{\partial} q}{\bar{\partial} r}+w_z\frac{\bar{\partial} q}{\bar{\partial} z} \tag{9.27}$$

1）连续方程

将式(9.25)和式(9.26)代入相对定常运动的连续方程(9.9)，可得涡轮 S_2 流面的连续方程为

$$\frac{\bar{\partial}}{\bar{\partial} r}(r\rho w_r B)+\frac{\bar{\partial}}{\bar{\partial} z}(r\rho w_z B)=0 \tag{9.28}$$

式中，B 为 S_2 流面的厚度。

2）动量方程

将式(9.2)、式(9.25)、式(9.26)和热力学关系式 $-\frac{1}{\rho}\nabla p=T\ \nabla s-\nabla h$ 代入式(9.13)～式(9.15)，可得涡轮 S_2 流面的动量方程为

$$-\frac{w_\theta}{r}\frac{\bar{\partial}(c_\theta r)}{\bar{\partial} r}+w_z\left(\frac{\bar{\partial} w_r}{\bar{\partial} z}-\frac{\bar{\partial} w_z}{\bar{\partial} r}\right)=-\frac{\bar{\partial}\tilde{h}_w^*}{\bar{\partial} r}+T\frac{\bar{\partial} s}{\bar{\partial} r}+F_r \tag{9.29}$$

$$\frac{w_r}{r}\frac{\bar{\partial}(c_\theta r)}{\bar{\partial} r}+w_z\frac{\bar{\partial}(c_\theta r)}{\bar{\partial} z}=F_\theta \tag{9.30}$$

$$-w_r\left(\frac{\bar{\partial} w_r}{\bar{\partial} z}-\frac{\bar{\partial} w_z}{\bar{\partial} r}\right)-\frac{w_\theta}{r}\frac{\bar{\partial}(c_\theta r)}{\bar{\partial} z}=-\frac{\bar{\partial}\tilde{h}_w^*}{\bar{\partial} z}+\frac{T\bar{\partial} s}{\bar{\partial} z}+F_z \tag{9.31}$$

式中，F_r、F_θ、F_z 分别为向量 $\boldsymbol{F}$ 在圆柱坐标系中的分量，$\boldsymbol{F}\equiv-\frac{1}{n_{2\theta}r}\left(\frac{\partial h}{\partial\theta}-T\frac{\partial s}{\partial\theta}\right)\boldsymbol{n}_2$，$\boldsymbol{F}$ 为垂直于 S_2 流面的向量。

3）能量方程

由式(9.19)和式(9.27)解得涡轮 S_2 流面的能量方程为

$$w_r\frac{\bar{\partial}\tilde{h}_w^*}{\bar{\partial} r}+w_z\frac{\bar{\partial}\tilde{h}_w^*}{\bar{\partial} z}=0 \tag{9.32}$$

4）正交方程

由于向量 $\boldsymbol{F}$ 垂直于 S_2 流面，$\boldsymbol{F}$ 与相对速度的关系表示成正交方程为

$$F_r w_r+F_\theta w_\theta+F_z w_z=0 \tag{9.33}$$

9.1.2　涡轮流场数值计算方法

1. 流线曲率法

对 S_1 流面和 S_2 流面的求解采用流线曲率法。S_1、S_2 流面理论的基本思想是把叶轮机械的三维流动问题转化为二维流动问题来求解，而流线曲率法的基本思想与之类似，即把流面的二维流动问题转化为一系列相互关联的一维问题来求解。流线曲率法又称流线迭代法，在计算时首先拟定所要计算流面上的流线坐标，算出各条拟定流线上的压强、温度、流速和流量等流动参数的分布，再把各等流量点相连生成新的流线，然后比较新的流线与拟定的流线是否重合，如果基本重合，则说明得到了最终的计算结果，否则需要参考拟定流线和新的流线重新拟定流线，重新计算，直到新的流线与拟定的流线基本重合为止。

流线曲率法需要拟定初始流线进行流线迭代，计算能否收敛和计算时间很大程度上取决于初始流线以及流线上流动参数迭代初值的给定，因此在涡轮流场数值仿真中，应根据涡轮内部的流动特点和涡轮的几何结构，拟定出尽量接近计算结果的初始流线。

2. 涡轮几何模型的建立和网格设计

(1) 涡轮几何模型的建立

采用 S_1、S_2 流面理论的数值仿真计算程序，需要大量准确的结构参数作为已知条件。如果直接将几何参数在输入文件中一一列出，则需要提供很多的数据才能构造出接近真实形状的叶片造型；而且从数据本身很难直接看出叶片形状，导致数据容易出错，不易改动，这样一来涡轮的几何数据整理工作就变得相当困难且十分繁琐。如果已知的叶片造型数据比较少，则程序计算中拟合出来的叶片形状与真实形状就会有较大差别，影响数值仿真的质量。

本章采用 DXF 格式的图形数据转换文件作为几何参数的输入文件，实现了涡轮叶片结构形状的计算机图形与计算程序的连接，使几何参数的输入变得简单直观，结构形状的修改可以直接在图形文件中完成，而且即使叶片造型的数据量很大也不易出错，使叶片形状的拟合更准确。实现图形与程序相连接的基本方法就是直接在 AutoCAD 中绘制所需图形，将图形文件进行适当的处理；然后转换成 DXF 格式的图形数据转换文件，于是有关的图形信息就储存在该文件中；再编写用于读取 DXF 文件的子程序，从文件中读取所需要的数据信息即可实现图形与数值模拟计算程序的直接连接。

因为三维图形的绘制相对复杂，且几何形状的数据信息难以直接读取，所以本章通过叶片截面形状和子午面形状的二维图形来构造叶片的三维形状。应当注意的是，考虑到数值仿真计算程序对于各种结构形式涡轮的通用性，叶片截面形状和子午面形状二维图形的轮廓线必须处理成特定的线型。

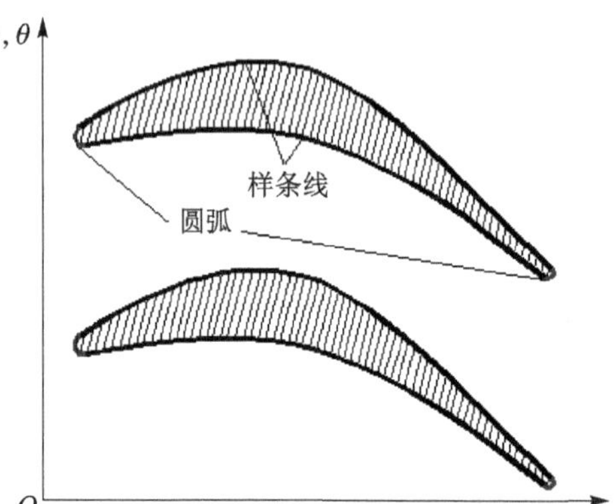

图 9.4 涡轮基元级叶栅示意

涡轮叶片在某半径截面的基元级叶栅如图 9.4 所示。因为每一排所有叶片的形状相同，所以程序只需读入一个叶片形状。构造叶片的线型很复杂，为了程序读取方便，统一将叶片上下表面分别用一条样条线画出，进出口处分别用一段圆弧画出。对于直叶片，每排叶片读入任一基元级叶栅中一个叶片的型线即可。而对于扭曲叶片，则要读入两个或两个以上基元级叶栅的叶片型线，其他半径截面的叶片形状根据已读入的叶片型线拟合得到。

对于涡轮子午面形状的处理分为两种情况：线段式和样条线式。图 9.5 是三排叶片的涡轮子午面示意，中间的一排叶片是动叶。图 9.5(a)中涡轮的子午面由若干条线段构成，所需数据点信息较少，因此不需要采用图形输入的方法，仅仅需要在输入文件中给出几个关键点的坐标信息。图 9.5(b)中涡轮子午面由曲线构成，需要大量的数据点信息才可以拟合出准确的子午面形状，因此，子午面形状的输入通过 DXF 格式的图形数据转换文件完成。图中将子午面叶根和叶尖处的两条曲线在 AutoCAD

中用样条线画出，再转换成 DXF 文件为程序提供数据。

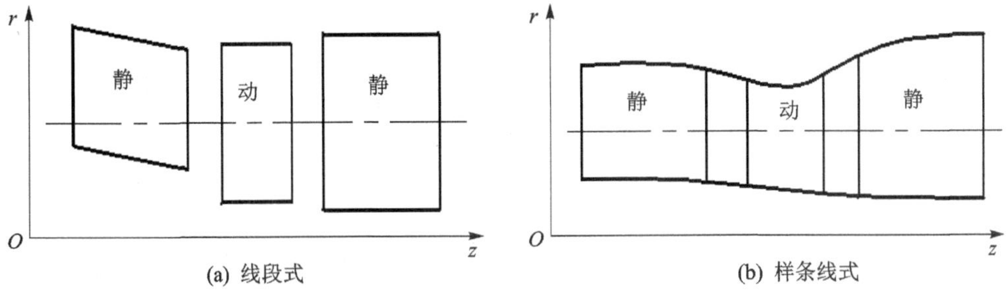

图 9.5　涡轮子午面示意

(2) 流面几何形状的确定和网格设计

在已知涡轮叶片几何形状的条件下，采用 S_1、S_2 流面理论对涡轮流场进行数值仿真之前，首先必须选取合理的 S_1 流面和 S_2 流面，确定流面的几何形状，然后对两类流面划分网格。

1）流面几何形状的确定

有了基元级叶栅中的叶片型线和子午面形状，再根据已知的叶片数就可以构造出涡轮叶片的三维几何形状，由此获得叶片之间流道的几何形状。对涡轮的中心 S_2 流面和不同叶高处的 S_1 流面进行计算，根据流道几何形状可以拟定中心 S_2 流面的几何形状；认为 S_1 流面是旋成面，则根据中心 S_2 流面上的流线位置就可以确定 S_1 流面的几何形状。

对于定常流动，可以认为每排叶片各个相邻叶片间的流动情况相同，因此每排叶片只需要计算一个栅距中的流道。对于流面几何形状的确定，理论上两类相对流面并不完全独立，而是相互关联的。子午面的形状就是 S_2 流面在子午面投影的形状，S_2 流面沿 θ 方向的变化量根据各个 S_1 流面上流线的位置确定。涡轮流动过程的计算中认为 S_1 流面是旋成面，所以对于 S_2 流面只需要计算中心 S_2 流面，中心 S_2 流面上的每一条流线沿轴线旋转即可生成一个 S_1 流面，中心 S_2 流面沿 θ 方向变化量的计算根据 S_1 流面计算结果中等分流量的流线位置确定。沿 S_2 流面上流线的方向将 S_1 流面展开得到如图 9.6(a)所示的 S_1 流面在 $z-r,\theta$ 坐标系的投影，S_1 流面的流面半径和流面厚度根据中心 S_2 流面上的流线分布确定，其初值可以根据子午面流道的形状估定。图 9.6(b)是 S_2 流面在子午面的投影，其中的每一条流线都可以看作一个 S_1 流面在子午面的投影。根据流道的几何形状，S_1 流面和中心 S_2 流面的几何参数均取初次估定的数值，而流面准确的几何形状则需要通过流面迭代的全三维计算来确定。

2）网格设计

流线曲率法在涡轮泵流场数值仿真的应用中，所谓的网格设计并不是将叶片间的流道划分成固定的网格点，而是首先假定流线的位置，沿流线方向划分若干条大体垂直于流线方向的直线，这样的直线称为拟正交线，每一条拟正交线称为一个计算站。流线迭代的过程就是确定各条流线在计算站上对应点的真实位置分布，从而连接出整条流线，并计算出各点的流动参数。

对于 S_1 流面，每排叶片在一个栅距内划分网格，如图 9.6(a)所示。为了求解简单以及便于相邻两排叶片之间的连接，各计算站的方向取成与 θ 方向一致；根据叶片形状假定流线的位置；根据叶片的进出口角，在叶片进出口处将流线向叶列间隙或涡轮进出口各延伸出一定长

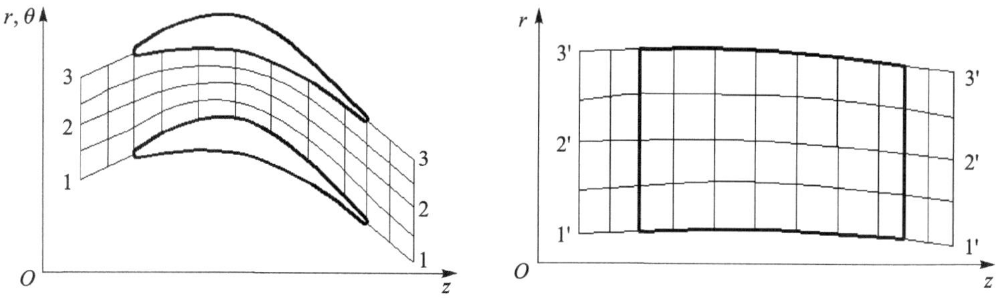

(a) S_1流面周向展开图　　(b) S_2流面子午面投影图

图 9.6　涡轮流面网格示意

度。图 9.6(a)中的 1－1、2－2 和 3－3 都是流线，它们之间相同走向的曲线也都是流线，其中 2－2 是 S_1 流面上等分流量的流线，中心 S_2 流面沿 θ 方向的变化量就是根据各个 S_1 流面上这条流线的实际位置来确定的。

对于中心 S_2 流面，计算站的方向和流线的初始位置都根据中心 S_2 流面在子午面的投影选取，计算站方向基本沿径向方向。根据子午面形状，在叶片进出口处将流线向叶列间隙或涡轮进出口各延伸出一定长度。图 9.6(b)中的 1′－1′、2′－2′和 3′－3′都是流线，它们之间相同走向的曲线也都是流线，分别对应一个 S_1 流面在子午面上的投影。

3. 关键技术及处理方法

(1) 涡轮内部流动的定常处理方法

涡轮内部的流动过程是复杂的非定常流动，但是非定常流动的计算量很大，计算非常复杂；而且目前的流线曲率法还很难直接应用于非定常流动的计算。因此，可以将非定常问题简化为定常问题，忽略动、静叶之间非定常流动的干扰，认为各叶栅内部的流动相对稳定，于是，叶列间的处理成为涡轮内部定常流动计算中至关重要的环节。本章对叶列间处理的方法采用混合平面法，认为在同一时刻各叶片排都是相对独立的系统，动、静叶区域之间有一个相互重合的边界面，流体在这一边界面上掺混并传递参数。图 9.7(a)和图 9.7(b)中的虚线分别表示混合平面在 S_1 流面和 S_2 流面上的投影。

混合平面法大多用于求解 Euler 方程组的数值计算，本章将混合平面法应用于流线曲率法的求解过程。这种定常计算模型认为在不考虑损失的情况下，动静叶间重合边界面上的流量、总能量守恒，流动过程等熵，而由于重合面前后给定气流角的限制，流动方向可能发生变化，因此速度、温度和压强在混合前后可能会有一定幅度的变化。

对于 S_1 流面的流动计算，每排叶片只计算任意相邻两叶片间的一个流道。因为各叶栅排的叶片数各不相同，由图 9.7(a)可见在混合平面前后所计算的流道宽度不同，导致混合平面前后沿周向各条流线不能直接连接，所以计算过程中在重合面上忽略周向流场的不均匀性变化，对周向的流动参数进行平均处理。对于 S_2 流面的流动计算，由图 9.7(b)可见在混合平面前后沿径向各条流线在子午面上的投影可以连接，所以混合平面法可以考虑叶片径向流场的不均匀性变化。也就是说，混合平面后一区域 S_1 流面各条流线的入口总温和总压取前一区域所有流线出口的总温和总压的平均值，而混合平面后一区域 S_2 流面各条流线的入口总温和总压分别取前一区域对应各条流线的出口总温和总压。

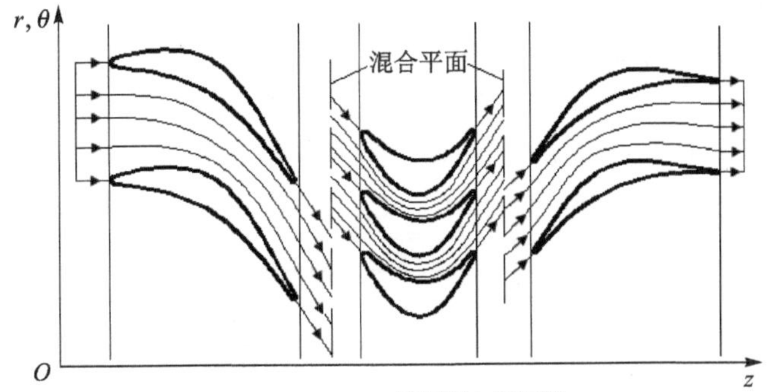

(a) S_1流面周向展开图

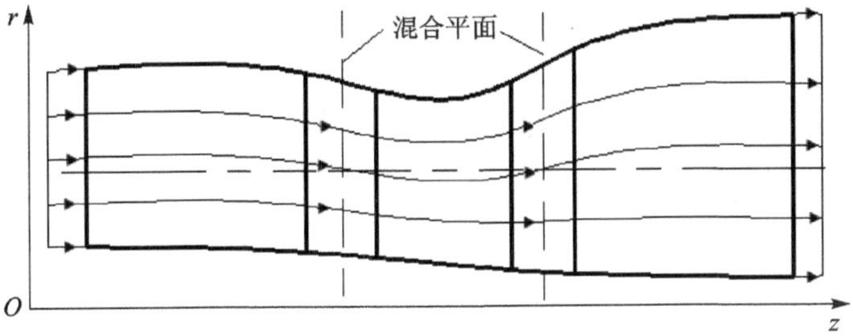

(b) S_2流面子午面投影图

图 9.7　涡轮流面上的流线和混合平面示意

（2）粘性影响的处理方法

为了简化计算，本章的数值仿真模型在动量方程中忽略了粘性力；但是在涡轮的实际工作过程中，燃气粘性力的影响非常大。因此，在涡轮流场数值仿真中，将粘性力的影响通过各个损失系数进行修正，各损失系数的大小根据经验确定。损失系数包括以下三类。

1）叶片通道内的相对滞止压强损失系数

在叶片通道内的实际流动过程中，由于粘性引起的损失使熵发生变化，实际的流动过程并不是等熵过程，而是熵增过程。因此，本章通过相对滞止压强损失系数 ε 对粘性引起的熵增进行修正。

2）叶列间总压损失系数

多级涡轮叶列间的非定常问题采用混合平面法进行处理，而实际上由于粘性的影响，混合平面前后的总压会有一定幅度的变化。这一部分总压变化通过叶列间总压损失系数 ε' 来修正；同时，ε' 还包含了叶列间进出口气流角的影响。

3）流量系数

由于粘性的影响，在贴近固体壁面的区域内可能出现复杂的流动情况，计算得出的流速将比实际流速偏高。因此，计算得出的总流量将大于通过涡轮叶片的实际流量；引入流量系数 μ 对流量偏差进行修正。

4. 数值计算方法

为简化计算，作出如下假设：流动过程绝热，相对定常；燃气为完全气体；沿周向进口流场均匀，S_1 流面为任意旋成面，S_{2m} 流面在轴对称条件下计算；动量方程忽略粘性力，粘性力的影响通过各个损失系数进行修正。

(1) 各方向速度和几何参数

图 9.8 给出了涡轮内部某点在圆柱坐标系(r,θ,z)中各个方向的相对速度以及各个角度的关系。图中,m 为子午流线方向,n 为 S_2 流面的计算站方向。

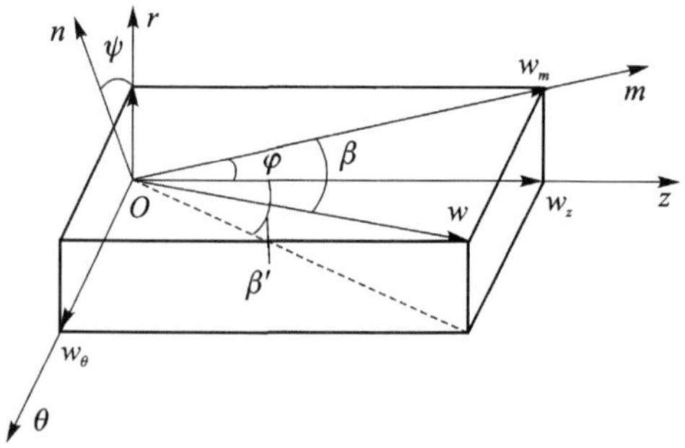

图 9.8 涡轮速度分量与角度的关系

进行涡轮流场计算时,给定相对速度 w 的初始估计值,计算站方向与 r 方向的夹角 ψ 可以根据各个计算点的坐标信息算出,流线方向与 z 轴的夹角 ψ 和相对速度在某半径截面的投影与 z 轴的夹角 β' 可以根据流线的几何坐标算出,有

$$\tan\beta = \cos\varphi \cdot \tan\beta' \tag{9.34}$$

$$w_m = w \cdot \cos\beta \tag{9.35}$$

$$w_r = c_r = w_m \cdot \sin\varphi = w \cdot \sin\varphi / \sqrt{1+\tan^2\beta} \tag{9.36}$$

$$w_z = c_z = w_m \cdot \cos\varphi = w \cdot \cos\varphi / \sqrt{1+\tan^2\beta} \tag{9.37}$$

$$\begin{aligned} w_\theta &= w \cdot \sin\beta = w \cdot \tan\beta / \sqrt{1+\tan^2\beta} \\ &= w_m \cdot \tan\beta = w_m \cdot \cos\varphi \cdot \tan\beta' \end{aligned} \tag{9.38}$$

$$c_\theta = w_\theta + \omega \cdot r \tag{9.39}$$

式中,c_r、c_θ 和 c_z 分别为绝对速度 c 在圆柱坐标系中三个方向的分量,w_r、w_θ 和 w_z 分别为相对速度 w 在圆柱坐标系中三个方向的分量,w_m 为相对速度 w 在子午面的分量。

(2) 速度梯度方程

采用流线曲率法进行求解时,需要根据 9.1.1 小节介绍的关于涡轮流场数值仿真的基本方程,导出计算中用到的求解流面上速度分布的速度梯度方程。

1) S_1 流面速度梯度方程

由沿周向进口流场均匀的假设和能量方程(9.19)可知,每排叶片通道内 S_1 流面的 $\tilde{h}_w^*$ 不变,所以$\dfrac{\bar{\partial}\tilde{h}_w^*}{\bar{\partial}\theta}$。因为假定 S_1 流面是旋成面,所以 S_1 流面的法线向量在 θ 方向的投影为零,即 $n_{1\theta}=0$,$f_\theta=0$。将 $n_{1\theta}=0$ 代入式(9.6),可得

$$\frac{\partial q}{r\partial\theta} = \frac{\bar{\partial} q}{r\bar{\partial}\theta} \tag{9.40}$$

于是,式(9.17)简化为

$$\frac{w_r w_\theta}{r}-\frac{w_r}{r}\frac{\partial w_r}{\partial\theta}-w_z\left(\frac{\partial w_z}{r\partial\theta}-\frac{\bar{\partial} w_\theta}{\bar{\partial} z}\right)+2\omega w_r=\frac{T}{r}\frac{\partial s}{\partial\theta} \tag{9.41}$$

由式(9.7)得

$$\frac{\bar{\partial} q}{\bar{\partial} z}=\frac{\partial q}{\partial z}+\tan\varphi\frac{\partial q}{\partial r} \tag{9.42}$$

进一步推导可得

$$\frac{\bar{\partial} w_\theta}{\bar{\partial} z}=\frac{\partial w_\theta}{\partial z}+\tan\varphi\frac{\partial w_\theta}{\partial r}=\frac{1}{\cos\varphi}\left(\frac{\partial w_\theta}{\partial z}\cos\varphi+\frac{\partial w_\theta}{\partial r}\sin\varphi\right) \tag{9.43}$$

任意参量 q 沿子午流线方向的偏导数可表示为

$$\frac{\partial q}{\partial m}=\frac{\partial q}{\partial z}\cos\varphi+\frac{\partial q}{\partial r}\sin\varphi=\frac{\mathrm{d}q}{\mathrm{d}m}-\frac{\partial q}{r\partial\theta}\frac{r\partial\theta}{\partial m}=\frac{\mathrm{d}q}{\mathrm{d}m}-\tan\beta\frac{\partial q}{r\partial\theta} \tag{9.44}$$

由式(9.43)和式(9.44)，得

$$w_z\frac{\bar{\partial} w_\theta}{\bar{\partial} z}=w_m\left(\frac{\mathrm{d}w_\theta}{\mathrm{d}m}-\tan\beta\frac{\partial w_\theta}{r\partial\theta}\right) \tag{9.45}$$

将式(9.35)～式(9.38)和式(9.45)代入式(9.41)，可得涡轮 S_1 流面的速度梯度方程为

$$\frac{\partial w}{\partial\theta}=w\sin\beta\cos\beta\sin\varphi+r\cos\beta\left(\frac{\mathrm{d}w_\theta}{\mathrm{d}m}+2\omega\sin\varphi\right)-T\left(\frac{\partial s}{\partial\theta}\right)\bigg/w \tag{9.46}$$

S_1 流面速度梯度方程的求解采用中心差分，某函数 F 的中值用 F_E 表示，则 $F_E=(F_k+F_{k-1})/2$，$\Delta F_k\equiv F_k-F_{k-1}$，其中，$k$ 表示沿计算站方向流线的编号。

将式(9.46)中的微分用差分代替，得到

$$w_k=w_{k-1}+(\theta_k-\theta_{k-1})(w_E X_{1E}+X_{2E})-T_E(s_k-s_{k-1})/w_E \tag{9.47}$$

式中

$$w_E=(w_k+w_{k-1})/2$$
$$T_E=(T_k+T_{k-1})/2$$
$$X_{1E}=(\sin\beta\cos\beta\sin\varphi)_E$$
$$X_{2E}=\left[r\cos\beta\left(\frac{\mathrm{d}w_\theta}{\mathrm{d}m}+2\omega\sin\varphi\right)\right]_E$$

2) S_2 流面速度梯度方程

在轴对称的假设条件下，$\frac{\partial q}{\partial\theta}=0$，另有

$$w_m\frac{\partial q}{\partial m}=w_r\frac{\partial q}{\partial r}+w_z\frac{\partial q}{\partial z} \tag{9.48}$$

将式(9.48)和轴对称条件代入式(9.13)～式(9.15)，可得

$$-\frac{1}{\rho}\frac{\partial p}{\partial r}=w_m\frac{\partial w_r}{\partial m}-\frac{w_\theta^2}{r}-2\omega w_\theta-\omega^2 r \tag{9.49}$$

$$-\frac{1}{\rho}\frac{\partial p}{r\partial\theta}=w_m\frac{\partial w_\theta}{\partial m}+\frac{w_\theta w_r}{r}+2\omega w_r=0 \tag{9.50}$$

$$-\frac{1}{\rho}\frac{\partial p}{\partial z}=w_m\frac{\partial w_z}{\partial m} \tag{9.51}$$

压强沿 S_2 流面计算站方向的方向导数为

$$-\frac{1}{\rho}\frac{\partial p}{\partial n}=-\frac{1}{\rho}\frac{\partial p}{\partial r}\frac{\partial r}{\partial n}-\frac{1}{\rho}\frac{\partial p}{r\partial\theta}\frac{r\partial\theta}{\partial n}-\frac{1}{\rho}\frac{\partial p}{\partial z}\frac{\partial z}{\partial n}=-\frac{1}{\rho}\frac{\partial p}{\partial r}\cos\psi+\frac{1}{\rho}\frac{\partial p}{\partial z}\sin\psi \tag{9.52}$$

将式(9.49)和式(9.51)代入式(9.52)，可得

$$-\frac{1}{\rho}\frac{\partial p}{\partial n}=w_m\left[\frac{\partial w_m}{\partial m}\sin(\varphi-\psi)+w_m\cos(\varphi-\psi)\frac{\partial\varphi}{\partial m}\right]-\left(\frac{w_\theta^2}{r}+2\omega w_\theta+\omega^2 r\right)\cos\psi \tag{9.53}$$

由式(9.2)和热力学关系式 $-\frac{1}{\rho}\nabla p=T\,\nabla s-\nabla h$ 可将压强梯度表示为

$$-\frac{1}{\rho}\nabla p=T\,\nabla s-\nabla h=T\,\nabla s-\nabla\tilde{h}_w^*+\nabla\left(\frac{w^2}{2}\right)-\nabla\left(\frac{\omega^2 r^2}{2}\right) \tag{9.54}$$

在 S_2 流面计算站方向上，上式可表示为

$$-\frac{1}{\rho}\frac{\partial p}{\partial n}=T\frac{\partial s}{\partial n}-\frac{\partial\tilde{h}_w^*}{\partial n}+(1+\tan^2\beta)w_m\frac{\partial w_m}{\partial n}+w_m^2\tan\beta\frac{\partial\tan\beta}{\partial n}-\omega^2 r\cos\psi \tag{9.55}$$

由式(9.53)和式(9.55)可得

$$\frac{\partial w_m}{\partial n}=\left[\frac{\partial w_m}{\partial m}\sin(\varphi-\psi)+w_m\cos(\varphi-\psi)\frac{\partial\varphi}{\partial m}-\frac{w_m\tan\beta}{r}\frac{\partial(r\tan\beta)}{\partial n}-\right.$$
$$\left.2\omega\tan\beta\cos\psi+\left(\frac{\partial\tilde{h}_w^8}{\partial n}-T\frac{\partial s}{\partial n}\right)\Big/w_m\right]\Big/(1+\tan^2\beta) \tag{9.56}$$

式中，$\frac{\partial\varphi}{\partial m}$ 为流线在子午面上的曲率，$\varphi=\arctan\left(\frac{\mathrm{d}r}{\mathrm{d}z}\right)$，则有

$$\frac{\mathrm{d}\varphi}{\mathrm{d}m}=\frac{\mathrm{d}^2 r/\mathrm{d}z^2}{[1+(\mathrm{d}r/\mathrm{d}z)^2]^{3/2}}=-\frac{\mathrm{d}^2 z/\mathrm{d}r^2}{[1+(\mathrm{d}z/\mathrm{d}r)^2]^{3/2}} \tag{9.57}$$

代入 $\frac{\partial w_m}{\partial m}=\cos\beta\frac{\partial w}{\partial m}+w\frac{\partial\cos\beta}{\partial m}$，$\frac{\partial w_m}{\partial n}=\cos\beta\frac{\partial w}{\partial n}+w\frac{\partial\cos\beta}{\partial n}$ 和式(9.35)，解得

$$\frac{\partial w}{\partial n}=\sin(\varphi-\psi)\cos^2\beta\left(\frac{\partial w}{\partial m}+\frac{w}{\cos\beta}\frac{\partial\cos\beta}{\partial m}\right)+w\cos^2\beta\cos(\varphi-\psi)\frac{\partial\varphi}{\partial m}-$$
$$\frac{w\cos^2\beta\tan\beta}{r}\frac{\partial(r\tan\beta)}{\partial n}-2\omega\sin\beta\cos\psi+\left(\frac{\partial\tilde{h}_w^*}{\partial n}-T\frac{\partial s}{\partial n}\right)\Big/w-\frac{w}{\cos\beta}\frac{\partial\cos\beta}{\partial n} \tag{9.58}$$

在轴对称的假设条件下，连续方程(9.9)简化为

$$\frac{1}{r}\frac{\partial(r\rho w\cos\beta\sin\varphi)}{\partial r}+\frac{\partial(\rho w\cos\beta\cos\varphi)}{\partial z} \tag{9.59}$$

由方向导数 $\frac{\partial q}{\partial m}=\frac{\partial q}{\partial r}\sin\varphi+\frac{\partial q}{\partial z}\cos\varphi$ 和 $\frac{\partial q}{\partial n}=\frac{\partial q}{\partial r}\cos\psi-\frac{\partial q}{\partial z}\sin\psi$ 解得

$$\frac{\partial q}{\partial r}=\left(\frac{\partial q}{\partial m}\sin\psi+\frac{\partial q}{\partial n}\cos\varphi\right)\Big/\cos(\varphi-\psi) \tag{9.60}$$

$$\frac{\partial q}{\partial z}=\left(\frac{\partial q}{\partial m}\cos\psi+\frac{\partial q}{\partial n}\sin\varphi\right)\Big/\cos(\varphi-\psi) \tag{9.61}$$

将式(9.60)和式(9.61)代入式(9.59)，解得

$$\frac{1}{r}w\cos\beta\sin\varphi+w\cos\beta\frac{\partial\ln\rho}{\partial m}+\cos\beta\frac{\partial w}{\partial m}+w\frac{\partial\cos\beta}{\partial m}+$$

$$\frac{w\cos\beta}{\cos(\varphi-\psi)}\left[\frac{\partial\varphi}{\partial m}\sin(\psi-\varphi)+\frac{\partial\varphi}{\partial n}\right]=0 \tag{9.62}$$

对于理想气体绝热流动，有

$$T\mathrm{d}s=\mathrm{d}u+p\,\mathrm{d}\left(\frac{1}{\rho}\right)=\mathrm{d}h-\frac{1}{\rho}\mathrm{d}p=\mathrm{d}\left(\tilde{h}_w^*-\frac{w^2}{2}+\frac{\omega^2r^2}{2}\right)-\frac{\mathrm{d}\rho}{\rho}\frac{\mathrm{d}p}{\mathrm{d}\rho} \tag{9.63}$$

根据流动过程绝热等熵的假设条件，有 $\mathrm{d}s=0$，$\frac{\mathrm{d}p}{\mathrm{d}\rho}=\left(\frac{\mathrm{d}p}{\mathrm{d}\rho}\right)_s=a^2$（$a$ 为当地声速），$\mathrm{d}\tilde{h}_w^*=0$，再由式(9.63)，可得

$$\frac{\partial\ln\rho}{\partial m}=\frac{\partial\rho}{\rho\partial m}=\frac{1}{a^2}\frac{\partial}{\partial m}\left(-\frac{1}{2}w^2+\frac{1}{2}\omega^2r^2\right)=\frac{1}{a^2}\left(-w\frac{\partial w}{\partial m}+\omega^2r\frac{\partial r}{\partial m}\right) \tag{9.64}$$

令 $M_w=w/a$，将式(9.64)代入式(9.62)，解得

$$\frac{\partial w}{\partial m}=-\frac{w}{1-M_w^2}\left[\sin\varphi\left(\frac{1}{r}+\frac{\omega^2r}{a^2}\right)+\frac{1}{\cos\beta}\frac{\partial\cos\beta}{\partial m}-\frac{\partial\varphi}{\partial m}\tan(\varphi-\psi)+\frac{1}{\cos(\varphi-\psi)}\frac{\partial\varphi}{\partial n}\right] \tag{9.65}$$

将式(9.65)代入式(9.58)，解得涡轮 S_2 流面的速度梯度方程为

$$\frac{\partial w}{\partial n}=-\frac{w\sin(\varphi-\psi)\cos^2\beta}{1-M_w^2}\left[\left(\frac{1}{r}+\frac{\omega^2r}{a}\right)\sin\varphi+\frac{1}{\cos(\varphi-\psi)}\frac{\partial\varphi}{\partial n}-\tan(\varphi-\psi)\frac{\partial\varphi}{\partial m}+\right.$$
$$\left.\frac{M_w^2}{\cos\beta}\frac{\partial\cos\beta}{\partial m}\right]+\cos^2\beta\left[w\cos(\varphi-\psi)\frac{\partial\varphi}{\partial m}-\frac{w\tan\beta}{r}\frac{\partial(r\tan\beta)}{\partial n}\right]-$$
$$2\omega\sin\beta\cos\psi+\left(\frac{\partial\tilde{h}_w^*}{\partial n}-T\frac{\partial s}{\partial n}\right)\Big/w-\frac{w}{\cos\beta}\frac{\partial\cos\beta}{\partial n} \tag{9.66}$$

S_2 流面速度梯度方程的求解采用中心差分，将式(9.66)中的微分用差分代替，可得

$$w_k=w_{k-1}-\frac{\Delta n_k w_{\mathrm{E}}Y_{1\mathrm{E}}}{1-M_{w\mathrm{E}}^2}Y_{2\mathrm{E}}+\Delta n_kY_{1\mathrm{E}}(w_{\mathrm{E}}Y_{3\mathrm{E}}-w_{\mathrm{E}}Y_{4\mathrm{E}})-$$
$$\Delta r_kY_{5\mathrm{E}}+\Delta n_kY_{6\mathrm{E}}/w_{\mathrm{E}}-T_{\mathrm{E}}\Delta s_k/w_{\mathrm{E}}-\Delta n_k\frac{w_{\mathrm{E}}}{\sqrt{Y_{1\mathrm{E}}}}Y_{7\mathrm{E}} \tag{9.67}$$

式中，$\Delta n_k=n_k-n_{k-1}$，$\Delta r_k=r_k-r_{k-1}$ 另有

$$Y_{1\mathrm{E}}=(\cos^2\beta)_{\mathrm{E}}=1/[1+(\tan^2\beta)_{\mathrm{E}}] \tag{9.68}$$

$$Y_{2\mathrm{E}}=\left(\frac{1}{r_{\mathrm{E}}}+\frac{\omega^2r_{\mathrm{E}}}{a_{\mathrm{E}}}\right)[\sin(\varphi-\psi)\sin\varphi]_{\mathrm{E}}+\left[\frac{\sin(\varphi-\psi)}{\cos(\varphi-\psi)}\right]_{\mathrm{E}}\frac{\Delta\varphi_k}{\Delta n_k}-$$
$$\left[\frac{\sin^2(\varphi-\psi)}{\cos(\varphi-\psi)}\frac{\partial\varphi}{\partial m}\right]_{\mathrm{E}}+\frac{M_{w\mathrm{E}}^2}{\sqrt{Y_{1\mathrm{E}}}}\left[\sin(\varphi-\psi)\frac{\partial\cos\beta}{\partial m}\right]_{\mathrm{E}} \tag{9.69}$$

$$Y_{3\mathrm{E}}=\left[\cos(\varphi-\psi)\frac{\partial\varphi}{\partial m}\right]_{\mathrm{E}} \tag{9.70}$$

$$Y_{4\mathrm{E}}=\left(\frac{\tan\beta}{r}\right)_{\mathrm{E}}\frac{\Delta(r\tan\beta)_k}{\Delta n_k} \tag{9.71}$$

$$Y_{5\mathrm{E}}=2\omega(\sin\beta)_{\mathrm{E}} \tag{9.72}$$

$$Y_{6\mathrm{E}}=\frac{\Delta\tilde{h}_{wk}^*}{\Delta n_k} \tag{9.73}$$

$$Y_{7E}=\frac{\Delta\cos\beta_k}{\Delta n_k} \tag{9.74}$$

通过式(9.47)和式(9.67)可以由流面上某一条参考流线在各个计算站上的相对速度解出在涡轮 S_1 流面和 S_2 流面上相对速度沿各个计算站方向的分布。

3）流量方程

由于数值仿真中算出的是沿计算站方向的流动参数，因此流量的计算也应该沿计算站的方向，流量方程通常表示为积分的形式。

a. S_1 流面流量方程

$$\dot{m}=\int_{\theta_0}^{\theta}\rho w\cos\beta\tau r\,\mathrm{d}\theta \tag{9.75}$$

式中，τ 为 S_1 流面的厚度(计算时认为 S_1 流面是具有一定厚度的流片)。

由于粘性的影响，通过流量系数 μ 对流量进行修正，μ 为实际流量与理论流量之比，则流量方程变为

$$\dot{m}=\mu\int_{\theta_0}^{\theta}\rho w\cos\beta\tau r\,\mathrm{d}\theta \tag{9.76}$$

流量方程采用梯形法积分可以得到

$$\dot{m}_k=\dot{m}_{k-1}+\frac{1}{2}\mu(\rho_k w_k\cos\beta_k+\rho_{k-1}w_{k-1}\cos\beta_{k-1})\cos\varphi\cdot\Delta r\cdot r(\theta_k-\theta_{k-1}) \tag{9.77}$$

b. S_2 流面流量方程

$$\dot{m}=\int_{n_0}^{n}2\pi r\rho w\cos\beta\cos(\varphi-\psi)\,\mathrm{d}n \tag{9.78}$$

通过流量系数 μ 对流量进行修正，得到

$$\dot{m}=\mu\int_{n_0}^{n}2\pi r\rho w\cos\beta\cos(\varphi-\psi)\,\mathrm{d}n \tag{9.79}$$

流量方程采用梯形法积分可以得到

$$\begin{aligned}\dot{m}_k=\dot{m}_{k-1}+\pi\mu[(r_k-r_{k-1})/\cos\psi][\rho_k w_k\cos\beta_k\cos(\varphi-\psi)_k+\\ \rho_{k-1}w_{k-1}\cos\beta_{k-1}\cos(\varphi-\psi)_{k-1}]\end{aligned} \tag{9.80}$$

算出沿计算站方向各条流线的流速分布后，通过式(9.77)和式(9.80)可以分别求出涡轮 S_1 流面和 S_2 流面上通过该计算站的流量，将求出的流量与实际流量进行比较，得到流量偏差，从而修正参考流线上的流速，重新计算各条流线上的流速，直到流量偏差足够小，即求出的流量与实际流量基本相等为止，此时沿计算站方向各条流线上对应的流动参数的值即为所求值。

4）流动参数计算

a. 相对滞止转焓

相对滞止转焓是涡轮内部流动计算的一个重要概念，如式(9.2)所示。每排叶片通道内的相对滞止转焓只需要对进口的第一站进行计算。在定常、绝热、无粘的假设条件下，能量方程表示为 $\frac{\mathrm{d}\tilde{h}_w^*}{\mathrm{d}t}=0$。由此可以得出，对于同一条流线，在同一排叶片通道内每个计算站的相对滞止转焓 $\tilde{h}_w^*$ 数值不变。而在混合平面上，通常相对滞止转焓的数值将会发生变化，因为混合平面前后往往是转速不同的两个区域，在这两个区域内即使是同一条流线上的相对滞止转焓也

并不相等，应该分别计算，而不能用涡轮装置入口的相对滞止转焓对整个涡轮内部的流动情况进行计算。在动叶区域，流体对外界有轴功输出，总焓减小，而相对滞止转焓保持不变，进、出口气流角的方向都是相对速度的方向，可以采用相对坐标系下推导出来的计算公式。在静叶区域，流体对外界不做功，总焓和相对滞止转焓相等，都保持不变。由于静叶区域的转速为零，进、出口气流角的方向都是绝对速度的方向，此时可以认为相对坐标和绝对坐标重合，相对坐标系下推导出来的计算公式仍然适用。

b. 相对滞止温度

式(9.2)中，$h_w^* = h + \frac{w^2}{2}$表示相对滞止焓，则相对滞止温度表示为

$$T_w^* = h_w^* / c_p = \left(\tilde{h}_w^* + \frac{\omega^2 r^2}{2}\right) \Big/ c_p \tag{9.81}$$

由上式可以看出，在静叶通道内，也就是转速为零的区域内，相对滞止焓和相对滞止温度分别与总焓和总温相等。

c. 温　度

$$T = T_w^* - \frac{w^2}{2c_p} \tag{9.82}$$

d. 总　温

$$T^* = T_w^* + \left(\omega r c_\theta - \frac{\omega^2 r^2}{2}\right) \Big/ c_p \tag{9.83}$$

e. 相对滞止压强

对于绝热等熵流动，相对滞止压强表示为

$$p_w^* = p^* \left(\frac{T_w^*}{T^*}\right)^{\frac{k}{k-1}} \tag{9.84}$$

式中，k 为燃气的比热比。

每排叶片通道内第一站相对滞止压强$(p_w^*)_1 = p_1^* \left[\frac{(T_w^*)_1}{T_1^*}\right]^{\frac{k}{k-1}}$，考虑到实际情况中熵的增加，则其余各站引入相对滞止压强损失系数 ε 进行修正。

在静叶通道内，相对滞止压强与总压相等，可以认为 ε 也是总压损失系数，相对滞止压强的计算公式表示为

$$(p_w^*)_j = \varepsilon \cdot (p_w^*)_{j-1} \tag{9.85}$$

式中，j 表示计算站的编号。

在动叶通道内，相对滞止压强的计算公式表示为

$$(p_w^*)_j = \varepsilon \cdot p_j^* \left[\frac{(T_w^*)_j}{T_j^*}\right]^{\frac{k}{k-1}} \tag{9.86}$$

f. 静　压

$$p = p_w^* \left(\frac{T}{T_w^*}\right)^{\frac{k}{k-1}} \tag{9.87}$$

g. 总　压

$$p^{*}=p_{w}^{*}\left(\frac{T^{*}}{T_{w}^{*}}\right)^{\frac{k}{k-1}} \tag{9.88}$$

h. 熵

第一个计算站的熵 $s_1=0$，其余各计算站的熵表示为

$$s_j=s_{j-1}+c_p\ln\left(\frac{T_j}{T_{j-1}}\right)-R\ln\left(\frac{p_j}{p_{j-1}}\right) \tag{9.89}$$

式中，R 为燃气的气体常数。

i. 密　度

在完全气体的假设条件下，由完全气体公式可得燃气密度的表达式为

$$\rho=\frac{p}{RT} \tag{9.90}$$

5）性能参数计算

衡量涡轮性能的参数主要是涡轮的功率和效率。

a. 轮缘功

每千克质量燃气对动叶所做的功称为轮缘功。多级涡轮的每一级都产生一定的轮缘功，涡轮总的轮缘功等于各级轮缘功之和。轮缘功的计算公式为

$$\begin{aligned}L_{\mathrm{u}}&=\omega r\cdot\Delta c_{\theta}=\omega r\cdot\Delta w_{\theta}=\\&\omega r\cdot(c_{\theta,j1}-c_{\theta,j2})=\omega r\cdot(w_{\theta,j1}-w_{\theta,j2})\end{aligned} \tag{9.91}$$

式中，下标 $j1$ 和 $j2$ 分别表示动叶通道第一站和最后一站的编号。

b. 等熵膨胀功

当流动过程绝热、无摩擦时，可以认为燃气在涡轮中的流动过程是等熵膨胀过程，则每千克质量燃气对涡轮所做的功称为等熵膨胀功。用涡轮出口总压作为等熵膨胀过程的出口总压，等熵膨胀功的计算公式表示为

$$L_{\mathrm{ad}}=c_p(T_1^{*}-T_{jm,\mathrm{ad}}^{*})=c_pT_1^{*}\left[1-\left(\frac{P_{jm}^{*}}{P_1^{*}}\right)^{\frac{k-1}{k}}\right] \tag{9.92}$$

式中，下标 jm 表示涡轮出口处最后一站的流线编号，$T_{jm,\mathrm{ad}}^{*}$ 表示等熵膨胀过程的涡轮出口总温。

c. 反力度

涡轮中每一级的反力度等于燃气在该级动叶通道中所做的膨胀功与该级总膨胀功之比。燃气在动叶通道内所做的膨胀功为 $\frac{w_{j2}^2-w_{j1}^2}{2}$，用轮缘功表示该级的总膨胀功，则反力度表示为

$$\Omega_{\mathrm{T}}=\frac{w_{j2}^2-w_{j1}^2}{2\cdot L_{\mathrm{u}}} \tag{9.93}$$

d. 实际功率

涡轮的实际功率是实际涡轮功产生的功率，在径向漏气损失和潜流损失等因素影响的情况下，可以认为轮缘功与涡轮功相等，此时实际功率可表示为

$$P_{\mathrm{u}}=L_{\mathrm{u}}\cdot\dot{m} \tag{9.94}$$

e. 理论功率

涡轮的理论功率是等熵膨胀功产生的功率，表示为

$$P_{ad}=L_{ad}\cdot \dot{m} \tag{9.95}$$

f. 涡轮效率

涡轮效率是涡轮功与等熵膨胀功之比。认为轮缘功与涡轮功相等，则涡轮的效率表示为

$$\eta_T=L_u/L_{ad} \tag{9.96}$$

6）跨声速问题的数值解法

液体火箭发动机涡轮内部的流动情况比较复杂，燃气的流速很高，通常会出现跨声速流动现象，也就是说流动过程中包含了亚声速、超声速和临界三种流动状态。燃气的亚声速流动和超声速流动具有截然不同的性质：燃气的相对速度在亚声速流动状态下，流量随流速的上升而上升；燃气的相对速度在超声速流动状态下，流量随流速的上升而下降。对于流道中的某计算站，参考流线上的相对速度与流量的关系表示成曲线如图 9.9 所示。由图 9.9 可见，该计算站的临界流量是 $\dot{m}_0$，当实际流量 $\dot{m}_1<\dot{m}_0$ 时，分别对应亚声速流动状态的相对速度 w_1 和超声速流动状态的相对速度 w_1'，相对速度的求解可以获得两个解，所以在应用流线曲率法的求解过程中必须先判断相对速度对应的流动状态才能获得唯一的速度解。

通过流量偏差与流速的关系来求解参考流线上的相对流速，流量偏差是通过流速解得的流量与实际流量之差，当流量偏差为零时，对应的速度即为所求的速度解，求解过程采用割线法。参考流线的相对速度与流量偏差的关系表示成曲线如图 9.10 所示。割线法主要用于求解区域内单调函数的单根，而图 9.10 所示的函数曲线显然不是单调的，除临界点外，流量偏差为零时对应两个速度解。因此，必须将亚声速段和超声速段分开，变成两段单调函数，只要判断出流动状态，就确定了速度解的区间，在此区间内给定速度的两个迭代初值，用割线法对一段单调函数求解即可获得唯一速度解。例如，如果首先判断出相对速度的流动状态是亚声速的，则给定两个较小的速度迭代初值 $w_{1,x1}$ 和 $w_{1,x2}$，解得它们分别对应的流量偏差为 $\Delta\dot{m}_{1,x1}$ 和 $\Delta\dot{m}_{1,x2}$，再利用割线法就可以迭代求出流量偏差为零时对应的速度 w_1。

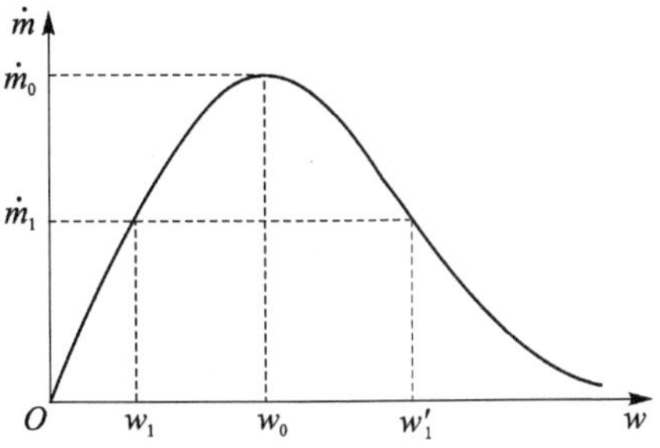

图 9.9　相对速度与流量的关系曲线

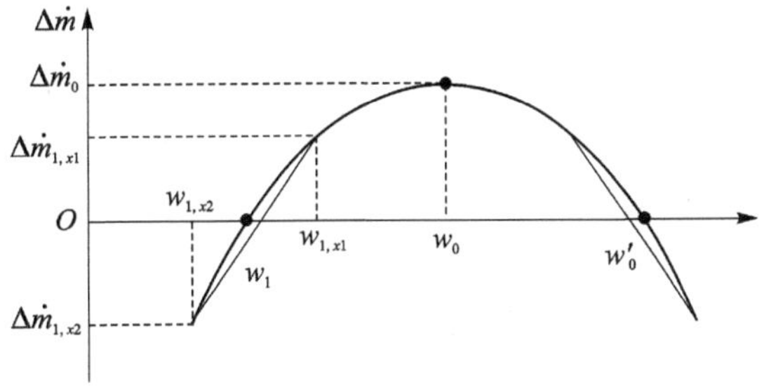

图 9.10　相对速度与流量偏差的关系曲线

跨声速求解中另一个重要问题是，当流场中出现局部跨、超声速时，会发生部分或全部壅塞的现象，于是预先给定的进口流量就会大于该处的最大流量，这一现象导致流线曲率法的求解很难获得收敛解。因此，每一计算站的速度求解之前可以先求出该处的临界流量，即所能通过的最大流量，如果某处的临界流量小于进口流量，则表示需要减小给定的进口流量才能继续计算。通过临界流量所对应的流量偏差来判断进口流量是否过大，如图 9.10 所示，用变步长

逐点逼进的方法求出函数曲线最高点所对应的流量偏差 $\Delta\dot{m}_0$，此时临界流量为 $\dot{m}_0$，给定的进口流量为 $\dot{m}_1$，则 $\Delta\dot{m}_0=\dot{m}_0-\dot{m}_1$。若 $\Delta\dot{m}_0>0$，则说明临界流量大于进口流量，该计算站未出现壅塞现象，可以继续用割线法求解流速；若 $\Delta\dot{m}_0<0$，则说明临界流量小于进口流量，该计算站出现壅塞现象，应减小进口流量再计算。

7）边界条件

进行涡轮流流场数值仿真必须给定一定的边界条件和一些已知参数，边界条件主要包括几何边界条件、进口边界条件和混合平面边界条件。

a. 几何边界条件

几何边界条件是指构造出各个流面几何形状的条件参数，包括涡轮的叶片排数、各排叶片的叶片数和叶片的几何形状、进出口气流角、各个 S_1 流面的旋成面半径和流层厚度以及中心 S_2 流面沿 θ 方向坐标值的分布。几何边界条件中有关涡轮几何形状的参数都是已知确定的数值，而进出口气流角则根据叶片的进出口角给定。在流面理论准三维的计算中，流面的几何参数采用初次估定的数值，在流面理论全三维的计算中，流面的几何参数通过两类流面的相互迭代得出。

b. 进口边界条件

涡轮流场数值仿真的进口边界条件包括进口流量、进口总压和进口总温。根据具体情况，可以将进口边界中的进口总压和进口总温用进口压强和进口温度代替。进口边界条件在计算程序的输入参数中给定。

c. 混合平面边界条件

无论是一级涡轮还是多级涡轮，都有两排或两排以上的叶片，每排叶片的计算相对独立，都需要有各自的进口边界条件。混合平面边界条件是指除了第一排叶片之外，其余各排叶片进口总温和总压的分布，其具体数值根据前一排的计算结果，通过混合平面法求出。

除以上的边界条件之外，数值仿真还需要其他一些参数作为已知条件，包括气体常数、燃气比热比、动叶转速、各项损失系数和参考流线上的流速初估值等。

8）流线曲率法的计算步骤

涡轮流面方程求解采用流线曲率法，具体计算步骤如下：

① 读入原始数据，并根据 AutoCAD 建立的涡轮几何模型读入涡轮的几何结构参数。

② 确定流面的位置和流面上计算站的位置，按照流量与面积成比例的关系，给定流量分布，根据流量分布拟定各排叶片通道内流面上的初始流线坐标。

③ 根据该排叶片通道内各个计算站参考流线上给定的初始流速，用速度梯度方程(9.47)和方程(9.67)计算全部流线上的流速。

④ 用流量方程(9.77)和方程(9.80)计算各条流线在各个计算站对应的流量和每个计算站的总流量，将各个计算站的总流量与实际流量进行比较，计算流量偏差。

⑤ 如果流量偏差小于允许误差，则认为参考流线上的流速就是实际流速，否则重新给定参考流线上的流速，重复步骤③、④的计算，直到流量偏差小于允许误差为止。

⑥ 根据各条流线在各个计算站对应的流量，求出新的流线坐标，与拟定流线做比较，计算流线位置偏差。

⑦ 如果流线位置偏差小于允许误差，则认为该排叶片通道内拟定的流线坐标就是实际的流线坐标，此时流线上各点对应的流动参数即为所求的流动参数，否则重新拟定流线坐标，重

复步骤④～步骤⑥的计算，直到流线位置偏差小于允许误差为止。

⑧ 用混合平面的叶列间处理方法，根据该排出口流动参数的分布计算下一排进口流动参数的分布，重复步骤③～步骤⑦计算下一排叶片通道，直至涡轮各排叶片全部计算完毕。

9.1.3　涡轮流场数值算例及结果分析

参照某大型液氧/甲烷火箭发动机的氧化剂涡轮的几何形状，该涡轮为速度分级的两级冲击式涡轮。在涡轮级中，第二排和第四排是动叶，其余的是静叶。其结构形状如图 9.11 所示。相关结构参数和工作参数分别如表 9.1 和表 9.2 所列。

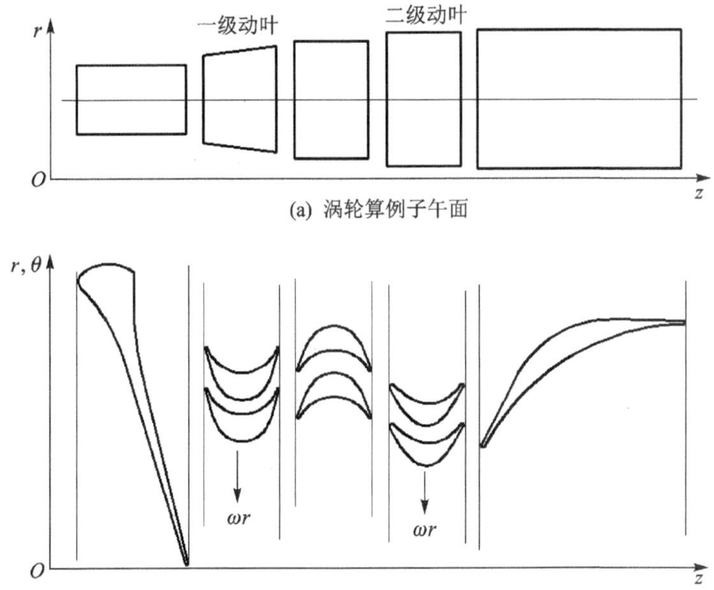

(a) 涡轮算例子午面

(b) 涡轮算例基元级叶栅

图 9.11　涡轮算例的结构示意

表 9.1　涡轮算例的相关结构参数

类　别	一级静叶	一级动叶	二级静叶	二级动叶	三级静叶
叶高/mm	13	20	22	25	26
叶片数/个	21	90	79	94	25
入口角/(°)	0	−69	63	−53	53
出口角/(°)	−74	69	−63	55	0

表 9.2　涡轮算例的计算工况

流量/($kg \cdot s^{-1}$)	转速/($r \cdot min^{-1}$)	进口总温/K	进口总压/MPa	气体常数/($J \cdot kg^{-1} \cdot K^{-1}$)	燃气比热比
6.69	19 175	784	8.04	500.25	1.161 4

根据算例的几何形状建立了由多个 S_1 流面和 S_2 流面组成的计算模型，如图 9.12 所示。模型中的 S_1 流面共有 7 个，按照从轮毂至外壳的顺序编号；S_2 流面同样为 7 个，按照从叶背至叶盆的顺序编号。为方便叙述，下文将第四个 S_1 流面和第四个 S_2 流面分别称为中心 S_1

流面和中心 S_2 流面。

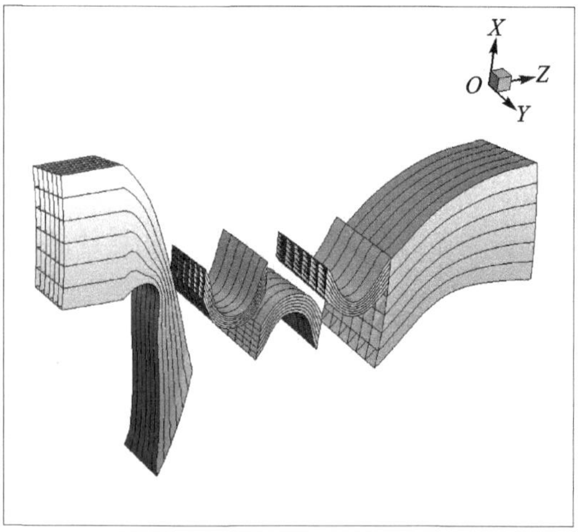

图 9.12 涡轮算例迭代流面的分布

模型的求解逐级进行,各级之间传递的流动参数用混合平面法进行处理。流面的迭代采用相对马赫数作为收敛判据,判别准则为

$$\left|\frac{Ma_{S_1}-Ma_{S_2}}{Ma_{S_2}}\right|_{\max}<\varepsilon$$

式中,Ma_{S_1} 和 Ma_{S_2} 分别表示同一计算节点在 S_1 流面和 S_2 流面内的相对马赫数,ε 表示收敛阈值。表 9.3 列出了各级在迭代过程中能达到的最小收敛阈值 $\varepsilon_{\min}$ 和相应的迭代次数。计算的基本结果如表 9.4 所列。

表 9.3 涡轮算例流面迭代的收敛情况

类　别	一级静叶	一级动叶	二级静叶	二级动叶	三级静叶
迭代次数	4	3	5	3	3
$\varepsilon_{\min}$	0.085	0.119	0.143	0.109	0.098

表 9.4 涡轮算例的主要计算结果

入口平均压强/MPa	入口平均温度/K	入口平均马赫数	出口平均压强/MPa	出口平均温度/K	出口平均马赫数	功率/kW	效　率
8.02	783.816	0.054	0.078	410.575	2.014	5 285.04	0.312

9.2 泵流场数值仿真

9.2.1 泵流场数值仿真模型

泵流场数值仿真的流体介质是液体,本章认为泵内液体是不可压流,在流动过程中密度不变,此时不再需要状态方程,计算模型得到简化。

对于不可压流，引入与涡轮流动过程中相对滞止转焓定义相似的相对滞止转压的概念，假设泵内流动过程绝热，则在同一排叶片通道内，相对滞止转压的值恒定不变。圆柱坐标系(r,θ,z)中相对滞止转压强 $\tilde{p}_w^*$ 表示为

$$\tilde{p}_w^* = p + \rho \frac{w^2 - \omega^2 r^2}{2} = p^* - \rho \omega r c_\theta \tag{9.97}$$

式中，p^* 为总压。

泵流场数值仿真的基本方程包括连续方程、动量方程、能量方程和正交方程。

1. 泵 S_1 流面的基本方程

(1) 连续方程

不可压流的密度为常数，因此由式(9.10)可得泵 S_1 流面的连续方程为

$$\frac{\bar{\partial}}{\bar{\partial}\theta}(b w_\theta) + \frac{\bar{\partial}}{\bar{\partial}z}(r b w_z) = 0 \tag{9.98}$$

(2) 动量方程

将式(9.6)、式(9.7)和式(9.97)代入式(9.13)～式(9.15)，可得泵 S_1 流面的动量方程为

$$\frac{w_\theta}{r}\frac{\bar{\partial} w_r}{\bar{\partial}\theta} + w_z \frac{\bar{\partial} w_r}{\bar{\partial} z} - \frac{w_\theta^2}{r} - 2\omega w_\theta = f_r \tag{9.99}$$

$$\frac{w_r w_\theta}{r} - \frac{w_r}{r}\frac{\bar{\partial} w_r}{\bar{\partial}\theta} - w_z\left(\frac{\bar{\partial} w_z}{r\bar{\partial}\theta} - \frac{\bar{\partial} w_\theta}{\bar{\partial} z}\right) + 2\omega w_r = -\frac{1}{r\rho}\frac{\bar{\partial}\tilde{p}_w^*}{\bar{\partial}\theta} + f_\theta \tag{9.100}$$

$$-w_r \frac{\bar{\partial} w_r}{\bar{\partial} z} + w_\theta\left(\frac{\bar{\partial} w_z}{r\bar{\partial}\theta} - \frac{\bar{\partial} w_\theta}{\bar{\partial} z}\right) = -\frac{1}{\rho}\frac{\bar{\partial}\tilde{p}_w^*}{\bar{\partial} z} + f_z \tag{9.101}$$

(3) 能量方程

对于不可压流，在定常、绝热、无粘、无质量力的情况下，能量方程表示为

$$\frac{\mathrm{D}\tilde{p}_w^*}{\mathrm{D}t} = 0 \tag{9.102}$$

将式(9.8)代入式(9.102)，可得泵 S_1 流面的能量方程为

$$\frac{w_\theta}{r}\frac{\bar{\partial}\tilde{p}_w^*}{\bar{\partial}\theta} + w_z \frac{\bar{\partial}\tilde{p}_w^*}{\bar{\partial} z} \tag{9.103}$$

(4) 正交方程

由于向量 $\boldsymbol{f}$ 垂直于 S_1 流面，故 $\boldsymbol{f}$ 与相对速度的关系表示成正交方程为

$$f_r w_r + f_\theta w_\theta + f_z w_z = 0 \tag{9.104}$$

2. 泵 S_2 流面的基本方程

(1) 连续方程

由式(9.28)可得泵 S_2 流面的连续方程为

$$\frac{\bar{\partial}}{\bar{\partial} r}(r w_r B) + \frac{\bar{\partial}}{\bar{\partial} z}(r w_z B) = 0 \tag{9.105}$$

(2) 动量方程

将式(9.25)、式(9.26)和式(9.97)代入式(9.13)~式(9.15)，可得泵 S_2 流面的动量方程为

$$-\frac{w_\theta}{r}\frac{\bar{\partial}(c_\theta r)}{\bar{\partial} r}+w_z\left(\frac{\bar{\partial} w_r}{\bar{\partial} z}-\frac{\bar{\partial} w_z}{\bar{\partial} r}\right)=-\frac{1}{\rho}\frac{\bar{\partial}\tilde{p}_w^*}{\bar{\partial} r}+F_r \tag{9.106}$$

$$\frac{w_r}{r}\frac{\bar{\partial}(c_\theta r)}{\bar{\partial} r}+\frac{w_z}{r}\frac{\bar{\partial}(c_\theta r)}{\bar{\partial} z}=F_\theta \tag{9.107}$$

$$-w_r\left(\frac{\bar{\partial} w_r}{\bar{\partial} z}-\frac{\bar{\partial} w_z}{\bar{\partial} r}\right)-\frac{w_\theta}{r}\frac{\bar{\partial}(c_\theta r)}{\bar{\partial} z}=-\frac{1}{\rho}\frac{\bar{\partial}\tilde{p}_w^*}{\bar{\partial} z}+F_z \tag{9.108}$$

(3) 能量方程

将式(1.27)代入式(1.102)，可得泵 S_2 流面的能量方程为

$$w_r\frac{\bar{\partial}\tilde{p}_w^*}{\bar{\partial} r}+w_z\frac{\bar{\partial}\tilde{p}_w^*}{\bar{\partial} z}=0 \tag{9.109}$$

(4) 正交方程

由于向量 $\boldsymbol{F}$ 垂直于 S_2 流面，故 $\boldsymbol{F}$ 与相对速度的关系表示成正交方程为

$$F_r w_r+F_\theta w_\theta+F_z w_z=0 \tag{9.110}$$

9.2.2 泵流场数值计算方法

1. 泵几何模型的建立和网格设计

(1) 诱导轮几何模型的建立和网格设计

诱导轮和离心叶轮同轴，装在离心叶轮之前，其主要作用是提高泵的抗气蚀性能。诱导轮属于轴流式叶轮机械，叶片数较少，通常为 2~4 个，最常见的叶片数为 3 个。根据诱导轮的叶片形状可将诱导轮分为等螺距(等导程)诱导轮和变螺距(变导程)诱导轮两种基本类型，其中变螺距诱导轮的形状较为复杂。由于实际性能的需要，这两种基本类型的诱导轮在液体火箭发动机中都有所使用，同时，由于叶片强度的需要，通常叶根的厚度比叶尖的厚度大，因此本节研究的诱导轮几何模型的建立方法可以适用于等螺距和变螺距、叶尖到叶根变厚度的诱导轮。

诱导轮的几何形状虽然复杂，但其具有很强的规律性，因此只需要给定一些特定的设计参数即可通过计算建立其几何模型，一般情况不需要通过图形数据转换文件读入结构参数。诱导轮的几何形状如图 9.13 所示。

几何模型的建立需要知道叶片的旋向、导程通用计算公式中的一些参数、轮毂和轮缘的进出口坐标。几何模型建立的基本步骤如下：

① 根据叶尖的导程计算公式，计算叶尖的轴向位移与旋转角度的关系；

导程 S 的计算公式为

$$\left.\begin{aligned}&\theta=0\sim\bar{\theta}_1:\ S_1=2\pi r_2\tan\beta_{A1}\\&\theta=\bar{\theta}_1\sim\bar{\theta}_2:\ S_2=a_1\tan\{\arcsin[a_2(\theta-\theta_1)]+\sin\beta_{A1}\}\\&\theta=\bar{\theta}_2\sim\bar{\theta}_3:\ S_3=2\pi r_2\tan\beta_{A2}\end{aligned}\right\} \tag{9.111}$$

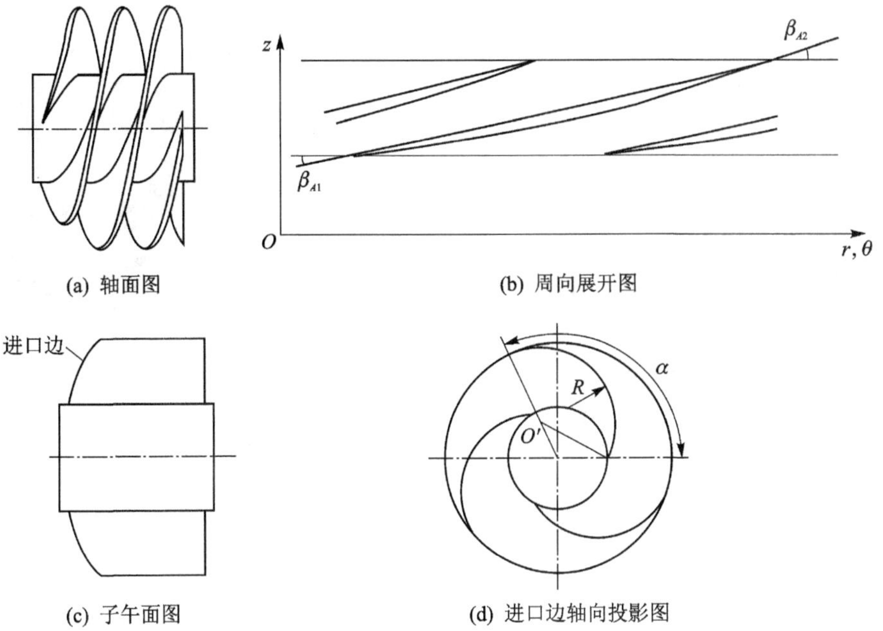

(a) 轴面图　(b) 周向展开图

(c) 子午面图　(d) 进口边轴向投影图

图 9.13　诱导轮形状示意

式中，S_1、S_2 和 S_3 为叶尖各段的导程，r_2 为叶尖半径，θ 为叶片的旋转角度，认为进口处 $\theta=0$、$\theta=0\sim\bar{\theta}_1$ 和 $\theta=\bar{\theta}_2\sim\bar{\theta}_3$ 段是诱导论的等螺距段，$\theta=\bar{\theta}_1-\bar{\theta}_2$ 段是诱导论的变螺距段，a_1 和 a_2 为给定常数，β_{A1} 为诱导轮的叶片进口角，β_{A2} 为诱导轮的叶片出口角，如图 9.13(b)所示。式(9.111)中的三个式子同时使用，可应用于进出口段等螺距、中间段变螺距的诱导轮导程计算，也可只使用其中的一个或两个式子，应用于与之相对应的等螺距或变螺距的诱导轮导程计算。

在 $\theta=0\sim\bar{\theta}_3$ 的范围内划分若干个叶片旋转角度，求得第 i 个叶片旋转角度 θ_i 对应的该处的导程 S_i 之后，再用逐点积分的方法求出对应的叶尖轴向坐标

$$z_i=z_{i-1}+\frac{(S_i+S_{i-1})/2}{360°}(\theta_i-\theta_{i-1}) \tag{9.112}$$

② 根据轮毂几何尺寸和叶片加厚的倾斜角度，计算各个旋转角度对应的叶根轴向坐标；

③ 计算叶片进口边的几何尺寸：

诱导轮的出口边一般位于同一轴面上，即诱导轮叶片出口边的轴向坐标相同。为了改善诱导轮的抗气蚀性能，进口边通常不在同一轴面上，如图 9.13(c)所示。由图 9.13(d)可见进口边所占的叶片包角为 α，叶尖的旋转角度并不是从 $\theta=0$ 处开始，而是从 $\theta=\alpha$ 处开始。进口边的轴向图通常是半径为 R、圆心为 O' 的一段圆弧。通过已知的进口边包角等几何条件，可以计算出进口边半径和轴向坐标与叶片旋转角度 θ 的关系。

④ 通过进口边、叶尖和叶根的几何参数计算整个诱导轮叶片的几何参数。

求出诱导轮叶片上各点在圆柱坐标系(r,θ,z)中的坐标后，就可以根据叶片的几何形状计算流道的几何形状，对相邻两叶片之间的流道进行流面划分和网格设计，与轴流式涡轮的流面确定和网格设计方法基本相同。诱导轮流道内的流面形状如图 9.14 所示。

(2) 导流通道几何模型的建立和网格设计

在某些带有诱导轮的液体火箭发动机离心泵装置内，诱导轮出口与离心叶轮进口之间存在一定的距离，形成一定长度的导流通道。按照导流通道的结构形式，主要分为有叶片通道和无叶片通道。

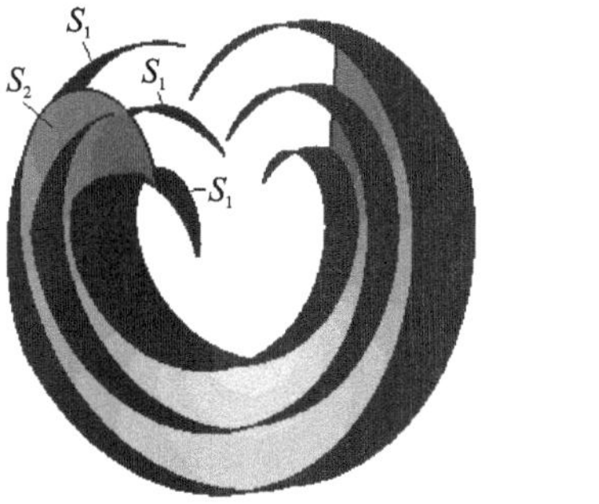

图 9.14 诱导轮流面示意

无叶片导流通道主要起到连接诱导轮与离心叶轮的作用，可以看作是一段环形流道，其几何模型的建立比较简单，只需要知道通道的子午面形状。有叶片的导流通道又称为导流支座，主要起到改变液体流动方向的作用，其几何模型的建立与涡轮叶片相似，需要通过子午面形状和叶片半径截面的形状来构造出叶片的三维形状。叶片截面形状和子午面形状的二维图形必须处理成一定的线型，对于有叶片的导流通道，半径截面的叶片形状如图 9.15(a)所示，将叶片上下表面分别用一条样条线画出，进出口处分别用一段圆弧画出，导流通道子午面的形状如图 9.15(b)所示，用两条样条线画出。通过 DXF 图形数据转化文件为计算程序提供结构形状参数。

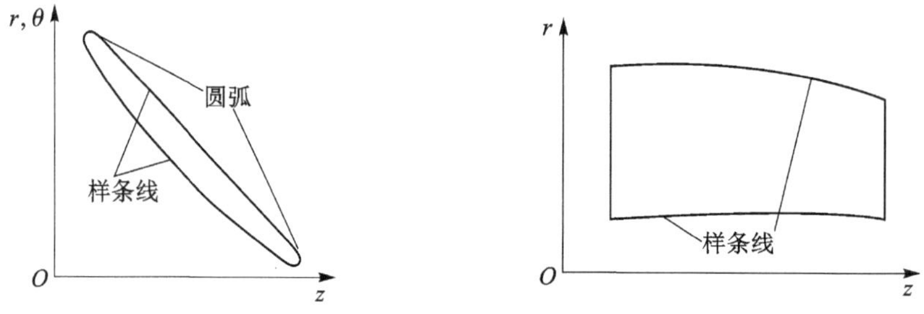

(a) 叶片周向展开图 (b) 子午面图

图 9.15 导流通道型线示意

无叶片导流通道采用轴对称假设，根据子午面的几何形状和进出口条件就可以很容易地进行流面的确定和网格设计。有叶片导流通道根据子午面几何形状和叶片的形状进行流面划分和网格设计，与轴流式涡轮流面确定和网格设计方法相同。

(3) 离心叶轮几何模型的建立和网格设计

1) 几何模型的建立

离心叶轮是离心泵的主要工作部件，其主要作用是将旋转叶轮的机械能传递给液体，转化为液体的动能和压强能，离心叶轮的叶片数一般为 6～12 个，有的还有分流叶片。离心叶轮几何模型的建立通过子午面形状和叶片的轴向投影形状来完成，考虑到数值模拟计算程序对于各种结构形式离心叶轮的通用性，子午面和叶片轴向投影的二维图形都必须处理成一定的线型。液体火箭发动机中所使用的离心叶轮一般都是双曲率扭曲叶片，且属于混流叶片，叶片向进口处延伸，进口边不在同一直径上，进口边上各点的进口角不同。叶片的轴向投影如图 9.16(a)所示，将两条或两条以上叶片型线的投影用样条线画出，通过 DXF 图形数据转换文件为计算程序提供数据，通常给出的叶片型线是前后盖板处的型线，叶片上其余点的型线根据已知型线拟合得到。离心叶轮的子午面形状如图 9.16(b)所示，子午面上前盖板和后盖板的两条曲线用样条线画出，通过 DXF 图形数据转换文件为计算程序提供数据。对于带有分流叶片的离心叶轮，在轴向投影图上，分流叶片通常是长叶片按照一定角度的截断，只留下靠近出口的部分，只要已知分流叶片的截断角度、叶片数和分布规律，仍然可以通过子午面形状和叶片的轴向投影形状建立离心叶轮的几何模型。

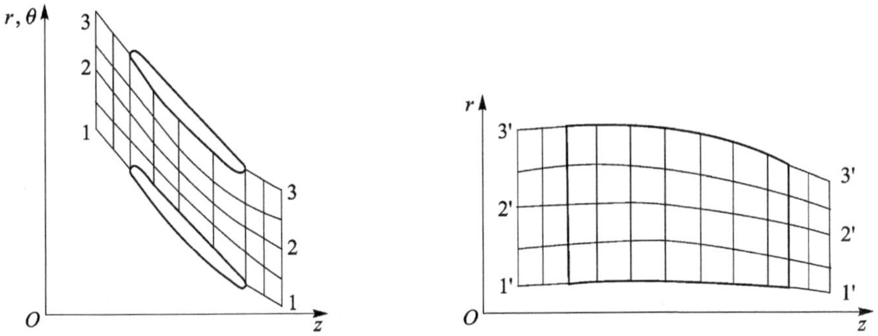

(a) S_1流面周向展开图　　(b) S_2流面子午面投影图

图 9.16　导流通道流面网格示意

2）网格设计

确定离心叶轮流面几何形状的基本理论与轴流式涡轮相似，只是流面的方向不同，离心叶轮中流面基本沿径向方向。叶片的三维几何形状根据叶片的轴向投影线、子午面形状和已知的叶片数来构造，从而可以获得叶片之间流道的几何形状，再根据流道的几何形状确定流面的几何形状。

理论上两类相对流面的几何形状相互关联，根据流道几何形状可以拟定 S_2 流面的几何形状，再由 S_2 流面的流线位置，确定恰当的 S_1 流面。对于任意相邻两叶片之间的流道，子午面的形状就是 S_2 流面在子午面投影的形状，S_2 流面沿 θ 方向的变化量根据各个 S_1 流面上流线在轴向投影的位置确定。沿 S_2 流面上某一条流线的方向将一个 S_1 流面沿轴向投影得到如图 9.17(a)所示的 S_1 流面图，S_1 流面的流面半径和流面厚度根据 S_2 流面的流线分布确定。图 9.17(b)是 S_2 流面在子午面的投影，其中的每一条流线都是一个 S_1 流面在子午面的投影。

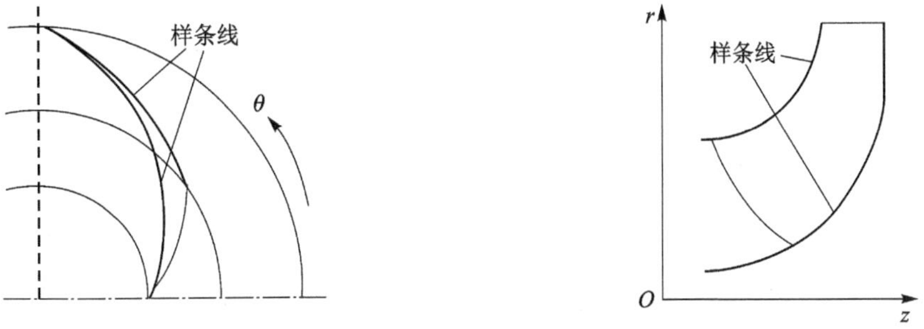

(a) 叶片的轴向投影图　　(b) 子午面图

图 9.17　离心叶轮型线示意

S_1 流面计算站的方向取成与 θ 方向一致，根据叶片形状拟定初始流线位置。图 9.18(a)中的 1－1、2－2 和 3－3 都是流线，它们之间相同走向的曲线也都是流线，其中 2－2 是 S_1 流面上等分流量的流线，则中心 S_2 流面沿 θ 方向的变化量就是根据各个 S_1 流面上这条流线的实际位置确定的。S_2 流面计算站的方向和流线的初始位置根据子午面形状选取。图 9.18(b)中的 $1'-1'$、$2'-2'$ 和 $3'-3'$ 都是流线，它们之间相同走向的曲线也都是流线，分别对应一个 S_2 流面在子午面上的投影。

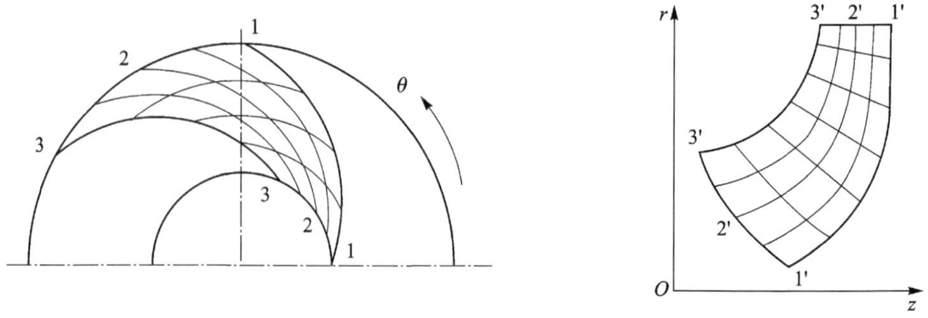

(a) S_1流面轴向投影图

(b) S_2流面子午面投影图

图 9.18 离心叶轮流面网格示意

2. 关键技术和处理方法

(1) 模块化计算

液体火箭发动机中采用的离心泵，其结构形式多样，根据实际需要，有的带有诱导轮，有的没有诱导轮；有的带有导流支座，有的则没有。所以各种结构形式离心泵的流动过程数值模拟很难通过单独一个数值模拟程序完成。本章按照离心泵各个部件的结构将数值模拟所研究的旋转机械部分划分为诱导轮计算模块、导流通道计算模块和离心叶轮计算模块，根据实际的结构形式，可以进行单个模块的计算，也可以选择相应的模块组合进行计算。

各模块的计算原理和方法基本相同，它们之间相对独立，通过各自的数值模拟程序完成计算，所不同的是各模块几何模型的建立方法和轴流、离心部件具体的几何参数计算方法。当对多个模块进行组合计算时，各部分并非完全独立，相邻两模块之间存在参数的传递关系，通常诱导轮模块和离心叶轮模块具有相同的转速，导流通道模块没有转速，实际的流动情况是非定常流动。为了简化计算，需要对非定常问题进行定常处理，处理方法采用混合平面法的基本思想，认为各模块之间有一个相互重合的边界面，液体在这一边界面上掺混，这种方法保证各模块混合平面前后流量、总能量守恒，流动过程等熵，而由于混合平面前后液流角的限制，流动方向可能发生变化，因此，速度和压强在混合平面前后可能会有一定幅度的变化。计算过程中在混合平面上考虑叶片径向流场的不均匀性变化，忽略周向流场的不均匀性变化，对周向的流动参数进行平均处理，即混合平面后一模块 S_1 流面各条流线的入口总压取前一模块所有流线出口总压的平均值，而混合平面后一模块 S_2 流面各条流线的入口总压取前一模块对应各条流线的出口总压。

(2) 粘性影响的处理方法

与涡轮流场数值仿真相似，为了简化计算，计算模型的动量方程中忽略了粘性力，但是在泵的实际工作过程中，液体粘性力的影响非常大，而考虑粘性力的动量方程求解困难，因此，泵流场数值仿真中将粘性力的影响通过各个损失系数进行修正，其大小根据经验确定。各模块的损失系数主要包括叶片通道内的总压损失系数和流量系数。

(3) 带有分流叶片的离心叶轮计算

液体火箭发动机的离心泵通常具有小流量、高扬程的特点，按照常规方法设计的离心叶轮出口直径偏大，出口宽度偏小，这样会导致效率下降和小流量工况时工作不稳定。为了解决这些问题，通常采用带有分流叶片的离心叶轮。如图 9.19 所示，分流叶片是长叶片按照一定角度的截断。流线曲率法对于常规离心叶轮内部流动的计算，可以在任意两个相邻长叶片之间 S_1 流面上拟定初始流线，进行流线迭代计算。而对于带分流叶片离心叶轮 S_1 流面的计算，因为事先无法确定各个分流叶片进口处的分流比，所以不能对整个流道拟定初始流线，无法直接进行流线迭代计算。

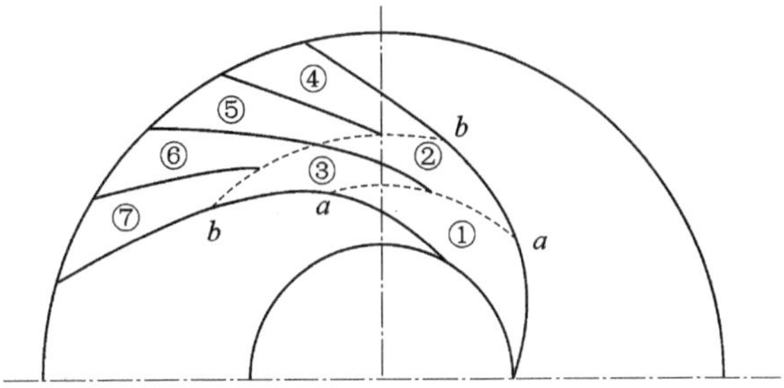

图 9.19　长中短叶片分割区域示意

为了使流线曲率法能够用于带有分流叶片离心叶轮的 S_1 流面计算，本章采用分割区域法，将两个长叶片之间的流道根据分流叶片的位置划分为几个区域，在每个区域内分别进行流线迭代计算。分割区域法保证区域间各个流动参数传递的连续性，不需要将相邻区域的流线相连接，只需在区域交界面上根据各自的流线位置对各个流动参数进行插值处理。图 9.19 是带有长中短叶片的离心叶轮，图中根据分流叶片的位置用 $a-a$ 线和 $b-b$ 线将两个长叶片之间的流道划分为 7 个区域，从进口开始计算，区域①计算完毕后，可以得到中叶片进口处的分流比，即区域②和区域③分别对应的流量，区域交界面 $a-a$ 前后的其他流动参数根据各区域内所计算流线的位置进行插值处理，以保证流动参数传递的连续性。同理，区域②和区域③计算完毕后，可以得到后 4 个区域分别对应的流量和进口流动参数的分布。

3. 数值计算方法

泵流场数值仿真是对液体火箭发动机泵内部的 S_1 流面和 S_2 流面进行正问题的计算。为简化计算，给出以下假设：流动过程绝热，相对定常；流体不可压，即流体在流动过程中密度保持不变；沿周向进口流场均匀，S_1 流面为任意旋成面，S_2 流面在轴对称条件下计算；动量方程忽略粘性力，粘性力的影响通过各个损失系数进行修正。

(1) 各方向速度和几何参数

图 9.20 给出了泵内部某点在圆柱坐标系 (r,θ,z) 中各个方向的相对速度以及各个角度的关系，图中，m 是子午流线方向，n 是 S_2 流面的计算站方向。计算时给定相对速度 w 或子午面上的相对速度 w_m 的初始估计值，各个方向的速度和几何参数与涡轮的数值计算相似。所不同的是，泵离心叶轮还有一个重要的几何参数，即流线在轴向的投影与周向的夹角 β_A，由图 9.20 可得

$$\tan\beta = \cos\varphi \cdot \tan\beta' = \sin\varphi / \tan\beta_A \tag{9.113}$$

取任一流线上一微元段，如图 9.21 所示，其轴向的投影为 AB，对应的角度增量和半径增量分别为 $\mathrm{d}\theta$ 和 $\mathrm{d}r$，点 A 的 β_A 角就是$\angle A'AB$，由图 9.21 可得

$$\tan\beta_A = \frac{\mathrm{d}r}{r\,\mathrm{d}\theta} \tag{9.114}$$

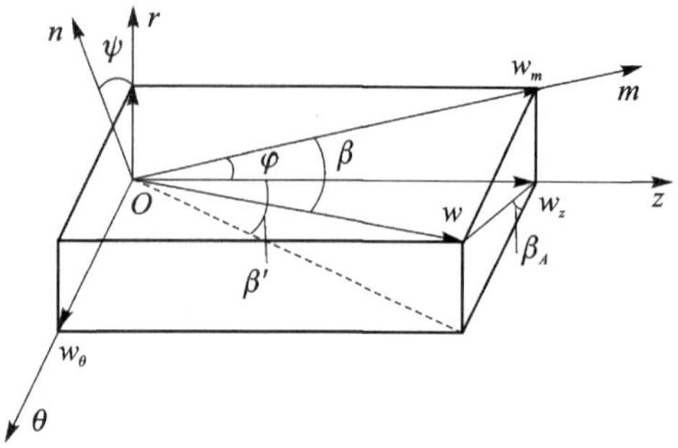

图 9.20 离心叶轮速度分解与角度关系

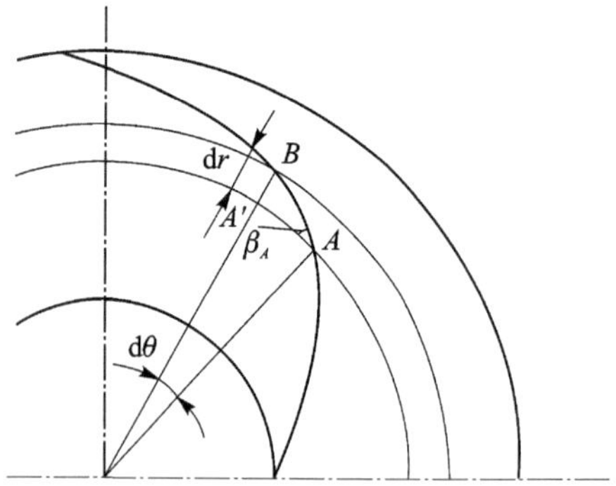

图 9.21 离心叶轮流线的轴向投影

(2) 速度梯度方程

应用流线曲率法进行求解时，需要根据泵流动过程的各个基本方程，导出计算程序中用到的求解流面上速度分布的速度梯度方程。

1) S_1 流面速度梯度方程

由能量方程(9.103)和沿周向进口流场均匀、S_1 流面为旋成面的假设条件可将式(9.100)简化为

$$\frac{w_r w_\theta}{r} - \frac{w_r}{r}\frac{\partial w_r}{\partial\theta} - w_z\left(\frac{\bar{\partial} w_z}{r\bar{\partial}\theta} - \frac{\bar{\partial} w_\theta}{\bar{\partial} z}\right) + 2\omega w_r = 0 \tag{9.115}$$

参照 9.1.2 小节关于涡轮 S_1 流面速度梯度方程的推导过程，可由式(9.115)推导出泵 S_1 流面的速度梯度方程为

$$\frac{\partial w}{\partial\theta} = w\sin\beta\cos\beta\sin\varphi + r\cos\beta\left(\frac{\mathrm{d}w_\theta}{\mathrm{d}m} + 2\omega\sin\varphi\right) \tag{9.116}$$

S_1 流面速度梯度方程的求解采用中心差分，将式(9.116)中的微分用差分代替，可得

$$w_k = w_{k-1} + (\theta_k - \theta_{k-1})(w_E X_{1E} + X_{2E}) \tag{9.117}$$

式中

$$w_E = (w_k + w_{k-1})/2$$

$$X_{1E} = (\sin\beta\cos\beta\sin\varphi)_E$$

$$X_{2E} = \left[r\cos\beta\left(\frac{\mathrm{d}w_\theta}{\mathrm{d}m} + 2\omega\sin\varphi\right)\right]_E$$

2) S_2 流面速度梯度方程

泵 S_2 流面的求解过程中使用了子午面的相对速度 w_m，因此，速度梯度方程表示的是 w_m 沿计算站方向的偏导数$\dfrac{\partial w_m}{\partial n}$。

由式(9.97)可将压强梯度表示为

$$-\frac{1}{\rho}\nabla p=-\nabla\tilde{p}_w^*+\nabla\left(\frac{w^2}{2}\right)-\nabla\left(\frac{\omega^2r^2}{2}\right) \tag{9.118}$$

在 S_2 流面计算站方向上,上式可表示为

$$-\frac{1}{\rho}\frac{\partial p}{\partial n}=\frac{\partial\tilde{p}_w^*}{\rho\partial n}+(1+\tan^2\beta)w_m\frac{\partial w_m}{\partial n}+w_m^2\tan\beta\frac{\partial\tan\beta}{\partial n}-\omega^2r\cos\psi \tag{9.119}$$

由式(9.119)和式(9.53)可得

$$\frac{\partial w_m}{\partial n}=\left[\frac{\partial w_m}{\partial m}\sin(\varphi-\psi)+w_m\cos(\varphi-\psi)\frac{\partial\varphi}{\partial m}-\frac{w_m\tan\beta}{r}\frac{\partial(r\tan\beta)}{\partial n}-2\omega\tan\beta\cos\psi+\frac{1}{\rho}\frac{\partial\tilde{p}_w^*}{\partial n}\Big/w_m\right]\Big/(1+\tan^2\beta) \tag{9.120}$$

式(9.62)可以表示为

$$\frac{1}{r}w_m\sin\varphi+\frac{\partial(\rho w_m)}{\rho\partial m}+\frac{w_m}{\cos(\varphi-\psi)}\left[\frac{\partial\varphi}{\partial m}\sin(\varphi-\psi)+\frac{\partial\varphi}{\partial n}\right]=0 \tag{9.121}$$

泵内液体是不可压流体,即密度 ρ 为常数,则由式(9.121)解得

$$\frac{\partial w_m}{\partial m}=-w_m\left[\frac{\sin\varphi}{r}+\frac{1}{\cos(\varphi-\psi)}\frac{\partial\varphi}{\partial n}\tan(\varphi-\psi)\frac{\partial\varphi}{\partial m}\right] \tag{9.122}$$

将式(9.122)代入式(9.120),可得泵 S_2 流面的速度梯度方程为

$$\frac{\partial w_m}{\partial n}=\left\{-w_m\sin(\varphi-\psi)\left[\frac{\sin\varphi}{r}+\frac{1}{\cos(\varphi-\psi)}\frac{\partial\varphi}{\partial n}-\tan(\varphi-\psi)\frac{\partial\varphi}{\partial m}\right]+w_m\cos(\varphi-\psi)\frac{\partial\varphi}{\partial m}-\frac{w_m\tan\beta}{r}\frac{\partial(r\tan\beta)}{\partial n}-2\omega\tan\beta\cos\psi+\frac{1}{w_m\rho}\frac{\partial\tilde{p}_w^*}{\partial n}\right\}\Big/(1+\tan^2\beta) \tag{9.123}$$

S_2 流面速度梯度方程的求解采用中心差分,将式(9.123)中的微分用差分代替,可得

$$w_{mk}=w_{mk-1}+(-\Delta n_kw_{mE}Y_{2E}+\Delta n_kw_{mE}Y_{3E}-\Delta n_kw_{mE}Y_{4E}-Y_{5E}\Delta r_k+\Delta n_kY_{6E}/w_{mE})\cdot Y_{1E} \tag{9.124}$$

式中,$\Delta n_k=n_k-n_{k-1}$,$\Delta r_k=r_K-r_{k-1}$,另有

$$Y_{1E}=(\cos^2\beta)_E=1/[1+(\tan^2\beta)_E] \tag{9.125}$$

$$Y_{2E}=\frac{[\sin(\varphi-\psi)\sin\varphi]_E}{r_E}+\left[\frac{\sin(\varphi-\psi)}{\cos(\varphi-\psi)}\right]_E\frac{\Delta\varphi_k}{\Delta n_k}-\left[\frac{\sin^2(\varphi-\psi)}{\cos(\varphi-\psi)}\frac{\partial\varphi}{\partial m}\right]_E \tag{9.126}$$

$$Y_{3E}=\left[\cos(\varphi-\psi)\frac{\partial\varphi}{\partial m}\right]_E \tag{9.127}$$

$$Y_{4E}=\left(\frac{\tan\beta}{r}\right)_E\frac{\Delta(r\tan\beta)_k}{\Delta n_k} \tag{9.128}$$

$$Y_{5E}=2\omega(\tan\beta)_E \tag{9.129}$$

$$Y_{6E}=\frac{\Delta\tilde{p}_{wk}^*}{\rho\Delta n_k} \tag{9.130}$$

通过式(9.117)和式(9.124),可以由流面上某一条参考流线在各个计算站上的相对速度,解出在泵 S_1 流面和 S_2 流面上相对速度沿各个计算站方向的分布。

(3) 流量方程

1) S_1 流面流量方程

泵 S_1 流面的流量方程与涡轮 S_1 流面的流量方程相同,式(9.77)即为流量计算公式。

2) S_2 流面流量方程

由于泵 S_2 流面中速度梯度的计算选取的是子午面上的相对速度 w_m,而涡轮 S_2 流面中速度梯度的计算选取的是相对速度 w,因此两者的流量方程有所不同,泵 S_2 流面流量方程的积分形式表示为

$$\dot{m} = \mu \int_{n_0}^{n} 2\pi r \rho w_m \cos(\varphi - \psi) \mathrm{d}n \tag{9.131}$$

采用梯形法积分可以得到

$$\dot{m}_k = \dot{m}_{k-1} + \pi\mu[(r_k - r_{k-1})/\cos\psi][\rho_k w_{mk} \cos(\varphi - \psi)_k + \rho_{k-1} w_{mk-1} \cos(\varphi - \psi)_{k-1}] \tag{9.132}$$

算出沿计算站方向各条流线的流速分布后,通过式(9.77)和式(9.132)分别可以求出泵 S_1 流面和 S_2 流面上通过该计算站的流量,将求出的流量与实际流量进行比较,得到流量偏差,从而修正参考流线上的流速,重新计算各条流线上的流速,直到流量偏差足够小,即求出的流量与实际流量基本相等为止,此时沿计算站方向各条流线上对应的流动参数值即为所求值。

(4) 流动参数计算

1) 相对滞止转压

相对滞止转压是泵流场数值仿真的一个重要概念,如式(9.97)所示。泵各个模块的相对滞止转压只需要对进口的第一站进行计算。在定常、绝热、无粘的假设条件下,能量方程为 $\frac{\mathrm{d}\tilde{p}_w^*}{\mathrm{d}t}=0$,由此可以得出,对于同一条流线,在同一模块内每个计算站的相对滞止转压 $\tilde{p}_w^*$ 数值不变。而对于不同转速的两个模块,即使是同一条流线上的相对滞止转压也并不相等,应该分别计算。在诱导轮和离心叶轮模块,叶片对泵内的液体做功,液体总压增大,相对滞止转压保持不变,而在无旋转叶轮的区域内,理想状态下液体的总压和相对滞止转压都不变。

2) 总　压

$$p^* = \tilde{p}_w^* + \rho\omega r c_\theta \tag{9.133}$$

考虑到实际流动中粘性造成的总压损失,引入总压损失系数 ε 进行修正,则总压的计算公式表示为

$$p^* = (\tilde{p}_w^* + \rho\omega r c_\theta) \cdot \varepsilon \tag{9.134}$$

在导流通道内的转速 $\omega=0$,相对滞止压强与总压相等,可以认为 ε 也是相对滞止压强损失系数。

3) 静　压

$$p = p^* - \rho \frac{c^2}{2} \tag{9.135}$$

(5) 性能参数计算

1) 实际扬程

泵的实际扬程就是泵实际的静扬程与动扬程之和,计算公式为

$$H = \frac{p_{j2} - p_{j1}}{\rho g} + \frac{c_{j2}^2 - c_{j1}^2}{2g} \tag{9.136}$$

式中，第一项为实际静扬程，第二项为实际动扬程，下标 $j1$ 和 $j2$ 分别表示所计算模块第一站和最后一站的编号，g 为重力加速度。

2）泵输出功率

$$P_e = g\dot{m}H \tag{9.137}$$

3）比转数

$$n_s = 3.65\frac{n\sqrt{\dot{m}_V}}{H^{0.75}} \tag{9.138}$$

式中，n 为泵转速，$\dot{m}_V$ 为体积流量，$\dot{m}_V = \dfrac{\dot{m}}{\rho}$。

(6) 边界条件

与涡轮流场数值仿真的边界条件类似，泵流场数值仿真的边界条件主要包括几何边界条件、进口边界条件和混合平面边界条件。

1）几何边界条件

几何边界条件是指构造出各个流面几何形状的条件参数，包括诱导轮、导流支座和离心叶轮的叶片数、叶片几何形状、各 S_1 流面的旋成面半径和流层厚度以及中心 S_2 流面沿 θ 方向坐标值的分布。几何边界条件中有关泵几何形状的参数都是已知确定的数值，而流面上的液流角与叶片角的偏差则是根据叶片形状和前方来流的方向给定。在流面理论准三维的计算中，流面的几何参数采用初次估定的数值。

2）进口边界条件

泵的进口边界条件是指整个泵装置的进口边界条件，一般包括进口流量和进口压强。由于泵具体结构形式的差异，故进口边界条件所对应的结构模块不同。带有诱导轮的泵装置，其进口边界条件为诱导轮模块的进口边界条件；不带诱导轮的泵装置，其进口边界条件为离心叶轮模块的进口边界条件。

3）混合平面边界条件

对于带有诱导轮的泵装置，从诱导轮到离心叶轮分三个模块计算，各个模块的计算相对独立，都需要有各自的进口边界条件。诱导轮之后各模块的进口边界条件就是模块间的混合平面边界条件，即根据前一模块的计算结果，通过混合平面法求出的各模块的进口流量和进口总压。

除以上边界条件之外，泵流场数值仿真计算还需要其他一些参数作为已知条件，包括液体密度、泵转速、各项损失系数以及参考流线上流速初估值等。

(7) 流线曲率法的计算步骤

泵流面方程求解采用流线曲率法，具体计算步骤如下：

① 读入原始数据，并根据 AutoCAD 建立的泵计算模块的几何模型读入该模块的几何结构参数。

② 确定流面位置及流面上计算站的位置，按照流量与面积成比例的关系，给定流量分布，根据流量分布拟定初始流线坐标。

③ 根据各个计算站参考流线上给定的初始流速，用速度梯度方程(1.117)和方程(9.124)计算全部流线上的流速。

④ 用流量方程(9.77)和方程(9.132)计算各条流线在各计算站对应的流量和每个计算站

的总流量，将各计算站的总流量与实际流量比较，计算流量偏差。

⑤ 如果流量偏差小于允许误差，则认为参考流线上的流速就是实际流速，否则重新给定参考流线上的流速，重复步骤③、步骤④的计算，直至流量偏差小于允许误差为止。

⑥ 根据各条流线在各个计算站对应的流量，求出新的流线坐标，与拟定流线进行比较，计算流线位置偏差。

如果流线位置偏差小于允许误差，则认为拟定的流线坐标就是实际流线坐标，此时流线上各点对应的流动参数就是所求的流动参数，否则重新拟定新的流线坐标，重复步骤③～步骤⑥的计算，直至流线位置偏差小于允许误差为止。

9.2.3 泵流场数值算例及结果分析

泵流场数值算例的结构参照某液氧/液氢火箭发动机的氢泵，如图 9.22 所示。其中，诱导轮属于变螺距诱导轮，诱导轮和离心叶轮的叶片之间只有一小段无叶片通道，没有导流支座，可以在完成诱导轮的计算后直接进行离心叶轮部分的计算，离心叶轮带有长、中、短叶片，该算例的数值模拟通过诱导轮计算模块和离心叶轮计算模块这两个模块完成计算。计算工况如表 9.5 所列，计算所得基本结果如表 9.6 所列。

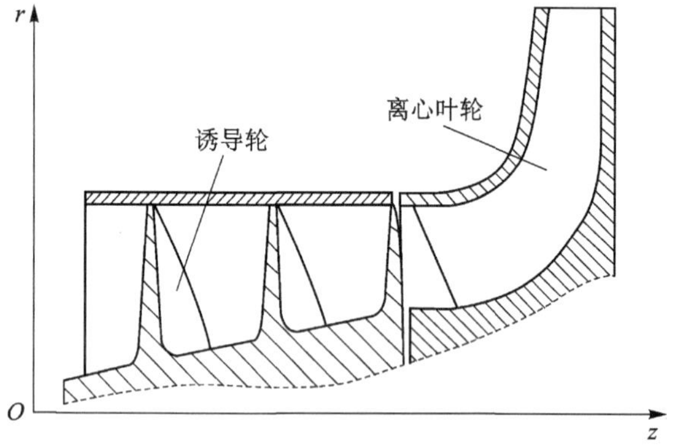

图 9.22 泵的结构示意

表 9.5 泵算例的计算工况

流量/(kg·s^{-1})	叶轮转速/(r·min^{-1})	进口平均压强/MPa	液氢平均密度/(kg·m^{-3})
26.29	35 000	0.3	69.89

表 9.6 泵算例的计算结果

类　别	总扬程/m	静扬程/m	总压升/MPa	压升/MPa	输出功率/kW
诱导轮	1 391.47	895.24	0.95	0.61	358.53
离心叶轮	12 883.37	7 202.63	8.82	4.93	3 319.52

1. 泵算例诱导轮的结果分析

图 9.23～图 9.26 为泵算例诱导轮计算结果的流场分布，其中，每个图中的图(a)为诱导轮叶根和叶尖处 S_1 流面的计算结果；图(b)为 S_2 流面的计算结果。

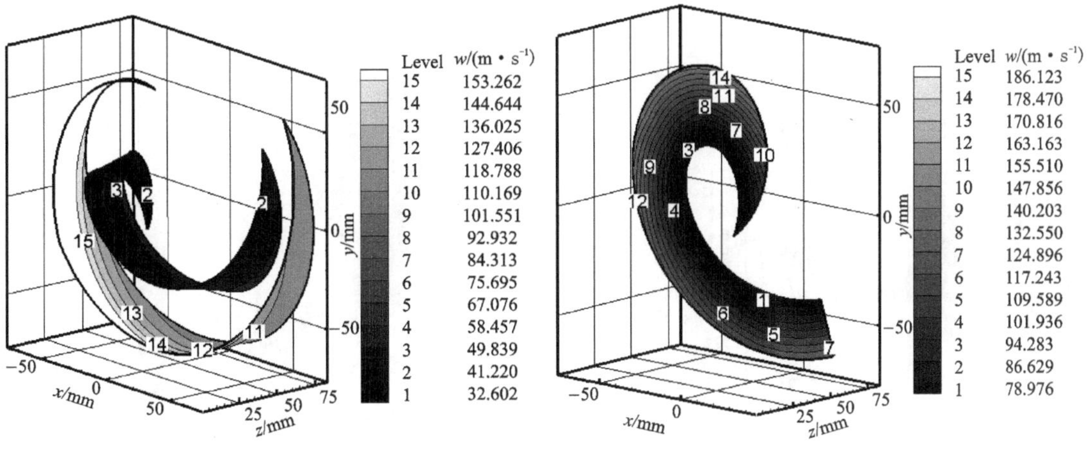

(a) S_1流面　　(b) S_2流面

图 9.23　诱导轮相对速度分布

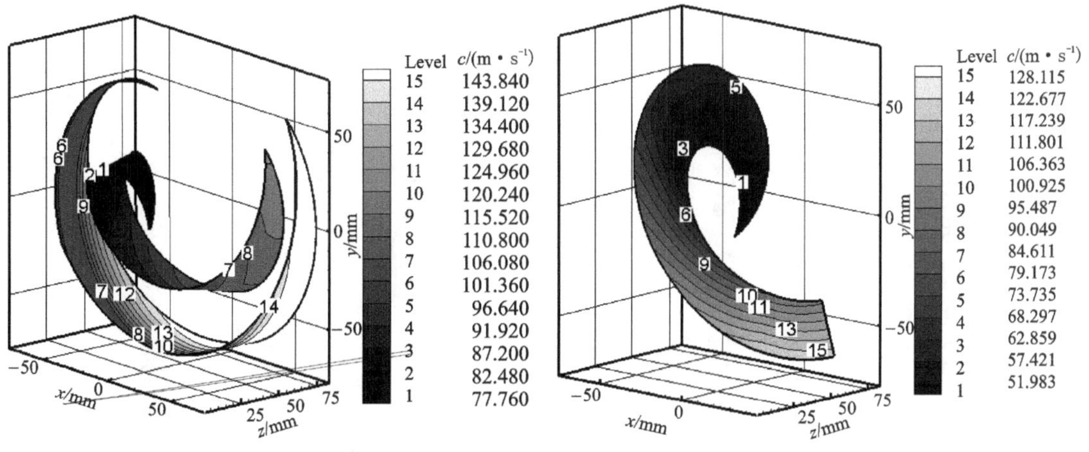

(a) S_1流面　　(b) S_2流面

图 9.24　诱导轮绝对速度分布

2. 泵算例离心叶轮的结果分析

图 9.27～图 9.31 为泵算例离心叶轮计算结果的流场分布，每个图中的图(a)均为离心叶轮 S_1 流面的计算结果沿轴向的投影，上下两图分别对应前盖板和后盖板处的 S_1 流面；图(b)为 S_2 流面的计算结果在子午面的投影。由图可见，离心叶轮中各个流动参数的分布情况如下。

(1) 相对速度和绝对速度分布

由图 9.27 可见，相对速度的方向与叶片间流道的方向基本一致，在中短叶片的入口附近，相对速度的方向发生一定偏转。

由图 9.28 和图 9.29 可见，从叶轮进口到出口，绝对速度增大，相对速度的总体趋势为先增大后减小；各个叶片压强面的相对速度均小于吸力面相应点的相对速度，压强面的绝对速度

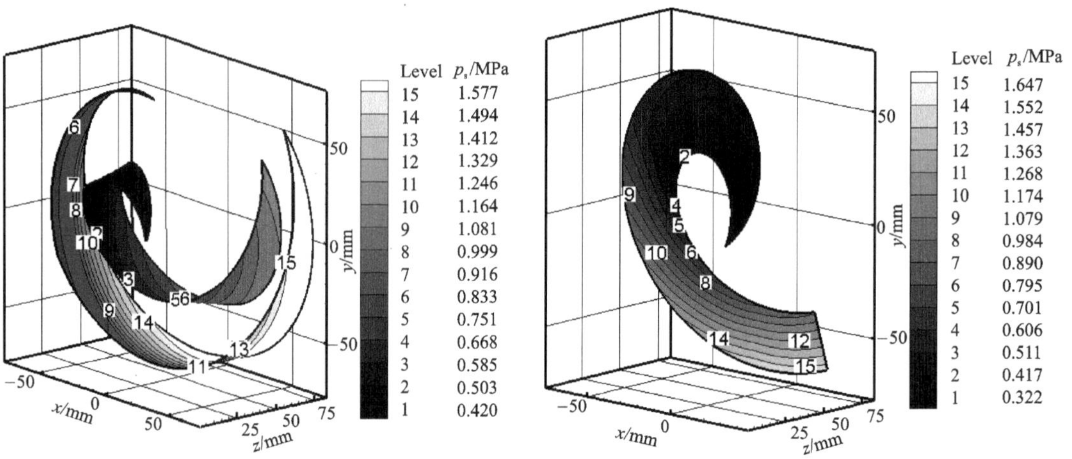

(a) S_1流面　　(b) S_2流面

图 9.25　诱导轮总压分布

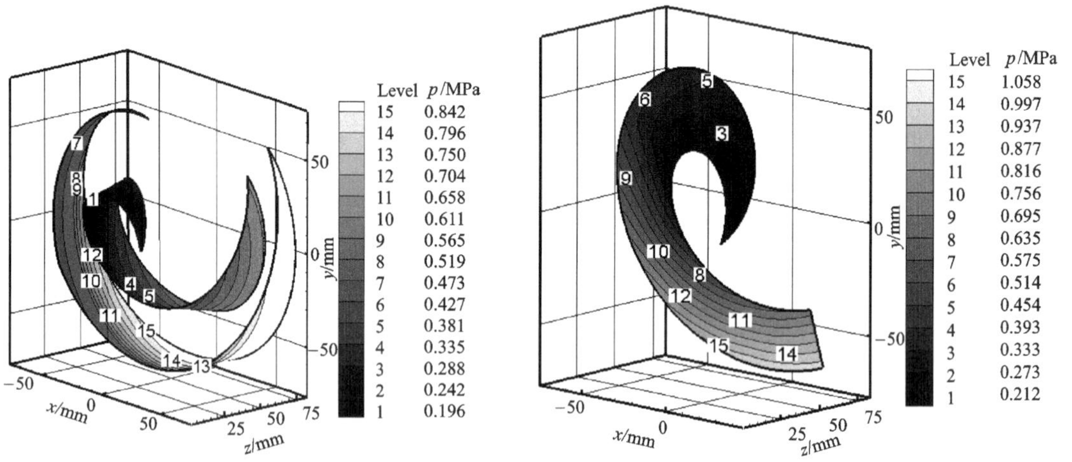

(a) S_1流面　　(b) S_2流面

图 9.26　诱导轮压强分布

均大于吸力面相应点的绝对速度；中短叶片起到了分流作用，使相对速度沿周向的分布变得比较均匀，减小了回流的可能性，中短叶片的进口附近出现了相对速度和绝对速度的跳跃；从后盖板到前盖板的各个 S_1 流面上，相对速度增大。

(2) 总压和压强分布

由图 9.30 和图 9.31 可见，从叶轮进口到出口，总压和压强都逐渐增大，靠近前盖板的叶轮进口部分压强最小；长叶片压强面的总压和压强均大于吸力面相应点的总压和压强，中、短叶片对液体做功，增大了叶轮出口吸力面的压强；从后盖板到前盖板的各个 S_1 流面上，总压梯度明显减小。

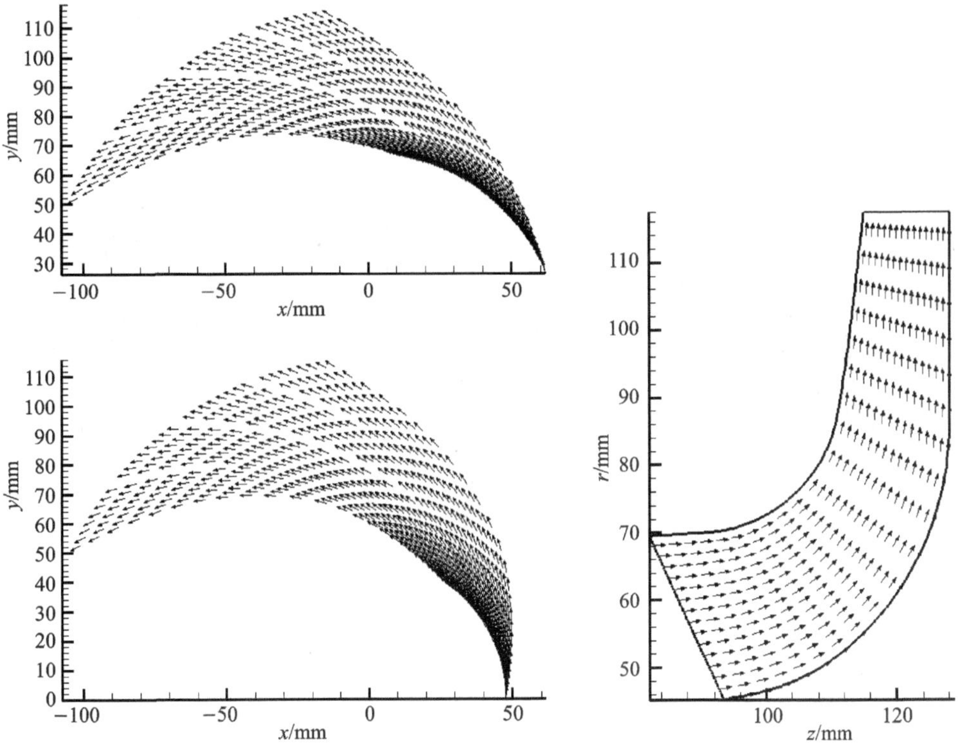

(a) S_1流面　　(b) S_2流面

图 9.27　离心叶轮相对速度矢量

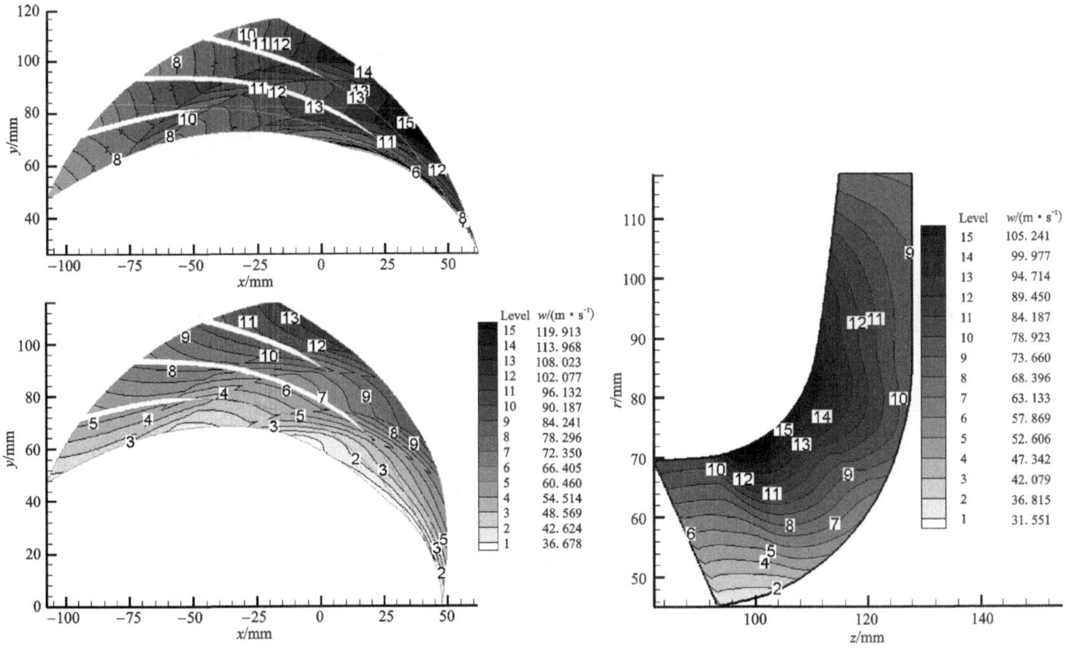

(a) S_1流面　　(b) S_2流面

图 9.28　离心叶轮相对速度分布

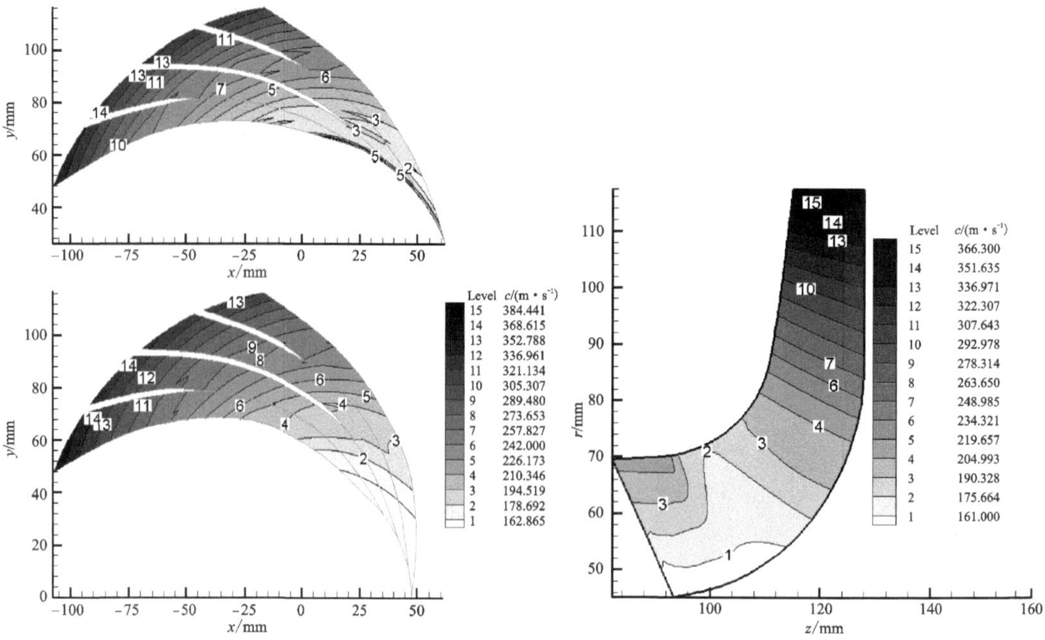

(a) S_1流面　　(b) S_2流面

图 9.29　离心叶轮绝对速度分布

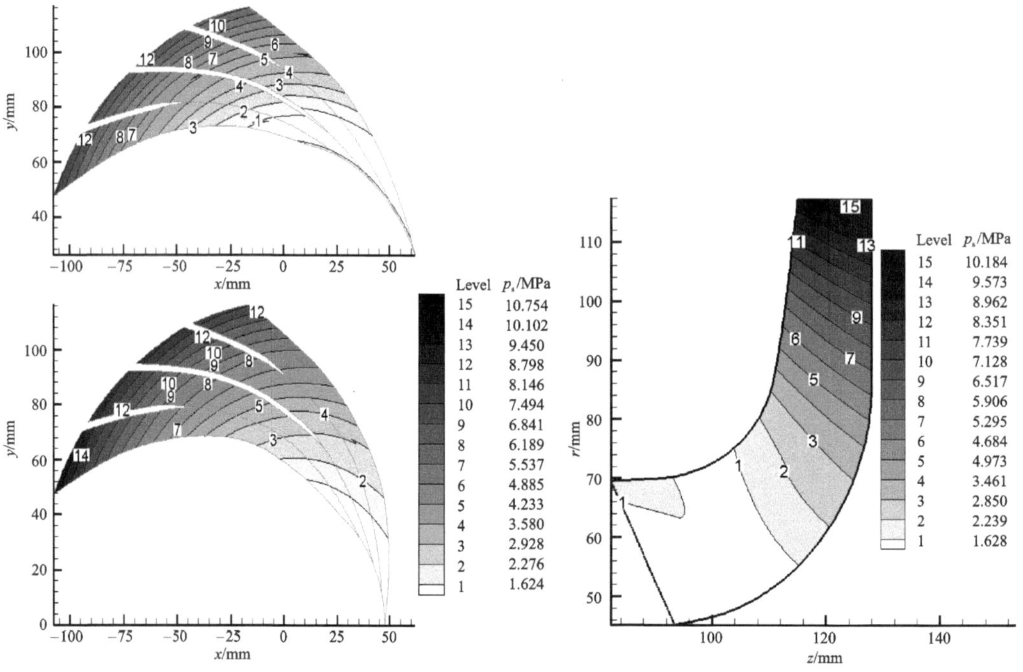

(a) S_1流面　　(b) S_2流面

图 9.30　离心叶轮总压分布

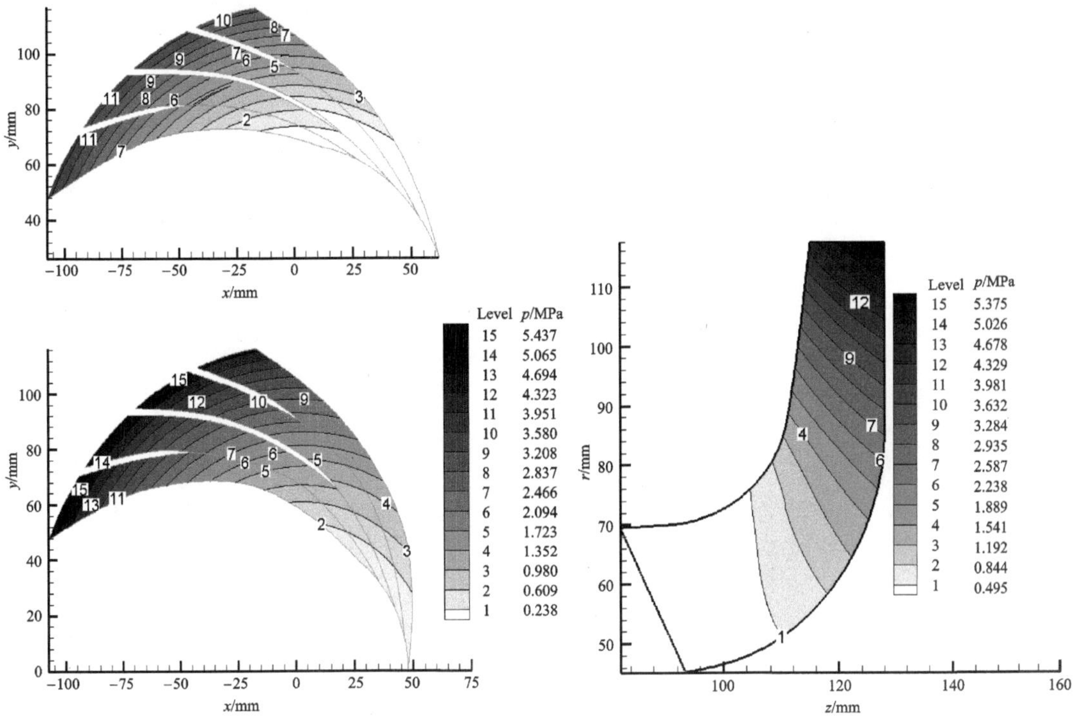

(a) S_1流面　　(b) S_2流面

图 9.31　离心叶轮压强分布

9.3　涡轮泵结构强度数值仿真

9.3.1　涡轮泵结构强度数值仿真模型

1. 圆柱坐标下的几何方程和物理方程

涡轮泵属于循环对称结构且载荷具有周期性的特点，通过计算单个扇区即可获得完整结构的结果。循环对称结构的求解通常建立在直角坐标系下，在引入循环对称的边界条件时，必须进行复杂的行变换和列变换，且计算模型施加径向和周向约束较为复杂。在圆柱坐标系下，循环对称结构的主从边界节点处于相同的局部坐标系，可以不用进行坐标变换，有效提高了算法的求解效率。

在圆柱坐标系下，弹性体有三个方向的线应变 ε_r、ε_θ、ε_z 和三对剪应变 $\gamma_{r\theta}=\gamma_{\theta r}$，$\gamma_{\theta z}=\gamma_{z\theta}$，$\gamma_{zr}=\gamma_{rz}$。由弹性力学可知，分别考虑径向位移 u、环向位移 v 和轴向位移 w 对应变的影响，三项叠加可得圆柱坐标系下应变与位移的几何关系为

$$\boldsymbol{\varepsilon}=\begin{bmatrix}\varepsilon_r\\ \varepsilon_\theta\\ \varepsilon_z\\ \gamma_{r\theta}\\ \gamma_{\theta z}\\ \gamma_{zr}\end{bmatrix}=\begin{bmatrix}\frac{\partial}{\partial r} & 0 & 0\\ \frac{1}{r} & \frac{1}{r}\frac{\partial}{\partial\theta} & 0\\ 0 & 0 & \frac{\partial}{\partial z}\\ \frac{1}{r}\frac{\partial}{\partial\theta} & \frac{\partial}{\partial r}-\frac{1}{r} & 0\\ 0 & \frac{\partial}{\partial z} & \frac{1}{r}\frac{\partial}{\partial\theta}\\ \frac{\partial}{\partial z} & 0 & \frac{\partial}{\partial r}\end{bmatrix}\begin{bmatrix}u\\ v\\ w\end{bmatrix}\tag{9.139}$$

弹性体在力的作用下，内部任一点的应力状态也是三维的，有三项正应力 σ_r、σ_θ、σ_z 和三对剪应力 $\tau_{r\theta}=\tau_{\theta r}$，$\tau_{\theta z}=\tau_{z\theta}$，$\tau_{zr}=\tau_{rz}$。由于圆柱坐标和直角坐标同样是正交坐标，所以物理方程的基本形式相同。在线弹性范围内，应力与应变间的物理关系可用矩阵形式表示为

$$\boldsymbol{\sigma}=[\sigma_r,\sigma_\theta,\sigma_z,\tau_{r\theta},\tau_{\theta z},\tau_{zr}]^{\mathrm{T}}=\boldsymbol{D}\boldsymbol{\varepsilon}\tag{9.140}$$

2. 有限元列式

协调等参元有良好的适应性和表达格式的简明性，但是从严格意义上说，其精度和效率仍是不够高的。三维 Wilson 非协调等参元是空间 20 节点协调等参元的一种特例，在一定条件下，可以达到二次协调等参元的计算精度，但是前者的节点数只是后者的 2/5，采用三维非协调元在提高计算精度和减小计算规模方面有非常显著的效果，因此本节选用三维八节点非协调等参元。

(1) 位移函数

在三维八节点协调等参元的位移函数中，增加包含二次多项式的不协调位移模式，可得到三维八节点非协调等参元的位移函数如下：

$$\left.\begin{aligned}u&=\sum_{i=1}^{8}N_iu_i+\alpha_1(1-\xi^2)+\alpha_4(1-\eta^2)+\alpha_7(1-\zeta^2)\\ v&=\sum_{i=1}^{8}N_iv_i+\alpha_2(1-\xi^2)+\alpha_5(1-\eta^2)+\alpha_8(1-\zeta^2)\\ w&=\sum_{i=1}^{8}N_iw_i+\alpha_3(1-\xi^2)+\alpha_6(1-\eta^2)+\alpha_9(1-\zeta^2)\end{aligned}\right\}\tag{9.141}$$

将式(9.141)表示成矩阵的形式，即

$$\boldsymbol{\delta}=\boldsymbol{N}\boldsymbol{\delta}^{\mathrm{e}}+\bar{\boldsymbol{N}}\boldsymbol{\alpha}^{\mathrm{e}}\tag{9.142}$$

式中，$\boldsymbol{\delta}=[u\quad v\quad w]^{\mathrm{T}}$ 为单元内任一点的位移列阵，$\boldsymbol{\delta}^{\mathrm{e}}=[u_1\quad v_1\quad w_1\quad\cdots\quad u_8\quad v_8\quad w_8]^{\mathrm{T}}$ 为单元节点的位移列阵，$\boldsymbol{\alpha}^{\mathrm{e}}=[\alpha_1\quad\alpha_2\quad\cdots\quad\alpha_9]^{\mathrm{T}}$ 为增加的内部自由度，在单元计算阶段可通过静力凝聚消去。协调项的形函数矩阵 $\boldsymbol{N}=[N_1\boldsymbol{I}_3\quad N_2\boldsymbol{I}_3\quad\cdots\quad N_8\boldsymbol{I}_3]$，式中 $\boldsymbol{I}_3$ 为三阶单位矩阵，N_i 为形函数，其表达式为

$$N_i=\frac{1}{8}(1+\xi_i\xi)(1+\eta_i\eta)(1+\zeta_i\zeta),\quad i=1,2,\cdots,8\tag{9.143}$$

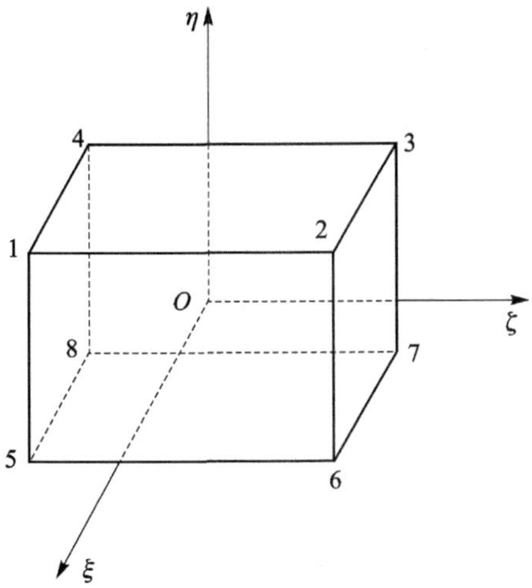

图 9.32　三维八节点六面体单元示意

式中，ξ_i、η_i、ζ_i 为节点 i 在局部坐标系(ξ,η,ζ)中的坐标，如图 9.32 所示。非协调项的形函数矩阵 $\bar{\boldsymbol{N}}=[\bar{N}_1\boldsymbol{I}_3 \quad \bar{N}_2\boldsymbol{I}_3 \quad \bar{N}_3\boldsymbol{I}_3]$，$\bar{N}_i$ 为非协调项的形函数，其表达式为

$$\bar{N}_1=1-\xi^2,\quad \bar{N}_2=1-\eta^2,\quad \bar{N}_3=1-\zeta^2 \tag{9.144}$$

(2) 单元应变

将位移函数式(9.142)代入圆柱问题的几何方程(9.139)，得到

$$\boldsymbol{\varepsilon}=\boldsymbol{B}\delta^e+\bar{\boldsymbol{B}}\alpha^e \tag{9.145}$$

式中，$\boldsymbol{B}$ 为协调项的应变矩阵，$\bar{\boldsymbol{B}}$ 为非协调项的应变矩阵。

协调项应变矩阵 $\boldsymbol{B}$ 的子矩阵为

$$\boldsymbol{B}_i=\begin{bmatrix} \dfrac{\partial N_i}{\partial r} & 0 & 0 \\ \dfrac{N_i}{r} & \dfrac{1}{r}\dfrac{\partial N_i}{\partial \theta} & 0 \\ 0 & 0 & \dfrac{\partial N_i}{\partial z} \\ \dfrac{1}{r}\dfrac{\partial N_i}{\partial \theta} & \dfrac{\partial N_i}{\partial r}-\dfrac{N_i}{r} & 0 \\ 0 & \dfrac{\partial N_i}{\partial z} & \dfrac{1}{r}\dfrac{\partial N_i}{\partial \theta} \\ \dfrac{\partial N_i}{\partial z} & 0 & \dfrac{\partial N_i}{\partial r} \end{bmatrix},\quad i=1,2,\cdots,8 \tag{9.146}$$

根据偏微分法则，可将式(9.146)中的偏导数表示为

$$\begin{bmatrix} \dfrac{\partial N_i}{\partial r} \\ \dfrac{\partial N_i}{\partial \theta} \\ \dfrac{\partial N_i}{\partial z} \end{bmatrix}=\boldsymbol{J}^{-1}\begin{bmatrix} \dfrac{\partial N_i}{\partial \xi} \\ \dfrac{\partial N_i}{\partial \eta} \\ \dfrac{\partial N_i}{\partial \zeta} \end{bmatrix}=\begin{bmatrix} \dfrac{\partial r}{\partial \xi} & \dfrac{\partial \theta}{\partial \xi} & \dfrac{\partial z}{\partial \xi} \\ \dfrac{\partial r}{\partial \eta} & \dfrac{\partial \theta}{\partial \eta} & \dfrac{\partial z}{\partial \eta} \\ \dfrac{\partial r}{\partial \zeta} & \dfrac{\partial \theta}{\partial \zeta} & \dfrac{\partial z}{\partial \zeta} \end{bmatrix}\begin{bmatrix} \dfrac{\partial N_i}{\partial \xi} \\ \dfrac{\partial N_i}{\partial \eta} \\ \dfrac{\partial N_i}{\partial \zeta} \end{bmatrix} \tag{9.147}$$

式中，$\boldsymbol{J}$ 为雅可比矩阵。由于形函数 $N_i(\xi,\eta,\zeta)$是用局部坐标给出的，故式中 N_i 对局部坐标分量 ξ、η、ζ 的偏导数可由式(9.143)得到。式中各项偏导数均为整体坐标对局部坐标的偏导数，空间坐标变换如下：

$$r=\sum_{i=1}^{8}N_ir_i,\quad \theta=\sum_{i=1}^{8}N_i\theta_i,\quad z=\sum_{i=1}^{8}N_iz_i \tag{9.148}$$

式中，N_i 为三维八节点协调等参元的形函数；r_i、θ_i、z_i 为节点 i 的整体坐标。

对于非协调等参元，只有通过分片检验，才能保证计算结果是收敛的。非协调元通过分片检验的条件为

$$\int_{V_e} \bar{\boldsymbol{B}}^{\mathrm{T}} \mathrm{d}V = \iiint_{V_e} \bar{\boldsymbol{B}}^{\mathrm{T}} r \mathrm{d}r \mathrm{d}\theta \mathrm{d}z = \iiint \bar{\boldsymbol{B}}^{\mathrm{T}} \mid \boldsymbol{J} \mid \mathrm{d}\xi \mathrm{d}\eta \mathrm{d}\zeta \equiv \boldsymbol{0} \tag{9.149}$$

为了保证非协调项的应变矩阵满足上式，需对其子矩阵作相应的修正：

$$\bar{\boldsymbol{B}}_i = \begin{bmatrix} \frac{\partial \bar{N}_i}{\partial r} & 0 & 0 \\ 0 & \frac{1}{r_0}\frac{\partial \bar{N}_i}{\partial \theta} & 0 \\ 0 & 0 & \frac{\partial \bar{N}_i}{\partial z} \\ \frac{1}{r_0}\frac{\partial \bar{N}_i}{\partial \theta} & \frac{\partial \bar{N}_i}{\partial r} & 0 \\ 0 & \frac{\partial \bar{N}_i}{\partial z} & \frac{1}{r_0}\frac{\partial \bar{N}_i}{\partial \theta} \\ \frac{\partial \bar{N}_i}{\partial z} & 0 & \frac{\partial \bar{N}_i}{\partial r} \end{bmatrix}, \quad i=1,2,3 \tag{9.150}$$

式中的偏导数可表示为

$$\begin{bmatrix} \frac{\partial \bar{N}_i}{\partial r} \\ \frac{\partial \bar{N}_i}{\partial \theta} \\ \frac{\partial \bar{N}_i}{\partial z} \end{bmatrix} = \bar{\boldsymbol{J}}^{-1} \begin{bmatrix} \frac{\partial \bar{N}_i}{\partial \xi} \\ \frac{\partial \bar{N}_i}{\partial \eta} \\ \frac{\partial \bar{N}_i}{\partial \zeta} \end{bmatrix} = \begin{bmatrix} \frac{\partial r}{\partial \xi} & \frac{\partial \theta}{\partial \xi} & \frac{\partial z}{\partial \xi} \\ \frac{\partial r}{\partial \eta} & \frac{\partial \theta}{\partial \eta} & \frac{\partial z}{\partial \eta} \\ \frac{\partial r}{\partial \zeta} & \frac{\partial \theta}{\partial \zeta} & \frac{\partial z}{\partial \zeta} \end{bmatrix} \begin{bmatrix} \frac{\partial \bar{N}_i}{\partial \xi} \\ \frac{\partial \bar{N}_i}{\partial \eta} \\ \frac{\partial \bar{N}_i}{\partial \zeta} \end{bmatrix} \tag{9.151}$$

为了使非协调元通过分片检验，Wilson 建议在计算非协调项的应变矩阵时取单元中心($\xi=\eta=\zeta=0$)处的数值来代替单元中各点不同的偏导数。这样一来，式(9.149)中 r 和 $|\boldsymbol{J}|$ 均为常数，而 $\bar{\boldsymbol{B}}$ 是关 ξ、η、ζ 的奇函数，在关于原点对称的区间内积分为零，式(9.149)恒成立，也就达到了通过分片检验的要求。

(3) 单元刚度矩阵

由最小势能原理可知

$$\begin{bmatrix} \boldsymbol{K}_{\delta\delta}^{e} & \boldsymbol{K}_{\delta\alpha}^{e} \\ \boldsymbol{K}_{\alpha\delta}^{e} & \boldsymbol{K}_{\alpha\alpha}^{e} \end{bmatrix} \begin{bmatrix} \boldsymbol{\delta}^{e} \\ \boldsymbol{\alpha}^{e} \end{bmatrix} = \begin{bmatrix} \boldsymbol{P}^{e} \\ \boldsymbol{0} \end{bmatrix} \tag{9.152}$$

式中

$$\boldsymbol{K}_{\delta\delta}^{e} = \int_{V_e} \boldsymbol{B}^{\mathrm{T}} \boldsymbol{D} \boldsymbol{B} \mathrm{d}V$$

$$\boldsymbol{K}_{\delta\alpha}^{e} = \boldsymbol{K}_{\alpha\delta}^{e\ \mathrm{T}} = \int_{V_e} \boldsymbol{B}^{\mathrm{T}} \boldsymbol{D} \bar{\boldsymbol{B}} \mathrm{d}V$$

$$\boldsymbol{K}_{\alpha\alpha}^{\mathrm{e}} = \int_{V_{\mathrm{e}}} \bar{\boldsymbol{B}}^{\mathrm{T}} \boldsymbol{D} \bar{\boldsymbol{B}} \mathrm{d}V$$

由式(9.152)中的第二式，可得到

$$\boldsymbol{\alpha}^{\mathrm{e}} = -\boldsymbol{K}_{\alpha\alpha}^{\mathrm{e}\ -1} \boldsymbol{K}_{\alpha\delta}^{\mathrm{e}} \boldsymbol{\delta}^{\mathrm{e}}$$

利用上式消去式(9.152)中第一式中的内部自由度 $\boldsymbol{\alpha}^{\mathrm{e}}$，则得到凝聚后的单元求解方程为

$$\boldsymbol{K}^{\mathrm{e}} \boldsymbol{\delta}^{\mathrm{e}} = \boldsymbol{P}^{\mathrm{e}} \tag{9.153}$$

式中

$$\boldsymbol{K}^{\mathrm{e}} = \boldsymbol{K}_{\delta\delta}^{\mathrm{e}} - \boldsymbol{K}_{\delta\alpha}^{\mathrm{e}} \boldsymbol{K}_{\alpha\alpha}^{\mathrm{e}\ -1} \boldsymbol{K}_{\alpha\delta}^{\mathrm{e}}$$

(4) 节点等效载荷

1) 分布体积力

体积力 $\boldsymbol{q} = [q_r \quad q_\theta \quad q_z]^{\mathrm{T}}$ 产生的节点载荷为

$$\boldsymbol{P}_q^{\mathrm{e}} = \int_{V_{\mathrm{e}}} \boldsymbol{N}^{\mathrm{T}} \boldsymbol{q} \mathrm{d}V = \iiint \boldsymbol{N}^{\mathrm{T}} \boldsymbol{q} r \mathrm{d}r \mathrm{d}\theta \mathrm{d}z \tag{9.154}$$

若体积力是离心力，则 $q_r = \rho\omega^2 r$，$q_\theta = q_z = 0$，其中，ρ 为材料密度，ω 为旋转角速度，r 为旋转半径，代入式(9.154)即可得到离心力的等效节点载荷。

2) 分布面力

单元表面力的等效节点载荷计算公式为

$$\boldsymbol{P}_q^{\mathrm{e}} = \int_A \boldsymbol{N}^{\mathrm{T}} \boldsymbol{p} \mathrm{d}\Omega \tag{9.155}$$

式中，$\boldsymbol{p} = [p_r \quad p_\theta \quad p_z]^{\mathrm{T}}$ 是沿坐标轴方向的表面力列阵，A 表示作用有表面力 $\boldsymbol{p}$ 的单元面，$\mathrm{d}\Omega$ 是 A 上的微元面。实际计算时是按单元的每个受力表面进行的，式(9.155)需要计算的表面只是有表面力作用的单元面。

9.3.2　涡轮泵结构强度数值计算方法

1. 循环对称边界条件的处理

在圆柱坐标系下，周期对称结构的主从边界节点已处于相似的局部坐标系，约束条件变为主从边界的对应节点具有相同的位移值，为此，整体刚度矩阵和载荷列阵需作相应的调整。

假设周期对称结构的一对循环对称节点为 i，j（这里不妨规定 $i<j$），可以按下式理解循环对称边界条件的处理方式。

$$\begin{bmatrix} K_{11} & K_{12} & \cdots & K_{1i}+K_{1j} & \cdots & K_{1n} \\ K_{21} & K_{22} & \cdots & K_{2i}+K_{2j} & \cdots & K_{2n} \\ \vdots & \vdots & & \vdots & & \vdots \\ K_{i1}+K_{j1} & K_{i2}+K_{j2} & \cdots & K_{ii}+K_{ij}+K_{ji}+K_{jj} & \cdots & K_{in} \\ \vdots & \vdots & & \vdots & & \vdots \\ K_{n1} & K_{n2} & \cdots & K_{ni}+K_{nj} & \cdots & K_{nn} \end{bmatrix} \begin{bmatrix} \delta_1 \\ \delta_2 \\ \vdots \\ \delta_i \\ \vdots \\ \delta_n \end{bmatrix} = \begin{bmatrix} P_1 \\ P_2 \\ \vdots \\ P_i + P_j \\ \vdots \\ P_n \end{bmatrix} \tag{9.156}$$

式中，K_{ij} 是相应的子刚度矩阵；δ_i 和 P_i 分别为节点 i 的节点位移和等效载荷。

本小节采用两套单元进行刚度矩阵的计算和组集。具体方法是：定义两组单元编号，第一组记录各个单元实际节点的编号，使用实际的节点坐标计算各个单元的刚度矩阵；第二组将低周边界节点用高周边界节点替换，使各个单元刚度矩阵自动组集到整体刚度矩阵中。刚度矩阵组集完成后，将矩阵中低周边界节点的对角线元素置以一个大数（例如 10^{30}），即可保持整体刚度矩阵的对称和正定。

2. 预条件共轭梯度法

预条件共轭梯度法（简称 PCG 方法）通过引入预条件矩阵 $\boldsymbol{M}$，使方程系数矩阵的条件数降低，达到提高收敛速度的目的。PCG 法的计算步骤如下：

① 设置 $\boldsymbol{x}$ 的初始向量 $\boldsymbol{x}_0$；

② 计算 $\boldsymbol{r}_0=\boldsymbol{b}-\boldsymbol{A}\boldsymbol{x}_0$；

③ 求解 $\boldsymbol{M}\boldsymbol{h}_0=\boldsymbol{r}_0$，并令 $\boldsymbol{p}_0=\boldsymbol{h}_0$；

④ 对于 $k=0,1,2,\cdots$，进行如下迭代：

$$\begin{aligned}\boldsymbol{\alpha}_k&=\frac{\boldsymbol{h}_k^{\mathrm{T}}\boldsymbol{r}_k}{\boldsymbol{p}_k^{\mathrm{T}}\boldsymbol{A}\boldsymbol{p}_k}\\ \boldsymbol{x}_{k+1}&=\boldsymbol{x}_k+\boldsymbol{\alpha}_k\boldsymbol{p}_k\\ \boldsymbol{r}_{k+1}&=\boldsymbol{r}_k-\boldsymbol{\alpha}_k\boldsymbol{A}\boldsymbol{p}_k\end{aligned}\tag{9.157}$$

求解：

$$\boldsymbol{M}\boldsymbol{h}_{k+1}=\boldsymbol{r}_{k+1}\tag{9.158}$$

$$\begin{aligned}\boldsymbol{\beta}_k&=\frac{\boldsymbol{h}_{k+1}^{\mathrm{T}}\boldsymbol{r}_{k+1}}{\boldsymbol{h}_k^{\mathrm{T}}\boldsymbol{r}_k}\\ \boldsymbol{p}_{k+1}&=\boldsymbol{h}_{k+1}+\boldsymbol{\beta}_k\boldsymbol{p}_k\end{aligned}\tag{9.159}$$

式中，$\boldsymbol{M}$ 为预条件矩阵，如何选择 $\boldsymbol{M}$ 是 PCG 算法的关键。取系数矩阵 $\boldsymbol{A}$ 的不完全三角分解作为 $\boldsymbol{M}$，即首先对 $\boldsymbol{A}$ 作不完全三角分解，有

$$\boldsymbol{A}=\tilde{\boldsymbol{L}}\tilde{\boldsymbol{D}}\tilde{\boldsymbol{L}}^{\mathrm{T}}-\boldsymbol{R}\tag{9.160}$$

式中，$\tilde{\boldsymbol{L}}$ 保持了 $\boldsymbol{A}$ 的稀疏性，$\tilde{\boldsymbol{D}}$ 的元素为正，$\boldsymbol{R}$ 为余项。这时在对 $\boldsymbol{A}$ 进行三角分解时，只对高度轮廓线以下的元素进行分解，而略去对零元素运算的结果，因此称这种分解为不完全三角分解。这时选取

$$\boldsymbol{M}=\tilde{\boldsymbol{L}}\tilde{\boldsymbol{D}}\tilde{\boldsymbol{L}}^{\mathrm{T}}\tag{9.161}$$

此时，PCG 法就是不完全三角分解的共轭梯度加速法，简称 ICCG 法。

9.3.3 涡轮泵结构强度数值算例及结果分析

1. 涡轮结构强度数值算例及结果分析

某型反力式涡轮结构如图 9.33 所示，其叶片个数为 76，扇区数目较多，且涡轮叶片中存在局部尺寸比较小的部位，对整个涡轮进行有限元分析，为了得到较为准确的结果，需要划分数量巨大的单元，建立的有限元模型过于庞大，将耗费大量的求解机时和存储空间。对整体规

模而言，受计算机硬件的限制，常规有限元程序难以进行，即便能勉强进行计算，由于网格划分较为稀疏，计算结果误差也较大。鉴于以上原因，本算例必须采用循环对称程序进行涡轮扇区的位移和应力分析。

对整体涡轮进行扇区切分，可得单个涡轮扇区的结构如图 9.34 所示，对其进行六面体网格划分，单元数为 29 372，节点数为 34 444。

图 9.33　涡轮几何结构

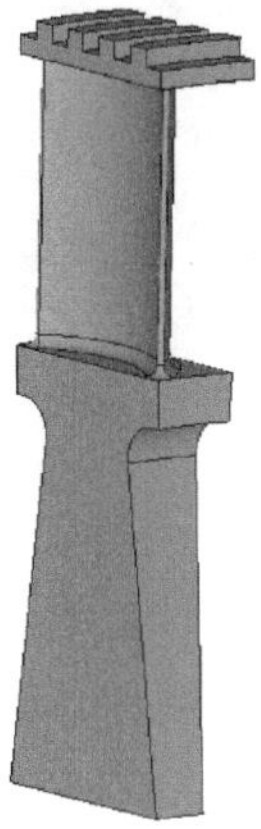

图 9.34　涡轮扇区几何模型

涡轮工作过程中，既受高速旋转产生的离心力作用，又受高燃气的热应力作用，因此，对实际涡轮工况进行强度仿真时必须同时考虑离心载荷和温度载荷对结构的作用。本算例中涡轮离心载荷以及温度载荷与上述分析中的载荷相同，程序解与 ANSYS 解的结果对比如表 9.7 所列。涡轮受离心力以及受热膨胀均会产生径向位移，故该算例涡轮位移与实际情况相符。涡轮在离心力和热应力作用下的最大应力值出现在内径处，涡轮高速旋转，在内径处产生较大的离心力，而且由于内径处径向自由度为零，在温度载荷的作用下有可能会产生结构过刚的现象，以致产生较大的应力，故程序计算结果与实际情况基本符合。

表 9.7　涡轮在离心力与热应力作用下的位移和应力

类　别	程　序	ANSYS	误　差
位移/mm	0.458	0.458	0
应力/MPa	905	905	0

2. 泵结构强度数值算例及结果分析

某泵的几何模型如图 9.35(a)所示（模型中可能出现应力集中的部位已进行了圆角处理）。观察可知，此模型为循环对称模型，建立有限元模型时只需选取其 1/6 进行网格划分，如图 9.35(b)所示。

对该泵的载荷及约束：

① 选取端面进行轴向约束；

② 选取花键连接面进行周向约束；

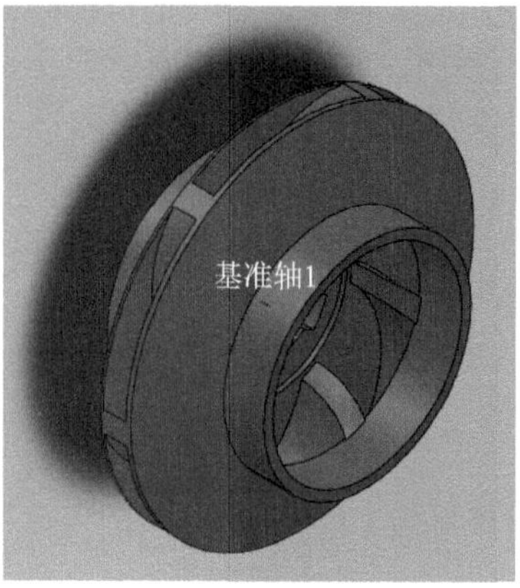

(a) 几何模型

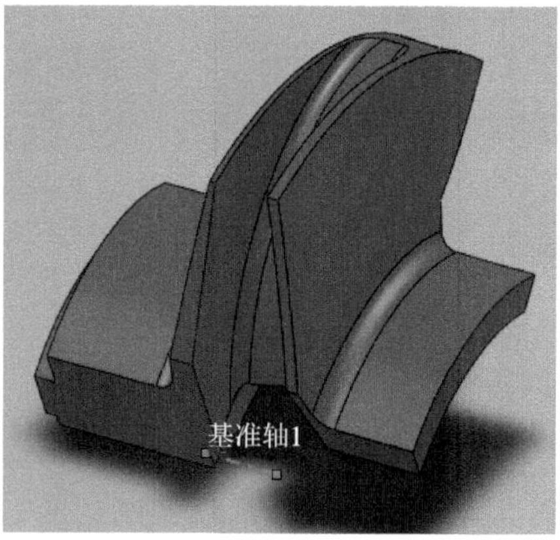

(b) 1/6几何模型

图 9.35 泵的几何模型

③ 离心载荷,转速为 3 140 rad/s;

④ 温度载荷,泵为低温工作件,所以不考虑温度的影响,设为室温。

关于泵的径向位移,专用程序计算结果为 min: 0.000 150,max: 0.001 252;ANSYS 计算结果为 min: 0.000 150,max: 0.001 253,两者误差几乎为零。

关于泵的径向应力,专用程序计算结果为 max: 18.14 MPa;ANSYS 计算结果为 max: 18.05 MPa。

该算例通过与 ANSYS 的数值解进行对比,表明本章程序计算泵模型受离心力作用产生的位移和应力具有较高的准确性。

9.4 涡轮优化设计

9.4.1 基于仿真的涡轮设计模型

研究对象为液氧甲烷火箭发动机涡轮,根据工程单位的要求,在叶型改进设计中不对静叶作改动,同时保持叶高不变。本研究只对涡轮动叶进行设计优化,目标为涡轮效率最大化。

1. 叶片参数化造型

由于火箭发动机氧涡轮和甲烷涡轮均采用直叶栅结构,因此叶身成型主要可以通过将二维基准叶型进行径向拉伸来实现。对涡轮的两级动叶在半叶高截面处的二维叶型进行参数化造型。对于氧涡轮的一级动叶、甲烷涡轮的一级动叶和二级动叶,安装角固定,叶片设计为完全对称,吸力面型线由入口直线、出口直线和样条曲线三段构成,压力面型线则由一条样条曲线构成,其中样条曲线由端点和中点共三个点控制,在曲线的各连接点处满足二阶连续;对于氧涡轮二级动叶,叶片设计为非对称,安装角约为 90°,吸力面和压力面型线均由样条曲线构成。两类叶片的造型参数示意和符号说明分别如图 9.36 所示和表 9.8 所列。

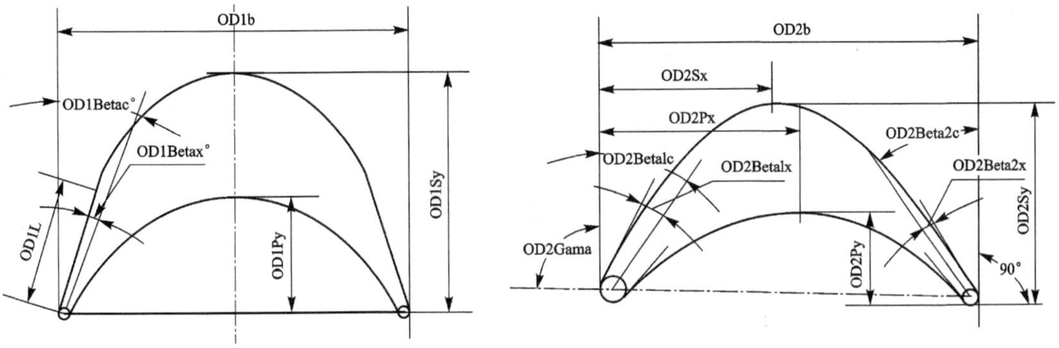

(a) 对称叶片　　(b) 非对称叶片

图 9.36　涡轮叶片造型参数示意

表 9.8　涡轮叶片造型参数的符号说明

对称叶片（氧涡轮一级动叶，甲烷涡轮一、二级动叶）		非对称叶片（氧涡轮二级动叶）	
参　数	符　号	参　数	符　号
轴向宽度	OD1b	轴向宽度	OD2b
构造角	OD1Betac	安装角	OD2Gama
楔形半角	OD1Betax	前缘构造角	OD2Beta1c
直线段长度	OD1L	后缘构造角	OD2Beta2c
叶背挠度	OD1Sy	前缘楔形半角	OD2Beta1x
叶盆挠度	OD1Py	后缘楔形半角	OD2Beta2x
		叶背样条曲线控制点横坐标	OD2Sx
		叶背样条曲线控制点纵坐标	OD2Sy
		叶盆样条曲线控制点横坐标	OD2Px
		叶盆样条曲线控制点纵坐标	OD2Py

其中部分参数的定义如下：

安装角：叶片前后缘圆弧的圆心连线与额线的夹角；

楔形半角：前缘（后缘）圆弧对应圆心角的半角；

构造角：前缘（后缘）圆弧对应圆心角的角平分线与额线的夹角；

叶背（盆）挠度：对称叶片叶背（盆）样条曲线中点的纵坐标。

ProE 软件提供参数化建模功能，对于涡轮叶片的曲线部分可以方便地生成 Bezier 曲线或 NURBS 曲线，并且能较好地实现对端点的光滑过渡处理。因此，在优化过程中可以通过修改 ProE 模型的参数值来进行自动寻优。本研究选择使用 ProE 软件，对涡轮两级动叶的二维基准叶型进行参数化建模；对喷嘴和其他各级叶片的二维基准叶型则根据已有的型面离散设计点拟合生成；所有叶型的重心连线与涡轮的轴线平行，相对位置参考已有设计的叶间距进行设置；然后，将这些二维叶型及其流场计算平面进行径向拉伸，并参照已有的叶高设计进行相应的柱面或锥面剪裁处理，得到计算用的氧涡轮和甲烷涡轮叶片的三维几何模型，如图 9.37 和图 9.38 所示。

图 9.37　氧涡轮叶片的三维几何模型

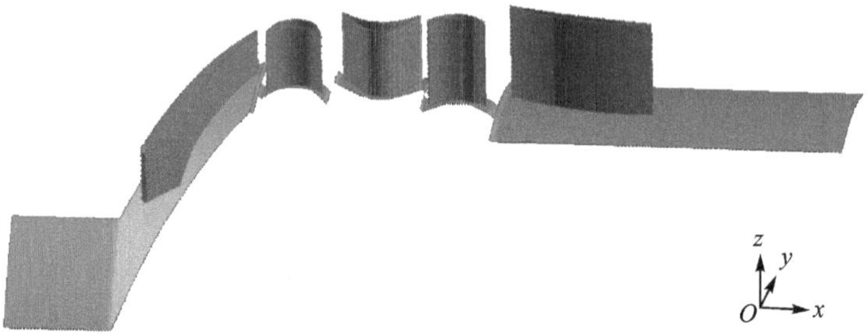

图 9.38　甲烷涡轮叶片的三维几何模型

2. 三维流场数值仿真

由于非结构网格舍去了网格节点的结构性限制，节点和单元的分布是任意的，因而能较好地处理涡轮叶片的壁面边界，尤其是前后缘附近的网格畸变问题；而且非结构网格在其生成过程中采用一定准则进行优化判断，能生成高质量的网格，且容易控制网格大小和节点密度。因此，对氧涡轮和甲烷涡轮流场计算域主要采用四面体网格进行划分。另一方面，为减少规则区域的计算量，同时保证网格节点在交界面一一对应，对流场的进、出口计算域采用三棱柱网格进行划分。氧涡轮流场的计算网格总数约 96 万个，甲烷涡轮流场的计算网格总数约 135 万个。

对涡轮流场进行三维数值仿真，流体定义为热力计算得到的燃气工质，湍流模型采用标准 $k-\varepsilon$ 两方程模型，计算精度取为二阶精度。氧涡轮流场主要边界条件的设置如图 9.39 所示。

为了对涡轮流场的计算气动性能和流场损失进行分析，给出如下定义：

静叶总压恢复系数

$$\sigma_c = \frac{P_1^*}{P_0^*} \tag{9.162}$$

静叶总压损失系数

$$\omega_c = \frac{P_0^* - P_1^*}{P_1^* - P_1} \tag{9.163}$$

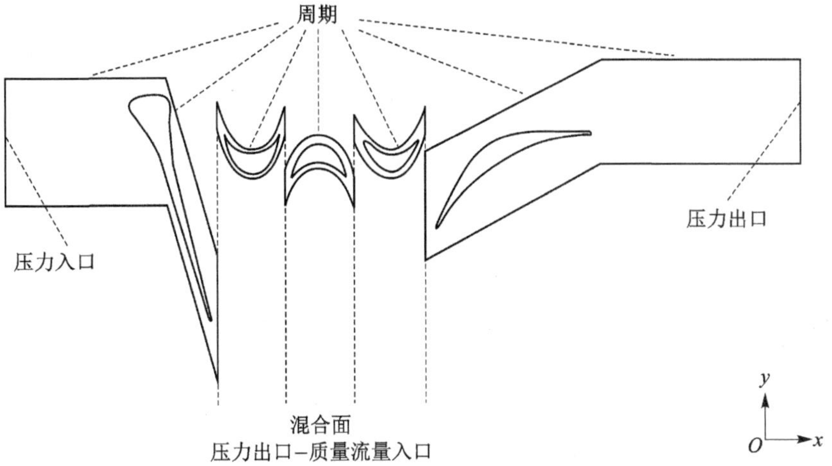

图 9.39　氧涡轮流场的主要边界条件设置

式中，P_0^* 为静叶入口总压，P_1^* 为静叶出口总压，P_1 为静叶出口静压。

动叶总压恢复系数为

$$\sigma_w = \frac{P_{w2}^*}{P_{w1}^*} \tag{9.164}$$

动叶总压损失系数为

$$\omega_w = \frac{P_{w1}^* - P_{w2}^*}{P_{w2}^* - P_2} \tag{9.165}$$

式中，P_{w1}^* 为动叶相对入口总压，P_{w2}^* 为动叶相对出口总压，P_2 为动叶出口静压。

总压恢复系数是评价叶栅气动性能的指标，总压损失系数则是衡量叶栅能量损失大小的指标。两者均考虑了涡轮流场的叶型损失和二次损失，其中，叶型损失是平面叶栅产生的损失，包括附面层的摩擦损失、附面层分离时和出口尾迹区的涡流损失以及激波损失等；二次损失则是在叶栅端部产生的损失，包括双涡损失和子午截面扩张角产生的损失等。

涡轮出口的余速损失为

$$L_c = \frac{c^2}{2} \tag{9.166}$$

式中，c 为涡轮出口的绝对速度，表示没有转变为涡轮有用功的出口流体动能。

涡轮基元级的反力度

$$\Omega_T = \frac{\dfrac{w_2^2 - w_1^2}{2}}{L_u} = \frac{\dfrac{w_2^2 - w_1^2}{2}}{i_0^* - i_2^*} \tag{9.167}$$

式中，L_u 为涡轮基元级轮缘功，i_0^* 为涡轮静叶入口总焓，i_2^* 为涡轮动叶出口总焓。

单个动叶的有效功率为

$$n_T = M_X \cdot 2\pi n \tag{9.168}$$

式中，M_X 为燃气作用在动叶上对 X 轴的力矩，n 为涡轮转速。

涡轮效率为

$$\eta = \frac{N_T}{L_{ad}} = \frac{(M_{X1} \cdot n_{OD1} + M_{X2} \cdot n_{OD2}) \cdot 2\pi n}{L_{ad}} \tag{9.169}$$

式中，N_T 为涡轮有效功率，M_{X1} 为燃气作用在一级动叶上对 X 轴的力矩，n_{OD1} 为一级动叶数，M_{X2} 为燃气作用在二级动叶上对 X 轴的力矩，n_{OD2} 为二级动叶数，L_{ad} 为涡轮绝热功。

$$L_{ad}=\frac{k}{k-1}RT_0\left[1-\frac{1}{\delta^{(k-1)/k}}\right]\dot{m} \tag{9.170}$$

式中，k 为绝热指数，R 为燃气气体常数，T_0 为燃气入口总温，$\delta=P_0^*/P_1^*$ 为涡轮压比，$\dot{m}$ 为涡轮流量。

3. 涡轮结构强度数值仿真

涡轮的整体叶盘结构包含第一、二级涡轮转子动叶，各级叶片均有整体围带。由于两级动叶栅的叶片数不同，为了利用结构的循环对称特性进行计算，采用等效结构的有限元模型来开展强度分析。

在总体柱坐标系下，对有限元模型施加沿 z 轴的转速；使用循环对称边界条件，并选取盘心的节点施加轴向和径向的位移约束。为了简化计算，温度边界条件定义如下：轮盘温度假设为抛物线分布；叶片温度分布则参考流场计算结果，选取部分节点给定温度边界；围带考虑为绝热。通过热分析计算求得整个有限元结构所有节点的温度。在此基础上，对涡轮叶盘结构进行应力分析，可以得到等效应力和应变分布结果。

9.4.2 涡轮多学科设计优化模型

涡轮叶型气动优化设计问题的数学模型定义如下：

$$\left.\begin{aligned}&\max_{X} F=\eta(\boldsymbol{X})\\&\text{s.t.}\quad \boldsymbol{X}_{\text{Low}}\leqslant\boldsymbol{X}\leqslant\boldsymbol{X}_{\text{Up}}\\&\qquad\ \boldsymbol{X}=\{\text{设计变量}\}\end{aligned}\right\} \tag{9.171}$$

式中，设计变量 $\boldsymbol{X}$ 为图 9.36 所示的叶型几何参数，对于氧涡轮为 16 个变量，甲烷涡轮为12 个变量；$\boldsymbol{X}_{\text{Low}}$ 和 $\boldsymbol{X}_{\text{Up}}$ 则分别为设计变量的上、下限，取为相应的初始参数值的±10%左右；优化目标 F 为涡轮效率 η。

由于描述流场性质的 N－S 方程存在高度的非线性特征，各种激波、湍流、分离等复杂流动现象的综合使叶型气动优化设计问题呈现出高度的非线性。为了减小优化问题的计算规模，本研究没有将涡轮结构强度分析设为约束条件，只针对优化前后的动叶开展了三维有限元应力分析和校核。

9.4.3 涡轮优化设计方法

1. 差分进化算法

本研究采用了一种改进的差分进化算法(简称 DPA)。该算法以 DE 的流程为基本框架，增加了实施选择和 PSO 的操作步骤，主要包括两个阶段。第一阶段通过“变异—选择”操作，有效地扩大群体的寻优范围，保证种群的多样性，避免陷入局部最优。第二阶段通过“PSO—交叉—选择”操作，加强局部搜索，进而提高收敛速度，改善优化效率。

本研究中 DPA 算法的参数设置如下：群体规模为 32，最大迭代次数设置为 2 000，缩放因子为 0.6，交叉概率为 0.6，惯性因子为 0.4，加速常数为 2。

2. 近似模型的建立和更新

本研究采用 RBF 神经网络模型代替涡轮叶片的几何生成及其气动流场分析，以减少计算消耗，提高优化收敛速度。RBF 神经网络的输入层神经元为所有的优化设计变量；输出层神经元 1 个，即优化目标为涡轮效率；隐含层的神经元个数根据训练效果进行动态调整。

RBF 神经网络的初始训练样本来源于第一次计算机试验设计得到的结果。在涡轮叶片气动优化的迭代过程中，DPA 算法主要根据 RBF 神经网络预测的涡轮效率值进行目标函数的最优性判断；同时每隔一定的步数运行一次基于商业软件（包括 ProE、Gambit 和 Fluent 等）的高精度仿真计算，得到的结果既可以指导 DPA 算法更新设计点，又可用于修正 RBF 神经网络以提高近似仿真的精度。图 9.40 给出了 RBF 神经网络近似模型建立和更新的流程示意。

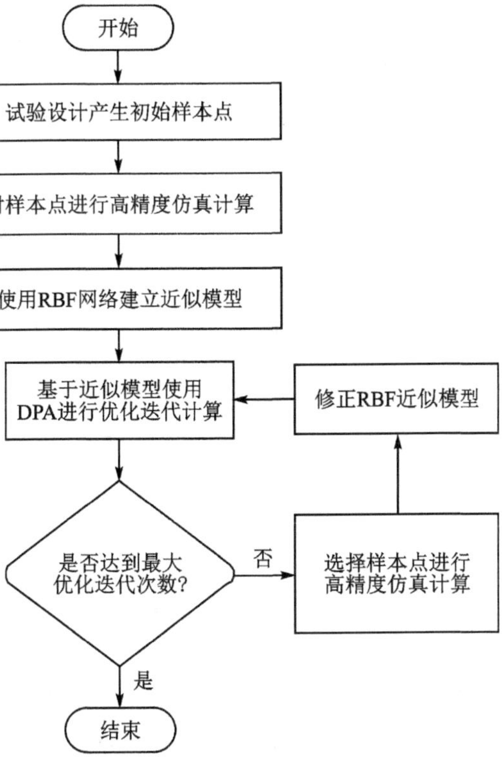

图 9.40　近似模型的建立和更新流程

关于涡轮叶片优化过程的相关参数设置如下：DPA 算法在每一迭代步产生 32 个粒子（设计点）；每隔 5 代进行一次高精度仿真；每次仿真完成后，从 32 个设计点分析中随机选择 16 个结果用于更新 RBF 神经网络。

运行结果表明，采用了 RBF 神经网络近似模型的优化流程大大地减少了计算时间，仿真计算量仅为不使用近似模型的优化流程计算量的 1/10。

整个的优化设计流程如图 9.41 所示。

① 首先使用试验设计方法构造样本数据分布，探索整个设计空间，并建立初始的 RBF 近似模型；

② DPA 算法依据自身的算法规则输出一组(32 个)设计点；

③ 根据 DPA 算法的代数信息判断是否进行精确仿真，如果是，则从设计点中随机选择若干(如 10 个)点进行精确仿真，并运行第③步～第⑦步；否则，采用 RBF 近似模型计算涡轮效率，并跳转至第⑧步；

④ iSIGHT 软件根据当前选中的设计点分别修改 trail 文件中的相关参数，并启动 ProE 软件依据 trail 文件来完成涡轮叶片一、二级动叶的叶型生成，然后将计算用的三维几何模型通过 Automate 软件分别分配到对应的并行计算节点上进行流场计算；

⑤ 各节点的 Gambit 软件依据事先编写的 jou 文件生成非结构网格；

⑥ 各节点的 Fluent 软件依据事先编写的 jou 文件进行气动流场计算，并输出燃气工质作用在一、二级动叶上的力矩值，生成 report 文件；

⑦ iSIGHT 软件通过 Automate 自动读取各节点上的 report 文件中的相关数据，计算涡轮效率，并将合理的计算结果添加到 RBF 训练数据中，用于更新近似模型；

⑧ 如果满足 DPA 的流程终止条件，则终止计算；否则，返回第②步继续优化。

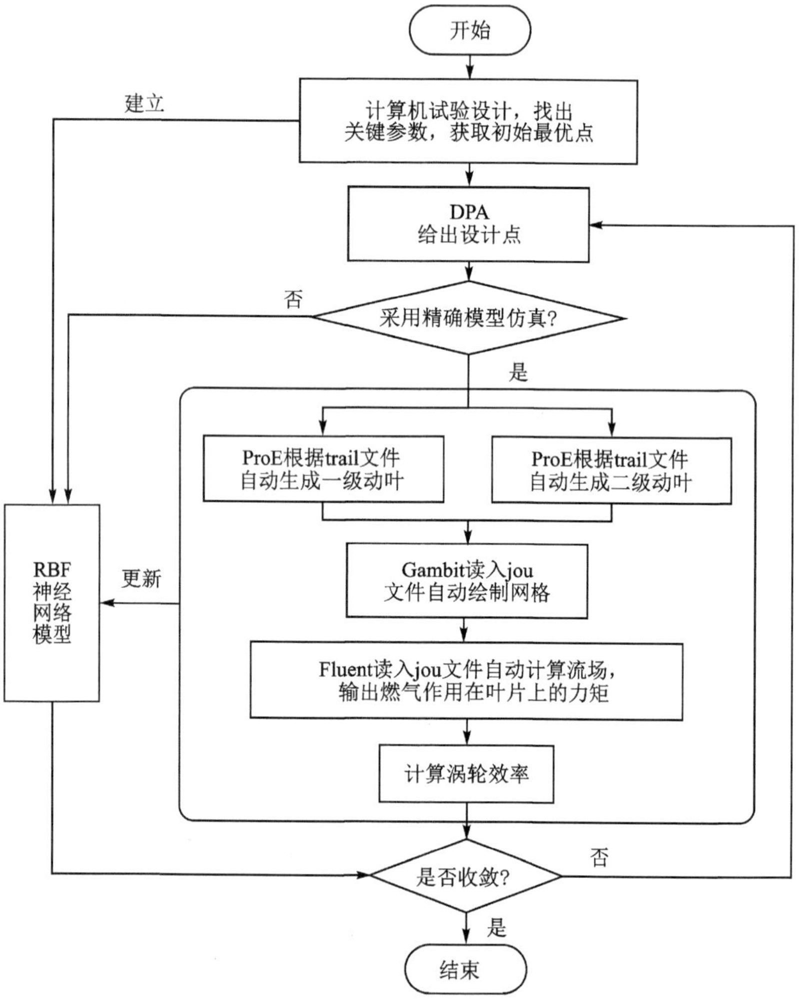

图 9.41　涡轮设计优化流程

9.4.4　涡轮优化设计结果

经过气动优化设计，氧涡轮效率由 46.06% 提升为 51.31%，改进程度为 5.25%；有效功率由 2 801.71 kW 提升为 3 121.14 kW，改进程度为 11.40%。甲烷涡轮效率由 47.0% 提升为 50.42%，改进程度为 3.06%；有效功率由 3 369.01 kW 提升为 3 613.18 kW，改进程度为 7.25%。氧涡轮和甲烷涡轮的总体性能均得到改善。下面以氧涡轮为例，进行具体的优化结果分析。

氧涡轮气动优化前后的叶型设计变量和目标变量的比较如表 9.9 和表 9.10 所列。

表 9.9　氧涡轮气动优化前后的叶型设计变量比较

叶片类型	参　数	符　号	初始值	设计下限	设计上限	优化值
一级动叶	轴向宽度	OD1b	14	13	14.5	13.12
	构造角	OD1Betac	20.63	19	22	21.09
	楔形半角	OD1Betax	3.64	3	4.1	3.88
	直线段长度	OD1L	5.24	4	6.5	4.26
	叶背挠度	OD1Sy	9.82	8.8	10.8	10.80
	叶盆挠度	OD1Py	4.76	4.25	5.25	5.19
二级动叶	轴向宽度	OD2b	14	13	14.5	13.06
	安装角	OD2Gama	90	88	92	89.54
	前缘构造角	OD2Beta1c	35.28	33	40	38.40
	后缘构造角	OD2Beta2c	35.32	33	40	33.0
	前缘楔形半角	OD2Beta1x	7.75	7	9	8.06
	后缘楔形半角	OD2Beta2x	3.85	3	5.2	5.2
	叶背最大挠度点横坐标	OD2Sx	7.1	6	8.3	8.16
	叶背最大挠度点纵坐标	OD2Sy	7.68	6.5	8.3	7.91
	叶盆最大挠度点横坐标	OD2Px	7.18	6	8	7.15
	叶盆最大挠度点纵坐标	OD2Py	3.53	3	5	4.30

表 9.10　氧涡轮气动优化前后的目标变量比较

参　数	符　号	单　位	初始值	最优值	改进程度/%
涡轮效率	η	%	46.06	51.31	5.25
涡轮有效功率	N_T	kW	2 801.71	3 121.14	11.40
一级动叶栅对 X 轴的力矩	M_{X1}	N·m	12.19	12.45	2.13
二级动叶栅对 X 轴的力矩	M_{X2}	N·m	3.01	4.43	47.18

图 9.42 比较了优化前后氧涡轮两级动叶在半叶高截面的叶型。可以看出，一、二级动叶的轴向宽度均减小，叶盆和叶背的挠度同时增大，型线曲率也相应增大，但叶型进口角和弯角则相对减小；二级动叶后缘的相关参数均已达到给定边界值，叶型最大厚度有所减小，非对称性更加明显。

表 9.11 和表 9.12 分别比较了氧涡轮气动优化前后各级叶栅进出口截面气流角和压强的

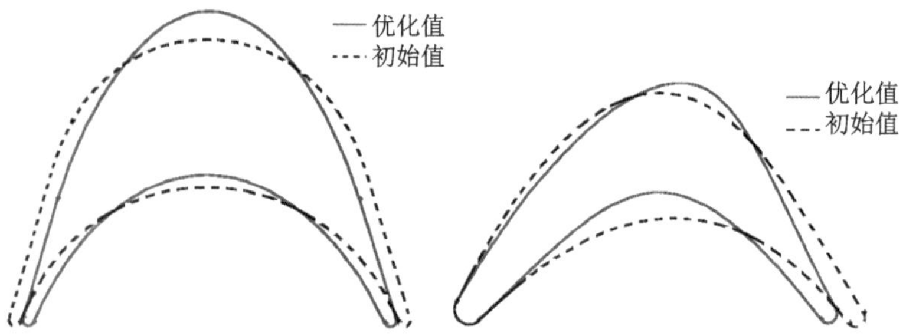

(a) 一级动叶 (b) 二级动叶

图 9.42 优化前后氧涡轮动叶在半叶高截面的叶型比较

相关参数；由于三维流场参数分布的不均匀性，其结果都取为当地参数的质量平均值；表中标注了“相对”的参数是指与动叶相关的该参数值为考虑了涡轮旋转因素的相对值。

表 9.11 氧涡轮气动优化前后的各级叶栅进出口截面气流角相关参数比较

(°)

叶片类型		(相对)进气角	进口角	攻　角	(相对)出气角	出口角	落后角	气流转折角
喷嘴	初始值	90	90	0	12.62	16	−3.38	77.38
	优化值	90	90	0	14.32	16	−1.68	75.68
一级动叶	初始值	13.90	20.63	6.73	15.99	20.63	−5.64	150.11
	优化值	16.21	21.09	4.88	15.04	21.09	−6.05	148.75
二级静叶	初始值	22.77	27	4.23	25.38	27	−1.62	131.85
	优化值	22.32	27	4.68	26.46	27	−0.54	131.22
二级动叶	初始值	53.67	35.28	−17.39	32.44	35.32	−2.88	92.27
	优化值	64.43	38.40	−26.03	23.30	33.0	−9.70	93.13
燃气导叶	初始值	77.49	37	−40.49	57.29	90	−32.71	20.20
	优化值	38.03	37	−1.03	64.77	90	−25.23	26.74

表 9.12 氧涡轮气动优化前后的各级叶栅进出口截面压强相关参数比较

叶片类型		入口(相对)总压/MPa	出口(相对)总压/MPa	出口静压/MPa	总压恢复系数	总压损失系数
喷嘴	初始值	8.04	5.68	1.05	0.71	0.51
	优化值	8.04	5.77	0.79	0.72	0.46
一级动叶	初始值	3.57	1.67	0.82	0.47	2.24
	优化值	3.66	1.74	0.93	0.48	2.37
二级静叶	初始值	1.16	1.10	0.89	0.95	0.29
	优化值	1.24	1.18	1.0	0.95	0.33
二级动叶	初始值	0.94	0.88	0.75	0.94	0.46
	优化值	1.04	0.89	0.57	0.86	0.47
燃气导叶	初始值	0.78	0.58	0.49	0.74	2.22
	优化值	0.68	0.58	0.49	0.85	1.11

由于受下游流场结构气动优化的影响，喷嘴出口的激波强度明显减弱，从而使气流转折角和落后角均减小，总压损失也相应减小。

图 9.43 给出了优化前后氧涡轮一级动叶栅的叶片表面静压的对比情况。优化后的一级动叶栅绕流的正攻角减小，同时叶型弯角和气流转折角也都有所减小，使得一级动叶表面的扩压段相应减少，叶盆和叶背的平均压强差略有变大（这是燃气作用于该级动叶栅对 x 轴的力矩增大的直接原因）。另一方面，原有的附面层大范围分离的现象得到明显改善，仅在叶顶部分由于子午截面扩张的综合影响而出现了局部的分离涡。需要指出的是，优化后一级动叶的尾缘激波相对增强，使气流落后角有所增大，总压损失基本不变。

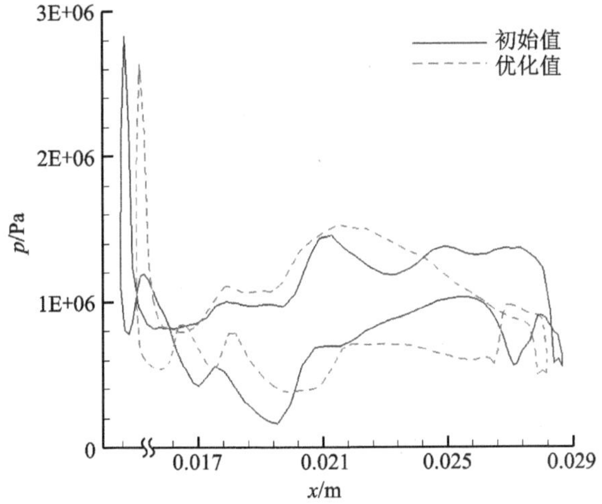

图 9.43　优化前后氧涡轮一级动叶在半叶高截面的表面静压比较

由于受上、下游流场结构气动优化的影响，二级静叶栅绕流的进气角略有减小；叶背下游的附面层分离区扩大，使得出气角相应增大；总压损失系数略有增大。

图 9.44 给出了优化前后氧涡轮二级动叶栅的叶片表面静压的对比情况。优化后的二级动叶栅绕流的负攻角增大，使得叶盆和叶背上游的压强都有显著提高。此外，由于叶型弯角的减小以及流通截面的变化，气流在通道下游加速至超声速，原有的扩压段消失，附面层相应减薄，叶盆和叶背的平均压强差略有增大（这是燃气作用于该级动叶栅对 x 轴的力矩增大的直接原因）。需要指出的是，优化后的二级动叶在出口处产生了较强的尾缘激波，使得气流落后角增大，总压恢复系数减小。

尽管未针对氧涡轮的燃气导叶进行直接的结构气动优化，但是优化后的燃气导叶栅绕流的负攻角明显减小，与叶型进口角大致相等，落后角也相应减小；总压损失显著改善；涡轮的出口余速损失也由 52.26 kJ/kg 减小为 45.07 kJ/kg。

综上可知，通过叶型优化，除二级静叶栅之外，氧涡轮其他各级叶栅的气动性能均得到不同程度的改善，从而提高了涡轮效率。

为进行强度校核，采用等效结构有限元模型对优化前后的涡轮动叶盘结构开展应力分析和比较。与初始设计相比，优化设计对应的叶盘结构最大等效应力有所减小，而最大等效应力的部位变化不大，这主要是由于优化叶型对涡轮动叶盘离心应力的改善而得到的。强度分析的结果说明了优化叶型的结构可行性。

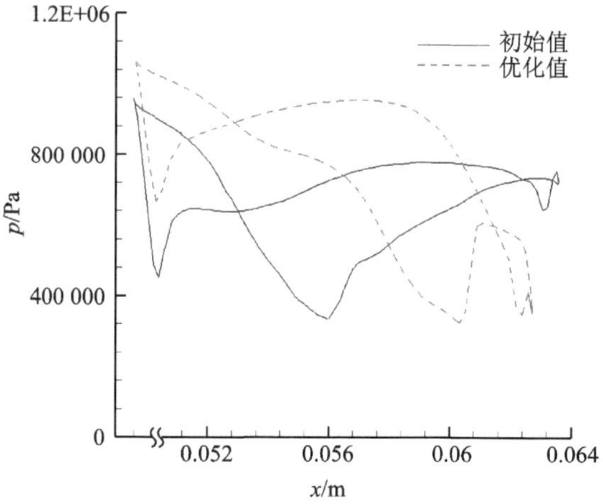

图 9.44 优化前后氧涡轮二级动叶在半叶高截面的表面静压比较

9.4.5 涡轮设计参数敏度分析

为了确定叶型设计变量对涡轮效率的影响,研究参数敏度,在氧涡轮和甲烷涡轮的最优设计点附近分别进行了 2 水平的正交矩阵试验设计。对于氧涡轮的 16 个因子生成 20 个设计点,对于甲烷涡轮的 12 个因子则生成 16 个设计点;试验响应目标为涡轮效率。根据计算机试验设计结果,采用参数分析的方法,开展涡轮叶型设计变量关于涡轮效率的 Pareto 分析和主效应分析,以氧涡轮为例,其结果分别如图 9.45 和图 9.46 所示。

Pareto 分析图将所有参数按其对试验响应目标函数的影响程度进行百分数排序。图中的灰色柱表示相应参数与涡轮效率负相关(涡轮效率随着相应参数值的增大而减小),而黑色柱则表示相应参数与涡轮效率正相关(涡轮效率随着相应参数值的增大而增大)。

从图 9.45 可以看出,设计变量 OD1Sy、OD1b、OD2b 和 OD2Betac 对氧涡轮效率的影响程度较大,依次分别占到 19.7%、13.8%、13.8%和 10.7%;除了 OD1Sy 为正相关参数外,其余 3 个变量均为负相关参数;上述 4 个设计变量在当前给定范围内进行适当调整,可以使氧涡轮效率值相应地变化±1%。此外,变量 OD1Betax、OD1Py、OD2Beta1c 和 OD2Py 对氧涡轮效率影响程度很小,均不到 1%。

通过 Pareto 图对各因子的分析可以知道,在进行氧涡轮叶片的气动优化时,一级动叶的叶背扰度、二级动叶的后缘构造角以及两级动叶的轴向宽度都可以作为主要考虑的设计变量;这些变量对优化目标的影响趋势与其在实际优化过程中的变化效果是一致的,从而也说明了试验设计对于探索设计空间、抓住优化问题主要矛盾的有效性。另一方面,在当前的设计变量中,一级动叶的楔形半角和叶盆挠度以及二级动叶的前缘构造角和叶盆最大挠度点纵坐标都是相对次要的考虑因素,如果设计优化问题需要缩小计算规模,可以首先排除这些设计变量,以确保较好的改进效果。

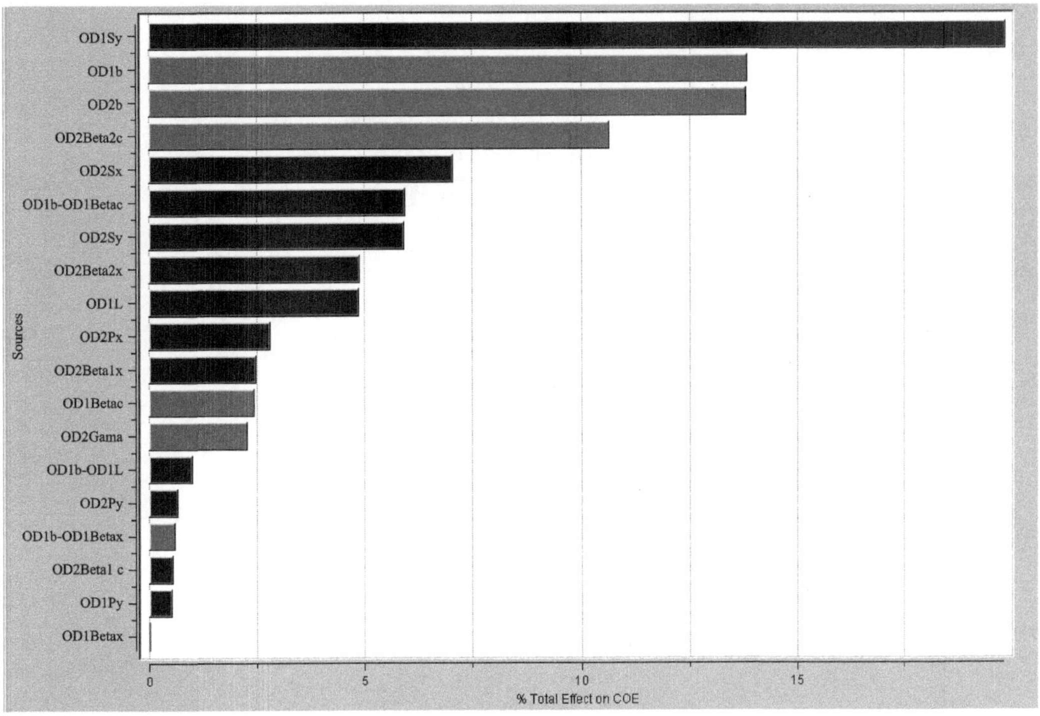

图 9.45　关于氧涡轮设计变量的计算机试验设计的 Pareto 分析

9.5　泵优化设计

9.5.1　基于仿真的泵设计模型

根据泵叶轮几何参数以及泵的流量 Q、转速 n、泵内液体密度 ρ 计算泵的扬程 H、效率 η。图 9.46 显示叶轮的主要几何参数。D_1 为叶片进口直径，D_2 为叶轮出口直径，b_1 为叶片进口宽，b_2 为叶轮出口宽，β_1 为叶片进口角，β_2 为叶片出口角，z 为叶片数，s 为叶片厚度。

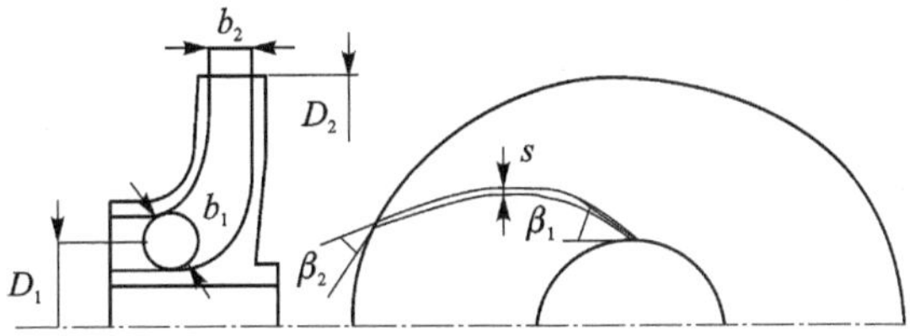

图 9.46　泵叶轮结构简图和主要设计参数

泵的扬程 H 为

$$H=\frac{1}{1+z_p}\cdot\frac{u_2c_{u2}-u_1c_{u1}}{g} \tag{9.172}$$

式中，c_{u2} 为叶片出口速度周向分量，u_2 为叶片出口圆周速度，g 为重力加速度，z_p 为有限叶片的修正系数，且

$$c_{u2}=u_2-\frac{c_{m2}}{\tan\beta_2} \tag{9.173}$$

$$u_2=\frac{\pi D_2 n}{60} \tag{9.174}$$

$$z_p=\frac{2(0.65+0.6\sin\beta_2)}{z\left[1-\left(\frac{D_1}{D_2}\right)^2\right]} \tag{9.175}$$

式中，c_{m2} 为叶片出口处速度的轴向分量。

$$c_{m2}=\frac{Q}{\eta_v\cdot\pi D_1 b_1\varphi} \tag{9.176}$$

式中，φ 为叶片对液流的排挤系数。

$$\varphi=1-\frac{sz}{\pi D_1\sin\beta_1} \tag{9.177}$$

叶片进口速度周向分量 c_{u1} 和叶片进口圆周速度 u_1 的计算与叶片出口处类似。

泵的效率 η 为

$$\eta=\eta_{\mathrm{h}}\eta_{\mathrm{v}}\eta_{\mathrm{m}} \tag{9.178}$$

式中：η_{h} 为泵的水力效率，η_{v} 为泵的容积效率，η_{m} 为泵的机械效率，且

$$\eta_{\mathrm{h}}=1\pm 0.853\lg\sqrt{\frac{Q}{h}} \tag{9.179}$$

$$\eta_{\mathrm{v}}=\frac{1}{1+0.68n_{\mathrm{s}}^{-(2/3)}} \tag{9.180}$$

$$\eta_{\mathrm{m}}=1-0.07\left(\frac{n_{\mathrm{s}}}{100}\right)^{-\frac{7}{6}} \tag{9.181}$$

泵的比转速 n_{s} 为

$$n_{\mathrm{s}}=\frac{3.65n\sqrt{Q}}{\sqrt[4]{H^3}} \tag{9.182}$$

泵的轴功率 N_{p} 为

$$N_{\mathrm{p}}=\frac{\rho gQH}{\eta} \tag{9.183}$$

泵的质量模型：

通过收集国内外几个同类型发动机的相关数据，确定影响发动机各主要部件质量的系统参数，建立泵的质量模型，并根据已知数据进行数值拟合，确立质量模型的计算公式。

9.5.2 泵优化设计模型

已知氧化剂泵的转速为 18 000 r/min，质量流量为 138 kg/s，以叶轮的几何参数作为设计变量，以泵的扬程和效率以及泵的质量为优化目标，对泵叶轮进行了初步的优化设计。

设计变量(8 个)：叶片进口直径 D_1、叶轮出口直径 D_2、叶片进口宽 b_1、叶轮出口宽 b_2、叶片进口角 β_1、叶片出口角 β_2、叶片数 z、叶片厚度 s；

优化目标(3 个)：最大化泵的扬程、最大化泵的效率、最小化泵的质量；

约束条件(12 个)：包括 8 个变量约束、3 个目标约束及泵的最大输入功率约束。

表 9.13 为离心泵叶轮设计变量的取值范围。

表 9.13　离心泵叶轮设计变量的分布范围

设计变量	D_1/mm	D_2/mm	b_1/mm	b_2/mm	β_1/(°)	β_2/(°)	s/mm	z
变量下限	80.0	90.0	10.0	10.0	15	15	2	5
变量上限	200.0	400.0	40.0	30.0	50	40	5	18

泵的输入功率约束条件表示为

$$P \leqslant P_0$$

式中，P_0 为发动机涡轮的输出功率。

由于设计变量数量较多，为提高计算效率，采取下列措施：

① 叶片进口角与叶片出口角的变量类型设定为整型变量；

② 各设计变量进行归一化处理，消除不同数量级对优化结果的影响。

9.5.3　泵优化设计方法

1. 超传递近似法

对于多目标问题，决策者并不是一开始就十分清楚每个分目标权系数的值，通常根据经验选取一组权系数。不同决策者对同一多目标优化问题的偏好不同，需要一种方法支持决策者合理和较精确地确定分目标相应的权系数。超传递近似法就是一种对目标之间重要性进行模糊评价的简单有效的方法。

关于权系数的确定已有若干种方法，如特征向量法、最小平方和法以及最大熵法等。在对目标之间的重要性进行模糊评价以及对方案进行模糊排序时，特征向量法被认为是一种很好的工具，但其存在的问题是在进行二元判断时可能会出现不一致性。为此，Narasimhan 提出用一种简单的几何平均法构建二元比较矩阵的超传递近似法。

超传递近似法属于运筹学理论，在目标之间先两两比较生成二元比较矩阵，进而求得超传递近似矩阵，最后用特征向量法求出该矩阵最大特征值对应的特征向量，即为分目标对应的权系数值。具体步骤如下。

(1) 生成二元比较矩阵

通常决策者直接设定第 k 个目标前的具体权值 λ_k 是困难的，但让其估计第 k 个目标是第 1 个目标的重要性比值却是比较容易的。决策者每次对两个目标进行重要性比较，共需作 $N(N-1)/2$（设有 N 个目标）次比较，第 i 个目标对第 j 个目标的相对重要性估计为 a_{ij}，当第 i 个目标比第 j 个目标重要时，$a_{ij}>1$；当两者同等重要时，$a_{ij}=1$；当第 j 个目标比第 i 个目标重要时，$a_{ij}<1$。由此形成了二元比较矩阵 $\boldsymbol{A}$，其中 $a_{ij}=1/a_{ji}$。

(2) 超传递矩阵

构造互补矩阵 $\boldsymbol{B}^1,\boldsymbol{B}^2,\cdots,\boldsymbol{B}^N$，且互补矩阵 $\boldsymbol{B}^i$ 的第 i 行等于矩阵 $\boldsymbol{A}$ 的第 i 行，即 $\boldsymbol{b}_i^i=\boldsymbol{a}_i$。

$$\boldsymbol{B}^i=(\boldsymbol{b}_1^i,\boldsymbol{b}_2^i,\cdots,\boldsymbol{b}_N^i)^{\mathrm{T}} \tag{9.184}$$

式中，$\boldsymbol{b}_i^i=\boldsymbol{a}_i$，$\boldsymbol{b}_1^i=(a_{i1})^{-1}\boldsymbol{b}_i^i$，$\boldsymbol{b}_2^i=(a_{i2})^{-1}\boldsymbol{b}_i^i$，$\boldsymbol{b}_N^i=(a_{iN})^{-1}\boldsymbol{b}_i^i$。

构造超传递近似矩阵 $\boldsymbol{A}^*=(a_{ij}^*)_{N\times N}$，其中，

$$a_{ij}^{*}=(b_{ij}^{1}\times b_{ij}^{2}\times\cdots\times b_{ij}^{N})^{\frac{1}{N}} \tag{9.185}$$

(3) 特征向量法求权系数

$$\left.\begin{aligned}&(\boldsymbol{A}^{*}-\alpha_{\max}\boldsymbol{I})\lambda=\boldsymbol{0}\\&\sum_{i=1}^{N}\lambda_{i}=1\end{aligned}\right\} \tag{9.186}$$

式中，λ 为求 $\boldsymbol{A}^{*}$ 最大特征值 $\alpha_{\max}$ 对应的特征向量，其分量 $\lambda_i(i=1,\cdots,N)$ 即为对应的目标函数的权系数。

2. 线性加权法

线性加权法是一种处理多目标问题简单有效的方法，在第 5 章中已经做了介绍。本节在用超传递近似法求出各分目标的最佳权分配后，采用线性加权法求解多目标问题的最优解。线性加权法的评价函数为

$$u(F)=\sum_{i=1}^{m}\omega_i f_i$$

式中，ω_i 为权系数，f_i 为分目标值。

对叶轮几何参数的优化在 iSIGHT 软件框架下完成，采用了如下优化策略：

首先利用遗传算法(Genetic Algorithm)的全局搜索性对优化问题进行全局寻优。在全局寻优到的最优解的可能存在域，利用序列二次规划(Sequential Quadratic Programming)方法进行局部寻优，确定最优解。通过组合优化的方案，确保在设计变量的可行域中找到全局最优点。

9.5.4 泵优化设计结果

1. NCGA 法计算优化问题的 Pareto 前沿

在泵叶片的优化设计过程中，定义 NCGA 的种群数为 100，代数为 200，交叉概率为 0.1，变异概率为 0.01。图 9.47 给出了 NCGA 方法求出的 Pareto 前沿。

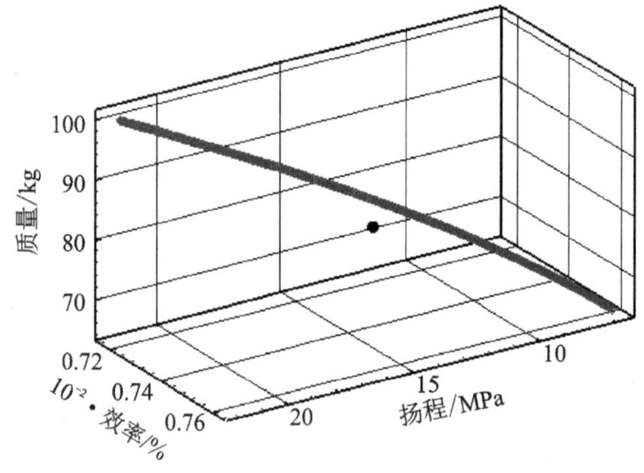

图 9.47 泵叶轮多目标优化的 Pareto 前沿

图中的点为初始设计点对应的优化目标值。曲线为用 NCGA 方法得到的 Pareto 前沿。图 9.48 和图 9.49 分别显示了二维平面上目标函数的值，图 9.48 表示泵扬程与效率的关

系，图 9.49 表示泵扬程与质量的关系。

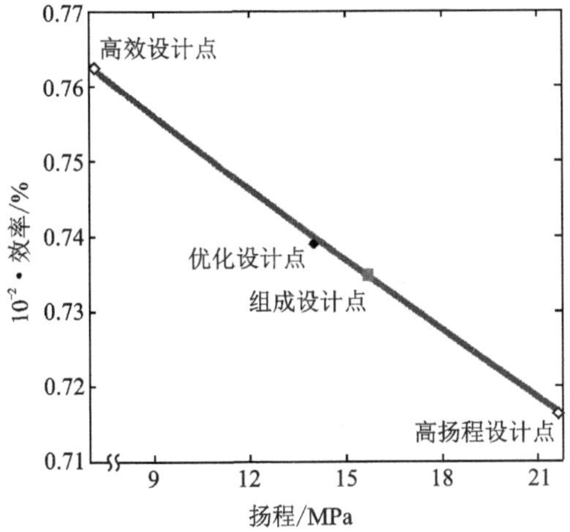

图 9.48　泵扬程与效率的关系曲线

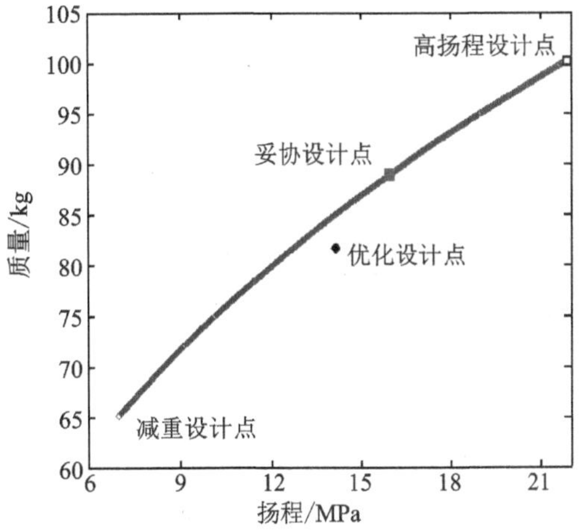

图 9.49　泵扬程与质量的关系曲线

将扬程、效率、泵质量之间的关系用下式表示：

$$\left.\begin{aligned} \eta &= \eta_{\mathrm{h}} \frac{1 - y_2 H^{\frac{7}{8}}}{1 + y_1 H^{\frac{1}{4}}} \\ M &= y_3 H^{0.377\,8} \end{aligned}\right\} \tag{9.187}$$

式中，y_1、y_2、y_3 为关于泵转速 n 和泵流量 Q 的函数。

由上式可以看出，效率和质量都是泵扬程的幂函数。如图 9.49 所示，随着泵扬程的增高，泵的泄漏量也增大，从而使得泵的效率降低；随着泵扬程的增高，推力室的压强增大，必然造成涡轮泵的尺寸增大，质量增加。

2. 超传递近似法确定最佳权分配

根据工程部门的设计经验，假设效率的重要性是扬程的 3 倍、泵质量的 2 倍，泵质量的重要性是扬程的 2 倍。设计者可以根据具体情况设置分目标的重要性，建立不同的二元比较矩阵，求出相应的权值。

确定扬程、效率、泵质量之间的二元比较矩阵为

$$\boldsymbol{A} = \begin{bmatrix} 1 & 1/3 & 1/2 \\ 3 & 1 & 2 \\ 2 & 1/2 & 1 \end{bmatrix}$$

转化为超传递矩阵为

$$\boldsymbol{A}^* = \begin{bmatrix} 1 & 0.302\,85 & 0.550\,32 \\ 3.301\,9 & 1 & 1.817\,13 \\ 1.817\,1 & 0.550\,32 & 1 \end{bmatrix}$$

矩阵 $\boldsymbol{A}^*$ 最大特征值为 3，求出其对应的特征向量是

$$\boldsymbol{\lambda} = [0.163 \quad 0.54 \quad 0.297]^{\mathrm{T}}$$

即为扬程、效率、泵质量对应的权系数。

对泵的扬程、效率和质量进行单目标优化，再按照权系数(0.163，0.54，0.297)对泵叶轮进行多目标优化，所得优化结果如表9.14所列。

表9.14 泵叶轮单目标和多目标优化设计结果

设计变量		D_1/mm	D_2/mm	b_1/mm	b_2/mm	β_1/(°)	β_2/(°)	s/mm	z
单目标	扬程最高	137.36	220.96	22.19	15.82	44	39	2.6	8
	效率最高	140.27	176.19	21.50	18.17	44	36	4.5	0
	质量最小	131.21	181.2	39.4	16	18	17	3.1	7
综合设计		160.96	236.56	30.48	13.22	32	23	3.92	5

单目标的最优值分别为扬程21.77 MPa，效率76.27%，质量65.1 kg，但这三个目标不能同时达到最优。由图9.49和图9.50可以看出，叶轮的初始设计点靠近优化问题的Pareto前沿，并且处于Pareto前沿的中部，因此它是一种折中的设计方法。而根据超传递矩阵法确定的权值对应的最优解靠近Pareto前沿的一端，体现了设计者对三个目标重要性的偏好。

根据优化所得的泵叶轮结构参数，对叶轮的主轮盘进行静强度计算。假设轮盘处于平面应力状态，叶片以附加质量的形式计入轮盘应力计算。采用一次计算法求出轮盘的应力。由第四强度理论，平面应力状态下的当量应力为

$$\sigma_{eq4}=\sqrt{\tau^2+\sigma^2-\tau\sigma} \tag{9.188}$$

求出轮盘的最大当量应力为129.31 MPa，小于材料的许用应力，根据比较应力法，设计的叶轮结构是安全可靠的。

根据超传递近似法求出最佳权分配对应的最优解，与初始设计点相比，扬程提高了13.9%，质量增加了5.0%，效率下降了0.8%，即在效率基本不变的情况下，在增大了泵的扬程的同时以泵质量增加作为代价。这说明扬程与质量是相互冲突的一对性能指标。不同设计者根据超传递近似法可以求出符合自己偏好的权重分配，进而获得最优解。

分析表9.14，当追求目标为效率最大时，叶轮的出口直径D_2达到最小。这是由于叶轮的外径越小，由此产生的圆盘摩擦损失越小，从而提高了叶轮的效率。

当追求目标为扬程最大时，叶轮的出口直径D_2和叶片的出口角β_2均较大。这是由于采用大的β_2可以提高扬程系数。

叶轮出口直径D_2是影响泵性能的重要参数。若仅考虑提高泵的效率而追求叶轮的出口直径最小，必然导致泵扬程的降低。因此，需综合考虑扬程和效率的重要性来选择叶轮的出口直径。

对于叶片数的选择，根据有限叶片理论，当叶片数减小时，叶片间的流道增大，由于叶轮间轴向旋涡的影响，叶轮出口处的滑移增大，随着流量的增加，扬程急剧下降，可减小或消除扬程驼峰曲线。同时，减少叶片数可减少叶片对液流入口的排挤，降低叶轮入口的动压降，从而提高泵叶轮的抗气蚀性能。

总体来看，叶轮出口参数对泵性能影响更为显著。

第 10 章　管路阀门仿真与优化设计

液体火箭发动机中的气液路系统主要包括推进剂贮箱增压系统、推进剂输送系统、发动机管路系统、推进剂管道吹除系统以及各种气动控制系统，系统的组成部件包括各种阀门、管道、分支和容腔、减压器、调节器、气动调节阀、贮箱等；国内外相关研究大致可以分为系统级研究和组件级（单部件）研究。如果除去气液路管道和容腔部件，液体火箭发动机的气液路系统中需要研究的关键部件就是各种开关阀、调节阀、减压器、调节器等，这些部件可统称为自动器。自动器可定义为火箭推进系统中使用的各种自动阀门，例如减压器、流量或压强调节器、单向阀、缓开阀、电磁阀、气动薄膜调节阀等。对于火箭推进系统，所有起动前的操作准备工作、起动、进入主级工况、变工况、关机以及其他一些操作，一般都是通过各种自动器系统自动完成的，因此，自动器的功能就是控制和调节火箭推进系统运行中的各种自动过程。对其工作性能的要求总体来说就是：结构简单，工作可靠，控制方便。

液体火箭发动机系统中的自动器有许多种分类方法，按用途和功能可以分为减压器、单向阀、流量调节器、缓开阀、安全阀等；按使用次数可分为一次作用式和多次作用式；按作用传动方式可分为气动式、电动式、液压式、爆破式等；按正常或初始位置可分为常开式和常闭式；按密封原理可分为正向阀门和逆向阀门；按设计结构可分为蝶形阀、球形阀、菌状阀、文氏管式阀、闸板型阀、针状阀等。以中国新一代运载火箭芯级发动机液氢/液氧发动机中各种阀门所采用的结构形式为例，其氢氧泵前阀和推力室氢氧阀采用了球阀结构，发生器氢氧阀和氢氧泄出阀以及各种单向阀采用了菌阀结构，燃气调节阀采用了窗口式结构，减压器采用了卸荷式结构，电磁阀采用了先导式结构。

在液体火箭发动机系统中，结构较为复杂的推进剂阀是减压阀和调节阀。本章首先介绍了管路系统典型元件的仿真模型，分别以涡轮气封减压试验系统和液氢三贮箱系统为例，阐述了管路系统仿真的方法和结果；在对燃气管路工作过程仿真的基础上，以管路中的关键部件减压阀为例介绍推进剂阀的设计优化过程，分别针对减压阀和推力室头部弯管进行了优化设计计算。

10.1　管路系统典型元件的仿真模型

本节从有限体积模型出发，建立气液路系统各个典型元件的模块化仿真模型。

10.1.1　流体源

系统仿真一般有两种情况。一种是全系统仿真，如果是封闭系统（不与外界环境相通），则不需要给出入口和出口边界条件（系统的始端和末端元件的模块化模型已分别隐含了这两个条件）；如果是开式系统，由于与外界环境相通，需要在相通处给出边界条件。另一种是局部系统仿真，由于在建模时把要研究的部分从全系统中剥离出来，因此造成了物理连接上的间断，数值仿真时需要给出间断处的状态参数情况作为局部系统的边界条件。流体源的功能就是为其他组件提供入口或出口边界条件。

边界条件（简称边条）一般需要通过专用仪表测量得到，只有在与外界环境相通的情况下，由于外界环境的压强、温度一般比较稳定，才可以按常数给定。一般容易测量的流体状态参数为压强（工程上习惯称压力）、温度、流量，在有些情况下（例如燃烧室内）容易给出总压、总温。

按照流体力学的边界条件理论，对于一维流动，超声速入口要给出三个解析边条，亚声速入口要给出两个解析边条，亚声速出口要给出一个解析边条，超声速出口不需要给出任何解析边条。稳态仿真时，流体源需要提供恒定不变的边界条件；动态仿真时，流体源需要提供随时间变化的边界条件。

10.1.2　不可压液体管道

不可压液体管道模块的有限控制体积单元如图 10.1 所示。

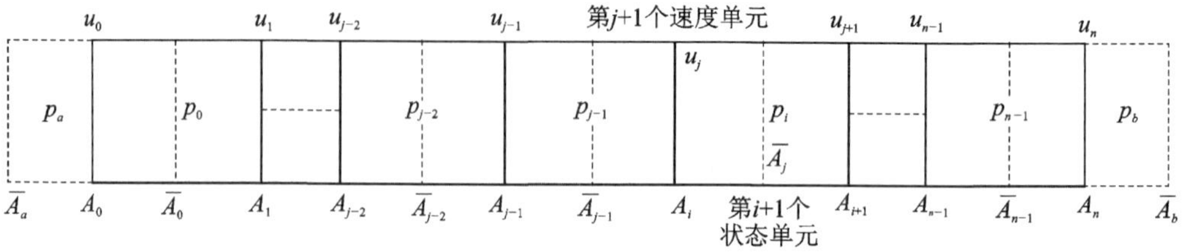

图 10.1　不可压液体管道模块的有限控制体积单元

不可压缩液体管道模块的建模方法与气体管道模块类似。对于不可压缩液体管流，忽略管流中的轴向热传导，忽略壁面传热，则其模型方程为

能量方程：

$$\frac{\mathrm{d}p_i}{\mathrm{d}t}=\frac{\rho a^2}{\xi V_i}(u_i A_i-u_{i+1}A_{i+1})+\varepsilon\frac{\rho a}{\bar{A}_i}\left(A_i\frac{\mathrm{d}u_i}{\mathrm{d}t}-A_{i+1}\frac{\mathrm{d}u_{i+1}}{\mathrm{d}t}\right)\tag{10.1}$$

动量方程：

$$\frac{\mathrm{d}u_j}{\mathrm{d}t}=\frac{2}{V_{j-1}+V_j}\left[(u_j^{\mathrm{in}})^2\bar{A}_{j-1}-(u_j^{\mathrm{out}})^2\bar{A}_j+\frac{p_{j-1}-p_j}{\rho}A_j+\frac{f_{x_{j-1}}V_{j-1}+f_{x_j}V_j}{2}\right]-f_{R_j}\tag{10.2}$$

由于能量方程未考虑重力场的影响，因此，动量方程需要对一维管流流动方向至重力加速度方向的旋转角 θ 进行设置，慎重考虑重力场的影响。

10.1.3　一般可压缩流管道

一般可压缩管道模块的有限控制体积单元如图 10.2 所示。

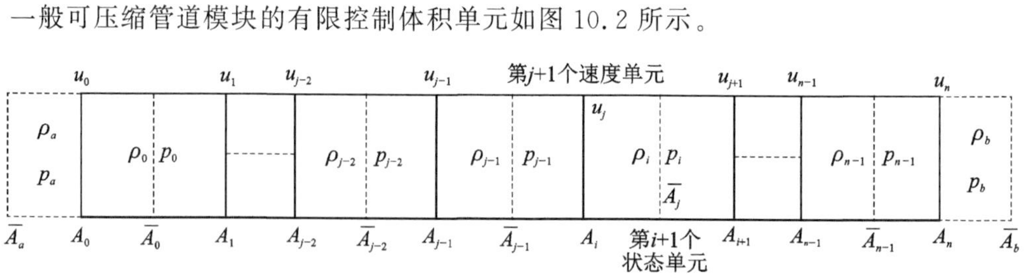

图 10.2　一般可压缩流管道模块的有限控制体积单元

对于一般可压缩管流，管壁摩擦取准稳态描述方式，忽略管流中的轴向热传导，则其模型方程如下：

连续方程：

$$\frac{\mathrm{d}\rho_i}{\mathrm{d}t}=\frac{1}{V_i}(\rho_i^{\mathrm{in}}u_iA_i-\rho_i^{\mathrm{out}}u_{i+1}A_{i+1}) \tag{10.3}$$

能量方程：

$$\begin{aligned}\frac{\mathrm{d}p_i}{\mathrm{d}t}=&\frac{1}{V_ie'_{p_i}}\Bigg[\left(\rho_i^{\mathrm{in}}e_i^{\mathrm{in}}+\frac{1}{2}\rho_i^{\mathrm{in}}u_i^2+p_i^{\mathrm{in}}\right)u_iA_i-\left(\rho_i^{\mathrm{out}}e_i^{\mathrm{out}}+\frac{1}{2}\rho_i^{\mathrm{out}}u_{i+1}^2+p_i^{\mathrm{out}}\right)u_{i+1}A_{i+1}+\\&\lambda_i^{\mathrm{in}}\frac{T_{i-1}-T_i}{\bar{x}_i-\bar{x}_{i-1}}A_i-\lambda_i^{\mathrm{out}}\frac{T_i-T_{i+1}}{\bar{x}_{i+1}-\bar{x}_i}A_{i+1}+\rho_if_{x_i}V_i\frac{u_i+u_{i+1}}{2}-\\&\dot{q}_iS_i-(\rho_ie_i+p_i)\frac{\mathrm{d}V_i}{\mathrm{d}t}\Bigg]-\frac{e'_{\rho_i}}{e'_{p_i}}\frac{\mathrm{d}\rho_i}{\mathrm{d}t}\end{aligned} \tag{10.4}$$

如果认为管道为刚性管，忽略管壁的弹性变形，则状态单元和气体单元的体积不随时间变化，$\frac{\mathrm{d}V_i}{\mathrm{d}t}=0$。　(10.5)

动量方程：

$$\begin{aligned}\frac{\mathrm{d}W_j}{\mathrm{d}t}=&[\rho_{j-1}(u_j^{\mathrm{in}})^2+p_{j-1}]\bar{A}_{j-1}-[\rho_j(u_j^{\mathrm{out}})^2+p_j]\bar{A}_j+p_{j-1}(A_j-\bar{A}_{j-1})+\\&p_j(\bar{A}_j-A_j)+\frac{\rho_{j-1}f_{x_{j-1}}V_{j-1}+\rho_jf_{x_j}V_j}{2}-f_{R_j}\frac{\rho_{j-1}V_{j-1}+\rho_jV_j}{2}\\&f_{x_j}=g\cos\theta_j,\quad f_{R_j}=\frac{f_{\lambda_j}u_j\mid u_j\mid}{2D_j}\end{aligned} \tag{10.6}$$

式中，i、j 分别表示状态单元和速度单元网格点；$V_i(i=0,1,2,\cdots,n-1)$为对应状态单元的体积；$f_{\lambda_j}(j=0,1,2,\cdots,n)$为对应速度单元的准稳态的平均摩擦损失系数；$\bar{A}_j=\frac{A_j+A_{j+1}}{2}$，$\bar{A}_{-1}=\bar{A}_a$，$\bar{A}_n=\bar{A}_b$。

10.1.4　气体阀门

对于长径比小、流体流动方向截面有突变的元件，例如过滤器、截止阀、球阀、补偿器、加/排阀、安全阀、孔板等，建模时需要解决的关键问题是如何描述阀芯的节流作用和开关特性。如图 10.3 所示，气体阀门可以看做是由局部流阻将两个气体体积单元连接而成的组合模块。

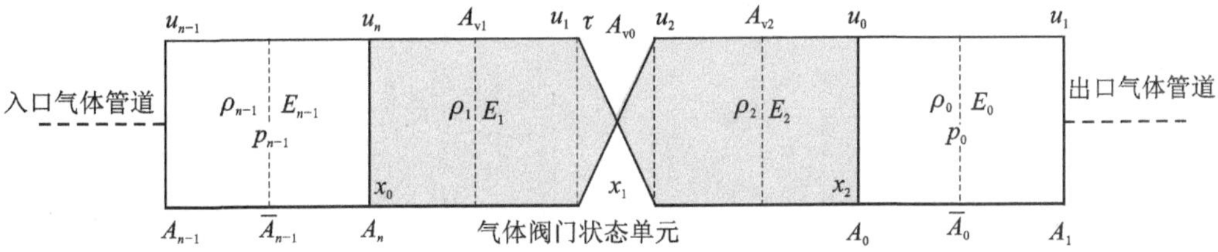

图 10.3　气体阀门模块的有限控制体积单元

假设：

① 气体为一维理想气体流动，忽略轴向热传导和重力场影响；

② 壁面为刚性壁，忽略壁面弹性变形，壁面摩擦和局部损失按准稳态计算。

1. 喷孔模型

流体流经阀芯（突然变窄的断面）会产生节流现象，伴随着旋涡的产生与相互作用，物理上的断面必然引起数学上的不连续，同时阀芯的开度可以介于完全关闭（$\tau=0$）与完全打开（$\tau=1$）之间，因此，要用一维流动模型准确描述阀芯的动态节流作用是一个相当困难的命题，甚至可以说，这个命题由于与实际流动现象偏差很大而存在先天的不足。传统的建模思路由于把阀芯处看做是一个集中参数网格，此时一维动量方程$\frac{\mathrm{d}W}{\mathrm{d}t}=f(p,\rho,u)$无法描述阀芯开度变化引起的流量变化，特别是当开度为零时动量方程无法处理流量为零的现象，因此传统的建模方法是引入阀门质量流量代数方程 $Q_m=f(\tau,p_1,\rho_1,p_2,\rho_2)$代替一维动量方程所起的作用。该模型实质上是在阀芯节流面积远小于管道流通面积情况下（即 $\tau A_{v0} \ll A_{v1}$、A_{v2}）的喷嘴模型。具体做法是先假定阀芯处的流动为理想气体等熵流动，推导出质量流量方程后再分别通过流量系数 C_d、相对开度 τ 把阀门的局部压强损失作用和开关规律考虑进去，此流量系数并非通常所定义的计算流量与实际流量的比值，而只是对等熵情况下方程的一种修正，即为考虑阀门的局部压强损失作用而引入的经验系数。为区别于液体发动机燃烧室前的喷嘴部件，本章称之为喷孔模型。

假设：

① 阀芯节流可以采用阀门质量流量代数方程 $Q_m=f(\tau,p_1,\rho_1,p_2,\rho_2)$描述（实际上只有在 $\tau A_{v0} \ll A_{v1}$、A_{v2} 时才可以）；

② 通过引入流量系数可以描述阀芯节流的局部损失。

如图 10.3 所示，把阀芯上下游的各半个速度单元视为两个速度单元 u_1、u_2，其模型方程为

连续方程：

$$\left.\begin{aligned}\frac{\mathrm{d}\rho_1}{\mathrm{d}t}&=\frac{1}{V_1}(\rho_1^{\mathrm{in}}u_nA_n-Q_m)\\ \frac{\mathrm{d}\rho_2}{\mathrm{d}t}&=\frac{1}{V_2}(Q_\mathrm{m}-\rho_2^{\mathrm{out}}u_0A_0)\end{aligned}\right\} \tag{10.7}$$

能量方程：

$$\left.\begin{aligned}\frac{\mathrm{d}E_1}{\mathrm{d}t}&=\frac{1}{V_1}\left[(E_1^{\mathrm{in}}+p_1^{\mathrm{in}})u_nA_n-(E_1^{\mathrm{out}}+p_1^{\mathrm{out}})\frac{Q_m}{\rho_1^{\mathrm{out}}}-\dot{q}_1S_1\right]\\ \frac{\mathrm{d}E_2}{\mathrm{d}t}&=\frac{1}{V_2}\left[(E_2^{\mathrm{in}}+p_2^{\mathrm{in}})\frac{Q_m}{\rho_2^{\mathrm{in}}}-(E_2^{\mathrm{out}}+p_2^{\mathrm{out}})u_0A_0-\dot{q}_2S_2\right]\end{aligned}\right\} \tag{10.8}$$

阀门质量流量方程：

$$Q_m=\begin{cases}\tau C_dA_{v0}\sqrt{\dfrac{2\gamma}{\gamma-1}p_1\rho_1\left[\left(\dfrac{p_2}{p_1}\right)^{\frac{2}{\gamma}}-\left(\dfrac{p_2}{p_1}\right)^{\frac{\gamma+1}{\gamma}}\right]}, & \dfrac{p_2}{p_1}>\left(\dfrac{2}{\gamma+1}\right)^{\frac{\gamma}{\gamma-1}},\\ \tau C'_dA_{v0}\sqrt{p_1\rho_1\gamma\left(\dfrac{2}{\gamma+1}\right)^{\frac{\gamma+1}{\gamma-1}}}, & \dfrac{p_2}{p_1}\leqslant\left(\dfrac{2}{\gamma+1}\right)^{\frac{\gamma}{\gamma-1}},\end{cases}\quad p_1>p_2\geqslant 0 \tag{10.9}$$

$$Q_m=\begin{cases}-\tau C_d A_{v0}\sqrt{\dfrac{2\gamma}{\gamma-1}p_2\rho_2\left[\left(\dfrac{p_1}{p_2}\right)^{\frac{2}{\gamma}}-\left(\dfrac{p_1}{p_2}\right)^{\frac{\gamma+1}{\gamma}}\right]}, & \dfrac{p_1}{p_2}>\left(\dfrac{2}{\gamma+1}\right)^{\frac{\gamma}{\gamma-1}},\\ -\tau C'_d A_{v0}\sqrt{p_2\rho_2\gamma\left(\dfrac{2}{\gamma+1}\right)^{\frac{\gamma+1}{\gamma-1}}}, & \dfrac{p_1}{p_2}\leqslant\left(\dfrac{2}{\gamma+1}\right)^{\frac{\gamma}{\gamma-1}},\end{cases}\quad 0\leqslant p_1<p_2 \tag{10.10}$$

式中，τ 为阀门相对开度；C_d、C'_d 为流量系数，表征阀门的节流特性，为 τ 的函数，需要通过试验针对不同种类的阀门建立 C_d、C'_d 随 τ 的变化曲线，且对不同的流体介质要依据粘度和密度做适当修正；A_{v0} 为阀门全开（$\tau=1$）时的流通截面积。

2. 管壁传热模型

可以根据温度场的实际情况从径向一维传热模型、零维传热模型和绝热模型中选择一种。本书不做详细展开描述。

10.1.5　气体减压器

减压器是利用节流原理工作的部件，其作用是使进口高压气体的压强降至规定值，并稳定在一定的压强范围内。从流体力学观点看，减压阀是一个局部阻力可以变化的节流元件，即通过改变节流面积，将气体的流动功先转变为动能，再转变为气体分子间的位能，造成不同的压强损失，从而达到减压的目的。同时依靠控制与调节系统的调节，使得阀后压强与操纵气压强和弹性元件的作用力处于动态平衡以适应压强或流量的波动，并使阀后压强在一定误差范围内保持恒定。

本章以高压卸荷膜片式减压器为例，说明减压器的仿真建模过程。图 10.4 所示为高压卸荷膜片式减压器的结构示意，其特点是膜片刚度接近于零，且工作额定流量只有 0.5 g/s，因此，稳定性问题是该型式减压器研究和设计的重点之一。

1. 数学模型

图 10.5 为高压卸荷膜片式减压器的有限控制体积单元，其边界处为相连气体管道的边界网格，将减压器视为由高压腔、低压腔、反馈腔和卸荷腔四个气体容积组合而成，气体容积之间由局部流阻连接。由于阀芯直径远小于膜片直径，在组成减压器的四个气体容积中，高压腔和低压腔体积随阀芯开合变化不大，可视为体积恒定的气体容积，反馈腔和卸荷腔体积随阀芯的开合变化较大，需要视为变体积气体容积。图 10.6 为高压卸荷膜片式减压器阀芯节流示意。

由于减压器的四个腔室为气体容积，故气体容积模型中难以处理的状态参数是其速度项。对于一个有多个入口和出口的容腔而言，不具备一个有确定值和明确物理意义的统一速度，其中的流体必定是分区流动的，因此，推导中采用压强、密度、节流处流量、入口流量、出口流量这些具有相对明确物理意义的物理量来代替速度项的表达。

将减压器看作气体容积与局部流阻的组合元件，其模型应该是气体容积与气体阀门模型的组合。在建模过程中，减压器气体容积状态单元内压强、密度、单位体积总能量等状态参数是瞬时一致和均匀的，忽略沿程损失和局部损失，轴向热传导和重力场以及入口、出口动能的影响，建立起如下高压卸荷膜片式减压器的数学模型。

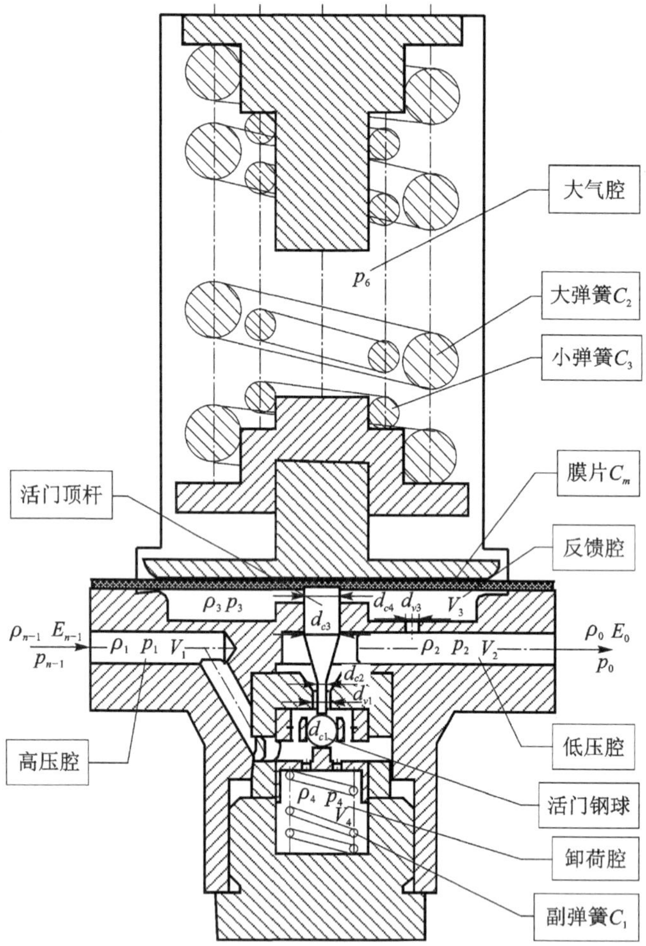

图 10.4 某高压卸荷膜片式减压器的结构示意

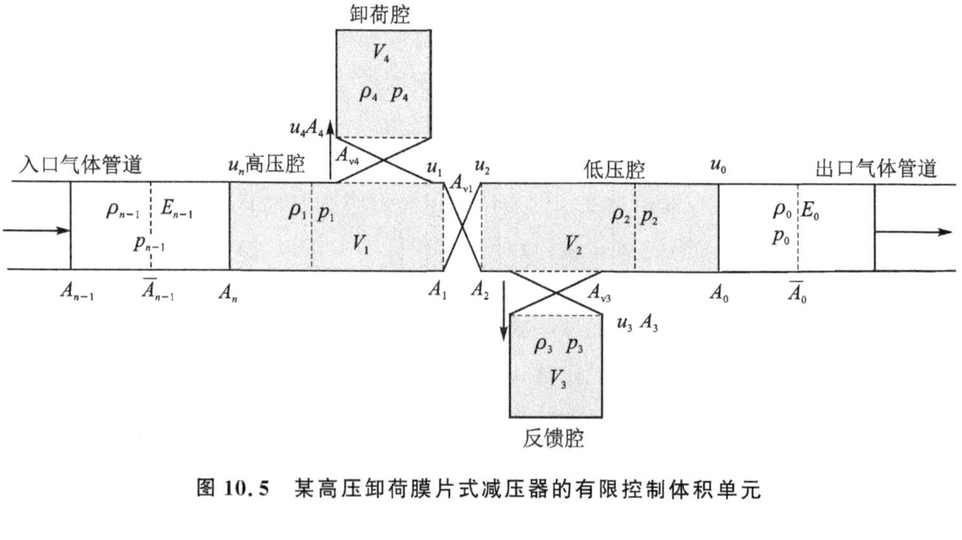

图 10.5 某高压卸荷膜片式减压器的有限控制体积单元

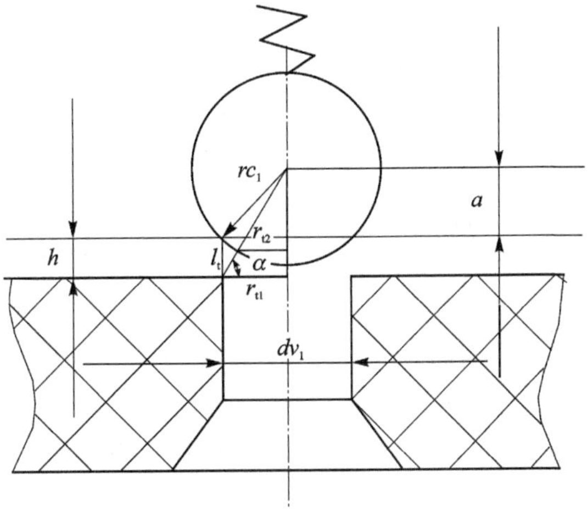

图 10.6　高压卸荷膜片式减压器阀芯节流示意

(1) 高压腔和低压腔

连续方程：

$$\left.\begin{aligned}\frac{\mathrm{d}\rho_1}{\mathrm{d}t}&=\frac{1}{V_1}(\rho_1^{\mathrm{in}}u_nA_n-Q_{m1}-Q_{m4})\\\frac{\mathrm{d}\rho_2}{\mathrm{d}t}&=\frac{1}{V_2}(Q_{m1}-\rho_{20}^{\mathrm{out}}u_0A_0-Q_{m3})\end{aligned}\right\}\tag{10.11}$$

能量方程：

$$\left.\begin{aligned}\frac{\mathrm{d}p_1}{\mathrm{d}t}&=\frac{\gamma}{V_1}\left(p_1^{\mathrm{in}}u_nA_n-p_1^{\mathrm{out}}\frac{Q_{m1}}{\rho_1^{\mathrm{out}}}-p_{14}^{\mathrm{out}}\frac{Q_{m4}}{\rho_{14}^{\mathrm{out}}}\right)-\frac{\gamma-1}{V_1}\dot{q}_1S_1\\\frac{\mathrm{d}p_2}{\mathrm{d}t}&=\frac{\gamma}{V_2}\left(p_2^{\mathrm{in}}\frac{Q_{m1}}{\rho_2^{\mathrm{in}}}-p_{20}^{\mathrm{out}}u_0A_0-p_{23}^{\mathrm{out}}\frac{Q_{m3}}{\rho_{23}^{\mathrm{out}}}\right)-\frac{\gamma-1}{V_2}\dot{q}_2S_2\end{aligned}\right\}\tag{10.12}$$

(2) 阀芯节流处

减压器节流质量流量方程：

$$Q_{m1}=\begin{cases}C_{d1}A_{\mathrm{v1}}\sqrt{\dfrac{2\gamma}{\gamma-1}p_1\rho_1\left[\left(\dfrac{p_2}{p_1}\right)^{\frac{2}{\gamma}}-\left(\dfrac{p_2}{p_1}\right)^{\frac{\gamma+1}{\gamma}}\right]}, & \dfrac{p_2}{p_1}>\left(\dfrac{2}{\gamma+1}\right)^{\frac{\gamma}{\gamma-1}},\\ C'_{d1}A_{\mathrm{v1}}\sqrt{p_1\rho_1\gamma\left(\dfrac{2}{\gamma+1}\right)^{\frac{\gamma+1}{\gamma-1}}}, & \dfrac{p_2}{p_1}\leqslant\left(\dfrac{2}{\gamma+1}\right)^{\frac{\gamma}{\gamma-1}},\end{cases}\quad p_1\geqslant p_2\geqslant 0\tag{10.13}$$

阀芯开度为 h 时的流通截面积：

$$A_{\mathrm{v1}}=\pi d_{\mathrm{v1}}ah\frac{1+h/2a}{\sqrt{\left(\dfrac{d_{\mathrm{v1}}}{2}\right)^2+(a+h)^2}}\tag{10.14}$$

式中，$a=\sqrt{\left(\dfrac{d_{\mathrm{c1}}}{2}\right)^2-\left(\dfrac{d_{\mathrm{v1}}}{2}\right)^2}$；$h$ 为阀芯开度，d_{c1}、d_{v1} 分别为活门钢球和阀座直径；C_{d1}、C'_{d1} 为流量系数，表征阀芯的节流特性，其值为 h 的函数，需要通过试验针对不同种类的阀芯建立 C_{d1}、C'_{d1} 随 h 的变化曲线，且对不同的流体介质要依据粘度和密度做适当修正。

特定截面处局部流速计算公式为

$$u_A = Q_{m1}/(\rho_A A_A) \tag{10.15}$$

(3) 反馈孔节流处

反馈孔质量流量方程：

$$Q_{m3}=\begin{cases} C_{d3}A_{v3}\sqrt{\dfrac{2\gamma}{\gamma-1}p_2\rho_2\left[\left(\dfrac{p_3}{p_2}\right)^{\frac{2}{\gamma}}-\left(\dfrac{p_3}{p_2}\right)^{\frac{\gamma+1}{\gamma}}\right]}, & \dfrac{p_3}{p_2}>\left(\dfrac{2}{\gamma+1}\right)^{\frac{\gamma}{\gamma-1}}, \\ C'_{d3}A_{v3}\sqrt{p_2\rho_2\gamma\left(\dfrac{2}{\gamma+1}\right)^{\frac{\gamma+1}{\gamma-1}}}, & \dfrac{p_3}{p_2}\leqslant\left(\dfrac{2}{\gamma+1}\right)^{\frac{\gamma}{\gamma-1}}, \end{cases} \quad p_2\geqslant p_3\geqslant 0 \tag{10.16}$$

式中，反馈孔流通截面积 $A_{v3}=\pi d_{v3}^2/4$，在逆向流动的情况下，即方程在 $0\leqslant p_2<p_3$ 时，p_2、p_3 位置交换并在质量流量结果前加上负号。

(4) 反馈腔

连续方程：

$$\frac{d\rho_3}{dt}=\frac{1}{V_3}\left(Q_{m3}-\rho_3\frac{dV_3}{dt}\right) \tag{10.17}$$

能量方程：

$$\frac{dp_3}{dt}=\frac{\gamma}{V_3}\left(p_3^{in}\frac{Q_{m3}}{\rho_3^{in}}-p_3\frac{dV_3}{dt}\right)-\frac{\gamma-1}{V_3}\dot{q}_3S_3 \tag{10.18}$$

$$\frac{dV_3}{dt}=-\frac{\pi(d_3^2-d_{c4}^2)}{4}\frac{dh}{dt} \tag{10.19}$$

式中，$V_3=V'_3-\frac{\pi}{4}(d_3^2-d_{c4}^2)h$，$V_3$、$V'_3$ 分别是阀芯开度为 h 和 $h=0$ 时的反馈腔体积，d_3 为反馈腔内径，d_{c4} 为活门顶杆在反馈腔部分的直径。

(5) 卸荷孔节流处

卸荷孔质量流量方程：

$$Q_{m4}=\begin{cases} C_{d4}A_{v4}\sqrt{\dfrac{2\gamma}{\gamma-1}p_1\rho_1\left[\left(\dfrac{p_4}{p_1}\right)^{\frac{2}{\gamma}}-\left(\dfrac{p_4}{p_1}\right)^{\frac{\gamma+1}{\gamma}}\right]}, & \dfrac{p_4}{p_1}>\left(\dfrac{2}{\gamma+1}\right)^{\frac{\gamma}{\gamma-1}}, \\ C'_{d4}A_{v4}\sqrt{p_1\rho_1\gamma\left(\dfrac{2}{\gamma+1}\right)^{\frac{\gamma+1}{\gamma-1}}}, & \dfrac{p_4}{p_1}\leqslant\left(\dfrac{2}{\gamma+1}\right)^{\frac{\gamma}{\gamma-1}}, \end{cases} \quad p_1\geqslant p_4\geqslant 0 \tag{10.20}$$

式中，卸荷孔流通截面积 $A_{v4}=\pi d_{v4}^2/4$，在逆向流动的情况下，即方程在 $0\leqslant p_1<p_4$ 时，p_1、p_4 位置交换并在质量流量结果前加上负号。

(6) 卸荷腔

连续方程：

$$\frac{d\rho_4}{dt}=\frac{1}{V_4}\left(Q_{m4}-\rho_4\frac{dV_4}{dt}\right) \tag{10.21}$$

能量方程：

$$\frac{dp_4}{dt}=\frac{\gamma}{V_4}\left(p_4^{in}\frac{Q_{m4}}{\rho_4^{in}}-p_4\frac{dV_4}{dt}\right)-\frac{\gamma-1}{V_4}\dot{q}_4S_4 \tag{10.22}$$

$$\frac{dV_4}{dt}=-\frac{\pi d_4^2}{4}\frac{dh}{dt} \tag{10.23}$$

式中，$V_4=V_4'-\frac{\pi}{4}d_4^2h$，$V_4$、$V_4'$分别是阀芯开度为 h 和 $h=0$ 时的卸荷腔体积，d_4 为卸荷腔内径。

(7) 力平衡方程

$$\frac{d^2h}{dt^2}=\frac{C_mx_0+C_2x_2+C_3x_3-C_1x_1-C_\Sigma h+p_6A_m'-p_1(A_1'-A_0')+p_2A_2'-p_3A_m'-p_4A_4'-\beta\frac{dh}{dt}}{m_{VC}} \tag{10.24}$$

为了在系统求解时采用 Runge - Kutta 法，将二阶微分方程形式的力平衡方程降阶为

$$\left.\begin{aligned}&dh/dt=h_d,\quad h\leqslant h_{max}=(1/6\sim1/20)dv_1\\&\frac{dh_d}{dt}=\frac{C_mx_0+C_2x_2+C_3x_3-C_1x_1-C_\Sigma h+p_6A_m'-p_1(A_1'-A_0')+p_2A_2'-p_3A_m'-p_4A_4'-\beta h_d}{m_{VC}}\end{aligned}\right\} \tag{10.25}$$

膜片的有效面积 $A_m'=\frac{1}{3}[1+d_g/d_m+(d_g/d_m)^2]\pi d_m^2/4$。

阀芯运动时的阻尼系数 $\beta=\lambda s\cdot Ks=\lambda s\cdot C_\Sigma$，$\lambda s=(1.5\sim4)\times10^{-4}$ s。

其中，C_1、C_2、C_3、C_m 分别为副弹簧、大弹簧、小弹簧、膜片的刚度，C_Σ 为四者之和；x_1、x_2、x_3、x_0 分别为阀芯完全关闭($h=0$)时副弹簧、大弹簧、小弹簧、膜片的预压缩量；p_6 为大气压强；A_0'、A_1'分别为高压腔气体向下、向上作用在阀芯上的有效面积，A_2'、A_4'分别为低压腔、卸荷腔气体作用在阀芯上的有效面积；m_{VC} 为阀芯质量；d_g、d_m 分别是刚性盘和膜片的直径。

2. 稳态特性的计算

在选用某种量程和尺寸的减压器之前，首先需要根据使用情况进行静态特性计算，根据计算得到的结构参数选取符合要求的减压器。对于高压卸荷膜片式减压器，这里所说的稳态特性计算是指减压器结构参数确定后，在使用时根据系统达到稳态时的参数进行合适的主弹簧预压缩量设置，计算过程如下：

① 已知系统达到稳态时的参数有额定流量 Q_{m1}，阀芯节流处流量系数 C_{d1}，高压腔压强 p_1、温度 T_1，低压腔压强 p_2。

② 计算阀芯额定开度 h：

设

$$\Gamma=\begin{cases}\sqrt{\dfrac{2\gamma}{\gamma-1}\left[\left(\dfrac{p_2}{p_1}\right)^{\frac{2}{\gamma}}-\left(\dfrac{p_2}{p_1}\right)^{\frac{\gamma+1}{\gamma}}\right]}, & \dfrac{p_2}{p_1}>\left(\dfrac{2}{\gamma+1}\right)^{\frac{\gamma}{\gamma-1}},\\[2ex]\sqrt{\gamma\left(\dfrac{2}{\gamma+1}\right)^{\frac{\gamma+1}{\gamma-1}}}, & \dfrac{p_2}{p_1}\leqslant\left(\dfrac{2}{\gamma+1}\right)^{\frac{\gamma}{\gamma-1}},\end{cases}\quad p_1>p_2\geqslant0 \tag{10.26}$$

则减压器阀芯节流质量流量方程变为

$$Q_{m1}=C_{d1}\pi d_{v1}ha\frac{1+h/2a}{\sqrt{\left(\dfrac{d_{v1}}{2}\right)^2+(a+h)^2}}\Gamma\sqrt{p_1\rho_1} \tag{10.27}$$

则可得

$$h=\frac{Q_{m1}}{C_{d1}\pi d_{v1}\Gamma\sqrt{p_1\rho}a\dfrac{1+h/2a}{\sqrt{\left(\dfrac{d_{v1}}{2}\right)^2+(a+h)^2}}}=\frac{Q_{m1}\sqrt{RT_1}}{C_{d1}\pi d_{v1}p_1\Gamma}\frac{\sqrt{\left(\dfrac{d_{v1}}{2}\right)^2+(a+h)^2}}{a(1+h/2a)} \tag{10.28}$$

③ 计算主弹簧预压缩量 x_2：

减压器达到稳态时，$\dfrac{dh}{dt}=0$，$\dfrac{dh_d}{dt}=0$，则由力平衡方程可得

$$x_2=\frac{-C_m x_0-C_3x_3+C_1x_1+C_\Sigma h-p_6A'_m+p_1(A'_1-A'_0)-p_2A'_2+p_3A'_m+p_4A'_4}{C_2} \tag{10.29}$$

10.2 涡轮气封减压试验系统仿真

低温液体推进剂发动机在工作过程中，泵前的低温推进剂和涡轮内的高温燃气有可能通过涡轮泵轴泄漏而互相接触，为防止此类问题的出现，工程单位设计了一套吹气系统对涡轮泵轴进行气封。然而在实际设计和试验过程中，由于管网多结构参数耦合设计的复杂性，尤其是气体减压器、缓开阀和孔板组件多结构参数耦合的复杂性，气路系统的稳定性成为一个比较突出的问题。运用试验手段虽然可以解决这一问题，但是试验改进所需费用较高、周期较长且存在一定的操作风险，而采用计算机数值仿真手段则可以在低费用、无操作风险的前题下提供另一有参考价值的研究方向。

本节基于这一研究思路，通过一系列数值仿真研究，探讨影响系统工作稳定性的主要因素以及 10.1 节提出的各种模型的仿真效果，从而为减压器和缓开阀的设计改进提供数值依据和具体建议，并通过最终的实际试验改进结果验证所提建议的有效性。

本节以涡轮气封减压试验系统为例进行仿真分析，所用方法同样适用于液体火箭发动机推进剂输送系统的工作过程仿真。

10.2.1 试验系统方案

在系统的设计初期，试验系统处于图纸设计阶段，缓开阀、减压器、孔板虽已有零件图，但是整个试验系统尚未建立起来，因此，各元件尺寸参数应根据工程单位以往设计经验并结合本系统设计指标给定。图 10.7 所示为工程单位提供的以往发动机涡轮气封减压试验系统的结构示意。

10.2.2 仿真研究

本小节针对初期的试验系统方案开展建模与仿真，研究减压器、缓开阀、出口管道等组件的结构参数对系统工作稳定性的影响规律，为实际设计提供改进建议。

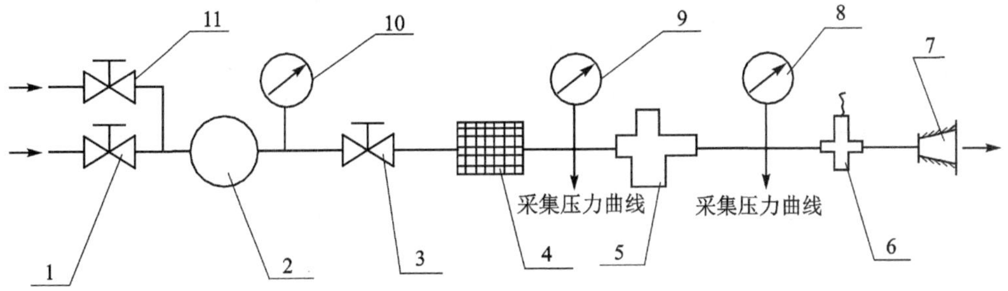

1、3、11—手动截止阀；2—气瓶(不小于 40 L)；4—过滤器；5—减压器；6—电动气活门；
7—ϕ3.8 孔板；8—压强表，0～8 MPa；9—压强表，0～70 MPa；10—压强表，0～70 MPa

图 10.7　涡轮气封减压试验系统的物理模型

1. 数值仿真模型

图 10.8 为 YF－77 涡轮气封减压试验系统的数值仿真模型，图中标出了各管道的长度(单位：m)、内径(单位：mm)，各管道管壁厚度设为 2 mm，模块化建模时将此系统转化为1 个流体源(FS1)、6 段气体管道(GP1～GP6)、1 个气体容积(GVol1)、3 个气体阀门(GV1～GV3)、1 个气体减压器(GPRR1)、1 个缓开阀(BCV1)，管道元件流场网格划分为 100 mm/grid。FS1 设置为大气边界条件(压强出口)。

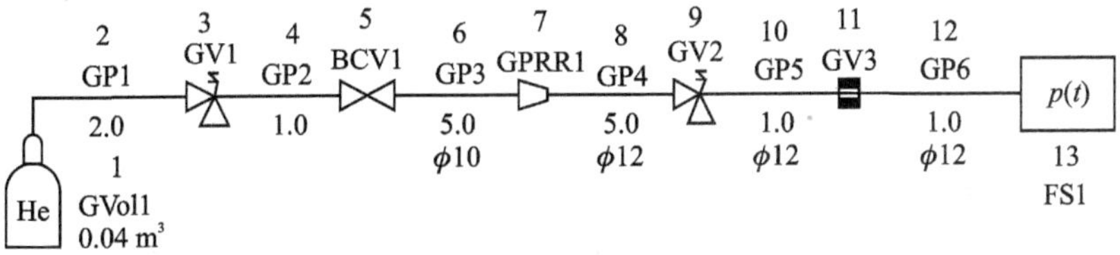

图 10.8　涡轮气封减压试验系统的数值仿真模型

电磁阀 GV1 和 GV2 在系统起动前处于关闭状态，系统起动时首先打开 GV1，由高压气瓶 GVol1 流出的高压氦气冲击到缓开阀 BCV1 处，由于 BCV1 尚处于关闭状态，因此高压氦气只能通过缓开阀阀芯与阀座之间的缝隙流向下游，此时减压器 GPRR1 由于低压腔和阻尼腔压强很小，处于完全打开状态；又由于 GV2 尚处于关闭状态，因此，GPRR1 低压腔和阻尼腔压强将会逐渐升高，相应地其阀芯会逐渐闭合直至完全关闭。GV2 打开后，高压气瓶流出的高压氦气经减压器降压后通过孔板 GV3 喷射出去，形成稳定流量的氦气射流吹到涡轮泵轴上产生气封的效果。系统工作情况因此可分为两个阶段，即减压器低压腔建压(阀芯闭合)阶段和稳定射流阶段。假定气体管流为一维理想气体流动，气体管道壁面选用绝热模型或径向一维传热模型，采用常物性控制器，通过经典四级四阶龙格-库塔法对上述动态过程进行数值仿真。

根据工程单位提供的初期设计数据，系统起动时刻的初始状态为：高压氦气瓶与电磁阀 GV1 上游腔之间管路压强为 p_1，GV1 下游腔与电磁阀 GV2 上游腔之间管路压强为 p_2，GV2 下游腔之后管路压强为 p_3，管路温度为 278 K。算例的参数设置见表 10.1，其中，d_{v4} 为缓开阀开启孔等效直径，d_{v3}、C_m、x_2 分别为减压器阻尼孔直径、膜片正向刚度、主弹簧预压缩量，T_{GV2} 为电磁阀 GV2 打开的时刻。减压器卸荷孔直径为 1.0 mm，缓开阀阀芯、开启孔节流处和减压器阀芯、阻尼孔、卸荷孔节流处流量系数均设置为0.7。缓开阀和减压器弹性元件材料的阻尼系数 λ_s 均设置为 4×10^{-4} s。氦气瓶体积为0.04 m^3。

表10.1 涡轮气封减压试验系统初始和初期结构参数设置

算例	p_1/MPa	p_2/MPa	p_3/MPa	d_{v4}/mm	d_{v3}/mm	C_m/(N·mm^{-1})	x_2/mm	T_{GV2}/s
1	35	0.1	0.1	0.1	1.0	403.3	11.5	5

2. 仿真研究目的与研究方案

YF-77涡轮气封减压试验系统要求，当高压气瓶压强随着气体的消耗由最初的35 MPa降低到4.6 MPa的过程中，减压器出口压强保持在(3.4±0.2)MPa的范围内，同时需要研究缓开阀开启时间(由开启孔等效直径控制)、减压器阻尼孔直径等参数对系统动力学特性的影响。

为研究各元件结构参数对系统动力学特性的影响，设置了12个仿真算例，各算例的参数设置见表10.2，其中，l_1、l_2、m_{VC} 分别为减压器高、低压腔等效长度和阀芯质量，l 为出口管道GP6的长度。算例1为按照工程单位所提供的数据设置的标准算例，算例2将减压器阀芯质量减小为原来的1/10，算例3在算例2基础上进一步将减压器高、低压腔体积增大为原来的10倍，算例4将减压器膜片正向刚度增大为原来的5倍(根据减压器稳态特性设计，主弹簧预压缩量也要做相应变化)，算例5将减压器膜片正向刚度增大为原来的10倍(主弹簧预压缩量也要做相应变化)，算例6在算例5基础上将出口管道GP6长度缩短为原来的1/10，算例7在算例5基础上使电磁阀GV2在系统起动时刻打开，算例8在标准算例基础上采用管壁径向一维传热模型，算例9在算例5基础上采用管壁径向一维传热模型，算例10、11研究缓开阀开启孔等效直径对系统启动特性的影响，算例12研究减压器阻尼孔直径对系统启动特性的影响。

表10.2 涡轮气封减压试验系统初期仿真各算例结构和控制参数设置

系统组件	缓开阀BCV1	减压器GPRR1						电磁阀GV2	管道GP6	管道壁面	备注
算例	d_{v4}/mm	d_{v3}/mm	l_1/mm	l_2/mm	m_{VC}/kg	C_m/(N·mm^{-1})	x_2/mm	T_{GV2}/s	l/m	传热模型	
1	0.1	1.0	33.06	21.28	0.082 2	403.3	11.5	5	1.0	绝热	标准算例
2	0.1	1.0	33.06	21.28	0.008 22	403.3	11.5	5	1.0	绝热	减小阀芯质量
3	0.1	1.0	330.6	212.8	0.008 22	403.3	11.5	5	1.0	绝热	减小阀芯质量，增大高、低压腔体积
4	0.1	1.0	33.06	21.28	0.082 2	2 016.5	9.09	5	1.0	绝热	增大膜片刚度5倍
5	0.1	1.0	33.06	21.28	0.082 2	4 033	6.11	5	1.0	绝热	增大膜片刚度10倍
6	0.1	1.0	33.06	21.28	0.082 2	4 033	6.11	5	0.1	绝热	增大膜片刚度，减小出口管道长度
7	0.1	1.0	33.06	21.28	0.082 2	4 033	6.11	0	1.0	绝热	增大膜片刚度，GV2直接打开
8	0.1	1.0	33.06	21.28	0.082 2	403.3	11.5	5	1.0	1维	管壁1维传热模型

续表 10.2

系统组件	缓开阀 BCV1	减压器 GPRR1						电磁阀 GV2	管道 GP6	管道壁面	备　注
算例	d_{v4}/mm	d_{v3}/mm	l_1/mm	l_2/mm	m_{VC}/kg	C_m/(N·mm^{-1})	x_2/mm	T_{GV2}/s	l/m	传热模型	
9	0.1	1.0	33.06	21.28	0.082 2	4 033	6.11	5	1.0	1 维	增大膜片刚度，管壁 1 维传热模型
10	0.2	1.0	33.06	21.28	0.082 2	403.3	11.5	2	1.0	绝热	增大开启孔直径
11	0.051	1.0	33.06	21.28	0.082 2	4 033	6.11	10	1.0	绝热	增大膜片刚度，减小开启孔直径
12	0.1	0.5	33.06	21.28	0.082 2	4 033	6.11	5	1.0	绝热	增大膜片刚度，减小阻尼孔直径
试验	在初期研究阶段，系统尚处于图纸设计阶段，试验系统还未建立起来，无相关试验数据										

3. 仿真结果及分析

图 10.9～图 10.13 为 12 个算例仿真获得的缓开阀 BCV1、减压器 GPRR1、孔板 GV3、出口管道 GP6 状态参数随时间的变化曲线。

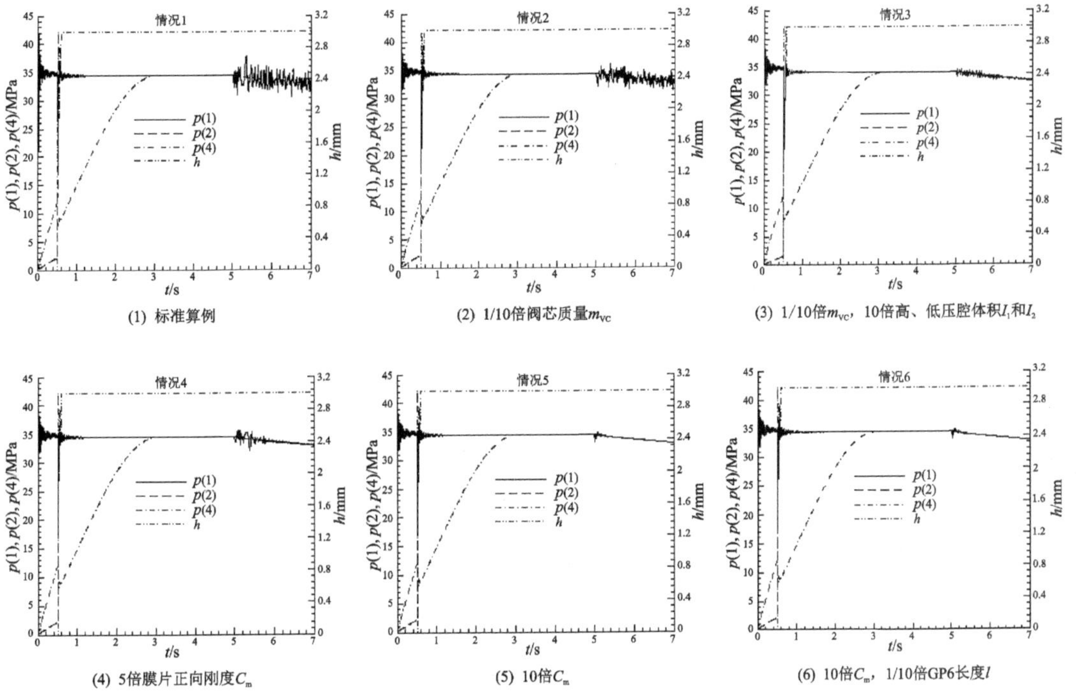

(1) 标准算例　(2) 1/10倍阀芯质量m_{VC}　(3) 1/10倍m_{VC}，10倍高、低压腔体积l_1和l_2

(4) 5倍膜片正向刚度C_m　(5) 10倍C_m　(6) 10倍C_m，1/10倍GP6长度l

图 10.9　不同情况下缓开阀 BCV1 高低压腔和开启腔压强、阀芯开度仿真结果对比

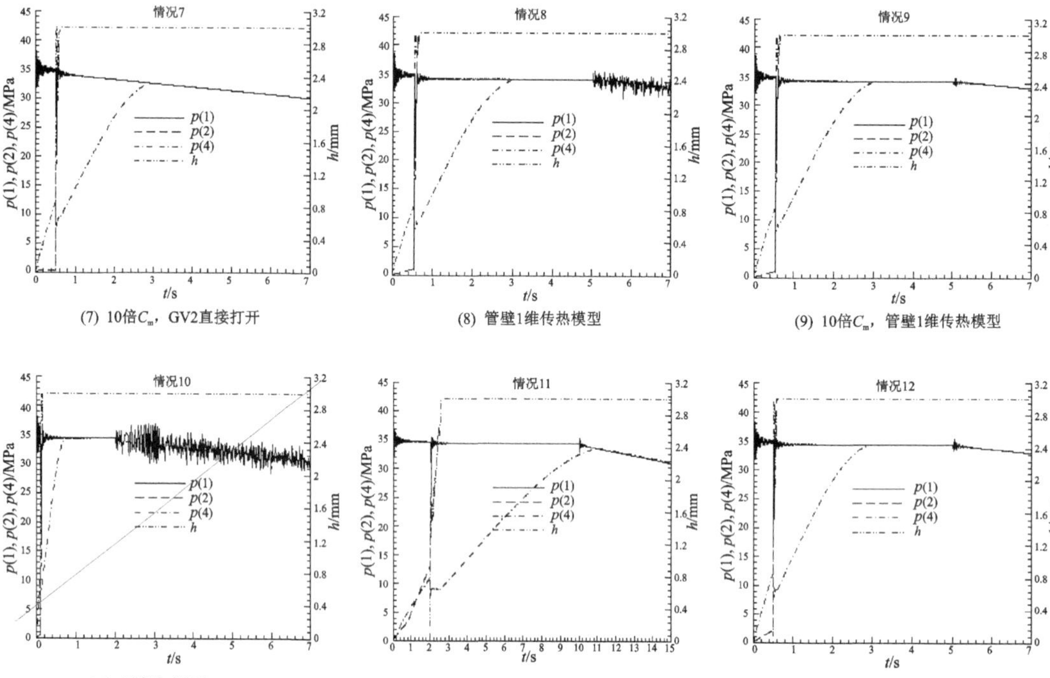

(7) 10倍C_m，GV2直接打开　(8) 管壁1维传热模型　(9) 10倍C_m，管壁1维传热模型

(10) 开启孔直径为0.2 mm　(11) 10倍C_m，开启孔直径为0.051 mm　(12) 10倍C_m，1/2倍阻尼孔直径

图 10.9　不同情况下缓开阀 BCV1 高低压腔和开启腔压强、阀芯开度仿真结果对比(续)

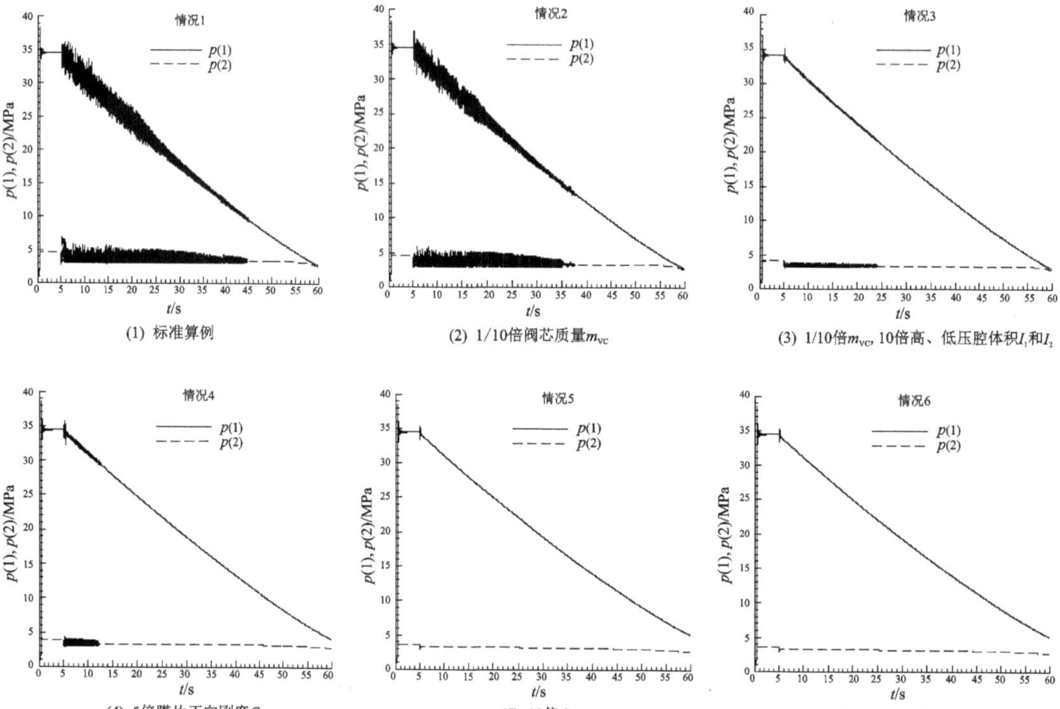

(1) 标准算例　(2) 1/10倍阀芯质量m_{VC}　(3) 1/10倍m_{VC}, 10倍高、低压腔体积I_1和I_2

(4) 5倍膜片正向刚度C_m　(5) 10倍C_m　(6) 10倍C_m，1/10倍GP6长度l

图 10.10　不同情况下减压器 GPRR1 高低压腔的压强仿真结果对比

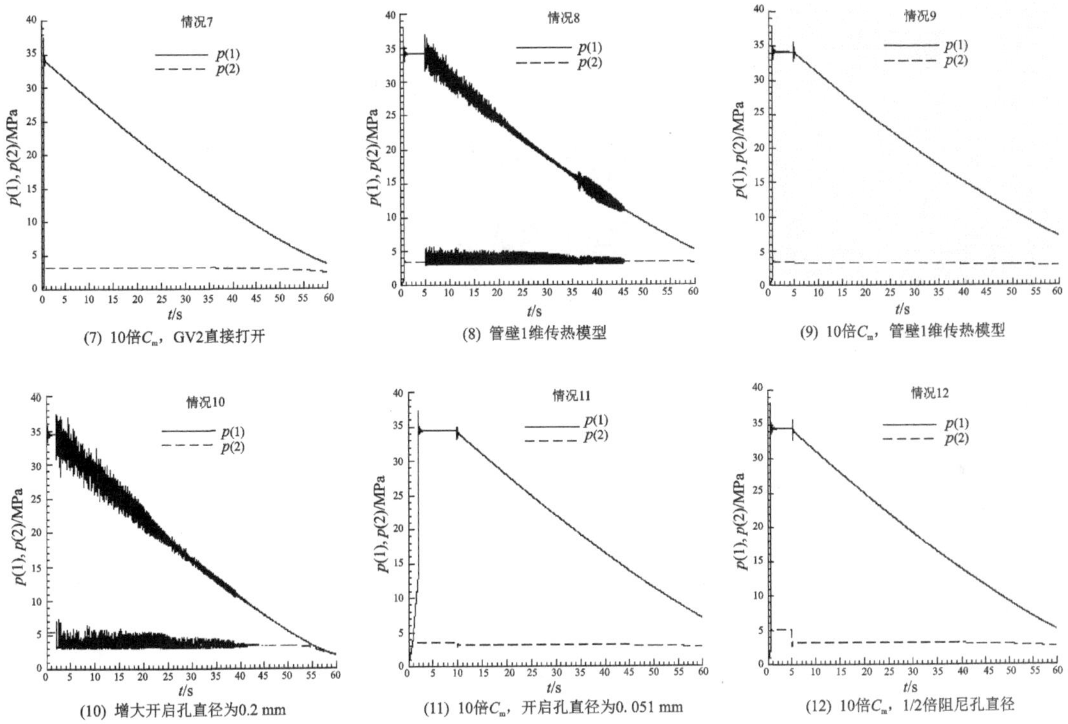

(7) 10倍C_m，GV2直接打开　(8) 管壁1维传热模型　(9) 10倍C_m，管壁1维传热模型

(10) 增大开启孔直径为0.2 mm　(11) 10倍C_m，开启孔直径为0.051 mm　(12) 10倍C_m，1/2倍阻尼孔直径

图 10.10　不同情况下减压器 GPRR1 高低压腔的压强仿真结果对比(续)

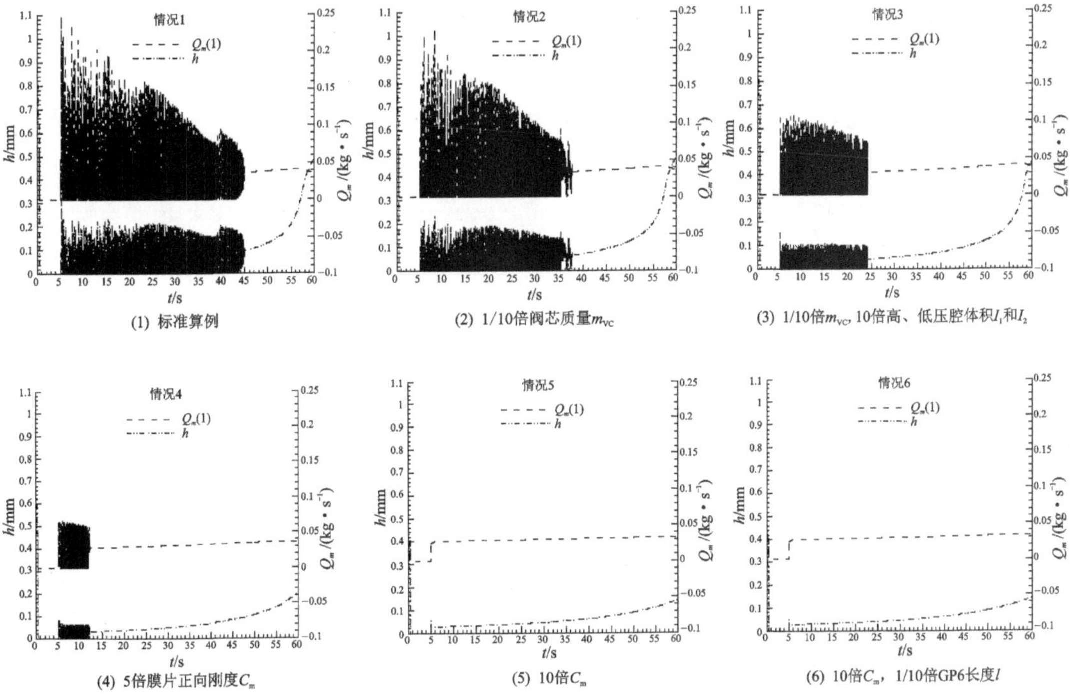

(1) 标准算例　(2) 1/10倍阀芯质量m_{VC}　(3) 1/10倍m_{VC}，10倍高、低压腔体积I_1和I_2

(4) 5倍膜片正向刚度C_m　(5) 10倍C_m　(6) 10倍C_m，1/10倍GP6长度l

图 10.11　不同情况下减压器 GPRR1 阀芯开度、流量仿真结果对比

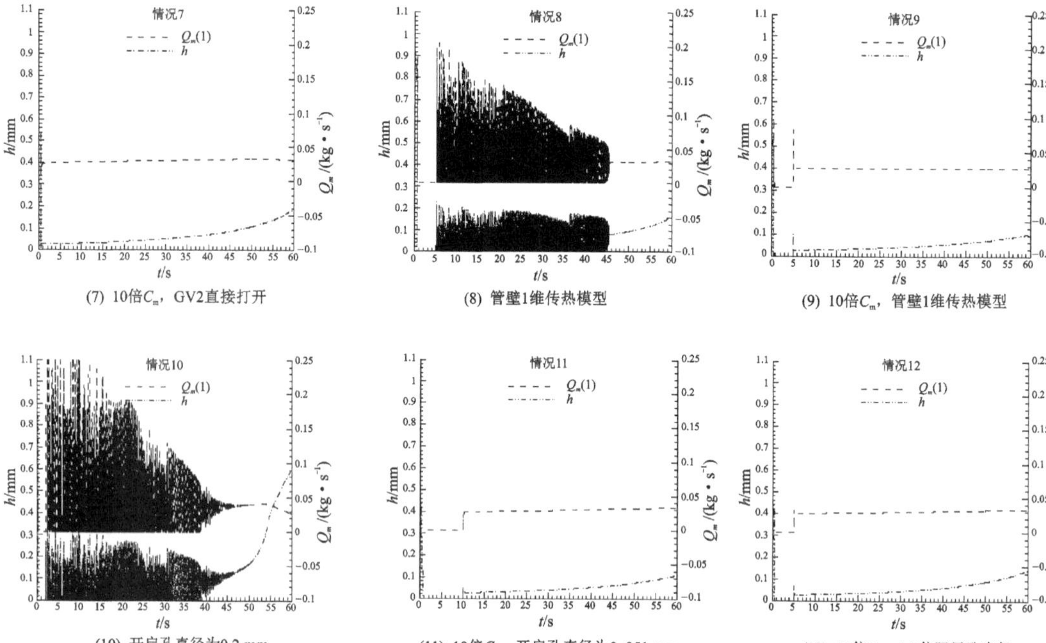

(7) 10倍C_m，GV2直接打开　(8) 管壁1维传热模型　(9) 10倍C_m，管壁1维传热模型

(10) 开启孔直径为0.2 mm　(11) 10倍C_m，开启孔直径为0.051 mm　(12) 10倍C_m，1/2倍阻尼孔直径

图 10.11　不同情况下减压器 GPRR1 阀芯开度、流量仿真结果对比(续)

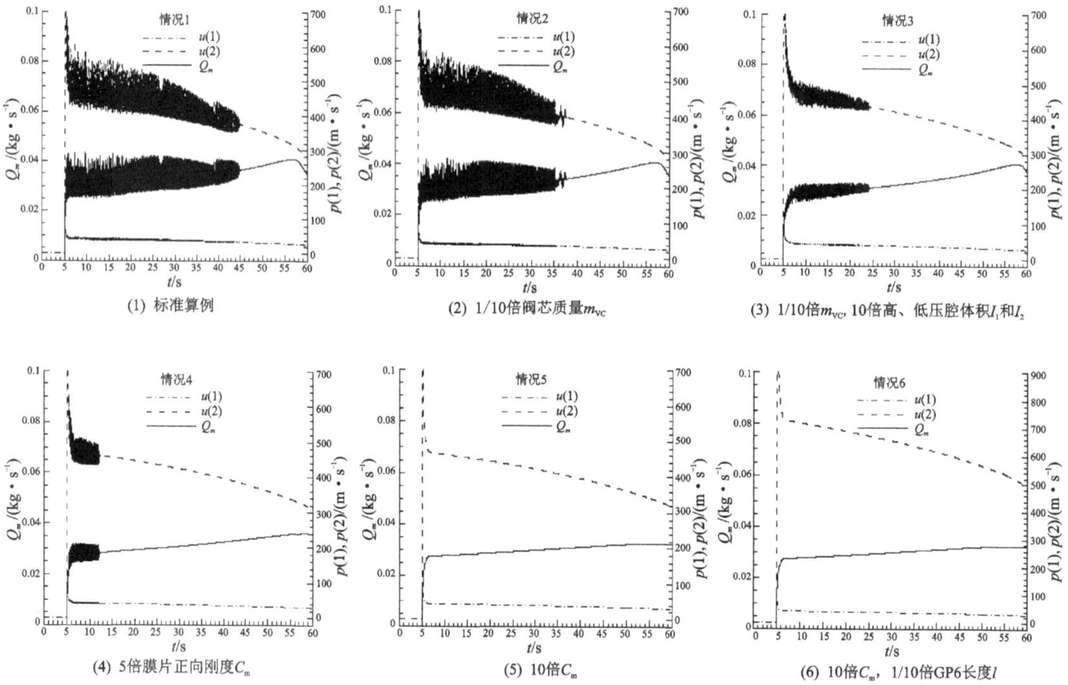

(1) 标准算例　(2) 1/10倍阀芯质量m_{VC}　(3) 1/10倍m_{VC}, 10倍高、低压腔体积I_1和I_2

(4) 5倍膜片正向刚度C_m　(5) 10倍C_m　(6) 10倍C_m，1/10倍GP6长度l

图 10.12　不同情况下孔板 GV3 流量和入口、出口流速仿真结果对比

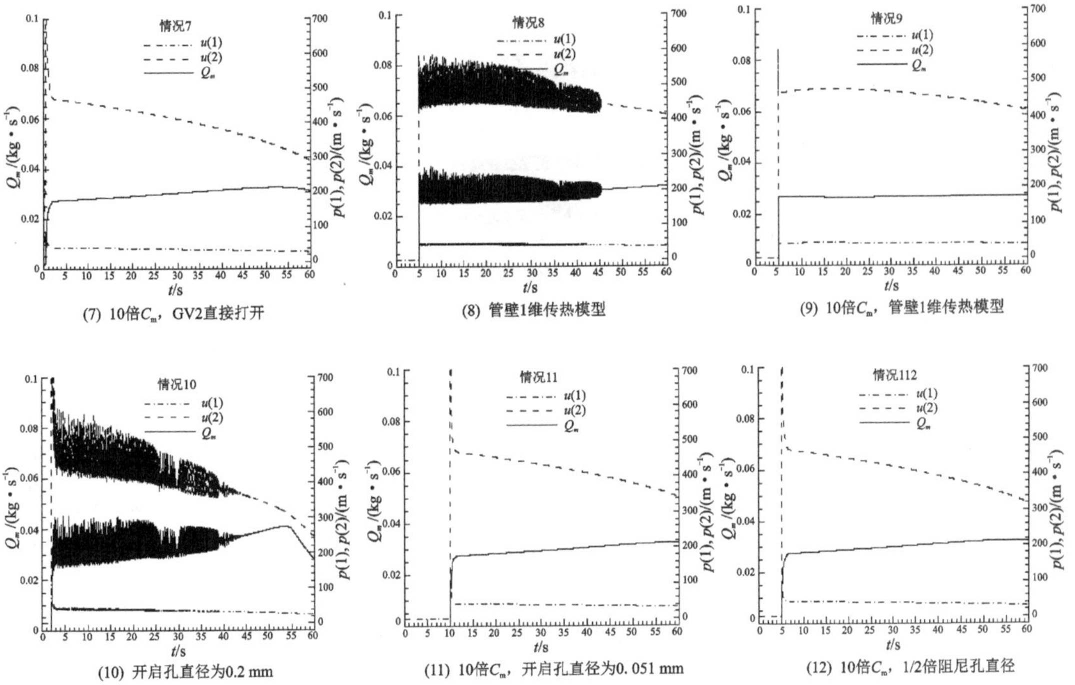

(7) 10倍C_m，GV2直接打开　(8) 管壁1维传热模型　(9) 10倍C_m，管壁1维传热模型

(10) 开启孔直径为0.2 mm　(11) 10倍C_m，开启孔直径为0.051 mm　(12) 10倍C_m，1/2倍阻尼孔直径

图 10.12　不同情况下孔板 GV3 流量和入口、出口流速仿真结果对比(续)

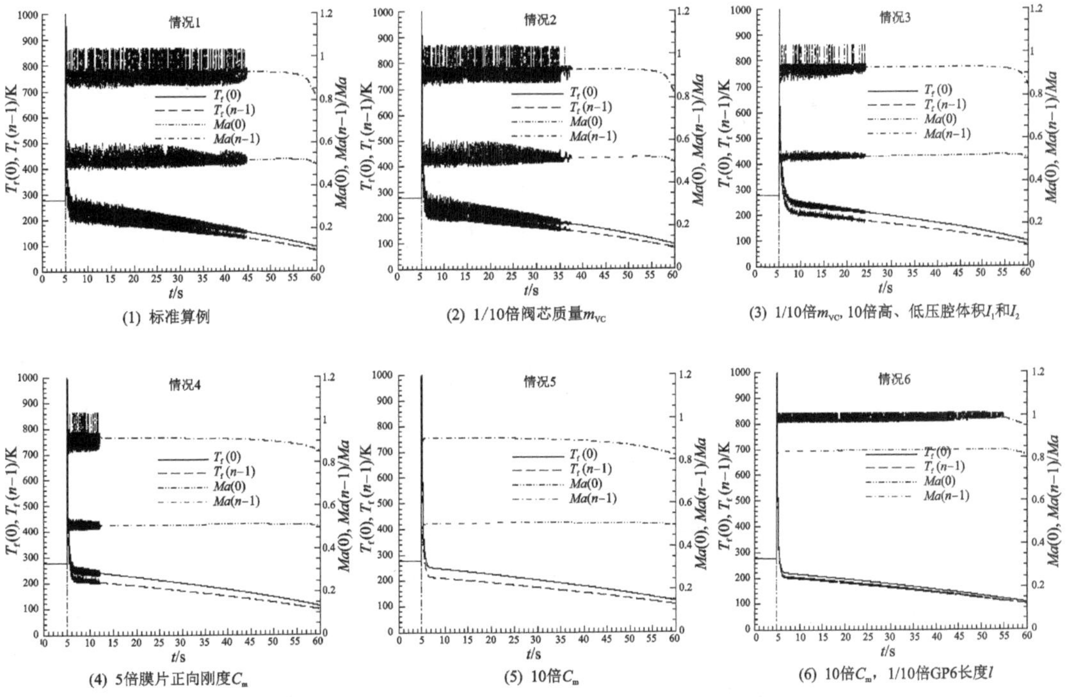

(1) 标准算例　(2) 1/10倍阀芯质量m_{VC}　(3) 1/10倍m_{VC}, 10倍高、低压腔体积I_1和I_2

(4) 5倍膜片正向刚度C_m　(5) 10倍C_m　(6) 10倍C_m，1/10倍GP6长度l

图 10.13　不同情况下管道 GP6 入口、出口温度和马赫数仿真结果对比

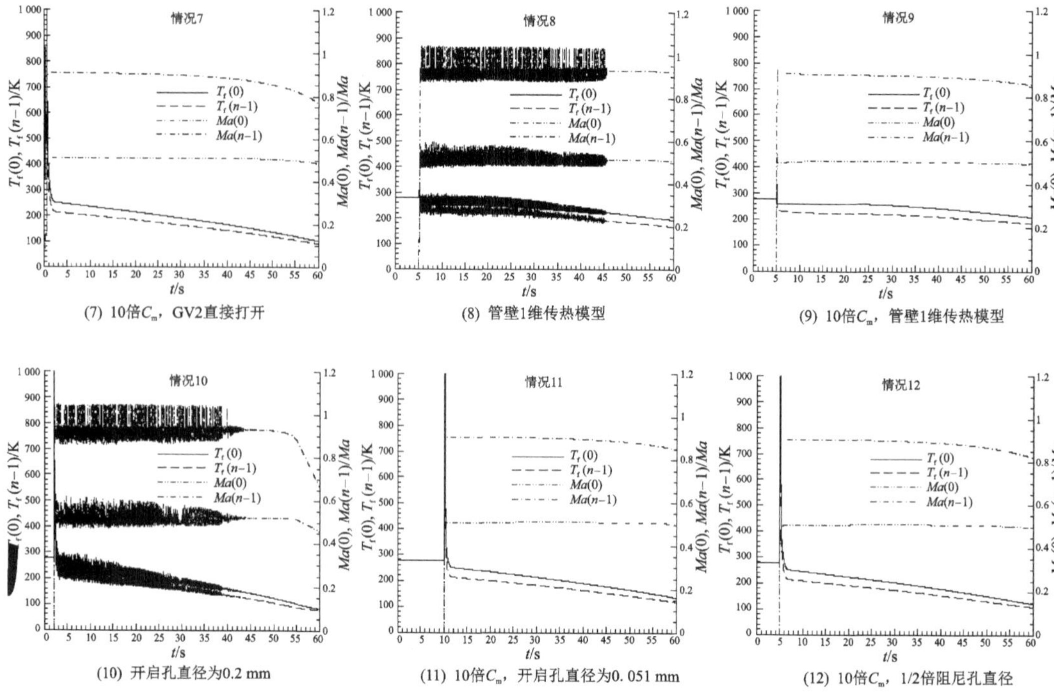

(7) 10倍C_m，GV2直接打开　(8) 管壁1维传热模型　(9) 10倍C_m，管壁1维传热模型

(10) 开启孔直径为0.2 mm　(11) 10倍C_m，开启孔直径为0.051 mm　(12) 10倍C_m，1/2倍阻尼孔直径

图 10.13　不同情况下管道 GP6 入口、出口温度和马赫数仿真结果对比(续)

从图 10.9(1)～图 10.13(1)算例 1 的仿真结果可以看出，根据工程单位提供的初期设计数据，算例 1(标准算例)仿真得到的缓开阀 BCV1 开启时刻为 0.50 s，此时 BCV1 低压腔压强、开启腔压强分别为 2.2 MPa、12.1 MPa，至 0.59 s 时刻 BCV1 阀芯完全打开，此时 BCV1 低压腔压强、开启腔压强分别为 33.6 MPa、9.0 MPa，即缓开阀低压腔压强在阀芯打开的瞬间就与高压腔压强趋于一致；但是由于开启孔等效流通直径较小，因此开启腔需要一段较长的时间(约为 3 s)才能与高压腔压强趋于一致，BCV1 开始打开时有一段时间开启腔压强逐渐减小是由于开启腔体积随着阀芯的打开而逐渐增大。减压器 GPRR1 高压腔压强与缓开阀低压腔压强的变化趋势是一致的，BCV1 完全打开后，GPRR1 低压腔压强迅速增大并使其阀芯完全关闭。从图 10.10(1)可以看出，GPRR1 低压腔压强维持在 4.61 MPa，高于设计值 3.4 MPa，这是由于高压气体的冲击作用造成的，5 s 时刻由于电磁阀 GV2 的打开，整个系统开始进入额定工作状态。从图 10.10(1)、图 10.11(1)可以看出，减压器阀芯和高、低压腔压强出现了振荡(频率不定)，直至 45 s 时刻随着 GPRR1 高压腔压强降低到 9.6 MPa，减压器阀芯才停止振荡并开始输出稳定的额定压强；当高压腔压强降低到 4.60 MPa 时，低压腔压强为 3.27 MPa。从图 10.12(1)可以看出，高压氦气流经过孔板 GV3 节流之后流速由 30～40 m/s 的量级增大到 300～400 m/s 的量级；还可以看出，氦气质量流量随着时间在逐渐增大，而孔板后氦气流速随着时间在逐渐减小，这是因为在孔板入口压强保持为减压器额定输出压强的同时，氦气流密度在逐渐增大(对应于温度逐渐降低)。从图 10.13(1)可以看出，由于未考虑管壁传热作用，出口管道 GP6 的温度因氦气的流出在逐渐降低，整个管网气流温度的状态与 GP6 类似；另外，由于 GP6 为等截面直管，亚声速气流在其中因摩擦作用而加速，只是由于其长度尚未达到声速管临界长度，故 GP6 出口仍然为亚声流(压强约为 0.9 MPa)。

为研究系统各组件结构参数对系统动力学特性(尤其是减压器阀芯振荡特性)的影响,设置了算例 2～算例 7。从图 10.9(2)～图 10.13(2)算例 2 的仿真结果可以看出,将减压器阀芯质量减小为原来的 1/10 后,减压器阀芯振荡幅度略有减小,阀芯停止振荡的时间提前到 38 s 时刻(此时高压腔压强为 13.4 MPa)。从图 10.9(3)～图 10.13(3)算例 3 的仿真结果可以看出,如果在阀芯质量减小的基础上进一步把减压器高、低压腔体积增大为原来的 10 倍,则减压器阀芯振荡大大减弱,低压腔压强始终保持在(3.4±0.3)MPa 的范围内,阀芯停止振荡的时间提前到 24 s 时刻(此时高压腔压强为 21.7 MPa)。

从图 10.9(4)～图 10.13(4)算例 4 的仿真结果可以看出,把减压器膜片正向刚度增大为原来的 5 倍后,同样可以起到减弱减压器阀芯振荡的效果,并且减压器低压腔建压(阀芯闭合)阶段其低压腔压强维持在 3.95 MPa,比算例 1 的 4.61 MPa 更接近设计值 3.4 MPa,只是当高压腔压强降低到 4.60 MPa 时,低压腔压强为 2.92 MPa,已经超出了设计要求的(3.4±0.2)MPa 的范围。从图 10.9(5)～图 10.13(5)算例 5 的仿真结果可以看出,如果进一步把减压器膜片正向刚度增大为原来的 10 倍,减压器可以完全稳定工作并且可以进一步减弱减压器低压腔建压阶段的气流冲击作用(低压腔压强维持在 3.64 MPa),副作用是低压腔压强随着氦气的消耗会较多地偏离设计值 3.4 MPa(当高压腔压强降低到 4.60 MPa 时,低压腔压强为 2.59 MPa),即减压器的灵敏度明显降低。此外,对比图 10.9(1)和图 10.9(2)～图 10.9(5)可以看出,针对减压器所采用的减小阀芯质量、增大高低压腔体积、增大膜片刚度这些措施,对缓开阀的开启特性几乎没有影响。

从图 10.9(6)～图 10.13(6)算例 6 的仿真结果可以看出,如果在算例 5 基础上把出口管道 GP6 长度缩短为原来的 1/10,对孔板之前管路的动态特性几乎没有影响,只是由于 GP6 长度缩短后,孔板后气流压强更接近大气压强,相应地密度减小,因此,图 10.12(6)、图 10.13(6)显示孔板后氦气流速(20 s 时刻为 690 m/s)较算例 5(20 s 时刻为 445 m/s)明显增大,并且 GP6 出口流速已接近声速,而两个算例在 20 s 时刻孔板的流量均为 0.028 6 kg/s。

从图 10.9(7)～图 10.13(7)算例 7 的仿真结果可以看出,如果电磁阀 GV2 直接打开,就不会再有减压器阀芯的闭合阶段,但由于缓开阀仍在起作用,故孔板处形成稳定射流的时刻提前到缓开阀完全打开时。

算例 8 在标准算例基础上选用了管壁径向一维传热模型,从图 10.9(8)～图 10.13(8)可以看出,考虑管壁传热之后,仿真得到的缓开阀 BCV1 开启时刻由算例 1 的 0.50 s 推迟到了 0.54 s,此时 BCV1 低压腔压强、开启腔压强分别为 1.0 MPa、12.3 MPa,至 0.64 s 时刻 BCV1 阀芯完全打开,此时 BCV1 低压腔压强、开启腔压强分别为 33.4 MPa、9.2 MPa;GPRR1 阀芯关闭阶段低压腔压强值由算例 1 的 4.61 MPa 减小至 3.41 MPa,与设计值 3.4 MPa 非常接近,即考虑管壁传热作用后,高压气体的冲击作用不再明显,只是减压器阀芯和高、低压腔压强的高频振荡现象仍然存在,当高压腔压强降低到 4.6 MPa 时,低压腔压强为 3.29 MPa;对比图 10.12(1)和图 10.12(8)可以看出,算例 1 仿真结果中出现的孔板 GV3 处氦气质量流量随时间逐渐增大的现象在算例 8 的情况下不再明显,GV3 处氦气质量流量基本保持在 0.030 kg/s 左右,结合图 10.13(1)、图 10.13(8)可以看出,其原因是考虑管壁传热作用后,管网中氦气流温度降低,速度变缓,相应地氦气流密度增大,速度也变缓;对比图 10.13(1)和图 10.13(8)可以看出,出口管道 GP6 温度下降现象明显变弱(50 s 时刻算例 1GP6 入口、出口氦气温度分别为 135 K、115 K,算例 8 则为 214 K、183 K),而 GP6 中气体马赫数的分布,两个算例差别不大。算例 9 在算例 5 基础上采用管壁径向一维传热模型,从图 10.9(9)～图 10.13(9)可以看出,将减压器膜片正向刚度增大后,可以起到减弱减压器阀芯振荡的效果,并且在减压器阀芯闭合阶段其低压腔压强维持在 3.40 MPa,与设计值 3.4 MPa 已完全一致,只是会产生低压腔压强随着氦气消耗较多地偏离设计值的副作用(当高压腔压强降低到 4.60 MPa 时,低压腔压强为 2.65 MPa)。对比图 10.10(8)、图 10.10(9)和图 10.10(1)、图 10.10(5)可以看出,考虑管壁传热之后,高压氦气的消耗速度略有变慢,这与孔板处氦气质量流量随时间增大现象不再明显是相对应的。

算例 10 把缓开阀开启孔等效流通直径由算例 1 的 0.1 mm 增大为 0.2 mm。从图 10.9(10)～图 10.13(10)可以看出,仿真得到的缓开阀 BCV1 开启时刻由算例 1 的 0.50 s 提前到了 0.11 s,此时 BCV1 低压腔压强、开启腔压强分别为 0.6 MPa、11.6 MPa,至 0.16 s 时刻 BCV1 阀芯完全打开,此时 BCV1 低压腔压强、开启腔压强分别为 35.7 MPa、9.9 MPa。由于开启孔直径增大,开启腔与高压腔压强趋于一致的时间由算例 1 的约 3 s 缩短为约 0.75 s,相应地减压器阀芯关闭阶段低压腔压强值由算例 1 的 4.61 MPa 增大至 5.42 MPa,即高压气体的冲击作用增强。

算例 11 在算例 5 基础上把缓开阀开启孔等效流通直径减小为 0.051 mm,从图 10.9(11)～图 10.13(11)可以看出,仿真得到的缓开阀 BCV1 开启时刻由算例 5 的 0.50 s 推迟到了 2.00 s,此时 BCV1 低压腔压强、开启腔压强分别为 13.1 MPa、11.0 MPa,至 2.56 s 时刻 BCV1 阀芯完全打开,此时 BCV1 低压腔压强、开启腔压强分别为 34.5 MPa、9.1 MPa。由于开启孔直径减小,开启腔与高压腔压强趋于一致的时间由算例 5 的约 3 s 增加为约 10 s,相应地减压器阀芯关闭阶段低压腔压强值由算例 5 的 3.64 MPa 减小至 3.49 MPa,即高压气体的冲击作用减弱。

算例 12 在算例 5 基础上把减压器阻尼孔直径由算例 1 的 1.0 mm 减小为 0.5 mm,从图 10.9(12)可以看出,仿真得到的缓开阀开启特性与算例 5 相比几乎无变化;从图 10.10(12)可以看出,由于阻尼孔直径减小,减压器阻尼腔压强相对于低压腔压强的迟滞现象更加明显,减压器阀芯关闭阶段低压腔压强值由算例 5 的 3.64 MPa 增大至 5.03 MPa。

扩展研究表明(见图 10.14、图 10.15(2)、图 10.15(3)、图 10.15(4)算例 12－1、算例 13－1、算例 13－2 仿真结果),如果在采用管壁径向 1 维传热模型的标准算例(算例 8)基础上把减压器阻尼孔或卸荷孔直径减小,减压器工作稳定性没有改善的趋势,因此阻尼孔、卸荷孔直径对减压器的稳定性没有明显影响。

增大减压器弹性元件材料阻尼系数的扩展研究表明(见图 10.14、图 10.15(5)、图 10.15(6)算例 14－1、算例 14－2 仿真结果),随着阻尼系数 λ_s 的增大,阀芯停止振荡的时间逐渐提前。例如当把 λ_s 由算例 8 的 4×10^{-4} 增大到算例 14－1 的 9×10^{-3} 时,阀芯停止振荡的时间提前到约 35.3 s 时刻(此时高压腔压强为 16.6 MPa),同时低压腔压强和阀芯开度振荡幅度逐渐减小,但是高压腔、阻尼腔、卸荷腔压强的振荡幅度明显增大,并且减压器低压腔建压(阀芯闭合)阶段的冲击作用逐渐增强,例如 4.9 s 时刻算例 14－1、算例 14－2 的低压腔压强分别为 5.33 MPa 和 7.72 MPa,远高于设计值 3.4 MPa。当阻尼系数增大到算例 14－2 的 4×10^{-2} 时,减压器各动态曲线的振荡已全部消失,仿真结果非常稳定。更为详细的算例研究表明,随着 λ_s 的增大,振荡完全消失不是连续发生的,而是在某一个阻尼系数点上所有仿真曲线振荡突然消失的。另外,增大阻尼系数没有出现低压腔压强随着氦气消耗较多地偏离设计值的副作用(例如算例 14－2 中，随着高压腔压强由 33 MPa 降低到 4.60 MPa，低压腔压强由 3.39 MPa 变为 3.29 MPa)，这一点与增大膜片刚度的效果不同。

表 10.3 列出了针对上述分析中提到的扩展研究各算例的参数设置情况，图 10.14、图 10.15 所示为这五个算例的仿真结果与算例 8 仿真结果的对比情况。

表 10.3　涡轮气封系统初期仿真扩展研究各算例结构和控制参数设置

组件参数	减压器 GPRR1					管道壁面	算例特征
	阻尼孔		卸荷孔		阻尼系数		
算例	d_{v3}/mm	C_{d3}	d_{v4}/mm	C_{d4}	λ_s/s	传热模型	
8	1.0	0.7	1.0	0.7	4×10^{-4}	1 维	管壁 1 维传热模型
12－1	0.5	0.7	1.0	0.7	4×10^{-4}	1 维	减小阻尼孔直径
13－1	1.0	0.7	0.2	0.7	4×10^{-4}	1 维	减小卸荷孔直径
13－2	0.3 (1.0)	0.7 (0.063)	0.3 (1.0)	0.7 (0.063)	4×10^{-4}	1 维	减小卸荷孔、阻尼孔直径
14－1	1.0	0.7	1.0	0.7	9×10^{-3}	1 维	增大弹性元件材料的阻尼系数
14－2	1.0	0.7	1.0	0.7	4×10^{-2}	1 维	

注：由于各孔节流处质量流量 $Q_m=f(C_d\times A_v)$，因此减小阻尼孔、卸荷孔直径与减小孔节流处的流量系数完全等效，即阻尼孔、卸荷孔直径可以不变，只需要减小孔节流处的流量系数，效果完全相同。

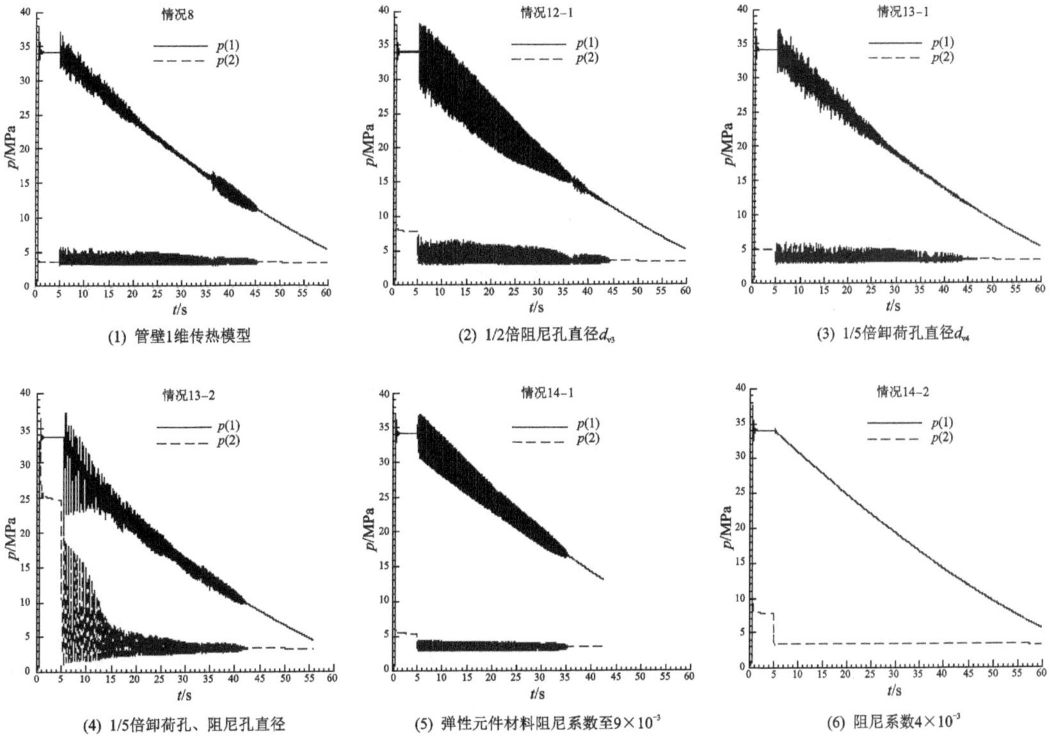

(1) 管壁1维传热模型　(2) 1/2倍阻尼孔直径d_{v3}　(3) 1/5倍卸荷孔直径d_{v4}

(4) 1/5倍卸荷孔、阻尼孔直径　(5) 弹性元件材料阻尼系数至9×10^{-3}　(6) 阻尼系数4×10^{-3}

图 10.14　初期仿真扩展研究各算例减压器高、低压腔压强仿真结果对比

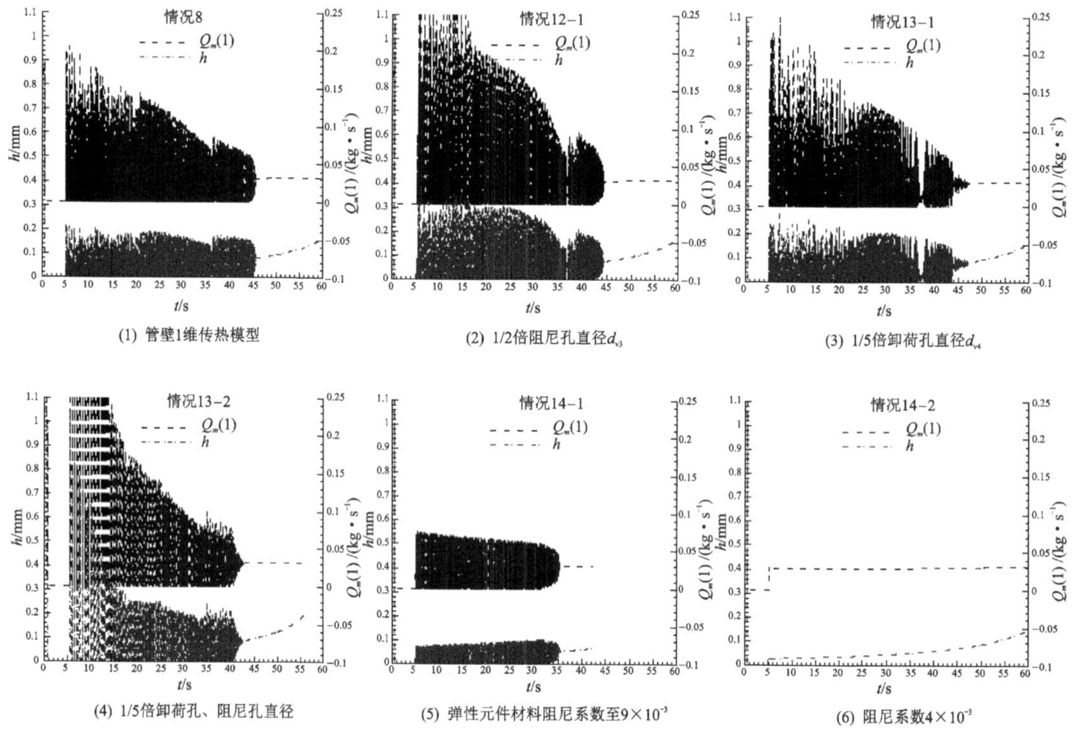

(1) 管壁1维传热模型　(2) 1/2倍阻尼孔直径d_{v3}　(3) 1/5倍卸荷孔直径d_{v4}

(4) 1/5倍卸荷孔、阻尼孔直径　(5) 弹性元件材料阻尼系数至9×10^{-3}　(6) 阻尼系数4×10^{-3}

图 10.15　初期仿真扩展研究各算例减压器阀芯开度、流量仿真结果对比

10.2.3　改进后的设计方案和仿真结果

采用初期系统方案设计出的减压器试样经过实际试验测试确实出现了工作不稳定的现象，不能满足减压器输出气体的设计要求。因此，工程单位参考以往相似类型减压器的设计经验和本章的仿真研究结论，改进了涡轮气封系统的设计方案。改进方案主要采用了减小减压器阀芯质量和增大减压器膜片刚度这两种措施来改善减压器的稳定性，并降低了孔板直径以减小输出气体的流量。表 10.4 所列为改进方案的参数设置情况。

表 10.4　改进后的涡轮气封减压试验系统参数设置

系统组件	缓开阀 BCV1	减压器 GPRR1						电磁阀 GV2	孔板 GV3
参　数	d_{v4}/ mm	d_{v3}/ mm	d_{v4}/mm	m_{VC}/ kg	C_m/ (N·mm^{-1})	x_2/ mm	T_{GV2}/ s	d_v/ mm
改进方案	0.1	1.0	1.0	0.064	正向：1 925 反向：18 645	9.223 5	5	3.5

表 10.5 所列为改进方案对应的两个仿真算例的参数设置情况，系统起动时刻的初始状态与原方案一样，缓开阀阀芯、开启孔节流处和减压器阀芯、阻尼孔、卸荷孔节流处流量系数仍设置为 0.7，缓开阀和减压器弹性元件材料的阻尼系数 λ_s 仍设置为 4×10^{-4}。

表 10.5　改进后的涡轮气封减压试验系统算例设置

系统组件	缓开阀 BCV1	减压器 GPRR1				电磁阀 GV2	孔板 GV3	管道壁面	备　注
算例	d_{v4}/mm	d_{v3}/mm	m_{VC}/kg	C_m/(N·mm^{-1})	x_2/mm	T_{GV2}/s	d_v/mm	传热模型	
15-1	0.1	1.0	0.064	正向：1 925 反向：18 645	9.223 5	5	3.5	1 维	改进后的标准算例
15-2	0.1	1.0	0.064			5	3.8	1 维	孔板直径保持原方案
试验	初期设计出来的系统试验出现不稳定工作现象，改进后的系统经试验验证达到设计要求								

图 10.16～图 10.20 为改进方案对应的两个算例仿真获得的缓开阀 BCV1、减压器 GPRR1、孔板 GV3 及出口管道 GP6 状态参数随时间的变化曲线。

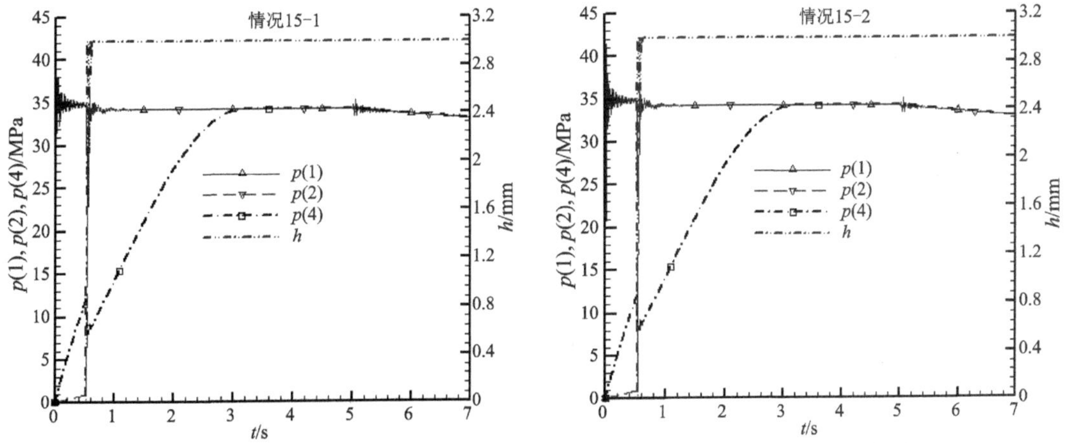

(1) 改进后的标准算例　　(2) 孔板直径保持原方案

图 10.16　改进方案对应的缓开阀 BCV1 高低压腔和开启腔压强、阀芯开度的仿真结果

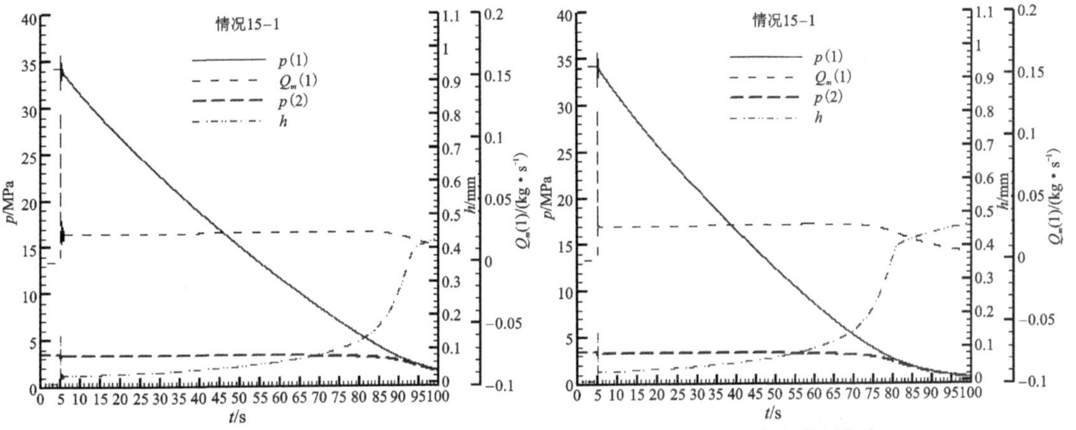

(1) 改进后的标准算例　　(2) 孔板直径保持原方案

图 10.17　改进方案对应的减压器 GPRR1 高低压腔压强和阀芯开度、流量的仿真结果

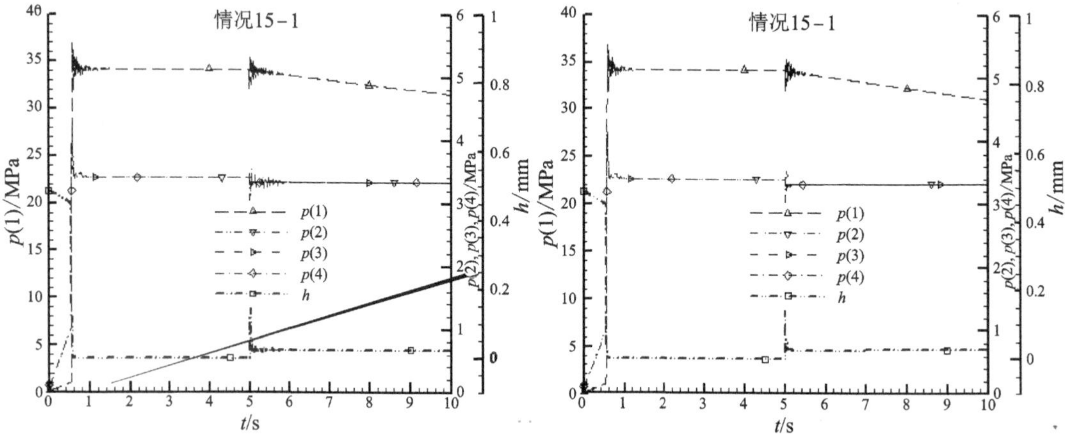

(1) 改进后的标准算例 (2) 孔板直径保持原方案

图 10.18 改进方案对应的减压器 GPRR1 各腔压强和阀芯开度在起动阶段的仿真结果

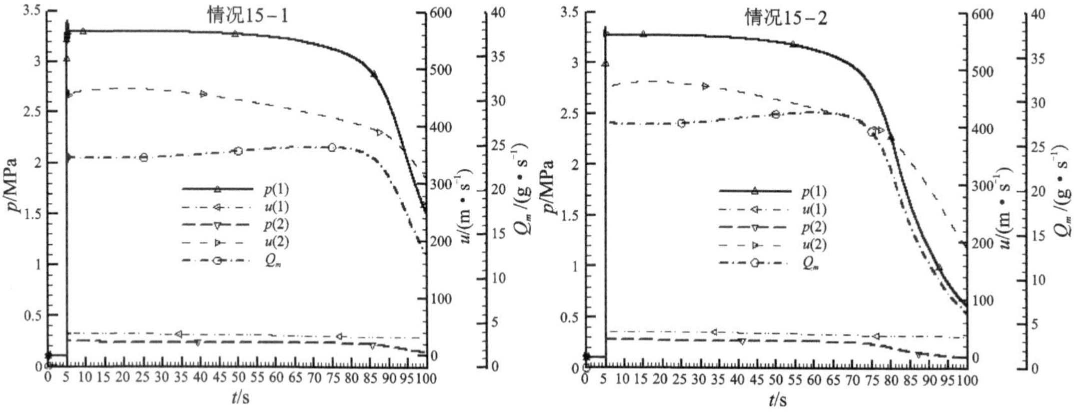

(1) 改进后的标准算例 (2) 孔板直径保持原方案

图 10.19 改进方案对应的孔板 GV3 流量和入口、出口压强及流速的仿真结果

从图 10.16～图 10.20 可以看出，综合运用减小减压器阀芯质量和增大减压器膜片刚度这两项措施后，系统工作非常稳定，但是增大膜片刚度明显降低了减压器的灵敏度，产生了使低压腔压强随着氦气消耗较多地偏离设计值的副作用。具体来说，图 10.16～图 10.20(1)显示，从 6.5 s 时刻到 80 s 时刻，随着减压器高压腔压强从 33.33 MPa 降低到 5.49 MPa，低压腔压强从 3.33 MPa 变化到了 3.10 MPa，这两个值偏离设计值 3.4 MPa 的程度相对于原方案略有增大。对比图 10.16～图 10.20(1)、图 10.20(2)可以看出，降低孔板直径把输出气体流量从约 28 g/s 减小到了约 24 g/s，相应的输出气体流速从约 0.92Ma 减小到了约 0.85Ma，高压气体消耗的速度有所减慢。

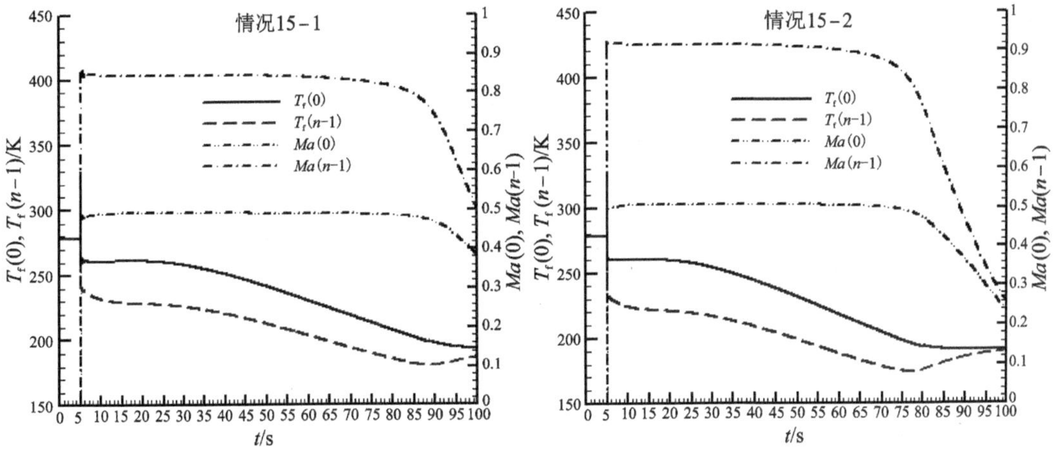

(1) 改进后的标准算例　　(2) 孔板直径保持原方案

图 10.20　改进方案对应的管道 GP6 入口、出口温度和马赫数的仿真结果

10.3　液氢三贮箱系统仿真

推进剂供应系统的可靠工作对保证发动机性能和燃烧室工作稳定性及可靠性尤为重要。在发动机设计时，要严格控制推进剂供应系统的压强损失和摩擦损失等，因其决定了贮箱中的压强与燃烧室的工作压强（必须使这两个压强满足设计要求）。因此，对推进剂供应系统要进行详细的仿真计算和优化设计。其中，对阀门和自动器的工作要求更为严格，更加需要对其进行仿真计算和优化设计。

本节以一个地面试验用的液氢试验台三贮箱系统为例，介绍推进剂供应系统的仿真方法。实际发动机推进剂供应系统结构和工作过程与其类似，本节所用方法同样适用。

10.3.1　数值仿真模型

图 10.21 为试验台液氢三贮箱系统的数值仿真模型，其中，贮箱采用低温推进剂分布参数模型，图中标出了各管道的长度（单位：m）及内径（单位：mm）。模块化建模时，将此系统化为 2 个流体源（FS1～FS2）、7 段气体管道（GP1～GP7）、6 段一般可压缩流管道（CFP1～CFP6）、3 个气体容积（GVol1～GVol3）、3 个一般可压缩流容积（CFVol1～CFVol3）、3 个贮箱（Tank1～Tank3），管道、贮箱元件流场网格划分为 100 mm/grid，贮箱壁面径向网格序号总数为 6。认为气体管流为一维理想气体流动，液体管流为一维可压缩流，由于液氢管道为真空管并且在发动机点火前已经过充分预冷，因此气体和液体管道壁面均选用绝热模型，真空夹层结构的贮箱壁面采用内筒管壁与外筒管壁之间存在辐射换热的轴对称二维传热模型，贮箱气液交界面处气体部分的密度由等熵关系式确定，气体采用变物性控制器，壁面材料常温区域元件采用常物性元件，低温区域元件采用变物性元件，液体采用常物性控制器。FS1 根据试验数据给出压强、温度及亚声流动入口边界条件，FS2 根据试验数据给出流量亚声出口边界条件。三个贮箱气枕的初始体积按照试验数据给定。

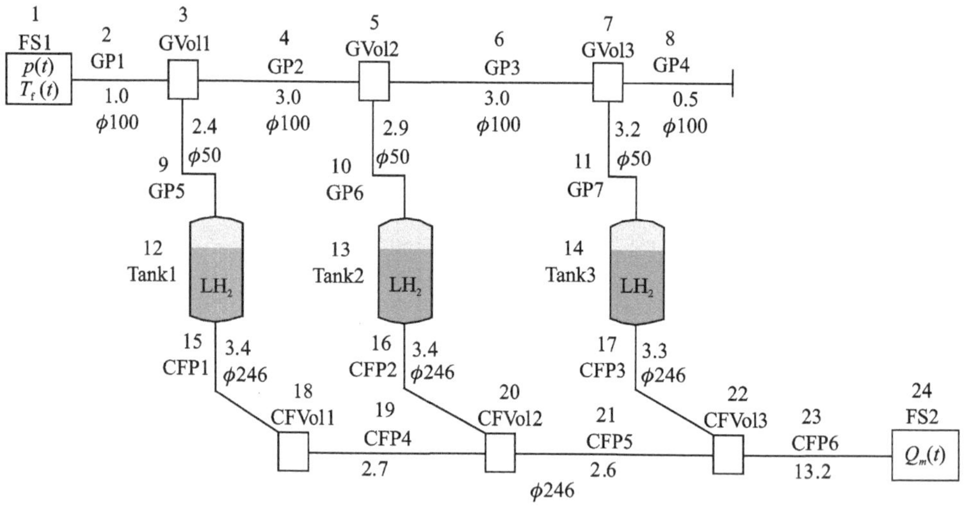

图 10.21 液氢三贮箱系统的数值仿真模型

系统在发动机起动时刻的初始状态为：FS1 处压强根据试验数据设为 0.579 MPa，FS2 处压强根据经验取值为 0.571 MPa；中间各元件由于缺乏测量数据，按照管道越长、压损越大的原则，分别在 0.571～0.579 MPa 之间取值；Tank$i$（$i=1,2,3$）之前管路温度为 278 K，贮箱气枕温度由入口的 $T(i)_{\text{in}}$ 线性降低到交界面处的液氢温度，贮箱内筒壁面温度由入口处的 $T_{\text{w}}(i)_{\text{in}}$ 线性降低到交界面处的液氢温度 T_{L}，与液氢接触部分的壁面温度为 T_{L}，贮箱气液交界面以下管路液氢密度为 ρ_{L}（程序会根据压强、密度计算得到液氢初始温度），给定 $\rho_{\text{L}}=71.75\ \text{kg/m}^3$，则 $T_{\text{L}}\approx 20\ \text{K}$；液体部分各元件初始速度根据流量试验数据、密度初始值以及各元件内径计算得到。根据相关文献以及管网中流量的大致比例，各管道元件端口局部损失系数的默认设置如图 10.22 所示。

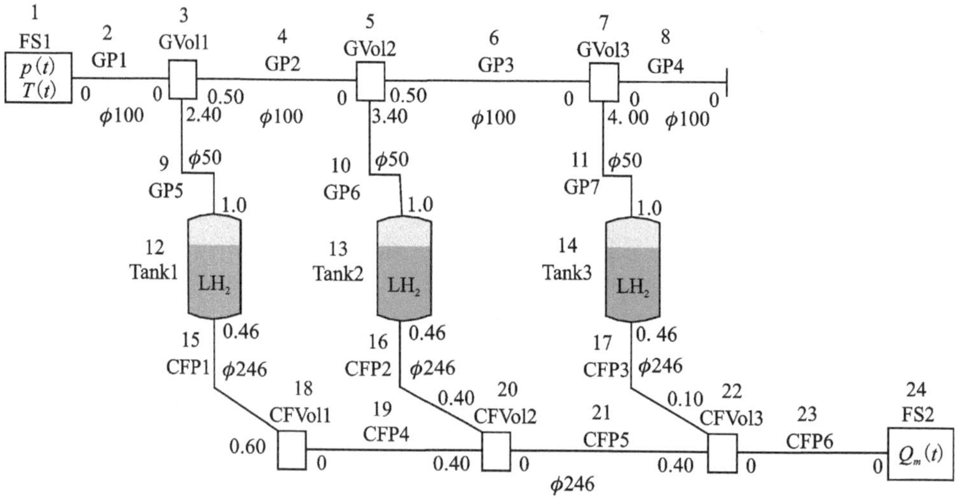

图 10.22 液氢三贮箱系统各管道端口局部损失系数的默认设置

10.3.2 仿真研究的目的与研究方案

试验台由于所需氢流量较大，采用将三个贮箱并联后汇合的方案，但是在试验过程中发现三个液氢贮箱中液位下降速度出现了严重的不一致现象，如图 10.23(a)所示。图 10.23(b)所示为温度传感器测得的三个贮箱中气枕温度的动态曲线。

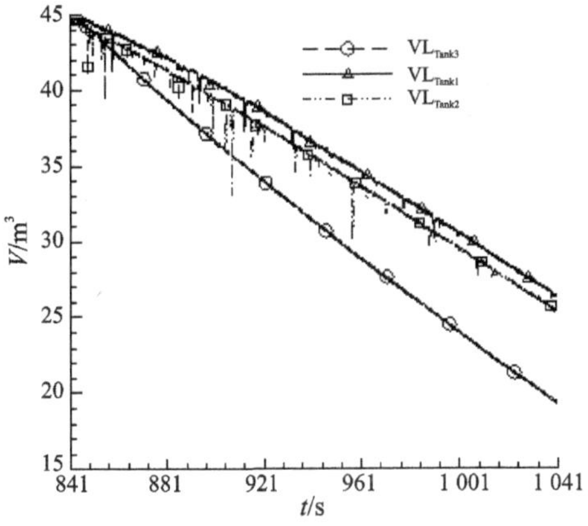

(a) 贮箱液位

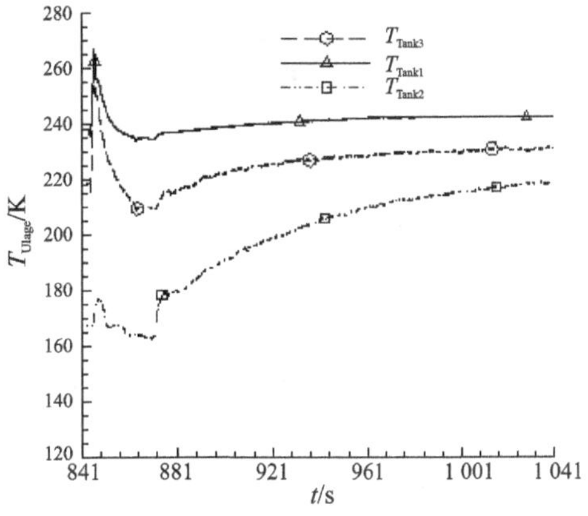

(b) 气枕温度

图 10.23 三个贮箱液位和气枕温度在发动机点火工作段的试验测量曲线

可以看出，Tank3 液位下降速度明显高于另外两个贮箱，这会造成试验尚未完成时 Tank3 中液位已处于警戒线以下的后果，从而导致试验失败。由于试验台测点较少，从现有试验数据无法分析出液位下降速度严重不一致的原因。因此，希望借助仿真手段揭示其物理机理。为研究不同因素对系统动态特性的影响，设置了 6 个仿真算例，各算例的参数设置见表 10.6，其中算例 2 把 CFP1、CFP4、CFP5 出口的局部损失系数增大了数倍，如图 10.24 所示；算例 3 在算例 2 的基础上，也倍增了 GP5、GP6 入口的局部损失系数，如图 10.25 所示。

表 10.6 液氢三贮箱系统初始参数和局部损失系数设置

算 例	$T(1)_{in}$/K	$T_w(1)_{in}$/K	$T(2)_{in}$/K	$T_w(2)_{in}$/K	$T(3)_{in}$/K	$T_w(3)_{in}$/K	管道端口局部损失系数
1	278	180	278	180	278	180	默认设置
2	278	180	278	180	278	180	加大 CFP1、CP4～CFP5
3	278	180	278	180	278	180	加大 GP5～GP6，CFP1、CFP4～CFP5
4	278	80	278	140	278	240	默认设置
5	170	40	220	120	240	220	默认设置
6	240	50	170	70	220	200	默认设置
试验	238.2	未知	168.6	未知	218.4	未知	未知

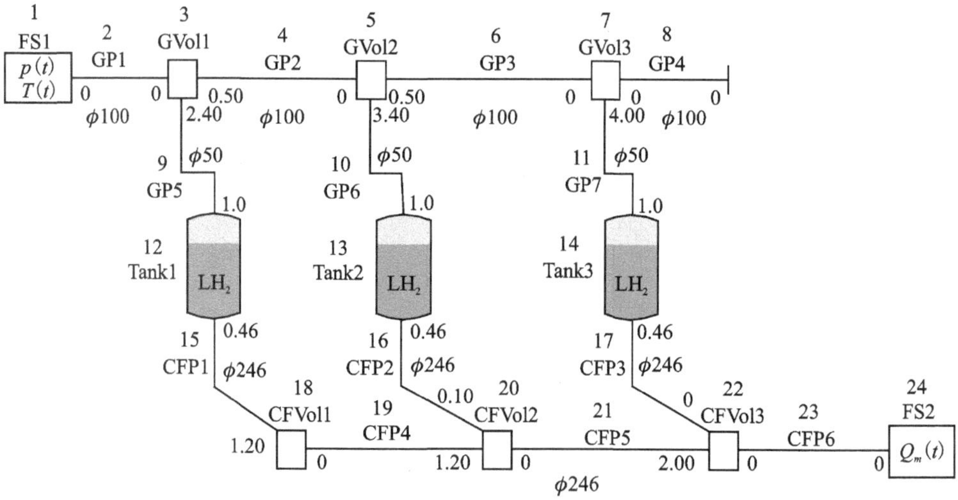

图 10.24 液氢三贮箱系统算例 2 各管道端口局部损失系数设置

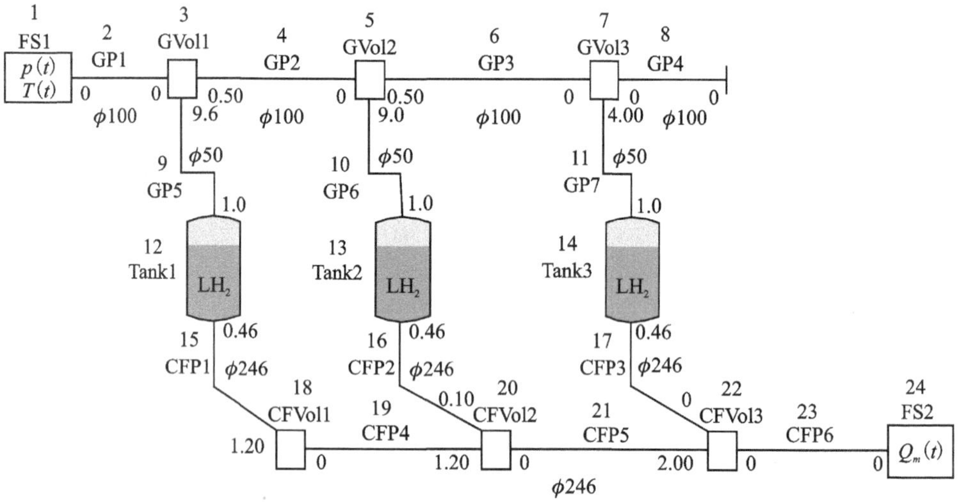

图 10.25 液氢三贮箱系统算例 3 各管道端口局部损失系数的设置

10.3.3 仿真结果及与试验结果的对比

图 10.26、图 10.27 分别为仿真获得的三个贮箱液体的体积、第零网格(即贮箱入口椭圆封头部分状态单元)中气枕温度随时间的变化曲线。从图中可以看出,在算例 1 三个贮箱气枕和壁面温度初始分布完全相同的情况下,仿真结果为 Tank1 液面下降得最快,Tank2 其次,Tank3 最慢,与试验结果刚好相反,但是三个贮箱液位相差并不大,并未达到贮箱液位严重不一致的程度;算例 2 将 CFP1、CFP4、CFP5 出口的局部损失系数倍增,仿真得到的结果与算例 1 相比并无太大变化,仍然是 Tank1 液面下降得最快,另两个贮箱液位曲线位置互换,但是差别很小;算例 3 在算例 2 的基础上,将 GP5、GP6 入口的局部损失系数也倍增,得到了与试验比较一致的液位分布情况,但是第零网格气枕温度曲线的分布与试验测量的差别很大;算例 4 在保证三个贮箱气枕初始温度分布相同的情况下,把三个贮箱壁面初始温度分布设置得有所

差别，得到了与试验接近的液位分布情况，但是第零网格的气枕温度曲线分布与试验测量结果差别仍然很大；算例 5 对三个贮箱设置了不同的贮箱气枕初始温度分布和壁面初始温度分布，得到了贮箱三液位下降过快的仿真结果，但是第零网格的气枕温度曲线分布与试验测量的结果不一致；算例 6 根据试验测得的温度初始值设置了三个贮箱的第零网格气枕初始温度，并通过调节贮箱壁面初始温度分布获得了与试验比较一致的液位分布情况，虽然第零网格气枕温度曲线分布情况在初始时刻与试验一致，但是三个贮箱随后的温度变化幅度与试验测量的结果不符，尤其是 Tank1、Tank2 温度曲线的位置与试验测得的结果相反。各算例起动后 50 s、100 s、200 s 时刻三个贮箱液位和第零网格气枕温度仿真结果与试验结果的对比见表 10.7～表 10.9。

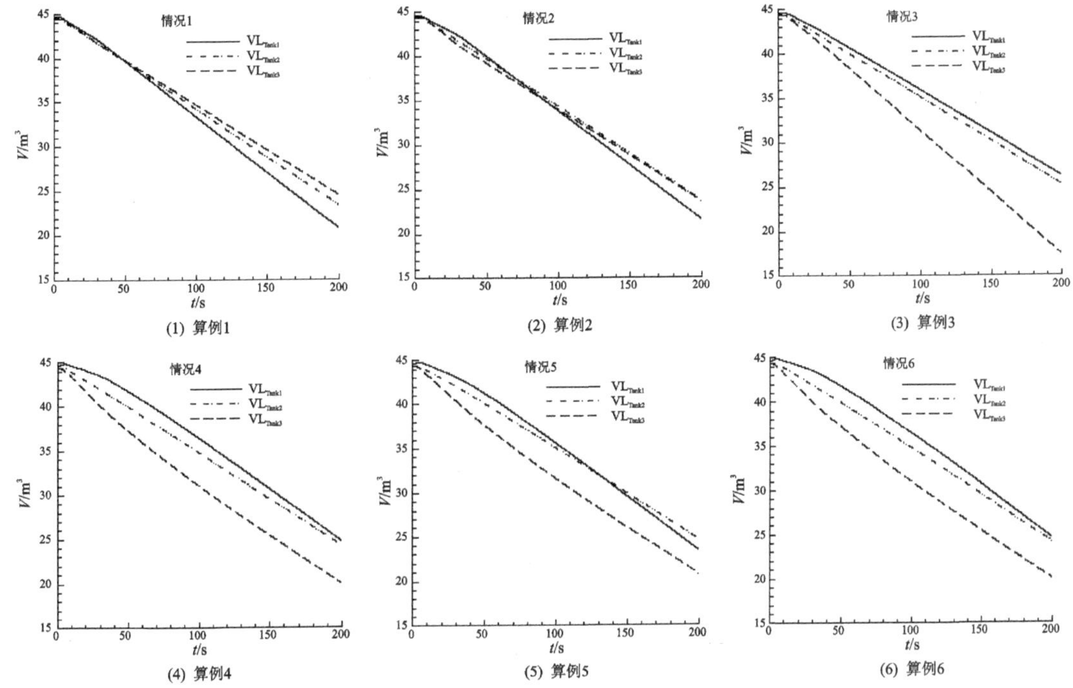

图 10.26　液氢三贮箱系统不同情况下三个贮箱液位仿真结果对比

表 10.7　起动后 50 s 时刻三个贮箱液位和第零网格气枕温度仿真结果与试验结果的对比

算例及试验	VL_{Tank1}/m^3	VL_{Tank2}/m^3	VL_{Tank3}/m^3	$(VL_{Tank1}+VL_{Tank2}+VL_{Tank3})/m^3$	T_1/K	T_2/K	T_3/K
算例 1	39.601	39.586	39.698	118.885	254.4	252.0	251.6
算例 2	39.980	39.691	39.214	118.885	253.5	251.6	252.9
算例 3	40.652	39.969	38.300	118.921	247.5	248.1	255.2
算例 4	41.699	39.940	37.260	118.899	226.7	241.8	269.6
算例 5	41.210	40.049	37.629	118.888	194.6	224.7	259.6
算例 6	41.781	39.931	37.183	118.895	214.2	200.9	253.3
试验	41.343	40.396	37.951	119.690	238.0	186.1	220.2

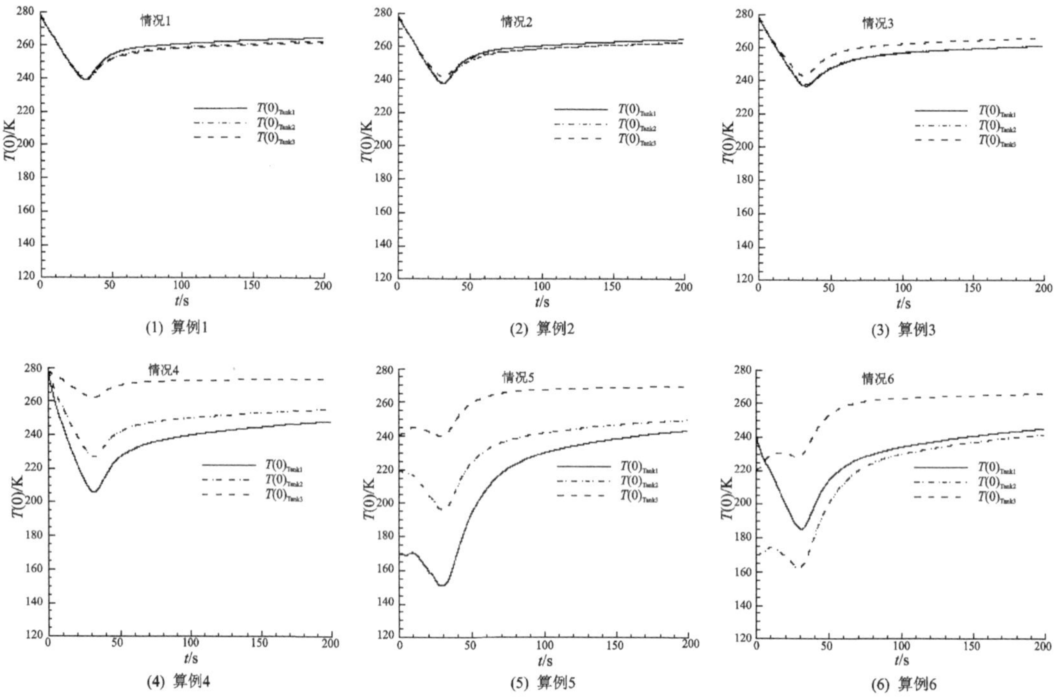

图 10.27 液氢三贮箱系统不同情况下三个贮箱第零网格气枕温度仿真结果对比

表 10.8 起动后 100 s 时刻三个贮箱液位和第零网格气枕温度仿真结果与试验结果的对比

算例及试验	VL_{Tank1}/m^3	VL_{Tank2}/m^3	VL_{Tank3}/m^3	$(VL_{Tank1}+VL_{Tank2}+VL_{Tank3})/m^3$	T_1/K	T_2/K	T_3/K
算例 1	33.337	34.207	34.678	102.222	261.0	258.8	258.1
算例 2	33.841	34.373	34.007	102.221	260.6	258.7	258.7
算例 3	35.880	35.089	31.297	102.266	256.6	256.8	262.0
算例 4	36.414	34.776	31.041	102.231	239.8	250.0	272.5
算例 5	35.588	35.049	31.585	102.222	230.2	242.1	267.5
算例 6	36..462	34.786	30.980	102.228	234.3	230.0	263.2
试验	36.574	35.652	31.385	103.611	241.2	205.6	227.4

表 10.9 起动后 200 s 时刻三个贮箱液位和第零网格气枕温度仿真结果与试验结果的对比

算例及试验	VL_{Tank1}/m^3	VL_{Tank2}/m^3	VL_{Tank3}/m^3	$(VL_{Tank1}+VL_{Tank2}+VL_{Tank3})/m^3$	T_1/K	T_2/K	T_3/K
算例 1	20.850	23.429	24.568	68.847	264.5	262.6	261.9
算例 2	21.568	23.681	23.598	68.847	264.2	262.5	262.3
算例 3	26.222	25.250	17.415	68.887	260.9	261.1	265.4
算例 4	24.690	24.210	19.953	68.853	248.2	255.2	273.4
算例 5	23.414	24.671	20.762	68.847	243.6	249.9	269.6
算例 6	24.610	24.145	20.096	68.851	245.2	241.7	265.9
试验	26.384	25.371	19.218	70.973	242.5	219.1	231.4

10.4　减压阀优化设计

在液体火箭发动机系统中,结构较为复杂的推进剂阀是减压阀和调节阀。本节以减压阀为例介绍推进剂阀的设计优化过程。减压阀的工作原理是通过启闭件的节流,将介质压强降低,并利用本身介质能量,使阀后的压强自动满足预定的要求。

从流体力学的角度看,减压阀是一个局部阻力可以变化的节流元件,即通过改变节流面积使流速及流体的动能改变,造成不同的压强损失,从而达到减压的目的。依靠控制与调节系统的调节,使得阀后压强的波动与弹簧力相平衡,阀后压强在一定误差范围内保持恒定。减压阀的种类很多,但其工作原理基本相同,在设计计算方法和步骤上具有共性。

在液体火箭发动机中,按用途不同,气体减压阀可分为以下三种:

① 挤压组元的气体减压阀;

② 贮箱增压用气体减压阀;

③ 操纵各种气体活门和液体调节器的气体减压阀。

按减压阀的敏感元件可以分为以下三种:

① 薄膜式减压阀,适用于小流量情况下;

② 柱塞式减压阀,适用于大流量出口压强高的情况下,故可用于挤压组元;

③ 膜盒式减压阀,适用于大流量出口压强低的情况下,故可用于增压贮箱。

按照减压阀的性能可以分为以下四种:

① 不卸荷的正向作用减压阀;

② 不卸荷的反向作用减压阀;

③ 卸荷的反向作用减压阀;

④ 卸荷的正向作用减压阀。

按减压阀的用途分为以下两种:

① 流量式减压阀,用以挤压和增压组元;

② 指挥式减压阀,用以操纵各种气动活门和液压调节器。

本节以 10.2 节某型液体火箭发动机涡轮泵气封减压试验系统为研究对象,通过调节主要部件气体减压器的结构参数,使得减压器的出口压强稳定,满足工程需求。

图 10.28 为涡轮泵气封减压试验系统,其包含 13 个组合件。FS1 代表流体源,GP1～GP6 表示 6 段气体管路,GV1～GV3 表示 3 个气体阀门,CV1 表示缓开阀,GPRR1 表示气体减压器,GVol1 表示高压气瓶。

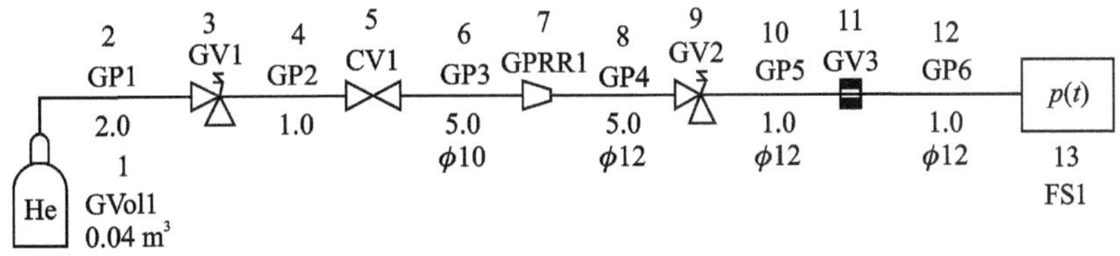

图 10.28　试验系统简图

10.4.1 优化设计模型

涡轮气封试验减压系统要求当高压气瓶压强随着气体消耗由最初的 35 MPa 降低到 4.6 MPa 过程中，减压器出口压强保持在 3.4 MPa 附近，正负偏差小于 0.2 MPa。因此以减压器的 5 个重要参数作为设计变量。减压器结构简图如图 10.29 所示。表 10.10 为减压器初始参数设置。

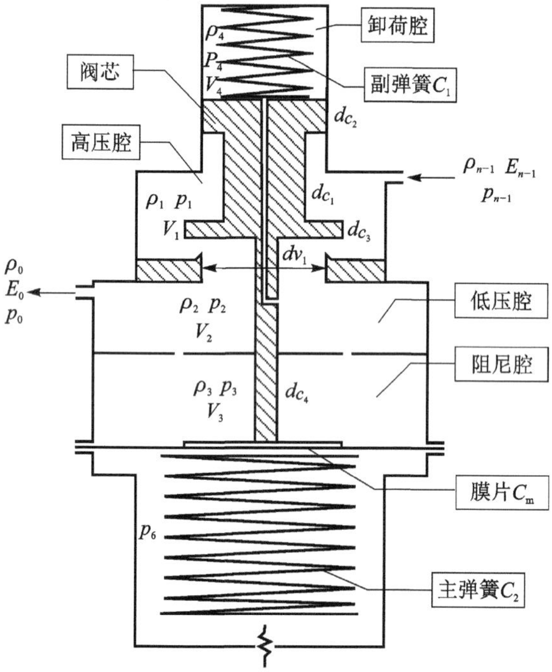

图 10.29 减压器结构简图

表 10.10 减压器初始参数设置

物理量	取　值	物理量	取　值
进口压强范围/MPa	35～4.6	卸荷腔尺寸/mm	ϕ21×38
出口压强范围/MPa	3.4±0.2	卸荷孔径/mm	ϕ1
流量/(g·s^{-1})	20	阻尼腔尺寸/mm	ϕ28×20～ϕ7×20
工作流量下出口压强/MPa	不低于 2.6～3.0	主弹簧预压缩量(有出口压强)/mm	11.6
阀座直径/mm	14.7	主弹簧预压缩量(无出口压强)/mm	11.6+0.4
载荷直径/mm	14.6	副弹簧预压缩量(有出口压强)/mm	5.18
副弹簧刚度/(N·mm^{-1})	135.4	副弹簧预压缩量(无出口压强)/mm	5.18+0.4
主弹簧刚度/(N·mm^{-1})	270.8	出口有压强最小开度/mm	4.7×10^{-5}
膜片刚度/(N·mm^{-1})	403.3	三种阻尼孔尺寸/mm	ϕ0.5、ϕ0.7、ϕ1
膜片压缩量/mm	0～0.4	膜片面积结构/mm^2	716.3
环境温度/℃	−40～50	低压腔结构/mm	ϕ14.7×24+ϕ12×79−ϕ7×36
阀芯 2Cr13 尺寸/mm	ϕ14.6×28+ϕ21×10+ϕ7×62	高压腔结构/mm	ϕ24×34+ϕ8×27+ϕ7×17+ϕ39×14−ϕ21×14+ϕ30×5.5−ϕ21×5.5

(1) 设计变量

根据减压器的结构,结合工程部门的经验,选取影响减压器动态性能的参数作为设计变量,包括阻尼孔直径 d、高压腔等效长度 L_1、低压腔等效长度 L_2、阀芯质量 M、阻尼系数 λ 这 5 个参数。

(2) 优化目标

减压器出口压强 $p_2=(3.4\pm0.2)\mathrm{MPa}$。

根据 10.1.5 小节关于减压器的仿真计算模型,出口压强 p_2 无法由设计变量直接得出解析式,具体计算过程参照式(10.11)～式(10.13)。

由于系统为动态过程,因此,优化目标为系统达到稳定后的减压器出口压强,即稳定射流阶段的出口压强。为便于计算,将目标转化为

$$J=\min\Delta=\min\sum_{t=t_0}^{T}\left(\frac{p_2^t-3.4}{3.4}\right)^2 \tag{10.30}$$

式中,t_0 代表系统开始稳定射流阶段的时间,T 代表仿真计算的最终时刻。优化问题转化为极小化问题。计算中所用到的参数及取值如表 10.10 所列。

(3) 约束条件

约束条件如表 10.11 所列。

表 10.11　试验系统约束条件

名　称	符号及单位	取值范围
阻尼孔直径	d/mm	[0.2, 1.2]
高压腔等效长度	L_1/mm	[3.306, 33.06]
低压腔等效长度	L_2/mm	[2.218, 22.18]
阀芯质量	M/kg	[0.0822, 0.822]
阻尼系数因子	λ/s	[1.0×10^{-4}, 5.0×10^{-4}]

由于系统本身较为复杂,进行一次仿真的时间较长,因此,必须采用适当的优化策略对减压器进行优化设计。

10.4.2　优化设计方法

针对气封减压试验系统的仿真模块特点,采用改进 PSO 算法,对减压器参数进行优化计算。为加快算法的收敛性,在 PSO 算法之前加入均匀设计,减少仿真程序执行的次数,缩小设计变量的搜索范围。根据仿真程序耗时长的特点,采用粒子群算法的并行模式,用 10 台计算机进行并行计算。

由于气封试验系统的单次仿真时间为 8 h,因此,本小节中在使用粒子群算法对减压器进行优化计算之前,进行了两次均匀设计来提高计算效率。采用均匀设计是为了缩小设计变量的寻优范围,并不是求出精确结果。因此,在第一次构造均匀设计表后,采用绝热模型的仿真程序进行计算。在第二次构造均匀设计表后,应用一维传热模型的仿真程序进行计算。采用绝热模型同样是为了节省计算耗时。

在应用 PSO 算法时,采用了 10 台计算机并行计算的模式,即取粒子种群个数为 10,在一台计算机上进行 PSO 计算,仿真过程在 10 台计算机上并行执行。在每次仿真结束后,其余

9 台计算机将仿真结果数据文件传递至进行 PSO 计算的机器，计算粒子的更新次数。这台计算机再将更新后的 9 个粒子数据文件分别发送至其余 9 台计算机进行仿真计算。进行优化的计算机也执行其中一个粒子的仿真计算。具体流程如图 10.30 所示。

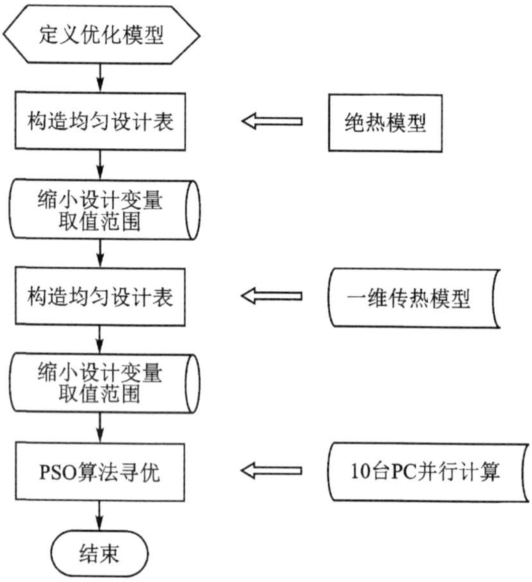

图 10.30 优化流程图

10.4.3 优化设计结果及分析

根据设计变量的个数及取值范围特点，采用 10 水平 5 因子的均匀设计表来安排试验设计，如表 10.12 所列。由于设计变量的数量级相差很大，首先将设计变量无量纲化，表 10.13 为变量无量纲化后的取值范围。根据表 10.13，将各个变量按取值范围进行 10 等分，分别作为水平 1～水平 10，则第一次的试验安排如表 10.14 所列。其中变量的值为无量纲化之后的取值。

表 10.12 10 水平 5 因子均匀设计表

因子 1	因子 2	因子 3	因子 4	因子 5
1	2	4	5	8
2	4	8	10	5
3	6	1	4	2
4	8	5	9	10
5	10	9	3	7
6	1	2	8	4
7	3	6	2	1
8	5	10	7	9
9	7	3	1	6
10	9	7	6	3

表 10.13　无量纲化后的变量范围

对应变量	取值范围
d	[0.20，1.20]
L_1	[3.306 0，33.060]
L_2	[2.218 0，22.180]
M	[0.822 0，8.220]
λ	[1.0，5.0]

表 10.14　第一次试验设计

序　号	d	L_1	L_2	M	λ	Δ
1	0.20	6.612	8.872	4.110	4.08	26.407 963
2	0.31	13.224	17.744	8.220	2.76	8.856 112
3	0.42	19.836	2.218	3.288	1.44	27.734 648
4	0.53	26.448	11.090	7.398	4.96	12.056 821
5	0.64	33.060	19.962	2.466	3.64	7.050 254
6	0.75	3.306	4.436	6.576	2.32	25.397 232
7	0.86	9.918	13.308	1.644	1.00	11.069 070
8	0.97	16.530	22.180	5.754	4.52	1.192 083
9	1.08	23.142	6.654	0.822	3.20	6.069 003
10	1.19	29.754	15.526	4.932	1.88	1.473 736

根据第一次试验，在试验 8 和试验 10 取到了最优值，由此判定可能存在最优值的范围如表 10.15 所列。

表 10.15 中，设计变量的取值范围比表 10.14 大幅度缩小。同样应用表 10.12，第二次的试验安排如表 10.16 所列。结果显示第 10 次试验的 Δ 值最小，由此可以确定存在最优值的取值范围，经量纲还原后如表 10.17 所列。

表 10.15　设计变量范围设定

对应变量	取值范围
d	[0.900，1.50]
L_1	[14.877，18.183]
L_2	[14.417，16.635]
M	[4.5210，6.1650]
λ	[1.6，2.0]∪[4.3，4.8]

表 10.16　第二次试验设计

序　号	d	L_1	L_2	M	λ	Δ
1	0.914 3	15.274	15.171	5.244	4.59	8.105 880
2	0.928 6	16.001	16.147	6.149	2.00	1.501 167
3	0.942 9	16.728	14.439	5.063	1.70	1.578 803

续表 10.16

序号	d	L_1	L_2	M	λ	Δ
4	0.957 2	17.456	15.415	5.968	4.85	2.096 975
5	0.971 5	18.183	16.391	4.883	4.46	1.937 034
6	0.985 8	14.910	14.683	5.787	1.90	1.680 915
7	1.100	15.637	15.659	4.702	1.60	2.506 848
8	1.234	16.365	16.635	5.606	4.72	2.226 293
9	1.368	17.092	14.927	4.521	4.33	0.654 570
10	1.500	17.819	15.903	5.425	1.80	0.378 149

表 10.17 设计变量范围设定

名称	符号及单位	取值范围
阻尼孔直径	d/mm	[1.45, 1.55]
高压腔等效长度	L_1/mm	[16.350, 19.836]
低压腔等效长度	L_2/mm	[14.896, 15.534]
阀芯质量	M/kg	[0.044 8, 0.055 1]
阻尼系数因子	λ/s	[1.7×10^{-4}, 1.9×10^{-4}]

对比表 10.13 的取值范围，表 10.15 的取值范围显著减小，在此基础上采用改进的粒子群算法求解，极大地提高了求解效率。

在粒子群算法的寻优过程中，将仿真任务分配到 10 台 PC 上运行，大大提高了计算效率。在两次迭代后，满足误差范围条件，寻优结束。

分别将初始设计点、第一次试验设计最优值、第二次试验设计最优值和 PSO 算法找到最优值的高、低压腔的压强以图形显示对比。

由图 10.31 可看出，在试验系统工作 5 s 后，进入稳定射流阶段。允许低压腔出口的压强变化范围在 3.2～3.6 MPa 之间。图 10.31 所示的低压腔出口压强变化在 3～9 MPa 之间，大大超出系统允许的可变范围，因此初始设计的试验系统工作过程不能满足工程部门的要求。图 10.32 显示第一次试验设计后所得最优值对应的高低压腔压强振荡明显减弱，低压腔出口压强的变化范围在 3～5 MPa 之间，但是仍未达到设计要求。

在第二次试验设计后振荡继续减弱，最后在粒子群算法寻优后，找到符合要求的减压器设计。表 10.18 为四种情况下的设计变量取值。

表 10.18 四种情况下设计变量和目标值对比

情况 \ 变量	d/mm	L_1/mm	L_2/mm	M/kg	λ/s	Δ
初始点	1.0	33.06	21.28	0.082 2	4×10^{-4}	26.408
第一次试验设计	1.19	30.24	15.526	0.049 32	1.88×10^{-4}	1.474
第二次试验设计	1.500	18.11	15.903	0.054 25	1.80×10^{-4}	0.378
PSO 优化	1.585	17.88	17.54	0.042 8	1.6×10^{-4}	0.054 5

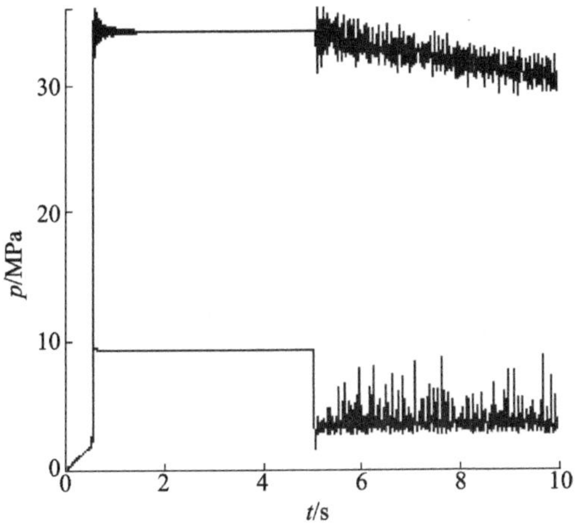

图 10.31　初始设计点高低压腔压强

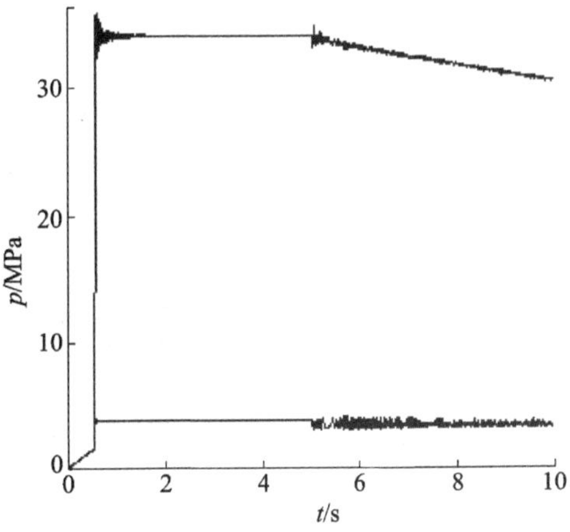

图 10.32　第一次试验设计中的最优值

图 10.33 为第二次试验设计中的最优值，图 10.34 为 PSO 寻优结果。

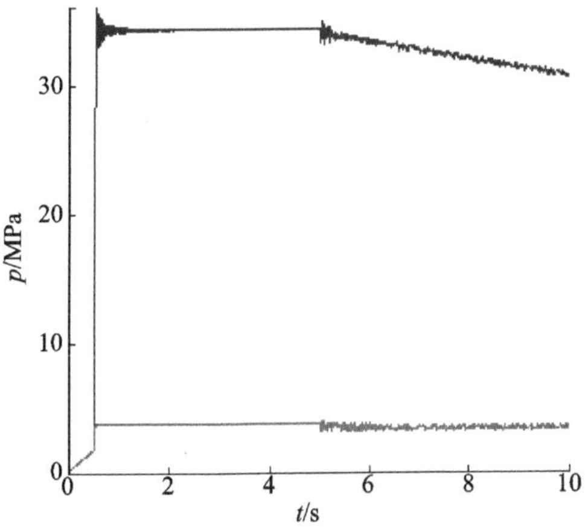

图 10.33　第二次试验设计中的最优值

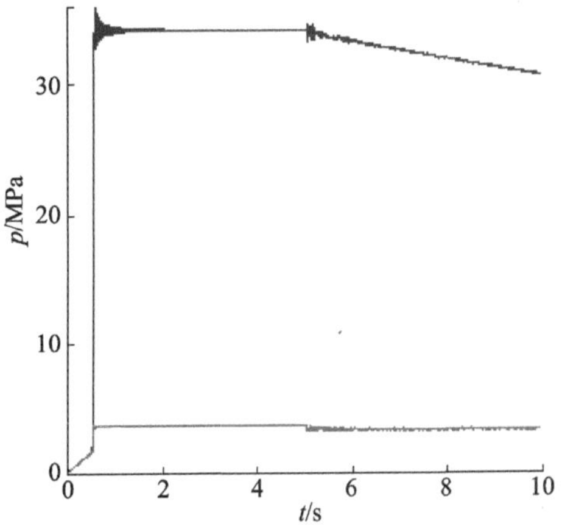

图 10.34　PSO 寻优结果

根据表 10.18 可以得出以下规律，增大阻尼孔直径、高低压腔等效长度和减小阀芯质量有利于减压器出口压强的稳定。

图 10.35 和图 10.36 为初始值和最终优化值的低压腔压强对比。由图中可以看出，优化前后的压强变化范围截然不同。图 10.36 显示，低压腔的出口压强在系统工作 6 s 后大致在 3.3～3.5 MPa 范围内变动，完全符合设计要求，即通过改变减压器结构使得气封试验系统的动态性能得到优化，满足工程部门的需求。

为验证改进 PSO 算法的收敛效果，采用传统粒子群算法对系统进行优化，采用相同的并行计算模式，经过 10 次迭代后的结果如图 10.37 所示。

对比图 10.37(a)、图 10.37(b)可以看出，改进后的 PSO 算法优化效果明显，优化收敛性显著提高，证明了对算法改进的正确性和合理性。

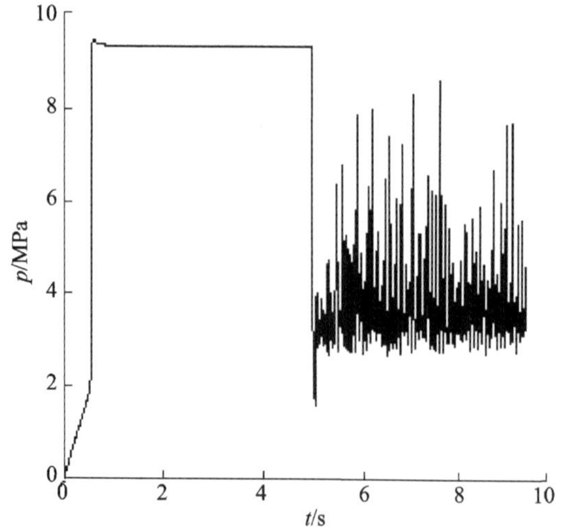

图 10.35 初始点的低压腔压强

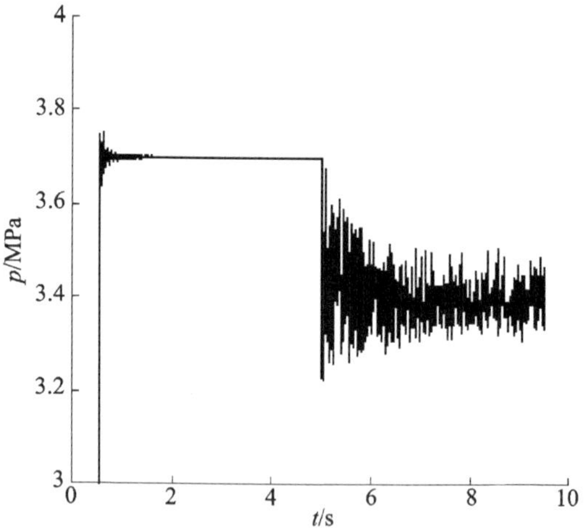

图 10.36 最优点的低压腔压强

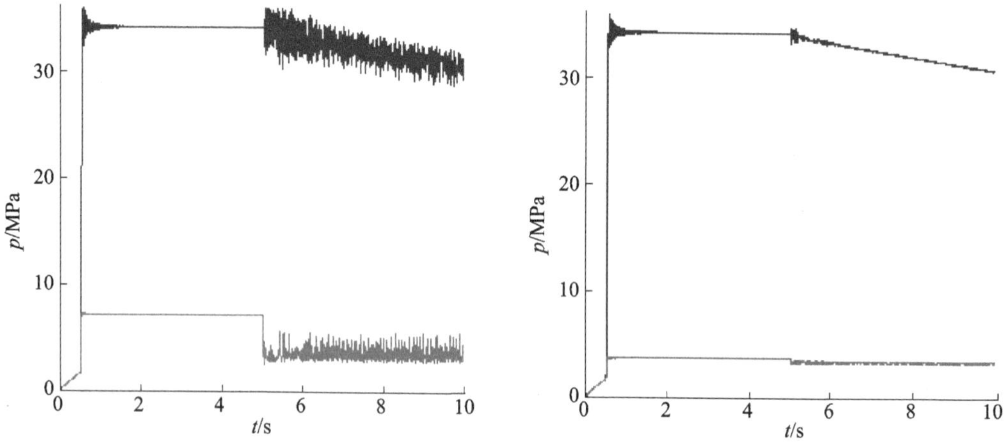

(a) 传统PSO算法优化结果

(b) 改进PSO算法优化结果

图 10.37 传统 PSO 算法与改进的 PSO 算法优化结果对比

10.5 推力室头部弯管优化设计

本节对某推力室头部的弯管进行结构优化，弯管的结构简图如图 10.38 所示。管壁材料为 GH4169，具体结构尺寸为 $R_1=0.299$ m，$r_1=0.186$ m，$r_2=0.175\ 35$ m，$r_3=0.152\ 9$ m，$r_4=0.132\ 45$ m，$r_5=0.118\ 15$ m，$r_6=0.113$ m，$\theta_1=10°$，$\theta_2=\theta_3=\theta_4=\theta_5=20°$。外壁面温度为常温。$t=0.017$ m，为管壁厚度。

弯管的内壁面温度与压强边界由计算得出。

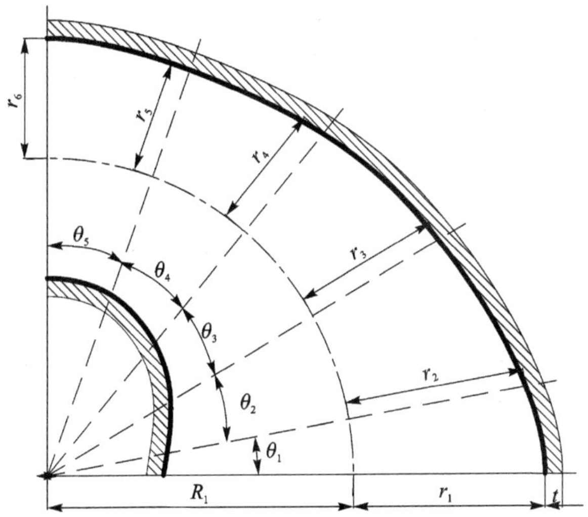

图 10.38　弯管结构简图

10.5.1　优化设计模型

优化问题是在满足强度要求的条件下对弯管进行减重。考虑工程加工和与推力室头部的匹配问题，对优化设计模型定义如下：

设计变量：管壁厚度 t；

优化目标：弯管质量最小，即 $\min W_{\text{pipe}}$；

约束条件：弯管的最大应力小于材料的许用应力，即 $\tau<550$ MPa。

为简化计算，且同时符合工程加工精度条件，选取设计变量为整型变量。

10.5.2　优化设计方法

优化问题为单目标单变量有约束的优化，且设计变量取值是逐次减少的过程，在管壁厚度减小的条件下，弯管质量逐步减小，而弯管应力逐步增大。因此，采用一维搜索法进行优化计算，能快速有效地得到优化结果。

10.5.3　优化设计结果分析

初始条件下当管壁厚度为 17 mm 时，管壁的最大应力值为 394.15 MPa，远小于材料的许用应力，因此弯管的结构具备可减重的余量。

优化后，管壁厚度减为 14 mm。对比优化前后的结果，温度分布情况基本一致，而壁厚减小后，应力有了明显增大。最大应力值为 513.70 MPa，符合材料的许用应力要求。

通过弯管结构优化设计，管壁厚度由 17 mm 减小到 14 mm，在满足强度要求的条件下，管壁质量由 61.9 kg 减小为 50.5 kg，弯管质量减少了 18.4%，优化效果显著。

参考文献

[1] Sherman A L. Payload optimization factors for storage of liquid hydrogen in a low-gravity environment [J]. Journal of spacecraft, 1970, 7(2): 216-219.

[2] Ramamurthi K, Jayashreet A. Optimization of mixture ratio distribution in liquid propellant rocket thrust chamber[J]. Journal of propulsion and power, 1992, 8(3): 605-608.

[3] Oyama A, Liou M S. Multiobjective optimization of rocket engine pumps using evolutionary algorithm[J]. Journal of propulsion and power, 2002, 18(3): 528-535.

[4] Germain B S. Technique for the optimization of the powerhead configuration and performance of liquid rocket engines[M]. Georgia Institute of Technology, 2003.

[5] Vaidyanathan R, Goel T, Shyy W. Global sensitivity and trade-off analyses for multi-objective liquid rocket injector design[R]. AIAA-2004-4007, 2004.

[6] Farinas M I, Garon A. Application of DOE for optimal turbomachinery design[R]. AIAA 2004-2139, 2004.

[7] Jahingir M N, Huque Z. Design optimization of rocket-based combined-cycle inlet/ejector system[J]. Journal of propulsion and power, 2005, 21(4): 650-655.

[8] Sciorelli F, Jones M, Forde S. Collaborative propulsion system analysis tool for pumpfed liquid rocket engines[J]. AIAA-2005-4441, 2005.

[9] Mack Y, Haftka R, Griffin L, et al. Radial turbine preliminary aerodynamic design optimization for expander cycle liquid rocket engine[R]. AIAA 2006-5046, 2006.

[10] MACK Y. CFD-based surrogate modeling of liquid rocket engine components via design space refinement and sensitivity assessment[D]. University of Florida, 2007.

[11] Sunakawal H, Kurosu A, Okita K, et al. Robust and optimized design for liquid rocket Engine[R]. AIAA 2009-5137, 2009.

[12] Nasseri S A. Development of an algorithm and an integrated program for the preliminary sizing of liquid propellant rocket engine[R]. AIAA 2011-6031, 2011.

[13] 陈杰. 推力室槽道式冷却通道尺寸优化设计方法[J]. 航空动力学报, 1993, 8(2): 125-128.

[14] 张黎辉, 凌桂龙, 段娜, 等. 基于遗传算法的液体火箭发动机参数优化[J]. 航空动力学报, 2008, 23(5): 916-920.

[15] 程玉强, 吴建军, 刘洪刚. 基于粒子群算法的可重复使用液体火箭发动机减损优化问题研究[J]. 弹箭与制导学报, 2009, 29(2): 151-154.

[16] 郑赟韬, 池元成, 陈阳. 基于均匀设计的粒子群优化在减压器优化设计中的应用[J]. 航空动力学报, 2012, 27(4): 882-889.

[17] 李进贤. 液体推进技术的现状与发展[J]. 推进技术前沿讲座, 2011.

[18] 唐金兰. 液体火箭发动机原理讲义[M]. 西安: 西北工业大学出版社, 2011.

[19] 方国尧, 张中钦, 余立凤, 等. 固体火箭发动机总体优化设计[M]. 北京: 北京航空航天大学出版社, 1988.

[20] Nocedal J, Wright S J. Numeircal optimization[M]. Springer-Verlag New York, 1999.

[21] 张光澄. 非线性最优化计算方法[M]. 北京: 高等教育出版社, 2005.

[22] 卢险峰. 优化设计导引[M]. 北京: 化学工业出版社, 2010.

[23] 席少霖. 非线性最优化方法[M]. 北京: 高等教育出版社, 1992.

[24] 邓乃扬，等. 无约束最优化计算方法[M]. 北京：科学出版社，1991.
[25] Fang J, Chi Y, Rao D, et al. Shape optimal design of a turbine blade using swarm intelligence algorithm [R]. IAC-08-E2. 3. 09, 2008.
[26] 池元成. 群智能算法及其在发动机优化设计中的应用[D]. 北京：北京航空航天大学，2010.
[27] 饶大林. 固液混合火箭发动机多学科设计优化研究[D]. 北京：北京航空航天大学，2012.
[28] Kennedy J, Eberhart R C. Particle swarm optimization[C]. Proc. IEEE Int. Conf. Neural Networks, 1995: 1942-1948.
[29] Ozcan E, Mohan C. Analysis of a simple particle swarm optimization system[C]. Intelligent Engineering Systems Through Artificial Neural Networks, 1998: 253-258.
[30] van Den Bergh F. An analysis of particle swarm optimizers[D]. University of Pretoria, Pretoria, South Africa, 2001.
[31] Kadirkamanathan V, Selvarajah K, Fleming P J. Stability analysis of the particle dynamics in particle swarm optimizer[J]. IEEE trans. evol. comput, 2006, 10(3): 245-255.
[32] Clerc M. Stagnation analysis in particle swarm optimisation or what happens when nothing happens[R]. Technical Report CSM-460, Department of Computer Science, University of Essex, August 2006.
[33] Liang J J, Qin A K, Suganthan P N, et al. Comprehensive learning particle swarm optimizer for global optimization of multimodal functions [J]. IEEEtrans. on evolutionary computation, 2006, 10(3): 281-295.
[34] Angeline P J. Using selection to improve particle swarm optimization[C]. IEEE International Conference on Evolutionary Computation, Anchorage, Alaska, USA, 1998: 84-89.
[35] Storn R, Price K. Differential evolution-a simple and efficient adaptive scheme for global optimization over continuous spaces[R]. Technical report, International Computer Science Institute, Berkley, 1995.
[36] Wolpert D H, Macready W G. No free lunch theorems for optimization[J]. IEEE trans. on evolutionary computation, 1997, 1: 67-82.
[37] Zaharie D. Critical values for the control parameters of differential evolution algorithms[C]. 8th International Conference on Soft Computing, Brno, Czech Republic, 2002: 62-67.
[38] Feng X, Sanderson A C, Graves R J. Multi-objective differential evolution algorithm, convergence analysis, and applications[C]. The 2005 IEEE Congress on Evolutionary Computation (CEC'2005), Edinburgh, Scotland, 2005, 1: 743-750.
[39] Dorigo M. Optimization, learning and natural algorithms[D]. Department of Electronics, Politecnico di Milano, Italy, 1992.
[40] Zitzler E, Deb K, Thiele L. Comparison of multi-objective evolutionary algorithms: Empirical results [J]. Evolutionary computation, 2008, 8(2): 173-195.
[41] Zitzler E, Thiele L. Multi-Objective evolutionary algorithms: a comparative case study and the strength Pareto approach[J]. IEEE trans. on evolutionary computation, 1999, 3(4): 257-271.
[42] Veldhuizen D. Multiobjective evolutionary algorithms: Classifications, analysis, and new innovation[D]. Department of Electrical Engineering and Computer Engineering, Airforce Institute of Technology, Ohio, 1999.
[43] Schott J R. Fault tolerant design using single and multicriteria genetic algorithm optimization[D]. Cambridge: Massachusetts Institute of Technology, 1995.
[44] 王凌，吴昊，唐芳，等. 混合量子遗传算法及其性能分析[J]. 控制与决策，2005，20(2)：156-160.
[45] 李士勇，李盼池. 量子计算与量子优化算法[M]. 哈尔滨：哈尔滨工业大学出版社，2009.
[46] Grover L K. A fast quantum mechanical algorithm for database search[C]. Proc. of the 28th annual

ACM Symp. on Theory of Computing. New York, USA: ACM Press, 1996, 6: 212-219.

[47] Shor P W. Algorithms for quantum computation[C]. Discrete logarithms and factoring. Proc. of the 35th Annual Symp. on Foundations of Computer Science. New York, USA: IEEE Computer Society Press, 1994, 11: 124-134.

[48] IRI M. History of automatic differentiation and rounding error estimation[M]. In Automatic Differentiation of Algorithms: Theory, Implementation and Application (Edited by A. Griewank and G F. Corliss). SIAM, Philadelphia, PA, U. S. A, 1991.

[49] 张宪民. 连杆机构多目标综合平衡中最佳非劣解的模糊识别[J]. 机械科学与技术. 1997, 16(1): 105-110.

[50] 徐玖平, 李军. 多目标决策的理论与方法[M]. 北京: 清华大学出版社, 2005.

[51] HAYKIN S. 神经网络原理[M]. 叶世伟, 史忠植, 译. 北京: 机械工业出版社, 2004.

[52] 朱学军, 攀登, 王安麟, 等. 混合变量多目标优化设计的 Pareto 遗传算法实现[J]. 上海交通大学学报, 2000, 34(3).

[53] Jules K, Lin P P. Multidisciplinary system design optimization using Taguchi techniques, fuzzy logic and neural networks[R]. AIAA-2000-0688, 2000.

[54] Renaud J E, Gabriele G A. Approximation in nonhierarchic system optimization[J]. AIAA Journal, 1994, 32(1): 198-205.

[55] Chandila K P, Perez V M, Renaud J E. Post-optimality analysis for multidisciplinary systems using a cumulative response surface approximation[R]. AIAA 2004-114, 2004.

[56] Giesing J, Barthelemy J M. A summary of industry MDO applications and needs[R]. AIAA-1998-4737, 1998.

[57] AIAA White Paper. Current State of the art: Multidisciplinary design optimization[R]. Washington: AIAA MDO Technical Committee, 1991.

[58] Kemper L. Multidisciplinary design optimization[J]. Aerospace America, December, 2002.

[59] Timothy W S. Multidisciplinary design optimization[J]. Aerospace America, December, 2003.

[60] Missoum S. Multidisciplinary design optimization[J]. Aerospace America, December, 2010.

[61] Willcox K. Multidisciplinary design optimization[J]. Aerospace America, December, 2012.

[62] 陈小前. 飞行器总体优化设计理论与应用研究[D]. 长沙: 国防科学技术大学, 2001.

[63] 胡峪. 飞机多学科优化设计与应用研究[D]. 西安: 西北工业大学, 2001.

[64] 陶冶, 黄洪钟, 吴宝贵. 基于满意度原理的多学科协同优化[J]. 应用基础与工程科学学报, 2006, 14(1): 106-114.

[65] 方杰, 童晓艳, 毛晓芳, 等. 某型发动机喷管的多学科设计优化[J]. 推进技术, 2004 (6): 557-560.

[66] 吴立强, 尹泽勇, 蔡显新. 航空发动机涡轮叶片的多学科设计优化[J]. 航空动力学报, 2005 (5): 795-801.

[67] 王振国, 陈小前, 罗文彩, 等. 飞行器多学科设计优化理论与应用研究[M]. 北京: 国防工业出版社, 2006.

[68] Korte J J. Parametric model of an aerospike rocket engine[R]. AIAA-2000-1044, 2000.

[69] Zang T A, Green L L. Multidisciplinary design optimization techniques - implications and opportunities for fluid dynamics research[C]. 30th AIAA Fluid Dynamics Conference, Norfolk, Virginia 28 June-1 July, 1999.

[70] Walsh J L, Weston R P, Samareh J A, et al. Multidisciplinary high-fidelity analysis and optimization of aerospace vehicles, part 2: preliminary results[R]. AIAA-2000-0419, 2000.

[71] Messac A, Hattis P D. High speed civil transport plane design using physical programming[R]. AIAA-

95-1401-CP，1995.

[72] Macmillin P E，Golovidov O B，Mason W H. An MDO investigation of the impact of practical constraints on an HSCT configuration[R]. AIAA-1997-0098，1997.

[73] Baker C A，Grossman B，Haftka R T，et al. HSCT configuration design space exploration using aerodynamic response surface approximations[R]. AIAA-98-4803，1998.

[74] Sobieszczanski-Sobieski J，Haftka R T. Multidisciplinary aerospace design optimization：survey of recent developments[R]. AIAA-96-0711，1996.

[75] Giesing J，Barthelemy J M. A summary of industry MDO applications and needs[R]. AIAA-1998-4737，1998.

[76] Anderson M B，Burkhalter J E，Jenkins R M. Multidisciplinary intelligent system approach to solid rocket motor design part II：multiple goal optimization[R]. AIAA-2001-3600，2001.

[77] Tedford N，Martins J A. Comparison of MDO architectures within a universal framework[R]. AIAA 2006-1617，2006.

[78] Kodiyalam S. Evaluation of methods for multidisciplinary design optimization，Phase I[R]. NASA/CR-1998-208716，1998.

[79] Alexandrov N M，Lewis R M. Comparative properties of collaborative optimization and other approaches to MDO[R]. NASA/CR-1999-209354.

[80] Cramer E J，Dennis J E，Frank P D，et al. Problem formulation for multidisciplinary optimization[J]. SIAM Journal on optimization，1994，4(4)：754-776.

[81] Braun R，Kroo I. Development and application of the collaborative optimization architecture in a multidisciplinary design environment[R]. NASA-95-iciam. rdb，1995.

[82] Sellar R S，Batill S M，Renaud J E. Response surface based concurrent subspace optimization for multidisciplinary system design[R]. AIAA-96-0714，1996.

[83] DU X，CHEN W. Concurrent subsystem uncertainty analysis in multidisciplinary design[R]. AIAA 2000-4928，2000.

[84] Sobieski J，Agte J S，Sandusky R R. Bi-Level integrated system synthesis（bliss）[R]. NASA/TM-1998-208715，1998.

[85] Sobieski J，Kodiyalam S. BLISS/S：A new method for two-level structural optimization[R]. AIAA-99-1345，1999.

[86] 罗文彩，罗世彬，王振国. 基于嵌入协作的多方法协作优化方法[J]. 中国工程科学，2004，6(4).

[87] 余雄庆，姚卫星，薛飞，等. 关于多学科设计优化计算框架的探讨[J]. 机械科学与技术，2004，23(3).

[88] Krishnan R. Evaluation of frameworks for HSCT design and optimization[R]. NASA/CR-1998-208731，1998.

[89] Batthelemy J F，Waszak M R，Jones K M，et al. Charting multidisciplinary team external dynamics using a systems thinking approach[R]. AIAA-98-4939，1998.

[90] Tong X，Cai G，Zheng Y. Optimization of system parameters for gas-generator engines[J]. Acta Astronautica，2006，59：246-252.

[91] 郑赟韬，童晓艳，蔡国飙. 液体火箭发动机系统设计仿真与优化[J]. 北京航空航天大学学报，2006，32(1)：40-45.

[92] Goertz C. A modular method for the analysis of liquid rocket engine cycles[R]. AIAA-95-2966，1995.

[93] Sabnick H D，Krulle G. Numerical simulations of transients in teed systems of cryogenic rocket engines[R]. AIAA-95-2967，1995.

[94] 沈赤兵. 液体火箭发动机静特性与响应特性研究[D]. 长沙：国防科学技术大学，1997.

[95] 刘昆. 分级燃烧循环液氧液氢发动机系统分布参数模型与通用仿真研究[D]. 长沙：国防科学技术大学，1999.

[96] 张小平，丁丰年. 富氧补燃循环发动机启动过程[J]. 推进技术，2004，2.

[97] 黄敏超，王新建，王楠. 补燃循环液体火箭发动机启动过程的模块化仿真[J]. 推进技术，2001，4.

[98] 刘红军. 补燃循环发动机静态特性与动态响应特性研究[D]. 西安：航天工业总公司第十一研究所，1998.

[99] Mason J R，Southwick R D. Large liquid rocket engine transient performance simulation system[R]. N91-24340，1989.

[100] Tarafder A，Sarangi S. CRESP-LP：A dynamic simulation for liquid-propellant rocket engines[R]. AIAA-2000-3768，2000.

[101] Peukert M，Simon R. ATVSim：the ATV propulsion system simulation software[R]. AIAA 2001-3828，2001.

[102] 陈杰. 航天运载器液体推进剂火箭发动机构型研究[D]. 长沙：国防科学技术大学，1991.

[103] Liu K，Zhang Y. A study on versatile simulation of liquid propellant rocket engine systems transients [R]. AIAA 2000-3771，2000.

[104] 李伟. 大推力液体火箭发动机瞬变过程仿真研究[D]. 北京：北京航空航天大学，2009.

[105] Yang A S，Kuo T C. Numerical simulation for the satellite hydrazine propulsion system[R]. AIAA. 2001-3829，2001.

[106] 刘红军. 液氧煤油高压补燃火箭发动机非线性稳态模型——考虑推进剂温升与密度变化[J]. 推进技术，1999(4).

[107] 张贵田. 高压补燃液氧煤油发动机[M]. 北京：国防工业出版社，2005.

[108] Mason J R，Southwick R D. Large liquid rocket engine transient performance simulation system[R]. N91-24340，1989.

[109] Han P G，Chang H S，Cho Y H，et al. Effect of mixture ratio variation near chamber wall in liquid rocket engine using coaxial injectors[R]. AIAA 2003-1320，2003.

[110] Han P，Lee S，Kim K. Performance analysis of the thrust chamber in liquid rocket engine using liquefied natural gas as a fuel[R]. AIAA 2004-3860，2004.

[111] Brandyberry M D. Uncertainty quantification in 3D rocket simulation[R]. AIAA 2006-4586，2006.

[112] Sohn C H，Seol W S，Shibanov A. Combustion stability boundaries of the subscale rocket chamber with impinging jet injectors[J]. Journal of propulsion and power，2007，23(1).

[113] 曹泰岳. 火箭发动机动力学[M]. 长沙：国防科学技术大学出版社，2004.

[114] 格列克曼 Б Ф. 液体火箭发动机自动调节[M]. 顾明初，郁明桂，邱明煜，译. 北京：宇航出版社，1995.

[115] 张育林，刘昆，程谋森. 液体火箭发动机动力学理论与应用[M]. 北京：科学出版社，2005.

[116] 陶玉静. 液体火箭发动机响应特性研究及稳定性的非线性分析[D]. 长沙：国防科学技术大学，2006：2-3.

[117] 杨晶晶，刘卫东. 液体火箭发动机基于非线性理论的稳定性分析方法[J]. 火箭推进，2007，33(1).

[118] Broomhead D S，King G P. Extracting qualitative dynamics from experimental data[J]. Physics D，1986，20：217-236.

[119] Wolf A，Swift J B，Swinney H L，et al. Determining Lyapunov exponents from a time series[J]. Physics D，1985，16：285-317.

[120] 朱森元. 氢氧火箭发动机及其低温技术[M]. 北京：国防工业出版社，1995.

[121] Balling R J，Wilkson C A. Execution of multidisciplinary design optimization approaches on common

test problems[J]. AIAA Journal, 1997, 35(1): 178-186.

[122] Cai G, Fan J, Xu X, et al. Performance prediction and optimization for liquid rocket engine nozzle[J]. Aerospace science and technology, 2007, 11(2-3): 155-162.

[123] Mason M L, Putnam L E, Re R J. The effect of throat contouring on two-dimensional converging- diverging nozzles at static conditions[R]. NASA-TP-1704, 1980.

[124] Zhang H W, He Y L, Tao W Q. Numerical study of film and regenerative cooling in a thrust chamber at high pressure[J]. Numericalheat transfer, 2010, 58(3): 163-186.

[125] 郑赟韬，蔡国飙，尘军. 用于概念设计的离心泵叶轮多目标优化[J]. 航空动力学报，2007，9.

[126] 张远君，王普光，刘竹莹，等. 液体火箭发动机涡轮泵设计[M]. 北京：北京航空航天大学出版社，1995.

[127] 袁宁，张振家，王松涛，等. 某型两级涡轮变比热容三维定常流场的数值模拟[J]. 推进技术，1999，20(1)：57-61.

[128] 刘前智，周新海. 多级压气机非定常流动的数值模拟[J]. 推进技术，2001，22(5)：408-410.

[129] He L, Chen T. Analysis of rotor-rotor and stator-stator interferences in multi-stage turbomachines[J]. ASME journal of turbomachinery, 2002, 124: 564-571.

[130] 谭智勇，林枫，黄全军. 涡轮级叶栅三维湍流流动的数值模拟[J]. 热能动力工程，2005，20(3)：324-326.

[131] 谭大治，袁新. 离心叶轮内三维湍流流场的数值分析[J]. 热能动力工程，2003，18(6)：568-571.

[132] 谢彦文，楚武利. 高速离心叶轮内部三维粘性流场的数值模拟[J]. 机械设计与制造，2005，7：139-140.

[133] Wu Z. A general theory of three dimensional flow in sub-and-supersonic turbomachines of axial-radial-and-mixed-flow types[R]. NACA TN-2604, 1952.

[134] 程代京，李亮. S1/S2 相对流面迭代法及其在汽轮机改型中的应用[J]. 西安交通大学学报，2002，36(5)：495-499.

[135] 赵晓路. 离心压气机转子内部流场 S1/S2 全三维迭代解[J]. 工程热物理学报，1994，15(3)：257-263.

[136] 罗兴琦，廖伟丽，梁武科，等. 混流式水轮机转轮 S1 流面上叶片设计的准三维方法[J]. 水动力学研究与进展，1997，12(3)：251-257.

[137] 王福军. 考虑滑移的离心泵叶片 S2 流面反问题计算方法[J]. 水利学报，1998，1：10-13.

[138] 姚征，刘海红，乌晓江，等. 应用复合型网格求解叶栅气动设计杂交型问题[J]. 空气动力学学报，2004，22(3)：259-264.

[139] Marsh H. A digital computer program for through-fluid mechanics in an arbitrary turbomachine using a matrix method[R]. Aeronautical Research Council R&M 3509, 1968.

[140] Giles M B. Nonreflecting boundary condition for Euler equation calculation[J]. AIAA journal, 1990, 28(12): 2050-2058.

[141] Dawes W N. Towards improved through flow capability: the use of 3D viscous flow solvers in a multi-stage environment[J]. AMSE journal of turbomachinery, 1992, 114: 8-17.

[142] Denton J D. The calculation of three dimensional viscous flows through multistage turbomachines[J]. AMSE journal of turbomachinery, 1992, 114: 18-26.

[143] Andrea A, Erio B. Three dimension N-S analysis of a two-stage gas turbine[R]. ASME 94-GT-88, 1994.

[144] Rhie C M, Gleixner A J, Fischberg C J, et al. Development and application of a multistage Navier-Stokes solver Part Ⅰ: Multistage modeling using bodyforces and deterministic stresses[R]. ASME 95-GT-342, 1995.

[145] Lejambre C R. Development and application of a multistage Navier-Stokes solver Part Ⅱ: Application to a high pressure compressor design[R]. ASME 95-GT-343, 1995.

[146] 季路成，陈江，黄海波，等. 关于叶轮机时均(准四维)和非定常(四维)气动设计体系的初步诠释[J]. 工程热物理学报，2003，24(4)：570-574.

[147] 陈懋章，彭波. 用可压缩流涡方法模拟叶轮机动静叶的相互作用[J]. 中国工程科学，2000，2(2)：15-23.

[148] Carter A F，Lenherr R K. Correlations of turbine blade total pressure loss coefficiency data[R]. ASME 68-WA/GT-5，1968.

[149] Kacker S C，Okapuu U. A mean line prediction method for axial flow turbine efficiency[R]. ASME 81-GT-58，1981.

[150] 沈孟育，周盛，林保真. 叶轮机械中的跨声速流动[M]. 北京：科学出版社，1988.

[151] 刘瑞韬，徐忠. 叶片数及分流叶片位置对压气机性能的影响[J]. 工程热物理学报，2004，25(2)：223-225.

[152] Gui L，Gu C，Chan H. Influences of splitter blades on the centrifugal fan performances[R]. ASME 89-GT-33，1989.

[153] 崔宝玲，朱祖超，陈鹰，等. 长中短叶片离心叶轮内部流动的数值模拟[J]. 推进技术，2006，27(3)：243-247.

[154] 郑赟韬，陈阳，池元成. 基于均匀设计的粒子群优化在减压器优化设计中的应用[J]. 航空动力学报，2012，4.

[155] 张雪梅，张黎辉，金广明，等. 减压器动态过程的数值仿真[J]. 航空动力学报，2004，19(4).

[156] 刘国球. 液体火箭发动机原理[M]. 北京：宇航出版社，1993.

[157] 付卫东，袁修干，梅志光. 管路系统通过调节阀控制气体流动的动态数学模型建立[J]. 航空学报，1999，20(6)：32-34.

[158] 刘刚，方金春，雍歧卫. 调节阀动态特性的数值模拟[J]. 阀门，2004(4)：8-10.